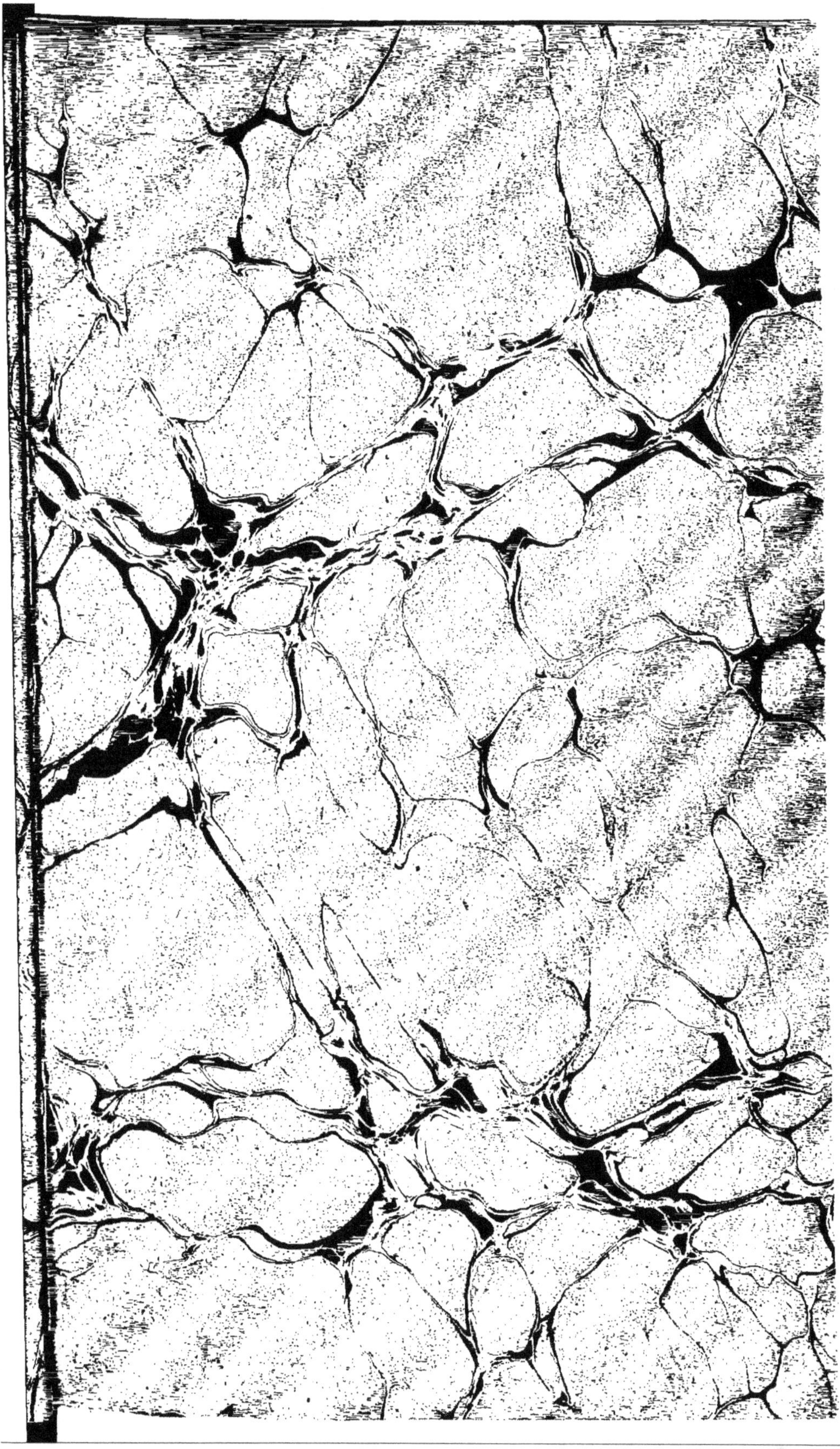

ANALYSE INFINITÉSIMALE

DES

COURBES DANS L'ESPACE

PAR M. L'ABBÉ AOUST,

Associé de l'Académie Pontificale de la Religion catholique, Membre de l'Académie Pontificale des Arcades; Président de l'Académie des Sciences, Lettres et Arts de Marseille; Agrégé de l'Université; Lauréat des concours des Sociétés savantes (médaille d'argent, médaille d'or); Professeur d'Analyse et d'Astronomie à la Faculté des Sciences de Marseille, etc., etc.

Scientia ex uno evidenter deducta principio.

S. THOMAS.

PARIS,

GAUTHIER-VILLARS, IMPRIMEUR-LIBRAIRE

DU BUREAU DES LONGITUDES, DE L'ÉCOLE POLYTECHNIQUE,

SUCCESSEUR DE MALLET-BACHELIER,

Quai des Augustins, 55.

1876

ANALYSE INFINITÉSIMALE

DES

COURBES DANS L'ESPACE.

2315 PARIS. — IMPRIMERIE DE GAUTHIER-VILLARS,
Quai des Augustins, 55.

ANALYSE INFINITÉSIMALE

DES

COURBES DANS L'ESPACE

PAR M. L'ABBÉ AOUST,

Associé de l'Académie Pontificale de la Religion catholique ; Membre de l'Académie Pontificale des Arcades ; Président de l'Académie des Sciences, Lettres et Arts de Marseille ; Agrégé de l'Université ; Lauréat des concours des Sociétés savantes (médaille d'argent, médaille d'or) ; Professeur d'Analyse et d'Astronomie à la Faculté des Sciences de Marseille, etc., etc.

Scientia ex uno evidenter deducta principio.
S. THOMAS.

PARIS,

GAUTHIER-VILLARS, IMPRIMEUR-LIBRAIRE
DU BUREAU DES LONGITUDES, DE L'ÉCOLE POLYTECHNIQUE,
SUCCESSEUR DE MALLET-BACHELIER,
Quai des Augustins, 55.

1876

TABLE DES MATIÈRES.

LIVRE PREMIER.

DES COURBES D'APRÈS LEURS ÉQUATIONS NATURELLES.

PREMIÈRE SECTION.

DES COURBES CONSIDÉRÉES EN ELLES-MÊMES.

CHAPITRE PREMIER. — Des polygones gauches.

§ I. — *Système d'équations naturelles.*

§ II. — *Système mixte d'équations.*

§ III. — *Système d'équations fixant les coordonnées d'un sommet.*

§ IV. — *Applications.*

CHAPITRE III. — Passage des équations élémentaires aux coordonnées du point.

§ I. — *Déplacement angulaire d'une droite.*

§ II. — *Déduction des coordonnées du point.*

§ III. — *Classification des courbes.*

DEUXIÈME SECTION.

DES SURFACES ET DES COURBES RÉSULTANT DU MOUVEMENT D'UN TRIÈDRE.

CHAPITRE IV. — ÉTUDE GÉNÉRALE DE CES SURFACES ET DE CES COURBES.

§ I. — *Nature de ces surfaces et de ces courbes.*

§ II. — *Des lignes et des surfaces relatives à une courbe gauche.*

CHAPITRE V. — DES COURBES TRACÉES SUR LA SURFACE POLAIRE.

§ I. — *Du lieu des centres de courbure.*

§ II. — *Applications.*

§ III. — *Arête de rebroussement.*

§ IV. — *Applications.*

CHAPITRE VI. — DES COURBES TRACÉES SUR LA SURFACE OSCULATRICE.

§ I. — *Des développantes.*

§ II. — *Des développantes successives.*

§ III. — *Lieu des centres de courbure des courbes dont la surface polaire est osculatrice de la courbe donnée.*

CHAPITRE VII. — Des courbes tracées sur la surface rectifiante.

CHAPITRE VIII. — Des courbes tracées sur la surface lieu des normales principales.

§ I. — *De la ligne de striction.*

§ II. — *Applications.*

TROISIÈME SECTION.

DES COURBES QUI DÉRIVENT D'UNE COURBE DONNÉE.

CHAPITRE IX. — DES DÉVELOPPÉES.

CHAPITRE X. — DES DÉVELOPPANTES OBLIQUES SOUS ANGLE CONSTANT.

QUATRIÈME SECTION.

DU ROULEMENT DES COURBES ET DES SURFACES.

CINQUIÈME SECTION.

DÉTERMINATION DE LA COURBE PAR DEUX DE SES PROPRIÉTÉS.

CHAPITRE XIV. — Détermination d'une courbe située sur une surface donnée par la deuxième équation élémentaire.

CHAPITRE XV. — Trajectoires d'une tangente mobile.

§ I. — *Propriétés générales.*

§ II. — *Applications.*

LIVRE II.

DES COURBES D'APRÈS UN SYSTÈME QUELCONQUE DE COORDONNÉES.

PREMIÈRE SECTION.

THÉORIE DES COORDONNÉES CURVILIGNES.

CHAPITRE II. — DES ÉQUATIONS AUX DIFFÉRENCES PARTIELLES DES COURBURES.

§ I. — *Des liaisons entre les variations des courbures.*

§ II. — *Solution du problème des coordonnées curvilignes.*

CHAPITRE III. — DES PARAMÈTRES DIFFÉRENTIELS.

§ I. — *Calcul direct.*

§ II. — *Calcul par transformation.*

DEUXIÈME SECTION.

APPLICATIONS.

FIN DE LA TABLE DES MATIÈRES.

ANALYSE INFINITÉSIMALE

DES

COURBES DANS L'ESPACE.

INTRODUCTION.

I.

L'analyse des courbes dans l'espace peut être faite de deux manières. La première consiste à rapporter la courbe à trois surfaces coordonnées. Un point quelconque de la courbe est déterminé par l'intersection des trois surfaces, et les coordonnées du point sont les paramètres de ces surfaces; on a alors, d'après la définition de la courbe, trois équations entre ces trois paramètres et une variable indépendante qui donnent la position d'un point quelconque. Il faut ensuite déduire de ces équations les équations de la tangente, ce que l'on fait en différentiant les trois premières; une nouvelle différentiation donne la déviation de la courbe en intensité et en direction, et enfin une troisième différentiation donne la flexion de la courbe et sa direction. On a donc, pour déterminer les éléments de la courbe, douze équations; mais ces éléments n'y entrent pas seuls, car, outre les coordonnées des trois lignes coordonnées, on y a introduit forcément les arcs élémentaires de ces lignes, leurs déviations et leurs flexions ou plutôt les expressions de ces éléments.

Il résulte de là un inconvénient grave, qui consiste en ce que, à mesure que l'étude de la courbe devient plus profonde, les expressions des éléments deviennent plus compliquées, et qu'ils sont en quelque sorte immergés dans un milieu d'auxiliaires d'autant plus profondément qu'ils touchent à la nature de la courbe d'une manière plus intime. Accompagnés, comme ils le sont, de ce cortége de quantités étrangères, ils sont plus difficiles à reconnaître et quelquefois impossibles à manier. Ce sont ces difficultés, qui cachent ce que l'on a le plus d'intérêt à connaître, qui ont arrêté et qui arrêtent encore les progrès de l'analyse des courbes.

Il est vrai qu'il y a un avantage marchant à côté de cet inconvénient et offrant une certaine compensation. Comme l'apparition d'un élément de la courbe dans les équations différentielles entraîne la présence des éléments correspondants des lignes coordonnées, si l'on parvient à mettre en évidence ces éléments, on obtient des lois géométriques et analytiques d'après lesquelles les éléments de la courbe sont liés avec les éléments des lignes coordonnées. Ces lois, outre qu'elles enrichissent la géométrie des courbes de théorèmes nouveaux, dévoilent aussi des procédés d'intégration qui seraient peut-être restés cachés.

II.

La seconde méthode, que nous avons déjà suivie dans nos deux livres, est diamétralement opposée à celle que nous venons d'exposer; elle repose sur ce principe que, dans l'étude d'une courbe gauche, il faut exclure tous les éléments étrangers à cette courbe, et ne conserver que ceux qui lui appartiennent. Quels sont les éléments constitutifs de la courbe? Pour répondre à cette question, nous pouvons la considérer comme un polygone d'une infinité de côtés; alors il y a trois sortes d'éléments :

1° Les côtés;

2° Les angles de deux côtés contigus;

3° Les dièdres que les plans de deux angles consécutifs forment entre eux.

Si ces trois sortes d'éléments sont connues, le polygone est constructible, mais la position du polygone construit reste indéterminée.

Supposons que, d'après la définition de la courbe, on connaisse les trois lois qui donnent chacune de ces trois sortes d'éléments; on aura trois équations donnant, la première, l'arc de la courbe; la deuxième, l'angle de déviation; la troisième, l'angle de flexion. Ces trois équations sont les trois équations *élémentaires* de la courbe ou bien encore ses trois équations *naturelles*, et elles détermineront la forme de la courbe et non sa position dans l'espace. Or il n'est pas nécessaire de connaître la position absolue d'une courbe dans l'espace pour en étudier les propriétés intrinsèques; on peut donc fonder sur ces trois équations une analyse qui sera purement relative à la nature de la courbe, sans indiquer de quelle manière elle est située dans l'espace.

Avant d'aller plus avant, il convient de dire que les trois équations élémentaires de la courbe peuvent être réduites à deux lorsque l'on prend pour variable indépendante l'angle qui représente la somme des angles de déviation, depuis une tangente initiale jusqu'à celle menée par le point que l'on considère. Cet angle a une existence réelle, puisqu'il représente l'angle des deux tangentes après le développement de la surface osculatrice de la courbe sur un plan. Ce choix judicieux de la variable indépendante fait disparaître la deuxième des équations élémentaires de la courbe dont le nombre sera ainsi réduit à deux :

La première, donnant le rapport différentiel de l'arc à la déviation en fonction de la déviation totale, auquel nous donnons le nom de *rapport spécifique linéaire*.

La seconde, donnant le rapport de la flexion à la déviation en fonction de la déviation totale, auquel nous donnons le nom de *rapport spécifique angulaire*.

III.

Il faut maintenant dire en peu de mots quels sont les avantages et les inconvénients de l'analyse fondée sur les équations élémentaires de la courbe.

Le premier avantage consiste en ce que les deux équations élémentaires de la courbe, telles que nous venons de les définir, donnent directement les éléments de la courbe et qu'elles ne sont ni surchargées, ni accompagnées d'aucune de ces quantités étrangères à la courbe, qui portent le nom d'*auxiliaires*, mais qui, en réalité, n'ont qu'une existence parasite.

Le deuxième est que toute l'économie intérieure de la courbe dérive de ces deux équations. L'une, celle qui donne le rapport spécifique linéaire, fournit d'emblée le rayon du cercle, passant par trois points infiniment voisins, appelé *cercle osculateur*, et est l'expresson de la différentielle de l'arc; conséquemment la longueur de cet arc ne dépend que d'une simple quadrature; l'autre, celle qui donne l'expression du rapport spécifique angulaire, fournit directement la tangente trigonométrique de l'angle que la droite rectifiante fait avec la tangente, angle dont le rôle est important dans la théorie des courbes, et fournit indirectement par sa combinaison avec la première équation les rayons de deuxième et de troisième courbure.

Le troisième avantage consiste en ce que toutes les courbes qui résultent de la courbe donnée, introduites avec tant de bonheur par Monge dans la géométrie de la courbe, sont aussi déterminées sans effort par leurs équations naturelles qui ont la plus intime connexité avec les équations élémentaires de la courbe. Ces lignes sont les lieux des centres des cercles osculateurs, des sphères osculatrices, les développées, les développantes, etc.; et cette connexité est telle que les intégrales des courbes s'obtiennent presque directement, parce que, dans cette analyse, les intégrations qu'il faudrait faire pour déterminer dans l'espace la position de la ligne donnée fixent aussi dans l'espace la position des lignes dont il s'agit.

Le quatrième avantage consiste dans une classification naturelle des courbes gauches, d'après leurs équations élémentaires, classification qui n'a jamais été faite par les géomètres, parce qu'ils ont pris une route inverse de celle qu'il fallait prendre, et qui n'a été qu'imparfaitement indiquée par le Dr Hoppe, par suite du point de vue trop restreint où il s'est placé.

Il serait beaucoup trop long d'énumérer les autres avantages de cette analyse, qui permet de traiter les questions les plus difficiles, ces avantages devant être mis en évidence par le livre que nous publions; mais il convient, pour être juste, de montrer l'inconvénient résultant de cette méthode.

Le seul inconvénient auquel soit soumise cette analyse résulte de l'imperfection du Calcul intégral. Lorsque l'on veut passer des équations élémentaires d'une courbe à ses coordonnées, ce passage ne peut s'accomplir que par l'intégration d'une équation différentielle qui n'est pas intégrable dans sa généralité; si elle l'était, la science des courbes serait une science toute faite. Cet inconvénient, inhérent à la nature de la question, ne peut être ni éludé, ni complétement surmonté; il pourra seulement être amoindri par la découverte de nouvelles méthodes d'intégration.

IV.

C'est l'exposition de cette double analyse qui fait le double objet de l'Ouvrage que nous publions sur l'analyse des courbes dans l'espace, pour faire suite à ceux que nous avons déjà publiés sur l'analyse des courbes planes et des courbes tracées sur une surface quelconque. Cet Ouvrage est partagé en deux Livres : le premier, relatif à l'analyse des courbes d'après leurs équations naturelles; le second, à l'analyse des courbes d'après leurs coordonnées.

La première de ces analyses ayant à nos yeux la prééminence sur la seconde, et étant en quelque sorte nouvelle, est celle à laquelle nous avons consacré nos plus grands efforts, et aussi celle où nos recherches nous paraissent le plus fructueuses.

Après avoir défini les équations élémentaires de la courbe et montré comment elles donnent tous les éléments, ce qui revient à montrer comment elles déterminent la forme de la courbe, nous abordons le problème principal de cette théorie, consistant à déterminer la position absolue de la courbe; pour cela, nous étudions avec soin le mouvement d'une droite dans l'espace. Ce mouvement est double : c'est un mouvement de translation d'un de ses points et de rotation autour de ce point.

Ce dernier mouvement donne naissance au mouvement angulaire d'un trièdre dont les arêtes sont : 1° la droite donnée; 2° la droite menée du point, perpendiculaire à deux positions infiniment voisines de la droite donnée; 3° la droite menée du même point parallèlement à l'arc de cercle qui mesure l'angle de ces positions. Le mouvement de ce trièdre est caractérisé par le rapport des déplacements angulaires de la deuxième et de la première arête, que nous appelons *rapport spécifique* du mouvement angulaire du trièdre; de sorte que, lorsque le mouvement du trièdre est connu, le rapport spécifique est aussi connu, et réciproquement on peut déduire de la valeur du rapport spécifique le mouvement des arêtes du trièdre.

Comme le mouvement de la première arête détermine le mouvement des deux autres, cette arête est dite *fondamentale*. Si l'on prend pour arête fondamentale la deuxième arête, on trouve le même trièdre avec inversion réciproque des deux premières arêtes et conservation de la troisième; mais si l'on prend pour arête fondamentale la troisième arête du premier trièdre, on obtient un trièdre distinct du premier, qui lui est lié par cette loi que les positions de ses arêtes s'obtiennent par simple voie de différentiation du rapport spécifique du premier trièdre, ou d'une fonction de ce rapport. Nous exprimons ce genre de liaison en disant que ce nouveau trièdre est le trièdre *dérivé* du premier. D'après cela, on aura le trièdre dérivé du deuxième ordre du premier trièdre en cherchant le trièdre dérivé du deuxième, et ainsi de suite. Que si, partant toujours du premier trièdre, on procède d'une manière inverse, en cherchant le trièdre dont celui-ci est le trièdre dérivé, on aura le trièdre *intégral* du premier ordre du premier trièdre, parce que son mouvement ne dépend que de simples quadratures effectuées sur le rapport spécifique du trièdre donné ou sur des fonctions connues de ce rapport; en opérant de la même manière sur le trièdre intégral, on obtiendra le trièdre intégral du deuxième ordre du trièdre donné, et ainsi de suite.

D'après ce que nous venons de dire, on voit que le mouvement d'un trièdre résultant du déplacement angulaire d'une droite produit une série infinie de trièdres, la partie descendante de la série donnant les trièdres dérivés et la partie ascendante donnant successivement un trièdre intégral d'un ordre de plus en plus élevé.

V.

Il convient de donner un nom à une série de trièdres formée d'après le mode que nous venons d'indiquer : nous l'appellerons *série généalogique.*

Les lois que régissent les trièdres d'une série généalogique sont donc les suivantes :

1° Le mouvement d'une seule arête d'un seul trièdre de la série détermine le mouvement de tous les trièdres de la série.

2° Si le mouvement de cette arête est donné, le mouvement des divers trièdres de la série s'obtient par de simples différentiations ou de simples quadratures effectuées sur le rapport spécifique angulaire du premier trièdre ou sur une fonction de ce rapport spécifique, et par conséquent aussi le rapport spécifique angulaire de chacun de ces trièdres s'obtient par le même genre d'opérations.

3° Les divers rapports spécifiques des trièdres de la série sont tous distincts les uns des autres, et la connaissance de l'un deux détermine toute la série des rapports spécifiques de ces trièdres.

Ces lois ont une importance incontestable. En effet supposons que l'on veuille déterminer le mouvement d'un trièdre de la série d'après la valeur spécifique de ce trièdre. La liaison qui existe entre ce rapport et le cosinus de l'angle d'une des arêtes avec une direction fixe est exprimée par une équation différentielle linéaire du troisième ordre. C'est cette équation qui est l'*équation résolvante* de la question; son intégration donne d'une manière immédiate le cosinus cherché, et l'on obtient par de simples quadratures le mouvement de tous les trièdres de la série. Or l'intégration de l'équation réso[l]vante n'est pas possible d'une manière générale; elle ne pe[u]t s'effectuer que lorsque le rapport spécifique est exprimé par certaines fonctions; mais les lois que nous venons d'énoncer multiplient à l'infini le nombre des cas où l'intégrale générale de cette équation peut s'obtenir par de simples quadratures. En effet supposons connue l'intégrale générale de l'équation pour une valeur donnée du rapport spécifique. D'après les lois précédentes, on obtiendra à la fois, par de simples quadratures, et la valeur du rapport spécifique d'un trièdre quelconque et la valeur du cosinus d'une de ses arêtes avec une direction fixe; la valeur de ce cosinus sera donc l'intégrale générale de l'équation différentielle relative au rapport spécifique du même trièdre.

Donc l'intégration de l'équation résolvante relative à un seul des trièdres de la série donnera les intégrales des équations résolvantes relatives à chacun des trièdres de la série.

Admettons que l'on sache intégrer l'équation différentielle du troisième ordre pour deux valeurs distinctes du rapport spécifique angulaire: si ces valeurs n'appartiennent pas à deux trièdres de la même série, elles donneront chacune les intégrales de tous les trièdres de deux séries distinctes; si ces valeurs appartiennent à deux trièdres de la même série, les intégrales successives, produites par l'une de ces valeurs, ne feront que reproduire les intégrales relatives à l'autre valeur.

VI.

Ces considérations s'appliquent avec avantage à la théorie des courbes. Supposons, en effet, que la droite introduite au nº IV, et dont le mouvement est connu, coïncide avec la tangente d'une courbe gauche, elle produira par son mouvement un trièdre trirectangle dont le mouvement sera connu, et dont le rapport spécifique angulaire ne sera autre chose que le rapport du déplacement angulaire de la binormale au déplacement angulaire de la tangente, c'est-à-dire le rapport de l'angle de flexion de la courbe à l'angle de déviation; l'expression de ce rapport est donnée par la seconde équation élémentaire de la courbe. Pour passer de ce rapport au cosinus de l'angle de la tangente avec une directrice fixe, il faudra intégrer une équation différentielle résolvante; et, si l'on sait l'intégrer, on aura résolu le même problème pour toutes les courbes dont les rapports spécifiques angulaires sont les mêmes que les rapports spécifiques des trièdres en nombre infini de la série.

C'est donc par séries généalogiques qu'il faut grouper les courbes, parce qu'il y a une filiation de trièdres qui entraîne la filiation des courbes; une classification de courbes ne peut avoir de bases solides que tout autant qu'elle est fondée à la fois et sur le nombre infini de séries généalogiques et sur la filiation des trièdres dans la même série. Les courbes sont donc classées par séries d'après leur seconde équation élémentaire, le caractère de la série étant représenté par la plus simple de toutes les valeurs du rapport spécifique dans la série.

Dans une même série, les valeurs du rapport spécifique angulaire sont en nombre infini. Or chacune des valeurs de ce rapport produit une infinité de courbes, comme il est facile de s'en rendre compte, en ayant égard à la première équation élémentaire, qui peut prendre toutes les formes possibles lorsque la forme de la seconde reste invariable: toutes ces courbes qui ont ce caractère commun, provenant de l'identité du rapport spécifique angulaire, forment un *genre naturel*.

Dans un même genre, supposons que la forme de l'équation élémentaire, laquelle donne l'expression du rapport spécifique linéaire de la courbe, reste la même par suite de l'identité de la fonction qui exprime ce rapport, mais qu'elle varie par suite de la variation des constantes qui entrent sous le signe fonctionnel; à chaque constante considérée comme pouvant prendre une série de valeurs correspondra une *famille* de courbes. On aura donc, dans le même genre, diverses familles qui auront ce caractère commun, d'avoir même rapport spécifique angulaire et identité de forme du rapport spécifique linéaire.

Ici trouvent leur place toutes les observations que nous avons faites sur les variations du rapport spécifique linéaire dans notre *Analyse des courbes tracées sur une surface*, p. 28.

Il résulte de ce que nous venons de dire que le problème

si difficile de la classification des courbes peut être résolu d'après leurs équations élémentaires, et que la solution complète de ce problème appartient intégralement à l'analyse dont il s'agit.

VII.

Cette manière de considérer les courbes prend une nouvelle importance lorsque l'on veut traiter le problème dont nous avons déjà parlé, qui consiste à passer des équations élémentaires d'une courbe aux coordonnées d'un de ses points. Ce problème, intimement lié au précédent, pourrait sans doute être éludé, puisque la discussion des équations élémentaires de la courbe en ferait connaître la forme; mais il serait très-utile de le résoudre, et d'ailleurs il se présente dans cette analyse. L'analyse doit donc en chercher la solution.

On voit d'abord toute la difficulté de la question, qui doit dépendre d'une équation différentielle du cinquième ordre, puisqu'il faut déterminer les trois coordonnées du point et la direction de la tangente en ce point, ce qui donne six quantités qui se réduisent à cinq, par suite de la relation qui existe entre les cosinus des angles de la tangente avec les trois axes.

Mais les conditions qui précèdent prouvent que la difficulté peut être notablement amoindrie par la division de la question en deux autres plus simples. En effet, d'après ce que nous avons dit, la direction de la tangente ne dépend que de la seconde des deux équations élémentaires, et nullement de la première; l'équation différentielle qui exprime cette dépendance n'est que du second ordre. On commencera donc par déterminer cette direction, qui sera donnée par le cosinus de l'angle de cette tangente avec l'un des trois axes, ce qui exigera l'intégration de l'équation différentielle dont il s'agit. On passera ensuite à la recherche des coordonnées du point; comme le cosinus de l'angle que la touchante à la courbe fait avec une direction fixe est égal au rapport du déplacement infiniment petit du point suivant cette direction au déplacement réel, et que ce dernier déplacement est donné par la première équation élémentaire, on voit que cette nouvelle question se sépare en trois autres distinctes, et que trois quadratures donneront les coordonnées du point.

Ainsi le problème qui nous occupe ne dépend que d'une équation différentielle du second ordre et de trois quadratures.

Il est vrai que la difficulté du problème n'est pas entièrement enlevée, à cause de l'équation résolvante qui ne peut être intégrée d'une manière générale; mais la découverte de nouveaux cas d'intégration de cette équation sera un perfectionnement, et elle doit être l'objet des recherches des géomètres.

Des efforts ont été tentés dans ce but par le Dr Hoppe, qui, par une analyse ingénieuse, a montré que l'équation résolvante, tout en conservant son ordre, peut prendre la forme linéaire. Cette belle transformation et les propriétés remarquables des intégrales, qui en sont la conséquence, doivent appeler à nouveau l'attention des analystes, en leur ouvrant un champ étendu d'exploration.

Nos efforts personnels sur la même question ont eu pour résultat de constater l'existence de ces séries d'intégrales dont nous avons parlé, de donner leur forme par de simples quadratures et de marquer les caractères auxquels on peut reconnaître leur filiation. La conséquence de ce travail est double: la première consiste à dispenser de l'intégration directe de l'équation résolvante, dès que l'une des intégrales de la série a été obtenue, de sorte que, si l'intégration de l'équation a été faite dans le cas où le rapport spécifique angulaire est le plus simple, on n'a plus à intégrer cette équation pour les autres valeurs de ce rapport relatif à la même série, quelque compliquées qu'elles soient, et l'on obtient les intégrales sans avoir même besoin de calculer l'équation résolvante; la seconde conséquence consiste à guider l'analyste dans la recherche des nouveaux cas d'intégration; car, s'il intègre directement cette équation pour des valeurs du rapport spécifique appartenant à une même série, c'est une peine perdue, et la question n'est nullement avancée. Il ne doit considérer que les équations résolvantes relatives à des valeurs spécifiques appartenant à des séries différentes: sous ces conditions, la découverte d'un cas nouveau d'intégration entraîne la découverte d'une série infinie d'autres cas d'intégration; sans ces conditions, la découverte du second cas n'est que factice, puisqu'elle donne d'une manière laborieuse des intégrales qui sont forcément fournies par de simples quadratures, que l'évolution de la série aurait fatalement mises en évidence.

Ces considérations nous éclairent en même temps sur l'influence du rapport spécifique angulaire, dans la théorie des courbes, sur sa prééminence relativement au rapport spécifique linéaire et sur le véritable rôle de chacun d'eux. En considérant le trièdre trirectangle dont l'arête fondamentale est la tangente à la courbe lorsque l'on passe par tous ses points consécutifs, on voit que ce trièdre prend un double mouvement, mouvement de translation de son sommet, mouvement de rotation de ses arêtes; c'est ce double mouvement qui manifeste la vie de la courbe : le premier, sa vie extérieure, le second, sa vie intérieure; l'un, la partie visible, l'autre, la partie invisible. Or c'est cette partie intime qui se rapporte au rapport spécifique angulaire, tandis que la première des deux n'est réellement accusée que par le rapport linéaire, quoiqu'elle procède de l'un et de l'autre.

VIII.

Le mouvement du trièdre dont il s'agit n'accuse pas seulement les affections propres de la courbe, il dévoile aussi l'existence de certaines surfaces concomitantes de la courbe, qui sont : les unes, des surfaces développables, enveloppes des faces du trièdre; les autres, des surfaces réglées gauches, produites par le mouvement de ses arêtes. Ces surfaces, par suite de leur origine, sont intimement liées avec la courbe, et leur considération ne contribue pas peu à faire connaître leur économie géométrique; les premières sont caractérisées par leurs arêtes de rebroussement, et les secondes par leurs lignes de striction. Les équations naturelles de ces courbes s'obtiennent, sans difficulté aucune, d'après les équations élémentaires de la courbe proposée.

Il y a plus, on est naturellement conduit à étudier les diverses courbes qui peuvent être tracées sur ces surfaces, parce que ces courbes jouissent de propriétés particulières, et c'est toujours avec la même facilité que s'accomplit ce travail lorsque l'on fait usage de leurs équations naturelles. C'est ainsi que nous étudions les courbes tracées sur la surface polaire de la courbe gauche, sur sa surface osculatrice et sur sa surface rectifiante, et les courbes tracées sur la surface gauche, lieu des normales principales. Il serait beaucoup trop long d'énumérer les problèmes qui se présentent dans cet ordre d'idées, et que l'on parvient à résoudre complétement; qu'il nous suffise de signaler :

1° Le problème des développantes dont nous donnons les intégrales non-seulement dans le cas où ces développantes sont du premier ordre et orthogonales, mais aussi dans le cas où elles sont d'un ordre quelconque et obliques.

2° Le problème des développées qui, depuis Monge, a occupé les géomètres; nous donnons aussi les intégrales de ces courbes lorsque l'ordre de ces développées est quelconque.

3° Le problème des roulettes, qui n'a été résolu complétement que dans deux cas : celui où elles sont planes et celui où elles sont sphériques. Ce problème, lorsqu'on ne se contente pas d'obtenir les coordonnées du point, mais qu'on le traite à fond, a une grande importance, parce qu'il fournit un des plus puissants moyens d'intégration des équations différentielles et des équations aux différences partielles que possède la Géométrie; des questions nombreuses et intéressantes sont traitées par cette méthode.

4° Le problème des podaires, qui est intimement lié au problème précédent et qui nous fournit le moyen de généraliser le théorème de Steiner.

5° Le problème relatif à l'enveloppe d'un plan mobile dans le cas général, avec des applications aux cas les plus intéressants. Les relations de ce problème avec celui des roulettes sont mises en relief, et il en résulte une méthode facile pour traiter les questions relatives aux trajectoires d'un point mobile situé dans un plan également mobile.

IX.

Ce qui établit d'une manière évidente la primauté de l'analyse des équations naturelles sur l'analyse des coordonnées, c'est la différence des procédés des deux analyses dans la résolution des questions élevées, dans lesquelles il s'agit de déterminer une courbe d'après deux de ses propriétés ou d'après ses relations avec d'autres courbes données.

Voici comment procède la seconde : elle donne les équations finies de la courbe cherchée exprimées par ses coordonnées comme si elles étaient connues. Pour établir les relations indiquées par le problème, elle soumet ces équations à des différentiations successives et à une série d'évolutions après lesquelles elle parvient à exprimer les conditions du problème; puis elle opère des éliminations, des transformations, par lesquelles il faut se débarrasser successivement des coordonnées de la courbe, et, si l'on parvient à donner à l'équation finale une forme simple et à abaisser son ordre de différentiation, cela tient à l'introduction des variables auxiliaires. Ce jeu de formules, cette savante marche d'équations peut être propre à mettre en relief le génie analytique du calculateur; mais, quand on y regarde de près, ces variables auxiliaires, qui semblent choisies d'inspiration, ne sont que les éléments eux-mêmes de la courbe cherchée, et l'équation résolvante obtenue par un long travail et qui paraît, de prime abord, le triomphe d'une tactique spéciale, n'est autre chose qu'une combinaison évidente des équations élémentaires de la courbe.

La première analyse procède d'une manière toute différente : elle écrit d'emblée les équations élémentaires des courbes du problème; les conditions de l'énoncé y sont à l'instant exprimées et l'équation résolvante s'obtient sans travail et sans effort sous sa forme la plus simple. Trois problèmes importants résolus par nous au moyen de cette analyse et déjà traités par de très-habiles géomètres, suivant la méthode des coordonnées, sont des exemples frappants de l'infériorité de leur procédé et de la supériorité de leur talent.

Ces problèmes ont pour but de trouver : 1° les intégrales des courbes dont le lieu des centres des cercles osculateurs est une courbe donnée; 2° les intégrales des courbes dont le lieu des centres des sphères osculatrices est une courbe donnée; 3° les intégrales des courbes dont la développante sous angle variable est une courbe donnée.

X.

Ce que nous venons de dire nous conduit à examiner s'il est facile d'établir, directement et d'une manière rapide, les équations élémentaires des courbes d'un problème de l'ordre dont il s'agit; car, si l'établissement de ces équations demandait un travail pénible, les avantages que nous venons de faire ressortir n'auraient aucune réalité.

Il y a deux sortes d'équations élémentaires : les unes sont relatives à la détermination des éléments linéaires; les autres, à la détermination des éléments angulaires des diverses courbes du problème.

Les premières sont données intuitivement par le principe des projections, appliqué à un certain polygone provenant du déplacement de la figure, ces projections étant faites suivant trois directions rectangulaires qui sont les directions des arêtes d'un des trièdres mobiles.

Le principe de la courbure inclinée, introduit par nous depuis 1850 dans l'analyse des courbes, donne non moins simplement les secondes. Il faut avouer que ces équations sont plus difficiles à obtenir, parce qu'elles supposent un triple déplacement de la figure. Dans l'analyse des coordonnées, elles exigent de longs calculs; mais, comme elles ont une importance majeure, parce qu'elles expriment le mouvement simultané des trièdres mobiles propres aux diverses courbes de la question, ces calculs sont indispensables. C'est pour avoir négligé de calculer ces équations que certains géomètres n'ont vu qu'imparfaitement les propriétés fondamentales des courbes mises en jeu par la question à résoudre, et que les intégrales de ces courbes sont restées voilées. Or le principe de la courbure inclinée se prête admirablement à cette recherche; qu'elle soit faite par la Géométrie ou par l'Analyse, il donne immédiatement les relations angulaires. Aussi nous faisons de ce principe un usage incessant dans les divers problèmes que nous avons résolus, et nous appelons l'attention de nos lecteurs sur sa simplicité et sa fécondité.

Lorsque ces deux ordres d'équations sont obtenus, l'équation résolvante s'ensuit, et leur discussion directe donne tout ce qui regarde les propriétés des courbes cherchées, leur forme et la position des unes par rapport aux autres; de sorte qu'il ne reste plus qu'à déterminer la position absolue d'une seule d'entre elles pour avoir les coordonnées de toutes en termes finis, ce qui exige l'intégration de l'équation résolvante. Or un des plus précieux avantages de l'Analyse dont il s'agit est que, lorsque cette équation est intégrable, ses intégrales s'obtiennent directement sans avoir recours au Calcul intégral, comme on le verra, dans le cours de notre Ouvrage, par des exemples nombreux et variés.

XI.

Le deuxième Livre de notre Ouvrage est, comme nous l'avons dit, consacré à l'analyse des courbes d'après leurs coordonnées. Dès les premiers pas que l'on a faits dans cette analyse, fondée par Clairaut et tant perfectionnée par Monge, on a eu recours au système de coordonnées rectilignes, qui se présente comme le plus simple de tous et auquel le principe des projections est facilement applicable; mais cette simplicité provient des éléments des lignes coordonnées qui sont nuls lorsque ces lignes sont droites : ces éléments sont les déviations et les flexions des lignes coordonnées. Or l'évanouissement de ces éléments exerce une influence fâcheuse sur les équations à un autre point de vue; il oblitère la forme régulière des unes par suite des termes qui s'annulent et entraîne la disparition complète des autres. Il nous a paru utile d'établir la théorie des courbes dans un système quelconque de coordonnées curvilignes, afin que les lois géométriques qui régissent les divers éléments de la courbe et les éléments correspondants des lignes correspondantes soient mises en évidence. Ces lois sont véritablement remarquables et correspondent à des théorèmes de Géométrie qu'il est utile, sinon indispensable, de connaître, aujourd'hui que les recherches de Physique mathématique ont vulgarisé l'usage des coordonnées curvilignes. Au point de vue analytique, elles offrent des formules de transformation dont on peut faire un fréquent usage.

Pour arriver à établir ces équations dans toute leur généralité, il est indispensable d'exposer avec quelques développements les principes des coordonnées curvilignes; nous les avons puisés dans notre *Théorie des coordonnées curvilignes quelconques;* ils sont relatifs aux variations des arcs coordonnés et aux variations de courbure propres et des courbures inclinées des lignes coordonnées, ainsi qu'aux relations qui existent entre ces variations. C'est au moyen de ces principes que nous donnons trois solutions successives du problème des coordonnées curvilignes.

Les paramètres différentiels jouent un rôle important dans l'analyse des courbes, faite d'après cette méthode, puisque tous les éléments d'une courbe sont exprimables au moyen de ces paramètres; nous donnons deux moyens de les calculer, l'un direct, l'autre résultant d'un changement de coordonnées.

Cela fait, nous exposons les lois qui régissent la tangente, l'arc, la déviation, la flexion de la courbe en liant ces éléments avec les éléments correspondants des lignes coordonnées. Les calculs, par suite de la généralité du point de vue où nous nous sommes placé, sont très-complexes; mais la symétrie des formules, d'une part, et, de l'autre, l'introduction constante de la courbure inclinée, qui est un puissant moyen de condensation, nous permettent de simplifier ces calculs et de les présenter sous une forme régulière.

L'ensemble de toutes ces recherches forme un corps de doctrine complet sur cette matière et, nous osons le dire, nouveau.

XII.

Mais il ne suffisait pas d'établir les formules générales sous la forme commandée par cette Analyse, il fallait encore montrer le parti que l'on pouvait en tirer : c'est ce que nous avons fait dans de nombreuses et intéressantes applications.

Elles sont relatives aux principales questions sur la théorie des courbes en tant qu'elles sont liées avec les courbes d'un système coordonné. Elles contiennent :

1° La théorie complète du contact des courbes et des surfaces dans un système quelconque de lignes coordonnées;

2° La théorie des trajectoires des lignes coordonnées d'un système sous diverses conditions, ainsi que des surfaces de ce système;

3° La théorie des courbes conjuguées d'une série de surfaces par cette condition que la tangente à la courbe et le plan tangent à la surface soient, au point d'intersection, parallèles à un diamètre et au plan diamétral conjugué d'un ellipsoïde donné;

4° Enfin la théorie des surfaces orthogonales et des surfaces coupant deux ou plusieurs séries de surfaces données sous des conditions données.

La résolution des divers problèmes que nous avons abordés familiarisera le lecteur avec l'analyse des coordonnées, et montrera dans quel cas il faut de préférence recourir à elle.

Un avantage que nous avons cherché à mettre en relief est celui qui résulte du choix du système coordonné, parce que les intégrales des courbes cherchées se déduisent directement de tel système et restent tout à fait voilées dans tout autre.

XIII.

Le livre que nous publions est à la fois un livre de recherches et un livre didactique; il ne peut donc pas ressembler à ces travaux où l'auteur énonce les résultats qui sont susceptibles d'une forme séduisante, passant sous silence les autres et surtout, cachant avec soin la route qu'il a suivie. La curiosité du lecteur est piquée jusqu'à ce que cette route soit découverte : alors il éprouve une espèce de désappointement et réduit à des proportions bien amoindries l'importance des résultats obtenus. Notre but principal est d'instruire et non d'exciter la surprise; en livrant le fruit de nos recherches, nous livrons encore avec plus de satisfaction le secret de nos procédés, persuadé que nous sommes que les méthodes exposées par nous seront, entre les mains de ceux qui voudront s'en servir, un instrument des plus précieux pour obtenir des résultats bien plus remarquables que ceux par nous obtenus.

En écrivant ce livre, qui a exigé tant et de si profondes investigations, nous avons compris qu'il nous serait impossible de lui donner la perfection qu'il devrait avoir, celle qu'il aurait acquise s'il eût été écrit par un de nos géomètres de l'école française qui illustre encore notre siècle, disciples de Monge ou émules de Lagrange. Cette pensée nous aurait complétement découragé si le souvenir de l'accueil qu'ils ont accordé aux deux livres qui ont précédé celui-ci ne se fût présenté à nous pour nous encourager et nous fortifier.

Puissent-ils accueillir avec la même faveur l'Ouvrage que nous publions aujourd'hui ! S'ils l'honorent de leurs suffrages, ce sera une preuve qu'il est digne des géomètres de tous les pays, et ce sera la plus belle, la plus élevée des récompenses que nous puissions obtenir.

Marseille, 19 avril 1875.

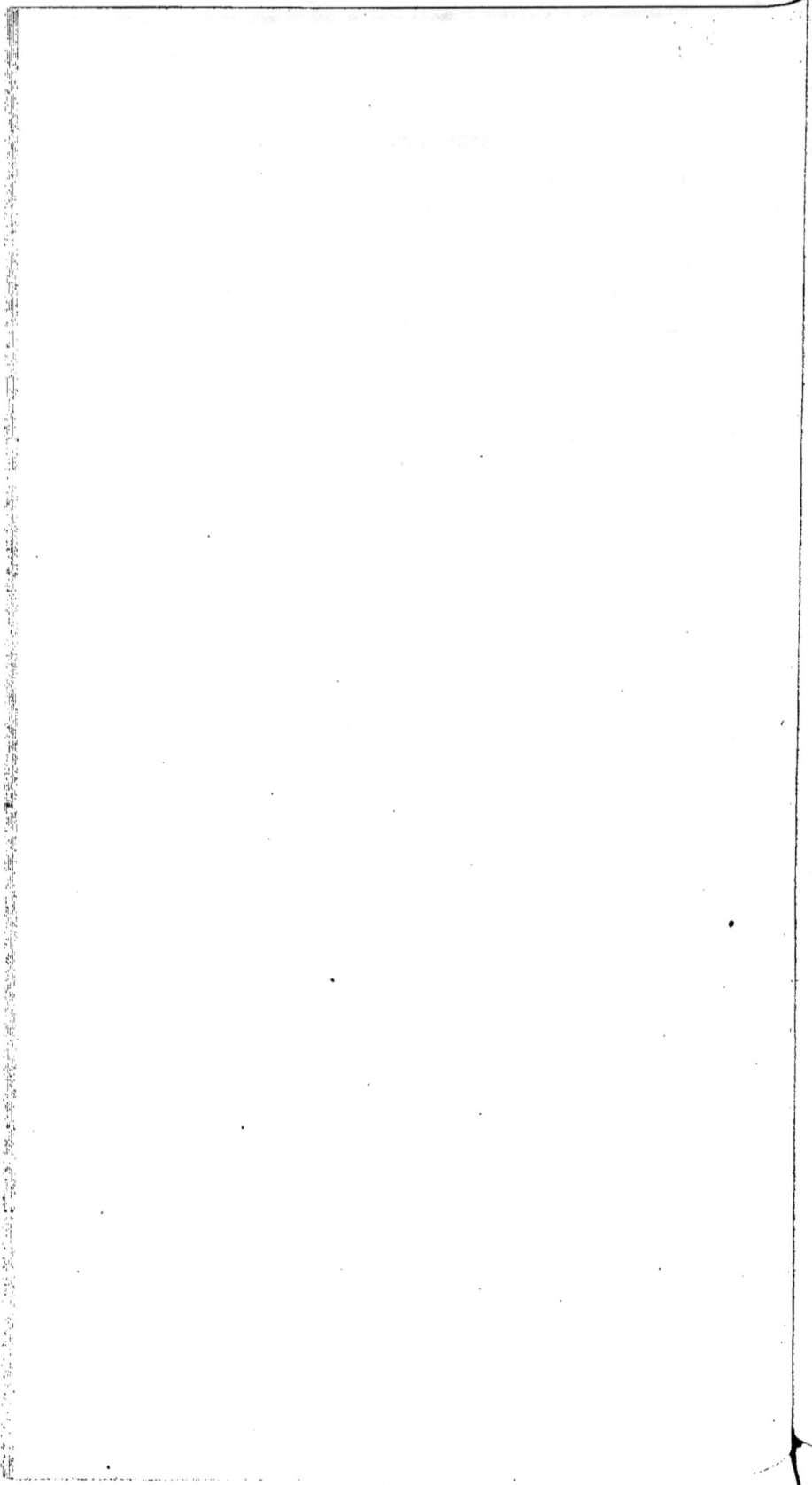

LIVRE PREMIER.

DES COURBES D'APRÈS LEURS ÉQUATIONS ÉLÉMENTAIRES.

SECTION I.

DES COURBES GAUCHES CONSIDÉRÉES EN ELLES-MÊMES.

CHAPITRE I.

DES POLYGONES GAUCHES.

---

§ I. — Des polygones gauches et de leurs équations.

1. *Détermination d'un polygone gauche.* — Un polygone gauche est celui dans lequel trois côtés consécutifs quelconques ne se trouvent pas dans un même plan. Supposons qu'un mobile parcoure successivement les différents côtés d'un polygone gauche, fermé ou non, ce mobile donne les directions des côtés du polygone. Or ce polygone sera déterminé de grandeur, si l'on connaît : 1° les longueurs des côtés; 2° les angles que deux côtés consécutifs quelconques forment entre eux; 3° les dièdres que les deux plans de deux angles consécutifs forment entre eux; il sera de plus déterminé de position, si deux côtés consécutifs sont donnés de position. La connaissance des côtés et des angles de deux côtés consécutifs quelconques ne suffit pas pour déterminer la forme du polygone, puisqu'un côté formant un angle donné avec le côté contigu décrira autour de celui-ci, supposé fixe, une surface conique et reste, par conséquent, indéterminé; mais il est déterminé lorsque le dièdre du plan de ces deux côtés et d'un plan fixe est connu. Ce mode de détermination d'un polygone gauche est le plus propre à faire connaître sa nature, puisqu'il suppose la connaissance des trois sortes d'éléments qui le

composent : côtés, angles de deux côtés consécutifs, dièdres des plans de deux angles consécutifs.

Un polygone gauche peut être déterminé de grandeur et de position de plusieurs autres manières, par exemple par la connaissance des positions de ses sommets ou de ses côtés par rapport à trois axes coordonnés rectilignes; mais on ne connaît pas alors directement la nature du polygone : ce n'est que par une suite de déductions que l'on parvient à connaître les trois sortes d'éléments inhérents à sa nature.

2. *Équations élémentaires du polygone.* — Soient A_0, A_1, $A_2, \ldots, A_n$ (*fig.* 1) les sommets d'un polygone; $l_0, l_1, l_2, \ldots,$

Fig. 1.

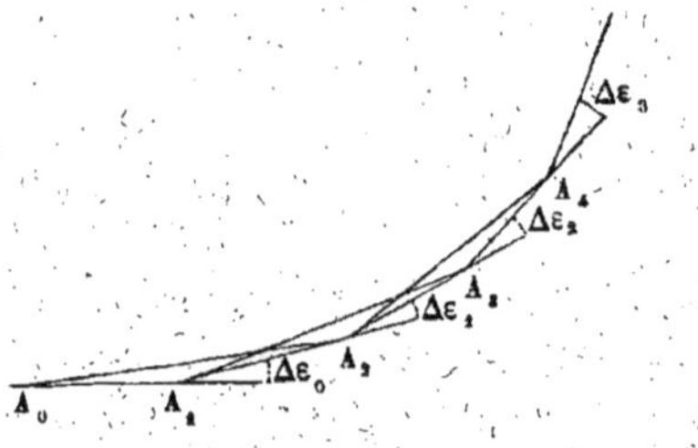

l_{n-1} les longueurs de ces côtés; si l'on représente par s_n la somme de ces côtés, on aura la relation

$$(1) \qquad l_{n-1} = s_n - s_{n-1} = \Delta s_{n-1}.$$

Si dans cette équation on donne à n toutes les valeurs entières, depuis 1 jusqu'à n, on obtiendra n équations, lesquelles, ajoutées membre à membre, donneront la relation suivante :

$$(1') \qquad s_n = s_0 + \sum_0^{n-1} \Delta s_k,$$

dans laquelle le signe Σ indique une somme qui s'étend à toutes les valeurs que prend la quantité placée sous ce signe, lorsqu'on donne à k toutes les valeurs, depuis zéro jusqu'à $n-1$.

Soient $\Delta\varepsilon_0, \Delta\varepsilon_1, \Delta\varepsilon_2, \ldots, \Delta\varepsilon_{n-1}$ les angles que les côtés forment consécutivement entre eux. Si l'on remarque que l'on a l'équation

$$(2) \qquad \Delta\varepsilon_{n-1} = \varepsilon_n - \varepsilon_{n-1},$$

on déduira, en raisonnant comme nous venons de le faire, l'équation

$$(2') \qquad \varepsilon_n = \varepsilon_0 + \sum_0^{n-1} \Delta\varepsilon_k;$$

ainsi ε_n est la somme des angles du polygone augmentée de la constante ε_0.

Soit, enfin, $\Delta\omega_{n-1}$ le dièdre que les plans des deux angles $\Delta\varepsilon_n$, $\Delta\varepsilon_{n-1}$ forment entre eux; on aura la relation

$$(3) \qquad \Delta\omega_{n-1} = \omega_n - \omega_{n-1},$$

et conséquemment on tombe sur la relation correspondante

$$(3') \qquad \omega_n = \omega_0 + \sum_0^{n-1} \Delta\omega_k,$$

de sorte que ω_n est la somme des dièdres que les plans des angles du polygone forment consécutivement entre eux.

Pour mettre de la précision dans le langage, nous appellerons *déplacements finis* les longueurs telles que Δs_k; *déviations finies* les angles tels que $\Delta\varepsilon_k$; *flexions finies* les dièdres tels que $\Delta\omega_k$. D'après cela, les équations (1'), (2'), (3') montrent que les différences, telles que $s_n - s_0$, $\varepsilon_n - \varepsilon_0$, $\omega_n - \omega_0$, représentent, la première, la somme des déplacements finis; la deuxième, la somme des déviations finies; la troisième, la somme des flexions finies.

Si le polygone est déterminé, la loi des variations des déplacements, des déviations et des flexions est connue, de sorte que, si l'on représente par t_n une variable subissant des variations finies Δt constantes et telles que l'on ait

$$t_n - t_0 = n\Delta t,$$

on a les trois relations suivantes, dans lesquelles f, φ, ψ

sont des fonctions connues

$$(4)\qquad \frac{\Delta s_{n-1}}{\Delta t} = f(t_{n-1}),\quad \frac{\Delta \varepsilon_{n-1}}{\Delta t} = \varphi(t_{n-1}),\quad \frac{\Delta \omega_{n-1}}{\Delta t} = \psi(t_{n-1}),$$

et réciproquement, si ces trois équations sont connues, la forme du polygone est déterminée. Il en sera de même de sa position si l'on se donne le plan de l'angle $\Delta\varepsilon_0$ et dans ce plan la position du côté l_0. C'est pour cela que nous appelons ces équations les *équations du polygone;* et, comme elles font connaître directement et sans auxiliaires les trois sortes d'éléments qui le composent, nous les appelons *équations élémentaires* du polygone.

Si le polygone est tel que les variations d'un de ses éléments restent constantes, on prendra cet élément pour variable, à laquelle seront rapportées les variations des deux autres éléments; alors les équations élémentaires du polygone se réduiront à deux. Ainsi, si la déviation $\Delta\varepsilon_{n-1}$ reste toujours la même, on posera $t_{n-1} = \varepsilon_{n-1}$, et les équations élémentaires du polygone seront

$$(4')\qquad \frac{\Delta s_{n-1}}{\Delta \varepsilon} = f_1(\varepsilon_{n-1}),\quad \frac{\Delta \omega_{n-1}}{\Delta \varepsilon} = \psi_1(\varepsilon_{n-1}).$$

3. *Construction du polygone d'après ses équations élémentaires.* — Il convient de montrer comment on peut construire le polygone au moyen de ses équations élémentaires (4). Ces équations font connaître successivement tous les côtés Δs_0, $\Delta s_1, \Delta s_2, \ldots, \Delta s_{n-1}$; tous les angles $\Delta\varepsilon_0, \Delta\varepsilon_1, \Delta\varepsilon_2, \ldots, \Delta\varepsilon_{n-1}$; tous les dièdres $\Delta\omega_0, \Delta\omega_1, \Delta\omega_2, \ldots, \Delta\omega_{n-1}$. Cela étant, on se donnera le plan de l'angle $\Delta\varepsilon_0$, et dans ce plan la position de Δs_0; l'angle $\Delta\varepsilon_0$ déterminera la position du côté Δs_1. Suivant Δs_1 on mènera un plan formant avec le plan donné et dans le sens déterminé par la troisième des équations (4) un dièdre égal à $\Delta\omega_0$. Dans ce plan, on mènera de l'extrémité du côté Δs_1 une longueur égale à Δs_2 et formant avec Δs_1 un angle égal à $\Delta\varepsilon_1$. Suivant Δs_2 on mènera un plan formant avec le plan de l'angle $\Delta\varepsilon_1$ un dièdre égal à $\Delta\omega_1$. Dans ce plan, on mènera de l'extrémité du côté Δs_2 une longueur égale à Δs_3 et formant avec Δs_2 un angle égal

à $\Delta\varepsilon_2$, et ainsi de suite; on arrivera, de proche en proche, jusqu'à la détermination du côté Δs_{n-1}, ce qui donne la construction complète du polygone.

Cette construction peut être modifiée de la manière suivante : on construira, par la connaissance des côtés et des angles, un polygone plan ayant ses côtés et ses angles égaux, chacun à chacun, aux côtés et aux angles du polygone gauche, ce qui se fera en ne faisant usage que des deux premières équations (4). Cela fait, on fera tourner toute la figure moins le côté Δs_0 autour du côté Δs_1 pris pour axe et dans un sens convenable, d'un angle égal à $\Delta\omega_0$; on fera tourner la nouvelle figure moins les deux côtés Δs_0, Δs_1 autour du côté Δs_2 pris pour axe d'un angle égal à $\Delta\omega_1$; on obtiendra ainsi une troisième figure, on la fera tourner moins les trois côtés Δs_0, Δs_1, Δs_2 autour du côté Δs_3 pris pour axe d'un angle égal à $\Delta\omega_2$, et ainsi de suite. De cette manière, lorsqu'on aura opéré sur l'avant-dernier côté Δs_{n-2}, on aura transformé le polygone plan en polygone gauche. Ce mode de construction fait dépendre le polygone gauche : 1° d'un polygone plan ayant ses côtés et ses angles égaux aux côtés et aux angles du polygone gauche; 2° de la loi des flexions.

On peut aussi faire dépendre cette construction d'un polygone sphérique et de la loi des déplacements. En effet, considérons les deux dernières équations (4); elles font connaître les angles et les dièdres du polygone gauche. Sur une sphère d'un rayon égal à 1, construisons, en suivant le procédé indiqué, un polygone sphérique dont les côtés soient $\Delta\varepsilon_0$, $\Delta\varepsilon_1$, $\Delta\varepsilon_2, \ldots$, $\Delta\varepsilon_{n-1}$ et dont les angles soient $\Delta\omega_0$, $\Delta\omega_1$, $\Delta\omega_2, \ldots$, $\Delta\omega_{n-2}$, et joignons les extrémités et les sommets de ce polygone au centre; ces divers rayons font successivement entre eux les mêmes angles que les côtés du polygone, et les plans de deux de ces angles successifs font le même dièdre que les plans des angles correspondants du polygone. Cela posé, prenons un plan parallèle au plan des deux premiers rayons et dans ce plan menons un côté égal à Δs_0 et parallèle au premier rayon; de l'extrémité de ce côté menons une longueur parallèle au deuxième rayon et égal à Δs_1; de l'extrémité de ce deuxième côté menons une longueur parallèle au troisième rayon et égale à Δs_2, et ainsi de suite. Opérons de même jusqu'à ce que nous arrivions au côté Δs_{n-1}. Nous aurons alors construit le polygone gauche, d'après ses équations (4).

De ce qui précède, nous concluons la proposition suivante, qui a une grande importance :

Théorème. — *Un polygone gauche est complétement déterminé de forme par ses équations élémentaires, mais non de position.*

4. *Rectification du polygone.* — On appelle ainsi l'opération qui consiste à transformer le polygone gauche en polygone plan, et le périmètre de ce polygone en ligne droite. D'après ce que nous venons de voir, deux rotations finies doivent être effectuées en chaque sommet; l'une autour du second côté pour amener dans le plan de l'angle correspondant à ce sommet le plan de l'angle qui suit; l'autre autour de la normale au sommet aux deux côtés de l'angle pour amener le deuxième côté dans la direction du premier. Si l'angle dont il s'agit est l'angle $\Delta\varepsilon_i$, la première rotation a été effectuée autour du côté Δs_{i+1} et est égale au dièdre $\Delta\omega_i$, et la deuxième autour de la normale au sommet de l'angle et est égale à $\Delta\varepsilon_i$.

Droite rectifiante. — Mais il se présente ici cette question, s'il ne serait pas possible d'obtenir la rectification du polygone au moyen d'une seule rotation finie effectuée autour d'un axe en chaque sommet. Considérons l'angle $\Delta\varepsilon_{i+1}$ et l'angle qui le précède $\Delta\varepsilon_i$. Ces deux angles ont un côté commun Δs_{i+1} et l'inclinaison de leurs plans $\Delta\omega_i$ est la même que l'angle des deux perpendiculaires n_{i+1}, n_i à ces plans, menées par le sommet de l'angle $\Delta\varepsilon_i$. Menons suivant Δs_{i+1} un plan également incliné sur chacune de ces normales, et suivant n_i un plan partageant l'angle $\Delta\varepsilon_i$ en deux parties égales; ces deux plans se couperont suivant une droite p_i passant par le sommet de l'angle; il y a donc, issues du sommet de l'angle $\Delta\varepsilon_i$, cinq droites : le prolongement du côté Δs_i, le côté Δs_{i+1}, la normale n_i une parallèle à la normale n_{i+1} et la droite p_i. Si nous décrivons (*fig.* 2) du sommet de l'angle $\Delta\varepsilon_i$, pris comme centre, une sphère avec un rayon égal à l'unité, nous appellerons T, T', N, N', P les traces de ces cinq droites sur la surface sphérique. D'après ce qui précède, T′ est le pôle de l'arc NN′, et N le pôle de l'arc TT′. Dans le triangle sphérique NPT′ le côté

Fig. 2.

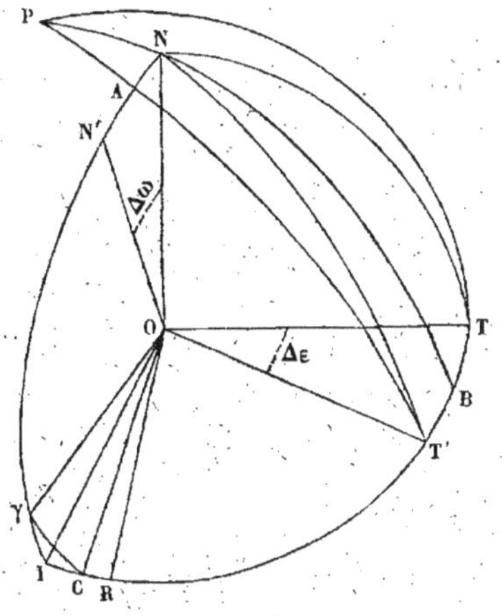

NT′ égale 90 degrés; l'angle T′NP est $\pi - \frac{1}{2}\Delta\varepsilon_i$; l'angle NT′P est $\frac{1}{2}\Delta\omega_i$; la résolution de ce triangle sphérique et de son supplémentaire donne les équations

$$(5)\qquad \left\{ \begin{aligned} \frac{1}{\sin \mathrm{NPT'}} &= \frac{\sin(\mathrm{P}, \mathrm{T'})}{\sin\frac{1}{2}\Delta\varepsilon_i} = \frac{\sin(\mathrm{P}, \mathrm{N})}{\sin\frac{1}{2}\Delta\omega_i} \\ &= \frac{1}{\sqrt{1 - \cos^2\frac{1}{2}\Delta\varepsilon_i \cos^2\frac{1}{2}\Delta\omega_i}}; \end{aligned} \right.$$

ce qui déterminera la position de la droite p_i et la rotation qu'il faut effectuer autour de cette droite pour amener simultanément N′ sur N et T′ sur T. Cette rotation NPN′ est égale au double de l'angle dont le cosinus est $\cos\frac{1}{2}\Delta\varepsilon_i \cos\frac{1}{2}\Delta\omega_i$.

Ainsi, bien qu'il s'agisse de rotations finies ayant lieu autour de deux axes, on peut les composer en une seule ayant une valeur déterminée, et s'effectuant autour d'un axe déterminé. Les lois qui régissent cette composition sont données par les formules précédentes, qui n'ont rien de compliqué et qui conduisent immédiatement aux théorèmes de Poinsot sur la rotation des corps lorsqu'on passe aux infiniment petits. Nous arrivons donc à cette proposition :

Théorème. — *Il existe une droite rectifiante de tout polygone gauche, dont les sinus des inclinaisons par rapport au côté de l'angle du polygone et par rapport à la normale au sommet sont dans le même rapport que les sinus de la demi-déviation et de la demi-flexion.*

Cosinus des angles que la droite rectifiante fait avec les trois droites rectangulaires OT, ON, OR. — Dans le plan de l'angle TOT′, et dans le sens de cet angle, menons du point O le rayon OR perpendiculaire à OT; les trois droites OT, ON, OR sont les trois arêtes d'un trièdre trirectangle; nous allons rapporter la direction de la droite OP à ces trois arêtes et calculer les cosinus des angles de cette droite avec les trois arêtes. Or les sinus des deux premiers de ces angles sont connus par les formules (5); on en déduit immédiatement les cosinus de ces deux angles; quant au cosinus du troisième angle, il se déduit des deux premiers par le théorème de la somme des carrés des cosinus.

On a donc, en introduisant l'auxiliaire η par la condition

$$\sin\eta = \sqrt{1 - \cos^2\frac{\Delta\omega_i}{2}\cos^2\frac{\Delta\varepsilon_i}{2}},$$

les trois expressions suivantes :

$$(5')\qquad \left\{\begin{aligned} \cos(\mathrm{N}, \mathrm{P}) &= -\frac{\cos\dfrac{\Delta\omega_i}{2}\sin\dfrac{\Delta\varepsilon_i}{2}}{\sin\eta}, \\ \cos(\mathrm{T}, \mathrm{P}) &= -\frac{\cos\dfrac{\Delta\varepsilon_i}{2}\sin\dfrac{\Delta\omega_i}{2}}{\sin\eta}, \\ \cos(\mathrm{R}, \mathrm{P}) &= \frac{\sin\dfrac{\Delta\varepsilon_i}{2}\sin\dfrac{\Delta\omega_i}{2}}{\sin\eta}. \end{aligned}\right.$$

Si du point O on mène une parallèle Oc à la corde TT′, et

une parallèle $O\gamma$ à la corde NN', le triangle $I\gamma c$ qui est rectangle en I donne

$$\cos(\gamma, c) = \cos\frac{\Delta\omega_i}{2}\cos\frac{\Delta\varepsilon_i}{2}, \quad \sin(\gamma, c) = \sin\eta;$$

l'auxiliaire 2η a donc une signification.

Polygone sphérique rectifiant. — Supposons construit, comme on l'a indiqué au numéro précédent, le polygone sphérique dont les côtés sont les déviations du polygone gauche, et les angles, les flexions de ce polygone; supposons également construit le polygone sphérique polaire, c'est-à-dire tel que les sommets soient les pôles des côtés du premier polygone sphérique, il est évident que le premier sera aussi le polygone polaire du deuxième. Si l'on joint par des arcs de cercle les milieux de chaque côté du premier avec le sommet correspondant du deuxième qui est le pôle de ce côté et les milieux de chaque côté du deuxième avec le sommet correspondant du premier qui est le pôle de ce côté, les intersections des arcs correspondants chacun à chacun donneront une série de points qui seront les sommets d'un polygone sphérique que l'on peut appeler *polygone rectifiant*, en ce sens que si l'on joint le centre de la sphère aux différents sommets de ce polygone, on aura les directions de la série des droites rectifiantes du polygone gauche.

5. *Cercle passant par trois sommets consécutifs.* — Soient A_i, A_{i+1}, A_{i+2} (*fig.* 3) les trois sommets consécutifs du polygone.

Fig. 3.

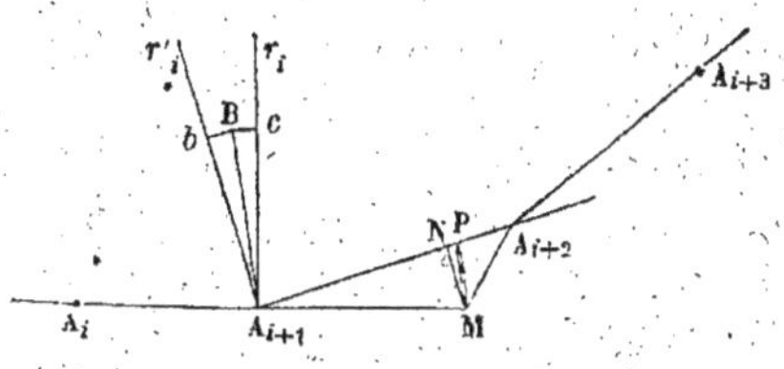

gone. Si l'on remarque que le diamètre du cercle circonscrit à ce triangle est le rapport d'un côté au sinus de l'angle opposé, on trouve, en évaluant A_iA_{i+2} en fonction des données qui sont l_i, $l_i + \Delta l_i$ et $\Delta\varepsilon_i$ l'expression suivante du rayon R_i :

$$(\mathrm{R}) \qquad 4R_i^2 = \frac{l_i(l_i + \Delta l_i)}{\sin^2\frac{1}{2}\Delta\varepsilon_i} + \frac{(\Delta l_i)^2}{\sin^2\Delta\varepsilon_i}.$$

La direction de ce rayon par rapport aux deux côtés l_i et l_{i+1} est donnée par les deux formules

$$(\mathrm{R}') \qquad 2\cos(R_i, l_i) = \frac{l_i}{R_i}, \quad 2\cos(R_i, l_{i+1}) = \frac{l_i + \Delta l_i}{R_i}.$$

Si l'on passe aux infiniment petits, on trouve le rayon du cercle osculateur et sa direction.

Si l'on appelle a_i l'apothème relatif au côté l_i, on a la relation

$$a_i^2 = R_i^2 - \frac{l_i^2}{4}.$$

§ II. — Deuxième système d'équations.

6. *Deuxième système d'équations.* — Le polygone sera déterminé de forme d'une seconde manière si l'on connaît les côtés en longueur et direction, et de plus il sera déterminé de position si l'on connaît seulement la position d'un côté. Ceci revient à dire que l'on donne la première des équations (4), qui exprime la loi de la variation du périmètre du polygone, et les angles que chaque côté fait avec trois axes fixes que nous supposons rectangulaires, de sorte que l'on a aussi les trois équations

$$(l) \quad \cos(l_i, x) = f_1^{(1)}(t_i), \quad \cos(l_i, y) = f_2^{(1)}(t_i), \quad \cos(l_i, z) = f_3^{(1)}(t_i),$$

dans lesquelles i prend toutes les valeurs entières depuis zéro jusqu'à n.

Si l'on se donne les coordonnées d'un sommet, par exemple du point A_0, on mènera de ce point une longueur l_0 ayant la direction donnée par les trois cosinus qui se rapportent à l_0 ; de l'extrémité du côté l_0 on mènera une ligne ayant la direction marquée par les cosinus qui se rapportent à l_1, et sur cette ligne, à partir de ce point, une longueur égale à l_1 donnée par la première équation (4), et ainsi de suite. En opérant de même on arrivera jusqu'au dernier côté l_n du polygone.

Dans ce système d'équations, une seule fait connaître directement une espèce d'éléments du polygone, c'est la première des équations (4) élémentaires; les autres équations ne font pas connaître directement les deux autres espèces d'éléments du polygone, qui sont les déviations finies et les flexions finies. Ce n'est que par une suite de déductions qu'on arrive à la connaissance de ces éléments. Au point de vue géométrique, la construction du polygone met en évidence ces deux sortes d'éléments, et l'Analyse, de son côté, donne les formules qui en fournissent les expressions explicites.

7. *Déviations.* — Considérons, en effet, le sommet de l'angle $\Delta\varepsilon_i$; les deux côtés de cet angle sont l_i prolongé et l_{i+1}. Or, si du sommet de cet angle et dans son plan, avec un rayon égal à l'unité, on décrit un arc de cercle qui mesure l'angle $\Delta\varepsilon_i$ et que l'on trace la corde c_i de cet arc, on obtient un triangle isoscèle, de sorte que, si l'on projette le périmètre de ce triangle successivement sur les trois axes, on obtient trois équations semblables à la suivante, et qui s'en déduisent en y changeant successivement x en y et en z :

$$\cos(l_i, x) + 2\sin\tfrac{1}{2}\Delta\varepsilon_i \cos(c_i, x) - \cos(l_{i+1}, x) = 0, \quad (3)\ (^1)$$

de laquelle on déduit le type suivant :

$$(6) \qquad 2\sin\tfrac{1}{2}\Delta\varepsilon_i \cos(c_i, x) = \Delta\cos(l_i, x). \quad (3)$$

Ces trois équations font connaître les trois angles que les trois axes coordonnés font avec la perpendiculaire au plan normal du plan de l'angle $\Delta\varepsilon_i$ et bissecteur de cet angle, et de plus l'angle $\Delta\varepsilon_i$, puisque, si l'on élève au carré et qu'on ajoute, on trouve l'équation qui donne la loi des angles du polygone

$$(7) \qquad 4\sin\tfrac{1}{2}\Delta\varepsilon_i = S[\Delta\cos(l_i, x)]^2,$$

dans laquelle la lettre S indique la somme des trois quantités que l'on obtient, en faisant dans l'expression entre crochets

(1) Le chiffre 3 entre parenthèses ( ), placé à la droite de l'équation, indique l'existence de ces trois équations; cette notation sera conservée dans la suite.

successivement x égal à x, y, z. Cette notation sera aussi conservée dans la suite.

8. *Flexions.* — Les flexions du polygone s'obtiennent avec non moins de facilité. Soit n_i la normale au plan de l'angle $\Delta\varepsilon_i$, menée par son sommet; projetons l'aire du triangle isoscèle que nous venons de considérer sur les trois plans coordonnés, en fixant comme il convient le sens de la normale n_i; on a les trois équations contenues dans le type suivant :

$$(8)\quad \left\{ \begin{aligned} &\sin\Delta\varepsilon_i \cos(n_i, x) \\ &\quad = \cos(l_i, y)\Delta\cos(l_i, z) - \cos(l_i, z)\Delta\cos(l_i, y). \quad (3) \end{aligned} \right.$$

Ces formules font connaître les cosinus des angles que les trois axes coordonnés font avec la normale n_i au plan de l'angle $\Delta\varepsilon_i$. Donc, si l'on raisonne comme on vient de le faire, pour trouver la déviation, il faudra mener du pied de la normale n_i une parallèle à la normale suivante n_{i+1}, et l'on aura un angle $\Delta\omega_i$ qui sera la mesure de la flexion, et qui donnera, en appelant γ_i la corde correspondant à cet angle, les trois équations contenues dans le type suivant :

$$(9)\qquad 2\sin\tfrac{1}{2}\Delta\omega_i \cos(\gamma_i, x) = \Delta\cos(n_i, x). \quad (3)$$

Ces trois équations font connaître les angles que les trois axes coordonnés font avec la perpendiculaire au plan bissecteur des plans des deux angles $\Delta\varepsilon_i$, $\Delta\varepsilon_{i+1}$, et de plus l'angle $\Delta\omega_i$ qui est donné par l'équation

$$(10)\qquad 4\sin^2\tfrac{1}{2}\Delta\omega_i = \mathrm{S}[\Delta\cos(n_i, x)]^2.$$

9. *Normale principale.* — Considérons l'angle $\Delta\varepsilon_i$ dont les deux côtés sont l_i prolongé et l_{i+1}; la normale au premier côté, menée par le sommet et située dans le plan de l'angle, est la normale principale. Pour obtenir les cosinus des angles que cette normale fait avec les trois axes coordonnés, menons par le sommet de l'angle $\Delta\varepsilon_i$ (*fig.* 3) une longueur $A_{i+1}B$ égale à l'unité, parallèle à la corde c_i qui sous-tend l'arc $\Delta\varepsilon_i$, et une normale principale r_i, et projetons la première longueur sur cette normale. Si nous considérons le triangle cBA_{i+1} formé par la longueur dont il s'agit et sa projection, et que nous pro-

jetions son périmètre sur les trois axes coordonnés, nous aurons les trois équations dans le type suivant :

$$(12) \quad \cos\tfrac{1}{2}\Delta\varepsilon_i \cos(r_i, x) = \cos(c_i, x) + \sin\tfrac{1}{2}\Delta\varepsilon_i \cos(l_i, x);$$

et, si l'on a égard aux équations (6), on obtient la formule suivante :

$$(12') \quad \sin\Delta\varepsilon_i \cos(r_i, x) = \Delta\cos(l_i, x) + 2\sin^2\tfrac{1}{2}\Delta\varepsilon_i \cos(l_i, x);$$

pour la normale r'_i au côté suivant dans le même plan, on obtient de la même manière la formule

$$(12'') \quad \sin\Delta\varepsilon_i \cos(r'_i, x) = \Delta\cos(l_i, x) - 2\sin^2\tfrac{1}{2}\Delta\varepsilon_i \cos(l_{i+1}, x),$$

et, en ajoutant membre à membre les équations (12′) et (12″), on tombe sur l'équation suivante :

$$\sin\Delta\varepsilon_i[\cos(r_i, x) + \cos(r'_i, x)] = 2\Delta\cos(l_i, x)\cos^2\tfrac{1}{2}\Delta\varepsilon_i;$$

ces différentes formules donnent les cosinus des angles d'un côté quelconque du polygone avec les trois axes coordonnés.

10. *Angles de la droite rectifiante avec les trois axes.* — Cette droite p_i est l'intersection (4) des deux plans bissecteurs : le premier de l'angle $\Delta\varepsilon_i$, et perpendiculaire au plan de cet angle ; le second de l'angle $\Delta\omega_i$ des deux binormales n_i, n_{i+1}, et perpendiculaire au plan de cet angle. Or la corde c_i, qui sous-tend l'arc $\Delta\varepsilon_i$, est perpendiculaire au premier plan, et la corde γ_i, qui sous-tend l'arc $\Delta\omega_i$, est perpendiculaire au second plan ; donc l'intersection des deux plans est perpendiculaire commune des deux cordes c_i, γ_i. On a donc cette proposition :

La droite rectifiante p_i est perpendiculaire commune des deux cordes c_i et γ_i qui sous-tendent : la première, l'arc $\Delta\varepsilon_i$ de deux côtés consécutifs du polygone, et la seconde, l'arc $\Delta\omega_i$ de deux binormales consécutives.

Angle de ces deux cordes c_i, γ_i. — Multiplions membre à membre les équations (6) par les équations (9), chacune par chacune, et ajoutons : nous obtenons l'équation résultante

$$4\sin\tfrac{1}{2}\Delta\varepsilon_i \sin\tfrac{1}{2}\Delta\omega_i \cos(c_i, \gamma_i) = \mathrm{S}\Delta\cos(l_i, x)\Delta\cos(n_i, x);$$

mais, d'une autre part, le triangle $\mathrm{I}c\gamma$ est rectangle en I (*fig.* 2),

OI étant l'intersection des deux plans tOt', nOn'; on a donc la condition

$$(\gamma) \qquad \cos(c_i, \gamma_i) = \cos\tfrac{1}{2}\Delta\varepsilon_i \cos\tfrac{1}{2}\Delta\omega_i,$$

et, par suite, l'équation précédente devient

$$\sin\Delta\varepsilon_i \sin\Delta\omega_i = \mathrm{S}\Delta\cos(l_i, x)\Delta\cos(n_i, x).$$

Angles de la droite rectifiante avec les trois axes. — Si d'un point O l'on mène deux droites parallèles à c_i et γ_i, égales à l'unité, et qu'on joigne les extrémités par une droite, on a un triangle dont les cosinus des angles que les côtés parallèles à c_i et à γ_i font avec les axes des x, y, z sont connus, et, si l'on applique à l'aire de ce triangle et à ses projections sur les trois plans coordonnés le raisonnement que nous venons de faire dans le numéro qui précède, on trouvera les trois équations contenues dans le type suivant :

$$(11) \begin{cases} \sin(c_i, \gamma_i)\cos(p_i, x) \\ \quad = \cos(c_i, y)\cos(\gamma_i, z) - \cos(c_i, z)\cos(\gamma_i, y). \quad (3) \end{cases}$$

Or, si l'on a égard aux équations (6) et (9), cette équation devient

$$2^2\sin(c_i, \gamma_i)\sin\tfrac{1}{2}\Delta\varepsilon_i \sin\tfrac{1}{2}\Delta\omega_i \cos(p_i, x)$$
$$= \Delta\cos(l_i, y)\Delta\cos(n_i, z) - \Delta\cos(l_i, z)\Delta\cos(n_i, y).$$

Angles de la droite rectifiante avec les axes mobiles. — A cause de l'importance de la question, nous allons calculer analytiquement les angles que la droite p_i fait avec les trois axes mobiles l_i, n_i, r_i. Représentons par $\mho$ le facteur de $\cos(p_i, x)$, $\cos(p_i, y)$, $\cos(p_i, z)$ dans les premiers membres des équations précédentes, multiplions ces trois équations chacune par chacun des facteurs $\cos(l_i, x)$, $\cos(l_i, y)$, $\cos(l_i, z)$ et ajoutons; on obtiendra l'équation suivante :

$$\mho\cos(p_i, l_i)$$
$$= \mathrm{S}\cos(n_i, z)[\cos(l_i, x)\Delta\cos(l_i, y) - \cos(l_i, y)\Delta\cos(l_i, x)],$$

et, en ayant égard aux valeurs des cosinus des angles que n_i fait avec chacun des axes x, y, z, données par les équations (8), on trouvera

$$\mho \cos(p_i, l_i) = \sin\Delta\varepsilon \, \mathrm{S} \cos(n_i, x) \Delta \cos(n_i, x).$$

Or l'équation

$$\mathrm{S} \cos^2(n_i, x) = 1,$$

dont on prend la différence, donne la relation

$$\mathrm{S} \cos(n_i, x) \Delta \cos(n_i, x) = -2 \sin^2 \tfrac{1}{2} \Delta\omega_i;$$

on trouve donc, réductions faites,

$$\cos(p_i, l_i) = - \frac{\cos\frac{1}{2}\Delta\varepsilon_i \sin\frac{1}{2}\Delta\omega_i}{\sqrt{1 - \cos^2\frac{1}{2}\Delta\varepsilon_i \cos^2\frac{1}{2}\Delta\omega_i}}.$$

En procédant de la même manière, on trouvera

$$\cos(p_i, n_i) = - \frac{\cos\frac{1}{2}\Delta\omega_i \sin\frac{1}{2}\Delta\varepsilon_i}{\sqrt{1 - \cos^2\frac{1}{2}\Delta\omega_i \cos^2\frac{1}{2}\Delta\varepsilon_i}};$$

enfin, en remarquant que les trois axes mobiles l_i, n_i, r_i sont rectangulaires, et que, par suite, la somme des carrés des cosinus des angles que la droite p_i fait avec les trois axes est l'unité, on trouvera

$$\cos(p_i, r_i) = \frac{\sin\frac{1}{2}\Delta\omega_i \sin\frac{1}{2}\Delta\varepsilon_i}{\sqrt{1 - \cos^2\frac{1}{2}\Delta\varepsilon_i \cos^2\frac{1}{2}\Delta\omega_i}}.$$

11. *Sphère circonscrite au tétraèdre dont les sommets sont en quatre points consécutifs du polygone.* — Par le milieu des côtés l_i, l_{i+1}, l_{i+2} menons (*fig.* 4) des plans perpendiculaires à ces côtés, et soit $C_i D_i$ l'intersection du premier et du deuxième; $C_{i+1} D_{i+1}$ l'intersection du deuxième et du troisième; le point D_i commun à ces deux intersections est le centre de la sphère qui passe par les quatre sommets consécutifs. Soient $B_i C_i$, $B_{i+1} C_i$ les intersections du plan de l'angle $\Delta\varepsilon_i$ avec les deux premiers plans normaux; $B_{i+1} C_{i+1}$, $B_{i+2} C_{i+1}$ les intersections du plan de l'angle $\Delta\varepsilon_{i+1}$ avec le deuxième et le troisième plan normal. Comme les intersections $D_i C_i$ et $D_{i+1} C_{i+1}$ sont perpendiculaires, la première au plan de l'angle $\Delta\varepsilon_i$, et la deuxième au plan de l'angle $\Delta\varepsilon_{i+1}$; ces deux droites font entre elles l'angle $\Delta\omega_i$, lequel est aussi égal à

Fig. 4.

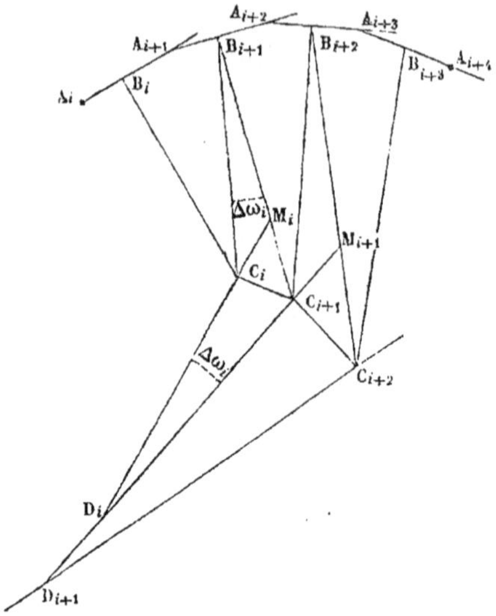

l'angle $C_i B_{i+1} C_{i+1}$. Appelons $B_i C_i$ a_i et $B_{i+1} C_i$, $C_i D_i$ a'_i, L_i; comme les angles du triangle $B_{i+1} C_i M_i$ sont $\Delta\omega_i$, $\frac{\pi}{2} - 2\Delta\omega_i$, $\frac{\pi}{2} + \Delta\omega_i$, on aura les relations

$$C_i M_i = a'_i \operatorname{tang} \Delta\omega_i,$$

$$B_{i+1} M_i = a'_i \frac{\cos 2\Delta\omega_i}{\cos \Delta\omega_i},$$

$$C_{i+1} M_i = a_{i+1} - a'_i \frac{\cos 2\Delta\omega_i}{\cos \Delta\omega_i}.$$

Or le triangle $D_i M_i C_{i+1}$ donne les relations

$$\frac{C_{i+1} M_i}{D_i M_i} = \frac{C_{i+1} M_i}{D_i C_i + C_i M_i} = \sin \Delta\omega_i;$$

donc, si l'on a égard aux valeurs précédentes des divers segments, et que l'on réduise, on trouve l'expression suivante de L_i :

$$L_i = \frac{a_{i+1} - a'_i \cos\Delta\omega_i}{\sin\Delta\omega_i} = \frac{a_{i+1} - a'_i}{\sin\Delta\omega_i} + a'_i \operatorname{tang}\tfrac{1}{2}\Delta\omega_i,$$

avec la condition

$$a'_i = a_i \cos\Delta\varepsilon_i + \frac{\Delta s_i}{2}\sin\Delta\varepsilon_i;$$

conséquemment, en représentant par $\mathcal{R}_i$ le rayon de la sphère, on obtient, en joignant les points D_i et A_i par une droite, la relation suivante :

$$\mathcal{R}_i^2 = R_i^2 + L_i^2,$$

dans laquelle R_i représente le rayon du cercle qui passe par trois sommets consécutifs (n° 5).

Si le polygone est équilatéral, la valeur de L_i devient

$$L_i = \frac{\Delta a_i}{\sin\Delta\omega_i} + a_i \operatorname{tang}\tfrac{1}{2}\Delta\omega_i.$$

Si le polygone est de plus équiangle, tous les apothèmes sont égaux, et la formule précédente devient

$$L_i = a_i \operatorname{tang}\tfrac{1}{2}\Delta\omega_i.$$

Dans ce dernier cas

$$a_i = R_i \cos\tfrac{1}{2}\Delta\varepsilon_i;$$

on a donc

$$L_i = R_i \cos\tfrac{1}{2}\Delta\varepsilon_i \operatorname{tang}\tfrac{1}{2}\Delta\omega_i;$$

et conséquemment

$$\mathcal{R}_i^2 = R_i^2(1 + \cos^2\Delta\varepsilon_i \operatorname{tang}^2\tfrac{1}{2}\Delta\omega_i).$$

Seconde expression. — Si l'on remarque que le quadrilatère plan $C_i B_{i+1} C_{i+1} D_i$ est inscriptible, on a

$$D_i B_{i+1} = \frac{C_i C_{i+1}}{\sin\Delta\omega_i},$$

et conséquemment

$$\mathcal{R}_i^2 = \frac{\overline{C_i C_{i+1}}^2}{\sin^2\Delta\omega_i} + \tfrac{1}{4}(\Delta s_{i+1})^2,$$

avec la relation

$$\overline{C_i C_{i+1}}^2 = a_i'^2 + a_{i+1}^2 - 2 a_i' a_{i+1} \sin \Delta\omega_i.$$

§ III. — Troisième système d'équations.

12. *Troisième système d'équations.* — Supposons connues les positions des divers sommets du polygone par rapport à trois axes coordonnés; le polygone sera complétement déterminé, puisqu'il suffira de joindre par des lignes droites un sommet quelconque du polygone avec le suivant. Il résulte de ces données que l'on doit avoir trois relations qui font connaître les trois coordonnées d'un sommet quelconque. Soient ces relations

$$(13) \qquad x_i = f_1(t_i), \quad y_i = f_2(t_i), \quad z_i = f_3(t_i),$$

dans lesquelles i prend toutes les valeurs entières, depuis 1 jusqu'à n.

De ces équations il est facile de déduire les longueurs des côtés, ainsi que les angles qu'ils font avec les axes coordonnés. Si nous supposons ces axes rectangulaires, on a les trois équations contenues dans le type suivant :

$$(l') \qquad \frac{\Delta x_i}{\Delta s_i} = \cos(l_i, x), \quad (3)$$

et la relation

$$(\Delta s_i)^2 = (\Delta x_i)^2 + (\Delta y_i)^2 + (\Delta z_i)^2,$$

au moyen desquelles on connaîtra les côtés en longueur et en direction; par conséquent on retrouve le système d'équations que nous venons d'étudier et desquelles on déduira tous les éléments du polygone.

13. *Question inverse.* — Dans cette question, il s'agit de déduire des équations (l') et de la première des équations (4), qui forment le deuxième système d'équations, les équations du troisième système (13).

Considérons la première des équations (l); on peut l'écrire sous la forme

$$\frac{\Delta x_i}{\Delta s_i} = f_1^{(1)}(t_i), \quad (3)$$

laquelle est équivalente à l'équation

$$x_{i+1} - x_i = f_1^{(1)}(t_i) f(t_i) \Delta t. \quad (3)$$

Si dans cette équation on donne à i toutes les valeurs entières depuis o jusqu'à $n-1$, on aura une série d'équations dont la somme donnera l'équation suivante et les deux équations qui en résultent :

(13') $$x_n - x_0 = \sum_0^{n-1} f_1^{(1)}(t_i) f(t_i) \Delta t, \quad (3)$$

dans lesquelles x_0, y_0, z_0 sont les coordonnées du premier sommet A_0, qui sont tout à fait arbitraires, et qui par conséquent permettent de placer le polygone déterminé de forme dans une infinité de positions dans lesquelles les mêmes côtés restent parallèles; la position du polygone n'est déterminée que lorsque l'on fixe les coordonnées x_0, y_0, z_0 du premier sommet.

14. *Plan de l'angle d'un polygone.* — Considérons (*fig.* 3) deux côtés consécutifs du polygone l_i et l_{i+1}, et $\Delta\varepsilon_i$ l'angle extérieur de ces deux côtés; le plan de l'angle $A_i A_{i+1} A_{i+2}$ est le plan qu'il faut déterminer; prolongeons $A_i A_{i+1}$ d'une quantité égale $A_{i+1} M$ et joignons les deux points M et A_{i+2}; on aura un triangle dont le double de l'aire, V_i, aura pour expression le produit des deux côtés Δs_i, Δs_{i+1} par le sinus de l'angle $\Delta\varepsilon_i$; on aura donc la relation

$$V_i = \Delta s_i \Delta s_{i+1} \sin \Delta\varepsilon_i.$$

Cela posé, les projections des côtés $A_{i+1} M$, $A_{i+1} A_{i+2}$ sur les trois axes sont

$$\Delta x_i, \quad \Delta y_i, \quad \Delta z_i, \quad \Delta x_i + \Delta^2 x_i, \quad \Delta y_i + \Delta^2 y_i, \quad \Delta z_i + \Delta^2 z_i;$$

de sorte que, si l'on appelle X_i, Y_i, Z_i les projections du double de l'aire, V_i, sur les trois plans coordonnés perpendiculaires aux axes des x, des y et des z, on a les trois équations contenues dans le type suivant :

$$(14)\qquad X_i = \Delta y_i \Delta^2 z_i - \Delta z_i \Delta^2 y_i.$$

Maintenant, si l'on appelle n_i la direction de la normale au plan du triangle compté dans le sens où un spectateur devrait se placer suivant la normale pour voir la déviation s'effectuer de gauche à droite, on aura les trois équations suivantes :

$$(15)\qquad \cos(n_i, x) = \frac{\Delta y_i \Delta^2 z_i - \Delta z_i \Delta^2 y_i}{\Delta s_i (\Delta s_i + \Delta^2 s_i) \sin \Delta \varepsilon_i}, \qquad (3)$$

qui feront connaître la direction de la normale définie comme nous venons de le faire.

15. *Angle du polygone.* — Si l'on élève au carré les trois équations précédentes et qu'on ajoute, on obtient l'équation

$$(\Delta\varepsilon)\qquad \sin^2 \Delta\varepsilon_i = \frac{S(\Delta y_i \Delta^2 z_i - \Delta z_i \Delta^2 y_i)^2}{[\Delta s_i (\Delta s_i + \Delta^2 s_i)]^2}.$$

Deuxième méthode. — Abaissons une perpendiculaire MN du point M sur $A_{i+1} A_{i+2}$; on a les relations

$$\overline{MN}^2 = \overline{MA_{i+2}}^2 - \overline{NA_{i+2}}^2, \quad MN = \Delta s_i \sin \Delta\varepsilon_i,$$

$$\overline{MA_{i+2}}^2 = (\Delta^2 x_i)^2 + (\Delta^2 y_i)^2 + (\Delta^2 z_i)^2,$$

$$NA_{i+2} = A_{i+1} A_{i+2} - A_{i+1} N = \Delta s_i + \Delta^2 s_i - \Delta s_i \cos \Delta\varepsilon_i.$$

Si l'on substitue les valeurs trouvées dans la première relation, on obtient successivement les équations suivantes :

$$4 \Delta s_i^2 \sin^2 \tfrac{1}{2} \Delta\varepsilon_i \cos^2 \tfrac{1}{2} \Delta\varepsilon_i = S(\Delta^2 x_i)^2 - (2 \Delta s_i \sin^2 \tfrac{1}{2} \Delta\varepsilon_1 + \Delta^2 s_i)^2,$$

$$4 \Delta s_i \sin^2 \tfrac{1}{2} \Delta\varepsilon_i + 4 \Delta s_i \Delta^2 s_i \sin^2 \tfrac{1}{2} \Delta\varepsilon_i = S(\Delta^2 x_i)^2 - (\Delta^2 s_i)^2$$

et finalement

$$4 \Delta s_i \Delta s_{i+1} \sin^2 \tfrac{1}{2} \Delta\varepsilon_i = S(\Delta^2 x_i)^2 - (\Delta^2 s_i)^2.$$

16. *Flexion.* — Considérons deux triangles consécutifs $\frac{1}{2} V_i$, $\frac{1}{2} V_{i+1}$ analogues à celui que nous venons de définir. D'un point O menons deux droites OA, OA′ proportionnelles aux aires V_i, V_{i+1} et parallèles aux normales N_i, N_{i+1} aux plans de ces triangles, et achevons le triangle OAA′ de ces perpendiculaires; l'aire du triangle ainsi formée sera représentée par $\frac{1}{2}W_i$; d'après cela, on aura la relation

$$W_i = V_i V_{i+1} \sin \Delta\omega_i.$$

Si l'on représente par $\mathfrak{X}_i$, $\mathfrak{Y}_i$, $\mathfrak{Z}_i$ les projections du double de l'aire de ce triangle sur les trois plans coordonnés des yz, des zx, des xy, et par $\mathfrak{N}$ la direction de la normale au plan de ce triangle comptée dans le sens où un spectateur devrait se placer suivant cette normale pour voir la flexion s'effectuer de gauche à droite, on aura les trois équations

$$\cos(\mathfrak{N}, x) = \frac{\mathfrak{X}_i}{W_i}.$$

Or les projections sur les trois axes des côtés du triangle proportionnels à V_i, V_{i+1} sont proportionnelles à X_i, Y_i, Z_i; X_{i+1}, Y_{i+1}, Z_{i+1}; on aura donc les trois équations

$$\mathfrak{X}_i = Y_i \Delta Z_i - Z_i \Delta Y_i,$$

et conséquemment on a les trois cosinus

$$\cos(\mathfrak{N}_i, x) = \frac{Y_i \Delta Z_i - Z_i \Delta Y_i}{V_i (V_i + \Delta V_i) \sin \Delta\omega_i},$$

avec la relation

$$\sin^2 \Delta\omega_i = \frac{S(Y_i \Delta Z_i - Z_i \Delta Y_i)^2}{V_i (V_i + \Delta V_i)}.$$

Or, si dans l'expression de $\mathfrak{X}_i$ on remplace ΔZ_i et ΔY_i par leurs valeurs tirées des équations (14) du n° **14**, on trouve la relation

$$\begin{aligned}\mathfrak{X}_i = {} & \Delta x_{i+1} (Y_i \Delta^3 y_i + Z_i \Delta^3 z_i + X_i \Delta^3 x_i) \\ & - \Delta^3 x_i (X_i \Delta x_{i+1} + Z_i \Delta z_{i+1} + Y_i \Delta y_{i+1});\end{aligned}$$

et, comme le second facteur du dernier terme est identiquement nul, on aura

$$\mathfrak{X}_i = \Delta x_{i+1} (X_i \Delta^3 x_i + Z_i \Delta^3 z_i + Y_i \Delta^3 y_i).$$

Conséquemment on obtient l'expression suivante du cosinus de l'angle $(\mathfrak{N}_i, x)$:

$$\cos(\mathfrak{N}_i, x) = \frac{\Delta x_{i+1}}{\Delta s_{i+1}} \frac{(X_i \Delta^3 x_i + Y_i \Delta^3 y_i + Z_i \Delta^3 z_i)}{\Delta s_i \Delta s_{i+1} \Delta s_{i+2} \sin\Delta\varepsilon_i \sin\Delta\varepsilon_{i+1} \sin\Delta\omega_i},$$

laquelle donne la relation suivante :

$$\cos(\mathfrak{N}_i, x) = \frac{\Delta x_{i+1}}{\Delta s_{i+1}},$$

avec l'expression du sinus de $\Delta\omega_i$

$$(\Delta\omega) \qquad \sin\Delta\omega_i = \frac{S(X_i \Delta^3 x_i)}{\Delta s_i \Delta s_{i+1} \Delta s_{i+2} \sin\Delta\varepsilon_i \sin\Delta\varepsilon_{i+1}}.$$

La première de ces équations est une conséquence des considérations exposées au n° 4, et peut se démontrer directement. On a donc cette proposition :

La perpendiculaire au plan de deux directions voisines de la binormale est parallèle au côté du polygone et de direction opposée.

17. *Deuxième expression de la flexion.* — Du point A abaissons une perpendiculaire AN sur OA′; nous avons la relation

$$\overline{NA}^2 = \overline{AA'}^2 - \overline{NA'}^2;$$

or

$$NA = V_i \sin\Delta\omega, \quad \overline{AA'}^2 = \overline{\Delta X_i}^2 + \overline{\Delta Y_i}^2 + \overline{\Delta Z_i}^2,$$
$$A'N = V_i + \Delta V_i - V_i \cos\Delta\omega_i.$$

Si l'on substitue ces valeurs dans l'équation précédente, on a successivement

$$V_i^2 \sin^2\Delta\omega_i = (\Delta X_i)^2 + (\Delta Y_i)^2 + (\Delta Z_i)^2 - (2 V_i \sin^2\tfrac{1}{2}\Delta\omega_i + \Delta V_i)^2,$$
$$4 V_i^2 \sin^2\tfrac{1}{2}\Delta\omega_i + 4 V_i \Delta V_i \sin^2\Delta\omega_i = S(\Delta X_i)^2 - (\Delta V_i)^2,$$
$$4 V_i V_{i+1} \sin^2\tfrac{1}{2}\Delta\omega_i = S(\Delta X_i)^2 - (\Delta V_i)^2;$$

or

$$V_i = \Delta s_i \Delta s_{i+1} \sin\Delta\varepsilon_i;$$

donc

$$4 \Delta s_i (\Delta s_{i+1})^2 \Delta s_{i+2} \sin\Delta\varepsilon_i \sin\Delta\varepsilon_{i+1} \sin^2\tfrac{1}{2}\Delta\omega_i$$
$$= S(\Delta X_i)^2 - [\Delta(\Delta s_i \Delta s_{i+1} \sin\Delta\varepsilon_i)]^2.$$

18. *Polygone des centres du cercle passant par trois points consécutifs.* — Soient x_i, y_i, z_i les coordonnées du centre du cercle passant par les trois points A_i, A_{i+1}, A_{i+2}; en projetant successivement sur les trois axes coordonnés le triangle dont les côtés de l'angle droit sont $\frac{1}{2}\Delta s_i$ et la perpendiculaire abaissée du centre sur le côté Δs_i, on aura les trois équations contenues dans le type suivant :

$$x_i + \tfrac{1}{2}\Delta x_i - \mathrm{x}_i = a_i \cos(r_i, x); \quad (3)$$

et en ayant égard aux valeurs des cosinus des angles que r_i, normale principale, fait avec les trois axes, valeurs données par les formules (12′), on obtient les équations suivantes :

$$x_i + \tfrac{1}{2}\Delta x_i - \mathrm{x}_i$$
$$= \frac{a_i}{\sin \Delta\varepsilon_i}\left[\Delta \cos(l_i, x) + 2\sin^2 \tfrac{1}{2}\Delta\varepsilon_i \cos(l_i, x)\right], \quad (3)$$

dans lesquelles il faut substituer la valeur de a_i donnée par la formule

$$\mathrm{R}_i^2 = \frac{\Delta s_i^2}{4} + a_i^2,$$

combinée avec la formule (R) du n° 5.

19. *Polygone du centre des sphères passant par quatre sommets consécutifs.* — Soient α_i, β_i, γ_i les coordonnées du centre de la sphère passant par les quatre points A_i, A_{i+1}, A_{i+2}, A_{i+3}. En projetant successivement sur les trois axes le périmètre du triangle $D_i B_i C_i$ (*fig.* 4), en appelant $\mathcal{A}_i$ la longueur $D_i B_i$, on aura les trois équations

$$\mathcal{A}_i \cos(\mathcal{A}_i, x) = \mathrm{L}_i \cos(n_i, x) + a_i \cos(r_i, x); \quad (3)$$

ces équations font connaître la longueur $\mathcal{A}_i$ et les angles qu'elle fait avec les trois arcs coordonnés. On aura donc aussi les trois équations

$$x_i + \tfrac{1}{2}\Delta x_i - \alpha_i = \mathcal{A}_i \cos(\mathcal{A}_i, x), \quad (3)$$

lesquelles feront connaître les coordonnées du centre de la sphère.

L'analyse conduirait également aux coordonnées du centre. En effet ce point est l'intersection de trois plans normaux menés du milieu de trois côtés consécutifs; il est donc donné par trois équations dont la première est l'équation du plan normal au milieu de l_i, la deuxième une combinaison de cette équation et de l'équation du plan normal mené au milieu de l_{i+1}, et la troisième une combinaison des premières équations et de l'équation qui se rapporte au plan normal mené du milieu de l_{i+2}; on a donc, en posant, pour abréger,

$$M = \tfrac{1}{2}(\Delta s_i)^2 + (x_i \Delta x_i + y_i \Delta y_i + z_i \Delta z_i),$$

les trois équations suivantes :

$$\begin{aligned} \alpha_i \Delta x_i + \beta_i \Delta y_i + \gamma_i \Delta z_i &= M, \\ \alpha_i \Delta^2 x_i + \beta_i \Delta^2 y_i + \gamma_i \Delta^2 z_i &= \Delta M, \\ \alpha_i \Delta^3 x_i + \beta_i \Delta^3 y_i + \gamma_i \Delta^3 z_i &= \Delta^2 M, \end{aligned}$$

qui donnent les coordonnées du centre de la sphère passant par quatre sommets consécutifs, et dans lesquelles il n'entre que les différences des coordonnées.

L'analyse donnerait également les coordonnées du centre du cercle passant par trois sommets consécutifs; il n'y aurait, en représentant par α_i, β_i, γ_i ces coordonnées, qu'à remplacer la dernière par l'équation

$$(\alpha_i - x_i)X_i + (\beta_i - y_i)Y_i + (\gamma_i - z_i)Z_i = 0,$$

qui représente un plan passant par trois sommets consécutifs.

§ IV. — Application.

20. *Du polygone hélicoïdal.* — Soit un prisme régulier dont la base a un nombre n de côtés; on plie un plan contenant une droite sur ce prisme, cette droite se transforme en un polygone hélicoïdal. Proposons-nous d'étudier ce polygone d'après les équations de ses sommets.

Équations des sommets. — Si l'on pose

$$t_i = \frac{2i\pi}{n}, \quad \Delta t = \frac{2\pi}{n},$$

les équations des sommets du polygone sont, en représentant par a le rayon du cylindre circonscrit,

$$x_i = a\cos t_i, \quad y_i = a\sin t_i, \quad z_i = i\frac{h}{n} = \frac{h}{2\pi}t_i.$$

Les différences premières sont

$$\Delta x_i = -2a\sin\left(t_i + \frac{\Delta t}{2}\right)\sin\frac{\Delta t}{2},$$

$$\Delta y_i = \quad 2a\cos\left(t_i + \frac{\Delta t}{2}\right)\sin\frac{\Delta t}{2},$$

$$\Delta z_i = \frac{h}{2\pi}\Delta t = \frac{h}{n}.$$

Les différences deuxièmes sont

$$\Delta^2 x_i = -4a\cos(t_i + \Delta t)\sin^2\frac{\Delta t}{2},$$

$$\Delta^2 y_i = -4a\sin\left(t_i + \frac{\Delta t}{2}\right)\sin^2\frac{\Delta t}{2},$$

$$\Delta^2 z_i = 0.$$

Les différences troisièmes sont

$$\Delta^3 x_i = \quad 8a\sin\left(t_i + \frac{3\Delta t}{2}\right)\sin^3\frac{\Delta t}{2},$$

$$\Delta^3 y_i = -8a\cos\left(t_i + \frac{3\Delta t}{2}\right)\sin^3\frac{\Delta t}{2},$$

$$\Delta^3 z_i = 0.$$

Les binômes X_i, Y_i, Z_i sont

$$X_i = \quad \frac{4ha}{\pi}\sin(t_i + \Delta t)\sin^2\frac{\Delta t}{2}\Delta t,$$

$$Y_i = -\frac{4ha}{\pi}\cos(t_i + \Delta t)\sin^2\frac{\Delta t}{2}\Delta t,$$

$$Z_i = 8a^2\cos\frac{\Delta t}{2}\sin^3\frac{\Delta t}{2}.$$

Les différences premières donnent, en représentant par λ

une auxiliaire,

$$(1)\quad \begin{cases} \dfrac{\Delta s^2}{\Delta t^2} = a^2\left[\left(\dfrac{\sin\dfrac{\Delta t}{2}}{\dfrac{\Delta t}{2}}\right)^2 + \dfrac{h^2}{4\pi^2 a^2}\right] = a^2\lambda^2, \\ \Delta s^2 = a^2\left(4\sin^2\dfrac{\Delta t}{2} + \dfrac{h^2}{n^2 a^2}\right). \end{cases}$$

Or, si l'on pose $\operatorname{tang}\nu = \dfrac{2a\sin\dfrac{\Delta t}{2}}{\dfrac{h}{n}}$, on a

$$(s)\qquad \Delta s_i = \frac{h}{n\cos\nu} = \frac{2a\sin\dfrac{\Delta t}{2}}{\sin\nu} = \frac{\sqrt{ah\sin\dfrac{\Delta t}{2}}}{\sqrt{n\sin 2\nu}}.$$

On conclut de cette équation que le rapport de Δs à Δt est constant.

21. *Cosinus des angles des côtés avec les trois axes rectangulaires.* — On obtient les formules

$$\cos(t_i, x) = -2a\sin\left(t_i + \frac{\Delta t}{2}\right)\frac{\sin\dfrac{\Delta t}{2}}{\Delta s_i},$$

$$\cos(t_i, y) = \quad 2a\cos\left(t_i + \frac{\Delta t}{2}\right)\frac{\sin\dfrac{\Delta t}{2}}{\Delta s_i},$$

$$\cos(t_i, z) = \frac{h\Delta t}{2\pi\Delta s_i} = \frac{h}{n\Delta s_i};$$

on déduit de ces cosinus leurs différences

$$\Delta\cos(t_i, x) = -4a\cos(t_i + \Delta t)\frac{\sin^2\dfrac{\Delta t}{2}}{\Delta s_i},$$

$$\Delta\cos(t_i, y) = -4a\sin(t_i + \Delta t)\frac{\sin^2\dfrac{\Delta t}{2}}{\Delta s_i},$$

$$\Delta\cos(t_i, z) = 0.$$

On a par conséquent les équations

$$\sin\tfrac{1}{2}\Delta\varepsilon_i\cos(c_i, x) = -2a\cos(t_i+\Delta t)\,\frac{\sin^2\dfrac{\Delta t}{2}}{\Delta s_i},$$

$$\sin\tfrac{1}{2}\Delta\varepsilon_i\cos(c_i, y) = -2a\sin(t_i+\Delta t)\,\frac{\sin^2\dfrac{\Delta t}{2}}{\Delta s_i},$$

$$\cos(c_i, z) = 0;$$

et, en élevant au carré et en ajoutant, on trouve

$$\sin\tfrac{1}{2}\Delta\varepsilon_i = \frac{2a\sin^2\dfrac{\Delta t}{2}}{\Delta s_i}$$

et, par conséquent,

$$(\varepsilon)\qquad \sin\tfrac{1}{2}\Delta\varepsilon_i = \sin\frac{\Delta t}{2}\sin\nu;$$

donc

$$\cos(c_i, x) = -\cos(t_i+\Delta t),$$

$$\cos(c_i, y) = -\sin(t_i+\Delta t),$$

$$\cos(c_i, z) = 0.$$

La formule (ε) prouve que tous les angles du polygone sont égaux. On voit de plus par la dernière des équations précédentes que la corde c_i est perpendiculaire à l'axe des z.

22. *Binormale.* — Les équations (8) du n° 8 donnent les formules suivantes :

$$\cos\frac{\Delta\varepsilon_i}{2}\cos(n_i, x) = \frac{h}{n\Delta s_i}\sin(t_i+\Delta t),$$

$$\cos\frac{\Delta\varepsilon_i}{2}\cos(n_i, y) = -\frac{h}{n\Delta s_i}\cos(t_i+\Delta t),$$

$$\cos\frac{\Delta\varepsilon_i}{2}\cos(n_i, z) = \frac{a\sin\Delta t}{\Delta s_i}.$$

Soit μ une auxiliaire, telle que

$$\operatorname{tang}\mu = \frac{h}{na\sin\Delta t},$$

on a

$$\operatorname{tang}\mu\operatorname{tang}\nu = \frac{1}{\cos\frac{\Delta t}{2}};$$

les formules précédentes donnent

$$\cos\frac{\Delta\varepsilon_i}{2} = \frac{h}{n\Delta s_i}\sin^{-1}\mu = \frac{\sqrt{\frac{h^2}{n^2}+a^2\sin^2\Delta t}}{\Delta s_i} = \frac{\cos\nu}{\sin\mu},$$

$$\begin{aligned}\cos(n_i, x) &= \sin\mu\sin(t_i+\Delta t),\\ \cos(n_i, y) &= -\sin\mu\cos(t_i+\Delta t),\\ \cos(n_i, z) &= \cos\mu.\end{aligned}$$

Les différences premières de ces équations sont

$$\begin{aligned}\Delta\cos(n_i, x) &= 2\sin\mu\cos\left(t_i+\frac{3\Delta t}{2}\right)\sin\frac{\Delta t}{2},\\ \Delta\cos(n_i, y) &= 2\sin\mu\sin\left(t_i+\frac{3\Delta t}{2}\right)\sin\frac{\Delta t}{2},\\ \Delta\cos(n_i, z) &= 0.\end{aligned}$$

La valeur constante de $\cos(n_i, z)$ montre que le plan d'un angle quelconque a toujours la même inclinaison sur le plan des xy.

23. *Angle de deux plans consécutifs.* — Les formules (9) du n° 8 deviennent

$$\begin{aligned}\sin\tfrac{1}{2}\Delta\omega_i\cos(\gamma_i, x) &= \sin\mu\sin\frac{\Delta t}{2}\cos\left(t_i+\frac{3\Delta t}{2}\right),\\ \sin\frac{\Delta\omega_i}{2}\cos(\gamma_i, y) &= \sin\mu\sin\frac{\Delta t}{2}\sin\left(t_i+\frac{3\Delta t}{2}\right),\\ \cos(\gamma_i, z) &= 0.\end{aligned}$$

Ces formules montrent que la corde γ_i de l'angle $\Delta\omega_i$ est constamment perpendiculaire aux arêtes latérales du prisme.

Si l'on élève ces équations au carré et qu'on les ajoute, on obtient la relation

$$(\omega) \qquad \sin\tfrac{1}{2}\Delta\omega_i = \sin\mu \sin\frac{\Delta t}{2} = \frac{h\sin\frac{\Delta t}{2}}{\sqrt{\frac{h^2}{n^2} + a^2\sin^2\Delta t}}.$$

Cette équation, qui donne l'angle de deux plans consécutifs du polygone hélicoïdal, montre que cet angle reste constant quel que soit le côté que l'on considère du polygone.

Si l'on a égard à cette dernière valeur, on obtient les cosinus des angles que la corde γ_i fait avec les trois axes fixes

$$\cos(\gamma_i, x) = \cos\left(t_i + \frac{3\Delta t}{2}\right),$$

$$\cos(\gamma_i, y) = \sin\left(t_i + \frac{3\Delta t}{2}\right),$$

$$\cos(\gamma_i, z) = 0;$$

et l'on voit que cette ligne parallèle au plan des xy fait avec la projection du côté sur le même plan un angle constant égal à $\frac{3\Delta t}{2}$.

24. *Normale principale.* — Les équations (12) du n° 9 donnent immédiatement

$$\cos\tfrac{1}{2}\Delta\varepsilon_i \cos(r_i, x) = -\cos(t_i + \Delta t) - \frac{4a^2}{\Delta s_i^2}\sin^3\frac{\Delta t}{2}\sin\left(t_i + \frac{\Delta t}{2}\right),$$

$$\cos\tfrac{1}{2}\Delta\varepsilon_i \cos(r_i, y) = -\sin(t_i + \Delta t) + \frac{4a^2}{\Delta s_i^2}\sin^3\frac{\Delta t}{2}\cos\left(t_i + \frac{\Delta t}{2}\right),$$

$$\cos\tfrac{1}{2}\Delta\varepsilon_i \cos(r_i, z) = \frac{2ha}{n\Delta s_i^2}\sin^2\frac{\Delta t}{2}.$$

Ces formules montrent que la normale principale r_i fait un angle constant avec l'axe des z. On vérifie ces équations en élevant au carré chacune d'elles, et en les ajoutant membre à membre, on retrouve la valeur de $\cos\frac{\Delta\varepsilon_i}{2}$.

25. *Droite rectifiante.* — Si l'on fait usage de la formule (γ) du n° 10, on trouve, en ayant égard aux valeurs précédentes,

$$\cos(c_i, \gamma_i) = -\cos\frac{\Delta t}{2}, \quad \sin(c_i, \gamma_i) = \sin\frac{\Delta t}{2}.$$

Donc l'angle des deux cordes c_i et γ_i est constant et supplémentaire de $\frac{\Delta t}{2_i}$.

Si l'on cherche les angles que la droite rectifiante p_i fait avec les trois axes fixes, on obtient, au moyen des équations (11) du n° 10, les résultats suivants :

$$\cos(p_i, x) = 0, \quad \cos(p_i, y) = 0, \quad \cos(p_i, z) = -1.$$

Ainsi la droite rectifiante est parallèle à l'axe des z, ce que l'on sait déjà par le mode de génération du polygone hélicoïdal.

Si l'on cherche les angles que la droite rectifiante p_i fait avec les axes mobiles Ol_i, On_i, Or_i, on obtient les résultats suivants :

$$\cos(p_i, n_i) = -\cos\mu,$$

$$\cos(p_i, l_i) = -\frac{h}{n_i \Delta s},$$

$$\cos(p_i, r_i) = -\frac{2a\sin\mu}{\Delta s_i}\sin^2\frac{\Delta t}{2}.$$

26. *Cercle passant par trois sommets consécutifs.* — Si l'on se reporte à la formule (R) du n° 5, on obtient, après quelques réductions faciles,

$$R = \frac{a}{\sin\nu}.$$

Coordonnées du centre. — Considérons le triangle formé par le rayon R, la perpendiculaire abaissée du centre sur le côté Δs_i et ce demi-côté; la longueur de cette perpendiculaire est

$$\sqrt{\frac{a^2}{\sin^2\gamma} - \frac{\Delta s_1^2}{4}} = \frac{a\cos\frac{\Delta t}{2}}{\sin\gamma}.$$

Si l'on appelle x_i, y_i, z_i les coordonnées du centre, on aura les trois équations

$$x_i - \tfrac{1}{2}\Delta x_i - \mathrm{x}_i = -\frac{2a\cos\frac{\Delta t}{2}\sin\mu}{\sin 2\nu} \times\left[\cos(t_i+\Delta t)+\sin^2\nu\sin\frac{\Delta t}{2}\sin\left(t_i+\frac{\Delta t}{2}\right)\right],$$

$$y_i - \tfrac{1}{2}\Delta y_i - \mathrm{y}_i = -\frac{2a\cos\frac{\Delta t}{2}\sin\mu}{\sin 2\nu} \times\left[\sin(t_i+\Delta t)-\sin^2\nu\sin\frac{\Delta t}{2}\sin\left(t_i+\frac{\Delta t}{2}\right)\right],$$

$$z_i - \tfrac{1}{2}\Delta z_i - \mathrm{z}_i = -\frac{2a\cos\frac{\Delta t}{2}\sin\mu}{\sin 2\nu} \times\left(\frac{1}{2}\sin 2\nu\sin\frac{\Delta t}{2}\right) = \frac{a}{2}\sin\mu\sin\Delta t.$$

Si dans ces formules on remplace x_i, y_i, z_i et leurs différences par leurs valeurs tirées du n° 20, et qu'on développe suivant les sinus et cosinus de t_i, on trouvera pour x_i, y_i et z_i des valeurs de même forme que les valeurs de x_i, y_i, z_i, et conséquemment le polygone formé par les centres des cercles passant par trois sommets consécutifs du polygone hélicoïdal est un second polygone hélicoïdal de même espèce que le polygone proposé. Ce second polygone est tracé sur un prisme régulier dont les arêtes latérales sont perpendiculaires au plan des xy.

27. *Sphère passant par quatre sommets consécutifs.* — Les formules du n° 11 donnent

$$\mathrm{L}_i = \frac{a^2\cos^2\frac{\Delta t}{2}}{\sin^2\nu}\,\frac{\sin^2\mu\sin^2\frac{\Delta t}{2}}{\sqrt{1-\sin^2\mu\sin^2\frac{\Delta t}{2}}},$$

$$\mathfrak{R}_i^2 = \frac{1-\sin^2\mu\sin^4\frac{\Delta t}{2}}{1-\sin^2\mu\sin^2\frac{\Delta t}{2}}.$$

L_i ayant une valeur constante, on voit que le polygone dont les sommets sont les centres des sphères passant par quatre sommets consécutifs est lié avec le polygone, lieu des centres des cercles passant par trois sommets consécutifs, par cette condition que les sommets du second s'obtiennent en prolongeant les côtés du premier d'une longueur constante L_i. Cette longueur devient de plus en plus petite à mesure que le nombre des côtés d'une spire d'un polygone proposé augmente, de sorte qu'il y a une coïncidence absolue entre ces deux polygones lorsque le polygone proposé se transforme en hélice.

Les questions que nous venons de traiter donnent la solution complète du problème suivant :

Problème. — *Étant données les équations des sommets du polygone hélicoïdal, trouver les équations élémentaires ainsi que tous les éléments de ce polygone.*

28. Problème. — *Étant données les équations élémentaires d'un polygone suivantes :*

$$\frac{\Delta s_i}{\sin\frac{\Delta t}{2}} = \mathrm{A}, \quad \frac{\sin\frac{1}{2}\Delta\varepsilon_i}{\sin\frac{1}{2}\Delta t} = \mathrm{B}, \quad \frac{\sin\frac{1}{2}\Delta\omega_i}{\sin\frac{1}{2}\Delta t} = \mathrm{C},$$

dans lesquelles les quantités A, B, C *sont constantes, construire le polygone.*

Ces équations montrent que tous les côtés du polygone sont égaux, qu'il en est de même des angles et des inclinaisons des plans de deux angles consécutifs; on peut donc, d'après les méthodes données au n° 3, construire le polygone, que l'on reconnaît ainsi être un polygone régulier hélicoïdal; mais on peut aussi pratiquer la construction suivante.

Supposons que $\Delta t = \frac{2\pi}{n}$; comme les quantités A, B, C sont des constantes, il suffira d'égaler ces quantités aux valeurs des premiers membres, fournies par les équations (s), (ε), (ω), des n°s 20 et suivants; on obtient ainsi les trois relations

$$\frac{2a}{\sin\nu} = \mathrm{A}, \quad \sin\nu = \mathrm{B}, \quad \sin\mu = \mathrm{C}.$$

On déduit des deux premières l'équation

$$a = \frac{AB}{2},$$

laquelle fait connaître le rayon a du cylindre circulaire droit circonscrit au prisme hélicoïdal. Si l'on a égard aux équations de condition

$$\operatorname{tang}\nu = \frac{2an}{h}\sin\frac{\Delta t}{2}, \quad \operatorname{tang}\mu = \frac{h}{an\sin\Delta t},$$

on trouve, par la multiplication et la division de ces deux équations, les deux relations suivantes :

$$\cos\frac{\Delta t}{2} = \frac{\sqrt{1-B^2}\sqrt{1-C^2}}{BC}, \quad \frac{h^2}{n^2} = A^2BC\frac{\sqrt{1-B^2}}{\sqrt{1-C^2}}.$$

La première fait connaître $\frac{\Delta t}{2}$, et par conséquent $\frac{\pi}{n}$, c'est-à-dire le nombre de côtés du polygone hélicoïdal d'une spire, et par conséquent aussi la longueur de la projection d'un côté quelconque de ce polygone sur le plan de la section droite du cylindre circonscrit.

La deuxième fait connaître la hauteur $\frac{h}{n}$ du pas du polygone hélicoïdal. On a donc tous les éléments nécessaires à la détermination du polygone. On en déduit la construction suivante :

Construction. — *Construisez un prisme régulier de n côtés, tel que a soit le rayon du cercle circonscrit à la base; sur un plan tracez deux lignes indéfinies* L, M, *telles que la seconde soit inclinée sur la première d'un angle α donné par l'équation* $\operatorname{tang}\alpha = \frac{h}{2a\sin\frac{\pi}{n}}$; *enroulez ce plan sur le prisme, de telle sorte que la droite* L *reste constamment perpendiculaire aux arêtes du prisme, la droite* M *se transformera en polygone hélicoïdal, qui sera le polygone donné par les équations élémentaires données.*

29. *Remarque.* — L'étude que nous venons de faire des polygones gauches a dans notre pensée un double but : le premier consiste de faire connaître l'analyse à laquelle on peut les soumettre; cette analyse est régulière et entièrement fondée sur le calcul des différences finies, et les formules auxquelles on arrive sont symétriques, quoique chargées d'un grand nombre de termes; le second consiste à préparer le lecteur à l'étude des courbes non planes par la nécessité où l'on est de considérer la courbe comme un polygone d'un nombre infini de côtés lorsque l'on veut soumettre la courbe à l'Analyse infinitésimale. Alors on passe du premier cas au second, en supposant les côtés infiniment petits et leur nombre infiniment grand dans les formules déjà calculées. Mais, comme cette supposition prive les formules d'un certain nombre de termes, il n'est ni utile ni nécessaire de calculer ces formules compliquées pour y introduire l'hypothèse infinitésimale; on calcule directement les équations simples qui se rapportent au polygone d'un nombre infini de côtés en faisant usage du Calcul infinitésimal. C'est ce que nous allons faire dans le Chapitre suivant, à la lecture duquel le Chapitre que nous venons de finir servira d'initiation.

CHAPITRE II.

DES COURBES GAUCHES.

§ I. — Premier système d'équations. — Équations élémentaires de la courbe.

30. *Définitions.* — Une courbe gauche peut être considérée comme un polygone gauche d'une infinité de côtés. Si l'on suppose un mobile parcourant la circonférence de la courbe, la direction que suit le mobile, quand il parcourt un côté infiniment petit, donne la direction de la tangente ou de l'élément linéaire de la courbe.

Le plan de deux éléments constitutifs s'appelle *plan osculateur* de la courbe; c'est le plan qui passe par trois points infiniment voisins.

L'angle que deux éléments infiniment voisins font entre eux est l'*angle de contingence* de la courbe.

L'angle que deux plans osculateurs infiniment voisins font entre eux est l'*angle de flexion* ou *de torsion* de la courbe.

Pour déterminer la tangente à la courbe, il suffit de connaître les angles que la partie positive de la tangente fait avec les trois directions positives de trois axes coordonnés.

On détermine l'angle de contingence de la courbe de la manière suivante : du sommet de l'angle et dans son plan, on décrit avec un rayon égal à l'unité un arc de cercle; la grandeur et la direction de cet arc infiniment petit, compté en allant de la première tangente à la seconde, donnent la grandeur et la direction de l'angle de contingence.

On regarde comme étant la partie positive de la normale à un plan osculateur celle suivant laquelle un spectateur étant placé voit l'arc de contingence aller de gauche à droite ou bien de droite à gauche. Une fois ce choix fait, il faut rester fidèle à l'hypothèse que l'on a faite.

L'angle de flexion se détermine par la grandeur et la direction de l'arc de cercle infiniment petit, décrit du sommet de l'angle de deux normales positives à deux plans osculateurs infiniment voisins avec un rayon égal à l'unité.

31. *Des équations élémentaires d'une courbe.* — Revenons maintenant au n° 2. Si le polygone considéré devient infinitésimal, les formules (4) de ce numéro deviennent

$$[4] \qquad \frac{ds}{dt} = f(t), \quad \frac{d\varepsilon}{dt} = \varphi(t), \quad \frac{d\omega}{dt} = \psi(t).$$

Elles expriment les rapports différentiels de l'élément de l'arc de courbe, de la déviation et de la flexion à la variation du paramètre t, qui fixe la position d'un point sur la courbe. Ce sont les *équations élémentaires* de la courbe, parce qu'elles font connaître directement et sans intermédiaire les trois éléments : *arc, déviation, flexion.* Quand les trois fonctions f, φ et ψ seront données, la forme de la courbe sera déterminée, et, pour que sa position le soit, il suffira de se donner un point de cette courbe et la direction de la tangente en ce point.

Si, au lieu de prendre la variable t pour variable indépendante, on prend l'angle ε résultant de l'intégration de la deuxième des équations [4]

$$(2) \qquad \varepsilon - \varepsilon_0 = \int \varphi(t)\,dt,$$

les équations élémentaires de la courbe se réduisent à deux, qui sont

$$[4'] \qquad \frac{ds}{d\varepsilon} = f_1(\varepsilon), \quad \frac{d\omega}{d\varepsilon} = \psi_1(\varepsilon);$$

la première donnant le rapport de l'élément de l'arc de courbe à la déviation, et la seconde le rapport de la flexion à la déviation, c'est sous cette dernière forme que ces équations seront le plus souvent employées.

La définition, qui sera la traduction géométrique des équations élémentaires d'une courbe, sera appelée *définition élémentaire* de cette courbe, et elle aura cet avantage sur les autres définitions de la même courbe, qu'elle n'introduira aucun élément étranger. Ainsi l'hélice est la courbe dont les rapports de l'arc et de la flexion à la déviation sont constants. Le but de l'analyse consistera à déduire les différentes propriétés de la courbe des deux équations élémentaires.

32. *Nature géométrique des équations élémentaires.* — 1° Si nous concevons que l'on rabatte successivement, sur un plan osculateur initial, la série des plans osculateurs en faisant tourner successivement chacun d'eux autour de l'intersection commune de ce plan avec le plan infiniment voisin, pendant cette opération, les flexions seules seront détruites; mais la longueur des éléments linéaires et les déviations ne seront pas changées, et la courbe sera transformée en courbe plane. Or, dans cette courbe plane, la somme des déviations représente l'angle des deux tangentes extrêmes, de sorte que, si ε_0 représente l'angle que la tangente initiale fait avec un axe fixe situé dans le plan de la courbe, par exemple l'axe des x, ε sera l'angle de la tangente finale avec le même axe. D'après cela, les deux premières équations [4], ou bien la première équation [4'], sont les équations élémentaires de cette courbe plane, que, pour cette raison, nous appelons *caractéristique plane* de la courbe gauche.

2° Concevons que, par le centre d'une sphère dont le rayon est l'unité, on mène une série de rayons parallèles à la suite des tangentes de la courbe gauche donnée, les extrémités de ces rayons formeront une courbe sphérique telle, que l'élément d'arc de cette courbe sera, en grandeur et en direction, la déviation de la courbe non plane; l'ensemble des rayons formera une surface conique telle, que l'angle de deux plans tangents infiniment voisins sera l'angle de flexion de la courbe donnée, et, comme cet angle est le même que l'angle de deux arcs de grands cercles infiniment voisins tangents à la courbe sphérique, l'angle de flexion de la courbe donnée n'est autre chose que l'angle de déviation ou de contingence *géodésiques* de la courbe sphérique; les deux dernières équations [4], d'après les principes que nous avons posés dans notre *Analyse infinitésimale des courbes situées sur une surface*, sont donc les équations élémentaires de la courbe sphérique, puisqu'elles font connaître pour chacun de ses points l'élément d'arc et l'élément de contingence géodésique de cette courbe. On arrive donc à cette proposition :

Théorème. — *La courbe sphérique, lieu des extrémités des rayons parallèles aux tangentes de la courbe gauche, est telle que son arc élémentaire et son angle de contingence géodésique égalent, le premier la déviation de la courbe gauche, et le second l'angle de flexion de cette courbe.*

C'est à cause de cette propriété que nous appellerons la courbe sphérique *caractéristique sphérique*, et nous verrons que cette courbe donne la détermination de l'une des deux questions du problème des courbes gauches, la plus difficile et la plus importante.

Si l'on développe le cône dont il vient d'être question sur le plan tangent initial, chacune des rotations autour des génératrices successives qu'entraîne ce développement est égale à l'angle de flexion de la courbe gauche correspondant à cette génératrice, et l'angle compris entre la génératrice initiale et la génératrice finale après le développement sera $\varepsilon - \varepsilon_0$, de telle sorte que, si ε_0 est l'angle de la première génératrice avec un axe fixe situé dans ce plan, l'angle ε sera l'angle de la seconde avec le même axe.

33. *Propriétés de la caractéristique plane.* — Examinons tout ce qui résulte de la connaissance des équations élémentaires de cette caractéristique.

Cercle osculateur. — C'est le cercle qui passe par trois points infiniment voisins de la courbe gauche. Soient (*fig.* 5) A, A_1, A_2 ces trois points; par le point A_1 menons le diamètre du cercle A_1D; prolongeons la corde AA_1 d'une quantité A_1A' qui lui soit égale, et décrivons, du point A_1 comme centre, un arc de cercle A'I compris entre les deux côtés A_1A' et A_1A_2; tirons les cordes AD, A_2D; les angles $A'A_1A_2$ et ADA_2 sont égaux comme ayant les côtés perpendiculaires. D'après cela, l'arc de cercle AA_1A_2 égale $A_1D.\Delta\varepsilon$, et comme l'arc AA_1A_2 a la même limite que $\Delta s + (\Delta s + \Delta^2 s)$, arc de courbe correspon-

Fig. 5.

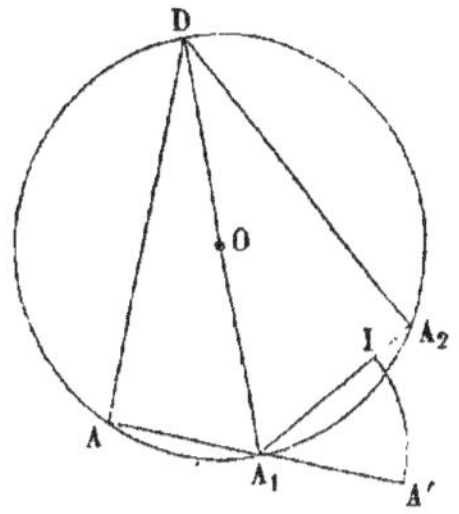

dant, en appelant ρ le rayon du cercle limite, on a la formule

$$(3) \qquad \rho = \frac{ds}{d\varepsilon}.$$

Normale principale. — D'une autre part, il est facile de voir que les trois lignes AD, A_1D, A_2D ont la même limite que l'arc de cercle A′I, c'est-à-dire la normale à la courbe située dans le plan osculateur, normale qu'on appelle *normale principale.*

Nous serions arrivé aux mêmes conclusions en partant de l'équation (R) du n° 5 et en passant à la limite.

Comme la courbure de ce cercle mesure la courbure de la courbe, on l'appelle aussi *cercle de courbure.* De là résulte la proposition suivante :

1° *L'équation élémentaire de la caractéristique plane donne le rayon de courbure de la courbe gauche donnée.*

34. *Rectification de la courbe.* — Intégrons les équations [4] et [4′] entre limites, nous aurons les trois équations suivantes :

$$[1] \quad s - s_0 = \int f(t)\,dt, \quad \varepsilon - \varepsilon_0 = \int \varphi(t)\,dt, \quad \omega - \omega_0 = \int \psi(t)\,dt,$$

ou encore

$$[1'] \qquad s - s_0 = \int f_1(\varepsilon)\,d\varepsilon, \quad \omega - \omega_0 = \int \psi_1(\varepsilon)\,d\varepsilon;$$

on voit que les deux premières équations [1], ou la première [1'], sont les intégrales de l'équation élémentaire de la caractéristique plane. De là résulte que :

2° *La rectification de la courbe gauche est donnée par l'intégration de l'équation de la caractéristique plane.*

Quadratures. — Supposons qu'à partir du point de contact on porte sur chaque tangente à la courbe gauche une longueur variant d'une tangente à l'autre, d'après une loi indépendante de la flexion de la courbe. Appelons u cette longueur; l'aire A, balayée par la longueur u qui est une fonction de ε, aura pour expression entre limites

$$A - A_0 = \tfrac{1}{2}\int u^2 d\varepsilon;$$

or cette aire est celle qui aurait été balayée par la même longueur u de la tangente à la caractéristique plane comptée à partir du point de contact.

35. *Coordonnées rectangles de la caractéristique.* — Rapportons maintenant un point quelconque de cette caractéristique plane à deux axes orthogonaux OX, OY situés dans son plan, et soient X, Y les coordonnées de ce point par rapport à ces axes. Si l'on remarque que dX et dY sont les projections de l'arc ds sur les axes, et que la tangente en ce point fait avec l'axe des X un angle ε, on aura les deux équations

$$\frac{dX}{ds} = \cos\varepsilon, \quad \frac{dY}{ds} = \sin\varepsilon.$$

Si l'on a égard à la première équation [4'], qui donne la valeur de $\frac{ds}{d\varepsilon}$, on aura, en intégrant entre limites, les deux équations

$$X - X_0 = \int_{\varepsilon_0}^{\varepsilon} f_1(\varepsilon)\cos\varepsilon\, d\varepsilon, \quad Y - Y_0 = \int_{\varepsilon_0}^{\varepsilon} f_1(\varepsilon)\sin\varepsilon\, d\varepsilon,$$

qui sont les équations de la caractéristique plane en coordonnées rectangulaires.

36. *Propriétés de la caractéristique sphérique.* — La caractéristique sphérique donne, de son côté, d'autres éléments non moins importants de la courbe gauche donnée.

Binormale. — C'est la normale au plan osculateur, et elle est appelée *binormale*, parce que, si l'on mène en un point d'une courbe gauche une normale à la tangente, il y en a une infinité, mais il n'y en a qu'une seule qui soit normale à deux directions infiniment voisines de la tangente. La caractéristique sphérique donne la direction de la binormale; considérons, en effet, deux points infiniment voisins τ, τ_1 de cette caractéristique; si l'on élève par le centre O de la sphère une normale au plan O, τ, τ_1, de manière que l'arc qui va de τ en τ_1 soit vu de gauche à droite par un spectateur placé suivant cette normale, on aura la direction positive de la binormale. Il suffira donc de prendre le pôle de l'arc du grand cercle tangent en τ à la courbe sphérique, et ce pôle ν sera l'extrémité de la direction $O\nu$.

Direction du rayon du cercle osculateur à la courbe donnée. — Ce rayon, ayant à la limite la même direction que l'arc de cercle compris entre deux directions infiniment voisines de la tangente à la courbe donnée, a la direction de l'arc $\tau\tau_1$ de la courbe sphérique, c'est-à-dire la direction de la tangente à cette courbe.

Angle de troisième courbure. — C'est l'angle de deux directions positives infiniment voisines du rayon de courbure de la courbe donnée, et par conséquent l'angle de contingence de la courbe sphérique.

37. *Plan rectifiant.* — C'est le plan de la tangente et de la binormale à la courbe donnée.

Droite rectifiante. — C'est l'intersection de deux plans rectifiants infiniment voisins. En effet, si l'on se reporte au n° 4, on voit que la droite OP et l'intersection des deux plans NOT, N_1OT_1 se confondent à la limite. Il résulte de là que la droite rectifiante de la courbe donnée est en un point la droite menée par ce point perpendiculairement à deux directions infiniment voisines du rayon de courbure. Cette droite n'est donc autre chose que la binormale de la caractéristique sphérique.

Proposons-nous de calculer les angles que la droite rectifiante fait avec la tangente et la binormale de la courbe donnée. Appelons ϖ la droite rectifiante; si l'on se porte au n° 4 et qu'on passe à la limite, on aura, en faisant usage des deux dernières équations,

$$(5)\qquad \frac{\sin(\varpi.\tau)}{d\varepsilon} = \frac{\sin(\varpi,\nu)}{d\omega} = \frac{1}{\sqrt{d\omega^2 + d\varepsilon^2}};$$

nous avons donc la position de l'axe de rotation qui doit amener par une seule rotation un élément linéaire de la courbe gauche dans la direction de l'élément linéaire infiniment voisin.

La grandeur de cette rotation est donnée par l'angle $\tau\varpi\tau_1$ qui, d'après la valeur du sinus de NPT′ (numéro cité), devient égal à $\sqrt{d\omega^2 + d\varepsilon^2}$ lorsqu'on passe à la limite; si l'on appelle cet angle $d\theta$, on a la relation

$$(6)\qquad d\theta^2 = d\omega^2 + d\varepsilon^2.$$

Calcul de l'angle de troisième courbure. — Le même calcul peut être fait au moyen de la caractéristique sphérique; en effet, considérons un troisième point τ_2 de cette courbe, joignons par des droites les points τ, τ_1 ainsi que τ_1, τ_2; soit prolongé le côté $\tau\tau_1$ jusqu'en α (*fig.* 6); projetons le côté $\tau_1\tau_2$ sur

Fig. 6.

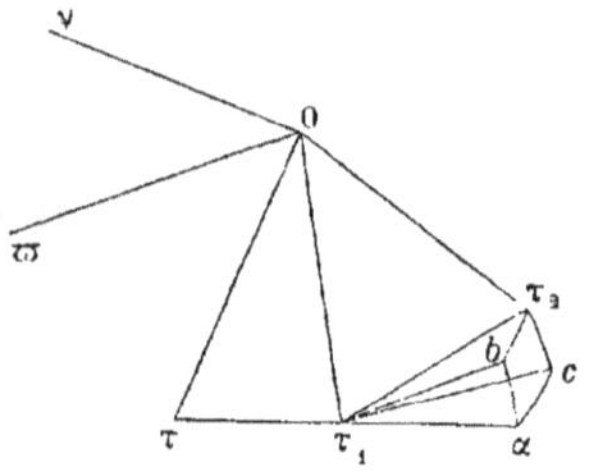

le plan tangent à la sphère mené suivant $\tau\tau_1$ et sur le plan normal mené suivant le même élément; soient $\tau_1 c$, $\tau_1 b$ ces projections; les angles de ces deux plans avec le plan osculateur $\tau\tau_1\tau_2$ sont complémentaires et les mêmes que $O\tau$ et $O\nu$ font avec $O\varpi$, puisque ces droites sont respectivement perpendiculaires à ces plans; on a donc les deux équations

$$\alpha\tau_1 b = \alpha\tau_1\tau_2 \sin(\varpi, \tau), \quad \alpha\tau_1 c = \alpha\tau_1\tau_2 \cos(\varpi, \tau).$$

Or l'angle $\alpha\tau_1 c$ est $d\omega$; l'angle $\alpha\tau_1 b$ est l'angle de deux perpendiculaires aux deux positions infiniment voisines $O\tau$, $O\tau_1$, perpendiculaires situées dans le même plan; cet angle est donc égal à $d\varepsilon$, de sorte que, si l'on appelle $d\varepsilon_1$ l'angle de contingence de la courbe sphérique, on a les deux équations

$$\frac{d\varepsilon}{d\varepsilon_1} = \sin(\varpi, \tau), \quad -\frac{d\omega}{d\varepsilon_1} = \cos(\varpi, \tau),$$

desquelles on conclut que $d\varepsilon_1$ est égal à $d\vartheta$, comme d'ailleurs on le voit directement d'après la définition de ces angles.

38. *Usages de l'équation de la caractéristique sphérique.* — Représentons par **H** l'angle que la direction $O\varpi$ de la droite rectifiante fait avec la direction de la tangente; les deux équations précédentes donnent, en ayant égard à la deuxième des équations [4′],

(7) $$\cot H = -\psi_1(\varepsilon), \quad d\vartheta = d\varepsilon\sqrt{1 + [\psi_1(\varepsilon)]^2}.$$

Donc le second membre de l'équation de la caractéristique sphérique est égal, au signe près, à la cotangente trigonométrique de l'angle que la droite rectifiante de la courbe donnée fait avec la tangente à cette courbe.

D'une autre part, si l'on construit la surface développable, lieu des positions successives de la tangente à la caractéristique sphérique, et qu'on développe cette surface sur un plan, l'élément d'arc $d\varepsilon$ et l'angle de contingence $d\vartheta$ ne sont pas altérés par ce développement, et la seconde des deux équations précédentes sera l'équation élémentaire de cette courbe plane. Dans cette courbe, la somme des déviations $d\vartheta$ sera l'angle compris entre deux tangentes extrêmes, de sorte que, si la tangente initiale fait avec un axe fixe l'angle ϑ_0, ϑ représentera l'angle de la tangente finale avec le même axe, et l'on aura l'équation

(8) $$\vartheta - \vartheta_0 = \int_{\varepsilon_0}^{\varepsilon} d\varepsilon\sqrt{1 + [\psi_1(\varepsilon)]^2},$$

qui donnera la valeur de cet angle en fonction de l'arc ε; cette équation donne aussi la rectification de la caractéristique sphérique; il suffit de la résoudre par rapport à ε.

On aurait également pu obtenir la rectification de cette courbe en intégrant la deuxième des équations [4'].

39. *Propriétés résultant de la combinaison de deux caractéristiques.* — Certains éléments de la courbe gauche donnée dépendent à la fois des deux caractéristiques.

Rayon de flexion. — Si l'on construit une longueur donnée par le rapport de l'arc ds à la flexion $d\omega$, et qu'on porte cette ligne, à partir du point de la courbe, dans la direction de l'arc de cercle qui mesure l'angle de deux binormales infiniment voisines, on a le rayon de flexion de la courbe, qu'on appelle aussi *rayon de deuxième courbure.* Si l'on appelle ι ce rayon, en divisant l'une par l'autre les deux équations élémentaires [4'] de la courbe, on obtient

$$\iota = \frac{f_1(\varepsilon)}{\psi_1(\varepsilon)}.$$

On déduit de là que le rapport des deux seconds membres des équations de la caractéristique plane et de la caractéristique sphérique est le rayon de flexion de la courbe gauche donnée.

On reconnaît que les directions des rayons de première et de deuxième courbure sont les mêmes, parce que, si l'on se porte à la courbe sphérique, les arcs $\tau\tau'$ et $\nu\nu'$ ont, à la limite, des directions parallèles entre elles et à la normale principale de la courbe donnée.

Soit ρ le rayon de première courbure de la courbe donnée; en combinant l'équation précédente avec la première des équations (7), on trouve

$$\frac{\iota}{\rho} = -\operatorname{tang} \mathbf{H},$$

relation qui lie les deux rayons de première et de deuxième courbure avec l'angle **H** de la droite rectifiante et de la tangente à la courbe donnée.

Rayon de troisième courbure. — Si l'on construit une longueur égale au rapport de l'arc ds à l'angle $d\theta$ de troisième courbure, et qu'on porte cette ligne à partir du point de la courbe dans la direction de l'arc de cercle qui mesure l'angle de deux directions infiniment voisines du rayon de courbure, on a le rayon de troisième courbure; si l'on appelle $\mathfrak{R}$ ce rayon, on a, par suite des équations (7),

$$\mathfrak{R} = \frac{f_1(\varepsilon)}{\sqrt{1+[\psi_1(\varepsilon)]^2}};$$

on déduit aussi des équations (5) les deux relations suivantes :

$$\frac{1}{\rho} = \frac{1}{\mathfrak{R}}\sin H, \quad \frac{1}{r} = -\frac{1}{\mathfrak{R}}\cos H,$$

desquelles on tire la relation

$$\frac{1}{\rho^2} + \frac{1}{r^2} = \frac{1}{\mathfrak{R}^2},$$

qui montre que les rayons de trois courbures sont entre eux comme les trois hauteurs d'un triangle rectangle.

La direction du rayon $\mathfrak{R}$ est perpendiculaire à la droite rectifiante et située dans le plan rectifiant. Cela résulte de la caractéristique sphérique.

Forme de la courbe. — La courbe est donnée de forme, mais non de position, par les équations élémentaires. — En effet, si l'on considère les équations [4'], les différentielles ds, $d\varepsilon$, $d\omega$ sont données en chaque point en fonction de t par ces équations; ces différentielles peuvent être considérées comme donnant le côté d'un polygone infinitésimal, l'angle de deux côtés consécutifs, le dièdre des plans contenant deux angles consécutifs; donc, si l'on se reporte à la démonstration donnée au n° 3, on voit que ces trois éléments déterminent la forme du polygone. Il est vrai que la construction de ce polygone sera seulement approximative, parce que les différences finies et les différentielles ne peuvent pas être rigoureusement les mêmes; mais l'erreur commise sera d'autant moindre que la valeur de Δt sera plus petite.

§ II. — Deuxième système d'équations. Intégrales premières.

40. *Deuxième système d'équations.* — Dans ce système, la courbe gauche est déterminée par la caractéristique plane dont l'équation est

$$(ds)\qquad \frac{ds}{dt}=f(t),$$

et par les cosinus des angles que la tangente fait avec les trois axes, cosinus qui sont connus en fonction de t, de sorte que l'on a les trois équations contenues dans le type suivant :

$$(10)\qquad \cos(\tau, x)=\tau_x, \quad (3)$$

τ_x, τ_y, τ_z étant des fonctions de t, et il s'agit de déterminer tout ce qui concerne la courbe gauche donnée.

Angle de contingence. — Si l'on passe à la limite, les équations (6) du n° 7 donnent les trois équations contenues dans le type suivant :

$$(11)\qquad d\varepsilon\cos(\rho, x)=d\cos(\tau, x)=d\tau_x, \quad (3)$$

desquelles on déduit, en élevant au carré et en ajoutant, la relation suivante :

$$(d\varepsilon)\qquad d\varepsilon^2=\mathrm{S}[d\cos(\tau, x)]^2=dt^2\mathrm{S}\left(\frac{d\tau_x}{dt}\right)^2;$$

cette équation est la deuxième des équations élémentaires de la courbe.

41. *Rayon de courbure.* — Si l'on divise les équations (11) par l'équation (ds), on aura les trois équations renfermées dans le type suivant :

$$(11')\qquad \frac{\cos(\rho, x)}{\rho}=\frac{d\tau_x}{f(t)dt}, \quad (3)$$

et aussi

$$\frac{1}{\rho^2}=\frac{\mathrm{S}\left(\frac{d\tau_x}{dt}\right)}{[f(t)]^2},$$

lesquelles font connaître le rayon de courbure et les angles que ce rayon fait avec les trois axes.

Angles de la binormale avec les trois axes. — Si l'on passe à la limite, les équations (8) du n° 8 fournissent les trois suivantes :

$$(12) \qquad d\varepsilon \cos(\nu, x) = \tau_y\, d\tau_z - \tau_z\, d\tau_y,$$

lesquelles donnent les angles de la binormale avec les trois axes, et, de plus, une nouvelle expression de l'angle de contingence provenant de ce que, si l'on élève ces trois équations au carré et qu'on ajoute membre à membre, on trouve l'équation

$$(d\varepsilon)' \qquad d\varepsilon^2 = \mathrm{S}(\tau_y\, d\tau_z - \tau_z\, d\tau_y)^2$$

et conséquemment

$$\frac{ds^2}{\rho^2} = \mathrm{S}(\tau_y\, d\tau_z - \tau_z\, d\tau_y)^2.$$

42. *Flexion de la courbe.* — Nous avons déjà vu (39) que les directions de deux arcs de cercle qui mesurent, l'un l'angle de contingence, l'autre l'angle de flexion, sont les mêmes; d'après cela, si l'on passe à la limite, les équations (9) du n° 8 deviennent

$$(13) \qquad d\omega \cos(\rho, x) = d \cos(\nu, x). \quad (3)$$

Si l'on divise ces équations respectivement par les équations (11), on obtient les trois relations suivantes :

$$(d\omega) \qquad \frac{d\omega}{d\varepsilon} = \frac{d \cos(\nu, x)}{d \cos(\tau, x)} = \frac{\tau_y\, d\tau_z - \tau_z\, d\tau_y}{d\tau_x}; \quad (3)$$

l'une de ces trois équations fait connaître le rapport $\frac{d\omega}{dt}$, ce qui est la troisième équation élémentaire de la courbe gauche.

On peut aussi élever au carré les équations (13) et ajouter; en obtient ainsi

$$(d\omega)' \qquad d\omega^2 = \mathrm{S}[d \cos(\nu, x)]^2 = \frac{1}{d\varepsilon^2}\, \mathrm{S}(\tau_y\, d^2\tau_z - \tau_z\, d^2\tau_y)^2.$$

On peut obtenir une troisième expression de la flexion résultant du théorème suivant :

THÉORÈME. — *La perpendiculaire au plan de deux positions infiniment voisines de la binormale est de même direction que la tangente à la courbe ou de direction opposée.*

Soient deux positions ν, ν' infiniment voisines de la binormale ν; menons d'un point deux parallèles à ces directions, égales à l'unité, et achevons le triangle; la perpendiculaire au plan de ce triangle est parallèle à la tangente à la courbe, puisque les deux binormales ν et ν' sont perpendiculaires l'une et l'autre à la seconde position de la tangente τ; de là résulte que la perpendiculaire en question est, à la limite, parallèle à la tangente τ. On voit que la direction de cette perpendiculaire est la même que la tangente τ pour un spectateur qui, placé suivant cette tangente, voit le mouvement de la binormale s'effectuer de gauche à droite et de direction opposée, lorsque le spectateur placé suivant cette tangente voit le mouvement s'effectuer de droite à gauche.

Ce théorème posé, l'aire du triangle considéré est $\frac{1}{2} d\omega$; et, si l'on projette cette aire sur les trois plans coordonnés, on aura les trois équations suivantes :

$$-d\omega \cos(\tau, z) = \cos(\nu, x) d \cos(\nu, y) - \cos(\nu, y) d \cos(\nu, x). \quad (3)$$

Si l'on remplace dans ces équations les différentielles des cosinus des angles que ν fait avec les trois axes, par leurs valeurs tirées des équations (12), on obtient les équations

$$-d\varepsilon d\omega \tau_z = \cos(\nu, x)(\tau_z d^2\tau_x - \tau_x d^2\tau_z) - \cos(\nu, y)(\tau_y d^2\tau_z - \tau_z d^2\tau_y),$$

que l'on peut écrire sous la forme suivante :

$$\begin{aligned} -d\varepsilon\, d\omega\, \tau_z = {} & \tau_z[\cos(\nu, x) d^2\tau_x + \cos(\nu, y) d^2\tau_y + \cos(\nu, z) d^2\tau_z] \\ & - d\tau_z[\tau_x \cos(\nu, x) + \tau_y \cos(\nu, y) + \tau_z \cos(\nu, z)]; \end{aligned}$$

et, comme la seconde ligne est nulle parce que l'angle des deux directions ν et τ est droit, on tombe sur l'équation suivante :

$$(d\varepsilon, d\omega) \qquad d\varepsilon\, d\omega = S[\cos(\nu, x)\, d^2\tau_x],$$

de laquelle on déduit

$$(d\omega)'' \qquad d\omega = \frac{S(\tau_y\, d\tau_z - \tau_z\, d\tau_y)\, d^2\tau_z}{S\, d\tau_x^2},$$

qui est la nouvelle formule de la flexion que nous nous proposions d'établir.

43. *Rayon de flexion.* — Pour obtenir le rayon de flexion au moyen des données de la question, il suffit de diviser l'une des trois expressions de la flexion que nous venons de trouver par l'équation (ds); on obtient ainsi l'une des trois expressions suivantes, en représentant les dérivées par rapport à t d'une variable par cette variable accentuée

$$\left.\begin{aligned} \frac{1}{\upsilon} &= \frac{1}{\rho}\,\frac{\tau_y\,\tau'_z - \tau_z\,\tau'_y}{\tau'_x}, \\ \frac{1}{\upsilon^2} &= \frac{S(\tau_y\,\tau''_z - \tau_z\,\tau''_y)^2}{[f(t)]^2\, S\tau'^2_x}, \\ \frac{1}{\upsilon} &= \frac{S(\tau_y\,\tau'_x - \tau_x\,\tau'_y)\tau''_z}{f(t)\, S\tau'^2_x}. \end{aligned}\right\} \quad (3)$$

44. *Droite rectifiante.* — Cette droite étant perpendiculaire à deux positions infiniment voisines du rayon de courbure, on obtient, en raisonnant comme précédemment (41), les trois équations suivantes, en représentant par ϖ la direction de cette droite,

$$d\vartheta \cos(\varpi, z) = \cos(\rho, x)\, d\cos(\rho, y) - \cos(\rho, y)\, d\cos(\rho, x). \quad (3)$$

Or, si l'on a égard aux équations (11), on obtient les trois nouvelles équations

$$(14) \qquad d\vartheta \cos(\varpi, z) = \frac{1}{d\varepsilon^2}(d\tau_x\, d^2\tau_y - d\tau_y\, d^2\tau_x), \quad (3)$$

qui font connaître les angles que la direction ϖ fait avec les trois axes.

Angle de troisième courbure. — On déduit des équations (14), dont on fait la somme, après élévation au carré, l'équation suivante :

$$d\vartheta^2 = \frac{S(d\tau_x\, d^2\tau_y - d\tau_y\, d^2\tau_x)^2}{d\varepsilon^4};$$

on en déduit l'expression de la troisième courbure de la courbe donnée

$$\frac{1}{\mathfrak{R}^2} = \rho^4 \frac{S(\tau'_x \tau''_y - \tau'_y \tau''_x)^2}{[f(t)]^6}.$$

Nous démontrerons plus loin des expressions plus simples de ces deux éléments.

§ III. — Troisième système d'équations.

45. *Équations cartésiennes de la courbe.* — On donne les coordonnées x, y, z d'un point quelconque de la courbe en fonction d'une variable t, et il s'agit d'exprimer, au moyen de ces coordonnées et de leurs différentielles, tous les éléments de cette courbe. Nous supposerons le système rectangulaire et les coordonnées données par les équations

$$x = F_1(t), \quad y = F_2(t), \quad z = F_3(t).$$

Tangente. — Le déplacement effectué sur la courbe étant ds, les projections de ce déplacement sur les trois axes seront dx, dy, dz; on aura donc les trois équations :

$$\cos(\tau, x) = \frac{dx}{ds}, \quad \cos(\tau, y) = \frac{dy}{ds}, \quad \cos(\tau, z) = \frac{dz}{ds},$$

qui font connaître par leurs cosinus les angles que la direction du déplacement infiniment petit ds fait avec les trois axes.

Différentielle de l'arc. — Des équations précédentes on déduit l'équation

$$[ds] \qquad ds^2 = dx^2 + dy^2 + dz^2,$$

qui donne l'expression de la différentielle de l'arc.

Angle de contingence. — Il suffit de porter les valeurs des cosinus (τ, x), (τ, y), (τ, z) tirées des équations précédentes dans les équations (11); on aura les trois équations

$$[11'] \qquad d\varepsilon \cos(\rho, x) = d\,\frac{dx}{ds}$$

et conséquemment

$$[d\varepsilon] \qquad d\varepsilon^2 = \mathrm{S}\left(d\,\frac{dx}{ds}\right)^2.$$

Angles de la binormale avec les trois axes. — Si l'on se porte aux formules (15) du n° 14 et qu'on passe à la limite, on aura les trois équations

$$\cos(\nu, x) = \frac{dy\,d^2x - dx\,d^2y}{ds^2\,d\varepsilon} = \frac{Z}{ds^2\,d\varepsilon}, \quad (3)$$

auxquelles il faut joindre la relation résultante

$$[d\varepsilon]' \qquad ds^4\,d\varepsilon^2 = \mathrm{S}(dy\,d^2z - dz\,d^2y)^2,$$

qui est une nouvelle expression de l'angle de contingence.

Deuxième expression de l'angle de contingence. — Si l'on se porte aux formules du n° 15 et qu'on passe à la limite, on obtient l'équation

$$[d\varepsilon]'' \qquad ds^2\,d\varepsilon^2 = \mathrm{S}(d^2x)^2 - (d^2s)^2.$$

46. *Rayon de courbure.* — Les équations [11'] divisées par ds donnent les équations suivantes :

$$[11'] \qquad \frac{\cos(\rho, x)}{\rho} = \frac{d}{ds}\left(\frac{dx}{ds}\right); \quad (3)$$

les équations $[d\varepsilon]$, $[d\varepsilon]'$, $[d\varepsilon]''$ donnent les trois expressions suivantes de la courbure :

$$\left(\frac{1}{\rho}\right) \qquad \frac{1}{\rho^2} = \mathrm{S}\left[\frac{d}{ds}\left(\frac{dx}{ds}\right)\right]^2,$$

$$\left(\frac{1}{\rho}\right)' \qquad \frac{ds^6}{\rho^2} = \mathrm{S}(dx\,d^2y - dy\,d^2x)^2,$$

$$\left(\frac{1}{\rho}\right)'' \qquad \frac{ds^4}{\rho^2} = \mathrm{S}(d^2x)^2 - (d^2s)^2.$$

Les équations [11'] donnent la direction du rayon de courbure et les trois suivantes son intensité.

Flexion en fonction des coordonnées. — Si l'on se porte

au n° 16 et qu'on passe à la limite, on obtient l'expression suivante :

$$[d\omega] \qquad d\omega = \frac{Y\,d^3y + Z\,d^3z + X\,d^3x}{ds^3\,d\varepsilon^2}.$$

Deuxième expression de la flexion. — De même, si l'on passe à la limite, l'équation finale du n° 17 donne

$$[d\omega]' \qquad d\omega^2 = \frac{S(dX)^2 - [d(ds^2 d\varepsilon)]^2}{ds^4\,d\varepsilon^2}.$$

Rayon de deuxième courbure. — On déduit de ces deux équations les expressions suivantes du rayon de deuxième courbure :

$$\frac{1}{\nu} = \rho^2 \frac{SX\,d^3x}{ds^6},$$

$$\frac{1}{\nu^2} = \rho^2 \frac{S(dX)^2 - \left[d\left(\frac{ds^3}{\rho}\right)\right]^2}{ds^8}.$$

47. *Transformation des formules.* — Les formules relatives au rayon de courbure sont susceptibles d'une transformation qu'il est utile de connaître.

Remarquons que, la direction de ρ étant perpendiculaire aux deux directions τ et ν, en posant toujours

$$X = dy\,d^2z - dz\,d^2y, \quad (3)$$

on a l'équation

$$d\varepsilon \cos(\rho, x) = \frac{Y\,dz - Z\,dy}{ds^3}.$$

Or nous avons trouvé (45) l'équation

$$d\varepsilon^2 = \left[d\left(\frac{dx}{ds}\right)\right]^2 + \left[d\left(\frac{dy}{ds}\right)\right]^2 + \left[d\left(\frac{dz}{ds}\right)\right]^2,$$

que l'on peut écrire sous la forme suivante :

$$d\varepsilon = \left(d\,\frac{dx}{ds}\right)\cos(\rho, x) + \left(d\,\frac{dy}{ds}\right)\cos(\rho, y) + \left(d\,\frac{dz}{ds}\right)\cos(\rho, z).$$

Si l'on effectue les différentiations et qu'on pose, pour abréger,

$$Y\,dz - Z\,dy = \mathfrak{X}, \quad (3)$$

on trouve successivement, en remarquant que le facteur de d^2s s'annule,

$$d\varepsilon^2 = \mathrm{S}\cos(\rho, x)\left(\frac{ds\,d^2x - dx\,d^2s}{ds^2}\right)d\varepsilon = \mathrm{S}\,\frac{\mathfrak{X}\,d^2x}{ds^4},$$

et conséquemment on obtient la formule

$$\frac{1}{\rho^2} = \mathrm{S}\,\frac{\mathfrak{X}\,d^2x}{ds^6}.$$

§ IV. — Applications.

48. *De l'hélice.* — L'hélice est la transformée d'une droite située dans un plan après l'enroulement du plan sur un cylindre. Si le cylindre est circulaire, l'hélice est dite *à base circulaire.*

Équation de la courbe. — D'après cette définition, si a est le rayon du cercle, et que l'on prenne les axes coordonnés cartésiens, tels que l'axe des z soit l'axe du cylindre circulaire, l'axe des x situé dans un plan perpendiculaire passe par le point d'intersection de ce plan et de la courbe, et l'axe des y la partie positive de la droite perpendiculaire au plan des deux autres; en représentant par t l'angle que la projection du rayon vecteur fait avec l'axe des x, et par m la tangente trigonométrique de l'angle i que la touchante à la courbe fait avec le plan des xy, les coordonnées d'un point quelconque de la courbe sont données par les équations

$$x = a\cos t, \quad y = a\sin t, \quad z = amt.$$

Différentielles :

$$\begin{aligned}
dx &= -a\sin t\,dt, & dy &= a\cos t\,dt, & dz &= am\,dt;\\
d^2x &= -a\cos t\,dt^2, & d^2y &= -a\sin t\,dt^2, & d^2z &= 0;\\
d^3x &= a\sin t\,dt^3, & d^3y &= -a\cos t\,dt^3, & d^3z &= 0.
\end{aligned}$$

Binômes X, Y, Z :

$$X = a^2 m \sin t\, dt^3, \quad Y = -a^2 m \cos t\, dt^3, \quad Z = a\, dt^3;$$
$$dX = a^2 m \cos t\, dt^4, \quad dY = \quad a^2 m \sin t\, dt^4, \quad dZ = 0.$$

Tangente :

$$\cos(\tau, x) = -\sin t \cos i, \quad \cos(\tau, y) = \cos\tau \cos i, \quad \cos(\tau, z) = \sin i.$$

Différentielle de l'arc :

$$ds = \frac{a}{\cos i}\, dt.$$

Binormale :

$$\cos(\nu, x) = \sin t \sin i, \quad \cos(\nu, y) = -\cos t \sin i, \quad \cos(\nu, z) = \cos i.$$

Normale principale :

$$\cos(\rho, x) = -\cos t, \quad \cos(\rho, y) = -\sin t, \quad \cos(\rho, z) = 0.$$

Angles de contingence et de flexion :

$$\frac{d\varepsilon}{dt} = \cos i, \quad \frac{d\omega}{dt} = \sin i.$$

Rayons de première, de deuxième et de troisième courbure :

$$\frac{1}{\rho} = \frac{\cos^2 i}{a}, \quad \frac{1}{\nu} = \frac{\cos i \sin i}{a}, \quad \frac{1}{\mathfrak{R}} = \frac{\cos i}{a}.$$

Coordonnées α, β, γ *du centre de la sphère osculatrice et du centre de courbure.* — Ces deux centres coïncident :

$$\alpha = -a \operatorname{tang}^2 i \sin t, \quad \beta = -a \operatorname{tang}^2 i \cos t, \quad \gamma = a \operatorname{tang} i \,.\, t.$$

Équations élémentaires :

$$\frac{ds}{dt} = \frac{a}{\cos i}, \quad \frac{d\varepsilon}{dt} = \cos i, \quad \frac{d\omega}{dt} = \sin i.$$

Droite rectifiante. — La direction de cette droite coïncide avec l'axe du cylindre; cela résulte des équations

$$\sin(\varpi, \tau) = \frac{d\varepsilon}{dt} = \cos i,$$

$$\cos(\varpi, \nu) = -\frac{d\omega}{dt} = -\sin i, \quad \cos(\varpi, \rho) = 0;$$

$$\cot H = -\tang i.$$

Ces formules diverses ont été calculées directement au moyen des équations de la courbe; mais on peut aussi les déduire des équations du polygone hélicoïdal qui ont été données dans le Chapitre I (20); il suffira de passer à la limite en posant Δt nul.

Il serait facile de montrer que toute l'économie de l'hélice est la conséquence des formules que nous venons de calculer. Nous laissons au lecteur le soin de faire cette déduction, qui servira de contrôle à l'étude que nous avons déjà faite du polygone hélicoïdal dans le Chapitre Ier.

CHAPITRE III.

PASSAGE DES ÉQUATIONS ÉLÉMENTAIRES AUX COORDONNÉES DU POINT.

La question qui va nous occuper consiste à déduire des équations élémentaires d'une courbe les coordonnées d'un point quelconque de cette courbe.

Cette question, lorsqu'il s'agit de courbes planes, peut être complétement résolue en ce sens, que l'on obtient les coordonnées du point de la courbe au moyen de simples quadratures; mais il n'en est pas de même des courbes non planes. Le problème dans sa généralité est au-dessus des forces de l'Analyse, parce que l'on se trouve en présence d'une équation différentielle qu'on ne sait pas intégrer et qu'on n'est parvenu à intégrer que dans deux ou trois cas. Cependant cette question doit être abordée lorsque l'on veut pénétrer dans les entrailles mêmes du sujet. C'est la solution de cette question qui donnerait la vraie théorie des courbes et la seule classification rationnelle à laquelle on puisse les soumettre. Les auteurs qui ont écrit sur les courbes, ayant posé la question en sens inverse, ne se sont nullement préoccupés de la solution; il n'y a, à notre connaissance, que M. Serret et le Dr Hoppe qui aient posé directement la question et qui nous aient laissé des recherches importantes sur cette matière, digne des efforts des plus grands analystes. Les idées que nous avions sur la vraie théorie des courbes, et qui ont été la base des recherches que nous avons publiées depuis un quart de siècle, nous plaçaient directement en présence du problème dont il s'agit. Ce sont les résultats de ces géomètres et ceux que nous avons obtenus nous-même que nous allons exposer dans le présent Chapitre, que nous partagerons en deux parties, la première relative au mouvement angulaire d'une droite, la seconde relative aux applications de ce mouvement à la théorie des courbes. Cette exposition est basée sur une méthode nouvelle et à nous personnelle.

§ I. — Des déplacements angulaires d'une droite.

Avant d'étudier les courbes en elles-mêmes, il importe d'étudier les angles infiniment petits que font entre elles les positions successives d'une droite, et de fixer les variations angulaires d'autres droites intimement liées avec la première. Cette étude fait connaître les lois qui règlent ces variations et qu'il est indispensable de connaître.

49. *Principe des courbures inclinées. — Courbure inclinée d'une ligne suivant une direction quelconque.* Pour rester fidèle à nos conventions, si une ligne ν se déplace d'après une loi connue, de telle sorte qu'un de ses points parcoure un arc s, nous appelons *courbure inclinée* de l'arc *s suivant la direction* ν le rapport du déplacement angulaire infiniment petit de la ligne ν au chemin infiniment petit parcouru par le point sur l'arc ds, et nous représentons cette courbure par $\frac{1}{\mathfrak{r}_{\nu,ds}}$. L'arc de cercle décrit d'un point de la droite comme centre avec un rayon égal à l'unité, entre la première position de la droite et une parallèle menée de ce point à la seconde position de cette droite, est appelé *arc de contingence inclinée* de la ligne *s suivant la direction* ν et représenté par le symbole $\mathfrak{J}_{\nu,ds}$. Cet arc de cercle représente en grandeur et en direction la courbure inclinée.

Cette conception est tout à fait générale et s'applique sans exception à toutes les courbures que les géomètres introduisent dans le calcul, ainsi qu'à toutes les grandeurs de l'ordre des courbures qu'ils considèrent, et la courbure inclinée les comprend toutes comme cas particuliers, comme nous le prouverons successivement.

Variations d'un angle. — Soient deux droites ν, μ, formant entre elles un angle (ν, μ) variable, et dont le sommet parcourt l'arc infiniment petit $d\lambda$; on a, par rapport aux trois coordonnées rectilignes x, y, z, la relation

$$\cos(\nu, \mu) = \Sigma \cos(\nu, x) \cos(\mu, x),$$

le signe Σ se rapportant aux trois axes coordonnés; si l'on prend la variation suivant le déplacement $d\lambda$, on aura, en introduisant les courbures inclinées et en restant fidèle aux conventions établies, la relation fondamentale

$$(\lambda) \qquad \frac{d\cos(\nu, \mu)}{d\lambda} = \frac{\cos(\mu, \mathfrak{L}_{\nu\lambda})}{\mathfrak{L}_{\nu\lambda}} + \frac{\cos(\nu, \mathfrak{L}_{\mu\lambda})}{\mathfrak{L}_{\mu\lambda}}.$$

Soit π la normale au plan parallèle aux deux directions ν et μ. Si, conformément à notre usage, on représente par les mêmes lettres de l'alphabet romain affectées de l'indice (π) les projections des deux courbures sur le plan des deux droites dans leur position primitive, l'équation précédente pourra s'écrire sous la forme suivante :

$$(\lambda)' \qquad -\frac{d(\nu, \mu)}{d\lambda} = \frac{1}{\mathrm{L}_{\nu\lambda}^{(\pi)}} + \frac{1}{\mathrm{L}_{\mu\lambda}^{(\pi)}}.$$

Les formules (λ), $(\lambda)'$ se démontrent avec non moins de facilité par la Géométrie; car, si du sommet de l'angle on mène des parallèles aux positions des deux côtés après leur déplacement, qu'on projette l'angle ainsi obtenu sur le plan des deux côtés avant leur déplacement et que du sommet de l'angle, avec un rayon égal à l'unité, on décrive dans ce plan une circonférence de cercle, on voit directement que la variation de l'angle des deux droites est égale à la somme des projections des déviations des côtés sur le plan des deux droites; ce qui n'est autre chose que le principe exprimé par l'équation $(\lambda)'$, que l'on peut aussi énoncer de la manière suivante :

Théorème. — *La variation d'un angle est la somme des projections, sur le plan de cet angle, des arcs de contingence inclinés de la ligne décrite par le sommet, suivant chacun des deux côtés de l'angle.*

50. *Trièdre trirectangle dérivant du déplacement angulaire d'une droite.* — Soit (*fig.* 7) une droite dont un point déter-

miné parcourt une courbe donnée, la direction de cette droite variant d'après une loi donnée. Marquons, à partir du point O, où la droite dans une de ses positions coupe la courbe, la position positive de cette droite; supposons que du même

Fig. 7.

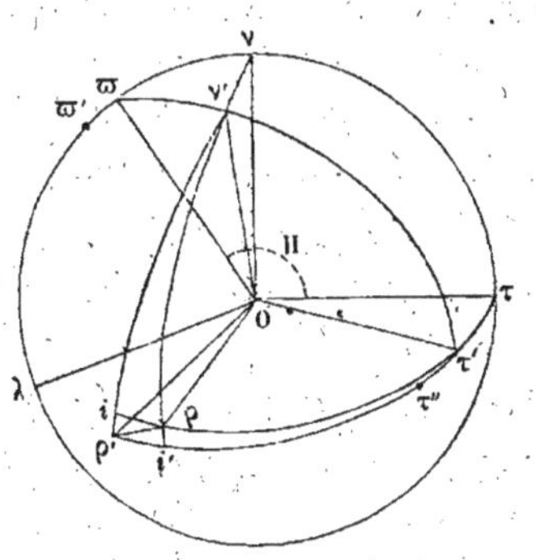

point O une sphère soit décrite d'un rayon égal à l'unité, et soit τ le point où sa surface coupe la partie positive de la droite; soit τ' l'extrémité du rayon de cette sphère parallèle à la direction positive de la ligne infiniment voisine; l'arc de grand cercle qui va de τ en τ' est connu en grandeur et en direction. Soit $O\rho$ un rayon parallèle à cette direction, qui à la limite est la même que celle de la corde $\tau\tau'$; si nous élevons un rayon $O\nu$ perpendiculaire au plan $\tau O \tau'$ du côté où le déplacement de $O\tau$ est vu de gauche à droite par un spectateur placé suivant la direction $O\nu$, cette direction sera prise positivement et la position opposée négativement. Les trois rayons positifs $O\tau$, $O\rho$, $O\nu$ forment un trièdre trirectangulaire : la considération de ce trièdre est d'une grande utilité.

Trièdre trirectangle infiniment voisin. — Soit $O\tau''$ un rayon parallèle à une troisième position de la droite; les deux rayons $O\tau'$, $O\tau''$ donnent naissance à un second trièdre trirectangle dont les arêtes sont $O\tau'$, $O\rho'$, $O\nu'$. Ce trièdre est formé d'après la même loi que le précédent; les trois arcs (τ, τ'), (ν, ν'), (ρ, ρ') jouissent des propriétés suivantes :

1° *Les arcs* (τ, τ'), (ν, ν'), *formés par les positions infiniment voisines des rayons* Oτ, Oν, *ont la même direction ou des directions opposées.*

En effet, le point τ' est éloigné d'un quadrant des points ν, ν', ρ'; d'ailleurs Oρ' est perpendiculaire sur Oν'; donc, à la limite, l'arc (ν, ν') sera parallèle à Oρ', et par conséquent à Oρ. Mais Oρ est à la limite parallèle à l'arc (τ, τ'); donc ces deux arcs sont parallèles entre eux et à la direction Oρ: l'arc (ν, ν') sera pris positivement s'il a la même direction que Oρ, et négativement s'il a la direction contraire.

2° *Les trois arcs* (τ, τ'), (ν, ν'), (ρ, ρ') *sont, en grandeur, les trois côtés d'un triangle rectangle dont* (ρ, ρ') *est l'hypoténuse.*

Les trois points τ, τ', ρ sont situés sur un arc de grand cercle; les trois points ν, ν', ρ' sont aussi situés sur un arc de grand cercle qui coupe en i le premier orthogonalement; or, dans le triangle rectangle infiniment petit $\rho\rho' i$, l'arc (i, ρ') est égal à l'arc (ν, ν'), puisque les points ν, ν' sont les pôles des deux grands cercles (ρ, τ'), (ρ', τ') qui forment entre eux l'angle mesuré par (i, ρ'); on a aussi l'arc (i, ρ) égal à l'arc (τ, τ') par une raison semblable. Donc, si un trièdre trirectangle est formé, d'après la loi précédente, dans une seconde position de ce trièdre, les déplacements angulaires infiniment petits sont entre eux comme les trois côtés d'un triangle rectangle dont l'hypoténuse est (ρ, ρ') et les deux côtés de l'angle droit sont l'un (i, ρ) perpendiculaire à l'arc (ν, ν') et l'autre (i, ρ') perpendiculaire à l'arc (τ, τ'). On a donc la relation

$$(\rho, \rho')^2 = (\tau, \tau')^2 + (\nu, \nu')^2. \qquad (1)$$

Nous appelons les arêtes Oτ, Oν, Oρ du trièdre considéré la *première*, la *deuxième*, la *troisième arête* du trièdre, et *première*, *deuxième* et *troisième face* les faces opposées à ces *arêtes*.

51. *Trièdre relatif au déplacement angulaire de* Oν. Le trièdre trirectangle déterminé par deux positions infiniment voisines du rayon Oν est tel que, la première arête étant Oν, l'arête perpendiculaire au plan de ces positions sera Oτ', et l'arête déterminée par la direction de l'arc (ν, ν') sera $O\rho'$; de là il résulte que ce trièdre se confondra à la limite avec le trièdre produit par deux positions infiniment voisines de $O\tau$, trièdre que nous venons de considérer dans le numéro qui précède. De là on déduit les propositions suivantes :

1° *Si deux trièdres sont tels que le premier résulte du déplacement d'une direction $O\tau$, et le second du déplacement de la perpendiculaire $O\nu$ à deux positions infiniment voisines de la direction $O\tau$, ces deux trièdres sont tels, que la première arête du premier coïncide avec la deuxième arête du second, et réciproquement, et leurs troisièmes arêtes sont communes.*

2° *Le déplacement de la première arête du premier trièdre est le même que le déplacement de la deuxième arête du second, et réciproquement, et les déplacements des troisièmes arêtes sont les mêmes.*

Nous appellerons ces deux trièdres *conjugués.*

52. *Trièdre résultant des déplacements de $O\rho$.* — Construisons le trièdre trirectangle relatif aux dispositions $O\rho$, $O\rho'$, infiniment voisines; soient $O\varpi$, $O\lambda$ la deuxième et la troisième arête de ce triangle, l'une perpendiculaire au plan $O\rho\rho'$, l'autre parallèle à l'arc (ρ, ρ'); les propriétés de ce trièdre sont les suivantes :

1° *La première face $\lambda O\varpi$ du trièdre $\rho\varpi\lambda$ et la troisième face $\tau O\nu$ du trièdre $\tau\nu\rho$ sont dans un même plan.*

En effet, $O\varpi$ est l'intersection des deux grands cercles $\nu O\tau$, $\nu' O\tau'$ dont ρ et ρ' sont les pôles. D'une autre part, la direction de l'arc (ρ, ρ') est perpendiculaire au rayon $O\rho$; donc le rayon $O\lambda$ parallèle à cette direction ne peut se trouver que dans le plan $\nu O\tau$ perpendiculaire à $O\rho$. Donc :

2° *L'angle que l'arête $O\varpi$ fait avec l'arête $O\nu$ a pour sinus le rapport de l'arc (ν, ν') à l'arc (ρ, ρ'), et pour cosinus le rapport de l'arc (τ, τ') à l'arc (ρ, ρ').*

En effet, les deux droites $O\varpi$, $O\nu$ sont perpendiculaires chacune à chacune aux deux faces $\rho O\rho'$, $\rho O i$; donc l'angle dièdre formé par ces deux faces a pour mesure l'angle $\varpi O\nu$.

Or le triangle infinitésimal $i\rho\rho'$ donne les deux relations (n° 50)

$$\sin(\rho'\rho i) = \frac{(\nu, \nu')}{(\rho, \rho')}, \quad \cos(\rho'\rho i) = \frac{(\tau, \tau')}{(\rho, \rho')};$$

de là on déduit les équations suivantes :

$$(2) \quad \begin{cases} \sin(\varpi, \nu) = \dfrac{(\nu, \nu')}{(\rho, \rho')} = -\cos(\lambda, \nu), \\ \cos(\varpi, \nu) = \dfrac{(\tau, \tau')}{(\rho, \rho')} = \quad \sin(\lambda, \nu); \end{cases}$$

et par conséquent

$$(2') \quad \begin{cases} \sin(\varpi, \tau) = \quad \dfrac{(\tau, \tau')}{(\rho, \rho')} = -\cos(\lambda, \tau), \\ \cos(\varpi, \tau) = -\dfrac{(\nu, \nu')}{(\rho, \rho')} = \quad \sin(\lambda, \tau). \end{cases}$$

3° *Le déplacement angulaire de la ligne* $O\varpi$ *est la différentielle de l'arc* (τ, ϖ).

Si l'on considère le déplacement infiniment petit de $O\varpi$ et que l'on construise le triangle trirectangle résultant de ce déplacement, ses arêtes seront, d'après le numéro précédent, $O\varpi$, $O\rho$, $O\lambda$; la ligne $O\varpi'$ sera placée dans ce trièdre par rapport à $O\varpi$, comme la ligne $O\nu'$ par rapport à $O\nu$ dans le trièdre (ν, τ, ρ); donc l'arc (ϖ, ϖ') est la différentielle des deux arcs (ϖ', τ'), (ϖ, τ), parce que, l'angle des deux arcs (ϖ, ν'), (ϖ, ν) étant infiniment petit, les arcs (ϖ', τ') et (ϖ', τ) diffèrent d'un infiniment petit supérieur au premier. On aura donc les deux équations

$$(3) \qquad (\varpi, \varpi') = d \arcsin = \frac{(\tau, \tau')}{(\rho, \rho')},$$

$$(4) \qquad (\lambda, \lambda')^2 = (\varpi, \varpi')^2 + (\rho, \rho')^2.$$

Il résulte de ce que nous venons de dire que, les déplacements angulaires (τ, τ'), (ν, ν') étant déterminés en grandeur et en direction, les déplacements de toutes les arêtes des trièdres successifs sont déterminés en grandeur et en direction, et que les positions de ces arêtes par rapport aux arêtes du premier trièdre sont également déterminées.

53. *Démonstration analytique.* — Le principe de la courbure inclinée permet de démontrer directement les théorèmes précédents. En effet, si l'on prend les variations des deux cosinus $\cos(\rho, \tau)$, $\cos(\rho, \nu)$, comme ces deux cosinus sont nuls, on aura (n° 49)

$$d\cos(\rho, \tau) = (\rho, \rho')\cos(\lambda, \tau) + (\tau, \tau')\cos(\rho, \rho') = 0,$$
$$d\cos(\rho, \nu) = (\rho, \rho')\cos(\lambda, \nu) + (\nu, \nu')\cos(\rho, \rho') = 0,$$

et par conséquent

$$\cos(\lambda, \tau) = -\frac{(\tau, \tau')}{(\rho, \rho')} = -\sin(\varpi, \tau),$$
$$\cos(\lambda, \nu) = -\frac{(\nu, \nu')}{(\rho, \rho')} = -\sin(\varpi, \nu),$$
$$(\rho, \rho')^2 = (\tau, \tau')^2 + (\nu, \nu')^2.$$

Or les directions ρ, λ, ϖ forment un trièdre trirectangle; par conséquent, la somme des carrés des cosinus des angles que ces trois directions forment avec la direction τ ou la direction ν étant égale à l'unité, on a

$$\cos(\varpi, \tau) = -\frac{(\nu, \nu')}{(\rho, \rho')} = \sin(\lambda, \tau), \quad \cos(\varpi, \nu) = \frac{(\tau, \tau')}{(\rho, \rho')} = \sin(\lambda, \nu).$$

Si l'on prend la variation de ces deux cosinus, on aura

$$\begin{aligned} d\cos(\varpi, \tau) &= -\sin(\varpi, \tau)d(\varpi, \tau) \\ &= (\varpi, \varpi')\cos(\lambda, \tau) + (\tau, \tau')\cos(\varpi, \rho) \\ &= -(\varpi, \varpi')\sin(\varpi, \tau), \end{aligned}$$

et conséquemment

$$d(\varpi, \tau) = (\varpi, \varpi').$$

De même

$$\begin{aligned} d\cos(\varpi, \nu) &= -\sin(\varpi, \nu)\,d(\varpi, \nu) \\ &= (\varpi, \varpi')\cos(\lambda, \nu) + (\nu, \nu')\cos(\varpi, \rho) \\ &= -(\varpi, \varpi')\sin(\varpi, \nu) \end{aligned}$$

et par suite

$$d(\varpi, \nu) = (\varpi, \varpi');$$

ce qu'il fallait démontrer.

54. *Angles des arêtes des divers trièdres avec la direction fixe.* — Soient Ox, Oy, Oz trois rayons de notre sphère, parallèles aux trois axes coordonnés orthogonaux auxquels la courbe directrice de la droite mobile est rapportée; puisque cette courbe est connue et que, de plus, le mouvement angulaire de la droite mobile est donné, il résulte que l'on connaît en fonction d'un seul paramètre les coordonnées de la courbe et les cosinus des angles que la droite mobile fait avec les trois axes.

1° Projetons le périmètre du triangle $\tau O \tau'$ sur chacun de ces trois axes; on aura les trois équations contenues dans le type suivant :

$$(6) \qquad (\tau, \tau')\cos(\rho, x) = d\cos(\tau, x). \quad (3)$$

Si l'on projette de même sur chacun des trois plans coordonnés l'aire du même triangle, on obtient les trois équations contenues dans le type suivant :

$$(6') \quad (\tau,\tau')\cos(\nu,x) = \cos(\tau,y)\,d\cos(\tau,z) - \cos(\tau,z)\,d\cos(\tau,y). \ (3)$$

Les trois premières formules font connaître l'angle (τ, τ') et les directions de $O\rho$ par rapport aux trois axes; les trois secondes donnent les trois directions de $O\nu$ par rapport aux mêmes axes.

2° Projetons le périmètre du triangle $\nu O \nu'$ sur les mêmes axes successivement; on obtiendra les trois équations contenues dans le type suivant :

$$(9) \qquad (\nu, \nu')\cos(\rho, x) = d\cos(\nu, x). \quad (3)$$

3° Projetons le périmètre du triangle $\rho O \rho'$ sur la direction Ox; on obtient la relation triple

$$(11) \qquad (\rho, \rho')\cos(\lambda, x) = d\cos(\rho, x).$$

D'un autre côté, supposons qu'un mobile parcoure le périmètre du triangle infinitésimal $i\rho\rho'$ et projetons ce périmètre sur la direction Ox; nous obtiendrons l'équation

$$(10) \quad (\rho, \rho')\cos(\lambda, x) + (\tau, \tau')\cos(\tau, x) + (\nu, \nu')\cos(\nu, x) = 0;$$

la comparaison de ces deux relations donne la suivante :

$$(12)\quad d\cos(\rho, x) = -(\tau, \tau')\cos(\tau, x) - (\nu, \nu')\cos(\nu, x).$$

4° Puisque $O\varpi$ est dans le plan $\nu O\tau$, on aura l'équation

$$\cos(\varpi, x) = \cos(\varpi, \nu)\cos(\nu, x) + \cos(\varpi, \tau)\cos(\tau, x),$$

et, en ayant égard aux formules du n° 53, on aura

$$(8)\quad (\rho, \rho')\cos(\varpi, x) = (\tau, \tau')\cos(\nu, x) - (\nu, \nu')\cos(\tau, x).$$

Les formules (6), (9) et (12) ont une grande importance, parce qu'elles permettent d'exprimer : 1° les cosinus des angles que ρ fait avec un axe fixe, et les variations de ces cosinus en fonction des déplacements angulaires (τ, τ'), (ν, ν') et des cosinus des angles que τ et ν font avec la même direction; 2° les variations des cosinus des angles que τ et ν font avec l'axe fixe en fonction des mêmes quantités.

55. *Du rapport spécifique.* — Le rapport différentiel des deux angles (ν, ν'), (τ, τ') joue un rôle très-important dans la théorie des courbes, ainsi que dans le mouvement d'une droite. Nous l'appelons, dans le premier cas, *rapport spécifique* de la courbe pour des raisons que nous verrons plus tard, et, dans le second cas, *rapport spécifique* du mouvement de la droite, parce que ce simple rapport détermine le mouvement angulaire de cette droite; si l'on divise l'équation (9) par l'équation (5), on obtient la relation

$$(5)\qquad \frac{(\nu, \nu')}{(\tau, \tau')} = \frac{d\cos(\nu, x)}{d\cos(\tau, x)}.$$

De là on obtient la proposition suivante :

Le rapport spécifique du mouvement angulaire d'une droite est égal au rapport des variations des cosinus des angles des directions $O\nu$, $O\tau$ *avec une direction fixe quelconque.*

Pour abréger, représentons les déplacements

$$(\tau, \tau'),\quad (\nu, \nu'),\quad (\rho, \rho'),\quad (\varpi, \varpi'),\quad (\lambda, \lambda'), \ldots$$

par

$$d\varepsilon,\quad d\omega,\quad d\varepsilon',\quad d\omega',\quad d\varepsilon'', \ldots;$$

puisque le mouvement de la droite est défini, si t est la variable qui règle le mouvement de la droite, les rapports des différentielles $d\varepsilon$, $d\omega$ à la différentielle dt sont connus en fonction de t; on a donc les deux équations

$$(7) \qquad d\varepsilon = \varphi(t)dt, \quad d\omega = \psi(t)dt;$$

et, si l'on représente par ε, ω deux variables telles, que l'on ait

$$\varepsilon = \int d\varepsilon + \varepsilon_0, \quad \omega = \int d\omega + \omega_0,$$

dans lesquelles ε_0, ω_0 sont deux constantes arbitraires, on connaîtra ε et ω en fonction de t, et l'élimination de cette variable donnera ω en fonction de ε, et, par conséquent, $\frac{d\omega}{d\varepsilon}$ en fonction de ε. On peut donc admettre que le rapport spécifique est connu en fonction de ε; il résulte aussi de là que l'on connaît le rapport de $\frac{d\varepsilon}{d\omega}$ en fonction de ω.

Enfin, par suite de l'équation (1), $\frac{d\varepsilon'}{dt}$ est exprimé en fonction de t par la relation

$$d\varepsilon' = dt\sqrt{[\varphi(t)]^2 + [\psi(t)]^2},$$

de sorte que, si l'on représente par ε' une variable donnée par l'équation

$$\varepsilon' - \varepsilon'_0 = \int d\varepsilon',$$

dans laquelle ε'_0 est une constante arbitraire, on connaîtra ε' en fonction de t, et par conséquent les rapports différentiels $\frac{d\varepsilon}{d\varepsilon'}$, $\frac{d\omega}{d\varepsilon'}$ en fonction de ε'.

56. *Relations entre les déplacements des arêtes des divers trièdres successifs.* — Appelons H l'angle fini que l'arête $O\varpi$ fait avec l'arête $O\tau$; les équations (2)' donnent les relations

$$(2') \qquad \sin H = \frac{d\varepsilon}{d\varepsilon'}, \quad \cos H = -\frac{d\omega}{d\varepsilon'}, \quad (d\varepsilon')^2 = d\varepsilon^2 + d\omega^2;$$

il résulte de là que, si l'on pose les relations

$$(2'') \quad \sin H' = \frac{d\varepsilon'}{d\varepsilon''}, \quad \cos H' = -\frac{d\omega'}{d\varepsilon''}, \quad (d\varepsilon'')^2 = (d\varepsilon')^2 + (d\omega')^2,$$

l'équation (3) donnera

$$(3') \qquad dH = d\omega'.$$

Donc les angles H et ω' qui résultent de l'intégration de cette équation ne peuvent différer que par une constante; on a donc la signification de l'angle ω' introduit dans le numéro précédent. De là résulte aussi que l'on a la relation

$$(d\varepsilon'')^2 = d\varepsilon^2 + d\omega^2 + dH^2.$$

En continuant de la même manière, on obtiendra la signification de l'angle ω'' par suite de la relation

$$(3'') \qquad dH' = d\omega'',$$

et de plus la relation

$$(d\varepsilon''')^2 = d\varepsilon^2 + d\omega^2 + (d\omega')^2 + (d\omega'')^2,$$

et ainsi de suite.

Ces équations montrent qu'il suffit que deux rapports différentiels $\frac{d\varepsilon}{dt}$, $\frac{d\omega}{dt}$ soient connus en fonction de t, pour que l'on puisse calculer en fonction de la même variable les rapports de tous les déplacements angulaires à dt.

57. *Calcul des déplacements angulaires des arêtes des trièdres.* — Supposons que l'on veuille calculer tous les déplacements des arêtes des trièdres qui suivent le trièdre primitif.

En faisant usage des équations (7) et des équations (2') et (3'), on aura

$$(7') \qquad \left\{ \begin{aligned} d\varepsilon' &= (\varphi^2 + \psi^2)^{\frac{1}{2}}\, dt, \\ -d\omega' &= d \operatorname{arc}\left(\operatorname{tang} = \frac{\varphi}{\psi}\right) = \frac{\psi\varphi' - \varphi\psi'}{\varphi^2 + \psi^2}\, dt; \end{aligned} \right.$$

de ces deux équations on déduit les deux suivantes :

$$(7'') \qquad \left\{ \begin{aligned} d\varepsilon'' &= \frac{\sqrt{(\varphi^2 + \psi^2)^3 + (\psi\varphi' - \psi\varphi')^2}}{\varphi^2 + \psi^2}\, dt, \\ d\omega'' &= d \operatorname{arc}\left[\operatorname{tang} \frac{(\varphi^2 + \psi^2)^{\frac{3}{2}}}{(\psi\varphi' - \varphi\psi')}\right], \end{aligned} \right.$$

et ainsi de suite.

Si l'on veut, au contraire, calculer les déplacements des arêtes des trièdres trirectangles qui précèdent le trièdre primitif, on opérera de la manière suivante :

Soient $d\varepsilon_{-1}$, $d\omega_{-1}$ les déplacements des deux premières arêtes du trièdre qui précède le trièdre primitif; on aura, en affectant de l'indice -1 les quantités déjà définies relatives à ce trièdre, les relations suivantes :

$$d\mathrm{H}_{-1} = \psi\, dt, \quad \mathrm{H}_{-1} = \int \psi\, dt;$$

et conséquemment les équations

$$(7)_{-1} \qquad \frac{d\varepsilon_{-1}}{dt} = \varphi \sin\left(\int \psi\, dt\right), \quad \frac{d\omega_{-1}}{dt} = -\varphi \cos\left(\int \psi\, dt\right).$$

On trouvera de même

$$d\mathrm{H}_{-1} = -\varphi \cos\left(\int \psi\, dt\right), \quad \mathrm{H}_{-2} = -\int \varphi\, dt \cos\left(\int \psi\, dt\right).$$

$$(7)_{-2} \quad \left\{ \begin{aligned} \frac{d\varepsilon_{-2}}{dt} &= -\varphi \sin\left(\int \psi\, dt\right) \sin\left[\int \varphi\, dt \cos\left(\int \psi\, dt\right)\right], \\ \frac{d\omega_{-2}}{dt} &= -\varphi \sin\left(\int \psi\, dt\right) \cos\left[\int \varphi\, dt \cos\left(\int \psi\, dt\right)\right], \end{aligned} \right.$$

et ainsi de suite.

De ces formules on déduit les relations suivantes :

$$\varepsilon_{-1} = \int \varphi\, dt \sin\left(\int \psi\, dt\right), \quad \omega_{-1} = -\int \varphi\, dt \cos\left(\int \psi\, dt\right),$$

$$\varepsilon_{-2} = -\int \varphi\, dt \sin\left(\int \psi\, dt\right) \sin\left[\int \varphi\, dt \cos\left(\int \psi\, dt\right)\right],$$

$$\omega_{-2} = -\int \varphi\, dt \sin\left(\int \psi\, dt\right) \cos\left[\int \varphi\, dt \cos\left(\int \psi\, dt\right)\right],$$

dans lesquelles les constantes arbitraires sont contenues sous le signe $\int$.

58. *Trièdre différentiel, trièdre intégral.* — Étant donné un trièdre dont les arêtes sont τ, ν, ρ, nous appelons *trièdre différentiel* de ce trièdre, ou bien *trièdre dérivé*, le trièdre dont l'arête principale est la dernière arête du trièdre proposé, et nous représentons par les mêmes lettres marquées d'un accent les arêtes du nouveau trièdre; par les mêmes lettres affectées d'un double accent, les arêtes du trièdre différentiel

de ce dernier, et ainsi de suite ; d'après ces notations, ρ ou τ' sont identiques, ρ' ou τ'' sont aussi identiques. De même nous représentons tous les éléments du trièdre différentiel par les mêmes lettres qui représentent les mêmes éléments du trièdre proposé, affectées d'un, de deux, de trois accents, suivant qu'il s'agit du trièdre différentiel du premier, du deuxième ou du troisième ordre. Nous représenterons, pour abréger, par τ_x, τ_y, τ_z les cosinus des angles qu'une arête τ fait avec les trois axes, c'est-à-dire par la lettre qui représente l'arête, cette lettre étant affectée de l'accent qui se rapporte à l'axe. D'après cela, le sens de cette notation sera déterminé ; ainsi l'on aura

$$d\vartheta = d\varepsilon', \quad d\vartheta' = d\varepsilon'', \quad \tau'_x = \rho_x, \quad \tau''_x = \rho'_x,$$

et ainsi de suite.

De même, nous appelons *trièdre intégral du premier ordre* du trièdre proposé (τ, ν, ρ) le trièdre dont ce dernier est le trièdre différentiel; *trièdre intégral du second ordre* du trièdre proposé celui dont le trièdre du premier ordre est le trièdre différentiel; nous représentons tous les éléments de ces divers trièdres par les mêmes lettres qui représentent les éléments du même nom dans le trièdre proposé, affectées des indices $-1, -2, -3, \ldots$, suivant qu'il s'agit du trièdre intégral du premier, du deuxième ou du troisième ordre. D'après cela on aura le sens bien déterminé des relations suivantes :

$$d\vartheta_{-1} = d\varepsilon, \quad dH_{-1} = d\omega, \quad \tau_{x-1} = \rho_{x-2}, \quad \tau_x = \rho_{x-1}, \ldots.$$

59. Problème I. — *Connaissant la loi du mouvement de l'arête fondamentale τ du trièdre des axes mobiles, trouver la loi du mouvement des arêtes des trièdres successifs quelconques.*

Les formules fondamentales sont (6), (9), (12), (8), qui donnent les suivantes :

$$(15) \qquad \tau'_x = \frac{d\tau_x}{d\varepsilon}, \quad \tau'_x = \frac{d\varepsilon}{d\omega}\frac{d\nu_x}{d\varepsilon},$$

$$(16) \qquad d\varepsilon'\tau''_x = -d\varepsilon\tau_x - d\omega\nu_x, \quad d\varepsilon'\nu'_x = -d\omega\tau_x + d\varepsilon\nu_x.$$

La première des équations (15) donne les équations suivantes par la différentiation :

$$
(17) \quad \begin{cases} \tau''_x = \dfrac{d}{d\varepsilon'}\dfrac{d\tau_x}{d\varepsilon}, \quad \tau'''_x = \dfrac{d}{d\varepsilon''}\dfrac{d}{d\varepsilon'}\dfrac{d\tau_x}{d\varepsilon}, \ldots, \\ \tau_x^{(n)} = \dfrac{d}{d\varepsilon^{(n-1)}}\dfrac{d}{d\varepsilon^{(n-2)}}\cdots\dfrac{d}{d\varepsilon'}\dfrac{d\tau}{d\varepsilon}. \end{cases}
$$

Or, comme les variables $\varepsilon, \varepsilon', \varepsilon'', \ldots, \varepsilon^{(n)}$ s'expriment de proche en proche en fonction de la variable indépendante au moyen des formules (7'), (7'') données dans le n° 57, il en résulte que le mouvement des arêtes τ des trièdres dérivés est déterminé.

Le mouvement des arêtes ρ des mêmes trièdres en résulte, parce que la troisième arête d'un trièdre est la première arête du trièdre dérivé suivant, ce que l'on exprime par l'équation

$$
(18) \qquad \rho_x^{(n)} = \tau_x^{(n+1)}.
$$

Enfin les arêtes ν des mêmes trièdres sont aussi déterminées par suite de la relation suivante :

$$
[\nu_x^{(n)}]^2 + [\tau_x^{(n)}]^2 + [\rho_x^{(n)}]^2 = 1;
$$

mais il est plus simple de déterminer le mouvement de ces arêtes ν en s'appuyant sur la deuxième des formules (16). En effet, on déduit de cette formule les suivantes :

$$
(19) \quad \begin{cases} d\varepsilon' \nu'_x - d\varepsilon\, \nu_x = - d\omega\, \tau_x, \\ d\varepsilon'' \nu''_x - d\varepsilon' \nu'_x = - d\omega' \tau'_x, \\ \ldots\ldots\ldots\ldots\ldots\ldots\ldots, \\ d\varepsilon^{(n)} \nu_x^{(n)} - d\varepsilon^{(n-1)} \nu_x^{(n-1)} = - d\omega^{(n-1)} \tau_x^{(n-1)}; \end{cases}
$$

et, en ajoutant membre à membre, on trouve l'équation suivante :

$$
(20) \qquad d\varepsilon^{(n)} \nu_x^{(n)} - d\varepsilon\, \nu_x = - \sum_0^{n-1} d\omega^{(i)} \tau_x^{(i)},
$$

qui donne le mouvement d'une arête quelconque ν.

60. *Transformation des équations précédentes.* — Si l'on développe les différentiations indiquées dans les seconds membres des formules (17), (19), (18), on obtiendra $\tau_x^{(n)}$, $\nu_x^{(n)}$, $\rho_x^{(n)}$ exprimées linéairement par rapport à τ_x, ν_x et ρ_x; il suffira de faire usage des équations (16) pour éliminer les dérivées d'ordre supérieur de τ_x et de ν_x à mesure qu'elles se produisent.

On peut aussi obtenir ces formules en opérant par l'une ou l'autre des méthodes suivantes.

Première méthode. — Écrivons les équations (15) et (16) sous la forme

$$(16')\quad \left\{\begin{aligned} \rho'_x &= -\tau_x \sin H + \nu_x \cos H,\\ \nu'_x &= \tau_x \cos H + \nu_x \sin H,\\ \tau'_x &= \rho_x. \end{aligned}\right.$$

On déduit de ces formules les suivantes :

$$\begin{aligned} \rho''_x &= -\tau'_x \sin H' + \nu'_x \cos H',\\ \nu''_x &= \tau'_x \cos H' + \nu'_x \sin H',\\ \tau''_x &= \rho'_x; \end{aligned}$$

et, par la substitution des valeurs de τ'_x, ν'_x tirées des équations précédentes, elles deviennent

$$\begin{aligned} \rho''_x &= -\rho_x \sin H' + \tau_x \cos H' \sin H + \nu_x \cos H' \sin H,\\ \nu''_x &= \rho_x \cos H' + \tau_x \sin H' \cos H + \nu_x \sin H' \sin H; \end{aligned}$$

et ainsi de suite, en opérant sur celles-ci comme sur les précédentes.

Deuxième méthode. — Elle consiste à opérer, par rapport aux axes mobiles τ', ν', ρ', comme on vient d'opérer sur les axes fixes. Les formules pourront s'écrire alors sous la forme suivante, l étant une direction quelconque :

$$(16'')\quad \left\{\begin{aligned} \cos(l, \tau) &= \cos(l, \nu') \cos H - \cos(l, \rho') \sin H,\\ \cos(l, \nu) &= \cos(l, \nu') \sin H - \cos(l, \rho') \cos H,\\ \cos(l, \rho) &= \cos(l, \tau'). \end{aligned}\right.$$

Or, si l'on fait successivement l égal à ν'', ρ'', on aura

$$\begin{aligned}
\cos(\nu'', \tau) &= \sin H' \cos H,\\
\cos(\rho'', \tau) &= \cos H' \cos H,\\
\cos(\nu'', \nu) &= \sin H' \sin H,\\
\cos(\rho'', \nu) &= \cos H' \sin H,\\
\cos(\nu'', \rho) &= \cos H',\\
\cos(\rho'', \rho) &= -\sin H'.
\end{aligned}$$

Si, dans les mêmes formules, on fait successivement l égal à ν''', ρ''' et que l'on ait égard aux valeurs qu'on vient de trouver, on aura successivement

$$\begin{aligned}
\cos(\nu''', \tau) &= \cos(\nu''', \nu') \cos H - \cos(\nu''', \rho') \sin H,\\
\cos(\nu''', \tau) &= \sin H'' \sin H' \cos H - \cos H'' \sin H,\\
\cos(\nu''', \nu) &= \sin H'' \sin H' \sin H + \cos H'' \cos H,\\
\cos(\nu''', \rho) &= \sin H'' \cos H';
\end{aligned}$$

$$\begin{aligned}
\cos(\rho''', \tau) &= \cos(\rho''', \nu') \cos H - \cos(\rho''', \rho') \sin H,\\
\cos(\rho''', \tau) &= \cos H'' \sin H' \cos H + \sin H'' \sin H,\\
\cos(\rho''', \nu) &= \cos H'' \sin H' \sin H - \sin H'' \cos H,\\
\cos(\rho''', \rho) &= \cos H'' \cos H',
\end{aligned}$$

et ainsi de suite.

Or on a la formule

$$\nu_x^{(n)} = \tau_x \cos[\nu^{(n)}, \tau] + \nu_x \cos[\nu^{(n)}, \nu] + \rho_x \cos[\nu^{(n)}, \rho].$$

On connaîtra donc finalement les coefficients de τ_x, ν_x et ρ_x dans cette formule; par conséquent, on aura la valeur de $\nu_x^{(n)}$ et, en raisonnant de la même manière, on trouvera les valeurs de $\rho_x^{(n)}, \ldots, \tau_x^{(n)}, \ldots$.

De la résolution de ce problème résulte la proposition suivante :

Théorème. — *Si le rapport sphérique* $\frac{d\omega}{d\varepsilon}$ *est donné en fonction d'une variable, et que l'on connaisse en fonction de la même variable le cosinus de l'angle que l'arête fondamentale du trièdre* (τ, ν, ρ) *fait avec une droite fixe, les cosinus des angles de cette droite avec toutes les arêtes de ce trièdre et des trièdres différentiels peuvent être obtenus en fonction de la même variable.*

61. Problème II. — *Connaissant la loi du mouvement de l'arête* τ *du trièdre des axes mobiles, trouver la loi du mouvement des arêtes d'un trièdre intégral d'un ordre quelconque.*

Écrivons les équations (6) et (9) sous la forme suivante :

$$d\tau_{x-1} = \tau_x \, d\varepsilon_{-1}, \quad d\nu_{x-1} = \tau_x \, d\omega_{-1}; \tag{21}$$

de la première on déduit successivement par l'intégration les formules suivantes :

$$(22) \quad \begin{cases} \tau_{x-1} = \int \tau_x \, d\varepsilon_{-1}, \\ \tau_{x-2} = \int d\varepsilon_{-2} \int \tau_x \, d\varepsilon_{-1}, \\ \dots\dots\dots\dots\dots\dots, \\ \tau_{x-n} = \int d\varepsilon_{-n} \int d\varepsilon_{-n+1} \dots \int \tau_x \, d\varepsilon_{-1}, \end{cases}$$

lesquelles déterminent le mouvement des arêtes τ d'un trièdre intégral quelconque, pourvu que l'on fasse usage des formules $(7)_{-1}$.

De même, de la seconde on déduira successivement par l'intégration les formules suivantes :

$$(23) \quad \begin{cases} \nu_{x-1} = \int \tau_x \, d\omega_{-1}, \\ \nu_{x-2} = \int d\omega_{-2} \int \tau_x \, d\varepsilon_{-1}, \\ \dots\dots\dots\dots\dots\dots, \\ \nu_{x-n} = \int d\omega_{-n} \int d\varepsilon_{-n+1} \dots \int \tau_x \, d\varepsilon_{-1}. \end{cases}$$

Enfin, si l'on remarque que l'on a la relation générale

$$\rho_{x-n-1} = \tau_{x-n},$$

on aura les formules suivantes :

$$\rho_{x-1} = \tau_x, \quad \rho_{x-2} = \tau_{x-1}, \dots, \quad \rho_{x-n-1} = \tau_{x-n}; \tag{24}$$

et, par conséquent, la loi du mouvement d'une arête d'un trièdre intégral d'un ordre quelconque est déterminée.

62. *Transformation des équations précédentes.* — Les formules précédentes dépendent d'une série d'intégrations suc-

cessives qu'il faut effectuer; or on peut affranchir ces formules de toutes ces intégrations par l'une des deux méthodes suivantes.

Première méthode. — Considérons la première des équations (22); si l'on élimine τ_x de cette équation au moyen de l'équation (12), on aura, en ayant égard aux relations (2′), (2″), l'équation suivante :

$$\tau_{x-1} = -\int d\rho_x \sin H_{-1} - \int \nu_x \sin H_{-1}\, dH_{-1}.$$

Or, si l'on intègre par parties chacune des deux intégrales du second membre, on obtient

$$\tau_{x-1} = -\rho_x \sin H_{-1} + \nu_x \cos H_{-1} + \int \cos H_{-1} (\rho_x\, d\omega - d\nu_x).$$

Si l'on opère de la même manière sur la première des équations, on trouvera la relation

$$\nu_{x-1} = \rho_x \cos H_{-1} + \nu_x \sin H_{-1} + \int \sin H_{-1} (\rho_x\, d\omega - d\nu_x).$$

Or, comme les deux intégrales du second membre sont nulles par suite de l'équation (9), on a les deux équations suivantes :

$$(25)\quad \begin{cases} \tau_{x-1} = -\rho_x \sin H_{-1} + \nu_x \cos H_{-1}, \\ \nu_{x-1} = \rho_x \cos H_{-1} + \nu_x \sin H_{-1}. \end{cases}$$

Ainsi τ_{x-1} et ν_{x-1} sont indépendants de tout signe intégral.

On trouvera de la même manière

$$\tau_{x-2} = -\rho_{x-1} \sin H_{-2} + \nu_{x-1} \cos H_{-2},$$
$$\nu_{x-2} = \rho_{x-1} \cos H_{-2} + \nu_{x-1} \sin H_{-2}.$$

Si l'on élimine ρ_{x-1} au moyen des formules (24) et ν_{x-1} au moyen des formules (25), on obtient les deux formules suivantes :

$$(25')\quad \begin{cases} \tau_{x-2} = -\tau_x \sin H_{-2} + \rho_x \cos H_{-2} \cos H_{-1} + \nu_x \cos H_{-2} \sin H_{-1}, \\ \nu_{x-2} = \tau_x \cos H_{-2} + \rho_x \sin H_{-2} \cos H_{-1} + \nu_x \sin H_{-2} \sin H_{-1}. \end{cases}$$

Au moyen de ces deux formules et des précédentes, on obtiendra, en opérant de la même manière, les valeurs de τ_{x-3}, ν_{x-3}, et ainsi de suite. On obtient donc des formules qui donnent le mouvement des arêtes d'un ordre intégral quelconque, indépendantes de tout signe d'intégration; et il n'y a d'autres intégrations à effectuer que celles qui résultent du calcul des angles en H (57), calcul qui est commun aux deux procédés.

Deuxième méthode. — Cette deuxième méthode consiste à calculer directement les formules (25); or, si l'on remarque que les formules (16′) du n° 60 peuvent s'écrire sous la forme suivante :

$$\rho_x = \nu_{x-1} \cos H_{-1} - \tau_{x-1} \sin H_{-1},$$
$$\nu_x = \nu_{x-1} \sin H_{-1} + \tau_{x-1} \cos H_{-1},$$

et qu'on résolve ces deux équations par rapport à ν_{x-1}, τ_{x-1} comme inconnues, on tombe sur les équations (25), de sorte que le mouvement d'une arête quelconque d'un trièdre intégral peut être calculé sans aucune intégration, comme cela ressort d'ailleurs de la nature des équations.

On déduit de ce qui précède la proposition suivante :

THÉORÈME. — *Si le rapport spécifique $\frac{d\omega}{d\varepsilon}$ est donné en fonction d'une variable, et que l'on connaisse en fonction de la même variable l'expression la plus générale du cosinus de l'angle que l'arête fondamentale du trièdre* (τ, ν, ρ) *fait avec une droite fixe, les cosinus des angles de cette droite avec toutes les arêtes de ce trièdre et d'un trièdre intégral quelconque peuvent être obtenus en fonction de la même variable sans autres quadratures que celles relatives aux angles* H, $H_{-1}, H_{-2}, \ldots, H_{-n}$.

COROLLAIRE. — *La même proposition a lieu lorsque, le rapport $\frac{d\omega}{d\varepsilon}$ étant donné en fonction d'une variable, on connaît en fonction de la même variable l'expression la plus générale du cosinus de l'angle qu'une arête quelconque du trièdre* (τ, ν, ρ) *fait avec une droite fixe.*

63. *Relations qui lient le rapport spécifique avec les cosinus des angles de* $O\tau$, $O\nu$, $O\rho$ *avec une direction fixe.* — Nous représentons toujours les cosinus des angles que les directions $O\tau$, $O\nu$, $O\rho$ font avec une direction fixe Ox par τ_x, ν_x,

ρ_x; si l'on prend $d\varepsilon$ pour différentielle constante, les équations (6), (9), (11) s'écrivent sous la forme suivante :

$$(a)\quad \left\{\begin{aligned} &\frac{d\tau_x}{d\varepsilon} = \rho_x, \\ &\frac{d\nu_x}{d\varepsilon} = \frac{d\omega}{d\varepsilon}\rho_x, \\ &\frac{d\rho_x}{d\varepsilon} = -\tau_x - \frac{d\omega}{d\varepsilon}\nu_x, \end{aligned}\right.$$

auxquelles il faut joindre l'équation

$$(b)\quad \tau_x^2 + \nu_x^2 + \rho_x^2 = 1.$$

Les équations (a) forment un système d'équations différentielles linéaires du premier ordre entre les variables τ_x, ν_x, ρ_x et la variable indépendante ε définie dans les numéros précédents, de sorte qu'il suffit de connaître le rapport spécifique $\frac{d\omega}{d\varepsilon}$ en fonction de ε pour déterminer par l'intégration de ces équations les angles de la droite mobile avec une direction fixe Ox quelconque en fonction de la variable ε. On pourrait conserver la variable indépendante t; mais alors il faudrait connaître les variations $d\varepsilon$, $d\omega$ en fonction de cette variable.

64. *Équations résolvantes.* — Supposons connu le rapport spécifique $\frac{d\omega}{d\varepsilon}$ en fonction de ε, et proposons-nous de chercher une équation différentielle en ε et τ_x.

Si l'on différentie deux fois la première des équations (a) et qu'on élimine les variations ρ_x et ν_x au fur et à mesure qu'elles s'introduisent, au moyen des deux dernières équations du système (a), on trouve les trois équations suivantes :

$$(a)'\quad \left\{\begin{aligned} &\frac{d\tau_x}{d\varepsilon} = \rho_x, \\ &\tau_x + \frac{d^2\tau_x}{d\varepsilon^2} = -\frac{d\omega}{d\varepsilon}\nu_x, \\ &\frac{d\tau_x}{d\varepsilon} + \frac{d^3\tau_x}{d\varepsilon^3} = -\frac{d\omega^2}{d\varepsilon^2}\rho_x - \frac{d}{d\varepsilon}\left(\frac{d\omega}{d\varepsilon}\right)\nu_x. \end{aligned}\right.$$

Si l'on porte les valeurs de ρ_x et de ν_x données, par les deux premières équations dans l'équation (b), on obtient l'équation du second ordre

$$(c) \qquad \frac{d^2\tau_x}{d\varepsilon^2} + \tau_x = \frac{d\omega}{d\varepsilon}\sqrt{1 - \tau_x^2 - \frac{d\tau_x^2}{d\varepsilon^2}}.$$

Si, au contraire, on élimine les mêmes variables entre les trois équations du système, on obtient l'équation du troisième ordre linéaire suivante, dans laquelle nous posons, pour abréger, le rapport spécifique $\frac{d\omega}{d\varepsilon} = \varphi$, et sa dérivée égale à φ',

$$(e) \qquad \frac{d^3\tau_x}{d\varepsilon^3} - \frac{\varphi'}{\varphi}\frac{d^2\tau_x}{d\varepsilon^2} + (1 + \varphi^2)\frac{d\tau_x}{d\varepsilon} - \frac{\varphi'}{\varphi}\tau_x = 0.$$

L'une de ces deux équations étant intégrée, on connaîtra τ_x en fonction de ε, et les équations (a)′ feront connaître ν_x et ρ_x en fonction de la même variable.

2° Il est facile de voir que les équations différentielles entre ν_x et ω, prise pour variable indépendante, sont de même forme que les deux précédentes, parce que les équations (a) sont symétriques en τ_x et $d\varepsilon$, d'une part, et ν_x et $d\omega$, de l'autre.

Donc, si l'on représente par ψ le rapport de $d\varepsilon$ à $d\omega$ exprimé en fonction de ω, et par ψ' la dérivée de ψ par rapport à ω, on aura les deux équations

$$(c)' \qquad \frac{d^2\nu_x}{d\omega^2} + \nu_x = \frac{d\varepsilon}{d\omega}\sqrt{1 - \nu_x^2 - \frac{d\nu_x}{d\omega^2}},$$

$$(e)' \qquad \frac{d^3\nu_x}{d\omega^3} - \frac{\psi'}{\psi}\frac{d^2\nu_x}{d\omega^2} + (1 + \psi^2)\frac{d\nu_x}{d\omega} - \frac{\psi'}{\psi}\nu_x = 0.$$

3° Pour obtenir l'équation différentielle qui donne ρ_x, nous poserons, afin d'éviter toute confusion, $d\theta$ égale $d\varepsilon_1$ et nous prendrons pour variable indépendante l'angle ε_1; par suite des équations ($2'$), les équations (a) prendront la forme suivante :

$$(a)'' \qquad \begin{cases} \dfrac{d\tau_x}{d\varepsilon_1} = \rho_x \sin \mathrm{H}, \\[2mm] \dfrac{d\nu_x}{d\varepsilon_1} = -\rho_x \cos \mathrm{H}, \\[2mm] \dfrac{d\rho_x}{d\varepsilon_1} = -\tau_x \sin \mathrm{H} + \nu_x \cos \mathrm{H}. \end{cases}$$

Si l'on différentie deux fois la troisième des équations $(a)''$ par rapport à ε_1, et qu'on élimine les variations de τ_x et ν_x au fur et à mesure qu'elles s'introduisent, et qu'on représente par H' et H'' les dérivées première et seconde de H par rapport à ε_1, on aura les deux nouvelles :

$$(a)'''\left\{\begin{aligned}&\frac{d^2\rho_x}{d\varepsilon_1^2}+\rho_x=(-\nu_x\sin H-\tau_x\cos H)H',\\&\frac{d^3\rho_x}{d\varepsilon_1^3}+\frac{d\rho_x}{d\varepsilon_1}=(-\nu_x\cos H+\tau_x\sin H)H'^2-(\nu_x\sin H+\tau_x\cos H)H''.\end{aligned}\right.$$

Si l'on porte les valeurs de τ_x et de ν_x tirées du système contenant la troisième des équations $(a)''$, et la première des deux précédentes dans la relation (b), on obtient l'équation

$$(c)''\qquad \frac{d^2\rho_x}{d\varepsilon_1^2}+\rho_x=H'\sqrt{1-\rho_x^2-\frac{d\rho_x^2}{d\varepsilon_1^2}},$$

qui est du second ordre et d'un degré supérieur au premier.

Si l'on porte les mêmes valeurs dans la deuxième des équations $(a)'''$, on obtient l'équation du troisième ordre linéaire suivante :

$$(e)''\qquad \frac{d^3\rho_x}{d\varepsilon_1^3}-\frac{H''}{H'}\frac{d^2\rho_x}{d\varepsilon_1^2}+(1+H'^2)\frac{d\rho_x}{d\varepsilon_1}-\frac{H''}{H'}\rho=0.$$

Il est facile de voir que les formes des équations (e), $(e)'$, $(e)''$ ne sont pas distinctes; car, si dans l'équation (e) on remplace la fonction φ par sa valeur $\frac{d\omega}{d\varepsilon}$ ou bien $\frac{dH_{-1}}{d\varepsilon}$, on tombera sur une équation identique à l'équation $(e)''$. Cette égalité de forme de ces trois équations résulte évidemment de la nature même de la question.

Changement de variable indépendante. — Si l'on prend une variable indépendante quelconque t et qu'on représente, pour abréger, les dérivées successives d'une variable par rapport à t, par la lettre qui représente cette variable, affectée de un, de deux, de trois accents, etc., et que l'on pose

$$\varphi=\frac{\dfrac{d\omega}{dt}}{\dfrac{d\varepsilon}{dt}}=\frac{\omega'}{\varepsilon'},$$

on aura l'équation différentielle suivante :

$$(\tau_x)'' \left\{ \begin{aligned} &\tau_x''' - \left(\frac{3\varepsilon''}{\varepsilon'} + \frac{\varepsilon'\varphi'}{\varphi}\right)\tau_x'' \\ &\quad - \left[\frac{\varepsilon'''}{\varepsilon'} - 3\frac{\varepsilon''^2}{\varepsilon'^2} - \frac{\varepsilon''\varphi'}{\varphi} - \varepsilon'^2(1+\varphi^2)\right]\tau_x' - \frac{\varepsilon'^3\varphi'}{\varphi}\tau_x = 0, \end{aligned} \right.$$

qui se rapporte à une variable indépendante quelconque.

65. *Application des formules précédentes.* — PROBLÈME I. — *Le rapport des déplacements $d\omega$, $d\varepsilon$ des deux arêtes ν et τ étant constant, déterminer le mouvement des trois arêtes du trièdre* $O\tau\nu\rho$.

Si l'on fait usage de la formule $(c)''$, elle devient dans le cas présent

$$\frac{d^2\rho_x}{d\varepsilon_1^2} + \rho_x = 0;$$

donc l'intégrale, en représentant par A et α les constantes d'intégration, prend la forme

$$\rho_x = A\cos(\varepsilon_1 + \alpha).$$

Si l'on représente par m le rapport de $d\omega$ à $d\varepsilon$, on a, par suite de la première équation (a) et de l'équation (9), les deux équations

$$\frac{d\tau_x}{d\varepsilon_1} = \frac{A}{\sqrt{1+m^2}}\cos(\varepsilon_1 + \alpha), \quad \frac{d\nu_x}{d\varepsilon_1} = \frac{Am}{\sqrt{1+m^2}}\cos(\varepsilon_1 + \alpha).$$

Si l'on intègre ces deux équations, en représentant par B et C deux nouvelles constantes, on obtient

$$\tau_x = B - \frac{A}{\sqrt{1+m^2}}\sin(\varepsilon_1 + \alpha), \quad \nu_x = C - \frac{Am}{\sqrt{1+m^2}}\sin(\varepsilon_1 + \alpha);$$

mais, comme la somme des carrés des cosinus est l'unité, on reconnaît que les constantes A, B, C sont liées entre elles par les deux relations

$$A^2 + B^2 + C^2 = 1, \quad B + Cm = 0,$$

ce qui permet d'exprimer deux de ces constantes en fonction

de la troisième; on a donc les trois cosinus

$$\rho_x = A\cos(\varepsilon_1 + \alpha),$$
$$\tau_x = -\frac{m\sqrt{1 - A^2}}{\sqrt{1+m^2}} - \frac{A}{\sqrt{1+m^2}}\sin(\varepsilon_1 + \alpha),$$
$$\nu_x = \frac{\sqrt{1 - A^2}}{\sqrt{1+m^2}} - \frac{Am}{\sqrt{1+m^2}}\sin(\varepsilon_1 + \alpha),$$

qui donnent à chaque instant les positions des arêtes τ, ν, ρ.

Chacune de ces arêtes trace sur la sphère O une ligne sphérique dont les équations sont faciles à obtenir.

1° Si l'on met les équations en ρ_x, ρ_y et ρ_z sous la forme suivante :

$$\rho_x = \cos a \cos\varepsilon_1 + \cos b \sin\varepsilon_1,$$
$$\rho_y = \cos a_1 \cos\varepsilon_1 + \cos b_1 \sin\varepsilon_1,$$
$$\rho_z = \cos a_2 \cos\varepsilon_1 + \cos b_2 \sin\varepsilon_1,$$

on reconnaît que les angles a, a_1, a_2, b, b_1, b_2 se rapportent à deux droites rectangulaires passant par le centre de la sphère et que la courbe n'est autre chose que le grand cercle dont le plan contient ces deux droites;

2° Que les valeurs de τ_x, τ_y, τ_z sont données par les équations contenues dans le type

$$\tau_x = \cos c \cos H - \sin H(\cos a \sin\varepsilon_1 - \cos b \cos\varepsilon_1), \quad (3)$$

dans laquelle les angles c, c_1, c_2 déterminent une droite menée par le centre perpendiculairement aux deux précédentes, et que la courbe sphérique est l'intersection de la sphère avec la sphère dont l'équation est

$$(x - \cos c \cos H)^2 + (y - \cos c_1 \cos H)^2 + (z - \cos c_2 \cos H)^2 = \sin^2 H,$$

et que par conséquent cette courbe est un petit cercle;

3° Que les valeurs de ν_x, ν_y, ν_z sont données par les équations contenues dans le type suivant :

$$\nu_x = \sin H \cos c + \cos H(\cos a \sin\varepsilon_1 - \cos b \cos\varepsilon_1), \quad (3)$$

et que la courbe décrite par ν sur la surface sphérique est l'intersection de la sphère donnée et de la sphère dont l'équation est

$$(x - \cos c \sin H)^2 + (y - \cos c_1 \sin H)^2 + (z - \cos c_2 \sin H)^2 = \cos^2 H.$$

On peut donc (*fig.* 8) se faire une représentation exacte du mou-

Fig. 8.

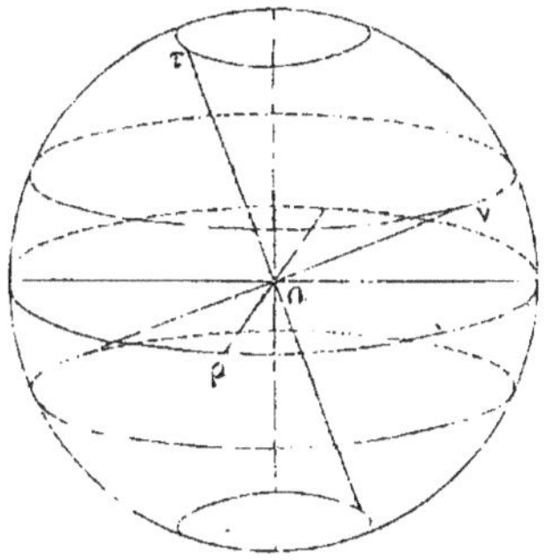

vement des arêtes ρ, τ, ν du trièdre trirectangle, en assimilant : 1° l'arête ρ à la ligne des équinoxes dont les extrémités décrivent le cercle de l'écliptique; 2° l'arête τ à la ligne des pôles de l'équateur, dont les extrémités décrivent deux petits cercles autour des pôles de l'écliptique; 3° l'arête ν à la ligne des pôles du plan des deux premières droites, dont les extrémités décrivent les deux petits cercles polaires des petits cercles décrits par les pôles de l'équateur. Les plans de ces cinq cercles sont parallèles et partagent la surface sphérique en cinq zones.

Si l'on fait coïncider avec les axes x, y, z les trois droites rectangulaires formant avec les trois axes coordonnés les angles a, a_1, a_2, b, b_1, b_2, c, c_1, c_2, les équations précédentes deviendront

$$\begin{aligned} \rho_x &= \cos\varepsilon_1, & \tau_x &= -\sin H \sin\varepsilon_1, & \nu_x &= \cos H \sin\varepsilon_1, \\ \rho_y &= \sin\varepsilon_1, & \tau_y &= \sin H \cos\varepsilon_1, & \nu_y &= -\cos H \cos\varepsilon_1, \\ \rho_z &= 0, & \tau_z &= \cos H, & \nu_z &= \sin H, \end{aligned}$$

66. Problème II. — *Trouver le mouvement des arêtes du trièdre trirectangle lorsque la dérivée $\frac{dH}{d\varepsilon_1}$ est une quantité constante n.*

L'équation donnée

$$\frac{dH}{d\varepsilon_1} = n$$

fournit par l'intégration, n_0 étant une nouvelle constante, l'équation

$$H = n\varepsilon_1 + n_0;$$

on a donc les deux relations

$$\frac{d\varepsilon}{d\varepsilon_1} = \sin(n\varepsilon_1 + n_0), \quad \frac{d\omega}{d\varepsilon_1} = -\cos(n\varepsilon_1 + n_0).$$

Dans le cas actuel, l'équation $(e)''$ devient

$$\frac{d^3\rho_x}{d\varepsilon_1^3} + (1 + n^2)\frac{d\rho_x}{d\varepsilon_1} = 0;$$

si l'on pose, pour abréger, $k^2 = 1 + n^2$, l'intégrale de cette équation sera

$$\rho_x = \sqrt{1 - \frac{1}{k^2}}\cos a - \frac{\cos b}{k}\sin k\varepsilon_1 + \frac{\cos c}{k}\cos k\varepsilon_1.$$

Cette équation renferme deux équations semblables, l'une donnant ρ_y et l'autre ρ_z, et les constantes ont été déterminées par la condition que la somme des carrés de ces cosinus soit l'unité, ce qui donne trois droites rectangulaires fixes, la première faisant avec les trois axes les angles a, a_1, a_2, la deuxième les angles b, b_1, b_2, la troisième les angles c, c_1, c_2.

1° On reconnaît que la courbe décrite par l'extrémité de ρ est l'intersection de la sphère O de rayon 1 avec la sphère dont l'équation est

$$\left(x - \sqrt{1 - \frac{1}{k^2}}\cos a\right)^2 + \left(y - \sqrt{1 - \frac{1}{k^2}}\cos a_1\right)^2 + \left(z - \sqrt{1 - \frac{1}{k^2}}\cos a_2\right)^2 = \frac{1}{k^2},$$

et par conséquent l'arête ρ décrit une surface conique.

2° Pour connaître le mouvement de l'arête τ, nous ferons coïncider les droites dont nous venons de parler avec l'axe des z, l'axe des x, l'axe des y.

Les équations qui donnent ρ_x, ρ_y, ρ_z seront

$$\rho_x = -\frac{\sin k\varepsilon_1}{k}, \quad \rho_y = \frac{\cos k\varepsilon_1}{k}, \quad \rho_z = \sqrt{1-\frac{1}{k^2}};$$

or on a

$$d\tau_x = \rho_x d\varepsilon = -\frac{1}{k}\sin k\varepsilon_1 \sin(n\varepsilon_1 + n_0)d\varepsilon_1,$$

$$d\tau_y = -\frac{1}{k}\cos k\varepsilon_1 \sin(n\varepsilon_1 + n_0)d\varepsilon_1,$$

$$d\tau_z = \sqrt{1-\frac{1}{k^2}}\sin(n\varepsilon_1 + n_0)d\varepsilon_1.$$

Si l'on intègre ces équations et qu'on détermine les constantes par la condition que la somme des carrés des cosinus est l'unité, on trouve les trois équations suivantes, après quelques réductions faciles :

$$\tau_x = \sin(n\varepsilon_1 + n_0)\cos k\varepsilon_1 - \frac{n}{k}\cos(n\varepsilon_1 + n_0)\sin k\varepsilon_1,$$

$$\tau_y = \sin(n\varepsilon_1 + n_0)\sin k\varepsilon_1 + \frac{n}{k}\cos(n\varepsilon_1 + n_0)\cos k\varepsilon_1,$$

$$\tau_z = -\frac{1}{k}\cos(n\varepsilon_1 + n_0).$$

D'après cela, les équations de la courbe sphérique décrite par l'extrémité de τ seront

$$x = \sqrt{1-k^2z^2}\cos\left(k\frac{\pi - n_0 - \text{arc}\cos = kz}{n}\right)$$
$$+ nz\sin\left(k\frac{\pi - n_0 - \text{arc}\cos = kz}{n}\right),$$

$$y = \sqrt{1-k^2z^2}\sin\left(k\frac{\pi - n_0 - \text{arc}\cos = kz}{n}\right)$$
$$- nz\cos\left(k\frac{\pi - n_0 - \text{arc}\cos = kz}{n}\right).$$

3° Pour connaître le mouvement de l'arête ν, on remarquera que l'on a les trois équations

$$d\nu_x = \rho_x\, d\omega = \frac{1}{k}\sin k\varepsilon_1 \cos(n\varepsilon_1 + n_0)\,d\varepsilon_1,$$

$$d\nu_y = -\frac{1}{k}\cos k\varepsilon_1 \cos(n\varepsilon_1 + n_0)\,d\varepsilon_1,$$

$$d\nu_z = -\sqrt{1-\frac{1}{k^2}}\cos(n\varepsilon_1 + n_0)\,d\varepsilon_1;$$

dont les intégrales sont

$$\nu_x = -\cos(n\varepsilon_1 + n_0)\cos k\varepsilon_1 - \frac{n}{k}\sin(n\varepsilon_1 + n_0)\sin k\varepsilon_1,$$

$$\nu_y = -\cos(n\varepsilon_1 + n_0)\sin k\varepsilon_1 + \frac{n}{k}\sin(n\varepsilon_1 + n_0)\cos k\varepsilon_1,$$

$$\nu_z = -\frac{1}{k}\sin(n\varepsilon_1 + n_0).$$

D'après cela, la courbe sphérique décrite par les extrémités de ν est de même espèce que la précédente et polaire de celle-ci.

D'après la forme des dérivées de τ_x, τ_y, τ_z, on reconnaît que la courbe sphérique que décrit l'extrémité de τ est une hélice cylindrique coupant sous angle constant les génératrices du cylindre qui projette la courbe sur le plan des xy, et qu'il en est de même de la courbe sphérique décrite par l'extrémité de ν.

Cette double condition caractérise entièrement ces deux courbes; car il suffit de dire qu'elles sont l'une et l'autre sphériques et de la classe des hélices, pour qu'elles soient entièrement caractérisées. La première condition donne, $d\sigma_1$ étant l'élément de la première courbe,

$$d\sigma_1 = \sin(n\varepsilon_1 + n_0)\,d\varepsilon_1,$$

et la seconde

$$\frac{d\omega_1}{d\varepsilon_1} = \text{const.}$$

Or $d\text{H} = d\omega_1 = n\,d\varepsilon_1$, on a donc

$$\frac{d\omega_1}{d\varepsilon_1} = n. \qquad \text{C. Q. F. D.}$$

$d\varepsilon_1$ est l'angle de contingence de la courbe décrite par τ, $d\omega_1$ est son angle de flexion. Les rayons de première courbure et de seconde courbure sont donnés par les équations

$$\frac{1}{\mathfrak{R}} = \frac{1}{\sin(n\varepsilon_1 + n_0)}, \quad \frac{1}{\mathfrak{T}} = \frac{1}{n\sin(n\varepsilon_1 + n_0)}.$$

§ II. — Déduction des coordonnées d'un point de la courbe.

Nous allons maintenant appliquer les théorèmes qui précèdent à la détermination analytique des coordonnées d'un point quelconque de la courbe, au moyen des équations élémentaires de cette courbe. Cette recherche importante, qui est le fond du problème de la théorie des courbes, ne peut pas conduire à une solution générale, à cause des difficultés d'intégration; mais elle fournit quelques résultats qui jettent un grand jour sur la véritable théorie des courbes. Ces résultats sont, d'une part, une classification rationnelle des courbes et, de l'autre, une série d'intégrales obtenues géométriquement.

67. *La recherche des coordonnées du point de la courbe au moyen de ses deux équations élémentaires ne peut dépendre d'une équation différentielle supérieure au cinquième ordre.* — En effet, la courbe est déterminée de forme au moyen de ses deux équations élémentaires, mais non de position (n° 39). Or cette position n'est déterminée que lorsque l'on connaît les trois coordonnées d'un point et les angles que la tangente en ce point fait avec les trois axes fixes; mais, comme les cosinus des angles sont liés entre eux par cette condition, que la somme de leurs carrés égale l'unité, lorsque deux de ces cosinus sont connus, le troisième l'est également; il y a donc cinq constantes arbitraires, et, par suite, l'équation résolvante ne peut pas être d'un degré supérieur au cinquième.

Les variables se séparent et l'équation résolvante est ramenée au second ordre. — Supposons que l'équation élémentaire de la caractéristique sphérique soit donnée, la connaissance de cette équation suffit, d'après le n° 64, pour déterminer le cosinus de l'angle que la tangente à la courbe fait avec un axe fixe, l'axe des x; mais ce cosinus dépend de l'intégration de l'équation différentielle en τ_x (nº 64). On a donc cette proposition :

Théorème I. — *Le rapport spécifique angulaire de la courbe suffit pour déterminer la direction de la tangente au moyen d'une équation différentielle du second ordre.*

La détermination des coordonnées du point dépend encore du rapport spécifique linéaire; et lorsque l'équation résolvante est intégrée, ces coordonnées s'obtiennent par de simples quadratures. — En effet, après l'intégration de l'équation résolvante, τ_x est connu en fonction de la variable ε et de deux constantes arbitraires. Or soit $f(\varepsilon)$ le rapport spécifique linéaire donné de la courbe

$$\frac{ds}{d\varepsilon}=f(\varepsilon);$$

on a les relations

$$dx=\tau_x f(\varepsilon)\,d\varepsilon;\quad (3)$$

donc les intégrales sont

$$x-x_0=\int\tau_x f(\varepsilon)\,d\varepsilon,$$

dans lesquelles x_0, y_0, z_0 sont les trois constantes arbitraires.

De ce qui précède on déduit les propositions suivantes :

Théorème II. — *La détermination des coordonnées d'un point quelconque de la courbe au moyen de ses deux équations élémentaires dépend d'une équation différentielle du second ordre et de trois quadratures.*

Théorème III. — *Si, pour une valeur du rapport spécifique angulaire, l'équation résolvante relative à ce rapport est intégrable, les coordonnées de toutes les courbes qui admettront ce même rapport spécifique angulaire s'obtiendront par de simples quadratures, quelle que soit leur caractéristique plane.*

68. *Intégrales de l'équation résolvante.* — Nous allons maintenant énoncer quelques théorèmes relatifs à l'intégration de l'équation résolvante.

THÉORÈME IV. — *Si l'équation résolvante est intégrable pour une valeur particulière du rapport spécifique, cette équation est encore intégrable lorsque ce rapport spécifique est égal à la valeur de ce rapport relatif au trièdre dérivé ou au trièdre intégral de celui qui appartient au rapport spécifique donné, et l'intégrale ne dépend que des quadratures.*

En effet, si l'on se reporte aux nos 56 et 57, on voit que, lorsque $d\omega$, $d\varepsilon$ sont connus en fonction de la variable indépendante, les valeurs de $d\omega$ et de $d\varepsilon$ du trièdre dérivé ou du trièdre intégral sont calculables en fonction de la même variable indépendante, soit par de simples différentiations, soit par de simples quadratures; et, si l'on se reporte aux nos 59 et suivants, on voit encore que, lorsque le cosinus τ_x, relatif au trièdre propre à une courbe, est connu en fonction de la même variable indépendante, les valeurs de ce cosinus relatives au trièdre dérivé ou au trièdre intégral sont aussi calculables en fonction de la même variable indépendante. Or, puisque l'on suppose que l'équation résolvante est intégrable pour la valeur du rapport spécifique angulaire que l'on considère, l'expression la plus générale de τ_x est connue en fonction de la même variable qui donne le rapport $\frac{d\omega}{d\varepsilon}$; mais, d'après ce que nous venons de dire, les valeurs de ce rapport et de τ_x, pour le trièdre dérivé ou le trièdre intégral, sont aussi connues en fonction d'une même variable. Donc les valeurs de τ_x sont les intégrales de l'équation résolvante pour l'une ou l'autre valeur du rapport $\frac{d\omega}{d\varepsilon}$. Donc.....

On déduit, de ce qui vient d'être dit, la proposition suivante :

THÉORÈME V. — *Si l'équation résolvante est intégrable lorsque le rapport spécifique est égal à une certaine fonction de la variable indépendante, cette équation est encore intégrable lorsque le rapport spécifique est égal à la valeur de ce rapport pour un trièdre différentiel d'un ordre quelconque ou pour un trièdre intégral d'un ordre quelconque, et l'intégrale ne dépend que de simples quadratures.*

Considérons comme connu en fonction d'une variable t le rapport $\frac{d\omega}{d\varepsilon}$; on connaît (nos 53 et suiv.), par cela même, en fonction de la même variable, la partie descendante de la série des rapports spécifiques $\frac{d\omega'}{d\varepsilon'}, \frac{d\omega''}{d\varepsilon''}, \ldots, \frac{d\omega^{(n)}}{d\varepsilon^{(n)}}$, et la partie ascendante de la série des rapports spécifiques $\frac{d\omega_{-1}}{d\varepsilon_{-1}}, \frac{d\omega_{-2}}{d\varepsilon_{-2}}, \ldots, \frac{d\omega_{-n}}{d\varepsilon_{-n}}$. Or, par hypothèse, on connaît τ_x, qui est l'intégrale générale de l'équation résolvante pour la valeur $\frac{d\omega}{d\varepsilon}$; donc on connaîtra la série descendante des cosinus $\tau'_x, \tau''_x, \ldots, \tau^{(n)}_x$ et la série ascendante des cosinus $\tau_{x-1}, \tau_{x-2}, \ldots, \tau_{x-n}$, qui sont les intégrales générales de l'équation résolvante pour les valeurs correspondantes du rapport spécifique.

On a donc aussi cette proposition :

Théorème VI. — *Si deux valeurs du rapport spécifique* $\frac{d\omega}{d\varepsilon}$ *n'appartiennent pas à la même série de trièdres différentiels, les intégrales de l'équation résolvante relatives à ces deux valeurs produisent chacune une série infinie d'intégrales des équations résolvantes de la série, et, si elles appartiennent à la même série, elles produisent l'une et l'autre les intégrales de la même série.*

69. *Applications.* — Problème III. — *Étant donnée la valeur nulle du rapport spécifique angulaire, trouver les intégrales de la série des équations résolvantes relatives à la série des rapports spécifiques des trièdres dérivés et des trièdres d'intégration.*

Dans le cas où $\frac{d\omega}{d\varepsilon}$ est nul, l'équation résolvante (c)(64) devient

$$\frac{d^2\tau_x}{d\varepsilon^2} + \tau_x = 0,$$

dont l'intégrale, en représentant par A, α deux constantes arbitraires, est

$$\tau_x = A\cos(\varepsilon + \alpha);$$

par une détermination convenable des constantes, on a

$$\tau_x = \cos\varepsilon,\quad \tau_y = \sin\varepsilon,\quad \tau_z = 0;$$
$$\rho_x = -\sin\varepsilon,\quad \rho_y = \cos\varepsilon,\quad \rho_z = 0;$$
$$\nu_x = 0,\quad \nu_y = 0,\quad \nu_z = 0.$$

Trièdres différentiels. — Des équations précédentes on tire les relations (56)

$$\cos H = -\frac{d\omega}{d\varepsilon'} = 0,\quad \sin H = \frac{d\varepsilon}{d\varepsilon'} = 1,\quad dH = d\omega' = 0.$$

Ainsi le rapport spécifique $\frac{d\omega'}{d\varepsilon'}$ du premier trièdre différentiel est nul; donc il en sera de même de tous les trièdres différentiels successifs.

Trièdres d'intégration. Premier trièdre intégral. — Si l'on remarque que l'on a les équations

$$\sin H_{-1} = \frac{d\varepsilon_{-1}}{d\varepsilon},\quad -\cos H_{-1} = \frac{d\omega_{-1}}{d\varepsilon},\quad dH_{-1} = d\omega,$$

comme $d\omega$ est nul, on voit que l'angle H_{-1} est constant; donc, si l'on pose

$$\sin H_{-1} = \alpha,\quad -\cos H_{-1} = \beta,$$

α et β étant des constantes, on a les équations suivantes :

$$d\varepsilon_{-1} = \alpha\, d\varepsilon,\quad d\omega_{-1} = \beta\, d\varepsilon,\quad \frac{d\omega_{-1}}{d\varepsilon_{-1}} = \frac{\beta}{\alpha}.$$

Si l'on intègre ces équations, on aura, par une détermination convenable des constantes, les relations

$$\varepsilon_{-1} = \alpha\varepsilon,\quad \omega_{-1} = \beta\varepsilon.$$

D'après ces valeurs, l'équation résolvante (e), nº **64**, relative à la valeur $\frac{\beta}{\alpha}$ du rapport spécifique, prend la forme

$$\frac{d^3\tau_x}{d\varepsilon} + \frac{1}{\alpha^2}\frac{d\tau_x}{d\varepsilon} = 0.$$

Les théorèmes que nous avons démontrés dans le numéro

qui précède nous dispensent de calculer l'intégrale de cette équation, parce que ces théorèmes donnent directement cette intégrale, sans qu'il soit besoin de connaître l'équation différentielle. En effet, si l'on a recours aux formules (21), on trouve

$$\tau_{x-1} = \alpha \sin \varepsilon, \quad \nu_{x-1} = \beta \sin \varepsilon, \quad \rho_{x-1} = \cos \varepsilon,$$

70. *Deuxième trièdre intégral.* — On a les équations

$$\frac{d\varepsilon_{-2}}{d\varepsilon_{-1}} = \sin H_{-2}, \quad \frac{d\omega_{-2}}{d\varepsilon_{-1}} = -\cos H_{-2},$$

$$-\cot H_{-2} = \frac{d\omega_{-2}}{d\varepsilon_{-2}}, \quad dH_{-2} = d\omega_{-1};$$

donc, si l'on a égard aux valeurs de $d\omega_{-1}$, $d\varepsilon_{-1}$ déjà trouvées, on obtient, en représentant par β_0 la constante arbitraire, l'expression

$$H_{-2} = \beta\varepsilon + \beta_0,$$

et, conséquemment, les deux relations différentielles

$$d\varepsilon_{-2} = \alpha \sin(\beta\varepsilon + \beta_0)\, d\varepsilon, \quad d\omega_{-2} = -\alpha \cos(\beta\varepsilon + \beta_0)\, d\varepsilon;$$

lesquelles étant intégrées donnent, par une détermination convenable des constantes, les deux équations

$$\varepsilon_{-2} = -\frac{\alpha}{\beta} \cos(\beta\varepsilon + \beta_0) d\varepsilon, \quad \omega_{-2} = -\frac{\alpha}{\beta} \sin(\beta\varepsilon + \beta_0).$$

On déduit la relation suivante :

$$\varepsilon_{-2}^2 + \omega_{-2}^2 = \frac{\alpha^2}{\beta^2},$$

qui est l'équation élémentaire de la courbe.

La valeur du rapport $\dfrac{d\omega_{-2}}{d\varepsilon_{-2}}$ se déduit des équations précédentes,

$$\frac{d\omega_{-2}}{d\varepsilon_{-2}} = -\cot(\beta\varepsilon + \beta_0).$$

Au moyen de ces deux expressions, on calcule sans difficulté la forme de l'équation différentielle résolvante relative au cas actuel. En effet, si l'on a recours à l'équation $(\tau_x)''$ (64), on obtient

$$\tau'''_{x-2} - \left[3\beta \operatorname{cotg}(\beta\varepsilon + \beta_0) - \frac{\beta\alpha}{\cos(\beta\varepsilon + \beta_0)}\right]\tau''_{x-2}$$
$$+ \left[1 + 3\beta^2 \cot^2(\beta\varepsilon + \beta_0) - \frac{\alpha\beta^2}{\sin(\beta\varepsilon + \beta_0)}\right]\tau'_{x-2}$$
$$+ \beta\alpha^3 \operatorname{tang}(\beta\varepsilon + \beta_0)\tau_{x-2} = 0.$$

L'intégrale de cette équation, d'après le théorème du n° 66, est donnée par la première des formules suivantes, que l'on obtient au moyen des équations (25)

$$\tau_{x-2} = -\cos\varepsilon \sin(\beta\varepsilon + \beta_0) + \beta \sin\varepsilon \cos(\beta\varepsilon + \beta_0),$$
$$\nu_{x-2} = \cos\varepsilon \cos(\beta\varepsilon + \beta_0) + \beta \sin\varepsilon \sin(\beta\varepsilon + \beta_0),$$
$$\rho_{x-2} = \alpha \sin\varepsilon.$$

71. *Troisième trièdre intégral.* — Pour abréger, nous poserons

$$\beta\varepsilon + \beta_0 = i, \quad \frac{\alpha}{\beta} = m,$$

i étant une nouvelle variable. Si l'on opère comme nous venons de le faire dans les deux numéros précédents, on trouvera

$$\frac{d\varepsilon_{-3}}{d\varepsilon_{-2}} = \sin H_{-3}, \quad \frac{d\omega_{-3}}{d\varepsilon_{-2}} = -\cos H_{-3},$$
$$\frac{d\omega_{-3}}{d\varepsilon_{-3}} = -\cot H_{-3}, \quad dH_{-3} = d\omega_{-2},$$

et conséquemment, en représentant par γ une constante arbitraire,

$$H_{-3} = \omega_{-2} + \gamma = -\frac{\alpha}{\beta}\sin i + \gamma,$$
$$d\varepsilon_{-3} = m \sin i \sin(\gamma - m \sin i)di,$$
$$d\omega_{-3} = -m \sin i \cos(\gamma - m \sin i)di.$$

Au moyen de ces expressions, on calculerait sans difficulté l'équation résolvante dont l'intégrale est donnée immédiatement par les formules (25)

$$\tau_{x-3} = -\alpha \sin \frac{i-\beta_0}{\beta} \cos(\gamma - m \sin i)$$
$$+ \left(\cos \frac{i-\beta_0}{\beta} \cos i + \beta \sin \frac{i-\beta_0}{\beta} \sin i\right) \cos(\gamma - m \sin i),$$

$$\nu_{x-3} = \quad \alpha \sin \frac{i-\beta_0}{\beta} \cos(\gamma - m \sin i)$$
$$+ \left(\cos \frac{i-\beta_0}{\beta} \cos i + \beta \sin \frac{i-\beta_0}{\beta} \sin i\right) \sin(\gamma - m \sin i),$$

$$\rho_{x-3} = -\cos \frac{i-\beta_0}{\beta} \sin i + \beta \sin \frac{i-\beta_0}{\beta} \cos i.$$

En poursuivant de proche en proche, on obtiendra successivement, de la même manière, les intégrales des équations résolvantes successives, sans introduire d'autre signe intégral que celui qui provient du calcul des H successives, qui ne dépendront jamais que de simples quadratures; conséquemment, la forme analytique de ces quantités angulaires est connue. Il en sera donc de même des intégrales de toutes les équations résolvantes successives.

Ces conclusions vont être mises en évidence dans le numéro suivant.

72. *Trièdre intégral de l'ordre n.* — On a les équations suivantes:

$$\frac{d\varepsilon_{-n}}{d\varepsilon_{-n+1}} = \sin H_{-n}, \quad \frac{d\omega_{-n}}{d\varepsilon_{-n+1}} = -\cos H_{-n}, \quad dH_{-n} = d\omega_{-n+1}.$$

Or on a en fonction de la variable ε les quantités relatives à l'ordre intégral $(n-1)$; donc on connaît en fonction de cette variable $d\varepsilon_{-n+1}$, $d\omega_{-n+1}$; conséquemment la dernière des équations précédentes donnera

$$H_{-n} = \int d\omega_{-n+1},$$

et les deux premières donneront

$$d\varepsilon_{-n} = d\varepsilon_{-n+1} \sin\left(\int d\omega_{-n+1}\right), \quad d\omega_{-n} = -d\varepsilon_{-n+1} \cos\left(\int d\omega_{-n+1}\right).$$

Donc les formules (25) donneront

$$\tau_{x-n} = -\rho_{x-n+1}\sin\left(\int d\omega_{-n+1}\right) + \nu_{x-n+1}\cos\left(\int d\omega_{-n+1}\right),$$

qui est l'intégrale générale de l'équation différentielle résolvante relative à la valeur actuelle de $\frac{d\omega_{-n}}{d\varepsilon_{-n}}$. C. Q. F. D.

73. *Diverses formes de l'équation résolvante.* — L'équation résolvante prend des formes diverses, suivant que l'on met en jeu diverses variables; comme il est utile de connaître ces formes, qui permettent de découvrir des cas nouveaux d'intégration de l'équation résolvante, nous allons, au lieu d'opérer par voie de transformation, calculer directement ces formes intéressantes par la résolution des deux problèmes suivants :

Problème VI. — *Étant donnée l'équation naturelle* $\frac{d\omega}{d\varepsilon} = \psi_1(\varepsilon)$ *d'une courbe sphérique, trouver l'équation différentielle de la courbe.*

Équation différentielle de la caractéristique sphérique. — Supposons (*fig.* 9) que l'on détermine un point τ d'une courbe

Fig. 9.

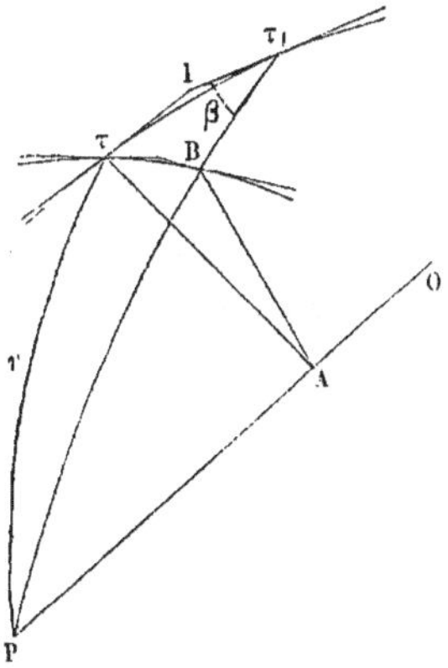

sphérique par sa distance r à un point fixe P, comptée sur l'arc de grand cercle passant par ces deux points, et par l'angle θ

que ce cercle fait avec un grand cercle donné de position et passant par le point P. La question à résoudre est la suivante :

Étant donnée l'équation naturelle de la courbe sphérique $\frac{d\omega}{d\varepsilon} = \psi_1(\varepsilon)$, *trouver l'équation de la courbe entre les deux coordonnées r et θ.*

Considérons un point infiniment voisin τ_1 de la courbe sphérique et les arcs de grand cercle r, $r + dr$ qui mesurent la distance du pôle P à ces deux points. Soient τB l'arc de petit cercle décrit du point P comme pôle; di la projection de l'angle de contingence de cet arc sur le plan tangent. On aura

$$di = d\theta \cos r;$$

mais, d'une autre part, on a

$$\tau B = d\theta \sin r = \frac{di \sin r}{\cos r}.$$

Or, si l'on mène des arcs de grand cercle tangents aux trois sommets du triangle infinitésimal $\tau B \tau_1$, on forme un pentagone dont les côtés seront des arcs de grand cercle; or la somme des angles de ce pentagone est égale à autant de fois deux angles droits qu'il y a de côtés moins deux plus l'aire. Donc, si l'on représente par β l'angle de r et de la tangente à la courbe, et qu'on remarque que l'aire est un infiniment petit du second ordre, on aura la relation

$$(\alpha) \qquad d\omega = d\beta + di;$$

mais, d'une autre part, on a les deux relations

$$(\beta) \qquad \cos\beta = \frac{dr}{d\varepsilon}, \quad \sin\beta = \frac{\sin r\, di}{\cos r\, d\varepsilon},$$

desquelles on tire

$$-d\beta = \frac{d\left(\frac{dr}{d\varepsilon}\right)}{\sqrt{1 - \frac{dr^2}{d\varepsilon^2}}}, \quad di = d\varepsilon \frac{\cos r}{\sin r}\sqrt{1 - \frac{dr^2}{d\varepsilon^2}}.$$

Substituant ces deux expressions dans l'équation (α) et ayant égard à l'équation de la caractéristique, on obtient

$$(\gamma) \quad \frac{d}{d\varepsilon}\left(\frac{dr}{d\varepsilon}\right) - \frac{\cos r}{\sin r}\left(1 - \frac{dr^2}{d\varepsilon^2}\right) + \psi_1(\varepsilon)\sqrt{1 - \frac{dr^2}{d\varepsilon^2}} = 0.$$

L'intégrale de cette équation fera connaître r en fonction de ε; la première des équations (β) donnera l'angle β en fonction de ε, et la deuxième di en fonction de la même variable; donc l'équation $d\theta = \dfrac{di}{\cos r}$ fera connaître l'angle coordonné θ en fonction de la variable ε. On a donc les deux coordonnées r et θ en fonction d'une seule variable : ce qui est la solution complète de la question qui est subordonnée à l'intégration de l'équation (γ).

74. *Troisième forme de l'équation résolvante.* — Si l'on projette tous les points d'une courbe quelconque sur un plan, l'ensemble des lignes projetantes formera une surface cylindrique. Or si l'on développe cette surface sur un plan tangent, la courbe donnée et la section droite du cylindre se changeront la première en une courbe plane et la seconde en ligne droite. Réciproquement, si cette courbe plane est connue, ainsi que la section droite du cylindre, la courbe à double courbure sera déterminée.

Problème VII. — *Étant connue l'équation élémentaire de la section droite d'un cylindre* $\dfrac{ds}{de} = \varphi(e)$ *par rapport à l'axe des* x, *l'équation élémentaire* $\dfrac{ds_1}{de_1} = f(e_1)$ *d'une courbe cylindrique après le développement du cylindre, par rapport à la ligne droite, transformée de la section droite, trouver les équations élémentaires de la courbe cylindrique à double courbure*

$$\frac{d\sigma}{d\varepsilon} = \psi(\varepsilon), \quad \frac{d\omega}{d\varepsilon} = \pi(\varepsilon).$$

Le trièdre dont le sommet est en A (*fig.* 10), et qui est formé par deux éléments consécutifs de la courbe $d\sigma$ et par la ligne projetante AB du point A sur le plan des xy, donne la relation

$$\cos d\varepsilon = \sin e_1 \sin(e_1 + de_1) + \cos e_1 \cos(e_1 + de_1) \cos de.$$

Si l'on remplace $\sin(e_1 + de_1)$ et $\cos(e_1 + de_1)$ par leurs valeurs et qu'on développe les lignes trigonométriques infiniment

Fig. 10.

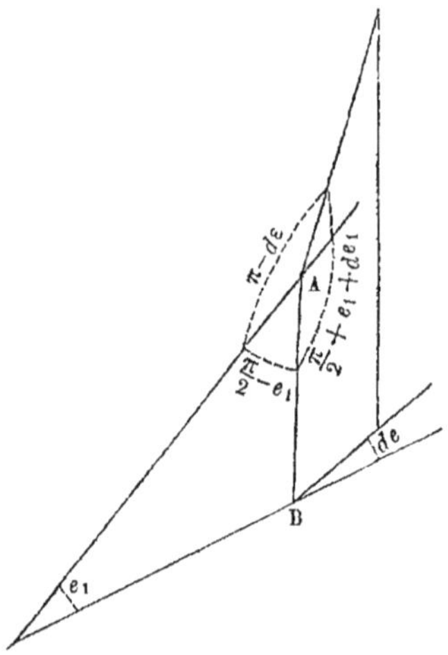

petites, en négligeant les infiniment petits du troisième ordre, on a, réductions faites,

$$[1] \qquad d\varepsilon^2 = de^2 \cos^2 e_1 + de_1^2.$$

Soient ρ, r, r_1 les rayons de courbure des courbes σ, s et s_1, on aura

$$\frac{ds}{de} = r, \quad \frac{ds_1}{de_1} = r_1, \quad \frac{d\sigma}{d\varepsilon} = \rho.$$

Or, par la nature de la question, on a les deux relations

$$[2] \qquad ds = d\sigma \cos e_1, \quad d\sigma = ds_1;$$

donc, si l'on divise l'équation [1] par $d\sigma^2$, on obtiendra la relation

$$[1''] \qquad \frac{d\varepsilon^2}{d\sigma^2} = \frac{de_1^2}{ds_1^2} + \frac{de^2}{ds^2} \cos^4 e_1$$

et conséquemment

[1′] $$\frac{1}{\rho^2} = \frac{1}{r_1^2} + \frac{\cos^4 e_1}{r^2}.$$

Si dans l'équation

$$ds = ds_1 \cos e_1$$

on remplace ds et ds_1 par leurs valeurs, on trouve la relation

$$\varphi(e)\, de = f(e_1) \cos e_1\, de_1;$$

donc e est une fonction de e_1; on peut donc écrire

$$e = \mathrm{F}(e_1).$$

Or l'équation [1″] donne $\frac{d\varepsilon}{d\sigma}$ en fonction de e_1; donc ce rapport est aussi connu en fonction de ε.

Angle (ν, z) *du plan osculateur avec le plan de la section droite.* — Si l'on projette le triangle dont la surface est $d\sigma^2 \sin d\varepsilon$ sur le plan de la section droite, on a le triangle dont la surface est $ds^2 \sin de$; donc on a la relation

$$\cos(\nu, z)\, d\sigma^2 d\varepsilon = ds^2 de$$

et conséquemment, en ayant égard aux équations [2],

$$\cos(\nu, z) = \frac{de}{d\varepsilon} \cos^2 e_1.$$

Angles des axes mobiles τ, ρ, ν *avec les trois axes.* — On a directement

$$\tau_x = \cos e_1 \cos e, \quad \tau_y = \cos e_1 \sin e, \quad \tau_z = \sin e;$$

on en déduit

$$\frac{\cos(\rho, x)}{\rho} = -\frac{\sin e_1 \cos e}{r_1} - \frac{\cos^2 e_1 \sin e}{r},$$

$$\frac{\cos(\rho, y)}{\rho} = -\frac{\sin e_1 \sin e}{r_1} + \frac{\cos^2 e_1 \cos e}{r},$$

$$\frac{\cos(\rho, z)}{\rho} = \frac{\cos e_1}{r_1}, \quad \cos(\rho, z) = \frac{\cos e_1\, de_1}{d\varepsilon},$$

et finalement

$$\frac{\cos(\nu, x)}{\rho} = \frac{\sin e}{r_1} - \frac{\cos^2 e_1 \sin e_1 \cos e}{r},$$
$$\frac{\cos(\nu, y)}{\rho} = -\frac{\cos e}{r_1} - \frac{\cos^2 e_1 \sin e_1 \sin e}{r},$$
$$\frac{\cos(\nu, z)}{\rho} = \frac{\cos^3 e_1}{r} = \frac{\cos^2 e_1 de}{d\varepsilon}.$$

Angle de flexion. — L'angle de flexion $d\omega$ est donné par la formule (5) du n° 54

$$[3] \qquad d\omega = \frac{d\cos(\nu, z)}{\cos(\rho, z)} = \frac{d\left(\frac{de}{d\varepsilon}\cos^2 e_1\right)}{\frac{de_1}{d\varepsilon}\cos e_1}.$$

Équations élémentaires. — De ce qui précède, il résulte que les équations élémentaires de la courbe sont les équations [1], [2] et [3]. C. Q. F. D.

75. Problème VIII. — *Connaissant l'équation élémentaire de la caractéristique sphérique* $\frac{d\omega}{d\varepsilon}$, *trouver les angles de la tangente avec les trois axes.*

Posons pour abréger $\frac{de}{d\varepsilon} = e'$, $\frac{de_1}{d\varepsilon} = e'_1$, $\frac{d\omega}{d\varepsilon} = \omega'$, et nous prendrons $d\varepsilon$ pour accroissement constant. Nous avons les deux équations [1] et [3] qui donnent immédiatement le système suivant :

$$(\alpha) \qquad \begin{cases} e_1'^2 + e'^2\cos^2 e_1 = 1, \\ \frac{d}{d\varepsilon}(e'\cos^2 e_1) - \omega'(e'_1\cos e_1) = 0. \end{cases}$$

Si l'on élimine e' entre ces deux équations, on obtient la nouvelle forme de l'équation résolvante (γ)

$$(\varepsilon) \qquad \frac{d}{d\varepsilon}\left(\cos e_1\sqrt{1 - e_1'^2}\right) - \omega' e'_1 \cos e_1 = 0.$$

Cette équation est du second ordre. Si l'on parvient à l'intégrer, on obtient e_1 en fonction de ε, et, en ayant égard à la première des équations (α), on obtient e en fonction de la même variable, ce qui est la solution complète du problème, puisque les valeurs de τ_x, τ_y, τ_z sont alors déterminées par les valeurs données au numéro précédent.

76. *Abaissement de l'équation résolvante.* — Les efforts de l'Analyse devant tendre vers l'intégration de l'équation résolvante, le Dr Hoppe a fait connaître, dans le *Journal de Crelle*, deux transformations d'une grande élégance, qui ramènent l'équation résolvante à la forme linéaire du second ordre : la solution du problème qui précède nous a conduit à une autre forme d'une grande simplicité.

Remarquons que la première des équations (α) peut être remplacée par le système suivant, dans lequel m et n sont des fonctions arbitraires de ε assujetties à cette seule condition que la somme de leurs carrés égale l'unité :

$$(\alpha_1)\quad \begin{cases} m e'_1 \cos e_1 + n e' \cos^2 e_1 = \dfrac{1}{\sqrt{2}}\left(1 + \sqrt{-1}\sin e_1\right), \\ n e'_1 \cos e_1 - m e' \cos^2 e_1 = \dfrac{1}{\sqrt{2}}\left(1 - \sqrt{-1}\sin e_1\right), \end{cases}$$

puisque, en élevant au carré et en faisant la somme, on retombe sur l'équation (α).

Si l'on différentie les deux équations précédentes et qu'on remplace suivant l'usage $\sqrt{-1}$ par i, on trouve, en représentant par m', n' les dérivées de m, n par rapport à ε,

$$(m' + \omega' n) e'_1 \cos e_1 + n' e' \cos^2 e + m \frac{d}{d\varepsilon}(e'_1 \cos e_1) = \frac{i}{\sqrt{2}} e'_1 \cos e_1,$$

$$(n' - \omega' m) e'_1 \cos e_1 - m' e' \cos^2 e + n \frac{d}{d\varepsilon}(e'_1 \cos e_1) = -\frac{i}{\sqrt{2}} e'_1 \cos e_1.$$

Si l'on multiplie la première par n et la deuxième par $-m$ et que l'on ajoute, on obtient l'équation suivante :

$$nm' - mn' + \omega' = \frac{i}{\sqrt{2}}(n - m).$$

Si maintenant l'on pose

$$\frac{m}{n} = \operatorname{tang}\varphi,$$

on obtient l'équation suivante :

$$(\varphi') \qquad \frac{d\varphi}{d\varepsilon} + \frac{i}{\sqrt{2}}(\sin\varphi - \cos\varphi) + \omega' = 0,$$

que l'on peut aussi écrire sous la forme suivante :

$$(\varphi')' \qquad \frac{d\varphi}{d\varepsilon} + i\sin\left(\varphi - \frac{\pi}{4}\right) + \omega' = 0.$$

Telle est la forme finale de l'équation résolvante que nous voulions établir. Cette équation est du premier ordre par rapport à la variable. Si l'on parvient à l'intégrer, on aura m et n en fonction de ε. Soient $\mathcal{M}$ et $\mathcal{N}$ ces fonctions; ajoutons les deux premières équations du présent numéro, après y avoir remplacé m et n par leurs valeurs $\mathcal{M}$ et $\mathcal{N}$; nous aurons l'équation suivante :

$$\frac{d}{d\varepsilon}(\sin e_1) + \frac{i}{\sqrt{2}}(\mathcal{M} - \mathcal{N})\sin e_1 + \frac{i}{\sqrt{2}}(\mathcal{M} + \mathcal{N}) = 0.$$

Cette équation, étant linéaire par rapport à $\sin e_1$, s'intègre immédiatement et fait connaître e_1 en fonction de ε. Soit ε_1 cette fonction; si l'on fait la différence des deux premières équations du numéro, en ayant égard aux valeurs de m, n, e, on a l'équation

$$e' = \frac{i}{\sqrt{2}}(\mathcal{N} + \mathcal{M})\frac{\sin\varepsilon_1}{\cos^2\varepsilon_1} + \frac{i}{\sqrt{2}}(\mathcal{N} - \mathcal{M})\frac{1}{\cos^2\varepsilon_1},$$

qui s'intègre par de simples quadratures. On a donc, comme précédemment, les valeurs de τ_x, τ_y, τ_z en fonction de ε.

77. *Transformation de l'équation résolvante.* — Considérons l'équation (φ') et exprimons $\sin\varphi$, $\cos\varphi$ et l'unité, facteur de ω', en fonction de $\sin\frac{1}{2}\varphi$, $\cos\frac{1}{2}\varphi$.

Nous aurons l'équation suivante, après avoir divisé par $2\cos^2\frac{1}{2}\varphi$:

$$\left(t\frac{\varphi}{2}\right)\quad\left\{\begin{aligned}&\frac{d}{d\varepsilon}\operatorname{tang}\tfrac{1}{2}\varphi+\frac{i}{\sqrt{2}}\operatorname{tang}\tfrac{1}{2}\varphi\\&\quad+\tfrac{1}{2}\left(\frac{i}{\sqrt{2}}+\omega'\right)\operatorname{tang}^2\tfrac{1}{2}\varphi-\tfrac{1}{2}\left(\frac{i}{\sqrt{2}}-\omega'\right)=0,\end{aligned}\right.$$

qui représente l'équation d'Euler par rapport à la fonction $\operatorname{tang}\frac{1}{2}\varphi$. Cette nouvelle forme prouve que, si l'on a une solution particulière de l'équation précédente, on pourra obtenir l'intégrale générale de cette équation.

L'équation précédente peut aussi s'écrire sous forme linéaire, mais elle passe au second ordre; il suffira de poser

$$\operatorname{tang}\tfrac{1}{2}\varphi=\frac{2z'}{\left(\frac{i}{\sqrt{2}}+\omega'\right)z},$$

z étant une nouvelle variable dont z' est la dérivée par rapport à ε; on trouve alors la transformée suivante :

$$(z)\quad\frac{d^2z}{d\varepsilon^2}-\left(\frac{\omega''}{\frac{i}{\sqrt{2}}+\omega'}-\frac{i}{\sqrt{2}}\right)\frac{dz}{d\varepsilon}+\frac{1}{4}\left(\frac{1}{2}+\omega'^2\right)z=0,$$

qui est une équation linéaire du second ordre. Nous sommes arrivé à plusieurs autres transformations semblables, sur lesquelles nous croyons inutile d'insister, parce qu'elles n'avancent pas la question, quelque curieuses qu'elles soient en elles-mêmes, et le seul progrès que nous ayons à signaler consiste foncièrement dans les théorèmes nouveaux que nous avons donnés aux nos 67 et 68, lesquels, s'ils ne donnent pas l'intégrale générale de l'équation résolvante, donnent une infinité d'intégrales générales relatives à des séries infinies de valeurs particulières du rapport spécifique angulaire $\frac{d\omega}{d\varepsilon}$.

§ III. — Classification des courbes.

78. *Conséquences des principes précédemment établis.* — Fixons notre attention sur quelques faits importants qui résultent de l'étude que nous venons de faire.

I. Toute courbe gauche possède deux caractères essentiels et n'en possède que deux : l'un provenant de la nature du rapport spécifique linéaire $\frac{ds}{d\varepsilon}$, et l'autre de la nature du rapport spécifique angulaire $\frac{d\omega}{d\varepsilon}$. En effet la forme de la courbe est complétement déterminée par ce double caractère.

II. Le caractère provenant du rapport spécifique angulaire pénètre plus avant dans la nature de la courbe que le caractère provenant du rapport spécifique linéaire. Cela résulte : 1° de ce que le premier caractère détermine à lui seul la direction de la tangente de la binormale et de la normale principale que le second caractère n'est pas apte à déterminer; 2° de ce que le second caractère n'intervient que dans la détermination du point de la courbe; 3° de ce qu'il y intervient pour une plus faible part que celle due au premier caractère, la question de la détermination du point ne pouvant être résolue et ramenée aux quadratures qu'après la détermination de la tangente au moyen de cosinus de l'angle de cette tangente avec une direction fixe.

Le premier caractère a donc quelque chose de plus intime, et le second quelque chose de plus superficiel. Le caractère provenant du rapport spécifique angulaire doit donc primer le caractère provenant du rapport spécifique angulaire dans la classification des courbes.

III. *Principes de classification.* — Étant donnée une courbe par ses deux équations naturelles, on doit concevoir que la fonction qui donne le rapport spécifique linéaire contienne une ou plusieurs constantes; le rapport spécifique angulaire ne changeant pas, on peut donner à ces diverses constantes différentes valeurs numériques. A chaque valeur correspond une courbe particulière, et l'ensemble de ces valeurs donnant un ensemble de courbes, ces courbes sont liées entre elles par la nature de la fonction qui représente le rapport spécifique linéaire, laquelle reste invariable de forme malgré toutes les valeurs particulières attribuées aux constantes; ces courbes forment donc une famille. On a donc cette proposition :

Le rapport spécifique angulaire restant le même, chaque forme de fonction du rapport spécifique linéaire détermine une famille de courbes, et dans chaque forme de fonction les valeurs attribuées aux paramètres déterminent une courbe individuelle correspondante.

IV. Si l'on considère une valeur déterminée du rapport spécifique angulaire et la série de fonctions qui représentent le rapport spécifique linéaire, on a un ensemble de familles de courbes qui ont toutes un caractère commun se rapportant à la valeur déterminée du rapport spécifique angulaire. Nous en concluons cette proposition :

L'ensemble des familles de courbes ayant même rapport spécifique angulaire forme une classe donnée par la valeur de ce rapport.

V. Si, parmi toutes les fonctions qui peuvent représenter le rapport spécifique angulaire, on considère seulement celles que l'on obtient lorsque, donnant pour ce rapport une fonction déterminée, on choisit celles qui se rapportent à la série des trièdres différentiels du trièdre donné par cette fonction, et aussi celles qui se rapportent à la série des trièdres primitifs d'un ordre quelconque de ce même trièdre, on obtient une série infinie de classes qui ont un caractère commun donné par la loi qui régit les trièdres dérivés et primitifs du trièdre donné. Cette dépendance de rapports spécifiques angulaires sera exprimée par nous par le mot *généalogie*, et la série des classes correspondantes sera appelée *série généalogique de classes*. On a donc cette proposition :

La série de classes appartenant à une même généalogie est infinie et se trouve tout à fait déterminée lorsqu'une des classes de la série généalogique est déterminée.

79. *Application de ces principes.* — La classe des courbes la plus simple est celle qui correspond à la valeur nulle du rapport spécifique angulaire. Dans ce cas, l'angle de flexion est nul, et l'on a la classe des courbes planes.

La classe la plus simple après la précédente est celle qui correspond à la valeur constante du rapport spécifique angulaire; dans ce cas, on reconnaît, en se reportant aux formules du n° 65, qu'il y a une direction fixe avec laquelle la tangente fait un angle constant; par conséquent, en menant des différents points de la courbe des droites parallèles à cette direction, on aura une surface cylindrique telle, que la tangente coupe ses génératrices sous angle constant; la courbe est donc une hélice. Cette seconde est la *classe des hélices.*

Si l'on considère la classe qui correspond à la valeur du rapport spécifique angulaire donné par l'équation en termes finis du n° 70,

$$\omega^2 + \varepsilon^2 = \frac{\alpha^2}{\beta^2};$$

à cause de la forme de cette équation, on pourra appeler cette troisième classe *classe des cyclides*, ou bien, comme il sera toujours facile de trouver une propriété géométrique relative à la tangente, on pourra définir cette classe par cette propriété, et ainsi de suite.

Après avoir défini les classes, il faudra aussi définir les séries généalogiques des classes. La seule série généalogique que nous avons étudiée est celle qui contient la valeur *nulle* du rapport spécifique angulaire, et qui a été l'objet de nos recherches dans les n°s 69 et suivants. Cette série, qui est la plus simple de toutes, a un caractère qui lui est propre, et qui consiste en ce que, au lieu d'être infinie dans les deux sens, dans l'ordre différentiel et dans l'ordre intégral, elle est limitée dans un sens par la valeur nulle du rapport spécifique angulaire, mais elle est illimitée dans le sens des trièdres d'intégration. Ainsi, en partant de la classe des courbes planes et en s'élevant dans l'ordre intégral, on trouve successivement la classe des *hélices*, celle des *cyclides*, etc., ce qui établit une dépendance forcée entre ces classes; au contraire, en descendant dans l'ordre différentiel, on trouve constamment la même classe, la classe des courbes planes. Ces faits correspondent à des circonstances intéressantes au point de vue géométrique, et que nous signalerons dans notre théorie des développées successives des courbes planes.

L'étude des courbes à ce point de vue nouveau est à peine ébauché; et, quoiqu'il ait été fait de belles recherches sur ce sujet, c'est à peine si deux ou trois cas d'intégrabilité résolvante avaient été signalés, et encore ces cas ont entre eux ce lien inaperçu d'après lequel ils dérivent l'un de l'autre par la loi de généalogie, de sorte que, lorsqu'une intégrale a été trouvée pour un de ces cas, on en déduit facilement les intégrales relatives aux autres cas par de simples quadratures, ce qui, d'une part, limite la portée de ces cas nouveaux d'intégration, et ce qui prouve, d'une autre part, que l'existence des séries généalogiques d'intégrales n'a pas été constatée.

Dès que l'existence des séries généalogiques est prouvée, on voit alors que les classes d'une même série ont entre elles une parenté, qu'il y a une filiation de classes. Ainsi la classe des courbes planes produit la classe des hélices, la classe des hélices produit la classe des cyclides, etc.

On est également sûr qu'une classe appartenant à une série généalogique ne peut pas appartenir à une autre série généalogique, toutes les classes de deux séries généalogiques distinctes étant forcément distinctes, comme cela résulte des théorèmes que nous avons démontrés au n° 67; il résulte de là que l'on pourrait définir une série généalogique de classes par la classe la plus simple contenue dans cette série.

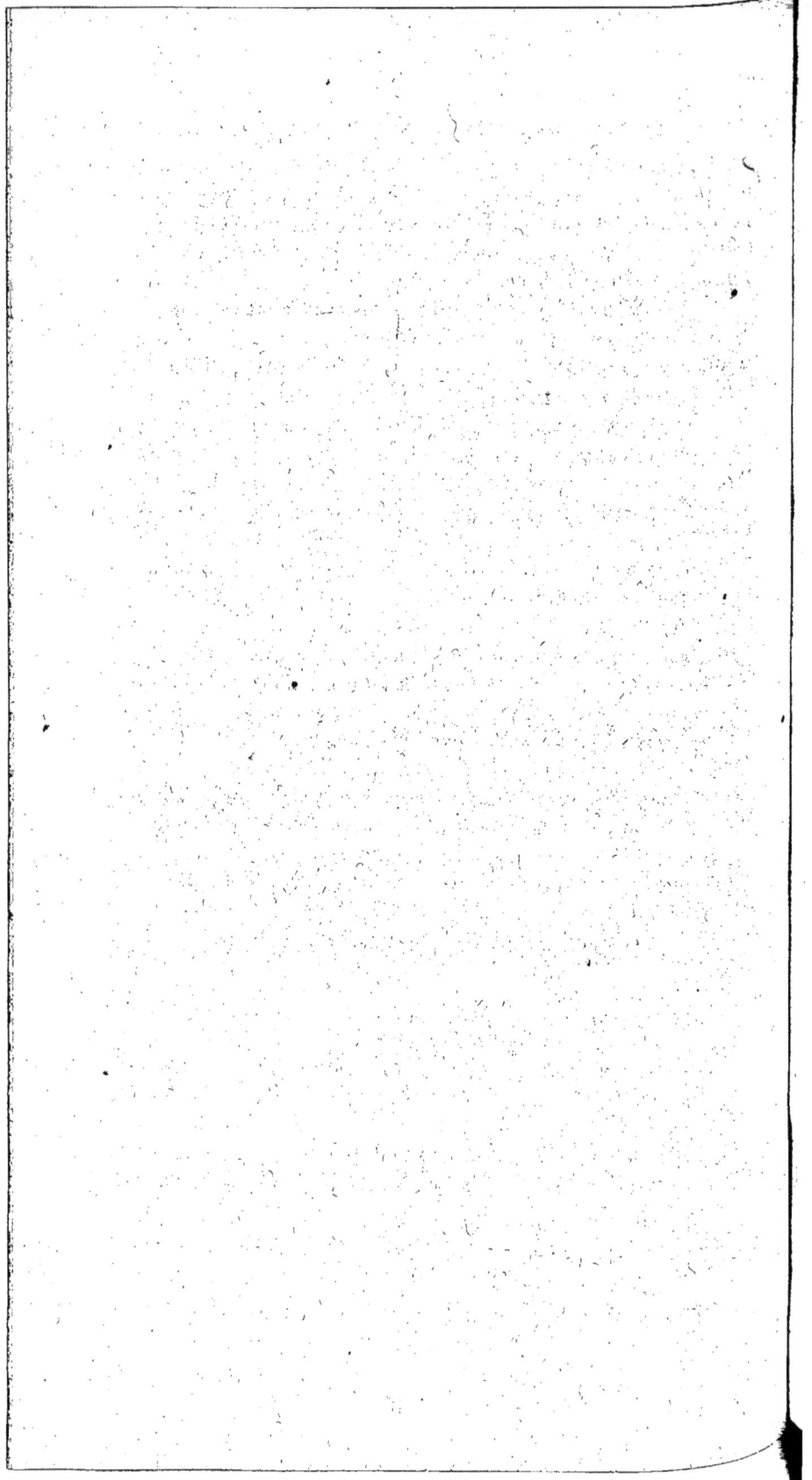

SECTION II.

DES SURFACES ET DES COURBES RÉSULTANT DU MOUVEMENT D'UN TRIÈDRE.

CHAPITRE IV.

ÉTUDE GÉNÉRALE DE CES SURFACES ET DE CES COURBES.

80. *Prélude.* — L'étude approfondie d'une courbe gauche donnée conduit à considérer des surfaces et des courbes intimement liées avec la courbe gauche, dont les propriétés sont en quelque sorte manifestées par les propriétés de ces surfaces et de ces courbes. Or toutes ces surfaces et toutes ces courbes résultent du mouvement d'un trièdre trirectangle dont l'arête principale serait la tangente à la courbe, en supposant que la tangente à la courbe entraîne dans son mouvement le trièdre auquel elle donne naissance, le sommet O de ce trièdre étant constamment le point de contact de la tangente avec la courbe. Chacune des arêtes $O\tau$, $O\rho$, $O\nu$ du trièdre engendre une surface réglée qu'il est utile de considérer, et chacune des faces du trièdre enveloppe aussi une surface développable qu'il est non moins utile de faire intervenir. Les courbes d'intersection de chacune des premières surfaces avec chacune des secondes jouent aussi un rôle important ; il en est de même des lignes de striction de celles des surfaces qui sont simplement réglées, comme aussi des lignes de rebroussement de celles qui sont développables. Or toutes ces surfaces et toutes ces courbes qui ont des définitions spéciales et qui peuvent être considérées isolément ont entre elles un lien commun qui est

le trièdre trirectangle qui leur donne naissance, et elles gagnent à être étudiées sous l'influence de cette idée d'ensemble qui dévoile leur parenté, parenté qui se traduit par des relations facilement exprimables quand on fait intervenir leur véritable principe de génération, qui est le mouvement du trièdre dont il s'agit. Et même, comme la coïncidence de l'arête fondamentale du trièdre trirectangle avec la tangente à la courbe est une restriction qui modifie quelquefois la nature des surfaces qui dérivent du mouvement des trois arêtes, ou oblitère les propriétés géométriques dans leur généralité, nous étudierons, dans un premier paragraphe, les surfaces engendrées par les arêtes ou enveloppées par les faces d'un trièdre dont l'arête principale ne serait pas la tangente à la courbe, mais une droite mobile quelconque. Cette généralité ne nuira d'ailleurs en aucune manière à la simplicité des résultats.

§ I. — Des surfaces et des courbes résultant du mouvement d'un trièdre.

81. *État de la question.* — Supposons que la droite mobile, dont un point O décrit une courbe donnée, entraîne avec elle un trièdre trirectangle ayant constamment son sommet au point décrivant, une de ses arêtes $O\tau$ constamment en coïncidence avec cette droite, et la seconde arête $O\nu$ constamment perpendiculaire à deux directions infiniment voisines de la droite mobile, de manière que le mouvement relatif de la droite mobile s'effectue, pour un spectateur placé suivant $O\nu$ de gauche à droite; la direction de la troisième arête $O\rho$ sera déterminée et sera comptée suivant ce mouvement. En cet état, si une sphère ayant son centre constamment en O se meut parallèlement à elle-même, chacune des arêtes engendrera dans l'espace une surface qui généralement sera gauche, et chaque face perpendiculaire à l'une de ces arêtes enveloppera une surface développable. Nous représenterons les trois premières par Σ_τ, Σ_ν, Σ_ρ, et les trois secondes par S_τ, S_ν, S_ρ. De plus, chacune de ces arêtes tracera sur la sphère une courbe sphérique, et chaque face enveloppera sur cette sphère une courbe sphérique.

De la surface S_τ, enveloppe de la face $O\nu\rho$, perpendiculaire à l'arête principale. — Si nous considérons le plan $O\nu\rho$ dans une de ses positions et dans sa position infiniment voisine $O'\nu'\rho'$, leur intersection G_τ sera la génératrice de la surface engendrée S_τ. Si nous prenons une troisième position $O''\nu''\rho''$, infiniment voisine de la précédente, leur intersection G'_τ sera une seconde position de la génératrice : ces deux droites se couperont généralement, puisqu'elles sont situées dans un même plan $O'\nu'\rho'$; de là résulte cette proposition :

La surface S_τ est engendrée par une ligne droite dont deux positions infiniment voisines se rencontrent, et est par conséquent une surface développable.

De plus, comme le plan $O'\nu'\rho'$ contient deux positions infiniment voisines de la génératrice, ce plan est à la limite tangent à la surface, et le point d'intersection de ces deux positions de la génératrice est un point de l'arête de rebroussement. Si l'on considère une troisième position G''_τ de la génératrice, elle rencontre G'_τ et ainsi de suite; la série des points d'intersection des génératrices infiniment voisines se rencontrant successivement est l'arête de rebroussement de la surface S_τ. Chaque génératrice ayant deux points sur cette arête est tangente à cette courbe. Chaque plan $O'\nu'\rho'$ contenant deux positions infiniment voisines G_τ, G'_τ de la génératrice contient deux tangentes infiniment voisines de l'arête de rebroussement et est un plan osculateur de cette arête.

Enfin le plan $O\rho\nu$ osculateur de l'arête est perpendiculaire à $O\tau$; l'angle de deux plans osculateurs infiniment voisins est l'angle (τ, τ') de deux positions infiniment voisines de $O\tau$; de plus, l'intersection G_τ est perpendiculaire au plan parallèle aux deux positions de $O\tau$; donc elle est parallèle à l'arête $O\nu$ du trièdre mobile; donc l'angle de deux génératrices infiniment voisines est le même que l'angle de deux positions infiniment voisines de l'arête $O\nu$ du trièdre. Il résulte de là la proposition suivante :

Théorème I. — *La caractéristique sphérique de l'arête de rebroussement de la surface S_τ, enveloppe de la face du trièdre* *perpendiculaire à l'arête principale* $O\tau$, *est la courbe sphérique décrite par la deuxième arête* $O\nu$ *du trièdre.*

De là résulte que *les angles de première, de deuxième et de troisième courbure de l'arête sont* (ν, ν'), (τ, τ'), (ρ, ρ').

82. *De la surface* S_ν *enveloppe de la face* $O\rho\tau$. — Si l'on raisonne comme on vient de le faire au numéro précédent, on verra que la surface S_ν, enveloppe des positions successives de la face $O\rho\tau$, est telle que son plan tangent est perpendiculaire à l'arête $O\nu$ du trièdre, et que la génératrice de cette surface développable est parallèle à l'arête $O\tau$ du même trièdre; on en tire cette conclusion : que la surface S_ν, enveloppe de la face perpendiculaire à l'arête $O\nu$, est telle que l'angle de contingence et l'angle de flexion de son arête de rebroussement sont l'angle de deux positions infiniment voisines de $O\tau$ et l'angle de deux positions infiniment voisines de $O\nu$, et que son angle de troisième courbure est l'angle de deux positions infiniment voisines de la troisième arête $O\rho$.

On a de plus le théorème suivant :

Théorème II. — *La caractéristique sphérique de l'arête de rebroussement de la surface* S_ν *est la même que la courbe sphérique décrite par l'arête principale* $O\tau$ *du trièdre.*

83. *De la surface* S_ρ, *enveloppe de la troisième face du trièdre.* — En raisonnant comme précédemment, on voit que le plan tangent à cette surface est $\nu O\tau$ perpendiculaire à l'arête $O\rho$ du trièdre et que la génératrice de la surface est l'intersection de deux positions infiniment voisines de ce plan, c'est-à-dire la ligne rectifiante, perpendiculaire au plan $\rho O\rho'$ (37) et par conséquent parallèle à $O\varpi$; donc, si l'on se reporte au n° 52, et qu'on remarque que le trièdre dont les arêtes sont $O\rho$, $O\varpi$, $O\lambda$ est le premier trièdre dérivé du trièdre primitif, on obtient le théorème suivant :

Théorème III. — *La caractéristique sphérique de l'arête de rebroussement de la surface* S_ρ, *enveloppe de la face perpendiculaire à* O_ρ, *est la courbe sphérique décrite par la deuxième arête* $O\varpi$ *du trièdre dérivé du premier ordre.*

Les angles de première, de deuxième et de troisième courbure de l'arête de rebroussement de la surface S_ρ sont donc

$$d\,\text{arc tang} = -\frac{(\tau, \tau')}{(\nu, \nu')}, \quad (\rho, \rho'), \quad \sqrt{(\rho, \rho')^2 + \left[d\,\text{arc tang} = \frac{(\tau, \tau')}{(\nu, \nu')}\right]^2}.$$

On peut condenser en un seul les trois théorèmes précédents :

La caractéristique sphérique de l'arête de rebroussement d'une surface, enveloppe d'un plan mobile, est la courbe décrite sur la sphère par la deuxième arête d'un trièdre trirectangle dont l'arête principale serait la perpendiculaire au plan.

84. *Des surfaces enveloppes des faces du premier trièdre dérivé.* — Le premier trièdre dérivé de celui qui a $O\tau$ pour arête principale est le dernier trièdre que nous venons de considérer et dont les arêtes sont $O\rho$, $O\varpi$, $O\lambda$. Si, pour éviter toute confusion d'accents, nous représentons ces arêtes respectivement par $O\tau_1$, $O\nu_1$, $O\rho_1$, en raisonnant comme nous venons de le faire, nous obtiendrons trois surfaces S_{τ_1}, S_{ν_1}, S_{ρ_1}, enveloppes des faces de ce trièdre, et rien ne sera plus facile, en se reportant au n° **81**, que d'avoir les caractéristiques sphériques des arêtes de rebroussement de ces surfaces.

Des surfaces enveloppes des faces du premier trièdre intégral. — De même, si l'on représente par $O\tau_{-1}$, $O\nu_{-1}$, $O\rho_{-1}$ les trois arêtes du trièdre intégral du premier ordre, on obtiendra trois surfaces $S_{\tau_{-1}}$, $S_{\nu_{-1}}$, $S_{\rho_{-1}}$, enveloppes des faces de ce trièdre, et il sera encore facile, en se reportant au n° **81**, d'avoir les caractéristiques sphériques des arêtes de rebroussement de ces surfaces.

85. *Tableau des angles de première, de deuxième et de troisième courbure des arêtes de rebroussement de ces diverses surfaces.*

Soient

$d\varepsilon$, $d\omega$, $d\theta$ les déplacements angulaires du trièdre primitif;
$d\varepsilon_1$, $d\omega_1$, $d\theta_1$ les déplacements angulaires du trièdre dérivé;
$d\varepsilon_{-1}$, $d\omega_{-1}$, $d\theta_{-1}$ les déplacements angulaires du trièdre intégral du premier ordre.

Si l'on pose les équations (52)

$$\sin H_{-1} = \frac{d\varepsilon_{-1}}{d\varepsilon}, \cos H_{-1} = -\frac{d\omega_{-1}}{d\varepsilon},$$

$$\sin H = \frac{d\varepsilon}{d\varepsilon_1}, \quad \cos H = -\frac{d\omega}{d\varepsilon_1},$$

$$\operatorname{tang} H_{-1} = -\frac{d\varepsilon_{-1}}{d\omega_{-1}}, \quad d\omega = dH_{-1},$$

$$\operatorname{tang} H = -\frac{d\varepsilon}{d\omega}, \quad d\omega_1 = dH,$$

et que l'on remarque l'identité des angles $d\vartheta$, $d\varepsilon_1$; $d\varepsilon$, $d\vartheta_{-1}$, on aura le tableau suivant :

Surfaces.	Angles de première courbure.	Angles de deuxième courbure.	Angles de troisième courbure.
$S_{\tau_{-1}}$....	$-d\varepsilon\cos(\int d\omega)$	$d\varepsilon\sin(\int d\omega)$	$d\varepsilon$
$S_{\nu_{-1}}$....	$d\varepsilon\sin(\int d\omega)$	$-d\varepsilon\cos(\int d\omega)$	$d\varepsilon$
$S_{\rho_{-1}}$....	$d\omega$	$d\varepsilon$	$d\vartheta$
S_τ.....	$d\omega$	$d\varepsilon$	$d\vartheta$
S_ν......	$d\varepsilon$	$d\omega$	$d\vartheta$
S_ρ.....	dH	$d\vartheta$	$\sqrt{d\vartheta^2 + dH^2}$
S_{τ_1}.....	dH	$d\vartheta$	$\sqrt{d\vartheta^2 + dH^2}$
S_{ν_1}.....	$d\vartheta$	dH	$\sqrt{d\vartheta^2 + dH^2}$
S_{ρ_1}.....	$d \operatorname{arc\,tang} = -\frac{d\vartheta}{dH}$	$\sqrt{d\vartheta^2 + dH^2}$	$\sqrt{d\vartheta_1^2 + dH_1^2}$

Comme la troisième face de chaque trièdre est dans le même plan que la première face du trièdre suivant, il en résulte que les surfaces $S_{\rho_{-1}}$ et S_τ sont les mêmes, qu'il en est de même des surfaces S_ρ et S_{τ_1}. Il y a donc pour chaque trièdre les deux premières surfaces conjuguées entre elles, de telle sorte que l'angle de contingence de l'arête de rebroussement de l'une égale l'angle de flexion de l'arête de rebroussement de l'autre surface. La troisième surface est la même que la première surface du trièdre suivant.

On calculerait de la même manière les angles de première,

de deuxième, de troisième courbure des arêtes de rebroussement des surfaces enveloppes des faces des trièdres dérivés du deuxième ordre et des ordres suivants, et de chaque trièdre intégral du deuxième ordre et des ordres suivants, de sorte que les caractéristiques sphériques des arêtes de rebroussement des surfaces de la série descendante et de la série ascendante sont, ou du moins peuvent être déterminées.

86. *Des surfaces gauches* Σ_τ, Σ_ν, Σ_ρ.

1° La surface Σ_τ est le lieu des positions de la droite mobile elle-même; l'angle de deux génératrices infiniment voisines de cette surface est donc (τ, τ'); la plus courte distance de ces deux génératrices devant être à la fois perpendiculaire sur ces deux génératrices est donc parallèle à $O\nu$.

2° La surface Σ_ν est le lieu des positions de la droite mobile $O\nu$; l'angle de deux génératrices infiniment voisines est donc (ν, ν') et la plus courte distance de ces deux génératrices est parallèle à $O\tau$.

3° La surface Σ_ρ est le lieu des positions $O\rho$; l'angle des deux génératrices infiniment voisines est donc (ρ, ρ') et leur plus courte distance est parallèle à $O\varpi$.

Des courbes d'intersection de la surface Σ_ρ *et des surfaces* S_τ, S_ν, S_ρ.

Théorème IV. — *La surface gauche* Σ_ρ *coupe chacune des surfaces développables* S_τ, S_ν, *de telle sorte que la génératrice* $O\rho$ *de la première soit perpendiculaire sur la génératrice de la seconde et sur la génératrice de la troisième aux points d'intersection.*

En effet, si du point O (*fig.* 11) de la courbe directrice on abaisse une perpendiculaire sur la génératrice correspondant à ce point de la surface S_τ, cette perpendiculaire est située dans le plan tangent $\nu O\rho$ à cette surface, et de plus perpendiculaire à $O\nu$, puisque la génératrice de S_τ est parallèle à $O\nu$ (81); donc elle coïncide avec $O\rho$. Donc la surface Σ_ρ est le lieu des perpendiculaires abaissées des divers points de la courbe directrice sur les génératrices de S_τ situées dans les plans tangents menés des divers points de la courbe.

De même, si du point O de la courbe directrice on abaisse une perpendiculaire sur la génératrice correspondant à ce

Fig. 11.

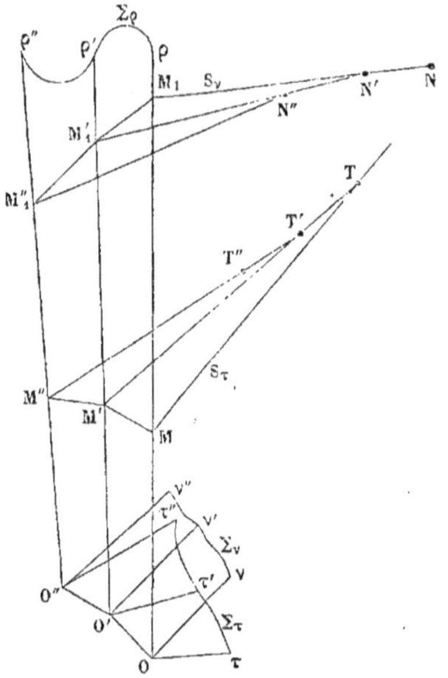

point de la surface S_ν, cette droite est située dans le plan $\tau O \rho$ tangent à la surface (82) et de plus est perpendiculaire à $O\tau$, qui est parallèle à la génératrice de cette surface ; donc elle coïncide avec $O\rho$. Donc la surface Σ_ρ est encore le lieu des perpendiculaires abaissées des divers points de la courbe directrice sur les génératrices de la surface S_ν, situées dans les plans tangents menés par ces divers points de la courbe. Donc :

Théorème V. — *La surface Σ_ρ et la surface S_ρ ne peuvent avoir un point commun situé sur deux génératrices correspondantes.*

En effet (*fig.* 12), le plan tangent mené du point O à la surface S_ρ est $\nu O \tau$, qui touche cette surface suivant une génératrice G_ρ ; or la génératrice de la surface Σ_ρ est l'arête $O\rho$; donc généralement le point O ne se trouvera pas sur la génératrice G_ρ : cela ne peut arriver d'une manière générale qu'après l'introduction de cette condition que le point O coïncide avec l'intersection de $O\tau$ et de G_ρ.

87. *Des courbes d'intersection de la surface* S_ρ *et des surfaces* Σ_τ, Σ_ν.

THÉORÈME VI. — *La surface* S_ρ *rencontre les surfaces* Σ_τ, Σ_ν *en leurs lignes de striction.*

1° Si l'on détermine sur chaque génératrice d'une surface réglée le pied de la perpendiculaire commune à cette génératrice et à la génératrice infiniment voisine, le lieu des pieds de ces perpendiculaires est la ligne de striction.

2° Si du point O de la courbe directrice on mène un plan tangent à la surface S_ρ, ce plan $\nu O \tau$ (83) touchera la surface S_ρ suivant une de ses génératrices G_ρ qui est parallèle à $O\varpi$; et, comme $O\varpi$ fait un certain angle variable avec $O\tau$, $O\nu$, qui sont les génératrices correspondantes des surfaces S_τ, S_ν, ces génératrices rencontreront la génératrice G_ρ de S_ρ.

3° Soient (*fig.* 12) A et B les points où les côtés de l'angle droit $\tau O \nu$ rencontrent la génératrice G_ρ, A'B' les points où

Fig. 12.

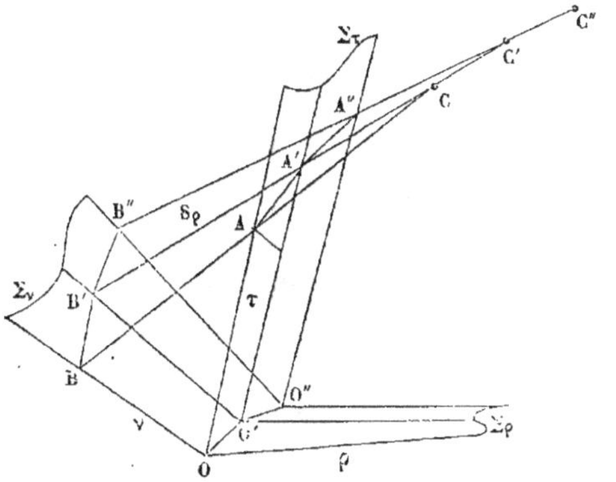

les côtés de l'angle droit $\tau' O' \nu'$, dans une position infiniment voisine, rencontrent la génératrice G'_ρ, la surface S_ρ étant développable, le quadrilatère AA'BB' est situé dans le plan tangent $\tau' O' \nu'$ à la surface S_ρ. Donc, si du point A on abaisse une perpendiculaire sur la génératrice A′O′ de la surface Σ_τ, elle restera située dans le plan tangent $\tau'O'\nu'$ et sera à la limite parallèle à $O\nu$, qui est la direction de la plus courte distance des deux génératrices infiniment voisines (86); il en résulte que cette perpendiculaire n'est autre chose que cette plus courte distance. Donc le point A est un point de la ligne de striction de la surface Σ_τ et, par une raison semblable, le point B est un point de la ligne de la surface Σ_ν. Donc :

Théorème VII. — *Les surfaces Σ_τ et S_ν ont les génératrices parallèles; il en est de même des surfaces Σ_ν, S_τ.*

En effet, la génératrice de la surface Σ_τ (*fig.* 11) est parallèle à $O\nu$ (82), la génératrice de la surface Σ_ν est parallèle à $O\tau$. Donc :

Théorème VIII. — *Les surfaces Σ_τ, S_τ ne se rencontrent pas suivant les génératrices correspondantes; ces génératrices non situées dans un même plan ont des directions perpendiculaires, et pour plus courte distance un segment de $O\rho$. Il en sera de même des surfaces Σ_ν, S_ν.*

En effet, les génératrices de Σ_τ, S_τ (*fig.* 11) sont $O\tau$ et une parallèle à $O\nu$ qui rencontre l'une et l'autre $O\rho$; il en est de même des génératrices des surfaces Σ_ν, S_ν qui sont $O\nu$, et une parallèle à $O\tau$, et qui rencontrent l'une et l'autre $O\rho$.

Il résulte de ces théorèmes que le système des courbes d'intersection des surfaces S_τ, S_ν, S_ρ avec les surfaces Σ_τ, Σ_ν, Σ_ρ suivant les génératrices correspondantes est égal à quatre : deux résultant de l'intersection de Σ_ρ avec les surfaces S_τ, S_ν, et deux autres résultant de l'intersection de S_ρ avec les surfaces Σ_τ, Σ_ν. La distance des génératrices correspondantes de S_τ, S_ν se compte sur la génératrice de Σ_ρ; les lignes de striction des surfaces Σ_τ, Σ_ν sont leurs intersections avec la surfece S_ρ.

Pour avoir la ligne de striction de Σ_ρ, il faudra recourir à la série des surfaces Σ_{τ_1}, Σ_{ν_1}, Σ_{ρ_1} et à la série des surfaces S_{τ_1}, S_{ν_1}, S_{ρ_1} et l'on reconnaîtra que l'intersection de Σ_{τ_1} avec S_{ρ_1} donne la ligne de striction de Σ_{τ_1}. On a donc la proposition suivante :

La surface S_λ *coupe la surface* Σ_ρ *suivant la ligne de striction.*

88. *Condition pour que la surface* Σ_τ *soit développable.* — Pour que la surface Σ_τ soit développable, il faut que deux positions infiniment voisines de la droite mobile, telles que $O\tau$, $O'\tau'$ (*fig.* 13), se rencontrent. Or la droite $O\nu$ est perpendicu-

Fig. 13.

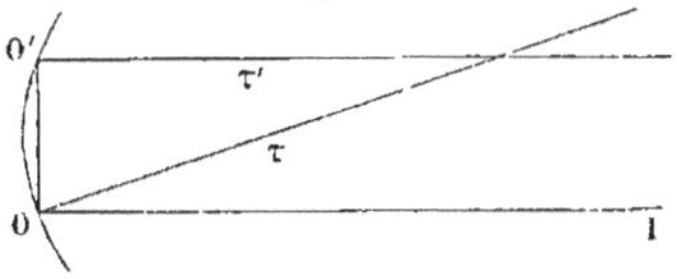

laire au plan de ces deux droites, et, par suite, à la corde OO'; donc, lorsqu'on passera à la limite, la droite $O\nu$ sera perpendiculaire à la tangente à la courbe directrice.

Réciproquement, si $O\nu$ est perpendiculaire à la tangente à la courbe au point O, les deux droites $O\tau$, $O'\tau'$ se rencontreront. En effet, $O\nu$ est perpendiculaire aux trois droites passant par le point O : la tangente, la position $O\tau$ et la parallèle OI menée par ce point à $O'\tau'$, puisque, par définition, $O\nu$ est perpendiculaire à deux positions infiniment voisines de $O\tau$; donc ces trois droites sont situées dans le même plan, donc les droites OO', $O\tau$, $O'\tau'$ sont aussi dans le même plan, et, par conséquent, à la limite, les droites $O\tau$ et $O'\tau'$ se rencontrent. De là on tire ce théorème :

Théorème IX. — *Pour que la surface* Σ_τ *soit développable, il faut et il suffit que la droite* $O\nu$, *perpendiculaire à deux positions infiniment voisines de la droite mobile* $O\tau$, *soit aussi perpendiculaire à l'élément de courbe décrite par le point* O.

Lorsque les diverses positions de la droite $O\nu$ remplissant ces conditions seront connues, il sera facile d'obtenir celles de la droite mobile; il suffira de mener par le point O la droite $O\nu$ et une parallèle à la position infiniment voisine de cette droite, et ensuite de mener par le point O une perpendiculaire $O\tau$ au plan de ces deux droites, ou bien encore de mener par les points O, O' infiniment voisins de la courbe deux plans perpendiculaires aux deux directions de $O\nu$, et par le point O une parallèle à l'intersection.

Applications du théorème précédent. — 1° Si les positions de la droite $O\nu$ sont celles de la binormale à la courbe, la face perpendiculaire $\tau O \rho$ est le plan osculateur, et l'intersection de deux plans osculateurs infiniment voisins est la tangente à la courbe, de sorte que la surface Σ_τ coïncide avec S_ν et est l'enveloppe des plans osculateurs de la courbe, laquelle coïncide avec l'arête de rebroussement de la surface.

2° Si les positions de $O\nu$ sont celles du rayon de courbure, la surface Σ_τ sera la surface rectifiante de la courbe.

3° Si les positions de $O\nu$ sont les normales à une surface qui contient la courbe, la surface Σ_τ est l'enveloppe du plan tangent à la surface mené par les différents points de la courbe.

4° Si les positions de $O\nu$ perpendiculaires aux tangentes correspondantes de la courbe forment elles-mêmes une surface développable, les positions de $O\tau$ formeront une surface développable qui coupera la première orthogonalement. De là résulte ce théorème connu, que si deux surfaces se coupent orthogonalement suivant une ligne de courbure de l'une des deux surfaces, cette intersection sera aussi une ligne de courbure de l'autre surface.

Démonstration analytique. — A cause de l'importance de la proposition énoncée au commencement de ce numéro, nous allons l'établir encore par voie analytique.

Soient les équations cartésiennes de la droite $O\tau$

$$\frac{x'-x}{\alpha} = \frac{y'-y}{\beta} = \frac{z'-z}{\gamma} = \rho;$$

α, β, γ les cosinus des angles de la droite avec les trois axes, et $x'-x, y'-y, z'-z$ les projections de la longueur ρ comptée à partir du point (x, y, z) situé sur la courbe. Pour le point infiniment voisin de la courbe, on a les trois équations

$$dx + \rho\, d\alpha + \alpha\, d\rho = 0. \quad (3)$$

Si l'on élimine ρ, $d\rho$ entre ces équations, on trouve la condition

$$dx(\gamma\, d\beta - \beta\, d\gamma) + dy(\alpha\, d\gamma - \gamma\, d\alpha) + dz(\beta\, d\alpha - \alpha\, d\beta) = 0,$$

que l'on peut écrire sous la forme suivante :

$$dx \cos(\nu, x) + dy \cos(\nu, y) + dz \cos(\nu, z) = 0,$$

qui exprime la condition que la direction de la droite $O\nu$ perpendiculaire à deux positions infiniment voisines de la droite $O\tau$ soit aussi perpendiculaire à la tangente à la courbe directrice.

C. Q. F. D.

§ II. — Des lignes et des surfaces qui se rapportent a une courbe gauche.

89. *État de la question.* — L'étude d'une courbe conduit, comme nous l'avons déjà vu, à considérer des surfaces et des lignes qui font connaître plus intimement la nature de cette courbe; or toutes ces surfaces et lignes auxiliaires s'introduisent nécessairement par la considération du trièdre trirectangle que nous venons d'étudier d'une manière générale. Il suffit d'admettre, et nous admettrons dans tout ce qui va suivre, que la droite principale $O\tau$ du trièdre coïncide avec la tangente à la courbe donnée.

Plans et droites. — *Plan normal.* — La face du trièdre per pendiculaire à $O\tau$ est le plan normal.

Binormale. — L'arête $O\nu$ qui est perpendiculaire à deux positions infiniment voisines de la tangente est la binormale.

Plan osculateur. — La face perpendiculaire à $O\nu$, passant par deux positions infiniment voisines de la tangente, est le plan osculateur.

Normale principale. — L'arête $O\rho$, qui est située dans le plan osculateur et est perpendiculaire à la tangente $O\tau$, est la normale principale et donne la direction du rayon du cercle osculateur.

Plan rectifiant. — La face perpendiculaire à $O\rho$, qui contient la tangente $O\tau$ et est perpendiculaire au plan osculateur, est le plan rectifiant.

Droite rectifiante. — La ligne $O\varpi$, intersection de deux plans rectifiants infiniment voisins $\tau O\nu$, $\tau' O'\nu'$, et par conséquent perpendiculaire à deux positions infiniment voisines de $O\rho$ (52), est la droite rectifiante.

Angles de première, de deuxième, de troisième courbure. — L'angle de deux positions infiniment voisines de la tangente est $d\varepsilon$; l'angle de deux positions infiniment voisines de la binormale ou bien l'angle de flexion est $d\omega$; l'angle de deux positions infiniment voisines de la normale principale, ou bien l'angle de troisième courbure est $d\theta$.

Surfaces courbes.— Surface polaire. — Le lieu des intersections successives de la face $\nu O\rho$ perpendiculaire à la tangente est la surface S_τ, développable dont la génératrice est parallèle à $O\nu$; elle est donc le lieu des intersections successives du plan normal à la courbe donnée appelée *surface polaire* par Monge.

Surface osculatrice. — La surface S_ν est la surface lieu des intersections successives du plan osculateur à la courbe; cette surface est appelée, pour cette raison, *surface osculatrice* de la courbe. Sa génératrice est $O\tau$ tangente à la courbe.

Surface rectifiante. — La surface S_ρ est la surface lieu des intersections successives du plan rectifiant; elle est appelée, pour cette raison, *surface rectifiante;* elle a pour génératrice la ligne rectifiante $O\varpi$.

La surface Σ_τ est le lieu des positions de la tangente $O\tau$ à la courbe; elle cesse d'être gauche parce que, d'après le théorème IX (88), l'arête $O\nu$ est perpendiculaire à la courbe donnée; elle devient développable, et les deux surfaces Σ_τ et S_ν se confondent entre elles.

La surface Σ_ν est la surface gauche lieu des positions successives de la binormale.

La surface Σ_ρ est la surface gauche lieu des positions successives de la normale principale.

90. *Intersections des surfaces* S *et* Σ. — Les courbes d'intersection des surfaces S et des surfaces Σ deviennent l'objet d'une étude facile, par suite de l'introduction du trièdre trirectangle.

Intersections de la surface Σ_ρ et des surfaces S_τ et S_ν. — D'après le théorème IV (86), la surface Σ_ρ, lieu des positions du rayon de courbure, coupe la surface S_τ, surface polaire, et la surface S_ν, surface osculatrice, de manière que chaque génératrice $O\rho$ de Σ_ρ est à la fois perpendiculaire sur la génératrice correspondante de S_τ et sur la génératrice correspondante de S_ν qui est tangente à son arête de rebroussement. Or la dernière courbe n'est autre chose que la courbe donnée ou, pour parler plus exactement, il y a superposition de ces deux courbes.

Lieu des centres de courbure. — La courbe d'intersection de Σ_ρ avec S_τ est le lieu des centres de courbure de la courbe donnée, puisque le centre du cercle osculateur est le point d'intersection du plan osculateur et de deux plans normaux infiniment voisins. Or la génératrice de S_τ n'est autre chose que l'intersection de ces deux plans normaux.

Axe polaire. — On voit que l'intersection de deux plans normaux infiniment voisins est perpendiculaire au plan osculateur, et que chaque point de cette intersection est à égale distance de trois points infiniment voisins de la courbe qui détermine les deux tangentes auxquelles se rapportent les deux plans normaux, de sorte que, si cette intersection est l'axe d'un cône qui a pour base le cercle osculateur et dont le sommet se trouve en un point quelconque de l'axe, on pourra décrire le cercle osculateur en prenant ce sommet comme pôle. L'axe polaire ou le lieu des pôles du cercle osculateur n'est donc autre chose que la génératrice de la surface S_τ, et cette surface se présente maintenant comme étant le lieu des axes polaires de la courbe, ce qui justifie la dénomination de *surface polaire* que lui a donnée Monge.

Intersection de la surface S_ρ *et des surfaces* Σ_τ, Σ_ν. — D'après le théorème VI (87), la surface rectifiante S_ρ coupe la surface osculatrice Σ_τ suivant sa ligne de striction. Or, comme dans le cas actuel la surface Σ_τ, qui n'est pas distincte de S_ν, est une surface développable ayant la courbe donnée pour arête de rebroussement, il en résulte que la ligne de striction n'est pas distincte de cette arête de rebroussement, conclusion évidente par elle-même. D'une autre part, la surface S_ρ coupe aussi la surface Σ_ν, lieu des binormales, suivant sa ligne de striction, et, comme cette intersection n'est autre chose que ecourbe donnée, on arrive à cette proposition :

La courbe donnée est la ligne de striction de la surface lieu des binormales.

Intersection des surfaces Σ_ρ, S_ρ. — D'après le théorème V (86), les surfaces Σ_ρ et S_ρ ne peuvent se rencontrer suivant deux génératrices correspondantes, à moins que le point O ne se trouve constamment sur la génératrice de la surface S_ρ. Or c'est ce qui arrive dans le cas actuel ; de là résulte que la surface rectifiante S_ρ rencontre, suivant la courbe proposée, la surface Σ_ρ lieu des rayons de courbure.

§ III. — Équations des lignes et des surfaces déjà considérées.

Nous allons maintenant écrire les équations cartésiennes des surfaces et des lignes que nous venons de considérer. Si l'on se reporte aux équations cartésiennes de la courbe donnée, qui ont été posées au n° 45, et qu'on adopte les notations et hypothèses de ce numéro, on obtiendra sans difficulté les équations dont il s'agit.

91. *Équations de la tangente.* — x, y, z étant les coordonnées du point de contact, et x', y', z' les coordonnées d'un point quelconque de cette tangente, $x - x'$ sera la projection sur l'axe des x de la distance de ces deux points; on aura donc les équations

$$(t) \qquad \frac{x - x'}{dx} = \frac{y - y'}{dy} = \frac{z - z'}{dz}.$$

Plan normal. — Si x', y', z' sont les coordonnées courantes, l'angle que fait la tangente avec la distance du point (x, y, z) à un point quelconque du plan sera un angle droit; on aura donc l'équation

$$(\mathrm{N}) \qquad (x - x')dx + (y - y')dy + (z - z')dz = 0.$$

Binormale. — Les cosinus des angles de la binormale avec les trois axes sont proportionnels aux binômes X, Y, Z (45); les équations de la binormale seront donc, x', y', z' étant encore les coordonnées courantes,

$$(n) \qquad \frac{x - x'}{\mathrm{X}} = \frac{y - y'}{\mathrm{Y}} = \frac{z - z'}{\mathrm{Z}}.$$

Plan osculateur. — Si x', y', z' sont les coordonnées courantes, l'équation de ce plan sera

$$(\mathrm{O}) \qquad \mathrm{S}(x - x')(dy\, d^2z - dz\, d^2y) = 0.$$

Normale principale. — Ses équations seront (46)

$$(r) \qquad \frac{x - x'}{d\left(\frac{dx}{ds}\right)} = \frac{y - y'}{d\left(\frac{dy}{ds}\right)} = \frac{z - z'}{d\left(\frac{dz}{ds}\right)}.$$

Plan rectifiant. — Son équation sera donc

$$(\mathrm{R}) \qquad \mathrm{S}(x - x')\, d\left(\frac{dx}{ds}\right) = 0,$$

ou bien, si l'on fait usage de l'équation du n° 47, qui donne $\cos(\rho, x)$,

$$(\mathrm{R}') \qquad \mathrm{S}(x - x')(\mathrm{Y}\, dz - \mathrm{Z}\, dy) = 0.$$

Coordonnées du centre de courbure. — Soient α, β, γ les coordonnées du centre de courbure; on aura, en faisant usage des équations [11'] du n° 46,

$$(r') \qquad \frac{\alpha - x}{\frac{d}{ds}\left(\frac{dx}{ds}\right)} = \frac{\beta - y}{\frac{d}{ds}\left(\frac{dy}{ds}\right)} = \frac{\gamma - z}{\frac{d}{ds}\left(\frac{dz}{ds}\right)} = \rho^2.$$

Axe polaire. — Cet axe est la droite menée par le centre de courbure perpendiculairement au plan osculateur; il a donc pour équations, x', y', z' étant les coordonnées courantes,

$$(\mathrm{G}_1) \qquad \left\{ \begin{aligned} \frac{x' - x - \rho^2 \frac{d}{ds}\left(\frac{dx}{ds}\right)}{\mathrm{X}} &= \frac{y' - y - \rho^2 \frac{d}{ds}\left(\frac{dy}{ds}\right)}{\mathrm{Y}} \\ &= \frac{z' - z - \rho^2 \frac{d}{ds}\left(\frac{dz}{ds}\right)}{\mathrm{Z}}. \end{aligned} \right.$$

Cet axe est aussi l'intersection de deux plans normaux infiniment voisins; il a donc pour équations

$$(\mathrm{G}_1)' \qquad \left\{ \begin{aligned} \mathrm{S}(x - x')\, dx &= 0, \\ \mathrm{S}(x - x')\, d^2x &= -ds^2. \end{aligned} \right.$$

Droite rectifiante. — C'est la droite menée par un point de la courbe perpendiculairement à deux positions infiniment voisines du rayon de courbure; les équations de cette droite sont (44)

$$(G_\rho) \qquad \frac{x'-x}{\cos(\varpi, x)} = \frac{y'-y}{\cos(\varpi, y)} = \frac{z'-z}{\cos(\varpi, z)} = 0.$$

92. *Surface polaire.* — Si, dans les équations précédentes $(G_\tau)'$, on remplace x, y, z et leurs dérivées par leurs valeurs en fonction de t tirées des équations de la courbe, on aura les deux équations de la surface entre les variables x, y, z et t : il convient de les laisser sous cette forme; mais, si l'on voulait représenter cette surface par une équation unique entre x, y, z, il suffirait d'éliminer t entre ces équations.

Surface osculatrice. — D'après ce que nous venons de dire, les équations de la surface osculatrice sont les équations (t), dans lesquelles x, y, z et leurs dérivées sont remplacées par les coordonnées de la courbe en fonction de t.

Surface rectifiante. — De même les équations de la surface rectifiante sont les équations (G_ρ), dans lesquelles les coordonnées du point de la courbe sont remplacées, ainsi que leurs dérivées, par leurs valeurs en fonction de t.

CHAPITRE V.

DES COURBES TRACÉES SUR LA SURFACE POLAIRE.

Deux courbes principales appartiennent à la surface polaire : la première est l'arête de rebroussement qui détermine complétement cette surface ; la seconde est le lieu des centres de courbure de la courbe gauche donnée.

§ I. — Du lieu des centres de courbure.

93. *Différentielles de la courbe.* — Il ne suffit pas d'avoir des équations (r') (**91**) en termes finis de ce lieu, il importe aussi d'avoir la différentiellé de l'arc et sa direction, les rayons de courbure première et seconde, car ce sont ces équations qui font connaître les propriétés de la courbe : ce sont les mêmes équations qu'il faut calculer dans les questions inverses. Or, lorsqu'il s'agit de déterminer une courbe par les équations relatives à ses éléments, on reconnaît que ces équations sont de deux sortes : les unes sont linéaires par rapport à l'élément de l'arc et en font connaître la grandeur et la direction ; les autres sont angulaires et se rapportent aux angles de contingence et de flexion de la courbe. On peut suivre, dans cette détermination, une marche géométrique uniforme, consistant à déterminer l'élément d'arc et sa direction par le principe des projections et à déterminer les angles de contingence et de flexion, soit par la résolution d'un trièdre rectangle, soit par l'application du principe des courbures inclinées. C'est cette marche que nous allons exposer, à cause de sa généralité.

Solution géométrique. — Équations relatives à l'arc. — La courbe dont il s'agit est l'intersection des surfaces Σ_ρ et S_τ. Soient (*fig.* 14)

Fig. 14.

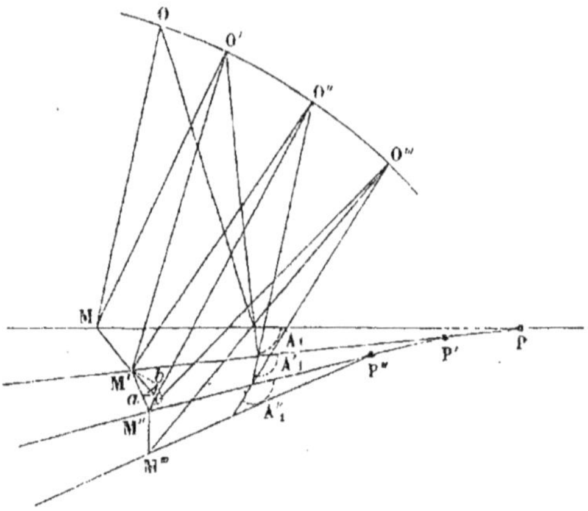

OM la distance du point O pris sur la courbe à la génératrice MP de la surface S_τ, distance représentée par ρ;
O'M' la distance infiniment voisine;
OO' l'élément ds de la courbe;
MM' l'élément ds_1 de la ligne d'intersection des surfaces Σ_ρ, S_τ.

Si l'on projette le périmètre du quadrilatère OO'MM' successivement sur les directions $O\tau$, $O\nu$, $O\rho$; si l'on remarque que les directions de PM, P'M' sont celles de $O\nu$, $O\nu'$ dans la figure sphérique (7) (50), que par suite $O\tau$ est perpendiculaire au plan des deux génératrices, et que les angles (ρ, ds), (ν, ds) sont droits, on aura les équations suivantes :

$$(s_1)\qquad \begin{cases} ds_1 \cos(\tau, ds_1) = ds - \rho\, d\varepsilon, \\ ds_1 \cos(\rho, ds_1) = d\rho, \\ ds_1 \cos(\nu, ds_1) = -\rho\, d\omega. \end{cases}$$

D'après ce que nous venons de dire, la direction $O\tau$ est perpendiculaire sur ds_1; donc $\cos(\tau, ds_1)$ est nul. Le second membre de la première équation est donc nul; donc les angles (ν, ds_1), $-(\rho, ds_1)$ sont complémentaires l'un de l'autre; on a donc les équations suivantes :

$$(s_1)' \quad \begin{cases} \rho = \dfrac{ds}{d\varepsilon}, \\ \tang(\rho, ds_1) = \dfrac{\rho}{\dfrac{d\rho}{d\omega}} = -\cot(\nu, ds_1), \\ ds_1^2 = \rho^2 d\omega^2 + d\rho^2, \end{cases}$$

qui se déduisent des équations précédentes, la deuxième par la division des deux dernières (s_1) et la troisième en faisant la somme des carrés de ces mêmes équations.

La première des équations $(s_1)'$ prouve que la distance OM d'un point de la courbe à l'axe polaire est le rayon de courbure, ce que nous savions déjà; la deuxième donne la direction de l'élément ds_1 par rapport à deux droites rectangulaires menées par le point M, parallèlement à Oρ et à Oν; la troisième fait connaître la différentielle de cet arc.

94. *Angle de contingence.* — Soient (*fig.* 14)

O″M″ une troisième position de ρ;

M″P″ la position correspondante de la génératrice de la surface polaire;

M′b le prolongement de MM′;

M′c sa projection sur le plan tangent à la surface.

L'angle bM′P′ est extérieur au triangle MM′P; donc il a pour valeur

$$\pi + d\omega - (\nu, ds_1).$$

Or M′b, M′c, M′a forment un trièdre rectangle suivant M′c; de ce trièdre on connaît les deux faces qui comprennent le dièdre droit. En effet, l'angle cM′b est égal au produit de l'angle $d\varepsilon$ des deux plans tangents à la surface polaire par le sinus de l'angle (ν, ds_1); l'angle aM′c est la différence des deux angles aM′P′, cM′P′. Le premier ne diffère de l'angle bM′P′ que par les infiniment petits d'ordre supérieur, et le second est égal à $\pi - (\nu, ds_1) - d(\nu, ds_1)$; l'angle aM′b est l'angle de contingence $d\varepsilon_1$ de la courbe ds_1. Si l'on considère le triangle sphérique infinitésimal *bac*, formé sur la sphère, dont le centre est en M′, l'arc *ba* est la direction du rayon de courbure ρ_1 de la courbe ds_1. Or cette dernière direction sera connue si l'on connaît l'angle que l'arc *ab* fait avec sa projection *ca* sur le plan tangent, et, de plus, l'angle que cette projection fait avec la génératrice M′P′, c'est-à-dire avec la direction $O\nu$. Cela posé, on a

$$ba = d\varepsilon_1, \quad bc = d\varepsilon \sin(\nu, ds_1), \quad ca = -d\omega - d(\nu, ds_1),$$

$$\text{angle}\,(bac) = (\tau, \rho_1) - \frac{\pi}{2} = (\nu_1, \tau);$$

donc la résolution du triangle *bac* donne les relations suivantes :

$$(e_1)\quad \begin{cases} \sin(\tau, \rho_1) = -\dfrac{d\omega + d(\nu, ds_1)}{d\varepsilon_1} = \cos(\nu_1, \tau), \\ \cos(\tau, \rho_1) = -\dfrac{d\varepsilon \sin(\nu, ds_1)}{d\varepsilon_1} = -\sin(\nu_1, \tau), \end{cases}$$

desquelles on déduit les deux suivantes :

$$(e_1)'\quad \begin{cases} d\varepsilon_1^2 = d\varepsilon^2 \sin^2(\nu, ds_1) + [d\omega + d(\nu, ds_1)]^2, \\ \text{tang}(\tau, \rho_1) = \dfrac{d\omega + d(\nu, ds_1)}{d\varepsilon \sin(\nu, ds_1)} = -\cot(\tau, \nu_1). \end{cases}$$

Ces formules font donc connaître l'angle de contingence $d\varepsilon_1$ et sa direction par rapport aux directions τ_1, ν_1, ρ_1.

95. *Angle de flexion.* — Par le point M (*fig.* 15) menons la normale principale $M\rho_1$ de la courbe ds_1, la binormale $M\nu_1$ et la parallèle $M\nu'_1$ à la binormale infiniment voisine, ainsi que deux parallèles $M\tau$, $M\tau'$ aux deux directions infiniment voisines de la tangente à la courbe *ds*; les quatre droites $M\rho_1$, $M\nu_1$, $M\nu'_1$, $M\tau$ sont dans un même plan, puisqu'elles sont toutes perpendiculaires à l'élément MM′; on a donc la relation

$$\nu_1\nu'_1 = \nu'_1\tau' - \nu_1\tau + (\tau, \tau')\cos(\tau'\tau\nu_1).$$

Or, si l'on remarque que $O\nu$ est perpendiculaire au plan $\tau M \tau'$ et que l'élément ds_1 est perpendiculaire au plan $\nu_1 M \nu'_1$,

Fig. 15.

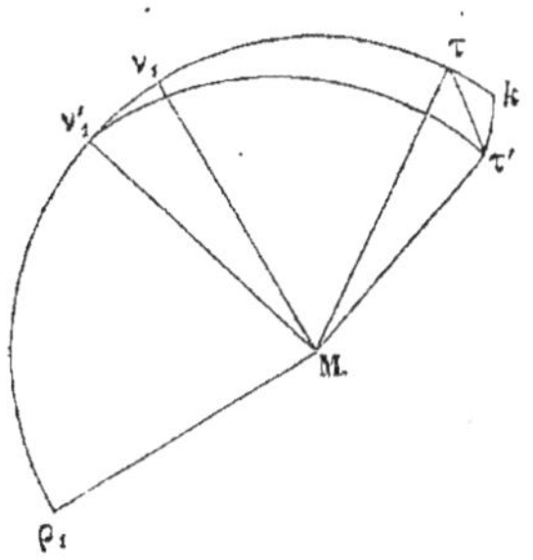

le dièdre $\tau'\tau k$ est égal à l'angle (ν_1, ds_1), et l'equation précédente devient, en représentant par $d\omega_1$ l'angle de flexion de ds_1,

$$d\omega_1 = d(\nu_1, \tau) - d\varepsilon \cos(\nu, ds_1),$$

que l'on peut écrire aussi sous la forme suivante, parce que les angles $-(\nu_1, \tau)$, (ρ_1, τ) sont complémentaires :

$$(\omega_1) \qquad d\omega_1 = - d(\rho_1, \tau) - d\varepsilon \cos(\nu, ds_1).$$

Dans le second membre de cette équation il n'y a rien d'inconnu, parce que l'angle (τ, ρ_1) est donné par la deuxième des équations $(e_1)'$, et l'angle (ν, ds_1) par la deuxième des équations $(s_1)'$.

96. *Rayon de première courbure.* — Si l'on divise la première des équations $(e_1)'$ par la dernière des équations $(s_1)'$ et qu'on représente $\frac{d\rho}{d\omega}, \frac{d^2\rho}{d\omega^2}$ par ρ', ρ'', on aura la courbure de la courbe ds_1. Or, si l'on remarque que l'on a les deux relations

$$\sin^2(\nu, ds_1) = \frac{\rho'^2}{\rho^2 + \rho'^2}, \quad d(\nu, ds_1) = \frac{\rho'^2}{\rho^2 + \rho'^2}\, d\left(\frac{\rho}{\rho'}\right),$$

les équations $(e_1)'$ donnent les deux suivantes :

$$(\rho_1)\quad \left\{\begin{aligned} \frac{1}{\rho_1^2} &= \frac{\rho'^2}{(\rho^2+\rho'^2)^2}\left\{\frac{\iota^2}{\rho^2}+\frac{\left[\rho^2+\rho'^2+\rho'^2\dfrac{d}{d\omega}\left(\dfrac{\rho}{\rho'}\right)\right]^2}{\rho'^2(\rho'^2+\rho^2)}\right\},\\ \operatorname{tang}(\tau,\rho_1) &= \frac{\rho^2+\rho'^2+\rho'^2\dfrac{d}{d\omega}\left(\dfrac{\rho}{\rho'}\right)}{\iota\dfrac{\rho'}{\rho}(\rho^2+\rho'^2)^{\frac{1}{2}}}. \end{aligned}\right.$$

Si l'on prend $d\omega$ pour différentielle constante, la première formule montre que le rayon de courbure de la courbe ds_1 est donné en fonction explicite des rayons de première et de deuxième courbure de la courbe ds et des dérivées première et seconde de ρ par rapport à $d\omega$, et la seconde que la direction de ce rayon dépend des mêmes quantités.

Si l'on pose $\dfrac{\rho}{\rho'} = u$, les équations précédentes deviennent

$$\frac{1}{\rho_1^2} = \frac{1}{\rho'^2(1+u^2)^2}\left[\frac{\iota^2}{\rho'^2u^2}+\frac{\left(1+u^2+\dfrac{du}{d\omega}\right)^2}{1+u^2}\right],$$

$$\operatorname{tang}(\tau,\rho_1) = \frac{1+u^2+\dfrac{du}{d\omega}}{\dfrac{\iota}{\rho' u}(1+u^2)^{\frac{1}{2}}}.$$

Les équations (ρ_1) peuvent s'écrire sous la forme suivante :

$$\frac{1}{\rho_1^2} = \frac{\iota^2\rho'^2(\rho'^2+\rho^2)+\rho^2(\rho^2+2\rho'^2-\rho\rho'')^2}{\rho^2(\rho^2+\rho'^2)^3},$$

et, si l'on représente par $\dfrac{1}{R}$ la courbure de la courbe ds développée sur le plan tangent à la surface polaire, on a

$$\frac{1}{\rho_1^2} = \frac{\iota^2\rho'^2}{\rho^2(\rho^2+\rho'^2)^2}+\frac{1}{R^2} = \frac{\iota^2}{\rho^2\rho'^2}\sin^4(\nu, ds_1)+\frac{1}{R^2},$$

$$\operatorname{tang}(\tau,\rho_1) = \frac{\iota R\sin^2(\nu, ds_1)}{\rho\rho'}.$$

97. *Rayon de deuxième courbure.* — Si l'on divise les deux membres de l'équation (ω_1) par ds_1, on aura, en représentant par τ_1 le rayon de deuxième courbure de la courbe ds_1, et en ayant égard à la seconde des équations (ρ_1), les deux relations

$$\frac{1}{\tau_1} = \frac{1}{(\rho^2+\rho'^2)^{\frac{1}{2}}}\left[-\frac{d(\tau,\rho_1)}{d\omega} + \frac{\tau}{(\rho^2+\rho'^2)^{\frac{1}{2}}}\right],$$

$$\frac{d(\tau,\rho_1)}{d\omega} = \frac{\tau^2\frac{\rho'^2}{\rho^2}(\rho^2+\rho'^2)}{\frac{\tau^2\rho'^2}{\rho^2}(\rho^2+\rho'^2) + \left[(\rho^2+\rho'^2)+\rho'^2\frac{d}{d\omega}\left(\frac{\rho}{\rho'}\right)\right]^2} \times \frac{d}{d\omega}\left[\frac{\rho^2+\rho'^2+\rho'^2\frac{d}{d\omega}\left(\frac{\rho}{\rho'}\right)}{\frac{\tau\rho'}{\rho}(\rho^2+\rho'^2)^{\frac{1}{2}}}\right],$$

lesquelles montrent que le rayon de deuxième courbure de la courbe ds_1 est une fonction explicite des rayons de première et de deuxième courbure de la courbe donnée, des dérivées première, seconde et troisième de ρ par rapport à $d\omega$, et de la dérivée première de τ par rapport à la même variable.

Si l'on pose $\frac{\rho}{\rho'} = u$, comme précédemment, ces deux expressions prendront la forme suivante :

$$\frac{1}{\tau_1} = \frac{1}{\rho'(1+u^2)^{\frac{1}{2}}}\left[-\frac{d(\tau,\rho_1)}{d\omega} + \frac{\tau}{\rho'(1+u^2)^{\frac{1}{2}}}\right],$$

$$\frac{d(\tau,\rho_1)}{d\omega} = \frac{\frac{\tau^2}{\rho'^2u^2}(1+u^2)}{\frac{\tau^2}{\rho'^2u^2}(1+u^2) + \left(1+u^2+\frac{du}{d\omega}\right)^2}\,\frac{d}{d\omega}\left[\frac{1+u^2+\frac{du}{d\omega}}{\frac{\tau}{\rho' u}(1+u^2)^{\frac{1}{2}}}\right].$$

98. *Solution analytique.* — Soient x_1, y_1, z_1 les coordonnées du centre de courbure; on a les équations

$$x_1 - x = \rho\cos(\rho, x). \quad (3)$$

Les différentielles de ces équations donnent les trois relations suivantes (54) :

$$\cos(\tau_1, x) = \frac{d\rho}{ds_1}\cos(\rho, x) - \frac{\rho\, d\omega}{ds_1}\cos(\nu, x); \quad (3)$$

de ces équations on déduit les suivantes, en y représentant le supplément de l'angle (τ_1, ν) par h :

$$ds_1^2 = (\rho^2 + \rho'^2)\, d\omega^2,$$

$$(c) \quad \begin{cases} \cos(\tau_1, \tau) = 0, \\ \cos(\tau_1, \nu) = -\dfrac{\rho}{\sqrt{\rho^2 + \rho'^2}} = -\cos h, \\ \cos(\tau_1, \rho) = \dfrac{\rho'}{\sqrt{\rho^2 + \rho'^2}} = \sin h. \end{cases}$$

Nota. — τ est perpendiculaire au plan tangent de la surface polaire; (ρ_1, τ) est l'angle du rayon de courbure avec la normale à cette surface : c'est le complément de l'angle négatif du plan osculateur de la courbe ds_1 avec le plan tangent (94).

Si l'on différentie chacun de ces trois cosinus, en s'appuyant sur le principe de la courbure inclinée (49), on trouve

$$d\varepsilon_1 \cos(\rho_1, \tau) + d\varepsilon \cos(\rho, \tau_1) = 0,$$
$$d\cos(\tau_1, \nu) = d\varepsilon_1 \cos(\rho_1, \nu) + d\omega \cos(\rho, \tau_1),$$
$$d\cos(\tau_1, \rho) = d\varepsilon_1 \cos(\rho, \rho_1) + d\theta \cos(\lambda, \tau_1).$$

Si l'on a égard aux valeurs fournies par les équations (c), on obtient les relations suivantes :

$$d\varepsilon_1^2 = \sin^2 h\, d\varepsilon^2 + (dh - d\omega)^2,$$

$$(c)' \quad \begin{cases} \cos(\rho_1, \tau) = -\sin h \dfrac{d\varepsilon}{d\varepsilon_1}, \\ \cos(\rho_1, \nu) = \sin h \dfrac{dh - d\omega}{d\varepsilon_1}, \\ \cos(\rho_1, \rho) = \cos h \dfrac{dh - d\omega}{d\varepsilon_1}. \end{cases}$$

Or, si l'on remarque que la direction $O\nu_1$ est perpendiculaire aux deux directions $O\tau_1$, $O\rho_1$, dont les cosinus des angles avec les trois axes $O\tau$, $O\rho$, $O\nu$ sont connus, on obtiendra sans difficulté les formules suivantes :

$$(c)'' \quad \begin{cases} \cos(\nu_1, \tau) = \dfrac{dh - d\omega}{d\varepsilon_1}, \\ \cos(\nu_1, \nu) = \sin^2 h \dfrac{d\varepsilon}{d\varepsilon_1}, \\ \cos(\nu_1, \rho) = \cos h \sin h \dfrac{d\varepsilon}{d\varepsilon_1}. \end{cases}$$

Les seconds membres ont présenté une ambiguïté de signes qui a disparu par l'application des conventions posées au n° 50. Si l'on introduit l'angle auxiliaire $-\varphi$, complémentaire de l'angle (ρ_1, τ), on voit que φ est l'angle $(\nu_1 \tau)$ du plan osculateur et du plan tangent, et l'on a

$$\tang \varphi = \frac{\sin h \, d\varepsilon}{dh - d\omega}.$$

Enfin, si l'on différentie $\cos(\nu_1, \tau)$, on aura la relation

$$-\sin(\nu_1, \tau) d(\nu_1, \tau) = (\nu_1, \nu'_1)\cos(\rho_1, \tau) + (\tau, \tau')\cos(\nu_1, \rho);$$

or les équations (c), $(c)'$, $(c)''$ donnent immédiatement l'égalité

$$\cos(\nu_1, \rho) = \cos(\rho_1, \tau)\cos(\tau_1, \nu).$$

En ayant égard à cette relation, l'équation différentielle précédente devient

$$d(\nu_1, \tau) = (\nu_1, \nu'_1) + (\tau, \tau')\cos(\tau_1, \nu).$$

D'après cela, toute l'économie géométrique de la courbe est donnée par les équations suivantes :

$$(\gamma) \quad \begin{cases} (1) & ds_1 \cos h - \rho \, d\omega = 0, \\ (2) & ds_1 \sin h - d\rho = 0, \\ (3) & d\varepsilon_1 \cos\varphi - dh + d\omega = 0, \\ (4) & d\varepsilon_1 \sin\varphi - d\varepsilon \sin h = 0, \\ (5) & d\omega_1 - d\varphi - d\varepsilon \cos h = 0. \end{cases}$$

En faisant usage de ces formules, on retombera sur celles que nous avons trouvées par la Géométrie, et l'on remarquera que, dans l'un ou l'autre cas, le premier effet d'une vraie méthode est de débarrasser la question de tout système coordonné, pour ne mettre en relief que les éléments des courbes.

§ II. — Applications.

99. Problème I. — *Étant donné le rapport spécifique angulaire* $\frac{d\omega_1}{d\varepsilon_1} = \psi_1(\varepsilon_1)$ *du lieu des centres de courbure* C_1 *d'une courbe* C *et l'angle* φ *que le plan osculateur de la courbe* C_1 *fait avec le plan tangent correspondant de la surface polaire, déterminer les équations naturelles des deux courbes* C *et* C_1, *ainsi que les éléments de ces deux courbes.*

D'après les données de la question, on a les deux équations

$$(1') \qquad \frac{d\omega_1}{d\varepsilon_1} = \psi'_1(\varepsilon_1), \quad \varphi = \pi_1(\varepsilon_1);$$

si l'on se reporte aux équations (γ) du numéro précédent et qu'on divise l'équation (5) par l'équation (4), on obtient la relation

$$(2') \qquad \cot h = \frac{\psi'_1(\varepsilon_1) - \pi'_1(\varepsilon_1)}{\sin[\pi_1(\varepsilon_1)]},$$

laquelle fait connaître l'angle h. D'après cela, l'équation (4) donne après intégration, ε_0 étant une constante arbitraire,

$$(3') \qquad \varepsilon - \varepsilon_0 = \int \frac{\sin\varphi}{\sin h} d\varepsilon_1.$$

L'équation (3) donne de même, en représentant par ω_0 la constante arbitraire et en écrivant abréviativement les symboles fonctionnels,

$$(4') \qquad \omega - \omega_0 = \text{arc}\left\{\cot = \frac{\psi'_1 - \pi'_1}{\sin[\pi_1(\varepsilon_1)]}\right\} - \int d\varepsilon_1 \cos[\pi_1(\varepsilon_1)].$$

Si l'on combine les équations (1) et (2) et qu'on élimine $d\omega$ du résultat au moyen de l'équation (3), on obtient l'équation différentielle

$$\frac{d\rho}{\rho} = \frac{\sin h\, dh}{\cos h} - \tang h \cos\varphi\, d\varepsilon_1,$$

dont l'intégrale, en représentant par ρ_0 la constante arbitraire, prend la forme

$$(5') \qquad \rho \cos h = \rho_0 e^{\frac{1}{2}\int \frac{\sin 2\varphi}{\pi'_1 - \psi'_1} d\varepsilon_1}.$$

On déduit, en remplaçant ρ par $\frac{ds}{d\varepsilon}$, l'équation suivante :

$$\frac{ds}{d\varepsilon_1} = 2\rho_0 \frac{\sin\varphi}{\sin 2h} e^{\frac{1}{2}\int \frac{\sin 2\varphi}{\pi'_1 - \psi'_1} d\varepsilon_1};$$

or cette équation dépend seulement des quadratures, et l'on obtient par intégration, et en représentant par s_0 la constante arbitraire, l'équation suivante :

$$(6') \qquad s - s_0 = 2\rho_0 \int d\varepsilon_1 \frac{\sin\varphi}{\sin 2h} e^{\frac{1}{2}\int \frac{\sin 2\varphi}{\pi'_1 - \psi'_1} d\varepsilon_1}.$$

Les différentielles des équations (3′), (4′) et (6′) sont les trois équations élémentaires de la courbe C, et les équations (3′), (4′), (5′), (6′) donnent tous les éléments de cette courbe, son rayon de courbure, son rayon de flexion et de plus la rectification de la courbe.

Nous avons déjà une équation élémentaire de la courbe C_1, qui est la première des équations (1′); pour obtenir l'autre équation élémentaire, on fera usage de l'équation (1) du n° 98, qui donne

$$(7') \qquad ds_1 = \frac{\rho_0}{\cos^2 h} \left\{ d \operatorname{arc\,cot} = \frac{\psi'_1 - \pi'_1}{\sin[\pi_1(\varepsilon_1)]} - \cos[\pi_1(\varepsilon_1)]\, d\varepsilon_1 \right\} e^{\frac{1}{2}\int \frac{\sin 2\varphi}{\pi'_1 - \psi'_1} d\varepsilon_1};$$

on a donc aussi en fonction d'une seule variable tous les éléments et les deux équations naturelles de la courbe C_1, ce qui donne la solution complète du problème.

100. *Cas particulier.* — Supposons que l'angle φ du plan osculateur de la courbe C_1 avec la surface polaire de la courbe C soit constant.

La formule (2′) devient

$$(2'') \qquad \tang h = \frac{\sin\varphi}{\psi'_1},$$

de laquelle on déduit les deux relations

$$\sin h = \frac{\sin\varphi}{\sqrt{\sin^2\varphi + \psi_1'^2}}, \quad \cos h = \frac{\psi_1'}{\sqrt{\sin^2\varphi + \psi_1'^2}};$$

les équations (3′) et (4′) deviennent

$$(3'') \qquad \varepsilon - \varepsilon_0 = \int d\varepsilon_1 \sqrt{\psi_1'^2 + \sin^2\varphi},$$

$$(4'') \qquad \omega - \omega_0 = -\varepsilon_1 \cos\varphi + \operatorname{arc\,tang} = \frac{\sin\varphi}{\psi_1'};$$

les équations (5′) et (6′) prennent la forme plus simple

$$(5'') \qquad \rho = \rho_0 \frac{\sqrt{\psi_1'^2 + \sin^2\varphi}}{\psi_1'} e^{-\frac{1}{2}\sin 2\varphi \int \frac{d\varepsilon_1}{\psi_1'}},$$

$$(6'') \qquad s - s_0 = \rho_0 \int \frac{\psi_1'^2 + \sin^2\varphi}{\psi_1'} d\varepsilon_1 e^{-\frac{\sin 2\varphi}{2}\int \frac{d\varepsilon_1'}{\psi_1'}}.$$

Enfin l'équation (7′) devient

$$ds_1 = \frac{\rho_0}{\cos^2 h}\left(d \operatorname{arc\,tang} = \frac{\sin\varphi}{\psi_1'} - \cos\varphi \, d\varepsilon_1\right) e^{-\frac{\sin 2\varphi}{2}\int \frac{d\varepsilon_1}{\psi_1'}}.$$

101. Problème II. — *Étant donné le rapport spécifique angulaire d'une courbe C, et l'angle que la tangente à la ligne lieu des centres de courbure fait avec la normale principale de la courbe C, au point correspondant, déterminer les équations naturelles des deux courbes C et C_1.*

Les données de la question sont

$$(1') \qquad \frac{d\omega}{d\varepsilon} = \psi(\varepsilon), \quad \cos(\tau_1, \rho) = \sin h = \sin[\varpi(\varepsilon)].$$

En combinant les équations (3) et (4) du n° 98, par voie de division, on trouve

$$(2') \qquad \cot\varphi = \frac{\varpi'(\varepsilon) - \psi'(\varepsilon)}{\sin[\varpi(\varepsilon)]};$$

d'après cela, l'équation (4) donne

$$(3') \qquad d\varepsilon_1 = d\varepsilon \sqrt{\sin^2[\varpi(\varepsilon)] + (\varpi' - \psi')^2},$$

et de même l'équation (5) donne

$$(4') \qquad d\omega_1 = d \operatorname{arc\,tang} \frac{\sin[\varpi(\varepsilon)]}{\varpi' - \psi'} + \cos[\varpi(\varepsilon)]\, d\varepsilon.$$

D'une autre part, les équations (1) et (2) du n° **98** donnent, par voie de division, la relation suivante :

$$\frac{d\rho}{\rho} = \psi'(\varepsilon)\, d\varepsilon \operatorname{tang}[\varpi(\varepsilon)],$$

dont l'intégrale, en représentant par ρ_0 la constante arbitraire, est

$$(5') \qquad \rho = \rho_0\, e^{\int \psi' d\varepsilon \operatorname{tang}[\varpi(\varepsilon)]};$$

or, si l'on remplace dans cette équation ρ par sa valeur $\frac{ds}{d\varepsilon}$, on aura

$$(6') \qquad ds = \rho_0\, d\varepsilon\, e^{\int \psi' d\varepsilon \operatorname{tang}[\varpi(\varepsilon)]}.$$

Enfin, si l'on porte la valeur de ρ dans la première équation (1) du n° **98**, on aura l'équation

$$(7') \qquad ds_1 = \frac{\rho_0 \psi'(\varepsilon)\, d\varepsilon}{\cos[\varpi(\varepsilon)]}\, e^{\int \psi' d\varepsilon \operatorname{tang}[\varpi(\varepsilon)]}.$$

Les équations (3'), (4'), (7') sont les équations élémentaires de la courbe C_1 lieu des centres de courbure de la courbe C; la première des équations (1') et l'équation (6') sont les équations élémentaires de la courbe C, et comme, dans toutes ces équations, les variables sont séparées, on obtiendra par de simples quadratures tous les éléments des deux courbes C et C_1, tels que rayons de première et de deuxième courbure, rectifications des deux courbes et positions relatives des arêtes des trièdres des angles mobiles de ces deux courbes.

L'examen du cas où l'angle h est constant donne lieu à des simplifications analogues à celles que nous avons trouvées dans le cas précédent.

102. Problème III. — *Une courbe* C *et la courbe* C_1, *lieu des centres de courbure de la première, sont telles qué l'angle* *que la tangente à la courbe C_1 fait avec la normale principale de la courbe C varie d'après une loi donnée, et que l'inclinaison du plan osculateur de la courbe C_1 sur le plan tangent correspondant de la surface polaire de la courbe C varie aussi d'après une loi donnée : déterminer les deux courbes C et C_1.*

1° Supposons que h et φ soient des fonctions de ε_1 déterminées par les deux équations

$$(1') \qquad h = \varpi_1(\varepsilon_1), \quad \varphi = \pi_1(\varepsilon_1);$$

l'équation (4) du n° 98 donne

$$(2') \qquad \frac{d\varepsilon}{d\varepsilon_1} = \frac{\sin[\pi_1(\varepsilon_1)]}{\sin[\varpi_1(\varepsilon_1)]},$$

et l'équation (3) donne

$$(3') \qquad d\omega = d\varpi_1(\varepsilon_1) - d\varepsilon_1 \cos[\pi_1(\varepsilon_1)];$$

or les équations (1) et (2), combinées par voie de division, donnent, quand on a égard à l'équation (3'), la relation suivante :

$$\frac{d\rho}{\rho} = \operatorname{tang}[\varpi_1(\varepsilon_1)]\{d\varpi_1(\varepsilon_1) - d\varepsilon_1 \cos[\pi_1(\varepsilon_1)]\}.$$

Cette dernière étant intégrée donne, en représentant par ρ_0 la constante arbitraire, la forme suivante :

$$(4') \qquad \rho = \frac{\rho_0}{\cos[\varpi_1(\varepsilon_1)]} e^{-\int \cos[\pi_1(\varepsilon_1)] \operatorname{tang}[\varpi_1(\varepsilon_1)] d\varepsilon_1},$$

et, en y remplaçant ρ par sa valeur $\frac{ds}{d\varepsilon}$, et en éliminant $d\varepsilon$ au moyen de l'équation (2'), on obtient l'équation

$$(5') \qquad \frac{ds}{d\varepsilon_1} = \frac{2\rho_0 \sin[\pi_1(\varepsilon_1)]}{\sin[2\varpi_1(\varepsilon_1)]} e^{-\int \cos[\pi_1(\varepsilon_1)] \operatorname{tang}[\varpi_1(\varepsilon_1)] d\varepsilon_1}.$$

Les équations (2'), (3') et (5') sont les équations élémentaires de la courbe C, et, comme elles donnent par de simples quadratures les éléments de cette courbe, tout ce qui intéresse la courbe C est déterminé.

Passons maintenant à la détermination de la courbe C_1. La dernière des équations (γ) du n° 98, combinée avec l'équation (2'), donne la relation

$$(6')\qquad d\omega_1 = d\pi_1(\varepsilon_1) + \cot[\varpi_1(\varepsilon_1)]\sin[\pi_1(\varepsilon_1)]\,d\varepsilon_1,$$

qui est l'équation naturelle sphérique de la courbe C_1.

L'équation (1) du n° 98 donne la relation

$$(\gamma')\qquad ds_1 = \frac{\rho_0}{\cos^2[\varpi_1(\varepsilon_1)]}\left\{d\varpi_1(\varepsilon_1) - d\varepsilon_1\cos[\pi_1(\varepsilon_1)]\right\}e^{-\int d\varepsilon_1\cos[\pi_1(\varepsilon_1)]\operatorname{tang}[\varpi_1(\varepsilon_1)]},$$

qui est l'équation élémentaire de la courbe C_1.

2° Supposons maintenant que h et φ sont des fonctions de ε, de telle sorte que l'on ait

$$(1'')\qquad h = \varpi(\varepsilon),\quad \varphi = \pi(\varepsilon).$$

L'équation (4) du n° 98 donne la relation

$$(2'')\qquad \frac{d\varepsilon_1}{d\varepsilon} = \frac{\sin[\varpi(\varepsilon)]}{\sin[\pi(\varepsilon)]}.$$

L'équation (3) donne la relation

$$(3'')\qquad d\omega = d\varpi(\varepsilon) - \cot[\pi(\varepsilon)]\sin[\varpi(\varepsilon)]\,d\varepsilon.$$

Les équations (1) et (2) du n° 98, combinées avec cette dernière, donnent

$$\frac{d\rho}{\rho} = \operatorname{tang}[\varpi(\varepsilon)]\left\{d\varpi(\varepsilon) - \cot[\pi(\varepsilon)]\sin[\varpi(\varepsilon)]\,d\varepsilon\right\},$$

dont l'intégrale est

$$(4'')\qquad \rho = \frac{\rho_0}{\cos[\varpi(\varepsilon)]}\,e^{-\int\frac{\cot[\pi(\varepsilon)]\sin^2[\varpi(\varepsilon)]}{\cos[\varpi(\varepsilon)]}d\varepsilon};$$

et, en remplaçant ρ par sa valeur $\frac{ds}{d\varepsilon}$, on obtient l'équation suivante :

$$(5'')\qquad \frac{ds}{d\varepsilon} = \frac{\rho_0}{\cos[\varpi(\varepsilon)]}\,e^{-\int\frac{\cot[\pi(\varepsilon)]\sin^2[\varpi(\varepsilon)]}{\cos[\varpi(\varepsilon)]}d\varepsilon}.$$

Si maintenant on fait usage de l'équation (5) du n° 98, on trouve

$$(6'')\qquad d\omega_1 = d\pi(\varepsilon) + d\varepsilon\cos[\varpi(\varepsilon)];$$

et l'équation (1) du même numéro donnera

$$(7'')\quad ds_1 = \frac{\rho_0}{\cos^2[\varpi(\varepsilon)]}\left\{d\varpi(\varepsilon) - \cot[\pi(\varepsilon)]\sin[\varpi(\varepsilon)]\,d\varepsilon\right\} e^{-\int^{\varepsilon}\frac{\cot[\pi(\varepsilon)]\sin^2[\varpi(\varepsilon)]}{\cos[\varpi(\varepsilon)]}d\varepsilon}.$$

Les équations (7″), (2″), (6″) sont les équations élémentaires de la courbe C_1, exprimées en fonction de la variable indépendante ε, et les équations (5″) et (3″) les équations élémentaires de la courbe C, réduites à deux à cause de la variable indépendante ε, qui est un des trois éléments de cette courbe.

Il résulte de cette double analyse que, dans les deux cas, le problème est entièrement résolu et que tous les éléments des deux courbes ne dépendent que de simples quadratures.

103. *Cas particulier.* — Supposons que les deux angles h et φ sont constants; les équations (5) et (4) du n° 98 donnent l'équation résultante

$$(6''')\qquad \frac{d\omega_1}{d\varepsilon_1} = \sin\varphi\cot h;$$

l'équation (3″) devient

$$(3''')\qquad \frac{d\omega}{d\varepsilon} = -\cot\varphi\sin h.$$

Ces équations prouvent que les courbes C et C_1 appartiennent l'une et l'autre à la classe des hélices, puisque les deux rapports spécifiques angulaires de ces courbes sont constants.

D'une autre part, on déduit les deux équations linéaires élémentaires suivantes des deux courbes :

$$\frac{ds_1}{d\varepsilon_1} = -\rho_0\frac{\cot\varphi}{\cot h}e^{-\varepsilon_1\frac{\cos\varphi}{\cot h}}, \qquad \frac{ds}{d\varepsilon} = \rho_0 e^{-\frac{\tang h\sin h}{\tang\varphi}\varepsilon},$$

lesquelles prouvent que chacune de ces courbes est une spirale conique.

Ces conclusions sont évidentes et auraient pu être établies directement par des considérations géométriques, comme conséquences des données du problème.

La détermination des éléments des deux courbes ne présente d'ailleurs aucune difficulté : il en est de même de leur rectification.

104. Problème IV. — *Déterminer une courbe* C *par la condition que la tangente au lieu* C_1 *de ses centres de courbure forme avec la normale principale de la courbe* C *un angle variant d'après une loi donnée, et que le rapport spécifique angulaire de la courbe* C_1 *soit aussi donné.*

On a les deux équations

$$(1)\qquad d\omega_1 = \psi'_1(\varepsilon_1)\,d\varepsilon_1,\quad h = \varpi_1(\varepsilon_1).$$

Les équations (4) et (5) du n° 98, combinées entre elles, donnent la relation suivante :

$$(2')\qquad \frac{d\varphi}{d\varepsilon_1} - \psi'_1(\varepsilon_1) + \cot[\varpi_1(\varepsilon_1)]\sin\varphi = 0,$$

qui est l'équation résolvante de la question; elle rentre dans la forme des équations résolvantes étudiées au n° 76 et donne lieu à des transformations semblables. Soit $\Phi(\varepsilon_1)$ ou simplement Φ l'intégrale de cette équation : l'équation (4) donne la relation

$$(3')\qquad \frac{d\varepsilon}{d\varepsilon_1} = \frac{\sin[\Phi(\varepsilon_1)]}{\sin[\varpi_1(\varepsilon_1)]},$$

et l'équation (3) fournit la relation suivante :

$$(4')\qquad \frac{d\omega}{d\varepsilon_1} = \varpi'_1(\varepsilon_1) - \cos[\Phi(\varepsilon_1)],$$

desquelles on déduit, en représentant par ε_0, ω_0 deux constantes arbitraires,

$$(3'')\qquad \varepsilon - \varepsilon_0 = \int \frac{\sin[\Phi(\varepsilon_1)]}{\sin[\varpi(\varepsilon_1)]}\,d\varepsilon_1,$$

$$(4'')\qquad \omega - \omega_0 = \varpi_1(\varepsilon_1) - \int \cos[\Phi(\varepsilon_1)]\,d\varepsilon_1.$$

Les équations (1) et (2) du n° 98 donnent l'équation résultante

$$(5')\qquad \frac{d\rho}{\rho} = \operatorname{tang}[\varpi_1(\varepsilon_1)]\,[\varpi'_1(\varepsilon_1)\,d\varepsilon_1 - \cos\Phi\,d\varepsilon_1];$$

l'intégration de cette équation donne, en représentant par ρ_0 la constante arbitraire,

$$(5'') \qquad \rho = \frac{\rho_0}{\cos[\varpi_1(\varepsilon_1)]} e^{-\int \operatorname{tang} \varpi_1 \cos\Phi\, d\varepsilon_1},$$

et, en remplaçant ρ par sa valeur $\frac{ds}{d\varepsilon}$, on trouve

$$(6') \qquad \frac{ds}{d\varepsilon_1} = \frac{2\rho_0 \sin\Phi}{\sin 2\varpi_1} e^{-\int \operatorname{tang} \varpi \cos\Phi\, d\varepsilon_1}.$$

Les équations (6′), (3′), (4′) sont les trois équations élémentaires de la courbe C.

La première des équations (γ) du n° 98 donne

$$(7') \qquad \frac{ds_1}{d\varepsilon_1} = \frac{\rho_0}{\cos^2\varpi_1} (\varpi'_1 - \cos\Phi) e^{-\int \operatorname{tang} \varpi_1 \cos\Phi\, d\varepsilon_1},$$

qui est l'équation élémentaire plane de la courbe C_1, son équation élémentaire sphérique étant une des données de la question.

Si l'angle h est constant, les derniers calculs se simplifient, et l'on trouve, en posant $\operatorname{tang} h = m$, les deux relations suivantes, s_0 étant une nouvelle constante :

$$\rho = \rho_0 e^{m\omega}, \quad s - s_0 = \frac{\rho_0 \cos^2 h}{\sin h} e^{m\omega};$$

et conséquemment

$$\rho = \frac{\sin h}{\cos^2 h} (s - s_0).$$

La courbe C est donc, dans le cas de h constant, une spirale conique, c'est-à-dire une courbe coupant sous angle constant les génératrices d'un cône.

Une analyse tout à fait semblable permettra de résoudre la question suivante :

Problème V. — *Déterminer une courbe C par la condition que son rapport spécifique angulaire soit une fonction donnée de ε et que l'angle que le plan osculateur du lieu C_1 des centres de courbure forme avec le plan tangent de la sur-*

face polaire de la courbe C soit une fonction donnée de la même variable.

105. Problème VI. — *Déterminer une courbe C par la condition que l'angle de la tangente au lieu C_1 de ses centres de courbe avec la normale principale de la courbe C soit constant, et que le rayon de courbure de la section normale à la surface polaire de C suivant cette tangente soit dans un rapport constant avec le rayon de flexion de la courbe C_1.*

Les conditions du problème sont données par les deux équations, n étant une constante,

$$(1') \qquad h = \text{const.}, \quad d\omega_1 = n \sin\varphi \, d\varepsilon_1.$$

Les équations (4) et (5) du nº 98 donnent l'équation résultante

$$(2') \qquad \frac{d\varphi}{\sin\varphi} = (n - \cot h)\, d\varepsilon_1.$$

Si l'on pose k égal à $n - \cot h$ et qu'on représente par a une constante arbitraire, on trouve par intégration

$$(2'') \qquad \operatorname{tang} \tfrac{1}{2}\varphi = a e^{k\varepsilon_1},$$

d'où l'on déduit

$$\sin\varphi = \frac{2ae^{k\varepsilon_1}}{1 + a^2 e^{2k\varepsilon_1}}, \quad \cos\varphi = \frac{1 - a^2 e^{2k\varepsilon_1}}{1 + a^2 e^{2k\varepsilon_1}}.$$

L'équation (4) donne la relation

$$(3') \qquad d\varepsilon \sin h = \frac{2ae^{k\varepsilon_1}\, d\varepsilon_1}{1 + a^2 e^{2k\varepsilon_1}},$$

et l'équation (3) la relation

$$(4') \qquad d\omega = -\frac{1 - a^2 e^{2k\varepsilon_1}}{1 + a^2 e^{2k\varepsilon_1}}\, d\varepsilon_1.$$

Ces deux équations s'intègrent, et l'on trouve, en représentant par ε_0, ω_0 deux constantes arbitraires,

$$(3'') \qquad (\varepsilon - \varepsilon_0)\sin h = \frac{2}{k} \operatorname{arc}(\operatorname{tang} = ae^{k\varepsilon_1}),$$

$$(4'') \qquad k(\omega - \omega_0) = \log \frac{1 + a^2 e^{2k\varepsilon_1}}{ae^{k\varepsilon_1}}.$$

Ces dernières peuvent s'écrire sous la forme suivante .

$$(3''') \qquad ae^{k\varepsilon_1} = \operatorname{tang}\left[\frac{k}{2}(\varepsilon - \varepsilon_0)\sin h\right],$$

$$(4''') \qquad e^{k(\omega-\omega_0)} = a^{-1}e^{-k\varepsilon_1} + ae^{k\varepsilon_1}.$$

L'élimination de ε_1 entre ces deux équations donne la relation suivante :

$$\sin k[(\varepsilon - \varepsilon_0)\sin h] = 2e^{-k(\omega-\omega_0)},$$

qui est l'équation élémentaire sphérique en termes finis de la courbe C, exprimée par ses deux variables naturelles, et qui forme une classe intéressante de courbes.

Enfin les équations (1) et (2) du n° 98 donnent l'équation résultante

$$(5') \qquad \frac{d\rho}{\rho} = \operatorname{tang} h\, d\omega.$$

Si l'on pose tang h égale à m et qu'on intègre, on trouvera l'équation suivante :

$$(5'') \qquad \rho = \rho_0 e^{m\omega},$$

que l'on peut écrire sous la forme

$$(5''') \qquad \rho = \rho_0 e^{m\omega_0}(a^{-1}e^{-k\varepsilon_1} + ae^{k\varepsilon_1})^{\frac{m}{k}}.$$

Si maintenant on remplace ρ par sa valeur $\frac{ds}{d\varepsilon}$, on trouve

$$(6') \qquad \frac{ds}{d\varepsilon_1} = \frac{2\rho_0 e^{m\omega_0}}{\sin h}(a^{-1}e^{-k\varepsilon_1} + ae^{k\varepsilon_1})^{\frac{m}{k}-1}.$$

L'équation (2) du n° 98 donne, en représentant par $s_{(1)}$ la constante d'intégration,

$$(7') \qquad [s_1 - s_{(1)}]\sin h = \rho = \rho_0 e^{m\omega}.$$

On a donc toute l'économie analytique des courbes C et C_1. Les équations (6'), (3'), (4') sont les trois équations élémentaires de la courbe C en fonction de la variable ε_1. Les équations élémentaires de la courbe C_1, au nombre de deux, sont, d'une part, l'équation (7') et, d'autre part, la seconde des équations (1′), dans laquelle on aura remplacé $\sin\varphi$ par sa valeur en fonction de ε_1 et qui alors devient

$$(8') \qquad \frac{d\omega_1}{d\varepsilon_1} = 2n(a^{-1}e^{-k\varepsilon_1} + ae^{k\varepsilon_1})^{-1}.$$

Si l'on compare la seconde équation (1′) avec l'équation (4) du n° 98, on obtient la relation

$$\frac{d\omega_1}{d\varepsilon} = n \sin h,$$

laquelle montre que l'angle de contingence de la courbe C et l'angle de flexion de la courbe C_1 sont dans un rapport constant.

106. Problème VII. — *La première condition du problème précédent étant conservée, la seconde condition est que le rayon de courbure géodésique de la courbe C_1 par rapport à la surface polaire de la courbe C soit dans un rapport constant avec le rayon de flexion de la même courbe C_1 : déterminer les deux courbes C et C_1.*

Les conditions du problème sont

$$(1') \qquad h = \text{const.}, \quad d\omega_1 = n\cos\varphi\, d\varepsilon_1.$$

Les équations (4) et (5) du n° 98 donnent l'équation résultante

$$(2') \qquad d\varphi = d\varepsilon_1(n\cos\varphi - \cot h \sin\varphi).$$

Si l'on pose, pour abréger, $\frac{n}{\cot h} = \operatorname{tang}\alpha$ et $k^2 = n^2 + \cot^2 h$, cette équation s'écrit sous la forme suivante :

$$(2'') \qquad \frac{d\varphi}{\sin(\varphi - \alpha)} = -k\, d\varepsilon_1;$$

et si l'on représente par a une constante arbitraire, on tombe sur l'intégrale

$$(2''') \qquad \operatorname{tang}\tfrac{1}{2}(\varphi - \alpha) = ae^{-k\varepsilon_1},$$

de laquelle on déduit les deux suivantes :

$$\sin(\varphi - \alpha) = \frac{2ae^{-k\varepsilon_1}}{1 + a^2 e^{-2k\varepsilon_1}}, \quad \cos(\varphi - \alpha) = \frac{1 - a^2 e^{-2k\varepsilon_1}}{1 + a^2 e^{-2k\varepsilon_1}}.$$

De ces deux équations on tire

$$\sin\varphi = \sin\alpha \frac{1 - a^2 e^{-2k\varepsilon_1}}{1 + a^2 e^{-2k\varepsilon_1}} + \cos\alpha \frac{2ae^{-k\varepsilon_1}}{1 + a^2 e^{-2k\varepsilon_1}},$$

$$\cos\varphi = \cos\alpha \frac{1 - a^2 e^{-2k\varepsilon_1}}{1 + a^2 e^{-2k\varepsilon_1}} - \sin\alpha \frac{2ae^{-k\varepsilon_1}}{1 + a^2 e^{-2k\varepsilon_1}}.$$

Si l'on porte ces valeurs dans l'équation (4) et dans l'équation (3) du n° 98, on trouve les deux suivantes :

$$(3') \qquad \frac{d\varepsilon}{d\varepsilon_1} = \frac{\sin\alpha}{\sin h} \frac{1 - a^2 e^{-2k\varepsilon_1}}{1 + a^2 e^{-2k\varepsilon_1}} + \frac{\cos\alpha}{\sin h} \frac{2ae^{-k\varepsilon_1}}{1 + a^2 e^{-2k\varepsilon_1}},$$

$$(4') \qquad \frac{d\omega}{d\varepsilon_1} = -\cos\alpha \frac{1 - a^2 e^{-2k\varepsilon_1}}{1 + a^2 e^{-2k\varepsilon_1}} + \sin\alpha \frac{2ae^{-2k\varepsilon_1}}{1 + a^2 e^{-2k\varepsilon_1}}.$$

Si l'on se reporte au problème précédent, on voit que ces deux équations sont intégrables et, en représentant par ε_0 et ω_0 deux constantes arbitraires, on trouve

$$(3'') \quad \left\{ \begin{aligned} & k(\varepsilon_0 - \varepsilon)\sin h = -\sin\alpha \log\left(\frac{e^{k\varepsilon_1}}{a} + ae^{-k\varepsilon_1}\right) \\ & \qquad + 2\cos\alpha \operatorname{arc}(\operatorname{tang} = ae^{-k\varepsilon_1}), \end{aligned} \right.$$

$$(4'') \quad \left\{ \begin{aligned} & k(\omega_0 - \omega) = \cos\alpha \log\left(\frac{e^{k\varepsilon_1}}{a} + a^{-k\varepsilon_1}\right) \\ & \qquad + 2\sin\alpha \operatorname{arc}(\operatorname{tang} = ae^{-k\varepsilon_1}). \end{aligned} \right.$$

On déduit de ces deux équations les deux suivantes:

$$ae^{-k\varepsilon_1} + \frac{e^{k\varepsilon_1}}{a} = e^{k[(\omega_0 - \omega)\cos\alpha - (\varepsilon_0 - \varepsilon)\sin h \sin\alpha]},$$

$$ae^{-k\varepsilon_1} = \operatorname{tang}\frac{k}{2}[(\omega_0 - \omega)\sin\alpha + (\varepsilon_0 - \varepsilon)\sin h \cos\alpha].$$

Si l'on élimine ε_1 entre ces deux équations on trouve, réductions faites,

$$\begin{aligned} & \sin k[(\omega_0 - \omega)\sin\alpha + (\varepsilon_0 - \varepsilon)\sin h \cos\alpha] \\ & \quad = 2e^{-k[(\omega_0 - \omega)\cos\alpha - (\varepsilon_0 - \varepsilon)\sin h \sin\alpha]}, \end{aligned}$$

qui est l'équation élémentaire sphérique en termes finis de la courbe C, exprimée par ses deux variables naturelles et qui forme une généralisation de la classe de courbes que nous avons trouvée dans le problème précédent.

Les équations (1) et (2) du n° 98 donnent l'équation résultante

$$(5') \qquad \frac{d\rho}{\rho} = \operatorname{tang} h \, d\omega.$$

Si l'on représente tang$h$ par m et par ρ_0 une constante arbitraire, on trouve

$$(5'') \qquad \rho = \rho_0 e^{m\omega},$$

et comme ω s'exprime en fonction de ε_1 au moyen de l'équation (4''), on pourra exprimer le rayon de courbure ρ explicitement au moyen de cette variable. On aura donc, en ayant égard à l'équation (3'), $\frac{ds}{d\varepsilon_1}$ en fonction de ε_1.

On a donc ainsi les trois équations élémentaires de la courbe C, qui donneront les rapports $\frac{ds}{d\varepsilon_1}, \frac{d\varepsilon}{d\varepsilon_1}, \frac{d\omega}{d\varepsilon_1}$ exprimés explicitement en fonction de la variable ε_1.

D'une autre part, la seconde des équations (1'), lorsque l'on élimine φ, donne

$$(8') \qquad \frac{d\omega_1}{d\varepsilon_1} = n\cos\alpha \frac{1 - a^2 e^{-2k\varepsilon_1}}{1 + a^2 e^{-2k\varepsilon_1}} - n\sin\alpha \frac{2ae^{-k\varepsilon_1}}{1 + a^2 e^{-2k\varepsilon_1}},$$

et l'équation (2) du n° 98 donnera, comme au numéro précédent, l'équation

$$(7') \qquad [s_1 - s_{(1)}] \sin h = \rho_0 e^{m\omega},$$

de sorte que, si l'on porte dans cette dernière la valeur de ω tirée de l'équation (4'') du présent numéro, on a les deux équations (7') et (8'), qui sont les équations élémentaires de la courbe C_1.

Si l'on compare l'équation (3) du n° 98 avec la seconde des équations (1'), on obtient la relation suivante :

$$d\omega_1 = -n \, d\omega,$$

laquelle prouve que les angles de flexion des deux courbes C et C_1 sont proportionnels.

107. **Problème VIII.** — *Trouver la courbe* C *dont le lieu* C_1 *des centres de courbure est une courbe donnée par ses équations cartésiennes.*

Ce problème difficile a été posé et traité (*Journal de Liouville*, t. XVIII) par M. Serret qui, au moyen d'une analyse très-élégante, est arrivé à l'équation résolvante du troisième ordre dont l'intégration est nécessaire pour obtenir, sans nouvelle intégration, les coordonnées du point de la courbe C; nous abordons avec plaisir le même problème, afin de montrer que notre système d'équations naturelles (γ) du n° 98 conduit directement à une équation résolvante du troisième ordre distincte, et que les coordonnées du point de la courbe C s'obtiennent aussi sans autre intégration que celle de l'équation résolvante.

Les coordonnées de la courbe C_1 sont x_1, y_1, z_1, connues en fonction d'une variable que je suppose être la variable ε_1; d'après cela, on connaît les deux équations naturelles de la courbe C_1,

$$(1') \qquad \frac{ds_1}{d\varepsilon_1} = f_1(\varepsilon_1), \quad \frac{d\omega_1}{d\varepsilon_1} = \psi_1(\varepsilon_1).$$

Le système des deux équations (1) et (3) du n° 98 donne l'équation résultante

$$(2') \qquad \rho = \frac{f_1(\varepsilon_1)\cot h}{\dfrac{dh}{d\varepsilon_1} - \cos\varphi},$$

et le système des équations (4) et (5) donne l'équation

$$(3') \qquad \tang h = \frac{\sin\varphi}{\psi_1(\varepsilon_1) - \dfrac{d\varphi}{d\varepsilon_1}}.$$

Si l'on élimine ρ entre l'équation (2') et l'équation (2) du n° 98, on trouve la relation

$$(4') \qquad f_1(\varepsilon_1)\sin h = \frac{d}{d\varepsilon_1}\left[\frac{f_1(\varepsilon_1)\cos h}{\dfrac{dh}{d\varepsilon_1} - \cos\varphi}\right].$$

Les deux équations simultanées (3′) et (4′) entre les deux variables φ et h font connaître l'une ou l'autre de ces variables; si l'on élimine h entre ces deux équations, on trouve, en portant les valeurs de $\sin h$, $\cos h$ et de $\frac{dh}{d\varepsilon}$ tirées de la première dans la seconde et en écrivant abréviativement les symboles fonctionnels, l'équation suivante :

$$(5')\quad \left\{\begin{aligned} &\frac{f_1 \sin\varphi}{\sqrt{\sin^2\varphi + \left(\psi_1 - \frac{d\varphi}{d\varepsilon_1}\right)^2}} \\ &= \frac{d}{d\varepsilon_1}\left\{\frac{f_1\left(\psi_1 - \frac{d\varphi}{d\varepsilon_1}\right)\sqrt{\sin^2\varphi + \left(\psi_1 - \frac{d\varphi}{d\varepsilon}\right)^2}}{\left(\psi_1 - \frac{d\varphi}{d\varepsilon_1}\right)^2 \frac{d}{d\varepsilon_1}\left(\frac{\sin\varphi}{\psi_1 - \frac{d\varphi}{d\varepsilon}}\right) - \cos\varphi\left[\sin^2\varphi + \left(\psi_1 - \frac{d\varphi}{d\varepsilon}\right)^2\right]}\right\}, \end{aligned}\right.$$

qui est l'équation résolvante du troisième ordre dont l'intégrale fait connaître l'angle φ du plan osculateur de la courbe donnée C_1 avec le plan tangent à la surface polaire de la courbe C. Soit Φ l'intégrale de cette équation, l'équation (3) fera connaître h, complément de l'angle de la tangente de la courbe C_1 avec la normale principale de la courbe C; l'équation (2′) fera connaître le rayon de courbure en fonction de ε_1; les équations (c), (c'), (c'') du n° 98 donneront en fonction de la même variable les angles que chacune des arêtes du trièdre mobile $O\tau_1\nu_1\rho_1$, relatif à la courbe C_1, font avec chacune des arêtes du trièdre mobile $O\tau\nu\rho$. Or on a

$$\left.\begin{aligned}\cos(\rho, x) = \cos(\rho, \tau_1)\cos(\tau_1, x) + \cos(\rho, \nu_1)\cos(\nu_1, x)& \\ + \cos(\rho, \rho_1)\cos(\rho_1, x),&\end{aligned}\right\} \quad (3)$$

et, comme les équations de la courbe C_1 font connaître les angles que la tangente τ_1, la binormale ν_1 et la normale principale ρ_1 font avec les trois axes, il en résulte que l'on connaît $\cos(\rho, x)$ en fonction de ε_1; on a donc les trois équations de la courbe C

$$\frac{x - x_1}{\cos(\rho, x)} = \frac{y - y_1}{\cos(\rho, y)} = \frac{z - z_1}{\cos(\rho, z)} = \rho,$$

dans lesquelles tout est exprimé en fonction de la variable indépendante ε_1.

108. *Remarques sur les problèmes précédents.* — Supposons que, dans le dernier problème que nous venons de résoudre, la courbe C_1 n'eût été connue que par ses équations naturelles (1), nous serions arrivé par le même calcul à notre équation résolvante (3), et nous aurions déterminé tout ce qui regarde les éléments des deux courbes, ainsi que les positions relatives des éléments de ces deux courbes, par la même analyse, puisque les équations (γ), (c), $(c)'$, $(c)''$ du n° 98 sont indépendantes des coordonnées du point de chacune des deux courbes; et même le premier effet du calcul, lorsque les coordonnées du point de la courbe C_1 sont connues, est de débarrasser la question de ces auxiliaires parasites, pour ne la faire dépendre que des éléments des deux courbes, quelle que soit d'ailleurs la marche que l'on suive pour obtenir l'équation résolvante. C'est le fait qui s'est présenté dans tous les problèmes que nous venons de traiter : aucune des coordonnées du point n'est entrée dans nos calculs, et nous avons déterminé sans difficulté la forme des deux courbes et leurs positions relatives, par suite des équations (c), $(c)'$, $(c)''$ du n° 98.

Si, outre la forme des courbes, on avait voulu avoir leurs positions absolues dans l'espace, il aurait fallu faire la détermination des angles que la tangente, la binormale et la normale principale font avec trois axes fixes, ce qui aurait exigé la solution de la question que nous avons traitée dans le Chapitre III, laquelle dépend de l'intégration d'une équation linéaire du second ordre, et ensuite on aurait déterminé les coordonnées du point par de simples quadratures.

Mais le fait qu'il ne faut point négliger, et dont la démonstration découle de toute cette analyse, est que, deux courbes C et C_1 se trouvant associées entre elles, il n'est nécessaire de faire la détermination des coordonnées du point que pour l'une des deux courbes, la connaissance des coordonnées du point correspondant de l'autre courbe s'obtenant sans intégrations nouvelles.

Ainsi, en résumant, la question vous donne-t-elle les coordonnées d'une courbe, les coordonnées de l'autre courbe s'obtiendront sans autres intégrations que celles qui sont nécessaires pour passer des éléments d'une courbe à l'autre d'après celui des problèmes traités. La question vous donne-t-elle seulement les éléments de l'une des deux courbes ou généralement deux conditions élémentaires, il faut, outre les intégrations précédentes, aborder, pour l'une des deux courbes seulement, le passage des équations élémentaires de cette courbe aux coordonnées du point.

Ces propositions forment autant de théorèmes d'une grande importance qui doivent guider constamment l'analyste et l'avertir d'éviter toute intégration inutile. C'est même sur ces considérations qu'est foncièrement fondée la méthode abréviative d'intégration des équations d'une certaine espèce sur lesquelles plusieurs géomètres ont fait des calculs ingénieux et d'une haute généralité.

§ III. — Arête de rebroussement.

109. *Caractéristique sphérique.* — Si l'on se reporte au n° **81**, on voit que la tangente, la binormale et la normale principale de l'arête de rebroussement de la surface polaire sont parallèles à la binormale, à la tangente, à la normale principale de la courbe gauche donnée chacune à chacune; de là résulte cette proposition :

Les caractéristiques sphériques de la courbe proposée et de l'arête de rebroussement de la surface polaire sont deux courbes sphériques polaires l'une de l'autre.

Ce théorème montre que, lorsque l'une des deux courbes est donnée, l'autre est aussi connue.

Différentielles premières. — Soient $d\sigma$ la différentielle (*fig.* 14) de l'arc de l'arête de rebroussement de la surface S_τ; L et D les distances d'un point P de cette courbe au point correspondant O de la courbe donnée et à son centre de courbure M; P′, O′, M′ les positions infiniment voisines de ces trois points. Si l'on projette le périmètre du triangle MM'P sur les deux directions $O\nu$, $O\rho$ rectangulaires, on obtiendra, en ayant égard aux équations (s_1), les relations suivantes :

$$(d\sigma) \qquad -d\sigma = dL + \rho d\omega, \quad L\, d\omega = d\rho;$$

on déduit de ces deux équations la formule suivante :

$$(d\sigma)' \qquad -d\sigma = d\left(\frac{d\rho}{d\omega}\right) + \rho\, d\omega,$$

qui fait connaître la différentielle de l'arc de courbe.

110. *Angles de contingence et de flexion.* — Si l'on représente ces deux angles par $d\varepsilon^{(1)}$, $d\omega^{(1)}$, on a les relations suivantes :

$$(i) \qquad d\varepsilon^{(1)} = d\omega, \quad d\omega^{(1)} = d\varepsilon.$$

Il résulte du théorème énoncé plus haut la proposition suivante, due à Fourier :

L'angle de contingence de la courbe est égal à l'angle de flexion de l'arête de rebroussement et l'angle de flexion de la courbe est égal à l'angle de contingence de l'arête.

Relation entre les rayons de première et de deuxième courbure de deux courbes. — Représentons par $\rho^{(1)}$ et $\iota^{(1)}$ les rayons de courbure et de flexion de l'arête de rebroussement; divisons les deux équations précédentes l'une par l'autre et introduisons les rayons de première et de deuxième courbure des deux courbes; on obtient la relation suivante :

$$\frac{\iota^{(1)}}{\rho^{(1)}} = \frac{\rho}{\iota},$$

d'où l'on tire la proposition suivante :

Les rayons de courbure et de flexion de la courbe et de l'arête de rebroussement sont inversement proportionnels.

Rayon de première courbure. — Si l'on divise par $d\omega$ les deux membres de l'équation $(d\sigma)'$, on aura l'équation

$$(\rho^{(1)}) \qquad \mp \rho_{(1)} = \frac{d}{d\omega}\left(\frac{d\rho}{d\omega}\right) + \rho,$$

qui donne le rayon de première courbure de l'arête exprimé linéairement en fonction du rayon de première courbure de la courbe donnée et de sa dérivée deuxième par rapport à $d\omega$.

Rayon de deuxième courbure. — Si l'on combine les deux équations précédentes, on obtient la relation

$$(\iota^{(1)}) \qquad \mp \iota^{(1)} = \frac{d}{d\varepsilon}\left(\frac{d\rho}{d\omega}\right) + \rho \frac{d\omega}{d\varepsilon},$$

qui fait connaître le rayon de deuxième courbure de l'arête.

Coordonnées d'un point quelconque. — Soient $x^{(1)}$, $y^{(1)}$, $z^{(1)}$ les coordonnées d'un point quelconque de l'arête de rebroussement. Si l'on projette successivement sur les trois axes coordonnés le périmètre du triangle dont les côtés sont D, ρ, L, on obtient les trois équations contenues dans le type suivant :

$$(x^{(1)}) \qquad x^{(1)} - x = \rho \cos(\rho, x) - \frac{d\rho}{d\omega} \cos(\nu, x). \quad (3)$$

Ces coordonnées font connaître la position du point en fonction d'une seule variable.

111. *Sphère osculatrice; centre de la sphère.* — La sphère osculatrice en un point d'une courbe est celle qui passe par quatre points infiniment voisins a, b, c, d de cette courbe. Il résulte de cette définition que le centre de cette sphère est situé sur l'arête de rebroussement de la surface polaire. En effet, l'axe polaire d'une courbe est le lieu des points qui sont à égale distance de trois points a, b, c infiniment voisins de cette courbe (90); or, comme deux axes infiniment voisins se rencontrent sur l'arête de rebroussement de la surface polaire et que le second axe est à égale distance des trois points infiniment voisins b, c, d, il en résulte que le point d'intersection de ces deux axes est à égale distance des quatre points infiniment voisins a, b, c, d de la courbe, et, par conséquent, le centre d'une sphère qui passe par ces quatre points. Les équations $(x^{(1)})$ sont donc les équations des coordonnées du centre de la sphère osculatrice.

Rayon de la sphère. — Le rayon de la sphère est donc la distance D d'un point de la courbe donnée au point correspondant de l'arête de rebroussement. Pour déterminer ce rayon et sa direction, on a les trois équations suivantes :

$$(D) \qquad D\cos(D,x) = \rho\cos(\rho,x) - \frac{d\rho}{d\omega}\cos(\nu,x);$$

de ces équations on déduit l'expression du rayon D

$$(D)' \qquad D^2 = \rho^2 + \frac{d\rho^2}{d\omega^2}.$$

Direction du rayon. — Des équations précédentes on déduit les cosinus des angles que le rayon D fait avec les trois axes $O\tau$, $O\rho$, $O\nu$

$$(\alpha) \quad \cos(D,\tau) = 0, \quad \cos(D,\rho) = \frac{\rho}{D}, \quad \cos(D,\nu) = -\frac{d\rho}{D\,d\omega}.$$

La première expression montre, ce que nous savions déjà, que (*fig.* 16) le rayon OP de la sphère osculatrice est dans le

Fig. 16.

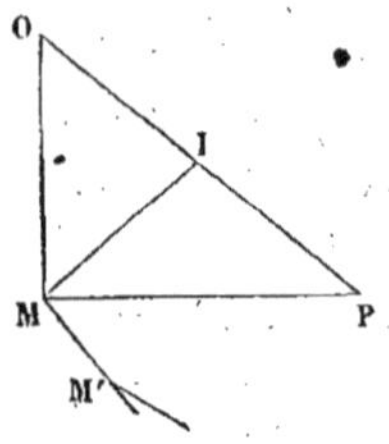

plan OMP perpendiculaire à la tangente à la courbe, et les deux dernières montrent que ce rayon est tel que la médiane MI du triangle OMP est perpendiculaire à la tangente MM' du lieu des centres de courbure de la courbe, puisque, si l'on compare aux formules (α) les formules (s_1), n° 93, on trouve

$$\cos(\nu, ds_1) = -\cos(D,\rho), \quad \cos(\rho, ds_1) = -\cos(D,\nu).$$

Cette relation remarquable permet de construire le rayon de la sphère osculatrice quand on connaît la tangente du lieu des centres de courbure, et réciproquement. Il résulte de là que, si l'on projette le rayon D de la sphère osculatrice sur la tangente, et le rayon ρ de courbure sur cette même tangente, la première projection est le double de la seconde. On peut aussi énoncer la proposition suivante :

Le rayon de courbure forme avec la tangente, au lieu des centres de courbure, le même angle que le rayon de la sphère osculatrice forme avec la tangente à l'arête de rebroussement.

Différentielle du rayon de la sphère osculatrice. — Si l'on différentie l'expression (D)', on trouve, en ayant égard aux formules $[\rho^{(1)}]$ et (α),

$$(dD) \qquad dD = \frac{d\rho}{D\,d\omega}\left[\rho + \frac{d}{d\omega}\left(\frac{d\rho}{d\omega}\right)\right]d\omega = -\,d\sigma\cos(D, \nu).$$

112. *Angle de deux rayons de la sphère osculatrice infiniment voisins.* — D'un même point O menons deux parallèles à deux rayons infiniment voisins D, D' de la sphère osculatrice, et soit a l'arc de cercle d'un rayon égal à l'unité qui mesure cet angle (D, D'). Si l'on différentie les trois équations (α) en s'appuyant sur le principe des courbures inclinées, on a les trois équations

$$(\alpha)' \qquad \left\{\begin{aligned} &(D, D')\cos(a, \tau) = -\frac{\rho\,d\varepsilon}{D},\\ &(D, D')\cos(a, \rho) = -\frac{\rho}{D}\frac{dD}{D},\\ &(D, D')\cos(a, \nu) = -\frac{\rho^2\,dD}{d\rho\,D^2}\,d\omega, \end{aligned}\right.$$

desquelles on déduit la relation suivante :

$$(D, D')^2 = \frac{\rho^2}{D^2}\left(d\varepsilon^2 + \frac{dD^2}{d\rho^2}\,d\omega^2\right),$$

ainsi que les cosinus que la direction de l'arc a fait avec les axes mobiles $O\tau$, $O\nu$, $O\rho$.

Si l'on s'appuie sur ce théorème que la somme des carrés des cosinus d'une direction avec trois axes rectangulaires égale l'unité, on obtient les trois nouvelles équations qui donnent les angles que la normale n à deux directions infiniment voisines de D fait avec les trois axes mobiles. Ces équations sont

$$(\alpha)'' \quad \left\{ \begin{aligned} \cos(n,\tau) &= \frac{\rho\, d\mathrm{D}\, d\omega}{\mathrm{D}\, d\rho\, (\mathrm{D},\mathrm{D}')}, \\ \cos(n,\nu) &= -\frac{\rho^2 d\varepsilon}{\mathrm{D}^2 (\mathrm{D},\mathrm{D}')}, \\ \cos(n,\rho) &= \frac{\rho\, d\rho\, d\varepsilon}{\mathrm{D}^2 d\omega\, (\mathrm{D},\mathrm{D}')}. \end{aligned} \right.$$

On déduit de la comparaison des équations (α) et $(\alpha)'$ les relations suivantes :

$$\cos(a,\tau) = -\frac{d\varepsilon}{(\mathrm{D},\mathrm{D}')} \cos(\mathrm{D},\rho),$$

$$\cos(a,\rho) = -\frac{d\mathrm{D}}{(\mathrm{D},\mathrm{D}')} \frac{\cos(\mathrm{D},\rho)}{\mathrm{D}},$$

$$\cos(a,\nu) = -\frac{\cos^2(\mathrm{D},\rho)\, d\mathrm{D}}{\mathrm{D}(\mathrm{D},\mathrm{D}')\cos(\mathrm{D},\nu)}.$$

et de la comparaison des équations (α), $(\alpha)'$, $(\alpha)''$ les relations

$$\cos(n,\tau) = -\frac{\cos(a,\nu)}{\cos(\mathrm{D},\rho)},$$

$$\cos(n,\nu) = \cos(\mathrm{D},\rho)\cos(a,\tau),$$

$$\cos(n,\rho) = \cos(\mathrm{D},\nu)\cos(a,\tau).$$

Les formules établies dans le numéro présent et celui qui précède donnent tous les éléments de la courbe sphérique obtenue sur la surface d'une sphère immobile par la série des rayons parallèles aux rayons de la sphère osculatrice.

§ IV. — Applications.

113. Problème IX. — *Trouver les conditions pour que le lieu des centres de courbure* C_1 *de la courbe* C *et le lieu* C_2 *des centres des sphères osculatrices se confondent.*

La condition nécessaire et suffisante pour que ces deux lieux se confondent en une seule et même courbe est que la distance L de deux points correspondants de ces deux courbes soit nulle; or, d'après les équations $(d\sigma)$ du n° 109, on a

$$L = \frac{d\rho}{d\omega};$$

par conséquent, on doit avoir $\rho = \text{const.}$ Ainsi le rayon de courbure de la courbe C doit avoir une valeur constante pour un point quelconque de cette courbe.

Soit a la valeur constante de ce rayon; l'équation $(d\sigma)'$ donne la condition

$$\rho^{(1)} = \rho, \tag{1}$$

laquelle montre que le rayon de courbure de la courbe C_2 a aussi une valeur constante et égale à la valeur a du rayon de courbure de la courbe C; mais, de ce que les rayons de courbure des deux courbes C et C_2 seraient égaux, il ne s'ensuivrait pas que les deux courbes C et C_1 coïncident. En effet, si l'on introduit cette condition dans l'équation $(d\sigma)'$ du n° 109, on trouve

$$\frac{d}{d\omega}\left(\frac{d\rho}{d\omega}\right) = 0,$$

laquelle étant intégrée donne, ρ_0 et ω_0 étant deux constantes,

$$\rho = \rho_0(\omega - \omega_0), \tag{2}$$

et l'on voit alors que la distance L du centre de courbure et du centre de la sphère osculatrice n'est pas nulle, mais constante; et il est facile de voir, *a posteriori*, que, si dans le cas de ρ constant les deux courbes C_2 et C_1 ont même courbure, il n'en est pas de même lorsque les deux courbes C et C_2 ont pour valeur commune de leur rayon de courbure la valeur donnée par l'équation (2). En effet, si l'on se reporte aux équations (γ) du n° 98, on trouve que les deux rayons $\rho^{(1)}$ et ρ_1 sont généralement différents et qu'il faut déterminer complétement la courbe C sous une certaine condition pour que ces deux rayons soient égaux.

Cherchons cette nouvelle condition; la première équation (1) du n° 98 donne, dans l'hypothèse de ρ égal à ρ_1, la condition

$$\frac{d\omega}{d\varepsilon_1} = \cos h,$$

et les équations (1) et (2) donnent l'équation résultante

$$\operatorname{tang} h = \frac{1}{\omega - \omega_0}.$$

L'équation (3) donne la relation

$$\cos\varphi = -\cos h\,(1 + \sin^2 h);$$

enfin l'équation (4) donne la condition

$$\frac{d\omega}{d\varepsilon} = \frac{\sin 2h}{2\sin\varphi},$$

laquelle détermine complétement la courbe C, puisqu'elle exprime la valeur du rapport spécifique angulaire de cette courbe.

114. Problème X. — *Étant connues les équations élémentaires de la spirale conique, trouver les équations élémentaires du lieu des centres des sphères osculatrices.*

Définition de la spirale conique. — Nous définissons cette

Fig. 17.

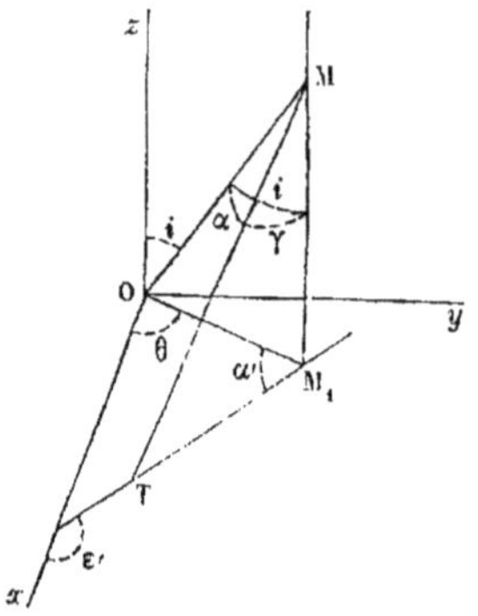

courbe la ligne qui coupe sous un angle constant les génératrices d'un cône circulaire (*fig.* 17).

Équations élémentaires. — Considérons deux points M, M′ infiniment voisins de la courbe, correspondant aux deux positions OM, OM′ de la génératrice du cône. Soit la projection N du point M sur OM′ : en appelant α l'angle de la tangente MT et de la génératrice OM, ds l'élément de courbe, r la projection OM de OM_1 sur le plan des xy mené perpendiculairement à l'axe du cône en son sommet, θ l'angle que cette projection fait avec une droite fixe dans ce plan prise pour axe des x ; soit i l'angle de la génératrice et de l'axe Oz du cône et γ l'angle de la tangente et de l'axe. On a les équations suivantes résultant du triangle infinitésimal MM′N :

$$(1) \qquad r\,d\theta = ds \sin\alpha, \qquad dr = \cos\alpha \sin i\, ds, \qquad \frac{dr}{r} = \cot\alpha \sin i\, d\theta,$$

la dernière résultant des deux autres.

Remarquons que la tangente forme avec la parallèle à l'axe un angle constant, puisque ces deux droites forment avec la génératrice un trièdre rectangle suivant cette génératrice, et, comme les angles i et α sont constants, il en est de même de l'angle γ opposé au dièdre droit; on conclut de là que la spirale conique est de la classe des hélices, puisqu'elle coupe aussi sous angle constant les génératrices du cylindre formé par les droites qui projettent les points de la courbe sur le plan des xy. Cette considération nous permet (79) d'écrire l'équation élémentaire de la caractéristique sphérique, laquelle est, en désignant par n une constante,

$$(5) \qquad \frac{d\omega}{d\varepsilon} = n;$$

mais cette équation se démontre directement comme il suit.

Si nous considérons l'angle $d\varepsilon$ de deux tangentes infiniment voisines, on aura, en projetant cet angle sur le plan des xy, la relation

$$(2) \qquad d\varepsilon = \sin\gamma\, d\theta.$$

La binormale étant perpendiculaire au plan de cet angle forme à la limite avec le plan des xy un angle égal à γ ; donc, si l'on projette l'angle $d\omega$ de deux binormales infiniment voisines sur le plan des xy, on aura aussi

$$(3)\qquad d\omega = \cos\gamma\, d\theta.$$

Si l'on intègre la troisième des équations (1), et qu'on représente $\cot\alpha \sin i$ par m, on aura, par une détermination convenable de la constante arbitraire,

$$(7)\qquad r = e^{m\theta};$$

et la première des équations (1) devient

$$(4)\qquad \frac{ds}{d\theta} = \frac{e^{m\theta}}{\sin\alpha};$$

les équations (4), (2) et (3) sont donc les équations élémentaires de la spirale conique. Si l'on élimine θ, on trouvera les deux équations suivantes, a étant une constante :

$$(6)\qquad \frac{ds}{d\varepsilon} = a e^{\frac{m}{\sin\gamma}\varepsilon}, \quad \frac{d\omega}{d\varepsilon} = \cot\gamma.$$

Équations élémentaires du lieu des sphères osculatrices. — L'équation $(d\sigma)'$ (**109**) et les équations (i) du n° **110** donnent les suivantes :

$$\frac{d\sigma}{d\varepsilon^{(1)}} = a\left(1 + \frac{m^2}{\cos^2\gamma}\right) e^{\frac{m}{\cos\gamma}\varepsilon^{(1)}}, \quad \frac{d\omega^{(1)}}{d\varepsilon^{(1)}} = \operatorname{tang}\gamma.$$

Par conséquent le lieu des centres des sphères osculatrices est encore une spirale conique.

Coordonnées cartésiennes. — Ces coordonnées sont données par les dernières équations du n° **110**. Les coordonnées d'un point quelconque de la spirale résultent directement de l'équation (7)

$$x = e^{m\theta}\cos\theta, \quad y = e^{m\theta}\sin\theta, \quad z = \cot i\, e^{m\theta}.$$

Les cosinus des angles de la tangente τ avec les trois axes s'obtiennent géométriquement de la manière suivante : si l'on appelle α' l'angle de la projection de la tangente sur le plan des xy avec la projection r du rayon vecteur, on a directement

$$\cos(\tau, x) = \sin\gamma \cos(\alpha' + \theta),$$
$$\cos(\tau, y) = \sin\gamma \sin(\alpha' + \theta),$$
$$\cos(\tau, z) = \cos\gamma.$$

Les cosinus des angles de la binormale avec les trois axes se calculent de même; en effet, la binormale se projette sur le plan des xy, sur la direction de la projection de la tangente, puisque ces deux droites font avec ce plan des angles complémentaires; il en résulte les équations

$$\cos(\nu, x) = \cos\gamma \cos(\alpha' + \theta),$$
$$\cos(\nu, y) = \cos\gamma \sin(\alpha' + \theta),$$
$$\cos(\nu, z) = -\sin\gamma.$$

On en déduit, d'après le théorème de la somme des carrés des cosinus, les équations suivantes :

$$\cos(\rho, x) = -\sin(\alpha' + \theta),$$
$$\cos(\rho, y) = \cos(\alpha' + \theta),$$
$$\cos(\rho, z) = 0;$$

on aura donc, pour les coordonnées $x^{(1)}$, $y^{(1)}$, $z^{(1)}$ du lieu des centres de la sphère osculatrice, en s'appuyant sur les relations qui lient les angles α, α', γ, i, les trois équations

$$x^{(1)} = -\cot^2\alpha\, e^{m\theta} \cos\theta,$$
$$y^{(1)} = -\cot^2\alpha\, e^{m\theta} \sin\theta,$$
$$z^{(1)} = \frac{2\sin^2\gamma}{\cos 2i \sin^2\alpha} e^{m\theta}.$$

Il est facile de déterminer le cône sur lequel cette spirale est tracée. En effet ce cône a son sommet à l'origine des coordonnées, le même axe que le cône donné, et son angle au sommet étant $2i'$ est déterminé par la relation

$$\cot i' = \frac{2\sin\gamma^2}{\cos 2i \sin^2\alpha} = \frac{2}{\cos 2i \sin^2\alpha'}.$$

115. Problème XI. — *Intégrales de la courbe dont le lieu des centres des sphères osculatrices est une courbe donnée.*

Il y a deux cas à considérer, celui où la courbe donnée est connue par ses équations naturelles et celui où cette courbe est donnée par ses coordonnées.

Dans le premier cas, les rapports spécifiques sont déterminés en fonction de $\varepsilon^{(1)}$ par les équations

$$(1) \qquad \frac{ds^{(1)}}{d\varepsilon^{(1)}} = \rho^{(1)}, \quad \frac{d\omega^{(1)}}{d\varepsilon^{(1)}} = \psi^{(1)}.$$

Par suite des équations (i) (110), on peut poser $\varepsilon^{(1)} = \omega$, $\omega^{(1)} = \varepsilon$, l'équation ($\rho^{(1)}$) du même numéro est donc une équation différentielle du second ordre, linéaire entre les deux variables ρ et ω. Si l'on représente par a et b les constantes arbitraires, on trouve l'intégrale suivante :

$$(2) \quad \rho = \frac{ds}{d\varepsilon} = \sin\omega\left(a + \int \rho^{(1)} \cos\omega\, d\omega\right) + \cos\omega\left(b - \int \rho^{(1)} \sin\omega\, d\omega\right);$$

d'une autre part, la deuxième des équations (1) donne

$$(3) \qquad \frac{d\varepsilon}{d\omega} = \psi^{(1)}(\omega).$$

Les équations (2) et (3) sont donc les équations naturelles des courbes dont le lieu des centres des sphères osculatrices est la courbe donnée par les équations (1). Pour passer aux coordonnées cartésiennes, il faudrait déterminer la direction de la binormale au moyen du rapport spécifique (3), ce qui exigerait l'intégration d'une équation de second ordre, et, ensuite, on passerait aux coordonnées du point par de simples quadratures.

Dans le second cas, soient $x^{(1)}$, $y^{(1)}$, $z^{(1)}$ les coordonnées du point de la courbe donnée, que nous supposons données en fonction de $\varepsilon^{(1)}$ et par conséquent en fonction de ω, les théorèmes que nous avons démontrés au n° **108** ont encore ici leur application, et, lorsque l'on aura calculé l'intégrale (2), comme dans le premier cas, il n'y aura aucune nouvelle intégration à effectuer. Le calcul lui-même met cette assertion en évidence. En effet, si l'on différentie l'équation (2), on trouve

$$\frac{d\rho}{d\omega} = \cos\omega\left(a + \int \rho^{(1)} \cos\omega \, d\omega\right) - \sin\omega\left(b - \int \rho^{(1)} \sin\omega \, d\omega\right);$$

on a donc, par suite des équations $(x^{(1)})$ du n° **110**, les coordonnées x, y, z des courbes cherchées données par les trois équations contenues dans le type suivant :

$$\begin{aligned} x = x^{(1)} &+ [\cos\omega \cos(\tau^{(1)}, x) - \sin\omega \cos(\rho^{(1)} x)]\left(a + \int \rho^{(1)} \cos\omega \, d\omega\right) \\ &- [\cos\omega \cos(\rho^{(1)}, x) + \sin\omega \cos(\tau^{(1)}, x)]\left(b - \int \rho^{(1)} \sin\omega \, d\omega\right). \end{aligned}$$

On a donc les intégrales de toutes les courbes, telles que les centres des sphères qui leur sont osculatrices sont situés sur une courbe donnée.

CHAPITRE VI.

DES COURBES TRACÉES SUR LA SURFACE OSCULATRICE.

Nous avons déjà défini la surface osculatrice et dit (92) de quelle manière on peut en avoir les équations. Elle contient entre autres deux sortes de courbes intimement liées avec la courbe gauche donnée : 1° les développantes de cette courbe; 2° les lieux des centres de courbure de toutes les courbes qui ont pour surface polaire la surface osculatrice de la courbe donnée. Nous allons nous occuper successivement de ces deux sortes de courbes.

§ I. — Des développantes.

116. *Définition.* — Si l'on suppose un fil fixé par une de ses extrémités en un point de la courbe donnée et enroulé sur cette courbe, et qu'on déroule ce fil de manière qu'il reste tendu, la seconde extrémité du fil décrira une courbe qui est la développante de la courbe donnée, et réciproquement la deuxième courbe est la développée de la première.

Il est évident : 1° que, pendant le développement du fil, la partie développée se confond avec la tangente à la courbe, et que par conséquent elle engendre la surface osculatrice; 2° que chaque point de la courbe donnée est le centre d'un cercle tangent à la développante, et que le rayon de ce cercle touche la développée; 3° que chaque point du fil décrira une développante. Cela posé, nous allons résoudre la question suivante :

Problème I. — *Étant données les équations élémentaires d'une courbe* C, *trouver les équations élémentaires d'une quelconque de ses développantes.*

Relations linéaires. — Nous employons, pour représenter les éléments de la courbe et les éléments de même nom de la développante, les mêmes lettres, celles qui se rapportent à la seconde courbe, étant accentuées. De ce que la longueur du fil enroulé s, augmentée de la longueur du fil libre, est constante, en représentant par T la partie libre et par s l'arc enveloppé et a une constante, on a l'équation

$$s + \mathrm{T} = a; \tag{1}$$

mais on a les deux équations suivantes (*fig.* 18) :

$$\left\{\begin{array}{l} ds + d\mathrm{T} = ds' \cos(\tau, ds'), \\ \mathrm{T}\,d\varepsilon = ds' \sin(\tau, ds'); \end{array}\right. \tag{2}$$

Fig. 18.

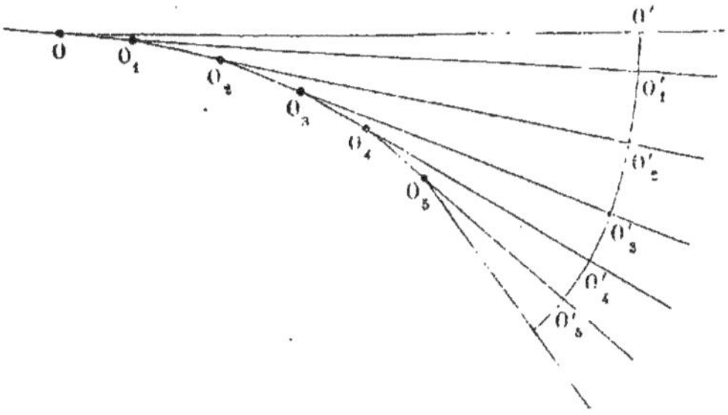

donc, par suite de l'équation (1) différentiée, on a

$$(\tau, ds') = \frac{\pi}{2},$$

et conséquemment la développante coupe à angles droits les génératrices de la surface osculatrice de la courbe donnée. Les équations différentielles de la développante sont donc

$$\left\{\begin{array}{l} ds + d\mathrm{T} = 0, \\ \mathrm{T}\,d\varepsilon - ds' = 0. \end{array}\right. \tag{s}$$

La première fait connaître T en fonction de la variable indépendante; la seconde donne l'arc de la développante.

Relations angulaires. — Si l'on remarque que la tangente à la développante a constamment même direction que le rayon de courbure de la développée ou une direction opposée, suivant qu'il s'agit de l'une ou de l'autre des deux nappes de la surface osculatrice, on voit que (58) *le trièdre des axes mobiles de la développante est constamment le dérivé du trièdre des axes mobiles de la développée.*

Cette proposition importante fournit : 1° les relations suivantes :

$$(\alpha)\left\{\begin{array}{lll} \cos(\tau',\tau)=0, & \cos(\tau',\rho)=1, & \cos(\tau',\nu)=0,\\ \cos(\rho',\tau)=-\dfrac{d\varepsilon}{d\varepsilon'}, & \cos(\rho,\rho')=0, & \cos(\rho',\nu)=-\dfrac{d\omega}{d\varepsilon'},\\ \cos(\nu',\tau)=-\dfrac{d\omega}{d\varepsilon'}, & \cos(\nu',\rho)=0, & \cos(\nu',\nu)=\dfrac{d\varepsilon}{d\varepsilon'}, \end{array}\right.$$

desquelles on déduit les formules

$$(\alpha')\left\{\begin{array}{ll} \operatorname{tang}\mathrm{H}=-\dfrac{d\varepsilon}{d\omega}, & d\varepsilon'^2=d\varepsilon^2+d\omega^2;\\ \operatorname{tang}\mathrm{H}'=-\dfrac{d\varepsilon'}{d\omega'}, & d\mathrm{H}=d\omega', \end{array}\right.$$

qui, conjointement avec les équations linéaires déjà trouvées, donnent toute la théorie de la développante; 2° cette même proposition montre que, si l'on connaît les coordonnées de la courbe, on trouvera sans intégration les cosinus des angles de la développante, et que les coordonnées de cette développante ne dépendent que d'une simple quadrature.

La seconde des équations (s) donne la première équation élémentaire de la courbe

$$ds'=\mathrm{T}\,d\varepsilon,$$

et l'on déduit des équations (α) les deux suivantes :

$$d\varepsilon'=\frac{d\varepsilon}{\sin\mathrm{H}}=-\frac{d\omega}{\cos\mathrm{H}},\quad d\omega'=d\mathrm{H}.$$

Ces trois équations font connaître les variations ds', $d\varepsilon'$, $d\omega'$ en fonction de la variable indépendante : ce sont donc les trois équations élémentaires de la courbe.

Supposons que les équations élémentaires de la courbe

soient mises sous la forme suivante :

$$\frac{ds}{d\varepsilon} = \varphi, \quad \frac{d\omega}{d\varepsilon} = \psi,$$

et qu'il faille calculer les rapports

$$\frac{ds'}{d\varepsilon'} = \varphi', \quad \frac{d\omega'}{d\varepsilon'} = \psi'.$$

On a successivement

$$\frac{ds'}{d\varepsilon'} = \mathrm{T}\frac{d\varepsilon}{d\varepsilon'} = \mathrm{T}\sin\mathrm{H} = (a-s)\sin\mathrm{H} = (a-s)\frac{1}{\sqrt{1+\psi^2}},$$

$$\frac{d\omega'}{d\varepsilon'} = \frac{d\mathrm{H}}{d\varepsilon'} = \frac{\sin^2\mathrm{H}\, d\psi}{d\varepsilon'} = \sin^3\mathrm{H}\frac{d\psi}{d\varepsilon};$$

par conséquent, les deux équations élémentaires de la courbe sont

$$\varphi' = \frac{a - \int\varphi\, d\varepsilon}{\sqrt{1+\psi^2}}, \quad \psi' = \frac{\frac{d\psi}{d\varepsilon}}{(1+\psi^2)^{\frac{3}{2}}}.$$

Rayons de première et de deuxième courbure. — On a successivement l'équation

$$\frac{ds'}{d\varepsilon'} = \mathrm{T}\frac{d\varepsilon}{d\varepsilon'} = \mathrm{T}\sin\mathrm{H} = \frac{\mathrm{T}}{\sqrt{1+\psi^2}},$$

$$\frac{ds'}{d\omega'} = \mathrm{T}\frac{d\varepsilon}{d\omega'} = -\mathrm{T}\frac{\sin\mathrm{H}\sin\mathrm{H}'}{\cos\mathrm{H}'} = -\frac{\mathrm{T}}{\sqrt{1+\psi^2}}\frac{(1+\psi^2)^{\frac{2}{3}}}{\frac{d\psi}{d\varepsilon}} = -\frac{\mathrm{T}(1+\psi^2)}{\frac{d\psi}{d\varepsilon}}.$$

Rectification. — Elle est donnée par les équations suivantes :

$$ds' = (a-s)\,d\varepsilon, \quad s' - s'_0 = \int(a-s)\,d\varepsilon.$$

Quadrature. — On obtient évidemment, en représentant par u' l'aire balayée par T, et par u'_1 une constante arbitraire,

$$du' = \tfrac{1}{2}\mathrm{T}^2\, d\varepsilon, \quad u' - u'_1 = \tfrac{1}{2}\int(a-s)^2\, d\varepsilon.$$

117. *Applications. — Étant donné le rapport spécifique angulaire d'une courbe, trouver le rapport spécifique angulaire de la développante. — Cas particuliers.*

1° Soit $\psi = \text{const}$. On déduit

$$\psi' = 0;$$

de là on conclut cette proposition : *la développante d'une hélice quelconque est une courbe plane.*

2° Soit $\psi = m\varepsilon$, m étant constante; on déduit

$$\psi' = \frac{m}{(1 + m^2\varepsilon^2)^{\frac{3}{2}}}.$$

Or la première équation donne, en remarquant que l'on peut poser $\omega' = \mathrm{H}$,

$$m\varepsilon = -\cot \mathrm{H};$$

on a donc

$$\frac{d\omega'}{d\varepsilon'} = m \sin^3 \omega',$$

qui est le rapport spécifique angulaire de la développante. Si l'on intègre cette équation, on trouvera l'équation naturelle sphérique de la développante en termes finis

$$2m(\varepsilon' - \varepsilon'_0) = -\frac{\cot \omega'}{\sin \omega'} + \log \operatorname{tang} \tfrac{1}{2}\omega',$$

en représentant par ε'_0 la constante arbitraire.

3° Soit $\psi = \operatorname{tang} m\varepsilon$; on déduit

$$\psi' = m \cos m\varepsilon,$$

et conséquemment on a

$$\frac{d\varepsilon'}{d\varepsilon} = \frac{1}{\cos m\varepsilon}.$$

Si l'on intègre cette équation, on trouve, en représentant par ε'_0 la constante arbitraire,

$$\cot\left(\frac{\pi}{4} - \frac{m\varepsilon}{2}\right) = e^{m(\varepsilon' - \varepsilon'_0)} = \operatorname{tang} \tfrac{1}{2}\omega,$$

dont la seconde donne l'équation naturelle sphérique de la développante en termes finis; on en déduit la valeur du rapport spécifique angulaire de cette courbe

$$\frac{d\omega'}{d\varepsilon'} = \frac{2me^{m(\varepsilon'-\varepsilon'_0)}}{1+e^{2m(\varepsilon'-\varepsilon'_0)}}.$$

Il est également facile d'exprimer l'angle ε' en fonction de ε; on trouve

$$m(\varepsilon' - \varepsilon'_0) = \log\cot\left(\frac{\pi}{4} - \frac{m\varepsilon}{2}\right).$$

4° Soit $\psi = a \operatorname{tang} m\varepsilon$, a étant une constante; on trouve, d'une part,

$$\psi' = \frac{d\omega'}{d\varepsilon'} = \frac{am\cos m\varepsilon}{(\cos^2 m\varepsilon + a^2\sin^2 m\varepsilon)^{\frac{3}{2}}};$$

d'une autre part, on a

$$\frac{d\varepsilon'}{d\varepsilon} = \sqrt{1 + a^2\operatorname{tang}^2 m\varepsilon}.$$

Cette dernière équation étant intégrée donne la relation

$$\varepsilon' - \varepsilon'_0 = \frac{\sqrt{1-a^2}}{m}\operatorname{arc}\sin = \sqrt{1-a^2}\sin m\varepsilon$$
$$+ \frac{a}{m}\log\left(a\operatorname{tang} m\varepsilon + \sqrt{1+a^2\operatorname{tang}^2 m\varepsilon}\right);$$

et conséquemment, en éliminant ε, on trouve la nouvelle relation

$$\varepsilon'_0 - \varepsilon' = \frac{\sqrt{1-a^2}}{m}\operatorname{arc}\left(\sin = \frac{\sqrt{1-a^2}}{\sqrt{1+a^2\operatorname{tang}\omega'}}\right) - \frac{a}{m}\log\operatorname{tang}\frac{\omega'}{2}.$$

5° Soit $\psi = e^{m\varepsilon}$. On trouve l'équation naturelle spécifique

$$\frac{d\omega'}{d\varepsilon'} = \frac{-m\cot\omega'}{(1+\cot^2\omega')^{\frac{3}{2}}},$$

laquelle étant intégrée donne une relation en termes finis, entre ε' et ω',

$$m(\varepsilon' - \varepsilon'_0) = \frac{1}{\sin\omega'} + \log\tang\left(\frac{\pi}{4} - \frac{\omega'}{2}\right);$$

on déduit de ces équations les deux suivantes :

$$\cot\omega' = -e^{m\varepsilon}, \quad m(\varepsilon' - \varepsilon'_0) = \sqrt{1 + e^{2m\varepsilon}} + \log\left(e^{-m\varepsilon} - \sqrt{1 + e^{-2m\varepsilon}}\right),$$

qui donnent les valeurs des angles ω' et ε' en fonction de ε.

Problème II. — *Connaissant l'arc d'une courbe ds et les angles que cet arc fait avec les trois axes fixes, trouver l'arc de courbe ds_1 de la développante et les angles faits avec les mêmes axes.*

On a les équations

$$s + T = a, \quad \tau'_x = \frac{d\tau_x}{d\varepsilon}, \quad \frac{ds}{d\varepsilon} = -\frac{dT}{d\varepsilon},$$

$$\cos(\tau', x) = \frac{d\cos(\tau, x)}{d\varepsilon}, \quad (\cos\tau', y) = \frac{d\cos(\tau, y)}{d\varepsilon},$$

$$\cos(\tau', z) = \frac{d\cos(\tau, z)}{d\varepsilon}, \quad ds' = T\,d\varepsilon.$$

Ces équations sont la solution de la question proposée.

Problème III. — *Étant données les coordonnées cartésiennes d'une courbe C, trouver les coordonnées cartésiennes et la développante.*

Solution analytique. — On a, d'après ce qui précède,

$$\frac{dx'}{ds'} = \frac{d\tau_x}{d\varepsilon}, \quad \text{d'où} \quad x' = \int T\,d\tau_x = T\tau_x - \int \tau_x\,dT;$$

or le terme $-\int \tau_x\,dT = \int \tau_x \frac{ds}{d\varepsilon}\,d\varepsilon = x$; on a donc

$$x' - x = T\tau_x.$$

Ce problème et le précédent servent de vérification et de confirmation au théorème II du n° 116.

Solution géométrique. — Si l'on projette la distance T de deux points correspondants de la courbe et de la développante sur les axes coordonnés, on a les trois équations

$$x' - x = T\tau_x \quad (3).$$

119. *Applications.* — Appliquons ces formules à quelques exemples.

Développante de la spirale conique. — Si l'on se reporte au n° **114**, l'équation (4) de ce numéro donne, a étant une constante arbitraire,

$$T = \frac{a - e^{m\theta}}{\cos\alpha \sin i};$$

et, en ayant égard aux valeurs des cosinus des angles que la tangente τ fait avec les trois axes, valeurs données dans le même numéro, on trouve les trois équations

$$x' = e^{m\theta}\cos\theta + \frac{a - e^{m\theta}}{\cos\alpha \sin i}\sin\gamma\cos(\alpha' + \theta),$$

$$y' = e^{m\theta}\sin\theta + \frac{a - e^{m\theta}}{\cos\alpha \sin i}\sin\gamma\sin(\alpha' + \theta),$$

$$z' = \cot i\, e^{m\theta} + \frac{a - e^{m\theta}}{\cos\alpha \sin i}\cos\gamma.$$

Développante de l'hélice circulaire. — Si l'on se reporte au n° **48**, on trouve, en représentant par a_0 une constante, l'expression

$$T = \frac{a_0 - a}{\cos i}\, t$$

et, pour représenter les coordonnées d'un point, les équations

$$x' = a\cos t - (a_0 - a)\, t \sin t,$$

$$y' = a\sin t + (a_0 - a)\, t\cos t,$$

$$z' = a\, m t + \frac{(a_0 - a)\, t}{\cot i}.$$

§ II. — Des développantes successives.

120. *Définition.* — On appelle *développante du second ordre* d'une courbe C la développante de la développante de cette courbe; développante du troisième ordre la développante de la développante du deuxième ordre; en général, développante du $n^{ième}$ ordre la développante de la développante de l'ordre $n - 1$.

Notation. — Nous représentons les éléments de même nom des diverses développantes par les mêmes lettres, affectées d'un accent qui marque l'ordre de la développante.

Problème I. — *Étant données les équations élémentaires d'une courbe, trouver les équations élémentaires de la développante du deuxième ordre.*

Rayons de courbure et de flexion des développantes successives. — I. Si l'on se reporte au n° 116, on a successivement

$$T = -\int \rho\, d\varepsilon, \quad T' = -\int \rho'\, d\varepsilon' = -\int T\, d\varepsilon,$$

$$T'' = -\int T'\, d\varepsilon' = \int d\varepsilon' \int T\, d\varepsilon = \int \frac{d\varepsilon}{\sin H} \int T\, d\varepsilon,$$

$$\begin{aligned} T''' &= -\int T''\, d\varepsilon'' = -\int d\varepsilon'' \int d\varepsilon' \int T\, d\varepsilon \\ &= -\int \frac{d\varepsilon}{\sin H \sin H'} \int \frac{d\varepsilon}{\sin H} \int T\, d\varepsilon, \end{aligned}$$

$$\begin{aligned} T^{\text{IV}} &= -\int T'''\, d\varepsilon''' = \int d\varepsilon''' \int d\varepsilon'' \int d\varepsilon' \int T\, d\varepsilon \\ &= \int \frac{d\varepsilon}{\sin H \sin H' \sin H''} \int \frac{d\varepsilon}{\sin H \sin H'} \int \frac{d\varepsilon}{\sin H} \int T\, d\varepsilon, \end{aligned}$$

et ainsi de suite.

II. D'autre part, ρ étant connu, c'est en fonction de ρ qu'il faut exprimer $\rho', \rho'', \ldots$; on obtient ainsi

$$\rho' = T \sin H = -\sin H \int \rho\, d\varepsilon,$$

$$\begin{aligned} \rho'' = T' \sin H' &= -\sin H' \int \rho'\, d\varepsilon' = \sin H' \int d\varepsilon' \sin H \int \rho\, d\varepsilon \\ &= \sin H' \int d\varepsilon \int \rho\, d\varepsilon, \end{aligned}$$

$$\rho''' = T'' \sin H'' = -\sin H'' \int \rho'' \, d\varepsilon''$$
$$= -\sin H'' \int d\varepsilon'' \sin H' \int d\varepsilon \int \rho \, d\varepsilon$$
$$= -\sin H'' \int d\varepsilon' \int d\varepsilon \int \rho \, d\varepsilon,$$
$$\rho^{\text{IV}} = T''' \sin H''' = -\sin H''' \int \rho''' \, d\varepsilon'''$$
$$= \sin H''' \int d\varepsilon''' \sin H'' \int d\varepsilon' \int d\varepsilon \int \rho \, d\varepsilon$$
$$= \sin H''' \int d\varepsilon'' \int d\varepsilon' \int d\varepsilon \int \rho \, d\varepsilon,$$

et ainsi de suite.

III.

$$\iota' = T \frac{d\varepsilon}{dH} = -\frac{d\varepsilon}{dH} \int \rho \, d\varepsilon,$$
$$\iota'' = T' \frac{d\varepsilon'}{dH'} = -\frac{d\varepsilon'}{dH'} \int \rho' \, d\varepsilon' = \frac{d\varepsilon'}{dH'} \int d\varepsilon' \sin H \int \rho \, d\varepsilon$$
$$= \frac{d\varepsilon'}{dH'} \int d\varepsilon \int \rho \, d\varepsilon,$$
$$\iota''' = T'' \frac{d\varepsilon''}{dH''} = -\frac{d\varepsilon''}{dH''} \int \rho'' \, d\varepsilon'' = -\frac{d\varepsilon''}{dH''} \int d\varepsilon'' \sin H' \int d\varepsilon \int \rho \, d\varepsilon$$
$$= -\frac{d\varepsilon''}{dH''} \int d\varepsilon' \int d\varepsilon \int \rho \, d\varepsilon,$$

et ainsi de suite.

121. Problème IV. — *Les équations élémentaires d'une courbe étant données, trouver les équations élémentaires des développantes successives.*

On déduit facilement des formules du n° **116** les quatre ordres suivants d'équations

I.

$$\cot H = -\frac{d\omega}{d\varepsilon}, \quad \cot H' = \frac{d \cos H}{d\varepsilon}, \quad \cot H'' = \frac{\sin H \, d \cos H'}{d\varepsilon},$$
$$\cot H''' = \sin h \sin H' \frac{d \cos H''}{d\varepsilon}, \ldots .$$

D'après ces formules, $\cot H$ étant donné en fonction de ε, on calculera successivement en fonction de la même variable les sinus et les cosinus des angles H′, H″, H‴,.... Or on a

II.

$$d\varepsilon' = \frac{d\varepsilon}{\sin H}, \quad d\varepsilon'' = \frac{d\varepsilon}{\sin H \sin H'}, \quad d\varepsilon''' = \frac{d\varepsilon}{\sin H \sin H' \sin H''}, \ldots$$

On connaîtra donc les rapports des éléments $d\varepsilon'$, $d\varepsilon''$, $d\varepsilon'''$, ..., $d\varepsilon^{(n)}$ à $d\varepsilon$ en fonction de la variable ε.

Le troisième ordre des équations est

III.

$$d\omega' = dH, \quad d\omega'' = dH', \quad d\omega''' = dH'', \ldots, \quad d\omega^{(n)} = dH^{(n-1)}.$$

Ces formules feront connaître, en fonction de la variable ε, les rapports de $d\omega'$, $d\omega''$, ..., $d\omega^{(n)}$ à $d\varepsilon$.

Enfin on a ce quatrième ordre d'équations

IV.

$$ds' = T\,d\varepsilon, \quad ds'' = T'\,d\varepsilon', \quad ds''' = T''\,d\varepsilon'', \quad ds^{\text{IV}} = T'''\,d\varepsilon''',$$

$$ds' = -\,d\varepsilon \int ds, \quad ds'' = d\varepsilon' \int d\varepsilon \int ds, \quad ds''' = -\,d\varepsilon'' \int d\varepsilon' \int d\varepsilon \int ds,$$

$$ds^{(\text{IV})} = d\varepsilon''' \int d\varepsilon'' \int d\varepsilon' \int d\varepsilon \int ds,$$

et ces équations font connaître les éléments ds, ds', ds'', ... en fonction de ε.

On a donc les trois équations élémentaires des développantes successives.

122. Problème V. — *Étant donné l'élément d'arc d'une courbe en grandeur et en direction, trouver l'élément d'arc, en grandeur et en direction, de la développante seconde, ainsi que les coordonnées de la courbe.*

1° On a les équations, a' étant une constante,

$$(1) \qquad s' + T' = a', \quad \tau''_x = \frac{d\tau'_x}{d\varepsilon'}, \quad \frac{ds'}{d\varepsilon'} = \rho' = -\frac{dT'}{d\varepsilon'};$$

on déduit de la seconde

$$(2) \qquad \tau''_x = \frac{d}{d\varepsilon'}\,\frac{d\tau_x}{d\varepsilon}, \quad (3)$$

et le numéro précédent donne l'équation

$$(3) \qquad ds'' = d\varepsilon' \int d\varepsilon \int ds.$$

Ces dernières formules font connaître la solution de la première partie du problème.

2° Si l'on remarque que l'on a la relation

$$\frac{dx''}{ds''} = \tau''_x, \quad (3)$$

on obtient l'équation

$$(4) \qquad dx'' = ds'' \frac{d}{d\varepsilon'} \frac{d\tau_x}{d\varepsilon} = \mathrm{T}' d\left(\frac{d\tau_x}{d\varepsilon}\right); \quad (3)$$

si l'on intègre cette équation en renfermant la constante arbitraire sous le signe $\int$, on trouve la formule

$$(5) \qquad x'' = \int ds'' \frac{d}{d\varepsilon'} \frac{d\tau_x}{d\varepsilon} = \int \mathrm{T}' d \frac{d\tau_x}{d\varepsilon},$$

laquelle condense en un seul terme l'expression de la coordonnée x''.

Mais, conformément au théorème que nous avons démontré n° 116, l'intégration n'est ici qu'apparente, parce que, si l'on intègre par parties, on trouve

$$x'' = \mathrm{T}' \frac{d\tau_x}{d\varepsilon} - \int \frac{d\tau_x}{d\varepsilon} d\mathrm{T}'.$$

Or, si l'on a égard à la valeur de $d\mathrm{T}'$ donnée par les formules I du n° 120, cette formule devient

$$x'' = \mathrm{T}' \frac{d\tau_x}{d\varepsilon} + \int \mathrm{T}\, d\tau_x;$$

le n° 118 donne

$$\int \mathrm{T}\, d\tau_x = \mathrm{T}\tau_x + x;$$

on a donc les équations renfermées dans le type suivant

$$(6) \qquad x'' - x = \mathrm{T}' \frac{d\tau_x}{d\varepsilon} + \mathrm{T}\tau_x, \quad (3)$$

qui donnent les coordonnées de la seconde développante, sans autres intégrations que celles qui sont nécessaires pour déterminer T et T′.

123. Problème VI. — *Généralisation du problème précédent.* — La grandeur et la direction de l'arc de la $n^{\text{ième}}$ développante sont données par les formules suivantes :

$$(1)\quad \begin{cases} \tau_x^{(n)} = \dfrac{d}{d\varepsilon^{(n-1)}}\dfrac{d}{d\varepsilon^{(n-2)}}\cdots\dfrac{d}{d\varepsilon'}\dfrac{d\tau_x}{d\varepsilon}, \\ ds^{(n)} = (-1)^n d\varepsilon^{(n-1)}\int d\varepsilon^{(n-2)}\ldots\int d\varepsilon'\int d\varepsilon\int ds. \end{cases}$$

Les coordonnées de la $n^{\text{ième}}$ développante sont données par les formules

$$(2)\quad x^{(n)} = \int \mathrm{T}^{(n-1)}\, d\frac{d}{d\varepsilon^{(n-2)}}\frac{d}{d\varepsilon^{(n-3)}}\cdots\frac{d}{d\varepsilon'}\frac{d\tau_x}{d\varepsilon}, \quad (3)$$

lesquelles font connaître chacune de ces coordonnées au moyen d'une seule intégrale. Cette condensation d'une série de termes en un seul est digne de remarque.

Pour obtenir les valeurs de ces coordonnées, indépendamment de tout signe intégral, on opérera comme dans le numéro précédent.

Considérons la valeur de dx''', en ayant égard à la valeur de ds''' (116),

$$ds''' = \mathrm{T}''\, d\varepsilon'',$$

on trouve

$$x''' = \int \mathrm{T}''\, d\frac{d}{d\varepsilon'}\frac{d\tau_x}{d\varepsilon} = \mathrm{T}''\frac{d}{d\varepsilon'}\frac{d\tau_x}{d\varepsilon} + \int \mathrm{T}'\, d\frac{d\tau_x}{d\varepsilon}.$$

Or, si l'on a égard à l'équation (5) du numéro précédent, on trouve

$$x''' = \mathrm{T}''\frac{d}{d\varepsilon'}\frac{d\tau_x}{d\varepsilon} + x'';$$

en ajoutant cette équation à l'équation (6) du même numéro, membre à membre, on obtient l'équation

$$(3)\quad x''' - x = \mathrm{T}''\frac{d}{d\varepsilon'}\frac{d\tau_x}{d\varepsilon} + \mathrm{T}'\frac{d\tau_x}{d\varepsilon} + \mathrm{T}\tau_x, \quad (3)$$

et généralement

$$(2)' \quad \begin{cases} x^{(n)} - x = T^{(n-1)} \dfrac{d}{d\varepsilon^{(n-2)}} \dfrac{d}{d\varepsilon^{(n-3)}} \cdots \dfrac{d\tau_x}{d\varepsilon} + \ldots \\ \qquad + T'' \dfrac{d}{d\varepsilon'} \dfrac{d\tau_x}{d\varepsilon} + T' \dfrac{d\tau_x}{d\varepsilon} + T\tau_x. \end{cases}$$

Cette dernière formule peut aussi être établie par la Géométrie; car, si l'on projette sur l'axe des x la ligne brisée formée par les longueurs $T, T', \ldots, T^{(n-1)}$, laquelle commence au point pris sur la courbe donnée qui a x, y, z pour coordonnées et finit au point correspondant de la $n^{ième}$ développante, on trouve d'emblée

$$(2)'' \quad x^{(n)} - x = T^{(n-1)} \tau_x^{(n-1)} + T^{(n-2)} \tau_x^{(n-2)} + \ldots + T' \tau'_x + T\tau_x,$$

et, si l'on a égard aux valeurs de $\tau_x, \tau'_x, \ldots, \tau_x^{(n-1)}$, on tombe sur la formule (2)'.

§ III. — Lieu des centres de courbure de courbes dont la surface polaire est osculatrice de la courbe donnée.

124. *Coordonnées du lieu.* — Soit L la distance d'un point de la courbe donnée ds au point correspondant du lieu cherché, ρ_1 le rayon de courbure de ce lieu ds_1, $\rho^{(1)}$ le rayon de courbure d'une des courbes dont la surface polaire est osculatrice de la courbe donnée; d'après les équations $(d\sigma)$ du n° 109, on aura (*fig.* 18) les deux équations

$$(4) \qquad ds + dL = \rho^{(1)} d\varepsilon, \quad L\, d\varepsilon = -d\rho^{(1)}.$$

Si l'on élimine $\rho^{(1)}$ entre ces deux équations, on a l'équation différentielle du second ordre

$$\frac{d^2L}{d\varepsilon^2} + L + \frac{d\rho}{d\varepsilon} = 0.$$

Cette équation, étant intégrée, fait connaître L. Si l'on représente par a et b les deux constantes d'intégration, on obtient la valeur suivante de L :

$$L = a \sin\varepsilon + b\cos\varepsilon - \sin\varepsilon \int \rho \sin\varepsilon\, d\varepsilon - \cos\varepsilon \int \rho \cos\varepsilon\, d\varepsilon,$$

de sorte que l'on a les équations cartésiennes du lieu cherché

$$x_1 - x = \mathrm{L}(\cos\tau, x). \quad (3)$$

Différentielle de l'arc. — Si l'on différentie cette équation, on obtient la relation suivante :

$$ds_1 \cos(\tau_1, x) - ds \cos(\tau, x) = \mathrm{L}\, d\varepsilon \cos(\rho, x) + d\mathrm{L} \cos(\tau, x).$$

Si l'on multiplie les trois équations contenues dans ce type respectivement par $\cos(\tau, x)$, $\cos(\tau, y)$, $\cos(\tau, z)$ et qu'on ajoute, on obtiendra une première équation ; et si l'on opère de même par rapport aux cosinus que les deux autres axes mobiles ρ et ν font avec les trois axes fixes, on obtiendra deux nouvelles équations, de sorte que l'on a le système d'équations suivantes :

$$(ds_1) \qquad \begin{cases} ds_1 \cos(\tau_1, \tau) = ds + d\mathrm{L}, \\ ds_1 \cos(\tau_1, \rho) = \mathrm{L}\, d\varepsilon, \\ ds_1 \cos(\tau_1, \nu) = 0. \end{cases}$$

La dernière de ces trois équations montre que la tangente à la courbe ds_1 est perpendiculaire à la direction de la binormale de la courbe ds et que, par conséquent, cette tangente fait des angles complémentaires avec les directions τ et ρ.

On déduit les équations suivantes :

$$\frac{ds_1^2}{\mathrm{L}^2 d\varepsilon^2} = 1 + \left(\frac{\rho}{\mathrm{L}} + \frac{d\mathrm{L}}{\mathrm{L}\, d\varepsilon}\right)^2, \quad \cot(\tau_1, \tau) = \frac{\rho}{\mathrm{L}} + \frac{d\mathrm{L}}{\mathrm{L}\, d\varepsilon}.$$

$$(\alpha) \qquad \begin{cases} \cos(\tau_1, \nu) = 0, \\ \cos(\tau_1, \tau) = \dfrac{\dfrac{\rho}{\mathrm{L}} + \dfrac{d\mathrm{L}}{\mathrm{L}\, d\varepsilon}}{\sqrt{1 + \left(\dfrac{\rho}{\mathrm{L}} + \dfrac{d\mathrm{L}}{\mathrm{L}\, d\varepsilon}\right)^2}}, \\ \cos(\tau_1, \rho) = \dfrac{1}{\sqrt{1 + \left(\dfrac{\rho}{\mathrm{L}} + \dfrac{d\mathrm{L}}{\mathrm{L}\, d\varepsilon}\right)^2}}. \end{cases}$$

125. *Angles des axes mobiles.* — On se propose de calculer les angles que les trois axes mobiles de la nouvelle courbe font avec les axes mobiles de la courbe donnée. Or, si l'on

prend les variations des trois derniers cosinus, en appliquant le principe des courbures inclinées (49), on trouve les cosinus des angles que l'axe ρ_1 fait avec les axes τ, ρ, ν, et, en appliquant le théorème des carrés des cosinus, on trouve les cosinus des angles que l'axe ν_1 fait avec les mêmes axes. Ces six nouvelles formules sont

$$(\alpha)' \quad \left\{ \begin{aligned} \cos(\rho_1, \tau) &= -\sin(\tau_1, \tau)\,\frac{d\varepsilon + d(\tau_1, \tau)}{d\varepsilon_1}, \\ \cos(\rho_1, \rho) &= \quad \cos(\tau_1, \tau)\,\frac{d\varepsilon + d(\tau_1, \tau)}{d\varepsilon_1}, \\ \cos(\rho_1, \nu) &= -\cos(\tau_1, \rho)\,\frac{d\omega}{d\varepsilon_1}; \end{aligned} \right.$$

$$(\alpha)'' \quad \left\{ \begin{aligned} \cos(\nu_1, \tau) &= \sin^2(\tau_1, \tau)\,\frac{d\omega}{d\varepsilon_1}, \\ \cos(\nu_1, \rho) &= \cos(\tau_1, \tau)\sin(\tau_1, \tau)\,\frac{d\omega}{d\varepsilon_1}, \\ \cos(\nu_1, \nu) &= \frac{d\varepsilon + d(\tau_1, \tau)}{d\varepsilon_1}. \end{aligned} \right.$$

Si maintenant on prend la variation de $\cos(\nu_1, \nu)$, en appliquant le principe des courbures inclinées et en ayant égard aux formules que nous venons d'écrire, on a la nouvelle formule

$$d\omega_1 \cos(\rho_1, \nu) + d\omega \cos(\rho, \nu_1) = -\sin(\nu_1, \nu)\, d(\nu_1, \nu);$$

or on a les relations (*fig.* 19)

Fig. 19.

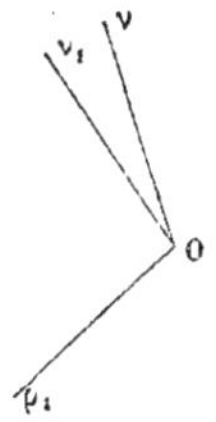

$$\sin(\nu, \nu_1) = \sin\left(\rho_1, \nu - \frac{\pi}{2}\right) = -\cos(\nu, \rho_1),$$

$$\cos(\rho, \nu_1) = -\cos(\rho_1, \nu)\cos(\tau, \tau_1);$$

donc, si l'on pose (τ, τ_1) égal à α et (ν, ν_1) égal à φ, on a une formule qui, ajoutée à celles que nous venons de calculer, forme le système suivant d'équations :

$$(1) \qquad -d\omega_1 + d\varphi + d\omega \cos\alpha = 0,$$

$$(2) \qquad d\varepsilon_1 \cos\varphi - d(\varepsilon + \alpha) = 0,$$

$$(3) \qquad d\varepsilon_1 \sin\varphi - d\omega \sin\alpha = 0,$$

$$(4) \qquad ds_1 \cos\alpha - (ds + dL) = 0,$$

$$(5) \qquad ds_1 \sin\alpha - L\,d\varepsilon = 0,$$

qui renferment toute l'économie géométrique de la courbe cherchée et sont surtout d'une grande utilité pour la résolution des questions inverses. On aurait pu les obtenir en éliminant ρ des formules (γ) du n° 98, au moyen des formules $(d\sigma)$ du n° 109, et en observant que, dans le cas présent (*fig.* 18), les arcs et les tangentes de la courbe ds sont comptés en sens contraire.

Arcs de contingence et de torsion. — En posant $\frac{dL}{d\varepsilon}$ égal à L', ces arcs sont donnés par les formules

$$(\varepsilon_1) \qquad \left\{ \begin{aligned} d\varepsilon_1^2 &= d\omega^2 \sin^2\alpha + [d(\varepsilon + \alpha)]^2, \\ \cot\alpha &= \frac{\rho}{L} + \frac{L'}{L}, \end{aligned} \right.$$

$$(\omega_1) \qquad \left\{ \begin{aligned} d\omega_1 &= d\varphi + d\omega \cos\alpha, \\ \cot\varphi &= \frac{d(\varepsilon + \alpha)}{d\omega \sin\alpha}. \end{aligned} \right.$$

126. *Rayon de courbure.* — Si l'on différentie la deuxième des équations précédentes, on trouve la variation de α

$$-d\alpha = \frac{d\left(\frac{\rho + L'}{L}\right)}{1 + \left(\frac{\rho + L'}{L}\right)^2}.$$

Si l'on porte cette valeur dans la première et qu'on élimine $\sin\alpha$ au moyen de la deuxième, on obtient l'expression suivante de la courbure :

$$\frac{L^2}{\rho_1^2}=\frac{\dfrac{d\omega^2}{d\varepsilon^2}\left[1+\left(\dfrac{\rho+L'}{L}\right)^2\right]+\left\{1+\left(\dfrac{\rho+L'}{L}\right)^2-\left[\dfrac{d}{d\varepsilon}\left(\dfrac{\rho}{L}\right)+\dfrac{d}{d\varepsilon}\left(\dfrac{L'}{L}\right)\right]\right\}^2}{\left[1+\left(\dfrac{\rho+L'}{L}\right)\right]^3};$$

or, si l'on remarque (*fig.* 20) que les trois axes ν, ν_1, ρ_1 sont

Fig. 20.

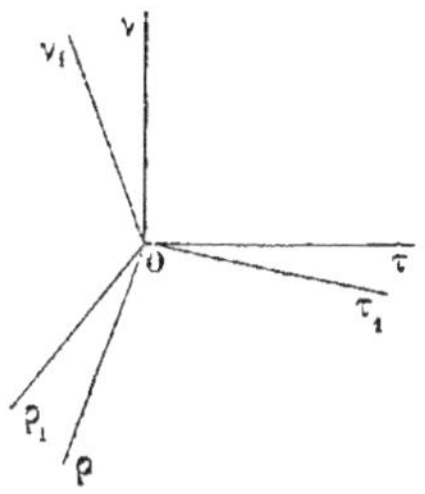

dans un même plan, puisqu'ils sont tous les trois perpendiculaires à τ, on a les relations

$$\cot(\nu_1,\nu)=-\operatorname{tang}(\rho_1,\nu)=\cot\varphi=\frac{d\varepsilon+d(\tau_1,\tau)}{d\omega\sin(\tau_1,\tau)}=\frac{d\varepsilon+d\alpha}{d\omega\sin\alpha};$$

d'après cela on a la formule

$$-\operatorname{tang}(\rho_1,\nu)=\frac{1+\left(\dfrac{\rho+L'}{L}\right)^2-d\left(\dfrac{\rho}{L}\right)-d\left(\dfrac{L'}{L}\right)}{\dfrac{d\omega}{d\varepsilon}\left[1+\left(\dfrac{\rho+L'}{L}\right)^2\right]^{\frac{1}{2}}}=\cot\varphi,$$

laquelle fait connaître la direction du rayon de courbure ρ_1.

Rayon de flexion. — De même, si l'on différentie la dernière des équations trouvées, on obtient celle-ci :

$$-\frac{d\varphi}{d\varepsilon}=\frac{\dfrac{d\omega^2}{d\varepsilon^2}\left[1+\left(\dfrac{\rho+L'}{L}\right)^2\right]}{\dfrac{d\omega^2}{d\varepsilon^2}\left[1+\left(\dfrac{\rho+L'}{L}\right)\right]^2+\left[1+\left(\dfrac{\rho+L'}{L}\right)^2-d\left(\dfrac{\rho}{L}\right)-d\left(\dfrac{L'}{L}\right)\right]^2}$$

$$\times\frac{d}{d\varepsilon}\left\{\frac{1+\left(\dfrac{\rho+L'}{L}\right)^2-d\left(\dfrac{\rho}{L}\right)-d\left(\dfrac{L'}{L}\right)}{\dfrac{d\omega}{d\varepsilon}\left[1+\left(\dfrac{\rho+L'}{L}\right)^2\right]^{\frac{1}{2}}}\right\},$$

qui, portée dans l'expression suivante de la flexion $\frac{1}{r}$, résultante de l'équation (1),

$$\frac{L}{r_1} = \frac{1}{\left[1+\left(\frac{\rho}{L}+\frac{L'}{L}\right)^2\right]^{\frac{1}{2}}}\left\{\frac{d\varphi}{d\varepsilon}+\frac{d\omega}{d\varepsilon}\,\frac{\left(\frac{\rho}{L}+\frac{L'}{L}\right)}{\left[1+\left(\frac{\rho}{L}+\frac{L'}{L}\right)^2\right]^{\frac{1}{2}}}\right\},$$

fait connaître cette courbure en fonction de ρ, de L et de r appartenant à la courbe donnée.

CHAPITRE VII.

DES COURBES TRACÉES SUR LA SURFACE RECTIFIANTE.

Nous avons défini (92) cette surface et dit de quelle manière on peut en avoir les équations ; nous allons maintenant étudier les courbes qui la caractérisent.

§ I. — Arête de rebroussement.

127. *Étude de cette courbe. Méthode géométrique. Relations angulaires.* — La droite rectifiante est l'intersection de deux plans rectifiants infiniment voisins, et, comme ils sont perpendiculaires chacune à chaque normale principale, il en résulte que cette intersection est perpendiculaire à deux normales principales infiniment voisines; donc la tangente de l'arête de rebroussement est la direction de $O\varpi$ dans notre *fig.* 7, n° 52. De là résulte que la première arête du trièdre des axes mobiles est $O\varpi$, que la deuxième est $O\rho$, et que la troisième est $O\lambda$. On a donc cette double proposition :

I. *L'arête de rebroussement de la surface rectifiante d'une courbe et la développante de cette courbe ont les trièdres des axes mobiles réciproques.*

II. *Si les coordonnées d'un point de la courbe sont connues en fonction d'une variable, les coordonnées d'un point de l'arête de rebroussement de la surface rectifiante sont également connues en fonction de la même variable, au moyen de simples quadratures et réciproquement.*

Il résulte de la première proposition que, si l'on se reporte aux formules du n° 52 et à la *fig.* 7, et qu'on représente les éléments de même nom de la courbe donnée et de l'arête de rebroussement de sa surface rectifiante par les mêmes lettres, celles qui se rapportent à la seconde étant affectées de l'indice ρ, on aura les équations suivantes :

$$(a)\quad\left\{\begin{array}{lll}\cos(\tau_\rho,\tau)=\cos H=-\dfrac{d\omega}{d\vartheta}, & \cos(\tau_\rho,\nu)=\sin H=\dfrac{d\varepsilon}{d\vartheta}, & \cos(\tau_\rho,\rho)=0,\\ \cos(\rho_\rho,\tau)=-\sin H=-\dfrac{d\varepsilon}{d\vartheta}, & \cos(\rho_\rho,\nu)=\cos H=-\dfrac{d\omega}{d\vartheta}, & \cos(\rho_\rho,\rho)=0,\\ \cos(\nu_\rho,\tau)=0, & \cos(\nu_\rho,\nu)=0, & \cos(\nu_\rho,\rho)=1.\end{array}\right.$$

On voit immédiatement que l'angle de deux positions infiniment voisines de la droite rectifiante est dH, et que l'angle de deux plans rectifiants est $d\vartheta$; on a donc aussi les relations

$$(b)\qquad d\varepsilon_\rho=dH,\quad d\omega_\rho=d\vartheta.$$

128. *Relations linéaires.* — Soit L_ρ la distance d'un point O de la courbe ds au point de rencontre L de deux droites rectifiantes infiniment voisines.

Le périmètre du triangle infinitésimal O O′ L (*fig.* 21), projeté

Fig. 21.

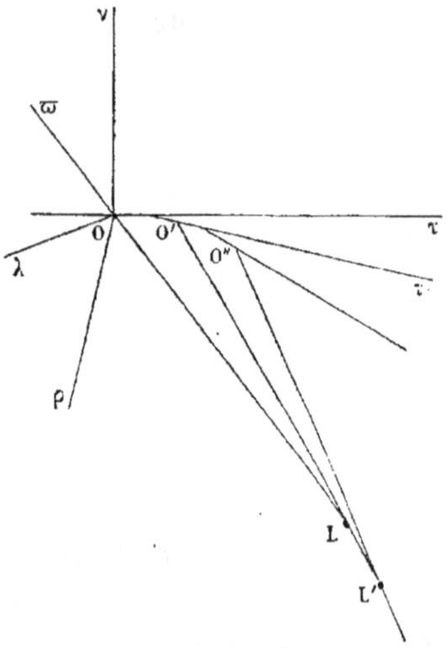

successivement sur les deux directions $O\varpi$, $O\lambda$, donne les équations suivantes :

$$(L_\rho)\qquad dL_\rho-ds_\rho=ds\cos H,\quad L_\rho\,dH=-ds\sin H;$$

de sorte que l'on a les deux relations

$$(L_\rho)' \quad L_\rho = -\frac{ds}{dH}\sin H, \quad \frac{ds_\rho}{dH} = \frac{d(L_\rho \sin H)}{\sin H\, dH} = -\frac{d\left(\dfrac{ds \sin^2 H}{dH}\right)}{\sin H\, dH}.$$

La première fait connaître la distance d'un point de la courbe au point correspondant de l'arête de rebroussement, et la seconde fait connaître l'élément de l'arc de cette arête.

Équations élémentaires. — Soient les équations élémentaires de la courbe ds,

$$(s') \qquad \frac{ds}{d\varepsilon} = f(\varepsilon), \quad \frac{d\omega}{d\varepsilon} = \psi(\varepsilon).$$

Si l'on a égard aux équations (b) du numéro précédent, on trouve

$$d\varepsilon_\rho = d\,\text{arc}(\cot = -\psi) = \frac{d\psi}{1+\psi^2},$$

$$d\omega_\rho = d\varepsilon\sqrt{1+\psi^2}.$$

Si l'on opère sur la seconde des équations $(L_\rho)'$ du présent numéro, on trouve sans difficulté l'équation

$$\frac{ds_\rho}{d\varepsilon_\rho} = -\frac{(1+\psi'^2)^{\frac{3}{2}}}{\psi'}\frac{d}{d\varepsilon}\left(\frac{f}{\psi'}\right).$$

Ces trois équations sont les équations élémentaires de l'arête de rebroussement.

129. *Méthode analytique.* — Les équations de l'arête de rebroussement de la surface rectifiante, si L_ρ était connue, seraient dans le système cartésien

$$(1) \qquad x - x_\rho = L_\rho \cos(\varpi, x) \quad (3);$$

si l'on différentie ces équations, on trouve

$$(2) \quad ds\cos(\tau, x) - ds_\rho \cos(\varpi, x) = L_\rho\, d\cos(\varpi, x) + L_\rho \cos(\varpi, x).$$

Or, si l'on rapporte les deux directions $O\varpi$, Ox aux trois axes mobiles $O\tau$, $O\nu$, $O\rho$ et qu'on remarque que $O\varpi$ et $O\rho$ sont perpendiculaires l'un à l'autre, et en s'appuyant sur les valeurs de $\cos(\varpi, \tau)$, $\cos(\varpi, \nu)$ données aux n°s 53 et 56, on trouvera la valeur suivante de $\cos(\varpi, x)$:

$$\cos(\varpi, x) = \cos H \cos(\tau, x) + \sin H \cos(\nu, x);$$

donc la différentielle est

$$\begin{aligned} d\cos(\varpi, x) &= dH \cos(\lambda, x) \\ &= -dH[\sin H \cos(\tau, x) - \cos H \cos(\nu, x)]. \end{aligned}$$

Si l'on porte ces valeurs dans l'équation (2), et qu'on identifie les coefficients de $\cos(\tau, x)$, $\cos(\nu, x)$, on obtient les deux équations suivantes :

$$(3) \qquad \left\{ \begin{aligned} (dL_\rho - ds_\rho)\cos H - L_\rho\, dH \sin H &= ds, \\ (dL_\rho - ds_\rho)\sin H + L_\rho\, dH \cos H &= 0, \end{aligned} \right.$$

qui forment un système équivalent au système (L_ρ) du n° 128.

Les équations angulaires (a) du n° 128 s'obtiennent aussi analytiquement. En effet, les équations de la première ligne résultent des données de la question : si l'on prend la variation de ces équations en appliquant le principe des courbures inclinées (49), on trouvera d'emblée les équations de la seconde ligne, et, en appliquant le théorème des trois cosinus, on trouvera les équations de la troisième ligne.

130. *Nouvelle forme des équations élémentaires.* — On peut se proposer d'obtenir ces équations en prenant pour variable indépendante une variable quelconque t : on trouvera ainsi

$$(d\varepsilon_\rho) \qquad d\varepsilon_\rho = -d \operatorname{arc}\left(\operatorname{tang} = \frac{d\varepsilon}{d\omega}\right) = \frac{d\varepsilon\, d^2\omega - d\omega\, d^2\varepsilon}{d\omega^2 + d\varepsilon^2},$$

$$(d\omega_\rho) \qquad d\omega_\rho = \quad d\vartheta = \sqrt{d\varepsilon^2 + d\omega^2},$$

$$(ds_\rho) \qquad \frac{ds_\rho}{d\varepsilon_\rho} = -\frac{(d\varepsilon^2 + d\omega^2)^{\frac{3}{2}}}{d\varepsilon(d\omega\, d^2\varepsilon - d\varepsilon\, d^2\omega)}\, d\left(\frac{ds\, d\varepsilon^2}{d\omega\, d^2\varepsilon - d\varepsilon\, d^2\omega}\right).$$

Rayons de courbure et de flexion. — On déduit sans difficulté des formules $(L_\rho)'$ du n° 128 et des formules (b) du n° 127 les expressions suivantes de ces deux rayons :

$$\rho_\rho = \frac{d(L_\rho \sin H)}{\sin H\, dH}, \qquad r_\rho = \frac{d(L_\rho \sin H)}{\sin H\, d\vartheta} = \frac{d(L_\rho \sin H)}{d\varepsilon}.$$

Équations cartésiennes. — Il suffit de remplacer, dans les équations (1) du numéro précédent, $\cos(\varpi, x)$ par sa valeur donnée dans le même numéro; on trouve

$$x - x_\rho = L_\rho[\cos H \cos(\tau, x) + \sin H \sin(\nu, x)] \quad (3).$$

Propriétés d'une courbe par rapport à sa surface rectifiante. — Une développante de la courbe donnée *ds* a ses tangentes parallèles aux rayons de courbure correspondants de cette courbe et par conséquent perpendiculaires aux plans rectifiants de cette même courbe; donc la surface rectifiante a son plan tangent perpendiculaire à la tangente de l'arc de la développante; de là on conclut cette proposition :

I. *La surface rectifiante d'une courbe est la surface polaire d'une quelconque des développantes de la courbe.*

De plus le plan osculateur de la courbe *ds* est perpendiculaire au plan rectifiant qui est le plan tangent de la surface rectifiante. Or la courbe géodésique d'une surface est la courbe dont le plan osculateur est perpendiculaire au plan tangent de la surface; on en conclut :

II. *Une courbe est, par rapport à sa surface rectifiante, une ligne géodésique.*

Applications. — Appliquons les théorèmes précédents à la spirale conique et à l'hélice circulaire. Comme ces deux courbes appartiennent l'une et l'autre à la classe des hélices, on reconnaît que la surface rectifiante pour ces deux courbes est la surface cylindrique que l'on obtient en menant, des divers points de la courbe, des parallèles à l'axe du cône donné s'il s'agit de la spirale conique, et à l'axe de l'hélice circulaire s'il s'agit de cette seconde courbe.

CHAPITRE VIII.

DES COURBES TRACÉES SUR LA SURFACE, LIEU DES NORMALES PRINCIPALES.

Objet du Chapitre. — Le lieu des normales principales d'une courbe donnée est une surface gauche sur laquelle se trouvent trois courbes ayant entre elles des relations intimes : 1° la courbe donnée ; 2° le lieu des centres de courbure de cette courbe ; 3° la ligne de striction de la surface gauche. Nous avons déjà étudié les deux premières, il nous reste à étudier la troisième courbe.

§ I. — De la ligne de striction.

131. ***Définition.*** — Si l'on détermine, sur chaque génératrice rectiligne d'une surface réglée gauche, le pied de la perpendiculaire commune à cette génératrice et à la génératrice infiniment voisine, le lieu des pieds de cette perpendiculaire est la *ligne de striction de la surface.*

Relations linéaires des éléments. — Soient Dd (*fig.* 22) la perpendiculaire commune à deux génératrices OM, $O'M'$ et $D'd'$ la perpendiculaire commune infiniment voisine ; DD' est la différentielle ds de l'arc de la ligne de striction. Soient : OE égale et parallèle à Dd ; i la projection du point E sur la génératrice $O'M'$; posons OD égale à r et projetons le périmètre du quadrilatère infinitésimal $ODD'O'$ successivement sur les directions des trois axes rectangulaires $O\rho$, $O\lambda$, $O\varpi$; si l'on remarque que dD a la direction de $O\varpi$ et que iE, située au-dessous du plan $OO'D'$, a celle de $O\lambda$, on aura les trois relations suivantes :

$$(ds_1)\qquad \begin{cases} ds_1\cos(\rho, ds_1) = dr, \\ ds_1\cos(\lambda, ds_1) = ds\cos(\lambda, ds) + r\,d\vartheta, \\ ds_1\cos(\varpi, ds_1) = ds\cos(\varpi, ds). \end{cases}$$

Or l'angle (λ, ds_1) ne diffère d'un angle droit que d'un infiniment petit; donc les deux angles $-(\rho, ds_1)$, (ϖ, ds_1) sont com-

Fig. 22.

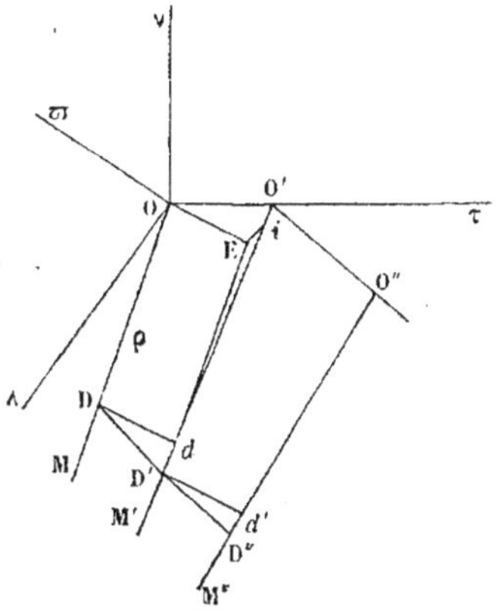

plémentaires; d'après cela, on a les trois nouvelles équations, en représentant par $-h$ l'angle (ρ, ds_1),

$$(ds_1)'\qquad \begin{cases} r = \dfrac{ds}{d\vartheta}\sin \mathrm{H} = \rho\sin^2\mathrm{H} = \rho\,\dfrac{d\varepsilon^2}{d\varepsilon^2 + d\omega^2} = \dfrac{\rho\tau^2}{\tau^2 + \rho^2}, \\ ds_1^2 = dr^2 + r^2\cot^2\mathrm{H}\,d\vartheta^2, \\ \cot h = \dfrac{dr}{r\cot\mathrm{H}\,d\vartheta}. \end{cases}$$

D'après ce qui précède, on voit que l'expression de la plus courte distance Δ, entre deux génératrices infiniment voisines, est donnée par la relation

$$(\Delta)\qquad \Delta = ds\cos\mathrm{H}.$$

Cette expression peut s'obtenir directement par cette considération que la plus courte distance de deux droites est la projection de la distance de deux points quelconques de ces deux droites sur leur perpendiculaire commune, et par conséquent la projection de ds sur la direction de $O\varpi$.

Point central. — Le point D pied de la perpendiculaire commune à la normale principale et à la normale principale infiniment voisine est le point central de cette génératrice. Or, si l'on remarque que le rayon de courbure de la courbe donnée est ρ, la distance du point D au centre de courbure M de la courbe ds sera MD, et l'on aura

$$MD = \rho - \rho \sin^2 H = \rho \cos^2 H$$

et par conséquent

$$\frac{MD}{DO} = \frac{\cos^2 H}{\sin^2 H} = \frac{d\omega^2}{d\varepsilon^2} = \frac{\rho^2}{r^2}.$$

Le point central divise le rayon de courbure de la courbe donnée proportionnellement aux carrés des rayons de courbure et de flexion de cette courbe.

132. *Procédé analytique.* — Pour avoir le point où la plus courte distance Δ de deux normales principales infiniment voisines rencontre la seconde normale principale, il suffit de faire passer un plan par la première et la plus courte distance : ce plan déterminera, par son intersection avec la seconde, le point cherché. Or l'équation de ce plan, en représentant par x_1, y_1, z_1 les coordonnées de la ligne de striction, donne

$$(b) \qquad S(x_1 - x)\cos(\lambda, x) = 0.$$

Les équations de la normale principale étant

$$\frac{x_1 - x}{\cos(\rho, x)} = \frac{y_1 - y}{\cos(\rho, y)} = \frac{z_1 - z}{\cos(\rho, z)},$$

les équations de la normale principale infiniment voisine seront

$$(x_1 - x)\, d\cos(\rho, z) = (z_1 - z)\, d\cos(\rho, x) + ds[\cos(\tau, x)\cos(\rho, z) - \cos(\rho, x)\cos(\tau, z)],$$

$$(y_1 - y)\, d\cos(\rho, z) = (z_1 - z)\, d\cos(\rho, y) + ds[\cos(\tau, y)\cos(\rho, z) - \cos(\rho, y)\cos(\tau, z)].$$

Or, si l'on substitue les valeurs de $(x_1 - x)$, $(y_1 - y)$ tirées de ces équations dans l'équation du plan, on aura l'équation résultante

$$\begin{aligned}(z_1 - z)\,\mathrm{S}\cos(\lambda, x)\,d\cos(\rho, x) \\ + ds\{\cos(\lambda, x)[\cos(\tau, x)\cos(\rho, z) - \cos(\rho, x)\cos(\tau, z)] \\ + \cos(\lambda, y)[\cos(\tau, y)\cos(\rho, z) - \cos(\rho, y)\cos(\tau, z)]\} = 0\end{aligned}$$

ou bien, après réduction,

$$(c) \qquad d\aleph(z_1 - z) + ds\cos(\lambda, \tau)\cos(\rho, z) = 0. \quad (3)$$

Les trois équations (c) donnent les coordonnées x_1, y_1, z_1 du point cherché ; ce sont donc les équations du point central.

Si l'on élève au carré ces trois équations et qu'on ajoute, on obtient la valeur de r déjà trouvée.

Équations différentielles. — Si nous écrivons les équations précédentes sous la forme

$$\frac{x_1 - x}{\cos(\rho, x)} = \frac{y_1 - y}{\cos(\rho, y)} = \frac{z_1 - z}{\cos(\rho, z)} = r$$

et qu'on différentie la première, on aura les trois équations contenues dans le type suivant :

$$ds_1\cos(t, x) = ds\cos(t, x) + dr\cos(\rho, x) + r\,d\aleph\cos(\lambda, x). \quad (3)$$

Si l'on multiplie respectivement ces trois équations, d'abord par le cosinus de l'angle que ρ fait avec les trois axes fixes, qu'on ajoute et qu'ensuite on opère de même par rapport aux cosinus des angles que λ et ϖ font avec les mêmes axes, on aura les trois équations suivantes, en remarquant que les angles (τ, ρ), (ρ, λ) (n°s 52 et suiv.) sont droits :

$$(ds_1) \qquad \left\{\begin{aligned} ds_1\cos(\rho, ds_1) &= dr, \\ ds_1\cos(\lambda, ds_1) &= ds\cos(\lambda, \tau) + r\,d\aleph, \\ ds_1\cos(\varpi, ds_1) &= ds\cos(\varpi, \tau). \end{aligned}\right.$$

Ces équations coïncident avec celles que nous avons déjà trouvées.

133. *Trièdre des axes mobiles.* — Soient $O\tau_1$, $O\rho_1$, $O\nu_1$ les trois axes mobiles du lieu ; on a posé l'angle (τ_1, ρ) égal à $-h$; les équations (ds_1) font connaître les angles que $O\tau_1$ fait avec les trois axes mobiles de la courbe ds. Or, si l'on prend les variations des cosinus de ces trois angles en appliquant le principe des courbures inclinées, on obtiendra les cosinus des angles que la direction $O\rho_1$ fait avec les mêmes axes mobiles; enfin, en remarquant que la somme des carrés des cosinus des angles que l'un des axes mobiles de la courbe ds_1 fait avec les trois axes mobiles de la courbe ds est l'unité, on aura les cosinus des angles que $O\nu_1$ fait avec les mêmes axes mobiles; de sorte que, si l'on remarque (52) que la variation angulaire de $O\varpi$ est $d\mathrm{H}$ et que les arêtes $O\rho$, $O\varpi$, $O\lambda$ coïncident avec les arêtes $O\tau'$, $O\nu'$, $O\rho'$ du trièdre dérivé du trièdre $(O\tau\nu\rho)$, on aura les neuf équations suivantes, formant trois groupes ternaires :

$$(a)\quad\left\{\begin{aligned}
&\cos(\tau_1, \tau') = \cos h,\\
&\cos(\rho_1, \tau') = -\sin h\,\frac{dh}{d\varepsilon_1},\\
&\cos(\nu_1, \tau') = \sin h\left(\frac{d8}{d\varepsilon_1}\cos h + \frac{d\mathrm{H}}{d\varepsilon_1}\sin h\right);\\
&\cos(\tau_1, \rho') = 0,\\
&\cos(\rho_1, \rho') = \frac{d8}{d\varepsilon_1}\cos h + \frac{d\mathrm{H}}{d\varepsilon_1}\sin h,\\
&\cos(\nu_1, \rho') = \frac{dh}{d\varepsilon_1};\\
&\cos(\tau_1, \nu') = \sin h,\\
&\cos(\rho_1, \nu') = \cos h\,\frac{dh}{d\varepsilon_1},\\
&\cos(\nu_1, \nu') = -\cos h\left(\frac{d8}{d\varepsilon_1}\cos h + \frac{d\mathrm{H}}{d\varepsilon_1}\sin h\right).
\end{aligned}\right.$$

A ces équations il faut joindre les trois suivantes, provenant, la première de la somme des carrés des équations du deuxième groupe, la deuxième de la division l'une par l'autre de $\cos(\nu_1, \rho')$ par $\cos(\rho_1, \rho')$, et la troisième de la variation de $\cos(\nu_1, \rho')$:

$$(d\varepsilon_1) \quad \begin{cases} d\varepsilon_1^2 = dh^2 + (d\vartheta \cos h + d\mathrm{H} \sin h)^2, \\ \operatorname{tang}(\rho_1, \rho') = \dfrac{dh}{d\vartheta \cos h + d\mathrm{H} \sin h}, \end{cases}$$

$$(d\omega_1) \qquad d\omega_1 = d(\rho_1, \rho') - \cos h\, d\mathrm{H} + \sin h\, d\vartheta.$$

Ces trois formules font connaître, les deux premières l'arc de contingence en grandeur et en direction, et la troisième l'angle de flexion de la courbe cherchée.

134. *Rayon de courbure. — Première méthode.* — Posons, pour abréger, $\frac{dr}{d\vartheta} = r'$ et $\frac{d\mathrm{H}}{d\vartheta} = \mathrm{H}'$; si l'on prend la variation de la troisième équation $(ds_1)'$ du n° **131**, on trouve

$$-dh = \frac{r^2 \cot^2 \mathrm{H}}{r'^2 + r^2 \cot^2 \mathrm{H}}\, d\left(\frac{r'}{r \cot \mathrm{H}}\right),$$

de sorte que, si l'on divise par ds_1^2 les deux membres de la première des équations $(d\varepsilon_1)$, on obtient l'expression suivante du rayon de courbure :

$$(\rho_1) \quad \begin{cases} \dfrac{1}{\rho_1^2} = \dfrac{r^2 \cot^2 \mathrm{H}}{(r'^2 + r^2 \cot^2 \mathrm{H})^3} \\ \quad \times \left[r^2 \cot^2 \mathrm{H} \, \overline{\dfrac{d}{d\vartheta}\left(\dfrac{r'}{r \cot \mathrm{H}}\right)}^2 + \dfrac{r'^2 + r^2 \cot^2 \mathrm{H}}{r^2 \cot^2 \mathrm{H}} (r' + r\mathrm{H}' \cot \mathrm{H})^2 \right]. \end{cases}$$

D'une autre part, si l'on remarque que, d'après les for-

Fig. 23.

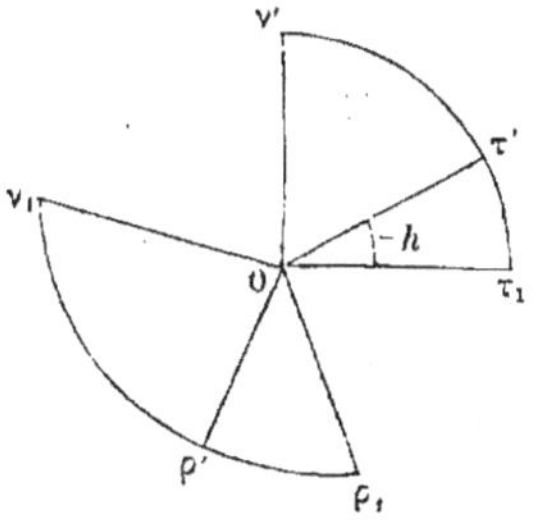

mules (a) (2ᵉ groupe), les trois axes $\mathrm{O}\rho'$, $\mathrm{O}\rho_1$, $\mathrm{O}\nu_1$ (*fig.* 23) sont dans un même plan perpendiculaire à $O\tau$, il en résulte que $O\rho'$, dont la direction est connue, fait des angles complémentaires avec les axes $O\rho_1$, $O\nu_1$, et conséquemment on a

$$(1) \qquad \sin(\rho_1, \rho') = \cos(\nu_1, \rho') = \frac{dh}{d\varepsilon_1};$$

de sorte que, pour connaître la direction du rayon de courbure ρ_1, il suffit de mener par le point O de la courbe un plan perpendiculaire à la tangente et dans ce plan, après avoir mené du point O une parallèle $O\rho'$ au rayon de courbure de la courbe donnée ds, de mener une ligne qui forme avec cette direction un angle dont le sinus est $\frac{dh}{d\varepsilon_1}$. Ainsi la formule

$$(1)' \qquad \sin(\rho_1, \rho') = -\frac{r^2 \cot^2 H}{r'^2 + r^2 \cot^2 H} \frac{d}{d\delta}\left(\frac{r'}{r \cot H}\right) \frac{d\delta}{d\varepsilon_1}$$

fait connaître la direction du rayon de courbure de la courbe cherchée ; mais il est mieux de construire cette direction par l'expression de la tangente du même angle

$$(2) \qquad \operatorname{tang}(\rho_1, \rho') = -\frac{r^2 \cot^2 H \frac{d}{d\delta}\left(\frac{r'}{r \cot H}\right)}{(r' + H' r \cot H)(r'^2 + r^2 \cot^2 H)^{\frac{1}{2}}}.$$

Si l'on pose $\frac{r \cot H}{r'} = v^{-1}$, cette dernière formule devient

$$(2)' \qquad \operatorname{tang}(\rho_1, \rho') = -\frac{\frac{dv}{d\delta}}{(v + H')(1 + v^2)^{\frac{1}{2}}},$$

et l'on trouve pour la courbure l'expression suivante :

$$\frac{r^2 \cot^2 H}{\rho_1^2} = \frac{dv^2}{(1 + v^2)^3 d\delta^2} + \frac{(v + H')^2}{(1 + v^2)^2}.$$

135. *Rayon de courbure. — Deuxième méthode.* — Si l'on remarque que l'on a identiquement

$$dh = -\frac{d \cot h}{1 + \cot^2 h}, \quad \cos h = \frac{\cot h}{\sqrt{1 + \cot^2 h}}, \quad \sin h = \frac{1}{\sqrt{1 + \cot^2 h}},$$

et que la valeur de ds_1 peut prendre la valeur suivante :

$$ds_1 = \frac{r'\,d\theta}{\cos h} = \frac{r'\,d\theta}{\cot h}\sqrt{1+\cot^2 h},$$

la première formule ($d\varepsilon_1$), divisée par ds_1^2, donne

$$\frac{1}{\rho_1^2} = \frac{d\varepsilon_1^2}{ds_1^2} = \frac{(d\cot h)^2}{(1+\cot^2 h)^3}\,\frac{\cot^2 h}{r'^2\,d\theta^2} + \frac{(d\theta\cot h + d\mathrm{H})^2}{(1+\cot^2 h)^2}\,\frac{\cot^2 h}{r'^2\,d\theta^2},$$

et conséquemment on a la relation

$$\frac{r'^2}{\rho_1^2} = \frac{\cot^2 h}{(1+\cot^2 h)^3}\left[\left(\frac{d\cot h}{d\theta}\right)^2 + (1+\cot^2 h)(\mathrm{H}'+\cot h)^2\right].$$

La troisième des équations $(ds_1)'$ donne

$$\cot h = \frac{r'}{r\cot \mathrm{H}}.$$

Posons $\cot h = v = \frac{1}{u}$; nous aurons les deux formes suivantes :

$$\frac{r^2\cot^2\mathrm{H}}{\rho_1^2} = u^2\,\frac{u'^2 + (1+u^2)(\mathrm{H}'u+1)^2}{(1+u^2)^3},$$

$$\frac{r'^2}{\rho_1^2} = v^2\,\frac{v'^2 + (1+v^2)(\mathrm{H}'+v)^2}{(1+v^2)^3},$$

que l'on peut écrire comme il suit :

$$\frac{\cos^2\mathrm{H}\cot^2 h}{1+\cot^2\mathrm{H}}\,\frac{\rho^2}{\rho_1^2} = v^2\,\frac{v'^2+(1+v^2)(\mathrm{H}'+v)}{(1+v^2)^3} = \frac{r'^2}{r^2}\,\frac{\rho^2}{\rho_1^2}\sin^4\mathrm{H}.$$

136. *Rayon de flexion.* — Si l'on divise les deux membres de l'équation ($d\omega_1$) par ds_1, en ayant égard aux valeurs de ds_1 et des sinus et cosinus de h fournis par les équations (ds_1), on aura l'équation suivante :

$$(\tau_1)\qquad \frac{1}{\tau_1} = \frac{1}{\sqrt{r'^2 + r^2\cot^2\mathrm{H}}}\left[\frac{d(\rho_1\rho')}{d\theta} - \frac{r'\mathrm{H}' - r\cot\mathrm{H}}{\sqrt{r'^2+r^2\cot^2\mathrm{H}}}\right].$$

Or, si l'on différentie l'équation (2), on trouve l'expression suivante de la variation de (ρ_1, ρ') :

$$\frac{d(\rho_1, \rho')}{d\vartheta} = -\frac{(r' + H' r \cot H)^2 (r'^2 + r^2 \cot^2 H) \dfrac{d}{d\vartheta}\left[\dfrac{r^2 \cot^2 H \dfrac{d}{d\vartheta} \dfrac{r'}{r \cot H}}{(r' + H' r \cot H)(r'^2 + r^2 \cot^2 H)}\right]}{(r' + H' r \cot H)^2 (r'^2 + r^2 \cot^2 H) + \left(r^2 \cot^2 H \dfrac{d}{d\vartheta} \dfrac{r'}{r \cot H}\right)^2}$$

et, en portant cette variation dans l'équation (ε_1), on obtient la valeur du rayon de deuxième courbure de la courbe ds_1, en fonction de r et de H, appartenant à la courbe proposée, ou, ce qui est la même chose, en fonction des rayons de courbure et de flexion de cette courbe.

Remarque I. — Le plan tangent à la surface réglée au point D est ODd. La normale à ce plan a la direction Oλ (*fig.* 22) : donc l'angle $\lambda\rho_1$ ou bien (ρ', ρ_1) est l'angle que le rayon de courbure ρ_1 fait avec la normale à ce plan ; c'est le complément de l'angle que le plan osculateur de ds_1 fait avec le plan tangent à la surface réglée.

Remarque II. — Les formules précédentes peuvent aussi se démontrer géométriquement (*voir* notre Mémoire sur le *Mouvement d'une droite*).

§ II. — Applications.

137. Problème I. — *Trouver la courbe telle que la ligne de striction de la surface réglée, lieu des normales principales de cette courbe, ait pour équation élémentaire sphérique une courbe donnée et coupe sous un angle constant les normales principales de cette courbe.*

Si l'on conserve la notation précédente et qu'on pose

$$(t_1, \rho) = -h, \quad \varphi = (\rho_1, \rho'),$$

les équations du problème sont

$$(1) \quad \left\{\begin{aligned} & ds_1 \sin h - r \cot H \, d\vartheta = 0, \\ & ds_1 \cos h - dr = 0, \\ & d\varepsilon_1 \cos\varphi - \cos h \, d\vartheta - \sin h \, dH = 0, \\ & d\varepsilon_1 \sin\varphi - dh = 0, \\ & d\omega_1 - d\varphi + \cos h \, dH - \sin h \, d\vartheta = 0, \end{aligned}\right.$$

dans lesquelles h est constant et $\frac{d\omega_1}{d\varepsilon_1}$ est une fonction de ε_1.

La quatrième équation donne $\varphi = 0$; donc le plan osculateur de la ligne de striction est perpendiculaire au plan tangent de la surface, lieu des normales principales de la courbe cherchée; donc cette ligne de striction est une ligne géodésique de la surface réglée.

La troisième et la cinquième équation deviennent

$$(2) \qquad \begin{cases} d\varepsilon_1 = \cos h\, d\text{8} + \sin h\, d\text{H}, \\ d\omega_1 = -\sin h\, d\text{8} + \cos h\, d\text{H}. \end{cases}$$

Si l'on représente par ε_1, ω_1 les intégrales de $d\varepsilon_1$, $d\omega_1$ comprenant chacune la constante arbitraire de l'intégration, on obtient les deux systèmes d'équations

$$(2)' \quad \begin{cases} \varepsilon_1 = \text{H} \sin h + \text{8} \cos h, & \text{H} = \varepsilon_1 \sin h + \omega_1 \cos h, \\ \omega_1 = \text{H} \cos h - \text{8} \sin h, & \text{8} = \varepsilon_1 \cos h - \omega_1 \sin h. \end{cases}$$

D'une autre part, les deux premières équations (1) donnent la suivante :

$$(3) \qquad \frac{dr}{r} = \cot h \cot \text{H}\, d\text{8};$$

si l'on représente par a une constante d'intégration, on a

$$(4) \quad \cos h (s_1 - s_{(1)}) = r = a e^{\cot h \int \cot(\varepsilon_1 \sin h + \omega_1 \cos h)(\cos h\, d\varepsilon_1 - \sin h\, d\omega_1)}.$$

Or nous avons déjà trouvé la relation (n° **131**)

$$ds = \frac{r}{\sin^2 \text{H}} d\varepsilon;$$

on aura donc

$$(5) \qquad \frac{ds}{d\varepsilon} = \frac{a e^{\cot h \int \cot(\varepsilon_1 \sin h + \omega_1 \cos h)(\cos h\, d\varepsilon_1 - \sin h\, d\omega_1)}}{\sin^2(\varepsilon_1 \sin h + \omega_1 \cos h)},$$

ce qui est l'expression du rayon de courbure de la courbe cherchée.

On a aussi

$$\frac{ds}{d\omega} = -\frac{r}{\sin \text{H} \cos \text{H}} = -\frac{2 a e^{\cot h \int \cot(\varepsilon_1 \sin h + \omega_1 \cos h)(\cos h\, d\varepsilon_1 - \sin h\, d\omega_1)}}{\sin 2(\varepsilon_1 \sin h + \omega_1 \cos h)},$$

qui est l'expression du rayon de flexion de la même courbe.

Pour avoir les trois équations élémentaires de cette courbe, remarquons que l'on a

$$d\varepsilon = \sin \mathrm{H}\, d\vartheta, \quad d\omega = -\cos \mathrm{H}\, d\vartheta;$$

conséquemment, les trois équations élémentaires sont

$$d\varepsilon = \sin(\varepsilon_1 \sin h + \omega_1 \cos h)(d\varepsilon_1 \cos h - d\omega_1 \sin h),$$
$$d\omega = (-d\varepsilon_1 \cos h + d\omega_1 \sin h)\cos(\varepsilon_1 \sin h + \omega_1 \cos h),$$

$$ds = \frac{r}{\sin \mathrm{H}}\, d\vartheta$$
$$= \frac{a e^{\cot h \int \cot(\varepsilon_1 \sin h + \omega_1 \cos h)(\cos h\, d\varepsilon_1 - \sin h\, d\omega_1)}}{\sin(\varepsilon_1 \sin h + \omega_1 \cos h)}(d\varepsilon_1 \cos h - d\omega_1 \sin h).$$

Dans toutes ces équations, ω_1 est une fonction connue de ε_1, qui est prise pour variable indépendante.

138. Problème II. — *Trouver la courbe de la classe des hélices qui satisfait à la seconde condition du problème précédent.*

Il suffit d'admettre que l'équation élémentaire sphérique de la courbe est $\dfrac{d\omega_1}{d\varepsilon_1} = m_1$, m_1 étant une constante égale à $\operatorname{tang}\alpha$; alors les équations $(2)'$ donnent

$$(2)' \quad \begin{cases} \mathrm{H} = \varepsilon_1(\sin h + m_1 \cos h) = \varepsilon_1 \dfrac{\sin(h+\alpha)}{\cos\alpha} = \mu\varepsilon_1, \\[2ex] \vartheta = \varepsilon_1(\cos h - m \sin h) = \varepsilon_1 \dfrac{\cos(h+\alpha)}{\cos\alpha} = \nu\varepsilon_1; \end{cases}$$

avec les conditions

$$\mu^2 + \nu^2 = \frac{1}{\cos^2\alpha}, \quad \frac{\mu}{\nu} = \operatorname{tang}(h+\alpha),$$

on trouve l'équation différentielle

$$(3)' \qquad \frac{dr}{r} = \nu \cot h \cot \mu\varepsilon_1\, d\varepsilon_1,$$

et, en représentant par a_1 la constante d'intégration, on a successivement

$$\log r = \frac{\nu}{\mu} \cot h \log \varepsilon_1 + \log a_1 \mu,$$

d'où

$$r = a_1\,\mu\varepsilon_1^{\frac{\nu}{\mu}\cot h} = a_1\,\mu\varepsilon_1^{\frac{\cot h}{\operatorname{tang}(h+\alpha)}} = a_1\,\mu\varepsilon_1^{\lambda},$$

λ étant une constante; on a donc

$$(4)' \qquad \cos h\,(s_1 - s_{(1)}) = r = a_1\,\mu\,\varepsilon_1^{\lambda},$$

$$(5)' \qquad \rho = \frac{r}{\sin^2 H} = \frac{a_1\,\mu\varepsilon_1^{\lambda}}{\sin^2 \mu\varepsilon_1},$$

$$(6)' \qquad \tau = -\frac{r}{\sin H \cos H} = -\frac{2a_1\,\mu\varepsilon_1^{\lambda}}{\sin 2\mu\varepsilon_1},$$

qui donnent les expressions des rayons de courbure et de flexion de la courbe.

Pour avoir les équations élémentaires, remarquons que $d\varepsilon = \nu \sin \mu\varepsilon_1\, d\varepsilon_1$, $d\omega = -\nu\, d\varepsilon_1 \cos\mu\varepsilon_1$; d'où, en renfermant les constantes arbitraires dans ε, ω, considérées comme intégrales de $d\varepsilon$ et de $d\omega$, on a les relations

$$\mu\varepsilon = -\nu\cos\mu\varepsilon_1, \quad \mu\omega = -\nu\sin\mu\varepsilon_1, \quad \omega^2 + \varepsilon^2 = \frac{\nu^2}{\mu^2},$$

$$ds = \frac{r}{\sin H}\,d\vartheta = \frac{\nu a_1\,\mu\varepsilon_1^{\lambda}}{\sin\mu\varepsilon_1}\,d\varepsilon_1.$$

Des deux premières on déduit la troisième, qui montre que la courbe élémentaire sphérique est de l'ordre des cycliques.

139. Problème III. — *Les mêmes choses sont posées que dans le problème I; la ligne de striction coupe les normales principales sous un angle variable.*

A la condition que $\dfrac{d\omega_1}{d\varepsilon_1}$ est donné, il faut ajouter que φ est une fonction de ε_1.

La quatrième des équations (1) du n° 137 donne

$$(1)' \qquad h = \int d\varepsilon_1 \sin\varphi;$$

d'après cela, la troisième et la cinquième des mêmes équations (1) donnent les deux suivantes, dans lesquelles les seconds membres sont des fonctions de ε_1:

$$(2) \qquad \left\{\begin{aligned} &d\vartheta \cos h + dH \sin h = d\varepsilon_1 \cos\varphi,\\ &d\vartheta \sin h - dH \cos h = d\omega_1 - d\varphi,\end{aligned}\right.$$

desquelles il faut déduire $d\vartheta$ et $d\mathrm{H}$ en fonction de la même variable ; or on a

$$(2)' \quad \left\{ \begin{aligned} d\vartheta &= \cos h \cos\varphi \, d\varepsilon_1 + \sin h \, (d\omega_1 - d\varphi), \\ d\mathrm{H} &= \sin h \cos\varphi \, d\varepsilon_1 - \cos h \, (d\omega_1 - d\varphi), \\ \vartheta &= \cos h \int \cos\varphi \, d\varepsilon_1 + \sin h \, (\omega_1 - \varphi), \\ \mathrm{H} &= \sin h \int \cos\varphi \, d\varepsilon_1 - \cos h \, (\omega_1 - \varphi). \end{aligned} \right.$$

D'après cela, l'équation (3) du n° **137** donne successivement

$$\frac{dr}{r} = \cot h \cot \left[\sin h \int \cos\varphi \, d\varepsilon_1 - \cos h (\omega_1 - \varphi)\right] \times \left[\cos h \cos\varphi \, d\varepsilon_1 + \sin h \, (d\omega_1 - d\varphi)\right],$$

$$(4') \quad \left\{ \begin{aligned} &\cos h \, (s_1 - s_0) = r \\ &\quad = a e^{\cot h \int [\cos h \cos\varphi \, d\varepsilon_1 + \sin h \, d(\omega_1 - \varphi)] \cot [\sin h \int \cos\varphi \, d\varepsilon_1 - (\omega_1 - \varphi) \cos h]}. \end{aligned} \right.$$

On obtient pareillement les rayons de courbure et de flexion en fonction de la variable ε_1 par les formules

$$(5') \qquad \rho = \frac{r}{\sin^2 \mathrm{H}}, \quad \tau = -\frac{2r}{\sin 2\mathrm{H}},$$

et les équations élémentaires de la courbe ds par les trois formules

$$(6)' \quad d\varepsilon = \sin \mathrm{H} \, d\vartheta, \quad d\omega = -\cos \mathrm{H} \, d\vartheta, \quad ds = \frac{r}{\sin \mathrm{H}} \, d\vartheta,$$

dans lesquelles il n'y a qu'à substituer les valeurs de H, ϑ, r, qui ont déjà été calculées.

140. Problème IV. — *Les mêmes choses que dans le problème I sont données, mais la seconde condition est remplacée par la première équation élémentaire de la ligne de striction.*

La quatrième équation (1) du n° **137** donne, en prenant ε_1 pour variable indépendante et en posant $h' = \frac{dh}{d\varepsilon_1}$, $h'' = \frac{d^2 h}{d\varepsilon_1^2}$,

$$(2)' \quad \sin\varphi = h', \quad \cos\varphi = \sqrt{1 - h'^2}, \quad d\varphi = \frac{h''}{\sqrt{1 - h'^2}},$$

et, par suite, les équations (2)′ du problème précédent donnent

$$(3)' \quad \begin{cases} \dfrac{d\vartheta}{d\varepsilon_1} = \cos h \sqrt{1-h'^2} + \sin h \left(\dfrac{d\omega_1}{d\varepsilon_1} - \dfrac{h''}{\sqrt{1-h'^2}} \right), \\[2ex] \dfrac{dH}{d\varepsilon_1} = \sin h \sqrt{1-h'^2} - \cos h \left(\dfrac{d\omega_1}{d\varepsilon_1} - \dfrac{h''}{\sqrt{1-h'^2}} \right). \end{cases}$$

Représentons $\dfrac{dr}{d\varepsilon_1}$, $\dfrac{ds_1}{d\varepsilon_1}$, $\dfrac{d\omega_1}{d\varepsilon_1}$ par r', π_1 et ψ_1; la deuxième des équations (1) du n° **137** donne

$$(4)' \qquad \cos h = \frac{r'}{\pi_1}, \quad \sin h = \frac{\sqrt{\pi_1^2 - (r')^2}}{\pi_1};$$

on en déduit, par la différentiation,

$$h' = -\frac{\pi_1 \dfrac{d}{d\varepsilon_1}\left(\dfrac{r'}{\pi_1}\right)}{\sqrt{\pi_1^2 - (r')^2}}, \quad h'' = -\frac{d}{d\varepsilon_1}\left[\frac{\pi_1 \dfrac{d}{d\varepsilon_1}\left(\dfrac{r'}{\pi_1}\right)}{\sqrt{\pi_1^2 - (r')^2}}\right];$$

et conséquemment on trouve

$$(5)' \quad \begin{cases} \dfrac{d\vartheta}{d\varepsilon_1} = \dfrac{\dfrac{r'}{\pi_1}\sqrt{\pi_1^2 - r'^2 - \pi_1^2 \overline{\dfrac{d}{d\varepsilon_1}\left(\dfrac{r'}{\pi_1}\right)}^2}}{\sqrt{\pi_1^2 - r'^2}} \\[3ex] \qquad + \dfrac{\sqrt{\pi_1^2 - r'^2}}{\pi_1} \left\{ \psi_1 + \dfrac{\sqrt{\pi_1^2 - r'^2}\, \dfrac{d}{d\varepsilon_1}\left[\dfrac{\pi_1 \dfrac{d}{d\varepsilon_1}\left(\dfrac{r'}{\pi_1}\right)}{\sqrt{\pi_1^2 - r'^2}}\right]}{\sqrt{\pi_1^2 - r'^2 - \pi_1^2 \overline{\dfrac{d}{d\varepsilon_1}\left(\dfrac{r'}{\pi_1}\right)}^2}} \right\}, \\[4ex] \dfrac{dH}{d\varepsilon_1} = \dfrac{\sqrt{\pi_1^2 - r'^2}}{\pi_1} \, \dfrac{\sqrt{\pi_1^2 - r'^2 - \pi_1^2 \overline{\dfrac{d}{d\varepsilon_1}\left(\dfrac{r'}{\pi_1}\right)}^2}}{\sqrt{\pi_1^2 - r'^2}} \\[3ex] \qquad + \dfrac{r'}{\pi_1} \left\{ \psi_1 + \dfrac{\sqrt{\pi_1^2 - r'^2}\, \dfrac{d}{d\varepsilon_1}\left[\pi_1 \dfrac{\dfrac{d}{d\varepsilon_1}\left(\dfrac{r'}{\pi_1}\right)}{\sqrt{\pi_1^2 - r'^2}}\right]}{\sqrt{\pi_1^2 - r^2 - \pi_1^2 \overline{\dfrac{d}{d\varepsilon_1}\left(\dfrac{r'}{\pi_1}\right)}^2}} \right\}. \end{cases}$$

Enfin on a, par la troisième des équations $(ds_1)'$ du n° 131, en ayant égard aux équations $(4)'$, les valeurs suivantes :

$$(6)' \qquad \cot H = \frac{\sqrt{\pi_1^2 - r'^2}}{r\dfrac{d\gamma}{d\varepsilon_1}}, \quad \sin^2 H = \frac{r^2 \dfrac{d\gamma^2}{d\varepsilon_1^2}}{\pi_1^2 - r'^2 + r^2 \dfrac{d\gamma^2}{d\varepsilon_1^2}},$$

desquelles on déduit successivement

$$-\frac{dH}{\sin^2 H\, d\varepsilon_1} = \frac{d}{d\varepsilon_1}\left(\frac{\sqrt{\pi_1^2 - r'^2}}{r\dfrac{d\gamma}{d\varepsilon_1}}\right).$$

Donc

$$-\frac{dH}{d\varepsilon_1}\,\frac{\pi_1^2 - r'^2 - r^2\dfrac{d\gamma^2}{d\varepsilon_1^2}}{r^2\dfrac{d\gamma^2}{d\varepsilon_1^2}} = \frac{d}{d\varepsilon_1}\left(\frac{\sqrt{\pi^2 - r'^2}}{r\dfrac{d\gamma}{d\varepsilon_1}}\right),$$

dans laquelle il n'y a plus qu'à substituer les valeurs

$$\frac{d\gamma}{d\varepsilon_1}, \quad \frac{dH}{d\varepsilon_1}$$

trouvées ci-dessus.

Telle sera l'équation différentielle résolvante entre les variables r et ε_1; cette équation étant intégrée, on aura r en fonction de ε_1. Si l'on porte cette valeur dans les équations $(4)'$ et $(2)'$, on aura h et φ en fonction de la même variable.

Ensuite les équations $(5)'$ feront connaître γ et H par de simples quadratures, et finalement les équations $(6)'$ du numéro précédent donneront les rapports de ds, $d\varepsilon$, $d\omega$ à $d\varepsilon_1$ en fonction de ε_1; on aura donc les équations élémentaires de la courbe ds; ce qu'il fallait démontrer.

SECTION III.

DES COURBES QUI DÉRIVENT D'UNE COURBE DONNÉE.

CHAPITRE IX.

DES DÉVELOPPÉES.

---

141. *Notice historique. — État de la question.* — Le problème des développées des courbes est une question des plus intéressantes de la Géométrie. De grands géomètres ne l'ont pas jugée indigne de leurs recherches, parce qu'elle se rattache de la manière la plus intime à la théorie des courbes.

Monge, dans un Mémoire présenté, en 1771 [1], à l'Académie des Sciences, signale, comme un perfectionnement d'une grande importance, « d'avoir démontré, le premier, qu'une courbe plane ou à double courbure a une infinité de développées et d'avoir donné la manière de trouver les équations de telle de ces courbes qu'on voudra ». Or sa manière de trouver les équations des développées consiste à poser trois équations différentielles que non-seulement il n'intègre pas, mais dont il ne prend pas la peine de donner l'équation résolvante. Quand on calcule cette équation d'après sa méthode, on tombe sur l'équation complète d'Euler, ce qui rend cette méthode d'une application impossible, tant que l'on n'a pas montré que cette équation peut s'intégrer.

Lancret a repris cette question dans les *Mémoires de l'Institut* (*Savants étrangers*, t. I et II) et démontré que l'on peut

---

[1] *Mémoires de l'Académie* (*Savants étrangers*), t. X.

obtenir les équations des développées en termes finis sans passer par l'équation d'Euler et en n'ayant à effectuer que de simples quadratures. Ce travail est certainement un des plus beaux qui aient été faits sur cette matière, et les géomètres qui, longtemps après lui, ont traité le même problème en le faisant dépendre soit d'une équation d'Euler incomplète, soit d'une équation linéaire du premier ordre, n'ont pas fait avancer la question, quelle que soit d'ailleurs la finesse des aperçus dont ils se sont servis pour arriver à l'équation résolvante. Cependant, il ne faut pas le méconnaître, le calcul de Lancret est compliqué, parce qu'il dépend de l'équation d'un plan touchant la courbe donnée et formant un angle donné avec le plan osculateur, ce qui le conduit à des éliminations embarrassées.

M. Molins, en 1844, est parvenu à donner les équations des développées en termes finis au moyen d'un calcul facile; mais ces équations sont sous forme implicite, par rapport aux coordonnées des développées.

M. Serret, en 1866, a donné ces mêmes équations sous forme explicite et par un procédé aussi facile qu'ingénieux.

Nous allons traiter cette question au moyen de la méthode exposée au Chapitre III, n° 61; cette méthode conduit directement aux expressions explicites et générales des coordonnées des développées, non-seulement du premier ordre, mais d'un ordre quelconque, ce qui n'avait pas encore été fait par les géomètres, et ces coordonnées, quel que soit l'ordre de la développée, ne dépendent que de simples quadratures. En effet, d'après le problème II du n° 61, lorsqu'on connaît la loi du mouvement de l'arête principale $O\tau$ du trièdre des axes mobiles, la loi du mouvement d'un trièdre intégral, d'ordre quelconque, ne dépend que de simples quadratures. Or, d'après le théorème énoncé au n° **116**, le trièdre des axes mobiles d'une développée est le trièdre intégral du trièdre propre à la courbe donnée; de là résulte que, si l'on connaît les équations d'une courbe en termes finis, la méthode conduit par de simples quadratures aux équations d'une développée d'ordre quelconque. Cette marche n'est, à proprement parler, qu'une conséquence et une application des théorèmes démontrés au Chapitre III.

Nous pourrions immédiatement poser les équations des développées en nous servant des formules données dans le problème des développantes, puisque ces formules, renfermant à la fois les éléments des développées et des développantes, sont également propres à la résolution de ces deux questions, inverses l'une de l'autre ; mais, à cause de l'importance de cette théorie, nous allons l'exposer par des considérations géométriques directes.

§ I. — Des développées premières.

142. *Théorèmes sur les développées.* — La théorie des développées est basée sur les propositions suivantes, qui résultent de la définition que nous avons donnée de ces courbes au n° 116.

Théorème I. — *Le trièdre des axes mobiles de la développante est le trièdre dérivé du trièdre des axes mobiles de la développée.*

Pour démontrer (*fig.* 14 et *fig.* 24) cette proposition, il suffit d'établir que la normale principale de la développée est parallèle à la tangente correspondante de la développante. En effet, un point infiniment voisin du point de contact du fil et un point de ce fil placé à une distance finie de ce point de contact décrivent des arcs infiniment petits parallèles. Or, à la limite, la direction du premier arc est celle de la normale principale de la développée, et la direction du second est celle de la tangente correspondante de la développante. Donc, etc.

Théorème II. — *La surface rectifiante de la développée est la surface polaire de la développante.*

En effet, chaque point de la développée est l'intersection de deux normales infiniment voisines de la développante ; donc il est situé à l'intersection de deux plans normaux infiniment voisins à cette courbe et par conséquent sur la génératrice de la surface polaire de la développante. Or, d'après le théorème précédent, cette génératrice est perpendiculaire à deux positions infiniment voisines de la normale principale de la développée : donc cette génératrice n'est pas distincte de la droite rectifiante de cette courbe. Donc, etc.

Fig. 24.

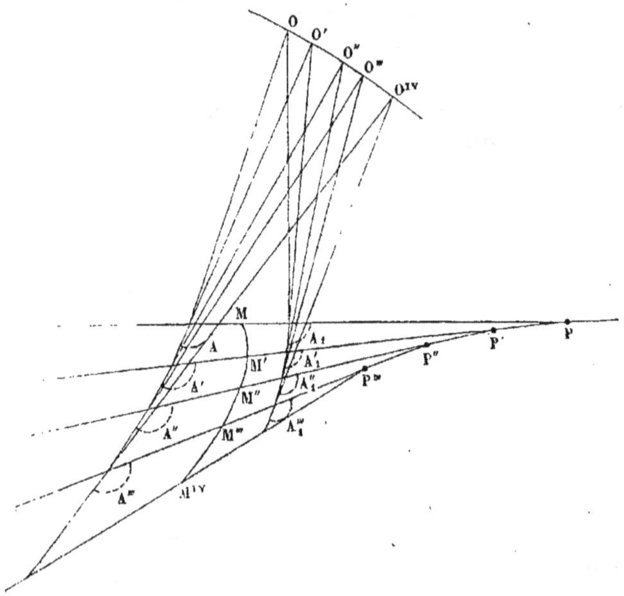

Corollaire I. — *La binormale de la développée est située dans le plan normal correspondant de la développante.*

En effet, le plan normal de la développante est perpendiculaire (I) à la normale principale de la développée : donc il contient à la fois la tangente et la binormale de la développée.

Corollaire II. — *Le plan osculateur de la développée est perpendiculaire au plan tangent de la surface polaire de la développante.*

En effet, ce plan osculateur contient la normale principale qui est perpendiculaire au plan normal de la développante (théorème II).

Corollaire III. — *Lorsqu'on développe la surface polaire de la développante sur un de ses plans tangents, la développée se transforme en ligne droite* (théorème II).

THÉORÈME III. — *L'arc de la développée est la différence des tangentes* T_1, T_0 *menées aux extrémités de cet arc jusqu'à la rencontre de la développante.*

En effet, si l'on enroule un fil d'une longueur T_1 sur cet arc, après avoir fixé l'une des extrémités du fil à une extrémité de l'arc, dans la première position le fil déroulé est T_1, et dans la seconde la partie enroulée est S et la partie déroulée est T_0; et comme, pendant l'enroulement, la longueur du fil T_1 n'a pas changé, il en résulte que l'on a la relation

$$(T_1) \qquad T_1 = \pm S + T_0,$$

qui établit le théorème énoncé.

THÉORÈME IV. — *Il existe une infinité de développées d'une courbe.*

Par un point pris sur la développante menez une normale : elle touchera la surface polaire de cette courbe ; par un point infiniment voisin menez une seconde normale qui rencontre la première : l'intersection de ces deux droites est située sur l'intersection des plans normaux à la développante en ces deux points. Continuez cette construction, et l'ensemble des normales forme une surface développable dont l'arête de rebroussement est une développée de la courbe. Comme la première normale est tout à fait arbitraire, il en résulte qu'il y a une infinité de développées de la courbe et que toutes les développées sont situées sur la surface polaire de cette courbe. Or il est évident que chacune des courbes ainsi obtenues est une développée de la courbe donnée, puisque les deux conditions contenues dans la définition de la développée sont satisfaites.

THÉORÈME V. — *L'angle sous lequel se coupent les tangentes à deux développées en des points situés sur une même génératrice est constant, quelle que soit cette génératrice.*

Il est d'abord évident (*fig.* 14 et 24) que les tangentes à deux développées en des points situés sur la même génératrice se rencontrent sur la développante, puisque ce sont les positions des fils situés dans le même plan tangent à la surface polaire. Cela posé, soient $A, A', A'', \ldots, A^{(n)}$ les angles des tangentes successives de la première développée avec les génératrices correspondantes ; on aura la suite des égalités

$$A' = A + d\omega,\quad A'' = A' + d\omega',\quad A''' = A'' + d\omega'', \ldots,$$
$$A^{(n)} = A^{(n-1)} + d\omega^{(n-1)},$$

et, en faisant la somme, on trouve

$$A^{(n)} - A = \Sigma d\omega.$$

Si $A_1, A'_1, A''_1, \ldots, A_1^{(n)}$ sont les angles des tangentes successives de la seconde développée avec les génératrices correspondantes, on trouvera de même

$$A_1^{(n)} - A_1 = \Sigma d\omega,$$

et conséquemment

$$A^{(n)} - A = A_1^{(n)} - A_1 ;$$

cette égalité établit le théorème énoncé.

Corollaire. — *Le développement de la surface polaire sur un plan tangent n'altère pas l'angle formé par les tangentes à deux développées en deux points situés sur une même génératrice.*

Distance de deux points correspondants de la développante et de la développée. — Soit T cette distance, d'après ce qui précède, l'angle qu'elle fait avec l'axe polaire est $A_0 + \int d\omega$, et, comme sa projection sur le rayon de courbure est égale à ce rayon, on a

$$(\rho) \qquad \rho = T \sin(A + \textstyle\int d\omega).$$

Différentielle de l'arc. — Le théorème III donne la différentielle de l'arc égale à dT ; on a donc la relation

$$(ds) \qquad dS = -d\,\frac{\rho}{\sin(A_0 + \int d\omega)}.$$

143. Problème I. — *Étant données les équations élémentaires d'une courbe, trouver les équations élémentaires de sa développée.*

Représentons les éléments de même nom de la courbe et de sa développée par les mêmes lettres, les lettres qui se rapportent à la développée étant affectées de l'indice -1. D'après les conditions du problème, ds, $d\varepsilon$, $d\omega$, divisées par la différentielle de la variable t qui fixe la position du point, sont connues en fonction de t; cela posé, d'après le théorème I du n° 142, le trièdre des axes mobiles de la courbe est le trièdre dérivé du trièdre des axes mobiles de la développée; donc les équations $(2)'$ et (3) du n° 56 donnent les relations suivantes :

$$(H_{-1})\quad \left\{ \begin{aligned} &\sin H_{-1} = \frac{d\varepsilon_{-1}}{d\varepsilon}, \quad \cos H_{-1} = -\frac{d\omega_{-1}}{d\varepsilon}, \quad d\varepsilon^2 = d\varepsilon_{-1}^2 + d\omega_{-1}^2, \\ &\operatorname{tang} H_{-1} = -\frac{d\varepsilon_{-1}}{d\omega_{-1}}, \quad dH_{-1} = d\omega; \end{aligned} \right.$$

la dernière de ces équations étant intégrée donne, en représentant par ω_0 la constante d'intégration,

$$H_{-1} = \omega_0 + \int d\omega;$$

par suite, les deux premières équations donneront

$$(\varepsilon_{-1})\qquad d\varepsilon_{-1} = d\varepsilon \sin\left(\omega_0 + \int d\omega\right),$$

$$(\omega_{-1})\qquad d\omega_{-1} = - d\varepsilon \cos\left(\omega_0 + \int d\omega\right).$$

D'une autre part on a, en vertu du théorème III du n° 142, et en vertu de l'équation (ds) du même numéro, les équations successives

$$(s_{-1})\quad \left\{ \begin{aligned} ds_{-1} &= -dT = -d\,\frac{\rho}{\sin\left(\omega_0 + \int d\omega\right)} \\ &= -d\left(\frac{ds}{d\varepsilon \sin H_{-1}}\right) = -d\left(\frac{ds}{d\varepsilon_{-1}}\right). \end{aligned} \right.$$

Ces trois dernières équations sont les équations élémentaires de la développée.

Rayons de première et de deuxième courbure. — Si l'on divise les membres des équations (s_{-1}) successives précédentes par $d\varepsilon_{-1}$, on aura les équations suivantes :

$$(\rho_{-1})\left\{\begin{aligned}\rho_{-1} &= \frac{ds_{-1}}{d\varepsilon_{-1}} = -\frac{dT}{d\varepsilon_{-1}} = -\frac{d}{d\varepsilon\sin(\omega_0+\int d\omega)}\left[\frac{\rho}{\sin(\omega_0+\int d\omega)}\right]\\ &= -\frac{d}{d\varepsilon\sin H_{-1}}\left(\frac{ds}{d\varepsilon\sin H_{-1}}\right) = -\frac{d}{d\varepsilon_{-1}}\left(\frac{ds}{d\varepsilon_{-1}}\right).\end{aligned}\right.$$

Si l'on développe les différentiations, on obtient la relation suivante :

$$\rho_{-1} = -\frac{1}{\sin H_{-1}}\left(\frac{d\rho}{d\varepsilon_{-1}} - \frac{\rho^2\cos H_{-1}}{\tau\sin^2 H_{-1}}\right).$$

On obtiendra, en opérant de la même manière, les équations suivantes que donnent les expressions du rayon de torsion de la développée

$$(\tau_{-1})\left\{\begin{aligned}\tau_{-1} &= \frac{ds_{-1}}{d\omega_{-1}} = -\frac{dT}{d\omega_{-1}} = \frac{d}{d\varepsilon\cos(\omega_0+\int d\omega)}\left[\frac{\rho}{\sin(\omega_0+\int d\omega)}\right]\\ &= \frac{d}{d\varepsilon\cos H_{-1}}\left(\frac{ds}{d\varepsilon\sin H_{-1}}\right) = -\frac{d}{d\omega_{-1}}\left(\frac{ds}{d\varepsilon_{-1}}\right).\end{aligned}\right.$$

Si l'on développe les différentiations, on aura la nouvelle relation

$$(\tau_{-1})' \qquad \tau_{-1} = \frac{1}{\cos H_{-1}}\left(\frac{d\rho}{d\varepsilon_{-1}} - \frac{\rho^2\cos H_{-1}}{\tau\sin^2 H_{-1}}\right),$$

qui est évidente par elle-même par suite de la quatrième des équations (H_{-1}).

Supposons maintenant que la variable indépendante soit ε, et que les équations élémentaires de la courbe donnée soient

$$\frac{ds}{d\varepsilon} = f(\varepsilon), \quad \frac{d\omega}{d\varepsilon} = \psi(\varepsilon);$$

on a, d'une part, la relation

$$\frac{ds_{-1}}{d\varepsilon_{-1}} = \rho_{-1} = -\frac{1}{\sin^2 H_{-1}}\left[f'(\varepsilon) - f(\varepsilon)\psi(\varepsilon)\frac{\cos H_{-1}}{\sin H_{-1}}\right],$$

dans laquelle

$$H_{-1} = \int\psi(\varepsilon)\,d\varepsilon + \omega_0;$$

d'une autre part, on a aussi la relation

$$\frac{d\omega_{-1}}{d\varepsilon_{-1}} = -\cot H_{-1} = -\cot[\omega_0 + \int \psi(\varepsilon)\, d\varepsilon];$$

telles sont les équations naturelles de la développée.

144. Problème II. — *Connaissant les équations différentielles du premier ordre d'une courbe qui font connaître les cosinus des angles de la tangente, et la différentielle de l'arc en fonction de la variable indépendante, trouver les équations différentielles du même ordre et de même forme de la développée.*

Puisque les cosinus τ_x, τ_y, τ_z sont connus en fonction de la variable t, les angles de courbure et de torsion $d\varepsilon$, $d\omega$ sont connus en fonction de la même variable par suite des équations (6) et (9) du n° 54; or les équations (21) du n° 61 donnent les trois équations contenues dans le type suivant :

$$d\tau_{x-1} = \tau_x\, d\varepsilon \sin(\omega_0 + \int d\omega),$$

et, par suite, l'intégration de ces équations, en comprenant la constante sous le signe $\int$, donne les trois équations suivantes :

$$\tau_{x-1} = \int \tau_x\, d\varepsilon \sin(\omega_0 + \int d\omega). \quad (3)$$

La différentielle de l'arc de la développée est donnée par la relation

$$ds_{-1} = -d\left[\frac{ds}{d\varepsilon \sin(\omega_0 + \int d\omega)}\right].$$

Cette dernière équation forme, avec les trois précédentes, la solution complète du problème proposé.

145. Problème III. — *Étant données les coordonnées d'un point quelconque d'une courbe en fonction de la variable indépendante t, calculer les coordonnées du point correspondant de la développée.*

Première solution. — Elle se déduit de la propriété énoncée des trièdres des axes mobiles des deux courbes. En effet, si l'on intègre les équations différentielles du problème précédent, on trouve les trois équations suivantes, en comprenant la constante sous le signe intégral :

$$x_{-1} = \int ds_{-1} \int \tau_x \, d\varepsilon \sin(\omega_0 + \int d\omega). \quad (3)$$

ces équations font connaître les trois coordonnées d'un point quelconque de la développée, en fonction de la variable indépendante, et elles ont cela de remarquable, qu'elles donnent l'expression complète de chaque coordonnée, au moyen d'une seule intégrale double, en laquelle se trouvent condensés tous les termes du second membre.

Réduction de l'intégrale double. — Si l'on veut mettre ces termes en évidence, on intégrera par parties l'intégrale double du second membre, et l'on obtiendra

$$\int ds_{-1} \int \tau_x \, d\varepsilon \sin(\omega_0 + \int d\omega) = -\frac{\rho}{\sin H_{-1}} \int \tau_x \, d\varepsilon \sin H_{-1} + \int \tau_x \rho \, d\varepsilon.$$

Or, si l'on remarque que la dernière intégrale est égale à x, on a les équations

$$x_{-1} - x = -\frac{\rho}{\sin H_{-1}} \int \tau_x \, d\varepsilon \sin H_{-1}, \quad (3)$$

qui font connaître les coordonnées d'un point quelconque de la développée, au moyen d'une simple intégrale.

Si, de plus, on remarque que, par suite des formules (12) du n° 54, on a

$$\int \tau_x d\varepsilon \sin(\omega_0 + \int d\omega) = -\int \nu_x d\omega \sin(\omega_0 + \int d\omega) - \int d\rho_x \sin(\omega_0 + \int d\omega),$$

l'intégration par parties donnera la forme suivante au second membre :

$$\cos(\omega_0 + \int d\omega)\,\nu_x - \int \cos(\omega_0 + \int d\omega)\, d\nu_x$$
$$- \rho_x \sin(\omega_0 + \int d\omega) + \int \rho_x \cos(\omega_0 + \int d\omega)\, d\omega,$$

et, comme les intégrales se détruisent en vertu de la deuxième des équations (21) du n° 61, on obtient les équations

$$(x) \qquad x_{-1} - x = -\rho\,[\nu_x \cot(\omega_0 + \int d\omega) - \rho_x]; \quad (3)$$

telles sont les formules que nous voulions établir.

Seconde méthode. — Projetons la distance T sur les trois axes mobiles de la courbe proposée; nous aurons les équations suivantes :

$$\frac{x_{-1} - x}{\tau_{x-1}} = \frac{y_{-1} - y}{\tau_{y-1}} = \frac{z_{-1} - z}{\tau_{z-1}} = \mathrm{T}.$$

Or, si l'on remarque que les cosinus des angles que T fait avec les trois axes mobiles $O\tau$, $O\nu$, $O\rho$ sont

$$0, \quad -\cos \mathrm{H}_{-1}, \quad \sin \mathrm{H}_{-1},$$

on aura

$$\cos(\tau_{-1}, x) = -\cos \mathrm{H}_{-1} \cos(\nu, x) + \sin \mathrm{H}_{-1} \cos(\rho, x);$$

et conséquemment, en ayant égard à la valeur de T, on a les trois équations contenues dans le type suivant :

$$x_{-1} - x = \rho\,(-\nu_x \cot \mathrm{H}_{-1} + \rho_x) \quad (3)$$

ou bien

$$-x_{-1} + x = \rho\,[\nu_x \cot(\textstyle\int d\omega - \omega_0) - \rho_x], \quad (3)$$

qui concorde avec celle que nous venons de trouver.

§ II. — Des développées successives.

146. *Définition et notation.* — On appelle *développée du second ordre* d'une courbe la développée de la développée de cette courbe ; développée du troisième ordre, la développée de la développée du second ordre, et en général développée du $n^{ième}$ ordre d'une courbe la développée de la développée d'ordre $n - 1$.

Nous représentons les éléments de même nom de ces différentes courbes par les mêmes lettres affectées de l'indice inférieur qui marque l'ordre de la développée, cet indice étant affecté du signe —.

Problème IV. — *Étant données les équations élémentaires d'une courbe, trouver les équations élémentaires de la développée du deuxième ordre.*

On a les équations

$$(\alpha) \begin{cases} \sin \mathrm{H}_{-2} = \dfrac{d\varepsilon_{-2}}{d\varepsilon_{-1}}, \quad \cos \mathrm{H}_{-2} = -\dfrac{d\omega_{-2}}{d\varepsilon_{-1}}, \quad \operatorname{tang} \mathrm{H}_{-2} = -\dfrac{d\varepsilon_{-2}}{d\omega_{-2}}; \\ d\mathrm{H}_{-2} = d\omega_{-1}, \quad d\varepsilon_{-1}^2 = d\varepsilon_{-2}^2 + d\omega_{-2}^2. \end{cases}$$

On tire de là, en ayant égard aux équations trouvées au n° 141,

$$\text{(H)}\qquad H_{-2} = \Omega_{-1} + \int d\omega_{-1} = \Omega_{-1} - \int \cos H_{-1}\, d\varepsilon,$$

Ω_{-1} étant la constante arbitraire. On obtient, par suite, les deux équations suivantes :

$$(\varepsilon)\qquad \begin{cases} d\varepsilon_{-2} = d\varepsilon_{-1} \sin(\Omega_{-1} + \int \cos H_{-1}\, d\varepsilon), \\ d\omega_{-2} = - d\varepsilon_{-1} \cos(\Omega_{-1} - \int \cos H_{-1}\, d\varepsilon), \end{cases}$$

qui sont les équations de la caractéristique sphérique de la seconde développée.

D'une autre part, on a les relations

$$(s)\qquad \begin{cases} ds_{-2} = - dT_{-1} = - d\left(\dfrac{ds_{-1}}{d\varepsilon_{-1} \sin H_{-2}}\right) \\ \qquad = - d\,\dfrac{ds_{-1}}{d\varepsilon_{-2}} = d\left[\dfrac{d}{d\varepsilon_{-2}}\left(\dfrac{ds}{d\varepsilon_{-1}}\right)\right]. \end{cases}$$

Or, comme $d\varepsilon_{-1}$, $d\varepsilon_{-2}$ sont données en fonction de ε par les relations précédentes, on a l'équation de la caractéristique plane de la seconde développée.

Rayons de courbure et de flexion. — On a les équations

$$ds_{-2} = - dT_{-1}, \quad d\varepsilon_{-2} = \sin H_{-1} \sin H_{-2}\, d\varepsilon,$$
$$d\omega_{-2} = - \cos H_{-2} \sin H_{-1}\, d\varepsilon,$$

et, en divisant la première par la seconde, on trouve

$$(\rho)\qquad \rho_{-2} = \frac{ds_{-2}}{d\varepsilon_{-2}} = - \frac{dT_{-1}}{\sin H_{-1} \sin H_{-2}\, d\varepsilon} \quad \text{ou bien} \quad - \frac{TT_{-1}}{\rho\rho_{-1}} \frac{dT_{-1}}{d\varepsilon} = \rho_{-2}$$

et conséquemment

$$(\rho')\qquad \rho_{-2} = \frac{\dfrac{d}{d\varepsilon}\left[\dfrac{d}{d\varepsilon_{-2}}\left(\dfrac{ds}{d\varepsilon_{-1}}\right)\right]}{\sin H_{-2} \sin H_{-1}},$$

$$(r)\qquad r_{-2} = - \frac{\dfrac{d}{d\varepsilon}\,\dfrac{d}{d\varepsilon_{-2}}\,\dfrac{ds}{d\varepsilon_{-1}}}{\cos H_{-2} \sin H_{-1}}.$$

Ces deux équations permettent donc d'exprimer les rayons

de courbure et de torsion de la développée deuxième en fonction de sa variable indépendante.

147. Problème V. — *Étant données les mêmes conditions que dans le problème II, trouver la direction de la tangente et la longueur de l'élément de la développée deuxième.*

On a l'équation

$$(\tau) \qquad \tau_{x-2} = \int \tau_{x-1}\, d\varepsilon_{-1} \sin \mathrm{H}_{-2}.$$

Or, si l'on a égard aux valeurs de $d\varepsilon_{-1}$, H_{-2} trouvées dans le problème IV et à la valeur de τ_{x-1} trouvée dans le problème II, on obtient les équations suivantes :

$$(\tau)' \qquad \tau_{x-2} = \int d\varepsilon \sin \mathrm{H}_{-1} \sin \mathrm{H}_{-2} \int d\varepsilon \sin \mathrm{H}_{-1} \tau_x, \quad (3)$$

dans lesquelles il faut remplacer H_{-1}, H_{-2} par les valeurs précédemment trouvées (**143**, **146**) ; on obtient ainsi les trois équations contenues dans le type suivant :

$$\left.\begin{aligned} \tau_{x-2} = \int d\varepsilon \sin\left[\Omega_{-1} - \int d\varepsilon \cos\left(\Omega_0 + \int d\omega\right)\right] \\ \times \sin\left(\Omega_0 + \int d\omega\right) \int d\varepsilon \tau_x \sin\left(\Omega_0 + \int d\omega\right), \end{aligned}\right\} \quad (3)$$

auxquelles il faut joindre l'équation

$$ds_{-2} = d\,\frac{d}{d\varepsilon_{-2}}\,\frac{ds}{d\varepsilon_{-1}}.$$

148. Problème VI. — *Étant données les coordonnées d'un point quelconque d'une courbe, calculer les coordonnées du point correspondant de la développée deuxième.*

Première solution. — Si l'on remplace, dans l'équation $(\tau)'$ du n° **147**, τ_{x-2} par sa valeur $\dfrac{dx_{-2}}{ds_{-2}}$ et que l'on intègre, on obtient les trois équations contenues dans le type suivant :

$$x_{-2} = \int ds_{-2} \int d\varepsilon \sin \mathrm{H}_{-1} \sin \mathrm{H}_{-2} \int d\varepsilon \sin \mathrm{H}_{-1} \tau_x, \quad (3)$$

qui font connaître les coordonnées de la courbe cherchée en fonction de la variable indépendante.

Ces équations ont une forme remarquable en ce que les

coordonnées de la développée seconde sont exprimées, chacune par une intégrale triple, dans laquelle se trouvent condensés tous les termes du second membre.

Deuxième solution. — On a les équations

$$x_{-1} - x = \rho(-\nu_x \cot H_{-1} + \rho_x),$$
$$x_{-2} - x_{-1} = \rho_{-1}(-\nu_{x-1} \cot H_{-2} + \rho_{x-1});$$

si on les ajoute membre à membre, on obtient l'équation résultante

$$x_{-2} - x = \rho_{-1}(-\nu_{x-1} \cot H_{-2} + \tau_x) + \rho(-\nu_x \cot H_{-1} + \rho_x).$$

Or, si l'on se rapporte à la figure sphérique (7) du n° 50, on a

$$\nu_{x-1} = \nu_x \sin H_{-1} + \rho_x \cos H_{-1};$$

en ayant égard à cette valeur et en ordonnant, on trouve la formule suivante :

$$x_{-2} - x = \tau_x \rho_{-1} - \nu_x(\rho \cot H_{-1} + \rho_{-1} \cot H_{-2} \sin H_{-1})$$
$$+ \rho_x(\rho - \rho_{-1} \cos H_{-1} \cot H_{-2}).$$

149. Problème VII. — *Étant données les équations élémentaires d'une courbe ds, trouver les équations élémentaires d'une développée d'un ordre quelconque.*

1° On a les équations

$$\frac{d\varepsilon_{-n}}{d\varepsilon_{-n+1}} = \sin H_{-n}, \quad \frac{d\varepsilon_{-n+1}}{d\varepsilon_{-n+2}} = \sin H_{-n+1}, \quad \ldots, \quad \frac{d\varepsilon_{-1}}{d\varepsilon} = \sin H_{-1};$$

on en déduit

$$(\varepsilon_{-n}) \qquad \frac{d\varepsilon_{-n}}{d\varepsilon} = \sin H_{-1} \sin H_{-2} \ldots \sin H_{-n}.$$

D'une autre part, on a aussi les équations

$$(H_{-n}) \quad dH_{-n} = d\omega_{-n+1}, \quad dH_{-n+1} = d\omega_{-n+2}, \ldots, \quad dH_{-1} = d\omega;$$

on intégrera ces équations, et l'on obtiendra les valeurs de $H_{-1}, H_{-2}, \ldots, H_{-n}$.

2° On a les relations

$$-\frac{d\omega_{-n}}{d\varepsilon_{-n+1}} = \cos H_{-n}, \quad -\frac{d\omega_{-n+1}}{d\varepsilon_{-n+2}} = \cos H_{-n+1}, \quad \ldots,$$

$$\frac{d\omega_{-1}}{d\varepsilon} = -\cos H_{-1};$$

on en déduit

$$(\omega_{-n}) \qquad -\frac{d\omega_{-n}}{d\varepsilon} = \cos H_{-n} \sin H_{-n+1} \sin H_{-n+2} \ldots \sin H_{-1}.$$

3° On a les formules suivantes :

$$ds_{-n} = -dT_{-n+1}, \quad ds_{-n+1} = -dT_{-n+2}, \quad \ldots, \quad ds_{-1} = -dT;$$

$$T_{-n+1} = \frac{\rho_{-n+1}}{\sin H_{-n}}, \qquad T_{-n+2} = \frac{\rho_{-n+2}}{\sin H_{-n+1}}, \quad \ldots, \qquad T = \frac{\rho}{\sin H_{-1}}.$$

On déduit de ces équations

$$(s_{-n}) \qquad ds_{-n} = (-1)^n d\left(\frac{d}{d\varepsilon_{-n}} \frac{d}{d\varepsilon_{-n+1}} \frac{d}{d\varepsilon_{-n+1}} \cdots \frac{ds}{d\varepsilon_{-1}}\right).$$

Les équations (ε_{-n}), (ω_{-n}), (s_{-n}) sont les équations élémentaires de la développée de l'ordre n.

Rayons de courbure et de flexion. — On trouvera, par un calcul analogue à celui du n° **146**, les relations suivantes :

$$\rho_{-n} = -\frac{dT_{-n+1}}{d\varepsilon \sin H_{-n} \sin H_{-n+1} \ldots \sin H_{-1}},$$

$$r_{-n} = \frac{dT_{-n+1}}{d\varepsilon \cos H_{-n} \sin H_{-n+1} \ldots \sin H_{-1}},$$

que l'on peut écrire sous la forme suivante :

$$\rho_{-n} = (-1)^n \frac{\dfrac{d}{d\varepsilon} \dfrac{d}{d\varepsilon_{-n}} \dfrac{d}{d\varepsilon_{-n+1}} \cdots \dfrac{ds}{d\varepsilon_{-1}}}{\sin H_{-n} \sin H_{-n+1} \ldots \sin H_{-1}},$$

$$r_{-n} = (-1)^{n+1} \frac{\dfrac{d}{d\varepsilon} \dfrac{d}{d\varepsilon_{-n}} \dfrac{d}{d\varepsilon_{-n+1}} \cdots \dfrac{ds}{d\varepsilon_{-1}}}{\cos H_{-n} \sin H_{-n+1} \ldots \sin H_{-1}},$$

auxquelles il faut joindre la relation suivante :

$$\rho_{-n}\frac{\rho_{-n+1}\,\rho_{-n+2}\ldots\rho}{T_{-n+1}\,T_{-n+2}\ldots T} = -\frac{dT_{-n+1}}{d\varepsilon}.$$

150. Problème VIII. — *Étant données les mêmes conditions que dans le problème II, trouver la direction de la tangente et la longueur de l'élément de la développée de l'ordre n.*

On a l'équation

$$(\tau_x) \qquad \tau_{x-n} = \int \tau_{x-n+1}\, d\varepsilon_{-n+1} \sin H_{-n}.$$

Si dans cette équation on fait successivement n égal à $1, 2, \ldots, n$, on aura une série d'équations desquelles on déduira, par voie d'élimination, l'équation suivante :

$$(\tau_x)' \qquad \begin{cases} \tau_{x-n} = \int d\varepsilon_{-n} \int d\varepsilon_{-n+1} \ldots \int \tau_x\, d\varepsilon_{-1} \\ \tau_{x-n} = \int d\varepsilon \sin H_{-1} \ldots \sin H_{-n} \int d\varepsilon \sin H_{-1} \ldots \sin H_{-n+1} \int d\varepsilon\, \tau_x \sin H_{-1}. \end{cases} \quad (3)$$

Les trois équations contenues dans ce type donnent la direction de la tangente de la développée de l'ordre n; et, en y joignant l'équation (s_{-n}) du numéro précédent, on a la solution complète de la question.

151. Problème IX. — *Étant données les coordonnées d'un point quelconque d'une courbe, calculer les coordonnées du point correspondant de la développée de l'ordre n.*

Si, dans l'équation $(\tau_x)'$ du numéro précédent, on remplace τ_{x-n} par sa valeur $\frac{dx_{-n}}{ds_{-n}}$, on déduit l'intégrale multiple

$$x_{-n} = \int ds_{-n} \int d\varepsilon_{-n} \int d\varepsilon_{-n+1} \ldots \int \tau_x\, d\varepsilon_{-1}, \quad (3)$$

qui donne la valeur de la coordonnée x_{-n}.

Les équations contenues dans ce type ont cela de remarquable, que les trois coordonnées de la développée de l'ordre n sont exprimées chacune au moyen d'une intégrale multiple de l'ordre $n+1$, dans laquelle sont condensés tous les termes du second membre.

Réduction de l'intégrale multiple. — L'équation (τ_x) du numéro précédent donne

$$(x_{-n}) \qquad x_{-n} = \int ds_{-n}\, \tau_{x-n}.$$

Si l'on intègre par parties et que l'on élimine ds_{-n} au moyen de l'équation

$$ds_{-n} = -\,d\left(\frac{\rho_{-n+1}}{\sin \mathrm{H}_{-n}}\right),$$

on trouvera

$$x_{-n} = -\frac{\rho_{-n+1}}{\sin \mathrm{H}_{-n}}\,\tau_{x-n} + \int \frac{\rho_{-n+1}}{\sin \mathrm{H}_{-n}}\, d\tau_{x-n}. \qquad (3)$$

Or le dernier terme, en ayant égard à l'équation (τ_x) (150), devient $\int \tau_{x-n+1}\, ds_{-n+1}$, ou bien x_{-n+1} d'après l'équation (x_{-n}); on a donc l'équation triple

$$x_{-n} - x_{-n+1} = -\frac{\rho_{-n+1}}{\sin \mathrm{H}_{-n}}\,\tau_{x-n}. \qquad (3)$$

Si dans cette équation on fait successivement n égal à $1, 2, \ldots, n$, on obtiendra n équations, lesquelles, ajoutées membre à membre, donneront l'équation finale

$$(x_{-n})' \qquad x_{-n} - x = -\sum \frac{\rho_{-n+1}}{\sin \mathrm{H}_{-n}}\,\tau_{x-n},$$

le signe Σ s'étendant à toutes les valeurs de n, depuis 1 jusqu'à n.

Or les cosinus tels que τ_{x-n} s'expriment, indépendamment de tout signe intégral, d'après le théorème final du n° 62; il n'y aura donc d'autres intégrations à effectuer que celles qui dépendent des angles $\mathrm{H}_{-1}, \mathrm{H}_{-2}, \ldots$; or ce calcul ne dépend que de simples quadratures. On a donc le théorème suivant, qui n'est qu'un cas particulier de celui que nous démontrerons plus loin.

Théorème. — *Si l'on connaît les coordonnées d'une courbe, les coordonnées correspondantes de la développée de l'ordre n s'obtiennent sans autres quadratures que celles qui dépendent des angles $\mathrm{H}_{-1}, \mathrm{H}_{-2}, \ldots, \mathrm{H}_{-n}$, qui sont les intégrales des flexions.*

§ III. — Applications.

Développées des courbes planes. — Les développées d'une courbe plane sont en nombre infini et sont toutes des courbes gauches, à l'exception d'une seule, qui est la développée principale de la courbe, parce que cette développée est la seule dont l'angle de torsion est nul ; nous nous proposons de donner, en termes finis, les équations des développées successives des courbes planes.

152. *Équations élémentaires de la développée du premier ordre.* — Puisque la courbe donnée est plane, on a les deux équations

$$d\omega = 0, \quad ds = \rho\, d\varepsilon, \quad \rho = \pi(\varepsilon).$$

La dernière des équations (H_{-1}) (143) prouve que H_{-1} est constant. On a donc, en posant $\sin \mathrm{H}_{-1} = \alpha$, $-\cos \mathrm{H}_{-1} = \beta$,

$$d\varepsilon_{-1} = \alpha\, d\varepsilon, \quad d\omega_{-1} = \beta\, d\varepsilon, \quad \frac{d\omega_{-1}}{d\varepsilon_{-1}} = \frac{\beta}{\alpha},$$

$$ds_{-1} = -\frac{d\pi(\varepsilon)}{\alpha} = -\frac{d\rho}{\alpha},$$

qui sont les équations élémentaires des développées.

On voit que, conformément au n° 69, le rapport spécifique angulaire est constant; on a donc cette proposition :

Théorème. — *Les développées des courbes planes appartiennent à la classe des hélices.*

Coordonnées du point. — Reportons-nous aux formules qui sont à la fin du n° 145; si l'on rapporte la courbe plane à des axes rectangulaires situés dans son plan, et qu'on appelle ε l'angle que la tangente fait avec l'axe des x, on aura

$$\begin{aligned}
\tau_x &= \cos\varepsilon, & \tau_y &= \sin\varepsilon, & \tau_z &= 0,\\
\nu_x &= 0, & \nu_y &= 0, & \nu_z &= 1,\\
\rho_x &= -\sin\varepsilon; & \rho_y &= \cos\varepsilon; & \rho_z &= 0.
\end{aligned}$$

Les formules citées donneront les coordonnées d'un point

quelconque de la développée qui seront

$$x_{-1} = \int \cos\varepsilon\, ds - \frac{ds}{d\varepsilon} \sin\varepsilon = -\int \sin\varepsilon\, \frac{d^2 s}{d\varepsilon},$$

$$y_{-1} = \int \sin\varepsilon\, ds + \frac{ds}{d\varepsilon} \cos\varepsilon = \int \cos\varepsilon\, \frac{d^2 s}{d\varepsilon},$$

$$z_{-1} = \frac{ds}{d\varepsilon} \cot H_{-1}.$$

On trouverait directement ces formules par la Géométrie, en cherchant les équations de la courbe qui coupe sous angle constant les génératrices du cylindre dont la directrice serait la développée plane de la courbe donnée.

Ces formules donnent toutes les développées d'une courbe plane quelconque au moyen de l'équation élémentaire de la courbe proposée, et ne dépendent que de simples quadratures.

153. *Cas particuliers : 1° Spirale logarithmique.* — L'équation élémentaire de la spirale logarithmique est, a et μ étant des constantes,

$$\frac{ds}{d\varepsilon} = ae^{\mu\varepsilon};$$

d'après cela, les équations élémentaires de la développée sont

$$\frac{d\omega_{-1}}{d\varepsilon_{-1}} = -\cot H_{-1}, \quad ds_{-1} = -\frac{a\mu e^{\mu\varepsilon} d\varepsilon}{\alpha} = -\frac{a\mu e^{\frac{\mu\varepsilon_{-1}}{\alpha}} d\varepsilon_{-1}}{\alpha^2}.$$

La développée est donc une spirale lôgarithmique conique. Les coordonnées d'un point quelconque sont

$$x_{-1} = a\int e^{\mu\varepsilon} \cos\varepsilon\, d\varepsilon - ae^{\mu\varepsilon} \sin\varepsilon,$$

$$y_{-1} = a\int e^{\mu\varepsilon} \sin\varepsilon\, d\varepsilon + ae^{\mu\varepsilon} \cos\varepsilon,$$

$$z_{-1} = ae^{\mu\varepsilon} \cot H_{-1}.$$

Si l'on effectue les intégrations, on trouve, après avoir posé $\mu = \cot i$,

$$x_{-1} = -ae^{\mu\varepsilon}[\sin\varepsilon - \sin i \cos(i - \varepsilon)],$$

$$y_{-1} = ae^{\mu\varepsilon}[\sin\varepsilon - \sin i \sin(i - \varepsilon)],$$

$$z_{-1} = ae^{\mu\varepsilon} \cot H_{-1}.$$

2° *Cycloïde.* — L'équation élémentaire de la cycloïde est

$$\frac{ds}{d\varepsilon} = 2a\cos\varepsilon,$$

a étant le diamètre du cercle générateur.

Les coordonnées de la développée seront

$$x_{-1} = 2a\int \cos^2\varepsilon\, d\varepsilon - 2a\cos\varepsilon\sin\varepsilon,$$
$$y_{-1} = 2a\int \cos\varepsilon\sin\varepsilon\, d\varepsilon + 2a\cos^2\varepsilon,$$
$$z_{-1} = 2a\cot H_{-1}\cos\varepsilon.$$

Si l'on effectue les intégrations, on trouve

$$x_{-1} = a\varepsilon - a\cos\varepsilon\sin\varepsilon,$$
$$y_{-1} = a\cos^2\varepsilon,$$
$$z_{-1} = 2a\cot H_{-1}\cos\varepsilon.$$

3° *Chaînette.* — L'équation élémentaire de la chaînette est

$$\frac{ds}{d\varepsilon} = \frac{a}{\sin^2\varepsilon}.$$

Les coordonnées de la développée seront

$$x_{-1} = a\int \frac{\cos\varepsilon}{\sin^2\varepsilon}\, d\varepsilon - \frac{a}{\sin\varepsilon},$$
$$y_{-1} = a\int \frac{d\varepsilon}{\sin\varepsilon} + \frac{a\cos\varepsilon}{\sin^2\varepsilon},$$
$$z_{-1} = \frac{a\cot H_{-1}}{\sin^2\varepsilon}.$$

Si l'on effectue les intégrations, on trouve

$$x_{-1} = -\frac{2a}{\sin\varepsilon},$$
$$y_{-1} = a\,\mathrm{tang}\,\frac{\varepsilon}{2} + \frac{a\cos\varepsilon}{\sin^2\varepsilon},$$
$$z_{-1} = a\,\frac{\cot H_{-1}}{\sin^2\varepsilon}.$$

On trouvera, de la même manière, les développées des

courbes dont l'équation naturelle est

$$\frac{ds}{d\varepsilon} = \frac{a}{\sin^m \varepsilon}.$$

Nous ne poursuivrons pas plus loin ces applications, qui ne présentent aucune difficulté.

154. *Équations élémentaires des développées du second ordre.* — Portons-nous aux formules (ε) et (s) du nº **146**, remarquons que l'on peut poser

$$\varepsilon_{-1} = \alpha\varepsilon, \quad \omega_{-1} = \beta\varepsilon, \quad dH_{-2} = \beta\, d\varepsilon, \quad H_{-2} = \beta\varepsilon;$$

on aura les formules suivantes :

$$d\varepsilon_{-2} = \alpha\, d\varepsilon \sin\beta\varepsilon, \quad -d\omega_{-2} = \alpha\, d\varepsilon \cos\beta\varepsilon,$$

$$ds_{-2} = -d\left[\frac{d}{\alpha \sin\beta\varepsilon\, d\varepsilon}\left(\frac{ds}{\alpha\, d\varepsilon}\right)\right] = -\frac{d}{\alpha^2}\left(\frac{d^2 s}{\sin\beta\varepsilon\, d\varepsilon^2}\right),$$

qui sont les équations élémentaires des développées secondes. On voit que le rapport spécifique angulaire est donné par l'équation

$$\frac{d\omega_{-2}}{d\varepsilon_{-2}} = -\cot\beta\varepsilon.$$

Or, si l'on intègre les valeurs de $d\omega_{-2}$, $d\varepsilon_{-2}$, on trouve, par une détermination convenable des constantes,

$$\varepsilon_{-2} = -\frac{\alpha}{\beta}\cos\beta\varepsilon, \quad \omega_{-2} = -\frac{\alpha}{\beta}\sin\beta\varepsilon.$$

En conséquence, le rapport spécifique angulaire est donné

$$\frac{d\omega_{-2}}{d\varepsilon_{-2}} = \frac{\frac{\beta}{\alpha}\varepsilon_{-2}}{\sqrt{1 - \frac{\beta^2}{\alpha^2}\varepsilon_{-2}^2}}.$$

Or, si l'on élève au carré les deux équations qui précèdent cette dernière et qu'on ajoute, on trouve la relation suivante, qui est l'intégrale de celle que nous venons d'écrire :

$$\omega_{-2}^2 + \varepsilon_{-2}^2 = \frac{\alpha^2}{\beta^2} = \text{tang}^2 \text{H}_{-1}.$$

Cette relation établit, conformément au n° 70, cette nouvelle proposition :

THÉORÈME II. — *Les développées du second ordre d'une courbe plane sont des courbes de la classe des cyclides.*

Coordonnées du point. — Si l'on fait usage des formules du n° 151, on trouve les formules suivantes :

$$(x_{-2})' \quad x_{-2} - x = -\frac{\rho}{\sin \text{H}_{-1}} \tau_{x-1} - \frac{\rho_{-1}}{\sin \text{H}_{-2}} \tau_{x-2}. \quad (3)$$

Or, si l'on se reporte aux formules (25) du n° 62, on obtient successivement, en appliquant les valeurs de τ_x, ν_x, ρ_x calculées au n° 152, les expressions suivantes :

$$\tau_{x-1} = \alpha \sin\varepsilon, \quad \tau_{y-1} = -\alpha \cos\varepsilon, \quad \tau_{z-1} = -\beta,$$
$$\nu_{x-1} = \beta \sin\varepsilon, \quad \nu_{y-1} = -\beta \cos\varepsilon, \quad \nu_{z-1} = \alpha,$$
$$\rho_{x-1} = \tau_x; \quad \rho_{y-1} = \tau_y; \quad \rho_{z-1} = \tau_z;$$

$$\tau_{x-2} = -\cos\varepsilon \sin\beta\varepsilon + \beta \sin\varepsilon \cos\beta\varepsilon,$$
$$\tau_{y-2} = -\sin\varepsilon \sin\beta\varepsilon - \beta \cos\varepsilon \cos\beta\varepsilon,$$
$$\tau_{z-2} = \alpha \cos\beta\varepsilon.$$

D'après cela, les formules (x_{-2}) donneront les suivantes :

$$x_{-2} = \int \rho \cos\varepsilon \, d\varepsilon - \rho \sin\varepsilon + \frac{d\rho}{\alpha^2 d\varepsilon}(-\cos\varepsilon + \beta \sin\varepsilon \cot\beta\varepsilon),$$

$$y_{-2} = \int \rho \sin\varepsilon \, d\varepsilon + \rho \cos\varepsilon - \frac{d\rho}{\alpha^2 d\varepsilon}(\sin\varepsilon + \beta \cos\varepsilon \cot\beta\varepsilon),$$

$$z_{-2} = \frac{\beta}{\alpha}\rho - \frac{d\rho}{\alpha\, d\varepsilon} \cos\beta\varepsilon,$$

qui se rapportent à une courbe plane quelconque.

155. *Cas particuliers.* — 1° *Spirale logarithmique.* — On a

$$\rho = ae^{\mu\varepsilon}, \quad \frac{d\rho}{d\varepsilon} = a\mu e^{\mu\varepsilon};$$

conséquemment on obtient, en posant $\mu = \cot i$, les équations

$$x_{-2} = -ae^{\mu\varepsilon}\left[\sin\varepsilon + \frac{\mu}{\alpha^2}(\cos\varepsilon - \beta\sin\varepsilon\cot\beta\varepsilon) - \sin i\cos(i-\varepsilon)\right],$$

$$y_{-2} = ae^{\mu\varepsilon}\left[\cos\varepsilon - \frac{\mu}{\alpha^2}(\sin\varepsilon + \beta\cos\varepsilon\cot\beta\varepsilon) - \sin i\sin(i-\varepsilon)\right],$$

$$z_{-2} = ae^{\mu\varepsilon}\left(\frac{\beta}{\alpha} - \frac{\mu}{\alpha}\cos\beta\varepsilon\right).$$

Nous avons déjà trouvé que les développées premières de la spirale logarithmique étaient des spirales logarithmiques coniques; les équations que nous venons d'écrire sont donc les développées premières de ces dernières courbes.

2° *Cycloïde.* — On a les deux relations

$$\rho = 2a\cos\varepsilon, \quad \frac{d\rho}{d\varepsilon} = -2a\sin\varepsilon;$$

conséquemment on obtient les équations suivantes :

$$x_{-2} = a\varepsilon + a\left(\frac{2}{\alpha^2} - 1\right)\sin\varepsilon\cos\varepsilon - \frac{2a\beta}{\alpha^2}\sin^2\varepsilon\cot\beta\varepsilon,$$

$$y_{-2} = a\cos^2\varepsilon + \frac{2a}{\alpha^2}\sin^2\varepsilon + \frac{2a\beta}{\alpha^2}\sin\varepsilon\cos\varepsilon\cot\beta\varepsilon,$$

$$z_{-2} = \frac{2a\beta}{\alpha}\cos\varepsilon + \frac{2a}{\alpha}\sin\varepsilon\cos\beta\varepsilon.$$

On trouvera, de la même manière, les développées secondes de la chaînette.

Dans ces formules, les constantes d'intégration sont implicitement renfermées dans les premiers membres, qui représentent une différence de coordonnées dont l'une est fixe et l'autre variable.

CHAPITRE X.

DES DÉVELOPPANTES OBLIQUES SOUS ANGLE CONSTANT.

§ I. — Des développantes obliques du premier ordre.

156. *État de la question.* — Cette question a été traitée analytiquement par plusieurs géomètres qui se sont attachés principalement à montrer de quelle manière on peut, dans le système des coordonnées cartésiennes, obtenir l'équation résolvante, et ont montré qu'elle est de forme linéaire, de sorte que les coordonnées rectilignes de la développante s'obtiennent après l'intégration de cette équation. Dans notre méthode des équations élémentaires, cette équation se trouve intuitivement, et, si nous n'avions d'autre objet que de déterminer les coordonnées de la développante, cette question serait traitée en quelques lignes ; mais, lorsque l'on veut pénétrer dans la nature du problème, il se présente des recherches difficiles et intéressantes qui sont l'objet du présent Chapitre.

La développante oblique d'une courbe est la courbe qui coupe les tangentes de la courbe donnée sous un angle constant.

La question consiste à déterminer la seconde de ces courbes lorsque l'on connaît la première.

Détermination du trièdre des axes mobiles. — Nous conservons la notation usitée pour représenter les éléments de la courbe donnée et nous représentons par les mêmes lettres affectées de l'indice 1 les éléments de même nom de la courbe cherchée. Déterminons les angles que les axes mobiles τ_1, ν_1, ρ_1 du trièdre de la développante oblique forment avec les axes mobiles τ, ν, ρ de la courbe donnée. On a en premier lieu, en appelant α l'angle (τ_1, τ),

$$(\alpha) \quad \cos(\tau_1, \tau) = \cos\alpha, \quad \cos(\tau_1, \rho) = \sin\alpha, \quad \cos(\tau_1, \nu) = 0.$$

Si l'on prend la variation de ces trois cosinus en appliquant le principe des courbes inclinées (49), on trouve les trois relations

$$(\alpha)' \quad \begin{cases} \cos(\rho_1, \tau) = -\dfrac{d\varepsilon}{d\varepsilon_1}\sin\alpha, \quad \cos(\rho_1, \rho) = \dfrac{d\varepsilon}{d\varepsilon_1}\cos\alpha, \\ \cos(\rho_1, \nu) = -\dfrac{d\omega}{d\varepsilon_1}\sin\alpha, \end{cases}$$

desquelles on déduit les suivantes :

$$(\alpha)'' \quad \begin{cases} \cos(\nu_1, \tau) = -\dfrac{d\omega}{d\varepsilon_1}\sin^2\alpha, \quad \cos(\nu_1, \rho) = \dfrac{d\omega}{d\varepsilon_1}\sin\alpha\cos\alpha, \\ \cos(\nu_1, \nu) = \dfrac{d\varepsilon}{d\varepsilon_1}, \quad d\varepsilon_1^2 = d\varepsilon^2 + d\omega^2\sin^2\alpha\,; \end{cases}$$

ces équations font connaître la dépendance des axes mobiles de la courbe cherchée par rapport aux axes mobiles de la courbe donnée.

157. Problème I. — *Étant données les équations élémentaires de la courbe, trouver les équations élémentaires de la développante oblique.*

Soit $\mathfrak{L}$ (*fig.* 24) la longueur de la tangente de la ligne donnée comprise entre deux points correspondants O, O_1 des deux courbes ; si l'on considère le triangle infinitésimal formé par deux positions de la tangente, on a les relations

$$(ds_1) \quad \begin{cases} ds_1\cos\alpha = ds + d\mathfrak{L}, \\ ds_1\sin\alpha = \mathfrak{L}\,d\varepsilon, \end{cases}$$

desquelles on déduit les deux équations suivantes :

$$(ds_1)' \quad \begin{cases} \dfrac{d\mathfrak{L}}{d\varepsilon} - \cot\alpha\,\mathfrak{L} + \dfrac{ds}{d\varepsilon} = 0, \\ ds_1^2 = \mathfrak{L}^2 d\varepsilon^2 + (ds + d\mathfrak{L})^2. \end{cases}$$

La première de ces deux équations étant linéaire s'intègre immédiatement et, si l'on pose pour abréger $\cot\alpha = n$, on

Fig. 24.

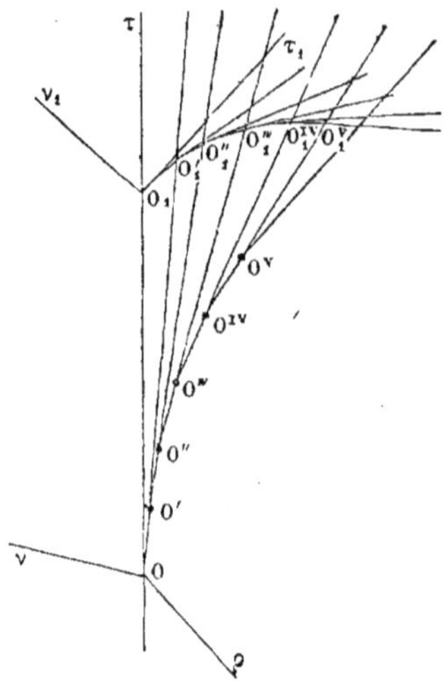

obtient, $\mathfrak{L}_0$ étant la constante arbitraire,

$$(l) \qquad \mathfrak{L} = e^{n\varepsilon}\left(\mathfrak{L}_0 - \int \rho e^{-n\varepsilon} d\varepsilon\right);$$

conséquemment la deuxième des équations (ds_1) donne

$$(ds_1)'' \qquad \frac{ds_1}{d\varepsilon} = \frac{e^{n\varepsilon}}{\sin\alpha}\left(\mathfrak{L}_0 - \int_0^\varepsilon \frac{ds}{d\varepsilon} e^{-n\varepsilon} d\varepsilon\right),$$

qui est la première équation élémentaire de la courbe, et qui en donne la rectification.

La dernière des équations $(\alpha)''$ est la deuxième équation élémentaire de la courbe.

Pour obtenir la troisième équation élémentaire, il suffit de différentier l'une des trois équations $(\alpha)''$, la dernière par exemple ; on obtient

$$(\omega_1) \quad d\omega_1 \cos(\rho_1, \nu) + d\omega \cos(\nu_1, \rho) = -\sin(\nu_1, \nu)\, d(\nu_1, \nu).$$

Or les trois rayons $O\nu$, $O\nu_1$, $O\rho_1$, étant perpendiculaires à

O_1, τ_1, sont dans un même plan; on a

$$\sin(\nu_1, \nu) = \sin\left(\rho_1, \nu - \frac{\pi}{2}\right) = -\cos(\rho_1, \nu):$$

donc, en remarquant que $\cos(\nu_1, \rho) = \sin(\nu_1, \nu)\cos\alpha$, on a la formule

$$(\omega_1)' \qquad d\omega_1 = d\omega\cos\alpha - \frac{d\varepsilon_1}{d\omega\sin\alpha}\, d\left(\frac{d\varepsilon}{d\varepsilon_1}\right),$$

laquelle fait connaître le rapport de $d\omega_1$ à $d\varepsilon$ en fonction de ε.

Si l'on intègre l'équation (ω_1), on trouve la relation suivante, par une détermination convenable de la constante :

$$\omega_1 = (\nu_1, \nu) + \omega\cos\alpha.$$

Rayon de courbure. — On déduit des formules précédentes les équations suivantes :

$$\rho_1 = -\frac{\mathfrak{L}\cos(\rho_1, \tau)}{\sin^2\alpha} = \frac{\mathfrak{L}\, d\varepsilon}{\sin\alpha\, d\varepsilon_1},$$

desquelles on tire la construction suivante du rayon de courbure : « *Menez le plan normal de la courbe ds_1 au point O_1 et son intersection O_1N avec le plan tangent de la surface osculatrice de la courbe donnée ; prenez le point I, dont la seconde projection sur $\mathfrak{L}$ par rapport à ON est la longueur $\mathfrak{L}$, et projetez le point I en R_1 sur la normale principale de ds_1; le point R_1 est le centre de courbure de ds_1.* »

Rayon de torsion. — Si l'on divise l'équation $(\omega_1)'$ par la deuxième des équations (ds_1), on trouve

$$(\tau_1) \qquad \frac{1}{\tau_1} = \frac{1}{\mathfrak{L}}\frac{d\omega}{d\varepsilon}\cos\alpha\sin\alpha - \frac{1}{\mathfrak{L}}\frac{d\varepsilon_1}{d\omega}\frac{d}{d\varepsilon}\left(\frac{d\varepsilon}{d\varepsilon_1}\right).$$

Or on trouve, d'après la seconde des équations (ds_1),

$$\rho_1\sin\alpha = \mathfrak{L}\frac{d\varepsilon}{d\varepsilon_1};$$

si l'on différentie cette dernière équation, on obtient l'équation suivante :

$$\frac{d\rho_1}{d\varepsilon}\sin\alpha = \frac{d\mathfrak{L}}{d\varepsilon}\frac{d\varepsilon}{d\varepsilon_1} + \mathfrak{L}\frac{d}{d\varepsilon}\left(\frac{d\varepsilon}{d\varepsilon_1}\right).$$

Si l'on a égard à la première des équations $(ds_1)'$, cette dernière relation prend la forme

$$\frac{d\rho_1}{d\varepsilon}\sin\alpha = \frac{d\varepsilon}{d\varepsilon_1}(\mathfrak{L}\cot\alpha - \rho) + \mathfrak{L}\frac{d}{d\varepsilon}\left(\frac{d\varepsilon}{d\varepsilon_1}\right),$$

de sorte que l'équation (τ_1), par l'élimination de la variation de $\frac{d\varepsilon}{d\varepsilon_1}$, prend la forme suivante :

$$\frac{1}{\tau_1} = \frac{d\omega}{d\varepsilon}\frac{\cos\alpha\sin\alpha}{\mathfrak{L}} - \frac{d\varepsilon_1}{d\omega}\frac{d\rho_1}{d\varepsilon}\frac{\sin\alpha}{\mathfrak{L}^2} + \frac{d\mathfrak{L}}{\mathfrak{L}^2\,d\omega},$$

laquelle fait connaître $\frac{1}{\tau_1}$ en fonction de la variable indépendante.

On a aussi, par suite de l'élimination de $d\varepsilon_1$, la formule suivante :

$$\frac{1}{\tau_1} = \frac{\sin\alpha\cos\alpha}{\mathfrak{L}}\frac{d\omega}{d\varepsilon} - \frac{1}{\rho_1\mathfrak{L}}\frac{d\rho_1}{d\omega} + \frac{d\mathfrak{L}}{\mathfrak{L}^2\,d\omega}.$$

Rectification. — Si l'on intègre l'équation $(ds_1)''$ du n° 157, on obtient l'équation

$$\sin\alpha\, s_1 = \int e^{n\varepsilon}d\varepsilon\left(\mathfrak{L}_0 - \int \rho e^{-n\varepsilon}d\varepsilon\right),$$

qui donne l'expression de l'arc s_1 en fonction de ε.

Si l'on pose $h = (\nu_1, \nu) + \frac{\pi}{2}$, toute l'économie géométrique des développantes obliques est donnée par le système des équations suivantes :

$$(\lambda)\quad \begin{cases} (1) & ds_1\sin\alpha = \mathfrak{L}\,d\varepsilon\,; \\ (2) & ds_1\cos\alpha = ds + d\mathfrak{L}\,; \\ (3) & d\varepsilon_1\sin h = d\varepsilon\,; \\ (4) & d\varepsilon_1\cos h = -d\omega\sin\alpha\,; \\ (5) & d\omega_1 = dh + d\omega\cos\alpha. \end{cases}$$

159. Problème II. — *Étant donné en grandeur et en direction par rapport à trois axes fixes l'élément ds d'une courbe, calculer en grandeur et en direction l'élément ds_1 de la développante oblique et déterminer les coordonnées de la courbe.*

1° La première partie de la question est résolue par l'équation $(ds_1)''$ du n° 157.

2° Il s'agit de déterminer les cosinus des angles que la tangente τ_1 fait avec les axes fixes. Or on a

$$(\tau_{1x})\quad \begin{cases} \cos(\tau_1, x) = \cos(\tau_1, \tau)\cos(\tau, x) \\ \qquad + \cos(\tau_1, \nu)\cos(\nu, x) + \cos(\tau_1, \rho)\cos(\rho, x); \end{cases}$$

si l'on a égard aux formules (α), cette équation devient

$$(\tau_{1x})'\quad \cos(\tau_1, x) = \cos\alpha\cos(\tau, x) + \sin\alpha\frac{d}{d\varepsilon}\cos(\tau, x);\quad (3)$$

on a donc les valeurs du cosinus des angles que l'élément ds_1 fait avec les trois axes. On en déduit facilement les angles que les arêtes $O\nu_1$, $O\rho_1$ du trièdre des axes mobiles font avec les mêmes axes.

3° Si l'on remplace dans cette équation $\cos(\tau_1, x)$ par sa valeur $\dfrac{dx_1}{ds_1}$, on obtient par intégration

$$(x_1)\qquad x_1 = \cos\alpha\int\tau_x\,ds_1 + \sin\alpha\int\frac{d\tau_x}{d\varepsilon}\,ds_1;$$

si l'on intègre le dernier terme par parties, on aura, en ayant égard à la seconde des équations (ds_1), le résultat suivant:

$$x_1 = \cos\alpha\int\tau_x ds_1 + \tau_x\mathfrak{L} - \int\tau_x d\mathfrak{L},$$

et, en modifiant cette dernière par suite de la première des équations (ds_1), on obtient finalement l'équation

$$(x_1)'\qquad x_1 - \int\tau_x ds = \tau_x\mathfrak{L} = \tau_x e^{n\varepsilon}\left(\mathfrak{L}_0 - \int\rho e^{-n\varepsilon}d\varepsilon\right).$$

Cette équation a une signification géométrique évidente et aurait pu être établie directement.

§ II. — Des développantes obliques d'un ordre quelconque.

160. *Définitions. — Notations.* — La développante oblique de la développante oblique d'une courbe est appelée *déve-*

loppante oblique du second ordre de cette courbe; la développante oblique de la développante oblique seconde est appelée *développante oblique du troisième ordre,* et ainsi de suite. Pour représenter les éléments d'une développante quelconque, on se sert des mêmes lettres affectées de l'indice inférieur qui marque l'ordre de cette développante. Pour plus de généralité, nous admettrons que l'angle d'inclinaison réciproque des deux tangentes aux deux courbes consécutives ne reste pas le même quand on passe d'une courbe à l'autre. Ainsi α_1 sera différent de α, et ainsi de suite.

Problème III. — *Étant données les mêmes conditions que dans le problème I, trouver les équations élémentaires des développantes obliques d'un ordre quelconque.*

Si l'on élève d'une unité les indices des équations (λ) du n° **148**, on aura les équations qui se rapportent à la développante oblique seconde; d'après cela, si l'on divise l'équation (4) par l'équation (3), on aura

$$\cot h_1 = -\frac{d\omega_1}{d\varepsilon_1}\sin\alpha_1;$$

si l'on a égard à l'équation (5), on aura la relation

$$\cot h_1 = -\frac{dh + d\omega\cos\alpha}{d\varepsilon_1}\sin\alpha_1;$$

si l'on élimine $d\omega$ au moyen de l'équation (4), on aura finalement la série des équations suivantes :

$$(h)\quad\left\{\begin{aligned}
\cot h_1 &= \sin\alpha_1\left(\frac{d\cos h}{d\varepsilon} + \cos h\cot\alpha\right),\\
\cot h_2 &= \sin\alpha_2\left(\frac{\sin h\, d\cos h_1}{d\varepsilon} + \cos h_1\cot\alpha_1\right),\\
\cot h_3 &= \sin\alpha_3\left(\frac{\sin h\sin h_1\, d\cos h_2}{d\varepsilon} + \cos h_2\cot\alpha_2\right),\\
&\cdots\cdots\cdots\cdots\cdots\cdots\cdots\cdots\cdots\cdots
\end{aligned}\right.$$

On trouvera de même les séries des équations suivantes :

$$(d\varepsilon)\quad \begin{cases} d\varepsilon_1 = \dfrac{d\varepsilon}{\sin h}, \\ d\varepsilon_2 = \dfrac{d\varepsilon_1}{\sin h_1} = \dfrac{d\varepsilon}{\sin h \sin h_1}, \\ d\varepsilon_3 = \dfrac{d\varepsilon_2}{\sin h_2} = \dfrac{d\varepsilon}{\sin h \sin h_1 \sin h_2}, \\ \ldots\ldots\ldots\ldots\ldots\ldots; \end{cases}$$

$$(\varepsilon)\quad \varepsilon_1 = \int \frac{d\varepsilon}{\sin h},\quad \varepsilon_2 = \int \frac{d\varepsilon}{\sin h \sin h_1},\quad \varepsilon_3 = \int \frac{d\varepsilon}{\sin h \sin h_1 \sin h_2},\quad \ldots,$$

ainsi que la série d'équations

$$(d\omega)\quad \begin{cases} d\omega_1 = dh + d\omega \cos\alpha, \\ d\omega_2 = dh_1 + dh \cos\alpha_1 + d\omega \cos\alpha \cos\alpha_1, \\ d\omega_3 = dh_2 + dh_1 \cos\alpha_2 + dh \cos\alpha_2 \cos\alpha_1 \\ \qquad + d\omega \cos\alpha_2 \cos\alpha_1 \cos\alpha, \\ d\omega_4 = dh_3 + dh_2 \cos\alpha_3 + dh_1 \cos\alpha_3 \cos\alpha_2 \\ \qquad + dh \cos\alpha_3 \cos\alpha_2 \cos\alpha_1 \\ \qquad + d\omega \cos\alpha_3 \cos\alpha_2 \cos\alpha_1 \cos\alpha, \\ \ldots\ldots\ldots\ldots\ldots\ldots \end{cases}$$

Ces équations s'intègrent directement et l'on a, par une détermination convenable des constantes,

$$(\omega)\quad \begin{cases} \omega_1 = h + \omega \cos\alpha, \\ \omega_2 = h_1 + h \cos\alpha + \omega \cos\alpha \cos\alpha_1, \\ \omega_3 = h_2 + h_1 \cos\alpha_2 + h_2 \cos\alpha_2 \cos\alpha_1 \\ \qquad + \omega \cos\alpha_2 \cos\alpha_1 \cos\alpha, \\ \omega_4 = h_3 + h_2 \cos\alpha_3 + h_1 \cos\alpha_3 \cos\alpha_2 \\ \qquad + h \cos\alpha_3 \cos\alpha_2 \cos\alpha_1 \\ \qquad + \omega \cos\alpha_3 \cos\alpha_2 \cos\alpha_1 \cos\alpha, \\ \ldots\ldots\ldots\ldots\ldots\ldots, \end{cases}$$

et ainsi de suite.

Ces dernières équations prouvent qu'il existe des relations

linéaires entre les angles ω d'un ordre quelconque et les angles h.

Enfin on déduit de la première équation (λ) du n° 158 la série d'équations suivantes :

$$(ds)\quad\begin{cases} ds_1 \sin\alpha = \mathcal{L}\, d\varepsilon, \\ ds_2 \sin\alpha_1 = \mathcal{L}_1\, d\varepsilon_1, \\ ds_3 \sin\alpha_2 = \mathcal{L}_2\, d\varepsilon_2, \\ \ldots\ldots\ldots\ldots\ldots ; \end{cases}$$

$$(\rho)\quad\begin{cases} \rho_1 \sin\alpha = \mathcal{L} \sin h, \\ \rho_2 \sin\alpha_1 = \mathcal{L}_1 \sin h_1, \\ \rho_3 \sin\alpha_2 = \mathcal{L}_2 \sin h_2, \\ \ldots\ldots\ldots\ldots\ldots , \end{cases}$$

et ainsi de suite.

Joignons à ces équations la série suivante d'équations :

$$\begin{aligned} \mathcal{L} &= e^{n\varepsilon}\left(\mathcal{L}_0^{(0)} + \int \rho\, e^{-n\varepsilon}\, d\varepsilon\right), \\ \mathcal{L}_1 &= e^{n_1\varepsilon_1}\left(\mathcal{L}_1^{(0)} + \int \rho_1\, e^{-n_1\varepsilon_1}\, d\varepsilon_1\right), \\ \mathcal{L}_2 &= e^{n_2\varepsilon_2}\left(\mathcal{L}_2^{(0)} + \int \rho_2\, e^{-n_2\varepsilon_2}\, d\varepsilon_2\right), \\ &\ldots\ldots\ldots\ldots\ldots\ldots\ldots\ldots \end{aligned}$$

Si maintenant on représente, pour abréger, par $a, a_1, a_2, \ldots$ les sinus des angles $\alpha, \alpha_1, \alpha_2, \ldots$, on aura les équations suivantes :

$$(ds)'\quad\begin{cases} a\, ds_1 = e^{n\varepsilon}\, d\varepsilon\left[\mathcal{L}_0^{(0)} + \int \rho\, e^{-n\varepsilon}\, d\varepsilon\right], \\ aa_1\, ds_2 = e^{n_1\varepsilon_1}\, d\varepsilon_1\left[a\mathcal{L}_1^{(0)} + \mathcal{L}_0^{(0)} \int e^{n\varepsilon - n_1\varepsilon_1}\, d\varepsilon + \int e^{n\varepsilon - n_1\varepsilon_1}\, d\varepsilon \int \rho\, e^{-n\varepsilon}\, d\varepsilon\right], \\ aa_1a_2\, ds_3 = e^{n_2\varepsilon_2}\, d\varepsilon_2\left[aa_1\mathcal{L}_2^{(0)} + a\mathcal{L}_1^{(0)} \int e^{n_1\varepsilon_1 - n_2\varepsilon_2}\, d\varepsilon_1 \right. \\ \qquad + \mathcal{L}_0^{(0)} \int e^{n_1\varepsilon_1 - n_2\varepsilon_2}\, d\varepsilon_1 \int e^{n\varepsilon - n_1\varepsilon_1}\, d\varepsilon \\ \qquad \left. + \int e^{n_1\varepsilon_1 - n_2\varepsilon_2}\, d\varepsilon_1 \int e^{n\varepsilon - n_1\varepsilon_1}\, d\varepsilon \int \rho\, e^{-n\varepsilon}\, d\varepsilon\right], \\ aa_1a_2a_3\, ds_4 = e^{n_3\varepsilon_3}\, d\varepsilon_3\left[aa_1a_2\mathcal{L}_2^{(0)} + aa_1\mathcal{L}_2^{(0)} \int e^{n_2\varepsilon_2 - n_3\varepsilon_3}\, d\varepsilon_2 \right. \\ \qquad + a\mathcal{L}_1^{(0)} \int e^{n_2\varepsilon_2 - n_3\varepsilon_3}\, d\varepsilon_2 \int e^{n_1\varepsilon_1 - n_2\varepsilon_2}\, d\varepsilon_1 \\ \qquad + \mathcal{L}_0^{(0)} \int e^{n_2\varepsilon_2 - n_3\varepsilon_3}\, d\varepsilon_2 \int e^{n_1\varepsilon_1 - n_2\varepsilon_2}\, d\varepsilon_1 \int e^{n\varepsilon - n_1\varepsilon_1} \\ \qquad \left. + \int e^{n_2\varepsilon_2 - n_3\varepsilon_3}\, d\varepsilon_2 \int e^{n_1\varepsilon_1 - n_2\varepsilon_2}\, d\varepsilon_1 \int e^{n\varepsilon - n_1\varepsilon_1}\, d\varepsilon \int \rho\, e^{-n\varepsilon}\, d\varepsilon\right], \end{cases}$$

et ainsi de suite. Il est facile de saisir la loi de formation de toutes ces équations.

On a donc les équations élémentaires des développantes obliques successives sous les angles $\alpha, \alpha_1, \alpha_2, \ldots, \alpha_{n-1}$. Ces équations sont les équations $(d\varepsilon)$, les équations $(d\omega)$, et les équations $(ds)'$ du présent numéro, puisque les angles $h, h_1, h_2, h_3, \ldots, h_{n-1}$ sont connus en fonction de ε par suite des équations (h).

Rayons de courbure et de flexion. — Si dans les équations $(ds)'$ on remplace les éléments $d\varepsilon_i$ en dehors des accolades par leurs valeurs tirées des équations $(d\varepsilon)$ et que l'on divise par l'angle de contingence correspondant à l'arc, on aura les rayons de courbure des développantes obliques d'un ordre quelconque. Ces opérations reviennent à remplacer dans les équations $(ds)'$: dans le premier membre ds_i par ρ_i et dans le second membre en dehors des accolades $d\varepsilon_i$ par $\sin h_i$. Ainsi modifiées, les formules donnent les expressions explicites des rayons de courbure.

Les rayons de flexion s'obtiennent en divisant les équations $(d\omega)$ par les équations (ds) chacune par chacune, en ayant égard aux équations (3) et (4) du groupe (λ) du n° 158.

161. Problème IV. — *Les mêmes conditions étant données telles que dans le problème II, calculer en grandeur et en direction les éléments $ds_2, ds_3, \ldots$ des développantes successives et déterminer les coordonnées de ces courbes.*

1° On satisfait à la première demande du problème par les équations (ds) du numéro précédent.

2° Si l'on se reporte au n° 159, l'équation $(\tau_{1x})'$ donnera les équations suivantes :

$$\tau_{2x} = \tau_{1x} \cos \alpha_1 + \frac{d\tau_{1x}}{d\varepsilon_1} \sin \alpha_1,$$

$$\tau_{3x} = \tau_{2x} \cos \alpha_2 + \frac{d\tau_{2x}}{d\varepsilon_2} \sin \alpha_2,$$

. . . .

Si l'on a égard à l'équation $(\tau_{1x})'$ du n° 159 et aux formules $(d\varepsilon)$, on trouvera la formule suivante :

$$\tau_{2x} = \tau_x \cos\alpha_1 \cos\alpha + \frac{d\tau_x}{d\varepsilon} (\cos\alpha_1 \sin\alpha + \sin\alpha_1 \cos\alpha \sin h)$$
$$+ \frac{d^2\tau_x}{d\varepsilon^2} \sin\alpha_1 \sin\alpha \sin h,$$

qui fait connaître le cosinus τ_{2x} en fonction de ε; en continuant de la même manière, on déterminera la direction de la tangente de la développante oblique troisième, et ainsi de suite.

3° Si l'on se reporte au n° 159, on aura successivement, d'après les équations $(x_1)'$, les relations

$$x_1 - x = \tau_x \mathfrak{L},$$
$$x_2 - x_1 = \tau_{1x} \mathfrak{L}_1,$$
$$\dots\dots\dots\dots\dots,$$
$$x_n - x_{n-1} = \tau_{(n-1)x} \mathfrak{L}_{(n-1)},$$

et, en les ajoutant membre à membre, on trouve l'équation résultante

$$(x_n) \qquad x_n - x = \sum_1^n \tau_{(i-1)x} \mathfrak{L}_{(i-1)},$$

laquelle donne les coordonnées d'une développante quelconque en fonction de ε.

Il est évident que l'on aurait pu obtenir directement, par la Géométrie, les trois équations contenues dans le type (x_n); il aurait suffi de projeter sur les trois axes coordonnés la ligne polygonale formée par les longueurs $\mathfrak{L}, \mathfrak{L}_1, \mathfrak{L}_2, \dots, \mathfrak{L}_{n-1}$.

§ III. — Applications.

162. *Développantes obliques des hélices.* — L'équation élémentaire sphérique de ces courbes est, en représentant par m une constante,

$$\frac{d\omega}{d\varepsilon} = m;$$

on déduit de cette équation

$$\cot h = -m \sin \alpha.$$

Cette relation prouve que h est aussi constant; donc l'angle des deux plans osculateurs de la courbe donnée et de sa développante oblique est constant.

On a ensuite les équations suivantes, d'après les formules $(d\varepsilon)$ et $(d\omega)$ (160) :

$$d\varepsilon_1 = \frac{d\varepsilon}{\sin h}, \qquad \varepsilon = \varepsilon_1 \sin h ;$$

$$d\omega_1 = d\omega \cos\alpha, \quad \omega_1 = \omega \cos\alpha ;$$

de ces équations on déduit la valeur du rapport spécifique angulaire de la développante oblique

$$\frac{d\omega_1}{d\varepsilon_1} = \frac{d\omega}{d\varepsilon} \cos\alpha \sin h, \quad \frac{d\omega_1}{d\varepsilon_1} = \frac{m \cos\alpha}{\sqrt{1 - m^2 \sin^2\alpha}}.$$

Donc :

1° *La développante oblique d'une hélice est encore une hélice.*

2° *Les développantes obliques d'un ordre quelconque d'une hélice sont des hélices.*

On aura les coordonnées de la développante première en faisant usage des formules $(x_1)'$ (159). On trouvera ainsi, en conservant à H sa signification, les équations suivantes :

$$\begin{aligned}
x_1 - \sin H \int \cos\varepsilon\, ds &= \sin H \cos\varepsilon\, e^{n\varepsilon}\left(\mathcal{L}_0 - \int \rho e^{-n\varepsilon} d\varepsilon\right),\\
y_1 + \sin H \int \sin\varepsilon\, ds &= -\sin H \sin\varepsilon\, e^{n\varepsilon}\left(\mathcal{L}_0 - \int \rho e^{-n\varepsilon} d\varepsilon\right),\\
z_1 + \cos H \int ds &= -\cos H\, e^{n\varepsilon}\left(\mathcal{L}_0 - \int \rho e^{-n\varepsilon} d\varepsilon\right).
\end{aligned}$$

Ces formules se rapportent aux développantes obliques, sous l'angle constant α, des hélices d'une espèce quelconque. Si l'on détermine l'espèce dont il s'agit, il faudra se donner la première équation élémentaire de l'hélice. Cette équation est

$$\frac{ds}{d\varepsilon} = \rho = \pi(\varepsilon),$$

π étant une fonction quelconque, et alors il n'y aura qu'à remplacer dans les équations précédentes ds et ρ par leurs valeurs et à effectuer les quadratures indiquées.

163. *Cas particulier. — Spirale conique.* — La première équation élémentaire de cette courbe est $\rho = ae^{\mu\varepsilon}$, a et μ étant des constantes. Dans ce cas on a

$$\mathcal{L} = e^{n\varepsilon}\left(\mathcal{L}_0 - a \int e^{(\mu - n)\varepsilon} d\varepsilon\right) = \mathcal{L}_0 e^{n\varepsilon} - \frac{a}{\mu - n} e^{\mu\varepsilon}.$$

On déduit de cette expression la première équation élémentaire de la développante oblique, en remontant aux formules (ds) du n° 160,

$$\frac{ds_1}{d\varepsilon_1} = \frac{\sin h}{\sin \alpha}\left(\mathfrak{L}_0 e^{(n \sin h)\varepsilon_1} - \frac{a}{\mu - n} e^{(\mu \sin h)\varepsilon_1}\right).$$

Les coordonnées d'un point quelconque de cette développante sont

$$\frac{x_1}{\sin \mathrm{H}} = \frac{ae^{\mu\varepsilon}}{1+\mu^2}(\mu \cos\varepsilon + \sin\varepsilon) + \cos\varepsilon\left(\mathfrak{L}_0 e^{n\varepsilon} - \frac{a}{\mu - n} e^{\mu\varepsilon}\right),$$

$$\frac{y_1}{\sin \mathrm{H}} = -\frac{ae^{\mu\varepsilon}}{1+\mu^2}(\mu \sin\varepsilon - \cos\varepsilon) - \sin\varepsilon\left(\mathfrak{L}_0 e^{n\varepsilon} - \frac{a}{\mu - n} e^{\mu\varepsilon}\right),$$

$$\frac{z}{\cos \mathrm{H}} = -\frac{\alpha}{\mu} e^{\mu\varepsilon} - \left(\mathfrak{L}_0 e^{n\varepsilon} - \frac{a}{\mu - n} e^{\mu\varepsilon}\right),$$

et, si l'on pose $\mu = \cot i$, ces équations s'écrivent sous la forme suivante :

$$\frac{x_1}{\sin \mathrm{H}} = ae^{\mu\varepsilon}\cos(i - \varepsilon) + \cos\varepsilon\left(\mathfrak{L}_0 e^{n\varepsilon} - \frac{a}{\mu - n} e^{\mu\varepsilon}\right),$$

$$\frac{y_1}{\sin \mathrm{H}} = + ae^{\mu\varepsilon}\sin(i - \varepsilon) - \sin\varepsilon\left(\mathfrak{L}_0 e^{n\varepsilon} - \frac{a}{\mu - n} e^{\mu\varepsilon}\right),$$

$$\frac{z}{\cos \mathrm{H}} = -\frac{a}{\mu} e^{\mu\varepsilon} - \left(\mathfrak{L}_0 e^{n\varepsilon} - \frac{a}{\mu - n} e^{\mu\varepsilon}\right).$$

Telles sont les équations de la développante oblique de la spirale logarithmique conique.

SECTION IV.

DU ROULEMENT DES COURBES ET DES SURFACES.

CHAPITRE XI.

DES ROULETTES ET DES PODAIRES.

Les géomètres les plus éminents ont exercé leur sagacité sur le problème des *roulettes*, soit à cause de son utilité pratique, soit à cause des relations remarquables auxquelles il conduit. Ils ont examiné principalement deux cas : celui des roulettes planes et celui des roulettes sphériques. Or ce problème peut être traité dans toute sa généralité ; il suffit de le poser de la manière suivante : « Une courbe quelconque C′ roule sans glissement sur une courbe C, de telle sorte qu'au point de contact les plans osculateurs des deux courbes coïncident ; un point A′, lié invariablement avec la courbe C′, engendre une courbe D qui est appelée *roulette ;* nature de cette courbe. » On pourrait introduire dans ce problème la condition que les plans osculateurs des deux courbes font entre eux un angle variable, comme cela a été fait par quelques géomètres ; mais l'introduction de cette condition, qui serait sans utilité pratique, sans difficultés nouvelles, présenterait une complication que nous voulons éviter.

§ I. — Des roulettes.

164. *Conditions du problème.* — Considérons les trois éléments consécutifs $a'b'$, $b'c'$, $c'd'$ de la courbe C′ et les trois

éléments correspondants ab, bc, cd de la courbe C, éléments que l'on peut supposer égaux entre eux. Dans une première position, les éléments $a'b'$, ab sont en coïncidence, ainsi que les plans osculateurs $a'b'c'$, abc. Soient τ', ν', ρ' ; τ, ν, ρ les tangentes, les binormales et les rayons de courbure des deux courbes C′ et C. Faisons tourner la première courbe autour de la binormale ν du point b, de manière à amener la coïncidence de l'élément $b'c'$ avec l'élément bc, et ensuite autour de l'élément bc, de manière à produire la coïncidence du plan osculateur $b'c'd'$ avec le plan bcd. Les sommets c' et c sont mis en coïncidence ; en opérant de même par rapport aux éléments $c'd'$ et cd, on obtiendra la coïncidence des sommets d' et d, et ainsi de suite. Ainsi le roulement tel que nous l'avons défini est produit par deux rotations : la première autour de la binormale à la courbe C, et la seconde autour de la tangente à cette courbe, au même point.

Équations de la roulette. — Soient les deux courbes C et C′ rapportées l'une et l'autre à des axes rectangulaires : les premiers fixes, et les seconds mobiles avec la courbe C′, invariablement liés avec elle et ayant leur origine au point A′. Soient x, y, z les coordonnées du point de contact de la première, par rapport aux axes fixes, et x', y', z' les coordonnées du même point, en tant qu'appartenant à la seconde courbe, par rapport aux axes mobiles; soient $d\varepsilon$, $d\omega$, $d\vartheta$; $d\varepsilon'$, $d\omega'$, $d\vartheta'$ les angles de première, deuxième et troisième courbure des deux courbes. Les conditions du problème exigent que les deux courbes aient au point de contact les tangentes, les binormales et les rayons de courbure dirigés dans le même sens ou dans des sens opposés. D'après cela, si l'on représente par α, β, γ les coordonnées du point décrivant A′, par rapport aux axes fixes, par r' la distance de ce point au point de contact, on aura, pour chacun des trois axes fixes, une équation semblable à la suivante, qui se rapporte à l'axe des x :

$$(1)\quad \left\{ \begin{aligned} \alpha = x + r'[&\cos(r', \tau)\cos(\tau, x) \\ &+ \cos(r', \nu)\cos(\nu, x) + \cos(r', \rho)\cos(\rho, x)]. \end{aligned} \right\} \quad (3)$$

Or, par rapport aux axes mobiles, r' et les cosinus des angles

(r', τ), (r', ρ), (r', ν) sont des fonctions d'une seule variable que l'on peut supposer être l'arc s' de la courbe C'; de même, x et les cosinus des angles (τ, x), (ν, x), (ρ, x) sont des fonctions d'une seule variable que l'on peut supposer être l'arc s de la courbe C; mais on a cette condition que ds et ds' sont égaux; il en résulte que les deux arcs s et s' ne diffèrent que par une constante. Donc les seconds membres des trois équations (1) sont des fonctions d'une seule variable; ce sont donc les équations de la roulette par rapport aux axes fixes.

165. *Axe instantané de rotation.* — Les deux rotations qui produisent le roulement tel que nous l'avons défini ont lieu, l'une autour de la binormale, et l'autre autour de la tangente au point de contact; or, à cause de la position relative des deux courbes, ces deux rotations ont pour expression, la première, $d\varepsilon \pm d\varepsilon'$; la seconde, $d\omega \pm d\omega'$. Si on les compose en une seule, la rotation résultante que nous appelons $d\Omega$ aura lieu autour d'un axe P situé dans le plan rectifiant $\nu\tau$, passera par le point de contact des deux courbes et partagera l'angle (ν, τ), de telle sorte que le rapport des cosinus des angles qu'il forme avec la binormale ν et la tangente τ sera le rapport de $d\varepsilon \pm d\varepsilon'$ à $d\omega \pm d\omega'$; et cette rotation sera donnée par l'équation

$$(2) \qquad (d\Omega)^2 = (d\varepsilon \pm d\varepsilon')^2 + (d\omega \pm d\omega')^2.$$

Lieu des positions successives de l'axe instantané. — Ce lieu sera généralement une surface réglée gauche. En effet, d'après ce que nous venons de dire, l'axe instantané P est situé dans le plan rectifiant de la courbe C' et forme avec la binormale un angle dont la tangente est égale au rapport de $d\omega \pm d\omega'$ à $d\varepsilon \pm d\varepsilon'$; or deux plans rectifiants infiniment voisins ne peuvent se rencontrer que suivant une droite située dans le premier plan et formant avec la binormale un angle dont la tangente est le rapport de $d\omega'$ à $d\varepsilon'$. Cette intersection, qui est la droite rectifiante de la courbe C', sera donc généralement distincte de l'axe instantané. Donc cet axe engendrera une surface réglée gauche.

De là résulte la condition : pour que cette surface soit développable, il faut et il suffit que l'axe instantané P coïncide, en chaque point de contact des deux courbes, avec la droite rectifiante de la courbe C' ; ce qui entraîne la proportionnalité des angles de première et de deuxième courbure des deux lignes C et C'

$$\frac{d\varepsilon}{d\omega} = \frac{d\varepsilon'}{d\omega'}.$$

Cette condition revient à dire que les droites rectifiantes des deux lignes coïncident en chaque point. On arriverait par le calcul à la même condition, en exprimant que la plus courte distance entre deux positions infiniment voisines de l'axe instantané de rotation est nulle.

Lorsque cette condition est remplie, le roulement des deux courbes, tel que nous l'avons défini, est ramené au roulement simple d'une surface développable sur une autre surface développable. Ces deux surfaces sont alors les surfaces rectifiantes des deux courbes C et C', et elles sont telles qu'après leur développement sur un plan leurs arêtes de rebroussement sont transformées en courbes planes égales, et les courbes C et C' en lignes droites D et D' ayant des positions identiques par rapport aux transformées des arêtes de rebroussement.

De là résulte que, réciproquement, si deux courbes planes E, E' sont égales, et que dans le plan de la première on mène une droite D, dans le plan de la seconde une droite D', identiquement situées, chacune par rapport à la courbe correspondante, si l'on infléchit d'après deux lois différentes les deux plans suivant les tangentes aux courbes E et E', on formera deux surfaces développables différentes, qui auront cette propriété de pouvoir rouler l'une sur l'autre suivant leurs génératrices. Les deux courbes proposées E et E' se transformeront en arêtes de rebroussement de ces surfaces, ces deux arêtes ayant, en des points correspondants, les mêmes angles de contingence ; les deux droites D et D' se transformeront en deux courbes C et C' par rapport auxquelles les deux surfaces développables seront des surfaces *rectifiantes*, et ces deux courbes seront telles qu'en deux points correspondants les angles que leurs droites rectifiantes formeront avec les binormales seront égaux, ce qui revient à dire qu'en ces points les angles de contingence et de flexion des deux courbes seront proportionnels. Par conséquent, si l'on fait rouler la courbe C′ sur la courbe C, de telle sorte qu'en chaque point de contact les plans osculateurs des deux courbes coïncident, l'axe instantané de rotation ne sera pas distinct en ce point de la droite rectifiante de la courbe C′ ou de la courbe C. Dans ce cas, ce mode de roulement pourra donc être remplacé par le roulement de la surface développable qui contient C′ sur celle qui contient C.

Les lois de déformation d'après lesquelles les deux plans peuvent être infléchis suivant les tangentes aux courbes E et E′ qu'ils contiennent étant arbitraires, on peut choisir cette loi que, pour deux tangentes correspondantes, les flexions des deux plans soient entre elles dans un rapport constant m. Les deux surfaces développables formées par cette série de flexions étant les surfaces rectifiantes des courbes C et C′, il en résulte que les flexions dont nous venons de parler sont les angles des deux plans rectifiants infiniment voisins pour chacune des deux surfaces; or ces angles sont respectivement égaux aux angles de deux rayons de courbure infiniment voisins des deux courbes C et C′ en des points correspondants, puisque les rayons de courbure sont normaux aux plans rectifiants; on aura donc, pour les deux courbes C et C′, en leur point de contact, cette série de rapports égaux :

$$\frac{d\varepsilon}{d\varepsilon'} = \frac{d\omega}{d\omega'} = \frac{d\theta}{d\theta'} = m.$$

Donc *on peut toujours avoir deux courbes* C *et* C′, *telles que, lorsqu'on fera rouler l'une sur l'autre, de telle sorte qu'en chaque point de contact les plans osculateurs coïncident, leurs angles de première et de deuxième courbure seront en tous les points de contact des deux courbes dans des rapports égaux et invariables.*

L'analyse permettrait de trouver sans difficulté les équations de deux courbes jouissant d'une pareille propriété. Il n'y aurait qu'à exprimer analytiquement le mode de déformation dont nous venons de parler.

166. *Cas particuliers.* — Il convient de signaler deux cas particuliers dans lesquels les conditions dont nous venons de parler sont satisfaites.

Le premier a lieu lorsque l'une des deux courbes, C par exemple, est une ligne droite et que l'on fait rouler une courbe quelconque C′ sur cette droite, de telle sorte que le plan osculateur de la première coïncide en chaque point de contact avec le plan dans lequel on suppose que la droite C est située ou que, réciproquement, on fait rouler la droite sur la courbe sous les mêmes conditions. En effet, pour chaque point de la courbe et de la droite, les angles de contingence et de flexion de celle-ci étant nuls, il en résulte que les rapports des angles de première et de deuxième courbure des deux lignes sont constamment nuls. Donc, lorsqu'on fait rouler une courbe C′ sur une droite C, ou une droite C sur une courbe C′, de telle sorte qu'en chaque point de contact des deux lignes le plan osculateur de la courbe coïncide avec le plan dans lequel la droite est supposée située, on peut transformer ce roulement complexe en un roulement simple d'une surface développable sur un plan.

Le second cas a lieu lorsque les deux courbes C et C′ sont symétriques par rapport à un plan et que l'on fait rouler la courbe C′ sur la courbe C, de telle sorte qu'en chaque point de contact des deux courbes leurs plans osculateurs coïncident. Il est évident, en effet, qu'en chaque point de contact des deux courbes, les angles de première et de deuxième courbure de la première sont dans un rapport constant, égal à l'unité, avec les angles de première et de deuxième courbure de la seconde. On pourra donc aussi, dans ce nouveau cas, transformer le roulement complexe de la courbe C′ sur la courbe C en roulement simple d'une surface développable symétrique et symétriquement située par rapport au plan de contact commun.

167. *Équations de la tangente à la roulette.* — Remarquons que la tangente à la roulette engendrée par le point A′ inva-

riablement lié à la courbe C′ pendant le roulement de cette courbe sur la courbe C, d'après le mode indiqué, est perpendiculaire au plan du rayon vecteur r' et de l'axe instantané P; or cet axe fait avec les droites τ, ν, ρ des angles dont les cosinus sont

$$\frac{d\omega \pm d\omega'}{d\Omega}, \quad \frac{d\varepsilon \pm d\varepsilon'}{d\Omega}, \quad 0.$$

Si l'on fait usage des formules qui donnent les cosinus des angles d'une normale au plan de deux droites, lorsque l'on connaît les cosinus des angles de chacune de ces droites avec trois axes rectangulaires τ, ν, ρ, on aura les expressions suivantes :

$$(3)\quad \left\{\begin{aligned} \cos(\tau, d\sigma) &= \frac{d\varepsilon \pm d\varepsilon'}{d\Omega}\,\frac{\cos(\rho, r')}{\sin(\mathrm{P}, r')},\\ \cos(\nu, d\sigma) &= -\frac{d\omega \pm d\omega'}{d\Omega}\,\frac{\cos(\rho, r')}{\sin(\mathrm{P}, r')},\\ \cos(\rho, d\sigma) &= \frac{d\omega \pm d\omega'}{d\Omega}\,\frac{\cos(\nu, r')}{\sin(\mathrm{P}, r')} - \frac{d\varepsilon \pm d\varepsilon'}{d\Omega}\,\frac{\cos(\tau, r')}{\sin(\mathrm{P}, r')}. \end{aligned}\right.$$

On aurait obtenu les mêmes expressions par la différentiation de la première des équations (1). En effet, le premier membre de cette différentielle sera $\frac{d\alpha}{d\sigma}$, c'est-à-dire le cosinus de l'angle que la tangente fait avec l'axe des x, et le second membre sera la somme des produits des cosinus des angles $(\tau, d\sigma)$, $(\nu, d\sigma)$, $(\rho, d\sigma)$ par les cosinus des angles correspondants (τ, x), (ν, x), (ρ, x).

De ce qui précède on déduit cette règle générale :

Pour construire le plan normal de la roulette, faites passer un plan par l'axe instantané du mouvement et le point décrivant A′; *pour mener la tangente à la roulette, menez une normale à ce plan, au point* A′.

168. *Conséquences des formules précédentes.* — Énumérons quelques conséquences des propriétés de la tangente.

1° La tangente à la roulette est parallèle au plan de la droite ρ et d'une droite L menée dans le plan $\tau\nu$ perpendiculairement à l'axe instantané P; en effet, les trois droites P, L, ρ forment un système orthogonal de coordonnées; or la tangente à la roulette est dans un plan perpendiculaire à l'axe P; donc elle est parallèle au plan des droites L et ρ. De plus, comme elle est perpendiculaire au plan Pr', cette tangente et la projection du rayon vecteur r' sur le plan $L\rho$ ont des directions perpendiculaires l'une à l'autre. La tangente fait donc avec la droite L un angle égal à l'angle que la projection de r' sur le plan $L\rho$ fait avec ρ ou son angle supplémentaire. La direction de la tangente est donc déterminée par rapport aux trois droites orthogonales P, L, ρ.

2° Si la courbe C' roule sur une droite C, de telle sorte qu'en chaque point de contact le plan osculateur de C' coïncide avec le plan dans lequel on suppose que la droite C est située, l'axe instantané de rotation ne différant pas alors de la droite rectifiante de la courbe C', droite que nous représenterons par ϖ', si l'on mène par le point de contact des deux lignes une perpendiculaire λ' aux directions ρ' et ϖ', les formules (3) deviendront les suivantes :

$$(3)' \quad \left\{ \begin{aligned} \cos(\tau, d\sigma) &= \cos(\varpi', \nu') \frac{\cos(\rho', r')}{\sin(\varpi', r')}, \\ \cos(\nu, d\sigma) &= \cos(\varpi', \tau') \frac{\cos(\rho', r')}{\sin(\varpi', r')}, \\ \cos(\rho, d\sigma) &= \frac{\sin(\lambda', r')}{\sin(\varpi', r')}. \end{aligned} \right.$$

On conclut de là que la tangente à la roulette est parallèle au plan $\rho'\lambda'$ et qu'elle fait avec λ' un angle égal à celui que la projection de r' sur le plan $\rho'\lambda'$ fait avec la direction ρ' ou un angle supplémentaire.

3° Si la courbe C' roule, d'après le mode indiqué, successivement sur deux courbes C et C_1, et que ces courbes soient telles que leurs angles de contingence et de flexion soient avec les angles de contingence et de flexion de la courbe roulante C', en chaque point de contact, dans des rapports constants m et m_1, de telle sorte qu'en représentant par $d\varepsilon_1$, $d\varpi_1$

ces angles relatifs à la courbe C_1 on ait les proportions

$$(4) \qquad \frac{d\varepsilon}{d\varepsilon'} = \frac{d\omega}{d\omega'} = m, \quad \frac{d\varepsilon_1}{d\varepsilon'} = \frac{d\omega_1}{d\omega'} = m_1,$$

les tangentes aux deux roulettes en des points correspondant au même arc de courbe roulante feront les mêmes angles avec les trois directions τ', ν', ρ' en ces points. Cela résulte de ce que, d'après les proportions précédentes, les axes instantanés des deux roulettes se confondent avec la droite rectifiante de la courbe C′ (165) et, par conséquent, font en ces points le même angle avec la binormale.

169. *Différentielle de l'arc de roulette.* — En élevant au carré les différentielles des équations (1), on trouverait l'expression de cette différentielle ; mais on peut l'obtenir directement par l'un ou l'autre des deux procédés suivants :

Premier procédé. — Pendant le roulement de la courbe C′ autour de la courbe C, le point A′ est porté en A'_1 par l'effet de la rotation $d\varepsilon \pm d\varepsilon'$ autour de la binormale au point de contact des deux courbes, et ensuite porté de A'_1 en A'_2 par l'effet de la rotation $d\omega \pm d\omega'$ autour de la tangente commune aux deux courbes ; l'arc de roulette est donc $A'A'_2$. Or cette ligne est le troisième côté d'un triangle dont le premier et le second côté sont $A'A'_1$, $A'_1A'_2$; on aura donc

$$\overline{A'A'_2}^2 = \overline{A'A'_1}^2 + \overline{A'_1A'_2}^2 - 2A'A'_1 \times A'_1A'_2 \cos(A'A'_1A'_2).$$

Or on a

$$A'A'_1 = r'(d\varepsilon \pm d\varepsilon')\sin(\nu, r'),$$
$$A'_1A' = r'(d\omega \pm d\omega')\sin(\tau, r') ;$$

si l'on remarque que les éléments $A'A'_1$, $A'_1A'_2$ sont perpendiculaires, le premier au plan de ν et de r', le second au plan de τ et de r', l'angle $A'A'_1A'_2$ est égal à l'angle dièdre des deux plans ; or, dans le trièdre formé par les trois droites ν, τ, r', on a

$$\cos(\tau, \nu) = \cos(\nu, r')\cos(\tau, r') - \sin(\nu, r')\sin(\tau, r')\cos(\tau, r', \nu).$$

Le cosinus de l'angle (τ, ν) étant nul, cette relation donne la valeur du cosinus du dièdre des deux plans $\nu r'$, $\tau r'$ en fonction des angles que r' fait avec les deux droites ν et τ. En substituant ces différentes valeurs dans la première équation du présent numéro, on aura l'expression de l'élément $d\sigma$ de la roulette

$$(5)\quad \left\{ \begin{aligned} d\sigma^2 = r'^2[(d\varepsilon \pm d\varepsilon')^2 \sin^2(\nu, r') + (d\omega \pm d\omega')^2 \sin^2(\tau, r') \\ - 2(d\varepsilon \pm d\varepsilon')(d\omega \pm d\omega')\cos(\nu, r')\cos(\tau, r')]. \end{aligned} \right.$$

Deuxième procédé. — Les deux rotations de la courbe C' peuvent être composées en une seule autour de l'axe instantané P; le point A' décrit alors autour de cet axe un arc correspondant à l'angle $d\Omega$, qui est la résultante des deux rotations $d\varepsilon \pm d\varepsilon'$, $d\omega \mp d\omega'$; on a donc aussi l'expression suivante :

$$(5)' \qquad d\sigma^2 = r'^2 \sin^2(P, r')[(d\varepsilon \pm d\varepsilon')^2 + (d\omega \pm d\omega')^2],$$

laquelle, lorsqu'on y remplace $\sin(P, r')$ par sa valeur, revient à celle que nous avons précédemment écrite.

170. *Rectification de la roulette.* — Considérons les deux arcs de roulettes engendrées par le point A', invariablement lié avec une courbe C', pendant que le même arc de cette courbe roule d'abord sur une courbe C et ensuite sur une courbe C_1, de telle sorte qu'en chaque point de contact les plans osculateurs de la courbe mobile et de la courbe fixe coïncident; admettons que les courbes C et C_1 ont été choisies de telle sorte que les angles de contingence et de flexion de ces courbes soient avec les angles de contingence et de flexion de la courbe C' dans les rapports constants m ou m_1, suivant qu'il s'agit de la courbe C ou de la courbe C_1. Si l'on représente par $d\sigma$, $d\sigma_1$ les arcs des roulettes correspondantes et par P, P_1 les axes instantanés, on aura, d'après la formule (5) et en ayant égard aux conditions (4), les deux relations suivantes :

$$d\sigma = r'(m \pm 1)\,d\vartheta \sin(P, r'), \quad d\sigma_1 = r'(m_1 \pm 1)\,d\vartheta \sin(P, r').$$

Or, d'après les proportions (4), les axes instantanés coïncident pour chaque roulette avec la ligne rectifiante ϖ' de la courbe C′; on aura donc le rapport

$$\frac{d\sigma}{d\sigma_1} = \frac{m \pm 1}{m_1 \pm 1}.$$

Ce rapport ayant lieu pour tous les éléments des deux roulettes, il en résulte que, si l'on représente par σ, σ_1 les arcs de roulette correspondant au même arc de roulement de la courbe mobile C′, on aura l'équation

$$\frac{\sigma}{\sigma_1} = \frac{m \pm 1}{m_1 \pm 1}. \tag{6}$$

On en déduit les deux théorèmes suivants :

1° *Si l'on fait rouler successivement une courbe C′ sur deux courbes C, C_1, de telle sorte qu'en chaque point de contact les plans osculateurs de la courbe mobile et de la courbe fixe coïncident ; si les deux courbes fixes C et C_1 sont telles, qu'en chaque point de leur contact avec la courbe C′ les angles de contingence et de flexion soient avec les angles de contingence et de flexion de la courbe C′ dans des rapports constants m, m_1 (m étant relatif à la courbe C et m_1 à la courbe C_1, les arcs des roulettes engendrées par un point A′ invariablement lié avec la courbe C′, pendant le roulement de la même portion d'arc de C′ sur les courbes C et C_1, sont entre eux dans le rapport de $m \pm 1$ à $m_1 \pm 1$.*

Si la courbe C_1 est une droite et la courbe C une courbe symétrique de la courbe C′ et symétriquement placée par rapport à la courbe roulante, on a le théorème :

2° *Si deux courbes C et C′ sont symétriques et symétriquement placées par rapport au plan rectifiant commun, et qu'on fasse rouler successivement la courbe C′ sur la courbe C et sur une tangente à la courbe C, ce roulement s'effectuant de telle sorte que les plans osculateurs de la courbe fixe et de la courbe mobile coïncident en chaque point de contact, les arcs des roulettes engendrées par un point A′ invariablement lié avec la courbe C′ pendant le roulement de la même portion d'arc de C′ sur C et sur la tangente seront entre eux dans le rapport de 2 à 1.*

§ II. — Des podaires.

171. *De la podaire d'une courbe non plane.* — Supposons la courbe C′ fixe, et du point A′ que nous avons considéré abaissons des perpendiculaires sur les divers plans rectifiants de cette courbe; le lieu des pieds de ces perpendiculaires est une courbe à double courbure, que nous appellerons, par extension, *podaire* de la courbe C′, par rapport au point A′.

Appelons R′ la distance du point A′ au plan rectifiant de la courbe C′; si l'on considère deux positions infiniment voisines de R′, et qu'on appelle $d\sigma'$ l'arc de podaire déterminé par ces deux positions, on a les deux équations suivantes :

$$(7)\qquad dR' = d\sigma' \cos(\rho', d\sigma'),\quad R'd\theta' = d\sigma' \sin(\rho', d\sigma'),$$

desquelles on déduit les deux suivantes :

$$(8)\qquad d\sigma'^2 = dR'^2 + R'^2 d\theta'^2,\quad \frac{R'd\theta'}{dR'} = \operatorname{tang}(\rho', d\sigma').$$

Or on a

$$R' = r'\cos(\rho', r') = x'\cos(\rho', x') + y'\cos(\rho', y') + z'\cos(\rho', z');$$

la différentiation de cette équation donne

$$dR' = r'\cos(\lambda', r')\,d\theta'.$$

Si l'on porte ces valeurs de R′ et de dR' dans les équations (7) et (8), on trouve les deux systèmes suivants :

$$(7)'\quad \cos(\rho', d\sigma') = \frac{\cos(\lambda', r')}{\sin(\varpi', r')},\quad \sin(\rho', d\sigma') = \frac{\cos(\rho', r')}{\sin(\varpi', r')},$$

$$(8)'\qquad d\sigma' = r'd\theta'\sin(\varpi', r'),\quad \operatorname{tang}(\rho', d\sigma') = \frac{\cos(\rho', r')}{\cos(\lambda', r')}.$$

De ces formules on déduit la construction de la tangente à la podaire; car, si l'on projette r' sur le plan $\rho'\lambda'$ et qu'on représente par p' la projection, on a

$$\cos(\rho', r') = \sin(\varpi', \rho')\cos(p', \rho');$$

et en ayant égard à cette relation, les formules $(7)'$ donnent l'équation

$$\sin(\rho', d\sigma') = \cos(p', \rho');$$

or, comme l'arc $d\sigma'$ est parallèle au plan $\rho'\lambda'$, on en conclut que l'angle que $d\sigma'$ fait avec la ligne rectifiante λ' et l'angle que la projection de r' sur le plan de $\rho'\lambda'$ fait avec ρ' sont égaux ou supplémentaires. De là la construction suivante de la tangente :

Du point A″ projection de A′ sur le plan rectifiant de la courbe C′, menez une parallèle ϖ' à la plus courte distance de deux rayons de courbure de cette courbe infiniment voisins et une perpendiculaire λ' au plan de R′ et de ϖ', projetez sur λ' le point considéré sur la courbe, soit M′ cette projection; par les trois points A′, A″, M′ faites passer un cercle, et menez la tangente à ce cercle au point A″; cette droite sera la tangente de la podaire.

Si l'on compare les résultats que nous venons d'obtenir à ceux que nous avons déjà trouvés dans le nº **8**, on obtient le théorème suivant :

Si l'on fait rouler un arc de courbe C′ sur une droite, d'après les conditions indiquées, et que cette courbe C′ entraîne avec elle sa podaire par rapport à un point A′, les tangentes de cette podaire et de la roulette engendrée par le point A′, en des points correspondants, sont perpendiculaires à la droite rectifiante ϖ' de la courbe C′, et les angles qu'elles font avec la droite λ' perpendiculaire au plan $\varpi'\rho'$ sont égaux ou supplémentaires.

172. *Des podaires homothétiques.* — Si l'on prolonge les rayons vecteurs R′ de la podaire dans le rapport constant de $m \pm 1$ à l'unité, on aura une courbe II″ semblable à la podaire, semblablement placée, située sur la même surface conique, et telle que, pour le même rayon vecteur, les tangentes seront parallèles. La courbe II″ ne sera pas distincte de la podaire de la courbe C″ que l'on aurait obtenue en prolongeant les rayons vecteurs, tels que r' de la courbe C′ menés du même point A′ dans le rapport constant de $(m \pm 1)$ à l'unité. Il est évident que, si l'on appelle R″ le rayon vecteur de la courbe II″, issu du point A′, et $d\sigma''$ la différentielle de l'arc de cette courbe, on aura les deux relations

$$R'' = (m \pm 1)R', \quad d\sigma'' = (m \pm 1)d\sigma',$$

et de plus les mêmes relations angulaires que dans le numéro précédent.

De là résultent les théorèmes suivants :

1° *Si l'on fait rouler, d'après le mode indiqué, un même arc de courbe C′ sur la courbe C, et que ces deux courbes soient telles qu'en chaque point de contact leurs angles de contingence et de flexion soient dans un rapport constant m; si la courbe C′ entraîne avec elle la podaire homothétique Π″ donnée par le prolongement des rayons vecteurs menés du point A′, dans le rapport de (m ± 1) à l'unité, la tangente de la roulette engendrée par le point A′ et la tangente à la podaire homothétique Π″, en deux points correspondants, sont perpendiculaires à la droite rectifiante ϖ′ et les angles qu'elles forment avec λ′ à la fois perpendiculaires au rayon de courbure ρ′ et à la droite rectifiante ϖ′ de C′ sont égaux ou supplémentaires.*

2° *On fait rouler un arc de courbe C′ sur une courbe C, d'après le mode indiqué, et ces courbes sont telles qu'en chaque point de contact les angles de contingence et de flexion de la seconde sont dans un rapport constant m avec les angles de contingence et de flexion de la première ; l'arc de roulette engendrée par un point A′, invariablement lié avec la courbe C′, est égal à l'arc de courbe lieu des extrémités des droites menées du point A′, perpendiculairement aux plans rectifiants, aux divers points de la même portion de courbe C′, supposée fixe, ces droites étant dans le rapport constant (m ± 1) avec les distances correspondantes du point A′ aux plans rectifiants.*

3° *On fait rouler une portion d'arc de courbe C′ sur une courbe symétrique C, de telle sorte que leurs plans osculateurs coïncident en chaque point de contact ; l'arc de roulette engendrée par un point A′, invariablement lié à la courbe C′, est égal à l'arc de courbe lieu des extrémités des droites menées du point A′, perpendiculairement aux plans rectifiants aux divers points de la même portion d'arc de courbe C', supposée fixe, ces droites étant doubles des distances correspondantes du même point A' aux plans rectifiants.*

4° *On fait rouler un arc de courbe C' sur une droite C, de telle sorte qu'en chaque point de contact le plan osculateur de la courbe C' coïncide avec le plan dans lequel la droite C est supposée située, l'arc de roulette engendrée par un point A', invariablement lié avec la courbe C', est égal à l'arc de courbe lieu des pieds des perpendiculaires aux plans rectifiants, aux divers points de la courbe C'.*

Ce dernier théorème est une nouvelle forme du théorème de M. Mannheim sur l'égalité des arcs de roulette et de podaire d'une surface développable roulant sur un plan. Il contient, comme cas particulier, le théorème de Steiner sur l'égalité des arcs de roulette et de podaire d'une courbe plane roulant sur une droite.

173. *Courbure de la roulette.* — Soient

τ et τ' les rayons de seconde courbure des deux courbes C et C';
$\mathfrak{R}$ le rayon de courbure de la roulette engendrée par A';
dE son angle de contingence;
Δ la distance du point de contact des deux courbes C et C' à l'intersection de deux plans normaux de la roulette, infiniment voisins.

Le plan $P_{r'}$ étant le plan normal de la roulette, on a

$$d\sigma = \mathfrak{R}\,dE, \quad ds\cos(ds, d\sigma) = \Delta\,dE,$$
$$\mathfrak{R} = \Delta + r'\cos(\mathfrak{R}, r');$$

on en déduit

$$(9)\qquad \frac{d\sigma}{ds} = \frac{\mathfrak{R}}{\Delta}\cos(ds, d\sigma) = \frac{\Delta + r'\cos(\mathfrak{R}, r')}{\Delta}\cos(ds, d\sigma);$$

or, si l'on divise l'équation (5)' par ds, on obtient

$$(9)'\qquad \frac{d\sigma}{ds} = r'\sin(P, r')\left[\left(\frac{1}{\tau} \pm \frac{1}{\tau'}\right)^2 + \left(\frac{1}{\rho} \pm \frac{1}{\rho'}\right)^2\right]^{\frac{1}{2}}.$$

En égalant ces deux expressions du rapport de $d\sigma$ à ds, on obtient la relation suivante, qui est aussi simple qu'expressive :

$$(10)\qquad \left\{\begin{aligned}&\left[\frac{1}{r'}+\frac{\cos(\mathcal{R}, r')}{\Delta}\right]^2\cos^2(ds, d\sigma)\\&\quad=\sin^2(P, r')\left[\left(\frac{1}{\iota}\pm\frac{1}{\iota'}\right)^2+\left(\frac{1}{\rho}\pm\frac{1}{\rho'}\right)^2\right],\end{aligned}\right.$$

qui ne laisse rien à désirer du côté de la généralité. On y retrouve sans transformation les relations analogues des roulettes planes et sphériques, relations qui ne sont que des cas particuliers de cette équation.

Cette dernière équation pourrait aussi s'écrire sous la forme suivante :

$$(10)'\qquad \left\{\begin{aligned}&\left[\frac{1}{r'}+\frac{\cos(\mathcal{R}, r')}{\Delta}\right]^2\cos^2(ds, d\sigma)\\&\quad=\left(\frac{1}{\iota}\pm\frac{1}{\iota'}\right)^2\sin^2(\nu, r')+\left(\frac{1}{\rho}\pm\frac{1}{\rho'}\right)^2\sin^2(\tau, r')\\&\qquad-2\left(\frac{1}{\iota}\pm\frac{1}{\iota'}\right)\left(\frac{1}{\rho}\pm\frac{1}{\rho'}\right)\cos(\nu, r')\cos(\tau, r'),\end{aligned}\right.$$

qui se déduit sans difficulté de l'équation (5).

§ III. — Applications.

174. *Roulette engendrée par une hélice roulant sur une autre hélice.* — Supposons que l'on fasse rouler, sous les conditions posées, une hélice sur une autre hélice et cherchons la roulette engendrée par un point de l'axe de la seconde.

Les équations (1) du n° **164** peuvent s'écrire sous la forme suivante :

$$(1)'\quad \alpha = x + x'\cos(x', x) + y'\cos(y', x) + z'\cos(z', x). \quad (3)$$

On a les neuf conditions contenues dans le type suivant :

$$\left.\begin{aligned}\cos(x', x) &= \cos(x, \tau)\cos(\tau, x')\\&\quad+\cos(x, \nu)\cos(\nu, x')+\cos(x, \rho)\cos(\rho, x').\end{aligned}\right\}\ (9$$

Les équations des hélices c et c' sont (48)

$$(c)\qquad x = a\cos t,\quad y = a\sin t,\quad z = amt;$$
$$(c')\qquad x' = a'\cos t',\quad y' = a'\sin t',\quad z' = a'm't'.$$

D'après cela, en faisant usage des formules du n° 48, on trouve les expressions

$$(d)\quad \left\{\begin{aligned}
\cos(x', x) &= \cos(i'-i)\sin t\sin t' + \cos t\cos t',\\
\cos(x', y) &= -\cos(i'-i)\sin t'\cos t + \cos t'\sin t,\\
\cos(x', z) &= \sin(i'-i)\sin t';\\
\cos(y', x) &= -\cos(i'-i)\sin t\cos t' + \cos t\cos t',\\
\cos(y', y) &= \cos(i'-i)\cos t\cos t' + \sin t\sin t',\\
\cos(y', z) &= -\sin(i'-i)\cos t';\\
\cos(z', x) &= -\sin(i'-i)\sin t,\\
\cos(z', y) &= \sin(i'-i)\cos t,\\
\cos(z', z) &= \cos(i'-i).
\end{aligned}\right.$$

En portant ces valeurs dans les équations (1)', on obtient les équations suivantes de la roulette :

$$\begin{aligned}
\alpha &= (a + a')\cos t - [a'm'\sin(i'-i)\sin t]\,t',\\
\beta &= (a + a')\sin t + [a'm'\sin(i'-i)\cos t]\,t',\\
\gamma &= amt + a'm't'\cos(i'-i).
\end{aligned}$$

Or on a

$$s = \frac{a}{\cos i}\,t,\qquad s' = \frac{a'}{\cos i'}\ {}';$$

comme ces deux arcs sont égaux, on obtient la relation

$$\frac{t'}{t} = \frac{a}{\cos i}\,\frac{\cos i'}{a'} = \lambda,$$

en posant λ pour représenter le rapport constant de t' à t.

Donc les équations de la roulette sont

$$(\mathfrak{R})\quad \left\{\begin{aligned}
\alpha &= (a \pm a')\cos t - [a'm'\lambda\sin(i' \mp i)\sin t]\,t,\\
\beta &= (a \pm a')\sin t + [a'm'\lambda\sin(i' \mp i)\cos t]\,t,\\
\gamma &= [am + a'm'\lambda\cos(i' \mp i)]\,t.
\end{aligned}\right.$$

175. *Interprétation.* — D'après le n° 48, les équations de la tangente à l'hélice, dont A est le rayon de sa base et I l'angle que cette tangente fait avec le plan des xy, sont, $\mathfrak{R}$ étant sa longueur arbitraire et X, Y, Z les coordonnées de son extrémité,

$$X = A\cos t - \mathfrak{R}\cos I \sin t,$$
$$Y = A\sin t + \mathfrak{R}\cos I \cos t,$$
$$Z = AMt \quad + \mathfrak{R}\sin I.$$

Pour avoir les traces de cette tangente sur le plan horizontal, il faut faire Z nul, ce qui donne

$$\mathfrak{R} = -\frac{A}{\cos I}\, t.$$

Donc cette trace décrit la développante du cercle, de sorte que, si l'on conçoit le point dont la projection sur le plan horizontal décrit la développante du cercle et dont la hauteur au-dessus de ce plan est proportionnelle à l'arc de cercle décrit par le centre de courbure correspondant de cette développante, les équations de la courbe décrite par ce point, ou plus généralement d'une courbe semblable, seront, K et N étant constants,

$$X' = A\cos t + KA\,t\sin t,$$
$$Y' = A\sin t - KA\,t\cos t,$$
$$Z' = N\,t.$$

Si l'on identifie ces équations avec les équations ($\mathfrak{R}$), chacune à chacune, on a

$$A = (a \pm a'), \quad K = -\frac{a'm'\lambda\sin(i' \mp i)}{a \pm a'},$$
$$N = am + a'm'\lambda\cos(i' \mp i).$$

De là on conclut que la courbe ($\mathfrak{R}$) n'est autre chose que la courbe que nous venons de définir.

CHAPITRE XII.

DU ROULEMENT D'UN PLAN SUR UNE SURFACE DÉVELOPPABLE.

Lorsque l'on fait rouler un plan sur une surface développable, les points et les courbes liés avec ce plan déterminent des courbes et des surfaces qui appartiennent à la Géométrie des courbes gauches et jettent un grand jour sur leur analyse. Au point de vue géométrique, on obtient des théorèmes intéressants et, sous le rapport analytique, on trouve, sans calcul, les intégrales des équations différentielles des courbes produites par le mouvement. Nous allons poser quelques principes intuitifs relatifs au roulement du plan, qui nous seront d'une grande utilité dans les recherches relatives aux courbes et serviront à établir directement leurs intégrales. La question qui est l'objet du présent Chapitre n'est foncièrement qu'un corollaire du problème des roulettes résolu dans le Chapitre précédent ; mais, à cause de son importance, nous préférons la traiter par des considérations directes.

176. *Principes.* — Imaginons un plan P roulant sans glissement sur une surface développable S :

1° Un point quelconque de ce plan engendrera une courbe C_1 dont la surface développable S sera la surface polaire.

2° Une droite L perpendiculaire à ce plan et invariablement liée avec lui engendrera une surface développable qui sera la surface osculatrice de la courbe C_1 engendrée par le pied de cette perpendiculaire.

3° Tout point de l'espace invariablement lié avec le plan mobile engendrera une courbe D_1 que l'on obtient en prenant une longueur constante sur les tangentes à la courbe C_1.

4° Nous donnons ailleurs l'équation de cette courbe dans l'étude des courbes produites par le roulement d'un plan.

5° Le plan normal à cette courbe D_1 s'obtient en faisant passer un plan par le point décrivant et la ligne de contact du plan roulant et de la surface développable S.

6° Une sphère qui a son centre en un point du plan roulant est enveloppée par une surface canal dont la courbe moyenne est la courbe C_1 décrite par le centre de la sphère.

7° Une sphère qui a son centre en un point quelconque, solidairement lié avec le plan, enveloppe une surface canal dont la courbe directrice est la courbe D_1 (3°) décrite par le centre de la sphère.

8° Une droite L_1, située dans le plan roulant, engendre une surface développable Σ_1 dont l'arête de rebroussement est située sur la surface S. Cette arête de rebroussement est la développée de la courbe engendrée par un point quelconque de la droite L_1.

9° Si diverses droites L_1, L_2, L_3 situées dans le plan roulant ont un point commun a, les diverses arêtes de rebroussement des surfaces Σ_1, Σ_2, Σ_3 engendrées par ces droites sont les diverses développées de la courbe C_1 engendrée par le point a.

10° Si par les diverses droites L_1, L_2, L_3 on mène des plans P_1, P_2, P_3 perpendiculaires au plan roulant, soit la droite A l'intersection commune, tous ces plans envelopperont les surfaces correspondantes Σ_1, Σ_2, Σ_3 engendrées par les droites L_1, L_2, L_3; ils ne feront que glisser sur ces surfaces sans roulement. Cela résulte de ce que la ligne de contact sera pour chacun d'eux la même droite, par exemple pour P_1, la ligne L_1; la droite commune A enveloppera sans roulement la courbe C_1, engendrée par le point a.

11° Soit un plan Q_1 mené par la droite L_1 et formant un angle constant avec le plan roulant. Ce plan passera par les tangentes successives de la développée de la courbe C_1, enveloppe de L_1 (9) et, de plus, formera un angle constant avec le rayon de courbure de cette développée et avec sa binormale. L'enveloppe de ce plan sera une surface développable σ_1 passant par la développée de C_1 et coupant sous angle constant la surface développable S.

12° Soit maintenant une droite L ayant une position quelconque et solidairement liée avec le plan roulant; faisons passer deux plans Q_1, Q_2 suivant cette droite. Ces deux plans envelopperont (11) deux surfaces développables coupant l'une et l'autre la surface donnée suivant deux angles constants, et la surface décrite par la droite L pourra être considérée comme décrite par l'intersection de deux plans tangents correspondants des surfaces σ_1 et σ_2.

13° Revenons au n° 11 et menons par chaque génératrice de contact du plan roulant P avec la surface donnée S un plan R_1 perpendiculaire sur le plan Q_1, nous aurons la génératrice de la surface σ_1 enveloppée par Q_1; de sorte que, si l'on répète la même construction dans les différentes positions du plan P, on aura la série des génératrices qui forment la surface σ_1; et, pour avoir les équations de cette surface, il n'y a qu'à chercher les équations de la droite d'intersection de ce plan R_1 avec le plan Q_1. Cela fournit un moyen d'avoir géométriquement les équations de cette surface.

14° Considérons une surface U liée avec le plan roulant; si des divers points de la génératrice de contact du plan P avec la surface S on abaisse des perpendiculaires à la surface U, on aura la courbe suivant laquelle la surface U est touchée par sa surface enveloppe σ, et, si l'on répète la même construction pour les diverses positions du plan roulant P, on aura la série des courbes de contact de U et de son enveloppe, et cette série de courbes de contact donnera la surface enveloppe σ.

§ I. — Des courbes engendrées par le roulement d'un plan.

Nous allons étudier les courbes produites par un point solidairement lié avec un plan qui roule sans glissement sur une surface développable.

177. Problème I. — *Un plan roule sans glissement sur une surface développable; courbe engendrée par un point du plan.*

Remarquons que, si l'on développait la surface sur le plan,

l'arête de rebroussement C′ se transformerait, par suite de ce développement, en une courbe C'_1, et ces deux courbes seraient telles que les arcs correspondants seraient égaux et que les angles de contingence en des points correspondants le seraient aussi ; nous appelons la seconde développée par plan de la première.

Cela posé, soient (*fig.* 25) $d\sigma'$ l'arête de rebroussement, O le

Fig. 25.

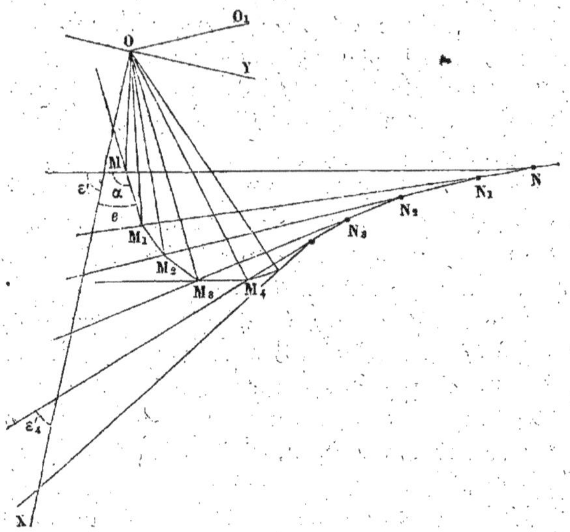

point fixe dans le plan mobile ; abaissons de ce point sur la génératrice de contact une perpendiculaire *t*.

Dans toutes les positions du plan, le pied de cette perpendiculaire engendrera, dans le plan mobile, la podaire du point O par rapport à la courbe C'_1 développée par plan de $d\sigma'$.

Soient :

ds l'élément de cette podaire ;
α l'angle sous lequel elle coupe la génératrice ;
q la distance du point d'intersection au point de contact correspondant de cette génératrice avec la courbe $d\sigma$;
$d\varepsilon$ son angle de contingence ;
$d\varepsilon'$ l'angle de contingence de $d\sigma'$.

Si l'on projette le périmètre des quadrilatères infinitésimaux formés par deux positions infiniment voisines de la génératrice et de la perpendiculaire, sur la tangente et sur une direction perpendiculaire, on a les équations

$$(1)\qquad \left\{\begin{aligned} &ds\cos\alpha = d(q+\sigma'), \qquad && ds\sin\alpha = dt,\\ &ds\sin\alpha = q\,d\varepsilon', && -ds\cos\alpha = t\,d\varepsilon'; \end{aligned}\right.$$

et, si l'on fait la somme des angles de ces quadrilatères, on a la relation

$$de = -d\varepsilon' + d\alpha.$$

En égalant entre elles les valeurs des deux sinus et des deux cosinus, on a les deux équations différentielles simultanées

$$(2)\qquad \frac{dq}{d\varepsilon'} + t = -\frac{d\sigma'}{d\varepsilon'}, \quad \frac{dt}{d\varepsilon'} - q = 0.$$

On en déduit les deux équations résolvantes suivantes:

$$(3)\qquad \frac{d^2q}{d\varepsilon'^2} + q = -\frac{d^2\sigma'}{d\varepsilon'^2}, \quad \frac{d^2t}{d\varepsilon'^2} + t = -\frac{d\sigma'}{d\varepsilon'}.$$

Comme $\frac{d\sigma'}{d\varepsilon'}$ est connu en fonction de ε', on a (115) les expressions suivantes :

$$(4)\qquad \left\{\begin{aligned} t &= a\sin\varepsilon' + b\cos\varepsilon' - \sin\varepsilon'\int\sigma'\sin\varepsilon'd\varepsilon' - \cos\varepsilon'\int\sigma'\cos\varepsilon'd\varepsilon',\\ q &= a\cos\varepsilon - b\sin\varepsilon' - \sigma' - \cos\varepsilon'\int\sigma'\sin\varepsilon'd\varepsilon' + \sin\varepsilon'\int\sigma'\cos\varepsilon'd\varepsilon', \end{aligned}\right.$$

que nous pouvons aussi écrire sous la forme suivante, en représentant par ρ' le rayon de courbure de la courbe $d\sigma'$,

$$(5)\qquad \left\{\begin{aligned} t &= a\sin\varepsilon' + b\cos\varepsilon' + \sin\varepsilon'\int\rho'\cos\varepsilon\,d\varepsilon' + \cos\varepsilon'\int\rho'\sin\varepsilon'd\varepsilon',\\ q &= a\cos\varepsilon' - b\sin\varepsilon' - \cos\varepsilon'\int\rho'\cos\varepsilon'd\varepsilon' - \sin\varepsilon'\int\rho'\sin\varepsilon'd\varepsilon', \end{aligned}\right.$$

dans lesquelles a et b sont les constantes d'intégration.

La seconde de ces équations est l'équation de la podaire dans le plan mobile par rapport à la courbe C'_1 (système tangentiel).

La première équation est l'équation de la podaire dans le plan mobile par rapport au pôle O et à l'axe fixe OX, puisque l'angle MOX que t fait avec OX ne diffère de ε' que par une constante.

Pour avoir l'équation de cette courbe en coordonnées rectangles, il suffit de projeter OM sur les deux axes.

Équations de la roulette. — Le calcul que nous venons de faire nous conduit immédiatement aux équations cartésiennes de la roulette. Soient, en effet, x', y', z' les coordonnées du point N et x, y, z les coordonnées du point O, par rapport à trois axes fixes dans l'espace; si l'on remarque que les directions de NM, OM sont celles de la tangente τ' et de la normale principale ρ', en projetant les côtés de l'angle droit NMO sur ces trois axes, on aura les trois équations

$$x - x' = q\cos(\tau', x) - t\cos(\rho', x), \quad (3)$$

qui seront les équations de la roulette lorsqu'on y aura remplacé x', q et t par leurs valeurs en fonction de ε'.

Différentielle de l'arc. — Cette différentielle $d\Sigma$ s'obtient en multipliant t par l'angle $d\omega'$ de deux positions infiniment voisines du plan roulant; on a donc

$$d\Sigma = t\,d\omega'.$$

La direction de cet élément $d\Sigma$ s'obtient par la direction de la normale au plan tangent de la surface développable: c'est donc la direction de ν'. On obtient donc le plan normal de la roulette en faisant passer un plan par le point décrivant et la génératrice de contact du plan et de la développable.

Transformée gauche de la podaire. — C'est la courbe que les pieds des perpendiculaires t marquent sur la surface développable; les équations cartésiennes de cette courbe sont, en représentant par x'', y'', z'' les coordonnées d'un point, et en représentant toujours par q la distance MN,

$$\frac{x' - x''}{\cos(\tau', x)} = \frac{y' - y''}{\cos(\tau', y)} = \frac{z' - z''}{\cos(\tau', z)} = q,$$

dans lesquelles il faut exprimer x', y', z', q et les cosinus en fonction de ε'.

Méthode des roulettes. — La méthode que nous avons exposée dans le Chapitre précédent peut être suivie pour la résolution du problème.

Développons la surface osculatrice de la courbe C' sur le plan roulant; cette courbe se transforme, d'après ce qui a été dit, en une courbe plane C'_1, dont l'élément d'arc et l'angle de contingence n'auront pas changé et seront les mêmes fonctions de ε'; rapportons cette courbe plane C'_1 à deux axes passant le point O, OX, OY. Soient X'_1, Y'_1 les coordonnées de cette courbe par rapport à ces axes, on aura

$$X'_1 = \int \cos\varepsilon' d\sigma', \quad Y'_1 = \int \sin\varepsilon' d\sigma'.$$

Si maintenant on fait rouler sans glissement la courbe C'_1 sur la courbe C', de telle sorte que pendant ce roulement les plans rectifiants des deux courbes soient constamment en coïncidence, on obtiendra le même mouvement que si l'on faisait rouler le plan osculateur de la courbe plane C'_1 sur le plan osculateur de la courbe C', après avoir mis en contact, à l'origine du mouvement, deux points correspondants de ces deux courbes. Si x, y, z sont les coordonnées du point O par rapport à trois axes fixes auxquels la courbe C' est rapportée, on aura, en appelant R la distance de ce point au point de contact des deux courbes C' et C'_1, les trois équations suivantes :

$$x = x' + R[\cos(R, \tau')\cos(\tau', x) + \cos(R, \rho')\cos(\rho', x)], \quad (3)$$

et, comme tout est connu en fonction de ε' dans le second membre, on a les trois équations de la roulette.

178. Problème II. — *Un plan roule sans glissement sur une surface développable : courbe engendrée par un point solidairement lié au plan.*

Nous conservons la notation et les hypothèses précédentes et nous supposons que le point décrivant est un point O_1 pris sur la perpendiculaire au plan menée par le point O, de sorte que $OO_1 = r$. Si l'on représente par X_1, Y_1, Z_1 les coordonnées du point O_1 par rapport aux axes fixes dans l'espace, on a les trois équations

$$X_1 - x' = q\cos(\tau', x) - t\cos(\rho', x) + r\cos(\nu', x). \quad (3)$$

Différentielle de l'arc. — Si l'on différentie l'équation précédente, on obtient

$$dX_1 = (d\sigma' + dq + t\,d\varepsilon')\cos(\tau', x)$$
$$+ t\,d\omega'(\cos\nu', x) - (dt - r\,d\omega' - q\,d\varepsilon')\cos(\rho', x),$$

que l'on peut modifier de la manière suivante, au moyen des équations (1) (177) :

$$dX_1 = t\,d\omega'\cos(\nu', x) + r\,d\omega'\cos(\rho', x)\,;$$

on a donc, en représentant par $d\Sigma_1$ la différentielle de l'arc, la relation

$$d\Sigma_1 = (t^2 + r^2)^{\frac{1}{2}}\,d\omega;$$

on a aussi les équations

$$\cos(\tau', d\Sigma_1) = 0, \quad \cos(\nu', d\Sigma_1) = \frac{\tau\,d\omega'}{d\Sigma_1}, \quad \cos(\rho', d\Sigma_1) = \frac{r\,d\omega'}{d\Sigma_1},$$

qui font connaître la direction de l'élément $d\Sigma_1$ de la roulette, par rapport aux axes du trièdre mobile.

179. Problème III. — *Un plan roule sans glissement sur une surface développable : courbe engendrée par un point qui se meut dans ce plan d'après une loi donnée.*

État de la question. — Nous conservons les notations et les hypothèses précédentes et nous représentons par $d\sigma''$ l'élément de la courbe C″ décrite dans le plan mobile par le point O (*fig.* 26); les droites OM, O_1M_1 sont perpendiculaires aux génératrices correspondantes; β est l'angle MOO_1.

Équations différentielles. — Ces équations, qu'on obtient par le système de projections connu, sont

$$(1)' \quad \begin{cases} ds\cos\alpha = d(q + \sigma'), & ds\sin\alpha = dt + d\sigma''\cos\beta, \\ ds\sin\alpha = q\,d\varepsilon', & -ds\cos\alpha = t\,d\varepsilon' + d\sigma''\sin\beta, \end{cases}$$

avec les relations angulaires

$$\alpha = e + \varepsilon', \quad \alpha = e + \beta - \varepsilon'' + \frac{\pi}{2}, \quad \varepsilon' + \varepsilon'' = \frac{\pi}{2} + \beta\,;$$

d'où l'on tire

$$de = -d\varepsilon' + d\alpha, \quad d\alpha = de + d\beta - d\varepsilon'', \quad d\beta = d\varepsilon' + d\varepsilon''.$$

Première solution. — Si l'on représente par X', Y', X_1, Y_1 les coordonnées du point N de l'arête et du point O de la

Fig. 26.

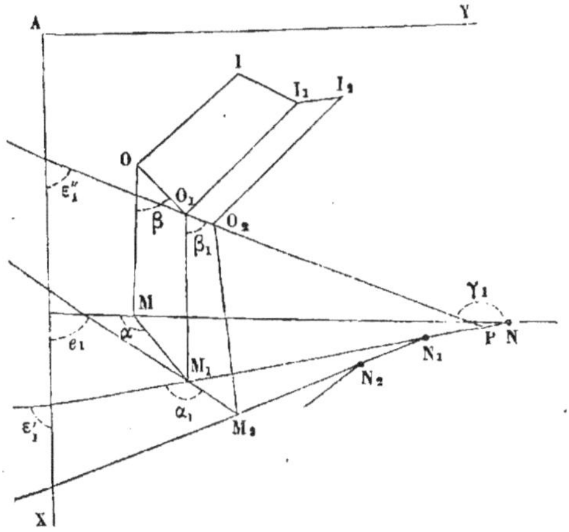

courbe décrite par rapport aux axes AX, AY, on a

$$X' = \int d\sigma' \cos\varepsilon', \quad Y' = \int d\sigma' \sin\varepsilon',$$

qui représentent les équations de la courbe C'_1, de sorte que la distance $OM = t$ est

$$(X_1 - \int d\sigma' \cos\varepsilon') \sin\varepsilon' - (Y_1 - \int ds' \sin\varepsilon) \cos\varepsilon' = t.$$

d'une autre part, l'équation de la droite OM est

$$(X_1 - X) dX' + (Y_1 - Y) dY' = 0,$$

et l'expression de la perpendiculaire q, abaissée du point X', Y' sur cette droite OM, est

$$(X_1 - \int d\sigma' \cos\varepsilon') \cos\varepsilon' + (Y_1 - \int d\sigma' \sin\varepsilon') \sin\varepsilon' = q;$$

Or la correspondance des deux points appartenant l'un à la courbe $d\sigma'$ et l'autre à la courbe $d\sigma''$ exige que les cordonnées de ces points soient fonctions d'une même variable t'. On aura donc

$$X' = f(t'), \quad Y' = f_1(t'); \quad X_1 = \varphi(\ ', \quad Z_1 = \varphi_1(t');$$

conséquemment

$$\varepsilon' = \psi(t').$$

Maintenant il suffit de projeter les deux côtés de l'angle NMO sur les axes fixes, et l'on a

$$x_1 - x' = q\cos(\tau', x) - t\cos(\rho', x), \quad (3)$$

et de remplacer dans ces équations x', y', z', t et q, ainsi que les cosinus, par leurs valeurs en fonction de ε'.

Deuxième solution. — On tire des équations $(1)'$ les deux équations suivantes :

$$(2)' \quad \left\{ \begin{aligned} &\frac{dq}{d\varepsilon'} + t + \frac{d\sigma'}{d\varepsilon'} + \frac{d\sigma''}{d\varepsilon'}\sin\beta = 0, \\ &\frac{dt}{d\varepsilon'} - q + \frac{d\sigma''}{d\varepsilon'}\cos\beta = 0, \end{aligned} \right.$$

auxquelles il faut joindre les conditions

$$\varepsilon'' = \varphi(\varepsilon'), \quad \beta = \varepsilon'' - \varepsilon';$$

on en déduit

$$\frac{d^2q}{d\varepsilon'^2} + q + \frac{d}{d\varepsilon'}\left(\frac{d\sigma''}{d\varepsilon'}\sin\beta + \frac{d\sigma'}{d\varepsilon'}\right) - \frac{d\sigma''}{d\varepsilon'}\cos\beta = 0,$$

$$\frac{d^2t}{d\varepsilon'^2} + t + \frac{d}{d\varepsilon'}\left(\frac{d\sigma''}{d\varepsilon'}\cos\beta\right) + \frac{d\sigma''}{d\varepsilon'}\sin\beta + \frac{d\sigma'}{d\varepsilon'} = 0.$$

Or, par la nature de la question, σ'' est donné en fonction de ε'; on obtiendra donc les valeurs de q et de t par l'intégration de ces équations.

Si, pour abréger, on pose les troisièmes termes de ces équations égaux à $\mathfrak{R}_1$ et à $\mathfrak{R}$, on aura les expressions suivantes de t et de q :

$$t = a\sin\varepsilon' + b\cos\varepsilon - \sin\varepsilon'\int\mathfrak{R}\cos\varepsilon' d\varepsilon' + \cos\varepsilon'\int\mathfrak{R}\sin\varepsilon' d\varepsilon';$$

$$q = a\cos\varepsilon' - b\sin\varepsilon' - \sin\varepsilon'\int\mathfrak{R}_1\cos\varepsilon' d\varepsilon' + \cos\varepsilon'\int\mathfrak{R}_1\sin\varepsilon' d\varepsilon'.$$

Ces expressions sont identiques à celles que nous avons trouvées par la première méthode, qui a l'avantage de donner d'emblée les intégrales des équations différentielles $(2)'$.

Équations de la trajectoire dans l'espace. — Pour avoir le lieu des points O dans l'espace, représentons par x_1, y_1, z_1 les coordonnées de ce point par rapport à trois axes fixes; on aura les trois équations

$$x_1 - x' = q\cos(\tau', x) - t\cos(\rho', x), \quad (3)$$

qui sont les équations de la *roulette* C_1.

Tangente à la trajectoire. — Si l'on différentie l'équation précédente, on trouve sans difficulté

$$\begin{aligned} dx_1 = {} & (d\sigma' + dq + t\,d\varepsilon')\cos(\tau', x) \\ & + t\,d\omega'\cos(\nu', x) - (dt - q\,d\varepsilon')\cos(\rho', x). \end{aligned}$$

Or, si l'on a égard aux équations (1)' du présent numéro, on trouve

$$dx_1 = -d\sigma''\sin\beta\cos(\tau', x) + t\,d\omega'\cos(\nu', x) + d\sigma''\cos\beta\cos(\rho', x);$$

d'après cela, on a

$$ds_1^2 = d\sigma''^2 + t\,d\omega'^2;$$

si nous représentons par τ_1 la tangente à cette trajectoire, on a les équations

$$(\alpha) \quad \begin{cases} \cos(\tau_1, \tau') = -\dfrac{d\sigma''\sin\beta}{ds_1}, \quad \cos(\tau_1, \nu') = \dfrac{t\,d\omega'}{ds_1}, \\ \cos(\tau_1, \rho') = \dfrac{d\sigma''\cos\beta}{ds_1}, \end{cases}$$

et aussi les équations suivantes, par suite des équations (1)':

$$(\alpha)' \quad \begin{cases} ds_1\cos(\tau_1, \tau') = ds\cos\alpha + t\,d\varepsilon', \quad ds_1\cos(\tau_1, \nu') = t\,d\omega', \\ ds_1\cos(\tau_1, \rho') = ds\sin\alpha - dt. \end{cases}$$

On obtient facilement les mêmes formules par des considérations géométriques, soit O_1O' (*fig.* 27) un déplacement du point O_1 sur la trajectoire fixe. Ce déplacement est l'effet d'une rotation O_1O du plan mobile autour de la génératrice de contact et du déplacement OO' effectué sur la courbe plane C''; le premier a pour expression $t\,d\omega'$ et s'accomplit dans le sens

$O\nu'$; le second a pour expression $d\sigma''$ et s'accomplit dans la direction de cet élément. Or les projections de $d\sigma''$ sur $O\rho'$

Fig. 27.

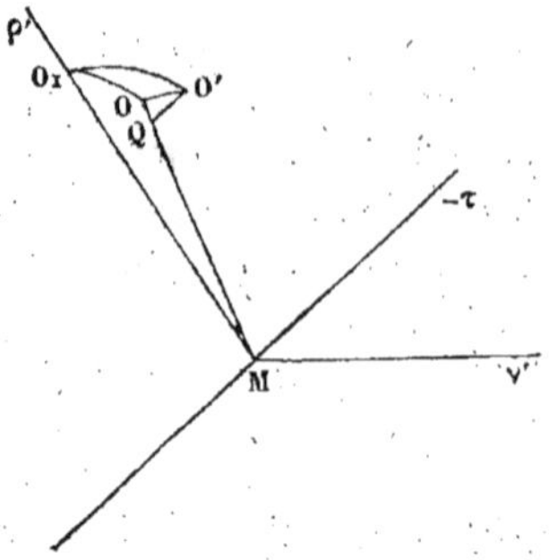

et sur $O\tau'$ sont $d\sigma''\cos\beta$, $d\sigma''\sin\beta$. Les trois équations qu'on obtient sont donc

$$\cos(\nu', \tau_1) = \frac{t\,d\omega'}{ds_1}, \quad \cos(\rho', \tau_1) = \frac{d\sigma''\cos\beta}{ds_1},$$

$$\cos(\tau', \tau_1) = -\frac{d\sigma''\sin\beta}{ds_1}.$$

180. Problème IV. — *Un plan roule sans glissement sur une surface développable et rencontre une courbe* C_1 *dans l'espace : trouver dans le plan mobile la courbe plane, lieu des points d'intersection.*

Première solution. — On connaît (*fig.* 26) les coordonnées de la courbe C_1 et x', y', z' de la courbe C' en fonction de la variable indépendante : on connaît donc les coordonnées x_1, y_1, z_1 de l'intersection O du plan osculateur de la courbe C' avec la courbe C_1. On abaissera de ce point O une perpendiculaire t sur la génératrice de contact MN, laquelle sera donnée par la deuxième des équations (α) (179)

$$t = ds_1 \frac{\cos(\tau_1, \nu')}{d\omega'}.$$

On en déduira la valeur de q donnée par la troisième équation $(\alpha)'$ combinée avec la deuxième équation $(1)'$

$$q = \frac{ds_1 \cos(\tau_1, \rho') + dt}{d\varepsilon'},$$

Cela fait, on projettera sur les deux axes **AX, AY** situés dans le plan osculateur de la courbe C' les côtés de l'angle droit OMN et, en représentant par X_1, Y_1 et X', Y' les coordonnées du point O et du point N par rapport à ces axes, on aura

$$(1) \quad X_1 - X' = t \sin\varepsilon' - q \cos\varepsilon', \quad Y_1 - Y' = t \cos\varepsilon' + q \sin\varepsilon',$$

dans lesquelles tout est connu en fonction de ε', à l'exception de X_1 et de Y_1. On a donc les coordonnées du point O dans le plan mobile en fonction de ε'.

Deuxième solution. — Si l'on combine les équations (α) avec les équations $(1)'$ du n° **179**, on a le double système suivant, dans lequel les premiers membres du premier système sont connus en fonction de ε', par suite des données de la question :

$$\begin{aligned} ds_1 \cos(\tau_1, \tau') &= d(q + \sigma') + t\,d\varepsilon' = -\,d\sigma'' \sin\beta, \\ ds_1 \cos(\tau_1, \nu') &= t\,d\omega', \\ ds_1 \cos(\tau_1, \rho') &= q\,d\varepsilon' - dt = d\sigma'' \cos\beta. \end{aligned}$$

La première et la dernière de ces équations font connaître $d\sigma''$ et β en fonction de ε'; on aura donc par rapport aux axes mobiles, dont l'un serait la génératrice NM et l'autre une perpendiculaire à cet axe menée par N, les deux équations suivantes, données par le second système :

$$t + \frac{dq}{d\varepsilon'} = -\sin\beta \frac{d\sigma''}{d\varepsilon'} - \frac{d\sigma'}{d\varepsilon'}, \quad \frac{dt}{d\varepsilon'} - q = -\cos\beta \frac{d\sigma''}{d\varepsilon'},$$

desquelles on tirera la valeur de q et de t par l'intégration d'une équation résolvante de la forme des équations (2) du n° **177**, et l'on retombera sur les valeurs de X_1, Y_1 en faisant usage, comme précédemment, des équations (1).

Le même calcul donne les courbes podaires gauche et plane du point mobile O par rapport à la courbe C'. La courbe podaire gauche située sur la surface développable osculatrice de la courbe C′ est donnée par les équations

$$\frac{x-x'}{\cos(\tau'.x')}=\frac{y-y'}{\cos(\tau',y')}=\frac{z-z'}{\cos(\tau',z')}=q,$$

ou bien les équations

$$\frac{x-x_1}{\cos(\rho',x)}=\frac{y-y_1}{\cos(\rho',y')}=\frac{z-z_1}{\cos(\rho',z)}=t.$$

La podaire plane située dans le plan tangent à cette surface est donnée par l'un ou l'autre des deux systèmes suivants :

$$\frac{X-X'}{\cos\varepsilon'}=\frac{Y-Y'}{\sin\varepsilon'}=q \quad \text{ou bien} \quad -\frac{X-X_1}{\sin\varepsilon'}=\frac{Y-Y_1}{\cos\varepsilon'}=t.$$

181. Problème V. — *Les mêmes conditions étant posées que dans le problème III, trajectoire d'un point* I *dont le mouvement relatif au plan mobile et à une normale fixe à ce plan est connu.*

Coordonnées du point. — Nous conservons les mêmes notations et hypothèses que dans le problème III et nous supposons (*fig.* 26) que le point décrivant I se projette successivement sur les positions du point O, de telle sorte que la courbe C‴ décrite de ce mouvement relatif se projette sur la courbe C″. Soit OI représenté par r qui est une fonction connue de ε'; on voit immédiatement que les équations cartésiennes de la trajectoire C_2 dans l'espace sont, en représentant par x_2, y_2, z_2 les coordonnées du point par rapport à trois axes fixes,

$$(x_2) \quad x_2-x'=q\cos(\tau',x)-t\cos(\rho',x)+r\cos(\nu',x), \quad (3)$$

dans lesquelles il faut substituer les valeurs de x', q, t, r et des cosinus en fonction de ε'.

Tangente. — Si l'on différentie l'équation (x_2), on trouve, par le procédé déjà employé, l'équation

$$dx_2=(d\sigma'+dq+t\,d\varepsilon')\cos(\tau',x)$$
$$+(t\,d\omega'+dr)\cos(\nu',x)-(dt-q\,d\varepsilon'-r\,d\omega')\cos(\rho',x),$$

de laquelle on déduit les suivantes:

$$(\alpha)\quad \begin{cases} ds_2\cos(\tau_2,\tau') = d\sigma' + dq + t\,d\varepsilon', \\ ds_2\cos(\tau_2,\nu') = t\,d\omega' + dr, \\ ds_2\cos(\tau_2,\rho') = -dt + q\,d\varepsilon' + r\,d\omega'. \end{cases}$$

Or, si l'on représente par $d\sigma'''$ l'arc de la courbe relative C''' qui se projette sur $d\sigma''$, élément correspondant de la courbe C'', et qu'on représente par λ l'angle des deux éléments correspondants de ces courbes, on a les deux équations

$$d\sigma'' = d\sigma''' \cos\lambda,\quad dr = d\sigma''' \sin\lambda\,;$$

de plus, en raisonnant comme on l'a fait au nº 179, les relations (α) deviennent .

$$(\alpha)'\quad \begin{cases} ds_2\cos(\tau_2,\tau') = -d\sigma'' \sin\beta = -d\sigma''' \sin\beta\cos\lambda, \\ ds_2\cos(\tau_2,\nu') = t\,d\omega' + dr = t\,d\omega' + d\sigma''' \sin\lambda, \\ ds_2\cos(\tau_2,\rho') = d\sigma'' \cos\beta + r\,d\omega' = d\sigma''' \cos\beta\cos\lambda + r\,d\omega', \end{cases}$$

desquelles on déduit

$$(ds_2)\quad ds_2^2 = (d\sigma''')^2 + (t^2+r^2)\,d\omega'^2 + 2\,ds'''\,d\omega'(t\sin\lambda + r\cos\lambda\cos\beta).$$

Ces équations font connaître l'élément ds_2 de la trajectoire en grandeur et en direction. Elles sont d'une application facile aux questions inverses, qui présentent toujours un grand intérêt au point de vue du Calcul intégral.

Ainsi, par exemple, si la courbe $d\sigma'$ est donnée, ainsi que les angles (τ_2,τ'), (τ_2,ν'), (τ_2,ρ'), en fonction de la variable indépendante, en représentant les cosinus de ces angles par T, N, R, on déduit des équations (α), en divisant la première et la troisième par la deuxième, les deux équations suivantes:

$$\frac{dq}{d\omega'} - \frac{dr}{d\omega'}\,\frac{\mathrm{T}}{\mathrm{N}} + t\left(\frac{d\varepsilon'}{d\omega'} - \frac{\mathrm{T}}{\mathrm{N}}\right) + \frac{d\sigma'}{\mathrm{N}\,d\omega'} = 0,$$

$$\frac{dt}{d\omega'} + \frac{dr}{d\omega'}\,\frac{\mathrm{R}}{\mathrm{N}} - q\,\frac{d\varepsilon'}{d\omega'} - r + t\,\frac{\mathrm{R}}{\mathrm{N}} = 0\,;$$

une des trois quantités t, q, r reste indéterminée; si l'on se donne cette arbitraire, on aura à intégrer un système d'équations différentielles linéaires du premier ordre.

182. Problème VI. — *Les mêmes conditions étant données que dans le problème III, trouver la trajectoire engendrée par le point de contact d'une droite tangente à la courbe C″ et perpendiculaire à la génératrice de contact du plan roulant sur la surface osculatrice de la courbe C′.*

Ce problème est un cas particulier du problème III, puisqu'il suffit de supposer dans ce dernier problème que le point se meut sur la courbe C″ par cette condition que l'angle β de cette courbe avec la perpendiculaire à la génératrice de contact soit nul.

La correspondance des points de contact N et O est exprimée par la condition

$$\varepsilon' + \varepsilon'' = \frac{\pi}{2};$$

d'après cela, si l'on fait usage de la première méthode exposée au n° 179, les valeurs des coordonnées du point O seront

$$X'' = \int d\sigma'' \sin\varepsilon', \quad Y'' = \int d\sigma'' \cos\varepsilon',$$

et le problème s'achèvera comme au numéro cité.

Si l'on fait usage de la seconde méthode, il faudra introduire dans les équations (1)′ du n° 179 la condition de correspondance, β nul, et l'on tombera sur le système des deux équations

$$\frac{dq}{d\varepsilon'} + t + \rho' = 0, \quad \frac{dt}{d\varepsilon'} - q + \rho'' = 0;$$

il suffira donc de faire dans les intégrales (4)′ du n° 179

$$\mathfrak{R}_1 = -\rho'' + \frac{d\rho'}{d\varepsilon'}, \quad \mathfrak{R} = \rho' + \frac{d\rho''}{d\varepsilon'}.$$

183. Problème VII. — *Les mêmes conditions étant conservées que dans le problème précédent, trouver la trajectoire engendrée par le point de contact d'une droite tangente à la courbe C″ et formant un angle γ avec la génératrice de contact du plan roulant et de la surface osculatrice de la courbe C′.*

Ce problème (*fig.* 26) est encore un cas particulier du problème III, et la loi de correspondance est

$$\gamma = \beta + \frac{\pi}{2} = \varepsilon' + \varepsilon'';$$

de sorte que, si l'on fait usage de la première méthode (**179**), on aura

$$X'' = \int d\sigma'' \cos(\gamma - \varepsilon'), \quad Y'' = \int d\sigma'' \sin(\gamma - \varepsilon');$$

telles seront les valeurs dont il faudra faire usage dans les expressions de t et q.

Si l'on fait usage de la seconde méthode, il faudra introduire dans les équations (1)' du n° **179** la condition angulaire précédente, ce qui donnera les mêmes équations (2)', avec la seule différence qu'il faudra y poser

$$\sin\beta = -\cos\gamma, \quad \cos\beta = \sin\gamma.$$

Si l'on veut obtenir la courbe décrite par le point P d'intersection de la tangente et de la génératrice, lequel point est le sommet de l'angle γ, on aura la relation

$$NP = NM - MP = q + t\frac{\cos\gamma}{\sin\gamma};$$

et, par conséquent, les équations de la courbe seront, en représentant par α_1, β_1, γ_1 les trois coordonnées du point décrivant P,

$$\alpha_1 - x' = (q + t\cot\gamma)\cos(\tau', x). \quad (3)$$

Dans ce problème, l'angle γ est constant ou variable d'après une loi donnée.

§ II. — Des surfaces engendrées.

184. Problème VIII. — *Les mêmes conditions étant posées que dans le problème III, surface engendrée par une courbe* C_1 *solidairement liée avec le plan roulant.*

Soient (*fig.* 25) OX, OY, OZ les axes mobiles avec le plan, les deux premiers situés dans ce plan et le troisième lui étant perpendiculaire; soient les équations de la courbe C_1 par rapport à ces axes,

$$(1)\qquad X_1 = F(t'),\quad Y_1 = F_1(t'),\quad Z_1 = F_2(t'),$$

t' étant la variable indépendante. Abaissons du point (X_1, Y_1, o) une perpendiculaire t sur la génératrice de contact du plan roulant avec la surface osculatrice de la courbe C'; on aura, comme au n° 179,

$$(2)\qquad \begin{cases} q = (X_1 - X')\cos\varepsilon' + (Y_1 - Y')\sin\varepsilon', \\ t = (Y_1 - Y')\cos\varepsilon' - (X_1 - X')\sin\varepsilon', \\ X' = \int d\sigma' \cos\varepsilon', \quad Y' = d\sigma' \sin\varepsilon'; \end{cases}$$

puis on projettera la ligne brisée $Z_1\,tq$ sur les axes fixes O_2x, O_2y, O_2z dans l'espace, de sorte que, si x_1, y_1, z_1 sont les coordonnées d'un point de la courbe C_1 par rapport à ces axes, on aura les trois équations

$$x_1 - x' = q\cos(\tau', x) - t\cos(\rho', x) + Z_1\cos(\nu', x). \quad (3)$$

Or, si l'on a égard aux valeurs précédentes de q, t, X', Y', en remarquant que

$$(\alpha)\qquad \begin{cases} \cos(\tau', x)\cos\varepsilon' + \cos(\rho', x)\sin\varepsilon' = \cos(X_1, x), \\ \cos(\tau', x)\sin\varepsilon' - \cos(\rho', x)\cos\varepsilon' = \cos(Y_1, y), \end{cases}$$

on aura les trois équations suivantes :

$$(S_1)\qquad \begin{cases} x_1 - x' = (X_1 - X')\cos(X_1, x) \\ \qquad\qquad + (Y_1 - Y')\cos(Y_1, x) + Z_1\cos(Z_1, x), \end{cases} \quad (3)$$

qui seront les équations de la surface cherchée; les seconds membres sont des fonctions des deux variables t' et ε', la variable t' n'entrant que dans les expressions de X_1, Y_1, Z_1.

Lorsque, ε' a une valeur fixe, ces équations donnent les équations de la courbe C_1 dans la position correspondant à cette valeur.

Lorsque, ε' restant variable, t' a une valeur déterminée, on a la courbe engendrée par le point fixe dans les coordonnées mobiles X_1, Y_1, Z_1 correspondant à cette valeur.

Il y a donc deux systèmes naturels de courbes tracées sur la surface, donnés par les équations

(3) $$\varepsilon' = \text{const.}, \quad t' = \text{const.}$$

Cas où la courbe génératrice est située dans le plan roulant. — Dans ce cas, la coordonnée Z_1 est nulle, et les équations de la surface engendrée sont

$(S_1)'$ $$x_1 - x' = (X_1 - X')\cos(X_1, x) + (Y_1 - Y')\cos(Y_1, x). \quad (3)$$

Les surfaces engendrées représentent alors cette classe intéressante de surfaces dont les lignes de courbure de la première série sont planes. En effet, dans le cas qui nous occupe, les équations (3) représentent les deux séries de lignes de courbure, et par hypothèse la courbe $\varepsilon' = \text{const.}$ est toujours située dans le plan roulant. (*Analyse infinitésimale des courbes situées sur une surface quelconque*, page 157.)

Intersection de la surface engendrée avec la surface osculatrice de la courbe C'. — Pour avoir cette intersection, il est évident qu'il suffit de donner à X_1 et Y_1, dans l'équation $(S_1)'$, les valeurs qui conviennent à l'intersection de la courbe C_1 avec la génératrice de contact; or, pour cette génératrice, la distance t donnée par la deuxième des équations (2) du numéro précédent devant être nulle, on a les conditions

(β) $$\left\{\begin{array}{l} X_1 = F(t'), \quad Y_1 = F_1(t'), \\ Y_1 \cos\varepsilon' - X_1 \sin\varepsilon' = Y' \cos\varepsilon' - X' \sin\varepsilon'. \end{array}\right.$$

Elles feront connaître t' en fonction de ε', et, si l'on porte cette valeur dans les équations (S'_1), on aura les équations de la courbe d'intersection dont il s'agit.

185. *Applications.* — Supposons que la courbe donnée C_1 soit une droite située d'une manière quelconque; si l'on suppose que l'origine des coordonnées des axes mobiles soit à l'intersection de cette droite avec le plan roulant, on aura les équations de cette droite

$(1)'$ $$\frac{X_1}{\cos\alpha} = \frac{Y_1}{\cos\beta} = \frac{Z_1}{\cos\gamma} = t',$$

dans lesquelles α, β, γ sont les angles qu'elle fait avec les trois axes. Si l'on a égard aux conditions (2) (184), on trouvera

$$(S_1)'' \left\{ \begin{aligned} x_1 - x' = t'[\cos\alpha\cos(X_1, x) + \cos\beta\cos(Y_1, x)\cos\gamma\cos(Z_1, x)] \\ - \cos(X_1, x)\int d\sigma'\cos\varepsilon' - \cos(Y_1, x)\int d\sigma'\sin\varepsilon', \end{aligned} \right\} \quad (3)$$

que l'on peut écrire de la manière suivante :

$$(S_1)''' \left\{ \begin{aligned} x_1 - x' = t'\cos(t', x) - \cos(X_1, x)\int d\sigma'\cos\varepsilon' \\ - \cos(Y_1, x)\int d\sigma'\sin\varepsilon'. \end{aligned} \right\} \quad (3)$$

Ces équations représentent la surface engendrée par la ligne droite (1)'.

1° Si $\cos\gamma$ est égal à l'unité, on a les équations de la surface osculatrice de la courbe engendrée par l'origine des coordonnées O.

2° Si $\cos\gamma$ est nul, on a les équations de la surface développable qui a pour arête de rebroussement la développée de la roulette engendrée par le point O.

Dans ce dernier cas, il y a lieu de chercher les équations de cette développée, qui sont l'intersection des deux surfaces $(S_1)''$ et (S).

Équations de l'intersection des surfaces $(S_1)''$ *et* (S). — Les équations (β) donnent

$$t' = \frac{\cos\varepsilon'\int d\sigma'\sin\varepsilon' - \sin\varepsilon'\int d\sigma'\cos\varepsilon'}{\sin(\alpha+\varepsilon)} = \frac{t}{\sin(\alpha+\varepsilon)},$$

et, en portant cette valeur dans les équations $(S_1)'''$, on aura les relations

$$\left. \begin{aligned} x_1 = \int d\sigma'\cos\varepsilon' + \frac{t\cos(t', x)}{\sin(\alpha+\varepsilon')} - \cos(X_1, x)\int d\sigma'\cos\varepsilon' \\ - \cos(Y_1, x)\int d\sigma'\sin\varepsilon', \end{aligned} \right\} \quad (3)$$

qui sont les équations de la développée. Il serait facile de démontrer l'identité de ces équations avec celles que nous avons trouvées (145).

186. *Seconde solution du problème VIII.* — Soit (*fig.* 28) un système d'axes coordonnés mobiles, dont l'origine est constamment au point de contact N du plan roulant avec la

courbe C′, dont l'axe des x coïncide avec la tangente à cette courbe, l'axe des y avec la direction de la normale principale, et l'axe des z avec la binormale; soient tracés et pris pour axes fixes dans le plan roulant les axes qui se rap-

Fig. 28.

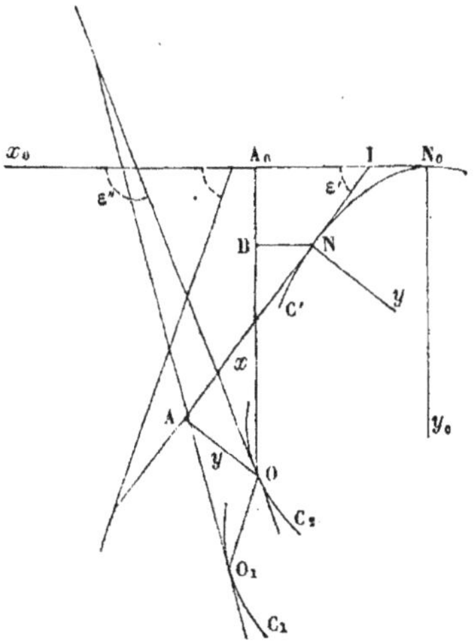

portent à la position du point N en N_0 à l'origine du mouvement. Si l'on représente par $\mathfrak{Y}$, $\mathfrak{X}$, $\mathfrak{Z}$ les coordonnées du point O_1 de la courbe C_1 par rapport aux axes mobiles, lorsque le point de contact de la génératrice est en N, et toujours par X', Y'; X_1, Y_1 les coordonnées de ce point de contact et du point O projection du point O_1 sur le plan roulant par rapport aux axes dont l'origine est en N_0; en appelant ε' l'angle de la tangente à C′ en N avec l'axe $N_0 x$ et ε'' l'angle que la projection de la tangente sur le plan roulant à la courbe C_1 fait avec le même axe, on aura

$$(C') \qquad X' = \int_0^{\varepsilon'} d\sigma' \cos\varepsilon', \quad Y' = \int_0^{\varepsilon} d\sigma \sin\varepsilon;$$

$$(C_1) \qquad X_1 = \int_{\varepsilon''_0}^{\varepsilon''} d\sigma'' \cos\varepsilon'', \quad Y_1 = \int_{\varepsilon''_0}^{\varepsilon''} d\sigma'' \sin\varepsilon''.$$

Or, si des points correspondants N et O on mène dans le plan mobile des parallèles aux axes qui se rapportent au point N_0, on forme un quadrilatère OANB, qui donne immédiatement les deux relations

$$\mathfrak{Y} = OB\cos\varepsilon' - BN\sin\varepsilon',$$
$$\mathfrak{X} = OB\sin\varepsilon' + BN\cos\varepsilon',$$

et conséquemment on a, en remarquant que $\mathfrak{Z}$ est une fonction de la variable ε'', les trois équations suivantes :

$$\mathfrak{Y} = (Y_1 - Y')\cos\varepsilon' - (X_1 - X')\sin\varepsilon',$$
$$\mathfrak{X} = (Y_1 - Y')\sin\varepsilon' + (X_1 - X')\cos\varepsilon',$$
$$\mathfrak{Z} = f(\varepsilon'').$$

Maintenant, si l'on projette la ligne brisée formée par ces coordonnées sur trois axes fixes dans l'espace, on obtient les équations

$$(x_1 - x') = \mathfrak{X}\cos(\tau', x) + \mathfrak{Y}\cos(\rho', x) + \mathfrak{Z}(\nu', x), \quad (3)$$

et, en remplaçant $\mathfrak{X}$, $\mathfrak{Y}$, $\mathfrak{Z}$ par leurs valeurs, on tombe sur les équations suivantes :

$$(S_1)\left\{\begin{aligned} x_1 - x' = {} & (X_1 - X')[\cos\varepsilon'\cos(\tau', x) + \sin\varepsilon'\cos(\rho', x)] \\ & + (Y_1 - Y')[\sin\varepsilon'\cos(\tau', x) - \cos\varepsilon'\cos(\rho', x)] \\ & + \mathfrak{Z}\cos(\nu', x); \end{aligned}\right.$$

ces équations ne diffèrent pas de celles que nous avons précédemment trouvées, lorsque l'on a égard aux relations (α) du n° **184**. Dans le cas actuel, les deux variables indépendantes sont ε' et ε'', et la seconde variable n'entre dans ces équations que par les coordonnées X_1, Y_1, $\mathfrak{Z}$.

187. Problème IX. — *Les mêmes conditions étant posées que dans le problème III, trouver la surface enveloppe d'un plan* (Q) *solidairement lié avec le plan tournant.*

Soient (*fig.* 29) O_1X', O_1Y', O_1Z' des axes coordonnés mobiles avec le plan roulant, les deux premiers dans ce plan et le troisième perpendiculaire; les équations de la tangente TT' sont, X, Y étant les coordonnées courantes,

$$(1) \qquad Y\cos\varepsilon' - X\sin\varepsilon' = Y'\cos\varepsilon' - X'\sin\varepsilon' = t,$$

l étant toujours la perpendiculaire abaissée du point O_1 sur la génératrice de contact TT_1; l'enveloppe cherchée est la surface

Fig. 29.

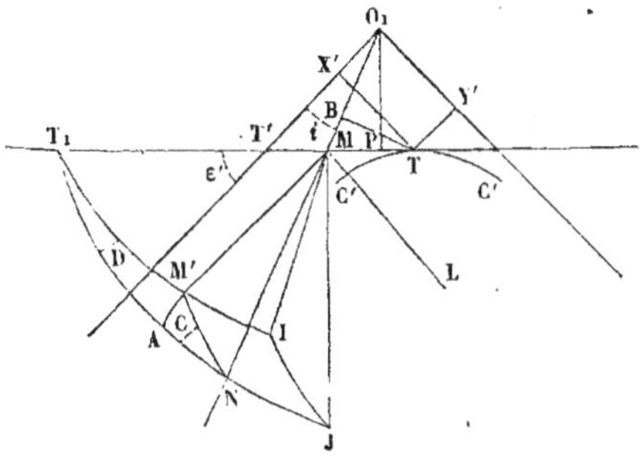

engendrée par la trace du plan donné (Q), dont l'équation est

(2)
$$z - \lambda(y\cos i - x\sin i) = 0,$$

avec le plan (V) qui lui est perpendiculaire et mené suivant la génératrice TT_1. Ces trois plans forment, en se coupant, un trièdre dont les arêtes sont MT_1, MN, MM'; il s'agit de connaître les cosinus des angles de l'arête MM' avec les axes mobiles de la courbe donnée C', qui sont τ', ρ', ν'. Si l'on représente par i l'angle de la trace O_1N avec l'axe des X', par C l'angle que le plan donné (Q) fait avec le plan roulant (P), et par D l'angle des deux plans (P) et (V), les données sont les angles i et C, et l'on a l'angle T_1MN égal à $(i+\varepsilon')$. Cela posé, le triangle $T_1M'N$ donne les équations

$$\frac{\sin C}{\sin M'MT_1} = \frac{\sin D}{\sin NMM'} = \frac{1}{\sin(i+\varepsilon')},$$
$$\cos T_1MM' \cos M'MN = \cos(i+\varepsilon');$$

or les premières donnent

(α)
$$\cos T_1MM' = \sqrt{1 - \sin^2 C \sin^2(i+\varepsilon')};$$

donc la dernière fournira la suivante :

$$\cos M'MN = \frac{\cos(i+\varepsilon')}{\sqrt{1-\sin^2 C\sin^2(i+\varepsilon')}}.$$

La question est maintenant ramenée à connaître les cosinus des angles que l'arête MM' fait avec MT_1, qui a la direction de τ'; avec MJ, qui a la direction de ρ'; avec ML, qui a la direction de ν'. On a les relations

$$\cos M'MI = \sin M'MT_1 = \sin C \sin(i+\varepsilon'),$$

$$\cos IMJ = \cos D = \frac{\tang T_1 MM'}{\tang(i+\varepsilon')};$$

si l'on remplace dans cette dernière le numérateur par sa valeur tirée des équations précédentes, on a

$$\cos D = \frac{\sin C \cos(i+\varepsilon')}{\sqrt{1-\sin^2 C \sin^2(i+\varepsilon')}};$$

or le trièdre dont les trois arêtes sont MM', MI, MJ étant rectangle suivant l'arête MI, on a

$$(\beta)\quad \cos M'MJ = \cos JMI \cos IMM' = \frac{\sin^2 C \cos(i+\varepsilon')\sin(i+\varepsilon')}{\sqrt{1-\sin^2 C \sin^2(i+\varepsilon')}}.$$

Maintenant, suivant ML et MM', faisons passer un plan qui intercepte l'arc M'A, complément de l'angle M'ML; le triangle $M'AT_1$ donne

$$\sin M'ML = \sin D \sin M'MT_1 = \sin D \sin C \sin(i+\varepsilon'),$$

on aura donc la troisième équation

$$(\gamma)\qquad \cos M'ML = -\frac{\sin C \cos C \sin(i+\varepsilon')}{\sqrt{1-\sin^2 C \sin^2(i+\varepsilon')}};$$

les formules (α), (β), (γ) donnent les cosinus des angles cherchés.

Il s'agit enfin de connaître la distance du point M au point de contact T; la perpendiculaire TB abaissée du point T sur la trace MN a pour expression, d'après l'équation (2),

$$TB = Y' \cos i - X' \sin i;$$

on a donc

$$(3)\qquad MT = \frac{Y' \cos i - X' \sin i}{\sin(i+\varepsilon')}.$$

Prenons maintenant une longueur quelconque $\mathfrak{M}$ à partir du point M et dans la direction MM′, et projetons le périmètre de l'angle dont les côtés sont $\mathfrak{M}$ et MT sur trois axes fixes dans l'espace Ox, Oy, Oz; soient x, y, z les coordonnées de l'extrémité de la longueur $\mathfrak{M}$, on aura les trois équations

$$x - x' = \mathrm{MT}\cos(\tau', x) + \mathfrak{M}\cos(\mathfrak{M}, x), \quad (3)$$

auxquelles il faut joindre les trois autres

$$\cos(\mathfrak{M}, x) = \cos(\mathfrak{M}, \tau')\cos(\tau', x) + \cos(\mathfrak{M}, \rho')\cos(\rho', x) + \cos(\mathfrak{M}, \nu')\cos(\nu', x);$$

portant dans ces équations les valeurs des cosinus de la directrice $\mathfrak{M}$ avec τ', ρ', ν' données par les équations (α), (β), (γ) et la valeur de MT donnée par l'équation (3), on trouve, en représentant MT par $\mathfrak{T}$, les équations de l'enveloppe du plan (Q)

$$(x)\quad \left\{ \begin{aligned} x - x' = \mathfrak{T}\cos\tau' x + \mathfrak{M}\Bigg[& \cos(\tau', x)\sqrt{1 - \sin^2 C \sin^2(i + \varepsilon')} \\ & + \cos(\rho', x)\frac{\sin^2 C \sin 2(i + \varepsilon')}{2\sqrt{1 - \sin^2 C \sin^2(i + \varepsilon')}} \\ & - \cos(\nu', x)\frac{\sin 2C \sin(i + \varepsilon')}{2\sqrt{1 - \sin^2 C \sin^2(i + \varepsilon')}}\Bigg], \end{aligned} \right.$$

dans lesquelles les deux variables indépendantes sont ε' et $\mathfrak{M}$, et les expressions des coordonnées x, y, z sont linéaires par rapport à $\mathfrak{M}$.

Ce problème peut se traiter avec non moins de facilité par la Géométrie analytique, et alors les données du problème sont les équations (1) et (2).

188. PROBLÈME X. — *Les mêmes conditions étant posées que dans le problème précédent, une surface* (F) *est solidairement liée avec le plan roulant : trouver l'enveloppe de la surface.*

L'équation de la tangente à la courbe C′ est l'équation (1) du n° 187. L'équation de la surface (F) par rapport aux axes mobiles étant

$$(\mathrm{F})\qquad \mathrm{F}(\mathrm{X}, \mathrm{Y}, \mathrm{Z}) = 0,$$

la condition pour que la normale à cette surface rencontre la génératrice de contact est

$$\frac{dZ}{dX}\cos\varepsilon' + \frac{dZ}{dY}\sin\varepsilon' = 0. \tag{1}$$

Cette équation et la précédente représentent, pour la position actuelle du plan roulant, la courbe de contact de la surface donnée (F) et de la surface enveloppe ; par suite de ces deux équations, on a les variables X et Y exprimables en fonction des variables Z et ε'.

Maintenant, d'un point quelconque de la projection de la courbe de contact sur le plan roulant, abaissons une perpendiculaire p sur la génératrice de contact TT_1, et soit q la longueur du segment compris entre le pied de cette perpendiculaire et le point de contact T de cette génératrice : la distance du point de la courbe de contact à sa projection est Z; on a les deux relations

$$\left\{\begin{aligned} q &= (X - X')\cos\varepsilon' + (Y - Y')\sin\varepsilon',\\ p &= (X - X')\sin\varepsilon' - (Y - Y')\cos\varepsilon'; \end{aligned}\right. \tag{2}$$

et, si l'on projette la ligne brisée dont les côtés sont Z, p, q successivement sur trois axes fixes dans l'espace Ox, Oy, Oz et qu'on représente par x, y, z les coordonnées du point de la courbe de contact par rapport à ces trois axes, on aura les trois équations

$$(x) \quad x - x' = p\cos(\rho', x) + q\cos(\tau', x) + Z\cos(\nu', x), \quad (3)$$

qui exprimeront les trois coordonnées x, y, z en fonction de deux variables indépendantes ε' et Z et qui seront les équations de la surface enveloppe de la surface donnée (F).

CHAPITRE XIII.

ENVELOPPE D'UN PLAN MOBILE.

189. *État de la question.* — Le problème qui a pour objet la recherche de l'enveloppe d'un plan mobile est intimement lié avec la théorie des courbes gauches et a été résolu dans les Chapitres V, VI et VII dans les cas où ce plan est le plan normal, le plan osculateur, le plan rectifiant de la courbe. Ce problème a été ébauché dans le Chapitre IV pour le cas général où le plan se meut d'une manière quelconque par rapport à une courbe directrice. Or ce même problème dans toute sa généralité n'est réellement pas distinct du problème inverse des roulettes. En effet, si l'on se reporte au problème V du n° **181**, on voit que, si l'on se donne la trajectoire que décrit dans l'espace le point qui se meut d'un mouvement relatif dans le plan roulant sur la courbe C′, et de plus les angles que ce plan fait, à chaque instant, avec les axes mobiles de la trajectoire donnée, on a le problème général du mouvement d'un plan; de sorte que les équations (α) et $(\alpha)'$ du n° **181** comprennent toutes les équations de ce dernier problème et en donnent toute l'économie géométrique; il n'y aurait qu'à supposer que la coordonnée r est nulle; mais, à cause de l'importance de cette question, les circonstances de ce mouvement ont besoin d'être examinées de près, et cet examen sera l'objet de ce Chapitre.

§ I. — Mouvements particuliers.

190. Problème I. — *Un plan passe par la tangente d'une courbe* C *et forme un angle constant* φ *avec le plan rectifiant; enveloppe de ce plan.*

Soient $O\tau_1$ la direction de la perpendiculaire au plan mobile et $O\nu_1$, $O\rho_1$ (*fig.* 30) les deux autres arêtes du trièdre mobile dont

Fig. 30.

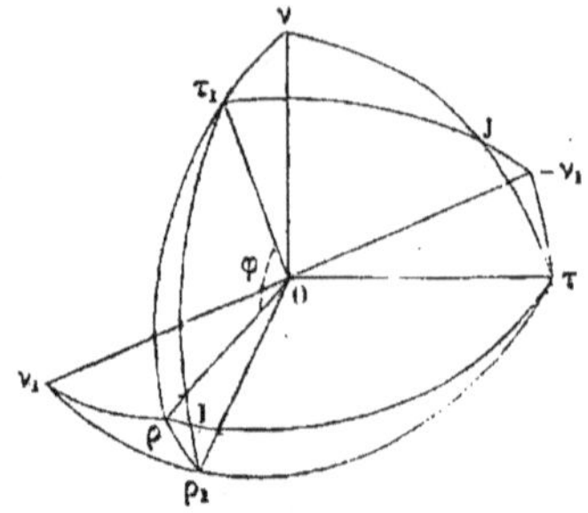

$O\tau_1$ est la principale; $O\tau$, $O\nu$, $O\rho$ les trois arêtes du trièdre mobile de la courbe C; $d\varepsilon_1$, $d\omega_1$, $d\vartheta_1$ les angles infiniment petits décrits par les arêtes $O\tau_1$, $O\nu_1$, $O\rho_1$; proposons-nous de calculer les angles que les arêtes font avec les arêtes $O\tau$, $O\nu$, $O\rho$ de la courbe.

Relations angulaires. — Les données de la question sont les cosinus de la première ligne du tableau suivant :

Si l'on applique à ces équations le théorème des courbes inclinées, on trouvera trois nouveaux cosinus, et, en appliquant le théorème des carrés des cosinus, on aura les trois derniers cosinus, de sorte que l'on aura l'ensemble des équations

$$(\alpha)\quad\left\{\begin{array}{lll}
\cos(\tau_1,\tau)=0, & \cos(\tau_1,\rho)=\cos\varphi, & \cos(\tau_1,\nu)=\sin\varphi,\\
\cos(\rho_1,\tau)=-\dfrac{d\varepsilon}{d\varepsilon_1}\cos\varphi, & \cos(\rho_1,\rho)=\dfrac{d\omega}{d\varepsilon_1}\sin\varphi, & \cos(\rho_1,\nu)=-\dfrac{d\omega}{d\varepsilon_1}\cos\varphi,\\
\cos(\nu_1,\tau)=\pm\dfrac{d\omega}{d\varepsilon_1}, & \cos(\nu_1,\rho)=\pm\dfrac{d\varepsilon}{d\varepsilon_1}\cos\varphi\sin\varphi, & \cos(\nu_1,\nu)=\pm\dfrac{d\varepsilon}{d\varepsilon_1}\cos^2\varphi
\end{array}\right.$$

On déduit de ces équations les suivantes :

$$(\beta)\quad\left\{\begin{array}{l}
d\varepsilon_1^2=d\omega^2+d\varepsilon^2\cos^2\varphi,\\
\cos(\rho,\nu_1)=\sin(\tau,\nu_1)\cos(\tau_1,\nu),\\
\cos(\rho_1,\nu)=\cos(\nu_1,\tau)\cos(\tau_1,\rho);
\end{array}\right.$$

la deuxième est donnée directement par le triangle $\nu_1\rho\tau$ et la troisième par le triangle $\rho_1\nu\tau$, et elles prouvent qu'il faut prendre le signe inférieur dans les équations (α) de la troisième ligne.

Maintenant, si l'on prend la variation de $\cos(\nu_1, \tau)$, on trouve par le théorème des courbures inclinées (49) l'équation

$$-\sin(\nu_1, \tau) d(\nu_1, \tau) = d\omega_1(\cos\rho_1, \tau) + d\varepsilon(\cos\nu_1, \rho).$$

Or, si l'on remarque que l'on a $(\rho_1, \tau) + \frac{\pi}{2}$ égal à (ν_1, τ) et que par suite $\cos(\rho_1, \tau) = \sin(\nu_1, \tau)$ et qu'on ait égard aux équations (β), on a l'équation

$$(\gamma) \qquad d(\nu_1, \tau) + d\omega_1 + d\varepsilon \cos(\tau_1, \nu) = 0,$$

d'où l'on déduit

$$(\nu_1, \tau) + \omega_1 + \varepsilon \sin\varphi = \text{const.}$$

Relations linéaires. — Déterminons l'arête de rebroussement C' de la surface enveloppe, et soit $d\sigma'$ l'élément d'arc de cette courbe et L la distance de deux points correspondants des deux courbes C et C', on a les deux équations

$$(d\sigma') \qquad \left\{ \begin{array}{l} ds \cos(\nu_1, \tau) = dL + d\sigma', \\ ds \sin(\nu_1, \tau) = L\, d\omega_1. \end{array} \right.$$

Si l'on a égard aux relations (α), ces deux équations donnent les deux suivantes :

$$(L) \qquad L = \frac{\frac{d\varepsilon}{d\varepsilon_1}\cos\varphi}{d(\nu_1, \tau) + d\varepsilon \sin\varphi}\, ds, \qquad \tang(\nu_1, \tau) = \frac{d\varepsilon \cos\varphi}{d\omega}.$$

Or cette dernière donne

$$d(\nu_1, \tau) = \frac{d \tang(\nu_1, \tau)}{1 + \tang^2(\nu_1, \tau)} = \frac{d\omega^2}{d\varepsilon_1^2} \cos\varphi\, d\left(\frac{d\varepsilon}{d\omega}\right);$$

en portant cette valeur dans l'expression de L précédente, on trouve

$$L = \frac{\frac{d\varepsilon}{d\varepsilon_1}\cos\varphi}{\frac{d\omega^2}{d\varepsilon_1^2}\,\frac{d}{ds}\left(\frac{d\varepsilon}{d\omega}\right)\cos\varphi + \frac{d\varepsilon}{ds}\sin\varphi};$$

L est donc connue au moyen des équations élémentaires de la courbe C.

191. *Coordonnées de l'arête de rebroussement.* — Si la courbe directrice C est donnée par les coordonnées x, y, z d'un point quelconque, on obtient immédiatement les coordonnées du point correspondant x', y', z' de l'arête de rebroussement, au moyen des deux groupes suivants d'équations :

$$(x') \qquad \frac{x'-x}{\cos(\nu_1, x)} = \frac{y'-y}{\cos(\nu_1, y)} = \frac{z'-z}{\cos(\nu_1, z)} = \mathrm{L},$$

$$\left.\begin{aligned}\cos(\nu_1, x) = \cos(\nu_1, \tau)\cos(\tau, x) + \cos(\nu_1, \nu)\cos(\nu, x)&\\ + \cos(\nu_1, \rho)\cos(\rho, x);&\end{aligned}\right\} \quad (3)$$

ces dernières deviennent lorsque l'on a égard aux relations (α)

$$\cos(\nu_1, x) = -\left(\frac{d\omega}{d\varepsilon_1}\right)\cos(\tau, x)$$
$$- \frac{d\varepsilon}{d\varepsilon_1}\cos^2\varphi\cos(\nu, x) - \frac{d\varepsilon}{d\varepsilon_1}\cos\varphi\sin\varphi\cos(\rho, x).$$

On a donc les coordonnées x', y', z' exprimées au moyen de la même variable indépendante que les coordonnées de la courbe directrice C

$$(x')'\left\{\begin{aligned}x'-x = -\frac{ds}{d\omega}\frac{d\varepsilon}{d\omega^2}\cos\varphi&\\ \times\frac{d\omega\cos(\tau, x) + d\varepsilon\cos^2\varphi\cos(\nu, x) + d\varepsilon\cos\varphi\sin\varphi\cos(\rho, x)}{\dfrac{d}{d\omega}\left(\dfrac{d\varepsilon}{d\omega}\right)\cos\varphi + \dfrac{d\varepsilon}{d\omega}\left(1 + \dfrac{d\varepsilon^2}{d\omega^2}\cos^2\varphi\right)\sin\varphi}&.\end{aligned}\right\}(3)$$

Lorsque φ est droit, le plan mobile coïncide avec le plan osculateur, et l'on trouve L nul, ce qui fait coïncider les deux courbes C et C' comme nous l'avons déjà démontré (89).

Lorsque φ est nul, le plan mobile coïncide avec le plan rectifiant, et l'on retrouve l'expression de L (128)

$$\mathrm{L} = -\frac{ds}{d\mathrm{H}}\sin\mathrm{H}.$$

Surface lieu des arêtes de rebroussement. — Conservons

à φ une valeur quelconque ; lorsqu'on fera passer cette quantité par toutes les valeurs possibles, on aura une série d'arêtes de rebroussement correspondant à ces valeurs et leur ensemble formera une surface ; donc, si l'on suppose que dans les équations $(x')'$, φ est variable, elles représenteront les équations de la surface, lieu des diverses arêtes de rebroussement, provenant de la variation de l'angle φ que le plan mobile fait avec le plan rectifiant de la courbe directrice C, et les variables indépendantes des coordonnées de cette surface seront, d'une part, l'angle φ et, de l'autre, la variable qui fixe la position d'un point quelconque de la courbe C.

Équations élémentaires de l'arête de rebroussement. — Ces équations s'obtiennent directement ; en effet, on a les relations

$$d\sigma' = -dL - ds\,\frac{d\omega}{d\varepsilon'},$$

$$d\varepsilon' = d\omega_1 = -d(\nu_1, \tau) - d\varepsilon \sin\varphi,$$

$$d\omega' = d\varepsilon_1 = \sqrt{d\omega^2 + d\varepsilon^2 \cos^2\varphi},$$

qui font connaître l'arc, l'angle de contingence et l'angle de flexion de l'arête de rebroussement en fonction de la variable indépendante.

On en déduirait immédiatement les rayons de courbure et de flexion de cette courbe.

192. Problème II. — *Un plan mobile passant par la binormale d'une courbe C forme un angle constant ψ avec le plan normal de cette courbe ; enveloppe de ce plan.*

Relations angulaires. — Soit (*fig.* 31) $O\tau_1$ la direction de la perpendiculaire au plan mobile, l'angle (τ_1, τ) sera égal à ψ, et, en marquant de l'accent inférieur 1 les éléments relatifs au trièdre dont les arêtes sont $O\tau_1$, $O\nu_1$, $O\rho_1$, on formera le tableau suivant des neuf cosinus :

$$(\alpha)\quad\left\{\begin{array}{lll}
\cos(\tau_1, \tau) = \cos\psi, & \cos(\tau_1, \rho) = \sin\psi, & \cos(\tau_1, \nu) = 0, \\[4pt]
\cos(\rho_1, \tau) = -\dfrac{d\varepsilon}{d\varepsilon_1}\sin\psi, & \cos(\rho_1, \rho) = \dfrac{d\varepsilon}{d\varepsilon_1}\cos\psi, & \cos(\rho_1, \nu) = -\dfrac{d\omega}{d\varepsilon_1}\sin\psi, \\[4pt]
\cos(\nu_1, \tau) = -\dfrac{d\omega}{d\varepsilon_1}\sin^2\psi, & \cos(\nu_1, \rho) = \dfrac{d\omega}{d\varepsilon_1}\cos\psi\sin\psi, & \cos(\nu_1, \nu) = \dfrac{d\varepsilon}{d\varepsilon_1}.
\end{array}\right.$$

Les cosinus de la première ligne résultent des données de la question; ceux de la deuxième résultent du théorème des

Fig. 31.

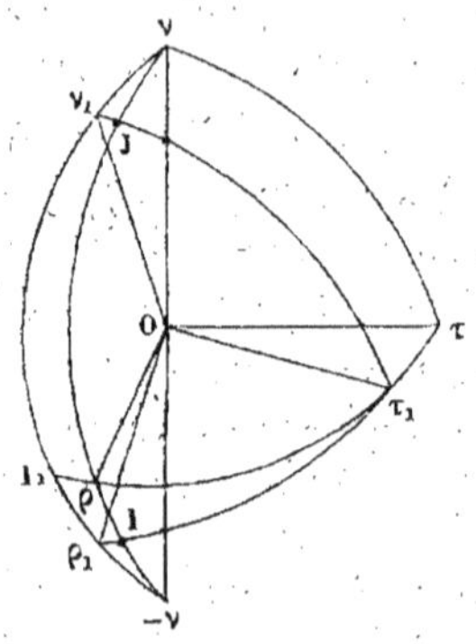

courbures inclinées (49) appliqué aux cosinus de la première ligne, et les cosinus de la troisième résultent du théorème des carrés des trois cosinus d'une direction par rapport à trois axes fixes, ce théorème étant appliqué aux deux cosinus supérieurs de la ligne verticale. On déduit des équations précédentes la relation

$$(d\varepsilon_1) \qquad d\varepsilon_1^2 = d\varepsilon^2 + d\omega^2 \sin^2\psi.$$

Distinction des signes. — Par la manière dont les cosinus de la troisième ligne ont été obtenus, ils doivent être affectés du double signe qui se rapporte l'un à la normale $O\nu_1$ et l'autre à la direction opposée; or, si l'on conserve les hypothèses déjà posées, l'ambiguïté disparaît. En effet, on a :

1° (ρ_1, ν) égale à $\frac{\pi}{2} + (\nu, \nu)$; de là on déduit

$$(1) \qquad \begin{cases} \cos(\nu_1, \nu) = \sin(\nu, \rho_1) = \dfrac{d\varepsilon}{d\varepsilon_1}, \\ \sin(\nu_1, \nu) = -\cos(\rho_1, \nu) = \dfrac{d\omega}{d\varepsilon_1} \sin\psi. \end{cases}$$

2° Dans le triangle $\rho\nu_1\nu$, le dièdre $\nu_1\nu\rho$ a pour mesure l'angle (τ, τ_1) ; or ce triangle donne la relation

$$(2) \quad \begin{cases} \cos(\nu_1, \rho) = \sin(\nu_1, \nu)\cos(\nu_1\nu\rho) \\ \qquad = -\cos(\rho_1, \nu)\cos(\tau_1, \tau) = \dfrac{d\omega}{d\varepsilon_1}\sin\psi\cos\psi. \end{cases}$$

3° Dans le triangle $\nu_1\nu\tau$ on a la relation

$$(3) \quad \begin{cases} \cos(\nu_1, \tau) = \sin(\nu_1, \nu)\cos(\nu_1\nu\tau) \\ \qquad = -\sin(\nu_1, \nu)\sin(\tau_1, \tau) = -\dfrac{d\omega}{d\varepsilon_1}\sin^2\psi. \end{cases}$$

On reconnaît donc les signes qui se rapportent à nos hypothèses, lesquels sont ceux que nous avons adoptés dans la troisième ligne du tableau (α).

Déplacement angulaire des arêtes $O\tau_1$, $O\nu_1$, $O\rho_1$:

1° Le déplacement de la première arête est $d\varepsilon_1$ et son expression est donnée par l'équation $(d\varepsilon_1)$.

2° Le déplacement de l'arête $O\nu_1$ est $d\omega_1$; or, si l'on applique le théorème des courbures inclinées au cosinus de (ν_1, ν), on trouve

$$-\sin(\nu_1, \nu)\, d(\nu_1, \nu) = d\omega_1\cos(\rho_1, \nu) + d\omega\cos(\rho, \nu_1);$$

si l'on a égard aux équations (1), (2) et (3), on trouve la relation

$$(d\omega_1) \qquad d\omega_1 = d(\nu_1, \nu) + d\omega\cos\psi;$$

la valeur de $d(\nu_1, \nu)$ se déduit de l'équation suivante résultant du tableau (α) :

$$\operatorname{tang}(\nu_1, \nu) = \frac{d\omega\sin\psi}{d\varepsilon}.$$

En effet, on a par la différentiation

$$d(\nu_1, \nu) = \frac{d\varepsilon^2}{d\varepsilon_1^2}\, d\left(\frac{d\omega}{d\varepsilon}\right)\sin\psi.$$

On obtient donc par l'intégration de l'équation $(d\omega_1)$

$$\omega_1 - (\nu_1, \nu) - \omega\cos\psi = \text{const.},$$

$$\omega_1 - \operatorname{arc}\left(\operatorname{tang} = \frac{d\omega}{d\varepsilon}\sin\psi\right) - \omega\cos\psi = \text{const.}$$

193. *Intersection des surfaces* $\Sigma_{\rho_1}, S_{\tau_1}$. — La surface Σ_{ρ_1} (*fig.* 32) est la surface lieu des positions de l'arête $O\rho_1$, et la surface S_{τ_1}

Fig. 32.

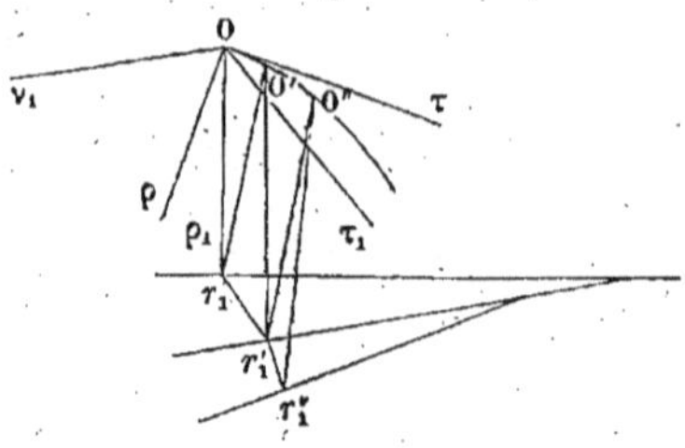

est l'enveloppe du plan mobile $\nu_1 O \rho_1$; si l'on considère deux positions O, O′ infiniment voisines d'un point de la courbe C, et qu'on appelle r_1, r'_1 les distances comprises entre les points O, O′ et les points où les droites $O\rho_1$, $O'\rho'_1$ coupent la surface S_{τ_1}, en représentant par ds_1 l'élément de la courbe d'intersection, et qu'on projette successivement sur les trois directions $O\tau_1$, $O\nu_1$, $O\rho_1$, le périmètre du quadrilatère dont les côtés opposés sont r_1, $r_1 + dr_1$, on aura les trois équations suivantes :

$$(ds_1)\quad \left\{\begin{aligned} ds_1 \cos(\tau_1, ds_1) &= \quad ds \cos\psi - r_1 d\varepsilon_1,\\ ds_1 \cos(\nu_1, ds_1) &= -\, ds\, \frac{d\omega}{d\varepsilon_1} \sin^2\psi - r_1 d\omega_1,\\ ds_1 \cos(\rho_1, ds_1) &= -\, ds\, \frac{d\varepsilon}{d\varepsilon_1} \sin\psi + dr_1. \end{aligned}\right.$$

Si l'on remarque que (τ_1, ds_1) est droit, on a les trois équations transformées :

$$r_1 = \frac{ds}{d\varepsilon_1} \cos\psi,$$

$$(ds_1)'\qquad \operatorname{tang}(\nu_1, ds_1) = \frac{\dfrac{d\varepsilon}{d\varepsilon_1}\sin\psi - \dfrac{dr_1}{ds}}{r\dfrac{d\omega_1}{ds} + \sin^2\psi\dfrac{d\omega}{d\varepsilon_1}},$$

$$ds_1^2 = ds^2 \sin^2\psi + 2\, ds \sin\psi\left(r_1 \frac{d\omega_1}{d\varepsilon_1}\sin\psi\, d\omega - \frac{d\varepsilon}{d\varepsilon_1} dr_1\right) + dr_1^2 + r_1^2\, d\omega_1^2,$$

qui font connaître la distance r_1 et l'élément ds_1 de la courbe d'intersection, ainsi que la direction de cet élément. Nous appellerons r_1 le rayon de courbure inclinée de la courbe ds, parce que la première des équations $(ds_1)'$ peut s'écrire sous la forme

$$r_1 = \rho \cos\psi \frac{d\varepsilon}{d\varepsilon_1},$$

et que, lorsque ψ est nul, r_1 n'est pas distinct du rayon de courbure ρ et de la courbe C.

Arête de rebroussement de la surface S_{τ_1}. — Soit $d\sigma$ l'élément d'arc de cette arête et L la distance du centre de courbure oblique au point correspondant de cette courbe; on aura les équations

$$(d\sigma) \qquad \begin{cases} ds_1 \cos(\nu_1, ds_1) = d\mathrm{L} + d\sigma, \\ ds_1 \sin(\nu_1, ds_1) = \mathrm{L}\, d\omega_1. \end{cases}$$

Si l'on a égard aux équations (ds_1), on tirera de ces équations les valeurs de L et de $d\sigma$,

$$\mathrm{L} = \frac{dr_1}{d\omega_1} - r_1 \operatorname{tang}\psi \frac{d\varepsilon}{d\omega_1},$$

$$\frac{d\sigma}{d\omega_1} + \left(1 + \frac{\sin^2\psi}{\cos\psi}\frac{d\omega}{d\omega_1}\right) r_1 + \frac{d}{d\omega_1}\left(\frac{dr_1}{d\omega_1} - r_1 \operatorname{tang}\psi \frac{d\varepsilon}{d\omega_1}\right) = 0.$$

Si l'on développe les différentiations, la dernière équation prend la forme suivante :

$$\frac{d^2 r_1}{d\omega_1^2} - \frac{dr_1}{d\omega_1}\frac{d\varepsilon}{d\omega_1}\operatorname{tang}\psi$$
$$- r_1\left[\frac{d}{d\omega_1}\left(\frac{d\varepsilon}{d\omega_1}\right) - \frac{d\omega}{d\omega_1}\sin\psi - \cot\psi\right]\operatorname{tang}\psi + \frac{d\sigma}{d\omega_1} = 0;$$

le terme $\frac{d\sigma}{d\omega_1}$ est égal au rayon de courbure de l'arête de rebroussement.

Lorsque la courbe C est donnée, cette équation fait connaître ce rayon, dont l'expression donne le rapport spécifique linéaire de l'arête de rebroussement, et, comme $d\varepsilon_1$ est connu par suite de l'équation ($d\varepsilon_1$) du n° 192, on a les deux équations élémentaires de l'arête de rebroussement.

La question inverse, qui consiste à déterminer la courbe C lorsque l'arête de rebroussement C′ est donnée, est beaucoup plus difficile ; alors il faut intégrer l'équation précédente, qui est du second ordre à coefficients variables.

194. *Intersection de la génératrice de la surface* S_{τ_1} *avec le plan osculateur de la courbe* C. — Soient (*fig.* 33) $N_1 I_1$ cette

Fig. 33.

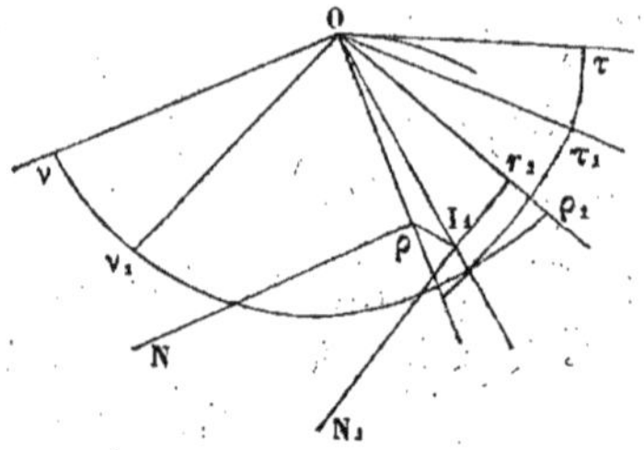

génératrice et I_1 le point où elle rencontre le plan osculateur $\tau O\rho$ de la courbe donnée C; soit r_1 le point où elle rencontre l'arête $O\rho_1$, r_1 est le centre de courbure inclinée de la courbe C; comme $N_1 I_1$ est parallèle à $O\nu_1$ (81), elle est située dans le plan $\nu_1 O\rho_1$, et conséquemment OI_1 est dans ce plan; mais OI_1 est aussi située dans le plan osculateur $\rho O\tau$: donc 1° (*fig.* 31, 33) OI_1 est l'intersection des deux plans $\nu_1 O\rho_1$, $\rho O\tau_1$, qui se coupent orthogonalement. L'arête $O\nu_1$ étant perpendiculaire à $O\rho_1$, $N_1 I_1$ parallèle à $O\nu_1$ sera perpendiculaire à $O\rho_1$: donc 2° on a la relation

$$Or_1 = OI_1 \cos I_1 O\rho_1.$$

De plus, $O\nu$ est perpendiculaire à OI_1, située dans le plan $\rho O\tau$: donc 3° l'angle $I_1 O\rho_1$ est égal à l'angle (ν_1, ν). Enfin $O\rho$ est perpendiculaire à $O\tau$; $O\tau_1$ est perpendiculaire à OI_1, puisque OI_1 est situé dans le plan $\rho_1 O\nu_1$: donc 4° l'angle ρOI_1 est égal à l'angle (τ_1, τ).

On conclut de là que la relation précédente donne

$$(r_1) \qquad OI_1 = \frac{r_1}{\cos(\nu_1, \nu)} = \frac{ds}{d\varepsilon}\cos\psi = \rho\cos(\tau_1, \tau).$$

Cette relation montre que OI_1 est la projection du rayon de courbure sur la direction OI_1; comme le dièdre suivant OI_1 est droit, il en résulte que Or_1 est la projection du rayon de courbure ρ de la courbe C sur la direction $O\rho_1$; on a donc la proposition suivante :

Théorème I. — *Le rayon de courbure inclinée* Or_1 *de la courbe ds suivant l'angle* ψ *est la projection du rayon de courbure de cette courbe sur la direction du premier rayon.*

Corollaire. — Il résulte de l'équation (r_1) que l'on a la relation

$$\frac{\cos^2\psi}{r_1^2} = \frac{1}{\rho^2} + \frac{\sin^2\psi}{\iota^2}.$$

Lieu des centres de courbure inclinée. — Soit (*fig.* 34) ρOI_1 le plan osculateur de la courbe C. Sur le rayon de cour-

Fig. 34.

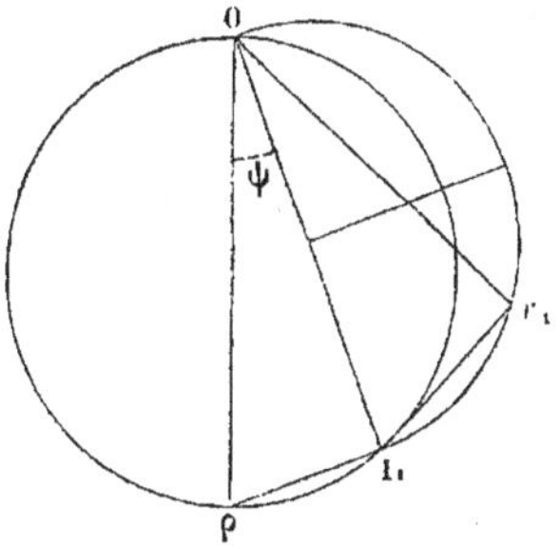

bure $O\rho$ de cette courbe comme diamètre et dans ce plan, décrivons un cercle, ce cercle passera par le point I_1 d'intersection, où la génératrice de la surface S_{τ_1} coupe le plan osculateur.

Donc le lieu des points I_1 *où les diverses génératrices de diverses surfaces* S_{τ_1} *qui correspondent à des angles différents* ψ *et à un même point* O *de la courbe* C *coupent le plan oscu-*

lateur de cette courbe est une circonférence de cercle qui a pour diamètre le rayon de courbure ρ *de cette courbe.*

De plus, suivant OI_1, menons un plan perpendiculaire au plan osculateur, ce plan coupera la sphère qui a $O\rho$ pour diamètre, suivant un cercle dont OI_1 est le diamètre, et, si dans ce cercle on mène la corde Or_1 formant avec OI_1 l'angle (ν_1, ν), dont le cosinus est $\frac{d\varepsilon}{d\varepsilon_1}$, n° 192 ($\alpha$), cette corde sera le rayon de courbure inclinée. Cherchons l'angle dièdre J que le plan $r_1 O\rho$ fait avec le plan osculateur ρOI_1, on a

$$\tang J = \frac{\tang I_1 O r_1}{\sin I_1 O \rho} = \frac{d\omega}{d\varepsilon};$$

l'angle J est donc constant pour le point O, pour toutes les valeurs de l'angle ψ. Donc la courbe décrite par r_1 est à la fois une courbe sphérique tracée sur la sphère dont $O\rho$ est le diamètre et une courbe plane située dans un plan passant par ce diamètre, formant un angle constant avec le plan osculateur, et de plus perpendiculaire à la droite rectifiante (52). De là on conclut les propositions suivantes :

THÉORÈME II. — *En un point de la courbe* C : 1° *le rayon de courbure oblique décrit un plan* P *passant par le rayon de courbure et dont l'inclinaison sur le plan osculateur est invariable, lorsque l'on fait varier l'angle que le plan mobile fait avec le plan rectifiant de la courbe* C; *et la tangente de l'inclinaison est égale au rapport spécifique* $\frac{d\omega}{d\varepsilon}$ *de la courbe, de sorte que le plan* P *est perpendiculaire à la droite rectifiante;* 2° *le centre* r_1 *de courbure oblique décrit un cercle situé dans le même plan* P *et ayant pour diamètre le rayon de courbure de la courbe.*

Si le rapport spécifique angulaire $\frac{d\omega}{d\varepsilon}$ est constant en un point quelconque, l'inclinaison du plan du cercle décrit par r_1 sur le plan osculateur est constante, quel que soit le point de la courbe que l'on considère; on a donc la proposition suivante :

THÉORÈME III. — *Si la courbe* C *appartient à la classe des hélices, en un point de cette courbe, la courbe engendrée par le centre de courbure inclinée correspondant aux diverses valeurs de l'angle du plan mobile et du plan rectifiant est un cercle de rayon variable avec ce point, et dont le plan aura une inclinaison constante sur le plan osculateur et sera perpendiculaire à la droite rectifiante, quel que soit ce point.*

THÉORÈME IV. — *Le centre de courbure inclinée d'une hélice à base circulaire, résultant d'une inclinaison constante du plan mobile sur le plan rectifiant, décrit une hélice circulaire lorsque le rayon de courbure inclinée est mené aux différents points de l'hélice donnée, et, si l'on fait varier en même temps l'inclinaison, le centre de courbure décrit une surface canal hélicoïdale.*

Lieu des génératrices de la surface S_{τ_1}. — Soit le point O considéré sur la courbe donnée C; cherchons quel est en ce point le lieu des génératrices de la surface S_{τ_1}, lorsque l'on donne à l'angle ψ toutes les valeurs possibles. Cette génératrice (*fig.* 34) est déterminée par les points r_1 et I_1, et, comme le plan I_1Or_1 est perpendiculaire au plan osculateur ρOI_1, il en résulte qu'elle rencontre la perpendiculaire $O\nu$ élevée sur le plan osculateur au point O. Donc la génératrice rencontre trois courbes: la binormale de la courbe, le cercle décrit sur $O\rho$ comme diamètre et situé dans le plan osculateur, le cercle de même diamètre dont le plan a une inclinaison constante sur le plan osculateur, telle que la tangente de l'inclinaison égale le rapport spécifique angulaire de la courbe $\frac{d\omega}{d\varepsilon}$, ce qui indique que ce plan est perpendiculaire à la droite rectifiante $O\varpi$. On a donc cette proposition :

THÉORÈME. — *Le lieu des génératrices de* S_{τ_1} *pour un point de la courbe* C, *résultant des diverses inclinaisons du plan mobile, passant par la binormale, sur le plan rectifiant, est une surface réglée gauche décrite par une droite qui s'appuie sur la binormale et sur deux cercles décrits sur le rayon de courbure comme diamètre, le premier dans le plan osculateur, le second dans un plan perpendiculaire à la droite rectifiante.*

On reconnaît que la génératrice de cette surface est tangente à la courbe au point considéré et qu'elle est perpendiculaire au plan osculateur, lorsqu'elle passe par le centre de courbure.

195. Problème III. — *Enveloppe d'un plan mobile passant constamment par la normale principale d'une courbe* C *et formant un angle constant avec la tangente.*

Relations angulaires. — Soient $O\tau_1$ la direction perpendiculaire au plan; $O\nu_1$, $O\rho_1$ les deux autres arêtes du trièdre mobile résultant; on a (*fig.* 35), en représentant par α l'angle des

Fig. 35.

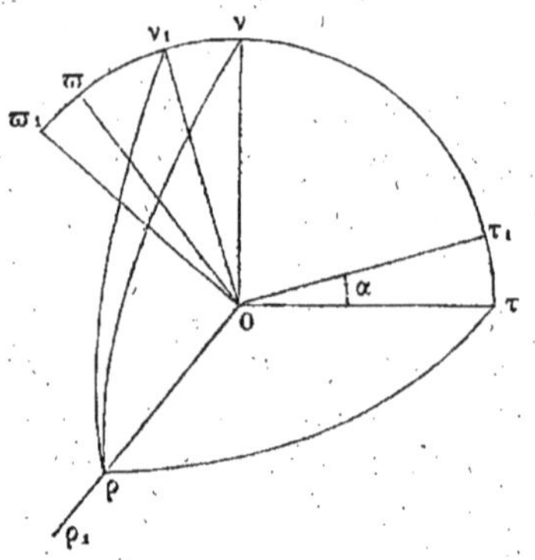

directions $O\tau$, $O\tau_1$, les relations suivantes, qui sont évidentes:

$$\cos(\tau_1,\tau)=\cos\alpha,\quad \cos(\tau_1,\nu)=\sin\alpha,\quad \cos(\tau_1,\rho)=0,$$
$$\cos(\rho_1,\tau)=0,\quad \cos(\rho_1,\nu)=0,\quad \cos(\rho_1,\rho)=1,$$
$$\cos(\nu_1,\tau)=-\sin\alpha,\quad \cos(\nu_1,\nu)=\cos\alpha,\quad \cos(\nu_1,\rho)=0.$$

Si l'on différentie les deux cosinus des arcs (τ_1,ρ), (ν_1,ρ) en appliquant le théorème des courbures inclinées (49), on obtient deux équations, qui en fournissent deux autres comme conséquence; ces équations sont

$$(\beta)\quad \begin{cases} d\varepsilon_1 = d\varepsilon\cos\alpha + d\omega\sin\alpha, & d\omega_1 = -\,d\varepsilon\sin\alpha + d\omega\cos\alpha,\\ d\varepsilon = d\varepsilon_1\cos\alpha - d\omega_1\sin\alpha, & d\omega = \,d\varepsilon_1\sin\alpha + d\omega_1\cos\alpha. \end{cases}$$

Si l'on élève au carré les équations de l'un et l'autre système et qu'on ajoute, on obtient la relation

$$(d\text{s})\qquad d\varepsilon_1^2 + d\omega_1^2 = d\varepsilon^2 + d\omega^2.$$

Cette relation est évidente par la Géométrie, puisque les troisièmes arêtes $O\rho$, $O\rho_1$ des deux trièdres mobiles sont constamment superposées par la nature de la question.

Si l'on divise les équations de la première ligne par $d\text{s}$ ou son égal $d\text{s}_1$, et qu'on introduise les cosinus des angles H, H_1 que les droites rectifiantes $O\varpi$, $O\varpi_1$ des deux trièdres mobiles font avec les arêtes $O\tau$, $O\tau_1$, on trouve

$$(\mathrm{H})\qquad \sin H_1 = \sin(H-\alpha),\quad \cos H_1 = \cos(H-\alpha);$$

on a ainsi cette proposition :

Les angles que les droites rectifiantes des trièdres mobiles font avec chacune des arêtes principales de ces trièdres ont une différence constante.

Intégration des équations (β). — Les équations (β) s'intègrent et donnent, par une détermination convenable des droites à partir desquelles on compte les angles ε, ε_1, ω, ω_1, les relations suivantes :

$$(\beta)'\quad \begin{cases} \varepsilon_1 = \varepsilon\cos\alpha + \omega\sin\alpha, & \omega_1 = -\varepsilon\sin\alpha + \omega\cos\alpha,\\ \varepsilon = \varepsilon_1\cos\alpha - \omega_1\sin\alpha, & \omega = \varepsilon_1\sin\alpha + \omega_1\cos\alpha.\end{cases}$$

Si la courbe C est donnée par ses équations naturelles, ω et ε sont connues en fonction de la variable indépendante t. Donc ε_1 et ω_1 sont également connues par suite des équations $(\beta)'$ et réciproquement.

196. *Intersection des surfaces* S_{τ_1}, Σ_ρ. — La surface réglée Σ_{ρ_1} n'est pas distincte de la surface réglée Σ_ρ, puisque les deux arêtes $O\rho_1$, $O\rho$ sont toujours en coïncidence. Or la surface S_{τ_1} rencontre constamment Σ_ρ, et nous nous proposons de déterminer la courbe d'intersection C_{τ_1}. Nous affecterons de l'indice τ_1 inférieur les éléments relatifs à cette courbe; on trouvera ainsi (*fig.* 11 du n° 86) les équations suivantes, dans lesquelles r_{τ_1} représente la distance de la courbe C au point correspondant de la courbe C_{τ_1} :

$$(ds_{\tau_1})\quad \begin{cases} ds_{\tau_1}\cos(\tau_1, ds_{\tau_1}) = ds\cos\alpha - r_{\tau_1}\,d\varepsilon_1, \\ ds_{\tau_1}\cos(\rho_1, ds_{\tau_1}) = dr_{\tau_1}, \\ ds_{\tau_1}\cos(\nu_1, ds_{\tau_1}) = -\,ds\sin\alpha - r_{\tau_1}\,d\omega_1; \end{cases}$$

et, comme $\cos(\tau_1, ds_{\tau_1})$ est nul, on en déduit les relations suivantes :

$$(r_{\tau_1})\quad \begin{cases} r_{\tau_1} = \dfrac{ds}{d\varepsilon_1}\cos\alpha, \\ \operatorname{tang}(\rho_1, ds_{\tau_1}) = -\dfrac{ds\sin\alpha + r_{\tau_1}\,d\omega_1}{dr_{\tau_1}}, \\ ds_{\tau_1}^2 = (ds\sin\alpha + r_{\tau_1}\,d\omega_1)^2 + dr_{\tau_1}^2. \end{cases}$$

Ces équations sont susceptibles de deux autres formes, par suite des relations (H) et (β) du n° **195**.

$$(r_{\tau_1})\quad \begin{cases} r_{\tau_1} = \rho\,\dfrac{\sin H\cos\alpha}{\sin H_1}, \\ \operatorname{tang}(\rho_1, ds_{\tau_1}) = \dfrac{\rho}{\left(\dfrac{dr_{\tau_1}}{d\vartheta}\right)}\,\dfrac{\sin H\cos H}{\sin H_1} = \dfrac{-\,r_{\tau_1}\,d\omega}{\cos\alpha\,dr_{\tau_1}}, \\ ds_{\tau_1}^2 = \rho^2\,\dfrac{\sin^2 H\cos^2 H}{\sin^2 H_1}\,d\vartheta^2 + dr_{\tau_1}^2 = \dfrac{r_{\tau_1}^2}{\cos^2\alpha}\,d\omega_1^2 + dr_{\tau_1}^2. \end{cases}$$

Enveloppe du plan mobile $\nu_1 O_\rho$. — Cette enveloppe S_{τ_1} est caractérisée par son arête de rebroussement, dont les équations s'obtiennent immédiatement par les projections de la figure infinitésimale MTM′ (*fig.* 11 du n° **86**), en affectant de l'indice τ_1 les éléments de cette courbe; ces équations sont :

$$(d\sigma_{\tau_1})\quad \begin{cases} ds_{\tau_1}\cos(\nu_1, ds_{\tau_1}) = dL_{\tau_1} + d\sigma_{\tau_1}, \\ ds_{\tau_1}\sin(\nu_1, ds_{\tau_1}) = L_{\tau_1}\,d\omega_1, \end{cases}$$

on déduit de ces équations les deux suivantes :

$$(L_{\tau_1})\quad \begin{cases} L_{\tau_1} = \dfrac{dr_{\tau_1}}{d\omega}, \quad \dfrac{d\sigma_{\tau_1}}{d\omega_1} = -\dfrac{ds}{d\omega_1}\sin\alpha - \left(r_{\tau_1} + \dfrac{d^2 r_{\tau_1}}{d\omega_1^2}\right), \\ \dfrac{d\sigma_{\tau_1}}{d\omega_1} = r_{\tau_1}\,\dfrac{\sin(H_1 - \alpha)}{\cos\alpha\cos H_1} - \dfrac{d^2 r_{\tau_1}}{d\omega_1^2} \\ \qquad = -\left(\dfrac{r_{\tau_1}}{\cos\alpha}\,\dfrac{d\omega}{d\omega_1} + \dfrac{d^2 r_{\tau_1}}{d\omega_1^2}\right). \end{cases}$$

Ces équations font connaître : la première, la distance d'un point de l'arête de rebroussement de S_{τ_1} au point correspondant de l'intersection de cette surface avec la surface réglée Σ_ρ; et la seconde, le rayon de courbure de cette arête de rebroussement, de sorte que si la courbe C est connue par ses équations en termes finis ou par ses équations naturelles, l'arête de rebroussement de S_{τ_1} sera également connue : dans le premier cas, par ses équations en termes finis; dans le second, par ses équations naturelles.

197. *Intersection des surfaces* S_{ν_1}, Σ_ρ. — La surface réglée Σ_ρ rencontre aussi la surface S_{ν_1}, qui est l'enveloppe du plan $\tau_1 O \rho_1$; proposons-nous de déterminer la courbe d'intersection C_{ν_1} de ces deux surfaces, et affectons de l'indice ν_1 inférieur les éléments relatifs à cette courbe; r_{ν_1} étant la distance d'un de ces points au point de la courbe C, on trouvera (*fig.* 11, n° 86) les relations suivantes :

$$(ds_{\nu_1})\quad \left\{\begin{aligned} ds_{\nu_1}\cos(\nu_1, ds_{\nu_1}) &= -\,ds\sin\alpha - r_{\nu_1}\,d\omega_1,\\ ds_{\nu_1}\cos(\rho_1, ds_{\nu_1}) &= dr_{\nu_1},\\ ds_{\nu_1}\cos(\tau_1, ds_{\nu_1}) &= ds\cos\alpha - r_{\nu_1}\,d\varepsilon_1;\end{aligned}\right.$$

et, comme $\cos(r_1\, ds_{\nu_1})$ est nul, on déduit les relations suivantes :

$$(r_\nu)\quad \left\{\begin{aligned} r_{\nu_1} &= -\frac{ds}{d\omega_1}\sin\alpha,\\ \operatorname{tang}(\rho_1, ds_{\nu_1}) &= \frac{ds\cos\alpha - r_{\nu_1}\,d\varepsilon_1}{dr_{\nu_1}},\\ ds_{\nu_1}^2 &= (ds\cos\alpha - r_{\nu_1}\,d\varepsilon_1)^2 + dr_{\nu_1}^2.\end{aligned}\right.$$

Ces équations sont aussi susceptibles d'une autre forme; par suite des équations (β) du n° **195**, on obtient ainsi

$$(r_\nu)'\quad \left\{\begin{aligned} r_{\nu_1} &= \rho\,\frac{\sin H}{\cos H_1}\sin\alpha,\\ \operatorname{tang}(\rho_1, ds_{\nu_1}) &= -\frac{r_{\nu_1}}{\sin\alpha}\,\frac{d\omega}{dr_{\nu_1}},\\ ds_{\nu_1}^2 &= \frac{r_{\nu_1}^2\,d\omega^2}{\sin\alpha} + dr_{\nu_1}^2.\end{aligned}\right.$$

Enveloppe du plan mobile $\tau_1 O\rho$. — Les équations de l'arête de rebroussement de la surface S_{ν_1}, enveloppe de ce plan, sont (*fig.* 11)

$$ds_{\nu_1} \cos(\tau_1, ds_{\nu_1}) = dL_{\nu_1} + d\sigma_{\nu_1}, \quad ds_{\nu_1} \sin(\nu_1, ds_{\nu_1}) = L_{\nu_1} d\varepsilon_1;$$

de la seconde on tire la valeur de L_{ν_1} qui, portée dans la première, fait connaître l'élément $d\sigma_{\nu_1}$ de l'arête de rebroussement; on a donc les deux équations

$$L_{\nu_1} = \frac{dr_{\nu_1}}{d\varepsilon_1}, \quad \frac{d\sigma_{\nu_1}}{d\varepsilon_1} = -\left(\frac{r_{\nu_1}}{\sin\alpha}\frac{d\omega}{d\varepsilon_1} + \frac{d^2 r_{\nu_1}}{d\varepsilon_1^2}\right).$$

Ces deux équations font connaître : la première, la distance d'un point de l'arête de rebroussement de la surface S_{ν_1} au point correspondant de la courbe C_{ν_1}, et la seconde, le rayon de courbure de cette arête de rebroussement, et elles déterminent, conjointement avec les équations (β) du n° 195, les équations de cette courbe. En effet, les rapports spécifiques angulaires de la courbe donnée C et de la courbe C'_{ν_1} étant

$$\frac{d\omega}{d\varepsilon} = \psi(\varepsilon), \quad \frac{d\omega_1}{d\varepsilon_1} = \psi_1(\varepsilon_1),$$

en divisant la seconde des équations (β) par la première, on trouve

$$\psi_1 = \frac{\psi\cos\alpha - \sin\alpha}{\psi\sin\alpha + \cos\alpha}.$$

Relations entre les distances r_{τ_1}, r_{ν_1}. — Pour une même valeur de l'angle α, les distances r_{τ_1} et r_{ν_1} d'un point de la courbe aux deux points correspondants des courbes d'intersection C_{τ_1}, C_{ν_1} des surfaces S_{τ_1}, S_{ν_1} avec la surface Σ_ρ ont entre elles les relations suivantes, qui résultent des équations (r_{τ_1}), (r_ν) :

$$\frac{r_{\nu_1}}{r_{\tau_1}} = \operatorname{tang}\alpha \operatorname{tang} H_1, \quad \frac{r_{\tau_1} - r_{\nu_1}}{r_{\tau_1} + r_{\nu_1}} = \frac{\cos H}{\sin(2\alpha + H)},$$

$$\frac{\sin^2\alpha}{r_{\nu_1}^2} + \frac{\cos^2\alpha}{r_{\tau_1}^2} = \frac{1}{\rho^2 \sin^2 H},$$

lesquelles sont d'une interprétation géométrique facile.

198. Problème IV. — *Trouver les intégrales des courbes telles qu'un plan mobile* P *mené par leur normale principale*

et coupant leur tangente sous un angle constant α ait pour enveloppe une surface donnée.

Soit C'_{τ_1} l'arête de rebroussement de cette surface; il y a deux cas à considérer : celui où les coordonnées de cette arête sont connues en fonction d'une variable indépendante, et celui où l'on ne connaît de cette courbe que les équations élémentaires.

Premier cas. — On tirera des équations de la courbe et des équations (β) du n° **195**, les valeurs de $d\sigma_{\tau_1}$ et de $d\omega$ en fonction de ω_1 que l'on prendra pour variable indépendante, et l'on intégrera le système des équations (L_{τ_1}); ces équations, dont la seconde est l'équation résolvante, donneront L_{τ_1} et r_{τ_1} en fonction de ω_1, et, en projetant le périmètre de l'angle formé par les deux côtés L_{τ_1} et r_{τ_1} sur les trois axes, on aura les coordonnées des intégrales des courbes cherchées. Dans ce cas, on n'a qu'à intégrer une seule équation différentielle du second ordre linéaire, l'équation en r_{τ_1}.

Deuxième cas. — Au moyen des équations naturelles de l'arête de rebroussement de la surface S_{τ_1}, on calculera, comme précédemment, $d\sigma_{\tau_1}$ et $d\omega$ en fonction de ω_1, et l'on déterminera, par les mêmes équations, les deux variables L_{τ_1}, r_{τ_1}; on portera ces valeurs dans les équations

$$(1)\qquad \begin{cases} ds\cos\alpha = r_{\tau_1}\,d\varepsilon_1, \\ ds\sin\alpha = -dL_{\tau_1} - d\sigma_{\tau_1} - r_{\tau_1}\,d\omega_1; \end{cases}$$

qui résultent des équations (ds_{τ_1}) et ($d\sigma_{\tau_1}$) (**196**); on obtiendra ainsi l'élément ds de la courbe cherchée, et les équations (β) feront connaître l'élément $d\varepsilon$; et, comme on a déjà calculé l'élément $d\omega$, on aura les équations élémentaires de la courbe C. Ensuite il faudra passer de ces équations aux coordonnées d'un point, ce qui est un calcul distinct et qui se rattache à une question traitée (**67**).

199. *Application.* — Les équations élémentaires de la courbe C_{τ_1} sont

$$(2)\qquad d\sigma_{\tau_1} = \varphi(\omega_1)\,d\omega_1,\quad \frac{d\varepsilon_1}{d\omega_1} = \frac{1-(a\omega_1+b)^2\cos\alpha}{(a\omega_1+b)^2\sin\alpha}.$$

On déduit de cette dernière équation la valeur suivante, au moyen des équations (β) :

$$\frac{d\omega}{d\omega_1} = \frac{1}{(a\omega_1 + b)^2}. \tag{3}$$

L'équation résolvante est alors

$$\frac{d^2 r_{\tau_1}}{d\omega_1} + \frac{r_{\tau_1}}{(a\omega_1 + b)^2 \cos\alpha} + \varphi(\omega_1) = 0; \tag{4}$$

on intégrera cette équation, privée du dernier terme, en posant

$$r_{\tau_1} = (a\omega_1 + b)^n,$$

n étant une indéterminée. Par la substitution des valeurs de r_{τ_1} et de la dérivée seconde dans l'équation (4), privée du dernier terme, on trouve la condition

$$n(n-1)a^2 + \frac{1}{\cos\alpha} = 0;$$

et en représentant par n_1, n_2 les deux racines de cette équation, on aura l'intégrale de l'équation (4) sans dernier terme; la valeur de la fonction que nous appelons x sera

$$x = A_1(a\omega_1 + b)^{n_1} + A_2(a\omega_1 + b)^{n_2};$$

ensuite, par la variation des constantes, on trouvera l'intégrale de l'équation (4),

$$(5)\quad \left\{ \begin{aligned} r_{\tau_1} = {} & \frac{(a\omega_1 + b)^{n_1}}{n_2 - n_1}\left[M_1 + \int \frac{d\sigma_{\tau_1}}{a(a\omega_1 + b)^{n_1 - 1}}\right] \\ & + \frac{(a\omega_1 + b)^{n_2}}{n_1 - n_2}\left[M_2 + \int \frac{d\sigma_{\tau_1}}{a(a\omega_1 + b)^{n_2 - 1}}\right], \end{aligned} \right.$$

dans laquelle M_1 et M_2 sont les constantes arbitraires; on en déduit la valeur de L_{τ_1}

$$(6)\quad \left\{ \begin{aligned} L_{\tau_1} = {} & \frac{n_1(a\omega_1 + b)^{n_1 - 1}}{n_2 - n_1}\left[M_1 + \int \frac{d\sigma_{\tau_1}}{a(a\omega_1 + b)^{n_1 - 1}}\right] \\ & + \frac{n_2(a\omega_1 + b)^{n_2 - 1}}{n_1 - n_2}\left[M_2 + \int \frac{d\sigma_{\tau_1}}{a(a\omega_1 + b)^{n_2 - 1}}\right]. \end{aligned} \right.$$

Si l'on porte ces valeurs dans la première des équations (1), on trouve

$$(7)\quad ds\sin 2\alpha = \left\{ \frac{(a\omega_1+b)^{n_1-2}}{n_2-n_1}\left[\mathrm{M}_1+\int\frac{d\sigma_{\tau_1}}{a(a\omega_1+b)^{n_1-1}}\right] + \frac{(a\omega_1+b)^{n_1-2}}{n_1-n_2}\left[\mathrm{M}_2+\int\frac{d\sigma_{\tau_1}}{a(a\omega_1+b)^{n_2-1}}\right]\right\}[1+(a\omega_1+b)^2\cos\alpha],$$

qui fait connaître l'élément ds de la courbe C. L'équation (3) donne l'élément $d\omega$ de la même courbe, et l'on obtient, au moyen des équations (β) du n° **195**, l'expression suivante de l'élément $d\varepsilon$:

$$\frac{d\varepsilon}{d\omega_1} = \frac{\cot\alpha}{(a\omega_1+b)^2} - \frac{1}{\sin\alpha}.$$

§ II. — Mouvement général.

Nous allons maintenant étudier le mouvement général d'un plan dont un point O parcourt une courbe donnée et dont la normale $O\tau_1$ forme, avec les trois axes fixes, des angles variables avec la position du point O. Pour mettre de l'ordre dans cette question difficile, nous allons résoudre successivement les questions suivantes :

200. Problème V. — *Connaissant les angles d'une droite τ_1 avec les trois axes d'un trièdre mobile, déterminer le trièdre résultant du mouvement de cette droite.*

Soient

$$a = \cos(\tau_1, \tau), \quad b = \cos(t_1, \rho), \quad c = \cos(t_1, \nu);$$

le principe des courbures inclinées donne les trois équations

$$(1)\quad \begin{cases} d\varepsilon_1\cos(\rho_1,\tau) = da - b\,d\varepsilon = a_1\,d\varepsilon_1,\\ d\varepsilon_1\cos(\rho_1,\rho) = db + a\,d\varepsilon + c\,d\omega = b_1\,d\varepsilon_1,\\ d\varepsilon_1\cos(\rho_1,\nu) = dc - b\,d\omega = c_1\,d\varepsilon_1.\end{cases}$$

On déduit de ces équations l'angle $d\varepsilon_1$ et les cosinus des angles que ρ_1 fait avec les trois mobiles, cosinus que nous représentons par a_1, b_1, c_1.

Si l'on représente par a_2, b_2, c_2 les cosinus de trois angles que ν_1 fait avec les trois axes mobiles, on obtient de la même manière

$$(2)\quad \begin{cases} d\omega_1 \cos(\nu_1, \tau) = \quad b_1 d\varepsilon_1 - a\,d\varepsilon_1 - da_1 = a_2 d\omega_1, \\ d\omega_1 \cos(\nu_1, \rho) = -a_1 d\varepsilon - c_1 d\omega - b\,d\varepsilon_1 - db_1 = b_2 d\omega_1, \\ d\omega_1 \cos(\nu_1, \nu) = \quad b_1 d\omega - c\,d\varepsilon_1 - dc_1 = c_2 d\omega_1, \end{cases}$$

lesquelles font connaître $d\omega_1$ et les angles que l'axe ν_1 fait avec les trois axes mobiles.

On obtient de la même manière :

$$(3)\quad \begin{cases} da_2 = b_2 d\varepsilon + a_1 d\omega_1, \\ db_2 = -a_2 d\varepsilon - c_2 d\omega + b_1 d\omega_1, \\ dc_2 = b_2 d\omega + c_1 d\omega_1. \end{cases}$$

Ces trois dernières équations sont les équations de condition.

Problème VI. — *Trois axes mobiles τ_1, ρ_1, ν_1 forment un trièdre résultant du mouvement de τ_1; trouver les relations angulaires de ces trois axes par rapport à trois axes mobiles τ, ρ, ν d'un trièdre résultant du mouvement de τ.*

Il y a d'abord six relations des cosinus des angles des axes du premier trièdre avec les axes du second, résultant de ce que ces deux trièdres sont rectangulaires. Il n'y a donc que trois nouvelles conditions à exprimer; ces conditions sont

$$(4)\quad \begin{cases} a_1 d\varepsilon_1 = da - b\,d\varepsilon, \\ a_1 d\omega_1 = da_2 - b_2 d\varepsilon, \\ a_2 da + b_2 db + c_2 dc = -a_1 d\omega + b_1 d\varepsilon. \end{cases}$$

Cette dernière provient de la multiplication des équations (1) respectivement par a_2, b_2, c_2 et de l'addition des équations résultantes.

Si l'on se donne $d\varepsilon_1$ et $d\omega_1$ en fonction de t, comme $d\varepsilon$ et $d\omega$ sont aussi des fonctions de t, on aura neuf équations pour déterminer les neuf cosinus a, b, c; a_1, b_1, c_1; a_2, b_2, c_2 : les six relations en termes finis relatives aux cosinus et les trois équations différentielles (4).

201. Problème VII. — *Un plan mobile* P *se meut par cette condition qu'un de ses points* O (x, y, z) *parcourt une courbe* C *et que la normale* τ_1 *à ce plan forme des angles donnés avec les trois axes fixes; trouver l'intersection* C_{τ_1} *de la surface enveloppe* S_{τ_1} *avec la surface* S_{ρ_1} *que l'axe mobile* O_{ρ_1} *engendre.*

Si nous représentons les éléments de même nom des courbes C et C_{τ_1} par les mêmes lettres, celles qui se rapportent à la courbe C_{τ_1} étant affectées de l'indice τ_1, les équations relatives aux variations angulaires des axes $O\tau_1$, $O\rho_1$, $O\nu_1$ seront données par les équations du n° 200.

Équations différentielles de la courbe C_{τ_1}. — Si l'on se reporte à la *fig.* 11 du n° 86, soient OM la distance du point O pris sur la courbe C à la génératrice MT de la surface S_{τ_1}, distance que nous représentons par ρ_{τ_1}, O′M′ la distance infiniment voisine; OO′ est l'élément ds de la courbe C, et ds_{τ_1} l'élément de la courbe C_{τ_1}; si l'on projette le périmètre du quadrilatère OO′M′M successivement sur les trois directions $O\tau_1$, $O\rho_1$, $O\nu_1$, on aura, en remarquant (81) que les directions de MP, M′P′ sont celles de $O\nu_1$, $O\nu'_1$ dans la figure sphérique et que, par suite, $O\tau_1$ est perpendiculaire à ces deux génératrices, les trois équations suivantes :

$$(ds_{\tau_1}) \quad \begin{cases} ds_{\tau_1} \cos(\tau_1, ds_{\tau_1}) = ds \cos(\tau_1, ds) - \rho_{\tau_1} d\varepsilon_1, \\ ds_{\tau_1} \cos(\rho_1, ds_{\tau_1}) = ds \cos(\rho_1, ds) + d\rho_{\tau_1}, \\ ds_{\tau_1} \cos(\nu_1, ds_{\tau_1}) = ds \cos(\nu_1, ds) - \rho_{\tau_1} d\omega_1. \end{cases}$$

Or, d'après ce que nous venons de dire, $\cos(\tau_1, ds_\tau)$ est nul; d'une autre part, les angles (ρ_1, ds_{τ_1}), (ν_1, ds_{τ_1}) sont complémentaires; on a donc les trois nouvelles équations

$$(ds_{\tau_1})' \quad \begin{cases} \rho_{\tau_1} = \dfrac{ds}{d\varepsilon_1} \cos(\tau_1, \tau), \\ \operatorname{tang}(\nu_1, ds_{\tau_1}) = \dfrac{ds \cos(\rho_1, \tau) + d\rho_{\tau_1}}{ds \cos(\nu_1, \tau) - \rho_{\tau_1} d\omega_1}, \\ ds_{\tau_1} = [ds \cos(\nu_1, \tau) - \rho_{\tau_1} d\omega_1]^2 + [ds \cos(\rho_{\tau_1}, \tau) + d\rho_{\tau_1}], \end{cases}$$

qui font connaître la position du point M, la longueur de l'élément ds_{τ_1} et sa direction. On déduit aussi les relations suivantes :

$$(ds_{\tau_1})'' \begin{cases} ds_{\tau_1} \cos(\rho_1, ds_{\tau_1}) = \dfrac{\rho_{\tau_1} \cos(\rho_1, \tau)\, d\varepsilon_1 + \cos(\tau_1, \tau)\, d\rho_{\tau_1}}{\cos(\tau_1, \tau)}, \\ ds_{\tau_1} \cos(\nu_1, ds_{\tau_1}) = \dfrac{\rho_{\tau_1} [\cos(\nu_1, \tau)\, d\varepsilon_1 - \cos(\tau_1, \tau)\, d\omega_1]}{\cos(\tau_1, \tau)}. \end{cases}$$

Enveloppe du plan mobile.

202. *Arête de rebroussement de la surface* S_{τ_1} (*fig.* 11). — Soit $d\Sigma_{\tau_1}$ l'élément d'arc de cette courbe, D_{τ_1} la distance d'un point de la courbe directrice au point correspondant de l'arête de rebroussement, L_{τ_1} la projection de cette distance sur la tangente à l'arête. Si l'on projette le périmètre du triangle MM'T sur les directions $O\nu_1$, $O\rho_1$, on aura les deux équations

$$(\Sigma_1) \begin{cases} ds_{\tau_1} \cos(\nu_1, ds_{\tau_1}) = d\Sigma_{\tau_1} + dL_{\tau_1} = ds_{\tau_1} \sin(\rho_1, ds_{\tau_1}), \\ ds_{\tau_1} \cos(\rho_1, ds_{\tau_1}) = L_{\tau_1}\, d\omega_1 = ds_{\tau_1} \sin(\nu_1, ds_{\tau_1}); \end{cases}$$

or, si l'on a égard aux équations (ds_{τ_1}), on aura les deux relations suivantes :

$$L_{\tau_1} = \frac{ds}{d\omega_1} \cos(\rho_1, \tau) + \frac{d\rho_{\tau_1}}{d\omega_1},$$

$$(\Sigma_1)' \quad \frac{d\Sigma_{\tau_1}}{d\omega_1} = \frac{ds}{d\omega_1} \cos(\nu_1, \tau) - \rho_{\tau_1} - \frac{d}{d\omega_1}\left[\frac{ds}{d\omega_1} \cos(\rho_1, \tau) + \frac{d\rho_{\tau_1}}{d\omega_1}\right].$$

Ces deux équations font connaître la longueur L_{τ_1}, l'élément d'arc $d\Sigma_{\tau_1}$ et le rayon de courbure $\dfrac{d\Sigma_{\tau_1}}{d\omega_1}$ de l'arête de rebroussement; on en déduit la valeur de D_{τ_1},

$$D_{\tau_1}^2 = \rho_{\tau_1}^2 + L_{\tau_1}^2 = \rho_{\tau_1}^2 + \left[\frac{ds}{d\omega_1} \cos(\rho_1, \tau) + \frac{d\rho_{\tau_1}}{d\omega_1}\right]^2.$$

Équations cartésiennes. — Si l'on projette le périmètre du triangle OTM sur les trois axes fixes, on aura, en représentant par x', y', z' les coordonnées d'un point quelconque de l'arête,

$$x' - x = \rho_{\tau_1} \cos(\rho_1, x) - \left[\frac{ds}{d\omega_1} \cos(\rho_1, \tau) + \frac{d\rho_{\tau_1}}{d\omega_1}\right] \cos(\nu_1, x), \quad (3)$$

lesquelles feront connaître un point quelconque de l'arête en fonction de la variable indépendante.

Il nous resterait à étudier les enveloppes des faces du trièdre mobile $O\nu_1\tau_1\rho_1$, perpendiculaires à $O\nu_1$ et à $O\rho_1$, ainsi que les surfaces réglées engendrées par les trois arêtes $O\tau_1$, $O\rho_1$, $O\nu_1$; mais cette question a été résolue dans notre Mémoire *Sur les surfaces résultant du mouvement d'une droite*. C'est à ce Mémoire que nous renvoyons le lecteur.

SECTION V.

DÉTERMINATION DE LA COURBE PAR DEUX DE SES PROPRIÉTÉS.

CHAPITRE XIV.

DÉTERMINATION D'UNE COURBE SITUÉE SUR UNE SURFACE D'APRÈS L'UNE DES DEUX ÉQUATIONS ÉLÉMENTAIRES DE LA COURBE.

État de la question. — Comme il suffit de deux équations pour déterminer une courbe, si l'on donne la surface sur laquelle cette courbe est située, il suffit d'une seule équation nouvelle pour déterminer la courbe, cette seconde équation devant être l'une des deux équations élémentaires de cette courbe, ou une équation résultante. C'est cette détermination qui va être l'objet du présent Chapitre.

203. Problème I. — *Étant données l'équation élémentaire sphérique d'une courbe et l'équation de la surface sur laquelle cette courbe est située, calculer l'équation élémentaire plane de cette courbe.*

Soient l'équation de la surface, rapportée à ses coordonnées cartésiennes,

$$L = 0 \tag{1}$$

et l'équation élémentaire sphérique de la courbe

$$\frac{d\omega}{d\varepsilon} = \psi(\varepsilon); \tag{2}$$

il s'agit de trouver l'équation élémentaire plane de la courbe qui fait connaître le rapport $\frac{ds}{d\varepsilon}$, qui sera représenté par ρ.

Si l'on différentie l'équation (1) par rapport à ε, on aura la différentielle complète de L, dans laquelle les dérivées des variables seront $\rho\frac{dx}{ds}$, $\rho\frac{dy}{ds}$, $\rho\frac{dz}{ds}$, ou bien, conformément à notre notation, $\rho\tau_x$, $\rho\tau_y$, $\rho\tau_z$. On aura donc l'équation symbolique

$$(dL) \qquad \left(\tau_x\frac{d}{dx}+\tau_y\frac{d}{dy}+\tau_z\frac{d}{dz}\right)L=0;$$

pour abréger, nous représenterons le trinôme entre parenthèses se rapportant à τ_x, τ_y, τ_z par Δ_τ, et, lorsqu'il se rapportera à ν_x, ν_y, ν_z, ou à ρ_x, ρ_y, ρ_z, par Δ_ν, Δ_ρ; d'après cela, l'équation (dL) pourra s'écrire sous la forme suivante :

$$\Delta_\tau L=0.$$

Nous représenterons par $\Delta_\tau\Delta_\nu L$ ou bien simplement par $\Delta^2_{\nu\tau}L$ l'expression différentielle représentée par l'expression symbolique

$$\left(\tau_x\frac{d}{dx}+\tau_y\frac{d}{dy}+\tau_z\frac{d}{dz}\right)\left(\nu_x\frac{d}{dx}+\nu_y\frac{d}{dy}+\nu_z\frac{d}{dz}\right)L,$$

pourvu que, lorsque les multiplications sont effectuées, les produits par L représentent des différentielles, et ainsi de suite.

D'après ces conventions, l'équation (1) et ses différentielles successives, jusqu'à la quatrième inclusivement, formeront le tableau suivant :

$$(\Delta)\quad\left\{\begin{aligned}
&L=0,\quad \Delta_\tau L=0,\quad \rho\Delta^2_{\tau\tau}L+\Delta_\rho L=0,\\
&\frac{d\rho}{d\varepsilon}\Delta^2_{\tau\tau}L+\rho^2\Delta^3_{\tau\tau\tau}L+3\rho\Delta^2_{\tau\rho}L-\frac{d\omega}{d\varepsilon}\Delta_\nu L=0,\\
&\frac{d^2\rho}{d\varepsilon^2}\Delta^2_{\tau\tau}L+\frac{d\rho}{d\varepsilon}(3\rho\Delta^3_{\tau\tau\tau}L+5\Delta^2_{\tau\rho}L)+\rho^3\Delta^4_{\tau\tau\tau\tau}L\\
&\qquad+6\rho^2\Delta^3_{\tau\tau\rho}L+3\rho\left(\Delta^2_{\rho\rho}L-\Delta^2_{\tau\tau}L-\frac{d\omega}{d\varepsilon}\Delta^2_{\tau\nu}L\right)\\
&\qquad-\rho\frac{d\omega}{d\varepsilon}\Delta^2_{\nu\tau}L-\frac{d\omega^2}{d\varepsilon^2}d_\rho L-\frac{d}{d\varepsilon}\left(\frac{d\omega}{d\varepsilon}\right)\Delta_\nu L=0.
\end{aligned}\right.$$

Puisque le rapport spécifique $\frac{d\omega}{d\varepsilon}$ est donné en fonction de ε,

$\tau_x, \tau_y, \tau_z, \nu_x, \nu_y, \nu_z$, ainsi que ρ_x, ρ_y, ρ_z qui ne dépendent que de ce rapport, pourront être calculés et sont connus en fonction de ε (64); on pourra donc tirer des trois premières équations (Δ) les valeurs de x, y, z en fonction de ε et de ρ, et, en portant ces valeurs dans la quatrième, on aura une équation qui ne dépendra que de ρ et de ε, et sera différentielle du premier ordre par rapport à ces variables : ce sera l'équation résolvante, puisqu'elle donnera par son intégration la valeur de ρ ou, ce qui est la même chose, de $\frac{ds}{d\varepsilon}$ en fonction de ε. Ainsi l'intégrale de l'équation résolvante sera l'équation élémentaire plane de la courbe.

C. Q. F. D.

204. *Application à la sphère.* — Dans le cas présent, les cinq premières équations (Δ) donneront

$$x^2 + y^2 + z^2 = a^2, \quad x\tau_x + y\tau_y + z\tau_z = 0,$$
$$\rho + (x\rho_x + y\rho_y + z\rho_z) = 0,$$
$$\frac{d\rho}{d\varepsilon} - \frac{d\omega}{d\varepsilon}(x\nu_x + y\nu_y + z\nu_z) = 0,$$
$$\frac{d^2\rho}{d\varepsilon^2} - \frac{d}{d\varepsilon}\left(\frac{d\omega}{d\varepsilon}\right)(x\nu_x + y\nu_y + z\nu_z)$$
$$- \frac{d\omega^2}{d\varepsilon^2}(x\rho_x + y\rho_y + z\rho_z) = 0.$$

Si l'on élimine les trinômes entre parenthèses, entre les trois dernières équations, on obtient l'équation suivante, qui est linéaire du second ordre :

$$\frac{d^2\rho}{d\varepsilon^2} - \frac{d\rho}{d\varepsilon}\left(\frac{\psi'}{\psi}\right) + \rho\psi^2 = \left[\rho + \frac{d}{\psi\, d\varepsilon}\left(\frac{d\rho}{\psi\, d\varepsilon}\right)\right]\psi^2 = 0,$$

et qui s'intègre immédiatement. Elle donne, en représentant par A et α deux constantes arbitraires,

$$\rho = \mathrm{A}\cos\left(\int \psi\, d\varepsilon + \alpha\right) = \frac{ds}{d\varepsilon};$$

telle est l'équation élémentaire plane des courbes sphériques, de sorte que les équations cartésiennes des courbes sphériques, après le développement de leur surface osculatrice sur un plan tangent, seront

$$x = \mathrm{A} \int \cos\varepsilon \cos\left(\int \psi \, d\varepsilon + \alpha\right) d\varepsilon,$$

$$y = \mathrm{A} \int \sin\varepsilon \cos\left(\int \psi \, d\varepsilon + \alpha\right) d\varepsilon.$$

Elles contiennent la fonction arbitraire ψ qui peut prendre toutes les valeurs possibles. On voit, par ces équations, que, lorsque la courbe sphérique appartient à la classe des hélices, ces courbes se transforment par le développement de leur surface osculatrice en épicycloïdes; en effet, dans ce cas, ψ est une constante m, et l'équation élémentaire plane de la courbe sphérique est

$$\frac{ds}{d\varepsilon} = \mathrm{A} \cos(m\varepsilon + \alpha).$$

205. *Application à l'ellipsoïde.* — On a les cinq équations suivantes, le signe S s'étendant à toutes les variables :

$$\mathrm{S}\frac{x^2}{a^2} - 1 = 0, \quad \mathrm{S}\frac{x\tau_x}{a^2} = 0, \quad \rho\mathrm{S}\frac{\tau_x^2}{a^2} + \mathrm{S}\frac{x\rho_x}{a^2} = 0,$$

$$\frac{d\rho}{d\varepsilon}\mathrm{S}\frac{\tau_x^2}{a^2} + 3\rho\mathrm{S}\frac{\tau_x\rho_x}{a^2} - \frac{d\omega}{d\varepsilon}\mathrm{S}\frac{x\nu_x}{a^2} = 0,$$

$$\frac{d^2\rho}{d\varepsilon^2}\mathrm{S}\frac{\tau_x^2}{a^2} + 5\frac{d\rho}{d\varepsilon}\mathrm{S}\frac{\tau_x\rho_x}{a^2} - 3\rho\mathrm{S}\frac{\tau_x}{a^2}\left(\nu_x\frac{d\omega}{d\varepsilon} + \tau_x\right)$$
$$+ 3\rho\mathrm{S}\frac{\rho_x^2}{a^2} - \frac{d}{d\varepsilon}\left(\frac{d\omega}{d\varepsilon}\right)\mathrm{S}\frac{x\nu_x}{a^2} - \rho\frac{d\omega}{d\varepsilon}\mathrm{S}\frac{\tau_x\nu_x}{a^2} - \frac{d\omega^2}{d\varepsilon^2}\mathrm{S}\frac{x\rho_x}{a^2} = 0.$$

Si, entre les trois dernières équations, on élimine $\mathrm{S}\frac{x\rho_x}{a^2}$ et $\mathrm{S}\frac{x\nu_x}{a^2}$, et qu'on représente les dérivées de ρ et ω par ces lettres accentuées, on obtient l'équation différentielle suivante :

$$\rho''\mathrm{S}\frac{\tau_x^2}{a^2} + \rho'\left(5\mathrm{S}\frac{\tau_x\rho_x}{a^2} - \frac{\omega''}{\omega'}\mathrm{S}\frac{\tau_x^2}{a^2}\right)$$
$$+ \rho\left(\omega'^2\mathrm{S}\frac{\tau_x^2}{a^2} - 4\omega'\mathrm{S}\frac{\tau_x\nu_x}{a^2} + 3\mathrm{S}\frac{\rho_x^2 - \tau_x^2}{a^2} - 3\frac{\omega''}{\omega'}\mathrm{S}\frac{\tau_x\rho_x}{a^2}\right) = 0,$$

qui est linéaire et du second ordre, et dont l'intégration donnera l'équation naturelle du premier ordre de la caractéristique plane des courbes ellipsoïdes.

Dans cette application, comme dans la précédente, nous avons fait usage de la cinquième des équations (Δ) du n° 203, parce que notre but était d'obtenir une équation linéaire du second ordre. Si nous n'avions pas eu recours à cette équation, nous aurions obtenu une équation différentielle du premier ordre, mais non linéaire.

206. Problème II. — *Les mêmes conditions étant posées que dans le problème I, déterminer les coordonnées de la courbe.*

Première méthode. — Elle consiste à calculer l'équation différentielle de la caractéristique plane comme on l'a indiqué au n° 203; l'intégration de cette équation fait connaître l'élément ds en fonction de la variable indépendante; mais, comme τ_x, τ_y, τ_z sont également connus en fonction de la même variable (64), on aura les équations

$$x = \int \tau_x\, ds, \quad y = \int \tau_y\, ds, \quad z = \int \tau_z\, ds,$$

qui donneront les coordonnées de la courbe en fonction de la même variable.

Application à la courbe sphérique hélicoïde. — Dans ce cas, le rapport spécifique n étant constant, il faut prendre pour τ_x, τ_y, τ_z les valeurs de $\tau_{x-1}, \tau_{y-1}, \tau_{z-1}$ du n° 154; on obtient ainsi les formules suivantes :

$$x = \alpha \int \sin\varepsilon \cos(n\varepsilon + \varepsilon_0)\, d\varepsilon,$$
$$y = \alpha \int \cos\varepsilon \cos(n\varepsilon + \varepsilon_0)\, d\varepsilon,$$
$$z = -\beta \int \cos(n\varepsilon + \varepsilon_0)\, d\varepsilon;$$

ces équations sont celles d'une hélice tracée sur un cylindre dont la directrice est une épicycloïde; et, lorsque l'on développe ce cylindre sur le plan tangent à ce cylindre, la courbe en question se transforme également en épicycloïde.

Si l'on effectue les intégrations, on obtient les valeurs suivantes des coordonnées, x_0, y_0, z_0 étant des constantes arbitraires :

$$x - x_0 = \frac{\alpha}{2(n-1)} \cos[(n-1)\varepsilon + \varepsilon_0] - \frac{\alpha}{2(n+1)} \cos[(n+1)\varepsilon + \varepsilon_0],$$

$$y - y_0 = -\frac{\alpha}{2(n-1)} \sin[(n-1)\varepsilon + \varepsilon_0] - \frac{\alpha}{2(n+1)} \sin[(n+1)\varepsilon + \varepsilon_0],$$

$$z - z_0 = -\frac{\beta}{n} \sin(n\varepsilon + \varepsilon_0).$$

207. *Deuxième méthode.* — La troisième des équations (Δ) fait connaître ρ en fonction de ε, x, y, z ; on aura donc les trois équations suivantes :

$$\frac{dx}{d\varepsilon\,\tau_x} = \frac{dy}{d\varepsilon\,\tau_y} = \frac{dz}{d\varepsilon\,\tau_z} = \rho = -\frac{\Delta_\rho L}{\Delta^2_{\rho} L};$$

or, si l'on élimine deux des trois variables x, y, z du second membre au moyen des deux premières équations (Δ), qui ne dépendent que de ε, x, y, z, on aura une équation différentielle du premier ordre entre une de ces trois variables et ε. On intégrera cette équation ; l'intégrale, prise simultanément avec les deux premières équations (Δ), fournira les coordonnées de la courbe. Cette seconde méthode sera toujours plus complexe que la précédente, et donnera lieu à des calculs plus longs.

Surface à sections parallèles elliptiques. — Appliquons cette méthode à la surface

$$(\pi) \qquad 2\varpi(z) = \frac{x^2}{a^2} + \frac{y^2}{b^2},$$

dans laquelle $\varpi(z)$ représente une fonction arbitraire de z. On reconnaît qu'elle est produite par le mouvement d'une ellipse, variable de forme, qui se meut parallèlement à elle-même, de telle sorte qu'elle reste semblable à une ellipse donnée, et que son centre décrive une droite perpendiculaire au plan de l'ellipse.

Les trois premières équations (Δ) sont l'équation donnée (π)

et ses deux différentielles par rapport à ε, qui sont

$$\frac{x\tau_x}{a^2}+\frac{y\tau_y}{b^2}-\varpi'(z)\tau_z=0,$$

$$-\rho=\frac{\dfrac{x\rho_x}{a^2}+\dfrac{y\rho_y}{b^2}-\varpi'(z)\rho_z}{\dfrac{\tau_x^2}{a^2}+\dfrac{\tau_y^2}{b^2}-\varpi''(z)\tau_z^2};$$

si l'on résout les deux premières équations par rapport à x et à y, et qu'on pose, pour abréger,

$$U=\sqrt{2\varpi(z)\left(\frac{\tau_x^2}{a^2}+\frac{\tau_y^2}{b^2}\right)-\varpi'^2(z)\tau_z^2},$$

on trouvera

$$\frac{x}{a}=\frac{\dfrac{\tau_x\tau_z}{a}\varpi'(z)\mp\dfrac{\tau_y}{b}U}{\dfrac{\tau_x^2}{a^2}+\dfrac{\tau_y^2}{b^2}},\quad \frac{y}{b}=\frac{\dfrac{\tau_y\tau_z}{b}\varpi'(z)\pm\dfrac{\tau_x}{a}U}{\dfrac{\tau_x^2}{a^2}+\dfrac{\tau_y^2}{b^2}};$$

par conséquent, l'équation différentielle sera

$$\rho=\frac{\varpi'(z)\left(\dfrac{\tau_x\nu_y}{a^2}-\dfrac{\tau_y\nu_x}{b^2}\right)\pm\dfrac{\nu_z}{ab}\sqrt{2\varpi(z)\left(\dfrac{\tau_x^2}{a^2}+\dfrac{\tau_y^2}{b^2}\right)-\varpi'^2(z)\tau_z^2}}{\left(\dfrac{\tau_x^2}{a^2}+\dfrac{\tau_y^2}{b^2}\right)\left[\varpi''(z)\tau_z^2-\dfrac{\tau_x^2}{a^2}-\dfrac{\tau_y^2}{b^2}\right]}=\frac{dz}{\tau_y\,d\varepsilon}.$$

208. *Application.* — 1° Si la surface proposée est un cône elliptique, on a

$$\varpi(z)=\frac{z^2}{2c^2},\quad \varpi'(z)=\frac{z}{c^2},\quad \varpi''(z)=\frac{1}{c^2},$$

et l'équation différentielle précédente devient

$$(1)\qquad \frac{dz}{z\,d\varepsilon}=\frac{\dfrac{1}{c^2}\left(\dfrac{\tau_x\nu_y}{a^2}-\dfrac{\tau_y\nu_x}{b^2}\right)\pm\dfrac{\nu_z}{cab}\sqrt{\dfrac{\tau_x^2}{a^2}+\dfrac{\tau_y^2}{b^2}-\dfrac{\tau_z^2}{c^2}}}{\left(\dfrac{\tau_x^2}{a^2}+\dfrac{\tau_y^2}{b^2}\right)\left(\dfrac{\tau_z^2}{c^2}-\dfrac{\tau_x^2}{a^2}-\dfrac{\tau_y^2}{b^2}\right)}\tau_z,$$

dans laquelle les variables sont séparées, puisque le second membre est une fonction de ε.

2° Si le cône est circulaire, il faut faire $a = b$, et l'équation devient successivement

$$\frac{dz}{z\,d\varepsilon} = \frac{-\dfrac{\rho_z}{c^2a^2} \pm \dfrac{\nu_z}{ca^2}\sqrt{\dfrac{1-\tau_z^2}{a^2} - \dfrac{\tau_z^2}{c^2}}}{\left(\dfrac{1-\tau_z^2}{a^2}\right)\left(\dfrac{\tau_z^2}{c^2} + \dfrac{\tau_z^2}{a^2} - \dfrac{1}{a^2}\right)}$$

$$= \frac{-\rho_z \pm c\nu_z\sqrt{\dfrac{1}{a^2} - \tau_z^2\left(\dfrac{1}{a^2}+\dfrac{1}{c^2}\right)}}{c^2(1-\tau_z^2)\left[\tau_z^2\left(\dfrac{1}{c^2}+\dfrac{1}{a^2}\right) - \dfrac{1}{a^2}\right]};$$

$$(2)\quad \left\{ \begin{aligned} \frac{dz}{z} = {} & \frac{-\rho_z\,d\varepsilon}{c^2(1-\tau_z^2)\left[\tau_z^2\left(\dfrac{1}{c^2}+\dfrac{1}{a^2}\right) - \dfrac{1}{a^2}\right]} \\ & \pm \frac{\nu_z\,d\varepsilon}{c(1-\tau_z^2)\sqrt{\tau_z^2\left(\dfrac{1}{c^2}+\dfrac{1}{a^2}\right) - \dfrac{1}{a^2}}}. \end{aligned} \right.$$

Si maintenant on suppose que les courbes coniques dont il s'agit appartiennent à la classe des hélices, le rapport spécifique angulaire étant constant, on trouve pour τ_x, τ_y, τ_z les valeurs de $\tau_{x-1}, \tau_{y-1}, \tau_{z-1}$ du n° 155; la formule (1) précédente devient

$$\frac{dz}{z} = \beta\,d\varepsilon\,\frac{\dfrac{1}{c^2}\left(\dfrac{1}{a^2} - \dfrac{1}{b^2}\right)\sin\varepsilon\cos\varepsilon \pm \dfrac{\alpha}{cab}\sqrt{\dfrac{\alpha^2}{a^2}\sin^2\varepsilon + \dfrac{\alpha^2}{b^2}\cos^2\varepsilon - \dfrac{\beta^2}{c^2}}}{\left(\dfrac{\alpha^2}{a^2}\sin^2\varepsilon + \dfrac{\alpha^2}{b^2}\cos^2\varepsilon\right)\left(\dfrac{\alpha^2}{a^2}\sin^2\varepsilon + \dfrac{\alpha^2}{b^2}\cos^2\varepsilon - \dfrac{\beta^2}{c^2}\right)},$$

dont l'intégration dépend des fonctions elliptiques. Si le cône est circulaire, la formule (2) se réduit à la forme suivante, en représentant le facteur constant de $d\varepsilon$ par m :

$$\frac{dz}{z} = m\,d\varepsilon;$$

donc l'intégrale est

$$z = z_0 e^{m\varepsilon},$$

z_0 étant la constante d'intégration, et l'on trouve, comme la chose est évidente, la spirale conique.

209. Problème III. — *Étant donnée l'équation élémentaire de la caractéristique plane d'une courbe et la surface sur laquelle cette courbe est tracée, trouver les coordonnées de la courbe.*

Les données du problème sont

$$(1) \qquad \frac{ds}{d\varepsilon} = \varphi(\varepsilon), \quad L = 0,$$

auxquelles il faut joindre les deux suivantes :

$$(2) \qquad \begin{cases} \dfrac{dx^2}{d\varepsilon^2} + \dfrac{dy^2}{d\varepsilon^2} + \dfrac{dz^2}{d\varepsilon^2} = \rho^2, \\ \overline{\dfrac{d}{d\varepsilon}\left(\dfrac{dx}{\rho\, d\varepsilon}\right)}^2 + \overline{\dfrac{d}{d\varepsilon}\left(\dfrac{dy}{\rho\, d\varepsilon}\right)}^2 + \overline{\dfrac{d}{d\varepsilon}\left(\dfrac{dz}{\rho\, d\varepsilon}\right)}^2 = 1; \end{cases}$$

or, si l'on différentie trois fois l'équation L par rapport à ε, deux fois la première des équations (2) et une fois la dernière, on aura neuf équations entre lesquelles on pourra éliminer deux des coordonnées et leurs dérivées première, deuxième et troisième, et l'on obtiendra leur équation finale

$$(R) \qquad R = 0,$$

qui sera une fonction de la variable indépendante ε et de la troisième coordonnée qui y entrera en même temps que ses dérivées, première, deuxième et troisième. Ce sera une équation différentielle du troisième ordre, dont l'intégration fera connaître la variable en fonction de ε; et l'on trouvera, sans nouvelle intégration, les deux autres coordonnées au moyen des équations du système.

Cette question, dans la pratique, présente de grandes complications; cependant elle peut être résolue dans quelques cas particuliers.

Application à la sphère. — Nous avons déjà trouvé, au n° 204, la relation suivante dans laquelle ρ_0 est une constante:

$$\rho = \rho_0 \cos\left(\int \psi\, d\varepsilon + \alpha\right);$$

on déduit de cette équation

$$\psi d\varepsilon = \frac{d\rho}{\sqrt{\rho_0^2 - \rho^2}} = \frac{\varphi'(\varepsilon)\, d\varepsilon}{\sqrt{\rho_0^2 - \overline{\varphi(\varepsilon)}^2}};$$

on connaîtra donc ψ en fonction de ε. On sera alors conduit à la détermination des angles que la tangente à la courbe cherchée fait avec trois axes fixes, question déjà traitée au n° 75, et qui dépend d'une équation du troisième ordre, réductible au premier; soient τ_x, τ_y, τ_z les valeurs obtenues des cosinus de ces angles; on aura les trois coordonnées données par les équations

$$x = \int \tau_x\, ds, \quad y = \int \tau_y\, ds, \quad z = \int \tau_z\, ds.$$

Ce serait actuellement le cas de poser le problème de la détermination de la courbe par la connaissance de son équation géodésique élémentaire, laquelle implique la connaissance de l'angle de contingence géodésique de la courbe par rapport à une surface aussi donnée sur laquelle cette courbe est tracée; mais cette question a été traitée par nous dans l'*Analyse infinitésimale des courbes tracées sur une surface quelconque*, page 236.

CHAPITRE XV.

DES TRAJECTOIRES DES TANGENTES D'UNE COURBE.

Lorsqu'une droite se meut de manière à rester tangente aux différents points d'une courbe et qu'en même temps un point se meut sur cette tangente, ce point décrit une trajectoire des diverses positions de la tangente. Les courbes ainsi obtenues sont très-variées et comprennent diverses théories, suivant la loi du mouvement du point sur la tangente; elles donnent lieu à des problèmes intéressants de Calcul intégral. C'est cette étude qui va être l'objet de ce Chapitre.

§ I. — Propriétés générales.

210. *Relations angulaires.* — Ces relations, qui contiennent celles que nous avons établies au n° 192, se démontrent toutes, soit par l'introduction de la surface osculatrice, soit par le principe des courbures inclinées. Si nous restons fidèle à notre notation, en représentant les éléments de la courbe donnée C et les éléments de la trajectoire C_1 par les mêmes lettres, celles qui se rapportent à la seconde étant affectées de l'indice inférieur 1, et en appelant α l'angle de la tangente $O\tau_1$ à la courbe C_1 avec la tangente $O\tau$ de la courbe C, nous aurons (*fig.* 31) les équations suivantes :

$$(\alpha)\begin{cases} \cos(\tau_1,\tau) = \cos\alpha, & \cos(\tau_1,\rho) = \sin\alpha, & \cos(\tau_1,\nu) = 0, \\ \cos(\rho_1,\tau) = -\sin\alpha\,\dfrac{d\varepsilon + d\alpha}{d\varepsilon_1}, & \cos(\rho_1,\rho) = \cos\alpha\,\dfrac{d\varepsilon + d\alpha}{d\varepsilon_1}, & \cos(\rho_1,\nu) = -\sin\alpha\,\dfrac{d\omega}{d\varepsilon_1}, \\ \cos(\nu_1,\tau) = -\sin^2\alpha\,\dfrac{d\omega}{d\varepsilon_1}, & \cos(\nu_1,\rho) = \cos\alpha\sin\alpha\,\dfrac{d\omega}{d\varepsilon_1}, & \cos(\nu_1,\nu) = \dfrac{d\varepsilon + d\alpha}{d\varepsilon_1}, \end{cases}$$

dans lesquelles $d\varepsilon_1$ est donnée par la relation

$$(d\varepsilon_1) \qquad d\varepsilon_1^2 = d\omega^2 \sin^2\alpha + d(\varepsilon + \alpha)^2.$$

Détermination des signes. — Lorsque les seconds membres des équations (α) de la dernière ligne horizontale ont été obtenus par le théorème des carrés des cosinus, ils ont un double signe; mais, si nous restons fidèle à nos conventions, on détermine le signe qu'il faut admettre, de la manière suivante; les triangles sphériques $\nu\nu_1\tau$, $\rho_1\tau_1\rho$, $\nu_1\nu\rho$, $\rho_1\tau_1\tau$ donnent directement les relations suivantes :

$$(\beta)\left\{\begin{array}{ll}\cos(\nu_1, \tau) = \cos(\rho_1, \nu)\sin\alpha, & \cos(\rho_1, \rho) = \cos(\nu_1, \nu)\cos\alpha. \\ \cos(\nu_1, \rho) = -\cos(\rho_1, \nu)\cos\alpha, & \cos(\rho_1, \tau) = -\cos(\nu_1, \nu)\sin\alpha.\end{array}\right.$$

Or elles sont aussi une conséquence des équations (α) : la première résulte des équations (α), sixième et septième; la deuxième, des équations (α), cinquième et neuvième; la troisième, des équations (α), sixième et huitième; la quatrième, des équations (α), quatrième et neuvième; par conséquent, les signes des cosinus que $O\nu_1$ fait avec les trois arêtes $O\tau$, $O\nu$, $O\rho$ se trouvent déterminés par cette identification.

Variation angulaire de l'arête $O\nu_1$. — Cette variation $d\omega_1$ s'obtient soit par la Géométrie, comme on le fait au n° 95, soit par l'Analyse, en appliquant le théorème des courbures inclinées au cosinus de l'angle (ν, ν_1); on obtient la relation

$$(d\omega_1) \qquad d\omega_1 - d(\nu_1, \nu) - d\omega\cos\alpha = 0.$$

Relations linéaires. — Elles s'obtiennent directement (*fig.* 11), n° 197; on trouve ainsi les deux équations

$$(ds_1) \qquad \left\{\begin{array}{l} ds_1 \sin\alpha = L\,d\varepsilon, \\ ds_1 \cos\alpha = d(s + L), \end{array}\right.$$

desquelles on déduit les deux suivantes :

$$(ds_1)' \quad \tan g\,\alpha = \frac{L}{\dfrac{ds}{d\varepsilon} + \dfrac{dL}{d\varepsilon}}, \quad ds_1^2 = d\varepsilon^2\left[L^2 + \frac{\overline{d(s+L)}^2}{d\varepsilon^2}\right].$$

Équations canoniques. — Ces équations, qui donnent toute l'économie géométrique de l'une des deux courbes, lorsque l'autre est connue, sont renfermées dans les deux équations (ds_1) et dans les trois équations suivantes, où l'on représente par φ l'angle (ν_1, ν), qui est l'angle que les plans osculateurs des deux courbes font entre eux pour deux points correspondants, lesquels résultent des équations (α)

$$(\gamma)\qquad \left\{\begin{aligned} d\varepsilon_1 \sin\varphi &= d\omega \sin\alpha,\\ d\varepsilon_1 \cos\varphi &= d\varepsilon + d\alpha,\\ d\omega_1 &= d\varphi + d\omega\cos\alpha. \end{aligned}\right.$$

211. Problème I. — *Deux trièdres trirectangles (fig. 31) $O\tau\nu\rho$, $O\tau_1\nu_1\rho_1$ sont tels que l'arête $O\tau_1$ du second reste dans le plan $O\tau\rho$; le rapport spécifique angulaire $\frac{d\omega_1}{d\varepsilon_1}$ du second étant donné en fonction de ε_1, ainsi que l'angle qu'une des arêtes du premier fait avec l'une des arêtes du second, trouver les autres angles des arêtes de l'un avec les arêtes de l'autre.*

Formons le tableau des angles que ces deux trièdres font entre eux en formant un rectangle dont chaque côté a été divisé en trois parties égales; et par les points

(A)

	τ	ρ	ν
τ_1	(τ_1, τ)	(τ_1, ρ)	(τ_1, ν)
ρ_1	(ρ_1, τ)	(ρ_1, ρ)	(ρ_1, ν)
ν_1	(ν_1, τ)	(ν_1, ρ)	(ν_1, ν)

de division, menons des parallèles aux côtés; nous écrivons horizontalement, sur les lignes verticales, les lettres τ, ρ, ν et verticalement, en correspondance avec les lignes horizontales, les lettres τ_1, ρ_1, ν_1. Comme l'angle (τ_1, ν) est nul, les deux angles (τ_1, τ) et (τ_1, ρ) sont complémentaires, ainsi que les deux angles (ρ_1, ν), (ν_1, ν). On voit de plus que la position du second trièdre par rapport au premier est identiquement la même que celle du premier par rapport au second; car, si l'arête τ_1 du second est située dans le plan $\tau O\rho$ du premier, l'arête ν du premier est située dans le plan $\nu_1 O\rho_1$ du second, de sorte que, pour passer d'une relation démontrée pour l'un des deux trièdres à la relation correspondante du second, il suffit de changer τ, ρ, ν en ν_1, ρ_1, τ_1, et réciproquement. Cela posé, examinons successivement les cas suivants :

1° (τ_1, τ) *est donné en fonction de* ε_1. — La dernière des équations (γ) du n° 210 conduit à l'équation différentielle

$$(1) \qquad \frac{d(\nu_1, \nu)}{d\varepsilon_1} + \cot(\tau_1, \tau)\sin(\nu_1, \nu) - \frac{d\omega_1}{d\varepsilon_1} = 0,$$

laquelle, par intégration, donne (ν_1, ν) en fonction de ε_1; les relations (β) font connaître, en termes finis, les huit angles restants.

2° (ρ_1, τ) *est donné.* — La quatrième des équations (β) donne la relation

$$\cot(\tau_1, \tau) = -\frac{\sqrt{\cos^2(\nu_1, \nu) - \cos^2(\rho_1, \tau)}}{\cos(\rho_1, \tau)},$$

et, en portant cette valeur dans l'équation (1), on trouve l'équation différentielle suivante :

$$(2) \quad \frac{d(\nu_1, \nu)}{d\varepsilon_1} - \frac{\sqrt{\sin^2(\rho_1, \tau) - \sin^2(\nu_1, \nu)}}{\cos(\rho_1, \tau)}\sin(\nu_1, \nu) - \frac{d\omega_1}{d\varepsilon_1} = 0,$$

dont l'intégration fait connaître l'angle (ν_1, ν); et les autres angles s'obtiennent en termes finis au moyen des équations (β).

3° (ν_1, τ) *est donné.* — Comme les angles (ρ_1, ν) et (ν_1, ν) sont complémentaires, la première équation (β) donne

$$\sin(\tau_1, \tau) = -\frac{\cos(\nu_1, \tau)}{\sin(\nu_1, \nu)},$$

et, en portant cette valeur dans l'équation (1), on trouve l'équation différentielle

$$(3) \quad \frac{d(\nu_1, \nu)}{d\varepsilon_1} - \frac{\sin(\nu_1, \nu)}{\cos(\nu_1, \tau)}\sqrt{\sin^2(\nu_1, \nu) - \cos^2(\nu_1, \tau)} - \frac{d\omega_1}{d\varepsilon_1} = 0,$$

laquelle fait connaître l'angle (ν_1, ν), et par conséquent les autres angles.

4° (τ_1, ρ) *est donné.* — Comme (τ_1, ρ) est complémentaire de (τ_1, τ), l'équation (1) deviendra

$$(4) \qquad \frac{d(\nu_1, \nu)}{d\varepsilon_1} + \operatorname{tang}(\tau_1, \rho)\sin(\nu_1, \nu) - \frac{d\omega_1}{d\varepsilon_1} = 0.$$

5° (ρ_1, ρ) *est donné.* — La deuxième des équations (β) donne la valeur

$$\cos(\tau_1, \tau) = \frac{\cos(\rho_1, \rho)}{\cos(\nu_1, \nu)},$$

et par suite l'équation (1) devient

$$(5) \qquad \frac{d(\nu_1, \nu)}{d\varepsilon_1} + \frac{\cos(\rho_1, \rho)\sin(\nu_1, \nu)}{\sqrt{\sin^2(\rho_1, \rho) - \sin^2(\nu_1, \nu)}} - \frac{d\omega_1}{d\varepsilon_1} = 0,$$

qui fera connaître l'angle (ν_1, ν), et par suite tous les autres.

6° (ν_1, ρ) *est donné.* — La troisième des équations (β) donne la relation

$$\cos(\tau_1, \tau) = \frac{\cos(\nu_1, \rho)}{\sin(\nu_1, \nu)};$$

en portant cette valeur dans l'équation (1), on trouve l'équation différentielle

$$(6) \qquad \frac{d(\nu_1, \nu)}{d\varepsilon_1} + \frac{\cos(\nu_1, \rho)\sin(\nu_1, \nu)}{\sqrt{\sin^2(\nu_1, \nu) - \cos^2(\nu_1, \rho)}} - \frac{d\omega_1}{d\varepsilon_1} = 0.$$

7° (ρ_1, ν) *est donné.* — L'équation (1) donne immédiatement la relation

$$(7) \qquad \cot(\tau_1, \tau) = -\frac{d\omega_1 - d(\rho_1, \nu)}{d\varepsilon_1 \cos(\rho_1, \nu)},$$

qui fait connaître l'angle (τ_1, τ) par une simple différentiation, et, par conséquent, tous autres angles.

8° (ν_1, ν) *est donné.* — La même équation (1) donne la formule

$$(8) \qquad \cot(\tau_1, \tau) = \frac{d\omega_1 - d(\nu_1, \nu)}{d\varepsilon_1 \sin(\nu_1, \nu)}.$$

212. Problème II. — *Les mêmes conditions étant données que dans le problème précédent, le rapport spécifique $\frac{d\omega}{d\varepsilon}$ du premier trièdre est donné en fonction de ω, ainsi que l'angle* *qu'une des arêtes du premier trièdre fait avec une des arêtes du second; trouver les autres angles des arêtes de l'un avec les arêtes de l'autre.*

D'après la remarque que nous avons faite au n° **211**, sur les propriétés des deux trièdres, pour passer des différents cas considérés dans le problème précédent aux cas correspondants du problème actuel, il suffit de changer, dans les formules de ce numéro, τ, ρ, ν en ν_1, ρ_1, τ_1, et réciproquement, et $d\omega_1$ en $d\varepsilon$ et $d\varepsilon_1$ en $d\omega$; on aura ainsi huit formules correspondantes; mais le calcul peut être fait directement.

1° (ν, ν_1) *est donné.* — Si l'on divise l'une par l'autre les deux premières équations (γ), on trouve l'équation résolvante :

$$(1)' \qquad \frac{d(\tau_1, \tau)}{d\omega} - \cot(\nu_1, \nu)\sin(\tau_1, \tau) + \frac{d\varepsilon}{d\omega} = 0.$$

Cette équation fait connaître, par son intégration, l'angle (τ_1, τ) en fonction de ω. On connaît donc, en fonction de ω, les cinq angles de la première ligne horizontale et de la dernière ligne verticale du tableau (A); on connaîtra les quatre autres au moyen des quatre formules (β).

2° (ρ, ν_1) *est donné.* — On a, par suite des équations (β),

$$\sin(\nu_1, \nu) = \frac{\cos(\nu_1, \rho)}{\cos(\tau_1, \tau)};$$

et, en portant cette valeur dans l'équation (1)', on trouve

$$(2)' \quad \frac{d(\tau_1, \tau)}{d\omega} - \frac{\sin(\tau_1, \tau)}{\cos(\rho, \nu_1)}\sqrt{\sin^2(\rho, \nu_1) - \sin^2(\tau_1, \tau)} + \frac{d\varepsilon}{d\omega} = 0.$$

3° (τ, ν_1) *est donné.* — On a, par la première des équations (β), la relation

$$\sin(\nu_1, \nu) = -\frac{\cos(\tau, \nu_1)}{\sin(\tau, \tau_1)};$$

et, en portant cette valeur dans l'équation (1)', on trouve l'équation résolvante :

$$(3)' \quad \frac{d(\tau_1, \tau)}{d\omega} + \frac{\sin(\tau_1, \tau)}{\cos(\nu_1, \tau)}\sqrt{\sin^2(\tau_1, \tau) - \cos^2(\nu_1, \tau)} + \frac{d\varepsilon}{d\omega} = 0.$$

On obtiendra de même les autres équations.

Nature des équations résolvantes. — Les équations que nous venons de trouver, en quelque sorte intuitivement, ont une grande importance dans la théorie des courbes, comme cela va être mis en évidence dans les numéros suivants. Le succès des questions très-multipliées qui se présentent dépend de l'intégration de ces équations, à l'exception du cas où les problèmes posés conduisent aux équations (7) et (8) du n° 211.

Ces équations se rapportent à trois types différents, qui sont caractérisés par les équations (1), (2) et (5) du n° 211. Le premier type que nous avons rencontré au n° 76 se ramène, comme nous l'avons démontré, à l'équation d'Euler, ou bien à une équation linéaire du second ordre, n° 77.

§ II. — Applications.

213. Problème III. — *Lieu des extrémités des tangentes égales menées à une courbe donnée* C.

Il suffit de supposer la tangente L constante dans les formules du n° 210.

Tangente. — On trouve la formule suivante :

$$\rho = L \cot \alpha; \tag{1}$$

donc, si l'on joint le centre de courbure de la courbe C à l'extrémité de la tangente L par une droite, cette ligne sera perpendiculaire à la tangente à la courbe C_1, lieu des extrémités des tangentes L.

Plan osculateur. — L'angle des plans osculateurs des courbes C et C_1 en des points correspondants s'obtient en divisant l'une par l'autre les deux premières équations (γ) du n° 210; on obtient ainsi, après avoir éliminé $\frac{d\alpha}{ds}$ au moyen de l'équation (1), la relation suivante :

$$\cot \varphi = \frac{\iota}{\rho} \, \frac{\rho - \rho' \sin \alpha \cos \alpha}{\rho \sin \alpha}, \tag{2}$$

qui donne l'angle (ν_1, ν) par une construction facile.

Rayon de courbure. — Si l'on divise la première des équations (γ) par la première des équations (ds_1) du n° 210, on trouve

$$(3)\qquad \frac{\sin\varphi}{\rho_1} = \frac{\rho \sin^2\alpha}{L\tau},$$

qui donne le rayon ρ_1 par une quatrième proportionnelle.

Rayon de flexion. — Si l'on divise la dernière équation (γ) par la première équation (ds_1), membre à membre, on obtient la relation

$$\frac{1}{\tau_1} = \frac{\rho}{L}\sin\alpha\left(\frac{\cos\alpha}{\tau} + \frac{d\varphi}{ds}\right).$$

Équations élémentaires. — Soient $\varpi(\varepsilon)$ et $\psi(\varepsilon)$ les rapports spécifiques linéaire et angulaire de la courbe donnée C, les équations (1) et (2) donnent

$$\alpha = \text{arc cot} = \frac{\varpi(\varepsilon)}{L}, \quad \cot\varphi = \frac{1 + \dfrac{d}{d\varepsilon}\left[\text{arc cot} = \dfrac{\varpi(\varepsilon)}{L}\right]}{\psi(\varepsilon)\sin\left[\text{arc cot} = \dfrac{\varpi(\varepsilon)}{L}\right]};$$

et, conséquemment, on a les trois équations suivantes, qui sont des conséquences immédiates des équations (ds_1) et (γ),

$$\frac{ds_1}{d\varepsilon} = \frac{L}{\sin\left[\text{arc cot} = \dfrac{\varpi(\varepsilon)}{L}\right]},$$

$$\frac{d\varepsilon_1}{d\varepsilon} = \psi(\varepsilon)\,\frac{\sin\left[\text{arc cot} = \dfrac{\varpi(\varepsilon)}{L}\right]}{\sin\varphi},$$

$$\frac{d\omega_1}{d\varepsilon} = \psi(\varepsilon)\cos\left[\text{arc cot} = \frac{\varpi(\varepsilon)}{L}\right] + \frac{d}{d\varepsilon}\left\{\frac{1 + \dfrac{d}{d\varepsilon}\left[\text{arc cot} = \dfrac{\varpi(\varepsilon)}{L}\right]}{\psi(\varepsilon)\sin\left[\text{arc cot} = \dfrac{\varpi(\varepsilon)}{L}\right]}\right\}.$$

Coordonnées du point. — Si l'on représente par x_1, y_1, z_1 les coordonnées d'un point de la courbe C_1, et par x, y, z les coordonnées du point correspondant de la courbe C, on a les équations

$$\frac{x_1 - x}{\cos(\tau, x)} = \frac{y_1 - y}{\cos(\tau, y)} = \frac{z_1 - z}{\cos(\tau, z)} = L,$$

qui sont les équations cartésiennes de la courbe C_1.

214. Problème IV. — *Tracer sur une surface développable une courbe C_1 telle, que la normale à cette courbe, menée dans le plan tangent, intercepte sur la normale principale de l'arête de rebroussement une longueur constante b.*

Tangente. — Les équations (ds_1) du n° 210 donnent, avec les conditions du problème, les relations

$$(1)\qquad L = b\tang\alpha, \quad b\,d\varepsilon = ds + dL;$$

si l'on intègre cette dernière, on trouve la relation, $b\varepsilon_0$ étant la constante,

$$(2)\qquad L + s = b(\varepsilon - \varepsilon_0);$$

par suite, on a l'expression de la tangente,

$$(3)\qquad \tang\alpha = \frac{-s + b(\varepsilon - \varepsilon_0)}{b}.$$

Les équations (2) et (3) donnent la longueur L et la direction de la tangente.

Arc. — La première des équations (ds_1) donne, en ayant égard aux valeurs de α et de L, l'expression suivante :

$$(4)\qquad ds_1 = d\varepsilon\sqrt{b^2 + [b(\varepsilon - \varepsilon_0) - s]^2},$$

qui devient, par intégration

$$s_1 = \int d\varepsilon\sqrt{b^2 + [b(\varepsilon - \varepsilon_0) - s]^2}.$$

Plan osculateur. — La position de ce plan est donnée par l'angle φ; or, si l'on divise l'une par l'autre les deux premières équations (γ) du n° 210, on trouve, L' étant la dérivée de L par rapport à ε,

$$(5)\qquad \cot\varphi = \frac{v}{\rho\sin\alpha}\left(1 + \frac{L'}{L}\cos\alpha\sin\alpha\right).$$

Rayons de courbure et de flexion. — Si l'on divise l'une et l'autre des deux premières équations (γ) par la première équation (ds_1), on trouve les deux expressions suivantes de la courbure :

$$(6)\qquad \frac{1}{\rho_1} = \frac{\sin^2\alpha}{\sin\varphi}\,\frac{\rho}{vL}, \quad \frac{1}{\rho_1} = \frac{\sin\alpha}{L\cos\varphi}\left(1 + \frac{L'}{L}\cos\alpha\sin\alpha\right);$$

la dernière des équations (γ) donne, après quelques réductions,

$$(7)\qquad \left(\frac{1}{v_1} - \frac{d\varphi}{L\,d\varepsilon}\sin\alpha\right)\frac{b}{\rho} - \frac{1}{v}\cos^2\alpha = 0.$$

Équations élémentaires. — On déduit des deux premières équations (γ) la relation

$$d\varepsilon_1^2 = d\omega^2\sin^2\alpha + (d\varepsilon + d\alpha)^2;$$

or on a, par suite des équations (3),

$$(8)\qquad d\varepsilon_1^2 = d\omega^2\frac{L^2}{L^2+b^2} + \left(d\varepsilon + \frac{b\,dL}{L^2+b^2}\right)^2.$$

D'une autre part, les deux premières équations (γ) donnent aussi

$$\cot\varphi = \frac{d\varepsilon + \cos^2\alpha\,d\tang\alpha}{d\omega\sin\alpha};$$

et, en ayant égard à la première équation (1), on a

$$\cot\varphi = \frac{b\,dL + (L^2+b^2)\,d\varepsilon}{L\,d\omega\sqrt{L^2+b^2}};$$

conséquemment, la dernière des équations (γ) donne

$$(9)\quad d\omega_1 = d\,\mathrm{arc}\left[\cot = \frac{b\,dL + (L^2+b^2)\,d\varepsilon}{L\,d\omega\sqrt{L^2+b^2}}\right] + \frac{b\,d\omega}{\sqrt{L^2+b^2}}.$$

Les équations (4), (8) et (9) sont les équations élémentaires de la courbe C_1.

On trouvera sans difficulté les équations cartésiennes de la courbe, puisque L est donné en fonction de ε par l'équation (2).

215. Problème V. — *Étant donnée une courbe C, on prend sur la tangente, à partir du point de contact, une longueur L, variant d'après une loi donnée; courbe C_1 décrite par l'extrémité.*

Tangente. — La direction de la tangente est donnée par la

relation

$$\cot\alpha = \frac{\rho + L'}{L};$$

on en déduit

(1) $$\sin\alpha = \frac{L}{\sqrt{L^2 + (\rho + L')^2}}, \quad \cos\alpha = \frac{\rho + L'}{\sqrt{L^2 + (\rho + L')^2}}.$$

Différentielle de l'arc :

$$ds = \frac{L}{\sin\alpha}\, d\varepsilon = d\varepsilon \sqrt{L^2 + (\rho + L')^2}.$$

Angle des deux plans osculateurs. — On a

$$\cot\varphi = \frac{d\varepsilon + d\alpha}{d\omega \sin\alpha} = \frac{\frac{1}{\rho} + \frac{d\alpha}{ds}}{\frac{1}{\tau}\sin\alpha} = \frac{\tau}{\rho}\left(\frac{1 + \frac{d\alpha}{d\varepsilon}}{\sin\alpha}\right);$$

or on a

$$-\frac{d\alpha}{d\varepsilon} = \frac{(\rho' + L'')L - (\rho + L')L'}{L^2 + (\rho + L')^2};$$

donc

$$\cot\varphi = \frac{\tau}{\rho L}\, \frac{L^2 + (\rho + L')^2 - (\rho' + L'')L + (\rho + L')L'}{[L^2 + (\rho + L')^2]^{\frac{1}{2}}}.$$

Rayon de courbure. — Si l'on divise la deuxième équation (γ) par la première équation (ds_1) du n° **210**, on aura

$$\frac{1}{\rho_1}\frac{\cos\varphi}{\sin\alpha} = \frac{1}{L}\left(1 + \frac{d\alpha}{d\varepsilon}\right)$$
$$= \frac{1}{L}\left[\frac{L^2 + (\rho + L')^2 - (\rho' + L'')L + (\rho + L')L'}{L^2 + (\rho + L')^2}\right].$$

Rayon de flexion. — La dernière des équations (γ) donne

$$\frac{1}{\tau_1} = \frac{d\varphi}{L\,d\varepsilon}\sin\alpha + \frac{d\omega}{L\,d\varepsilon}\sin\alpha\cos\alpha.$$

On a aussi

$$d\omega_1 = d\varphi + d\varepsilon_1 \sin\varphi \cot\alpha, \quad \frac{1}{\tau_1} = \frac{d\varphi}{L\,d\varepsilon}\sin\alpha + \frac{\sin\varphi}{\rho_1}\cot\alpha.$$

Équations naturelles.— Les équations (γ) du n° **210** donnent

$$d\varepsilon_1^2 = \frac{L^2 d\omega^2}{L^2 + (\rho + L')^2} + \left[d\varepsilon - \frac{(\rho' + L'')L - (\rho + L')L'}{L^2 + (\rho + L')^2} d\varepsilon\right]^2,$$

$$d\omega_1 = d\,\mathrm{arc}\left[\cot = \frac{d\varepsilon}{L' d\omega} \frac{L^2 + (\rho + L')^2 - (\rho' + L'')L + (\rho + L')L'}{[L^2 + (\rho + L')^2]^{\frac{1}{2}}}\right.$$
$$\left. + \frac{(\rho + L')\,d\omega}{\sqrt{L^2 + (\rho + L')^2}}\right].$$

216. Problème VI. — *Trouver les développantes obliques d'une courbe donnée* C *sous un angle* α, *variant d'après une loi donnée* (**158**).

On déduit des équations (ds_1) du n° **210** les deux suivantes :

$$(1) \qquad \begin{cases} \dfrac{dL}{d\varepsilon} - \cot\alpha\, L + \dfrac{ds}{d\varepsilon} = 0, \\ ds_1^2 = L^2 d\varepsilon^2 + (ds + dL)^2; \end{cases}$$

l'intégrale de la première est, en posant $\cot\alpha$ égale à n,

$$(2) \qquad L = e^{\int n d\varepsilon}\left(L_0 - \int e^{-\int n d\varepsilon} ds\right);$$

et conséquemment la deuxième des équations (ds_1) est

$$(3) \qquad \frac{ds_1}{d\varepsilon} = \frac{e^{\int n d\varepsilon}}{\sin\alpha}\left(L_0 - \int e^{-\int n d\varepsilon} ds\right).$$

Plan osculateur. — Les équations (γ) du n° **201** donnent la relation

$$(4) \qquad \cot\varphi = \frac{d\varepsilon + d\alpha}{d\omega \sin\alpha} = \frac{r}{\sin\alpha}\left(\frac{1}{\rho} + \frac{d\alpha}{ds}\right),$$

qui fait connaître l'angle φ en fonction de ε.

Rayons de courbure et de flexion. — Si l'on divise la première et la dernière des équations (γ) par la première des équations (ds_1), on trouve les expressions

$$(5) \qquad \begin{cases} \dfrac{1}{\rho_1} = \dfrac{1}{L}\dfrac{d\omega \sin^2\alpha}{d\varepsilon \sin\varphi} = \dfrac{\rho}{Lr}\dfrac{\sin^2\alpha}{\sin\varphi}, \\ \dfrac{1}{r_1} = \dfrac{\sin\alpha}{L}\left(\dfrac{d\varphi}{d\varepsilon} + \dfrac{\rho}{r}\cos\alpha\right). \end{cases}$$

Équations élémentaires. — On trouve sans difficulté, au moyen des équations ($d\varepsilon_1$) du n° **210** et de la dernière des équations (γ), les deux relations

$$(6)\quad \begin{cases} d\varepsilon_1^2 = d\omega^2 \sin^2\alpha + (d\varepsilon + d\alpha)^2, \\ d\omega_1 = d \operatorname{arc}\left(\cot = \dfrac{d\varepsilon + d\alpha}{d\omega \sin\alpha}\right) + d\omega\cos\alpha, \end{cases}$$

qui, prises simultanément avec l'équation (3), sont les trois équations élémentaires de la courbe C_1, par rapport à la variable indépendante ε.

217. Problème VII. — *Étant données les équations naturelles d'une courbe* C_1, *on suppose que cette courbe est tracée sur la surface osculatrice d'une seconde courbe* C, *et l'angle du plan osculateur* C_1 *et du plan tangent à la surface est aussi donné : déterminer les équations naturelles de la courbe* C.

Les données de la question sont

$$(1)\quad \frac{ds_1}{d\varepsilon_1} = \varpi_1(\varepsilon_1), \quad \frac{d\omega_1}{d\varepsilon_1} = \psi_1(\varepsilon_1), \quad \frac{d\varphi}{d\varepsilon_1} = -f'_1(\varepsilon_1).$$

La troisième et la première des équations (γ) donnent immédiatement, en représentant les fonctions par leurs signes caractéristiques :

$$(2)\quad \cot\alpha = -\frac{f'_1 + \psi_1}{\sin f_1}, \quad d\omega = d\varepsilon\sqrt{\sin^2 f_1 + (\psi_1 + f'_1)^2}.$$

Ces équations donnent α et ω en fonction de ε_1 ; les deux premières des équations (γ) donnent, par leur intégration, les formules suivantes :

$$(3)\quad \varepsilon = \operatorname{arc}\left(\cot = \frac{f'_1 + \psi_1}{\sin f_1}\right) + \int \cos f_1\, d\varepsilon_1,$$

$$(4)\quad \omega = \int d\varepsilon_1 \sqrt{\sin^2 f_1 + (f'_1 + \psi_1)^2};$$

or la première des équations (ds_1) du n° 210 donne

$$(5)\quad L = \varpi_1 \frac{d\varepsilon_1}{d\varepsilon}\sin\alpha = \frac{-\varpi_1 \sin\left(\operatorname{arc}\cot = \dfrac{f'_1 + \psi_1}{\sin f_1}\right)}{\cos f_1 + \dfrac{d}{d\varepsilon_1}\operatorname{arc}\left(\cot = \dfrac{f'_1 + \psi_1}{\sin f_1}\right)},$$

et par suite la seconde donnera l'équation

$$(6)\quad \left\{\begin{aligned} & s - \frac{\varpi_1 \sin\left(\operatorname{arc\,cot} = \dfrac{f'_1 + \psi_1}{\sin f_1}\right)}{\cos f_1 + \dfrac{d}{d\varepsilon_1}\left(\operatorname{arc\,cot} = \dfrac{f'_1 + \psi_1}{\sin f_1}\right)} \\ & = \int \varpi_1 \frac{(f'_1 + \psi_1)\, d\varepsilon_1}{[\sin^2 f_1 + (f'_1 + \psi_1)^2]^{\frac{1}{2}}}. \end{aligned}\right.$$

Le problème dépend donc de simples quadratures. Cela provient de ce que, les trièdres mobiles des deux courbes satisfaisant aux conditions du problème I (212), l'angle donné (ν_1, ν) se rapporte au huitième cas de ce problème, qui n'exige aucune intégration.

218. Problème VIII. — *Étant données les mêmes conditions que dans le problème VII, à l'exception de la troisième, l'angle de deux tangentes* (τ_1, τ) *est donné en fonction de* ε_1 : *déterminer les équations naturelles de la courbe* C.

Ce problème, qui est le même que celui des développées obliques sous angle variable, a déjà été l'objet des recherches de plusieurs géomètres, qui sont parvenus à établir l'équation résolvante par une série d'évolutions analytiques ingénieuses. Dans notre théorème, l'équation résolvante est intuitive, et tous les éléments de la courbe cherchée sont mis en évidence par les relations les plus simples.

Soit Φ l'intégrale de l'équation (1) du n° 211, correspondant à la valeur de (τ_1, τ), donnée en fonction de ε_1, et que nous représentons par α; si l'on adopte pour les autres données les notations du problème précédent, on aura (210), par suite des équations (γ), les deux relations

$$(1)\quad \left\{\begin{aligned} & d\varepsilon = d\varepsilon_1 \cos\Phi - d\alpha, \quad \varepsilon = -\alpha + \int d\varepsilon_1 \cos\Phi, \\ & d\omega = \frac{d\varepsilon_1 \sin\Phi}{\sin\alpha}, \quad \omega = \int \frac{d\varepsilon_1 \sin\Phi}{\sin\alpha}, \end{aligned}\right.$$

et, en faisant usage des équations (ds_1), les deux autres relations

$$(2)\quad \begin{cases} L = \dfrac{\varpi_1 \sin\alpha}{\cos\Phi - \dfrac{d\alpha}{d\varepsilon_1}}, \\[2ex] s + \dfrac{\varpi_1 \sin\alpha}{\cos\Phi - \dfrac{d\alpha}{d\varepsilon_1}} = \int \varpi_1 \cos\alpha \, d\varepsilon_1. \end{cases}$$

Les équations (1) et la deuxième des équations (2) donnent les équations élémentaires de la courbe C.

On trouve, sans difficulté, les rayons de courbure et de flexion donnés par les formules

$$(3)\quad \begin{cases} \dfrac{\rho}{L} = \dfrac{\rho_1 \cos\alpha - \dfrac{dL}{d\varepsilon_1}}{\rho_1 \sin\alpha} = \cot\alpha - \dfrac{dL}{\rho_1 \sin\alpha \, d\varepsilon_1}, \\[2ex] \dfrac{r}{\rho_1} = \sin\Phi\left(\cos\alpha - \dfrac{dL}{\rho_1 \, d\varepsilon_1}\right). \end{cases}$$

Si la courbe donnée C_1 était connue par ses coordonnées cartésiennes, on aurait immédiatement les équations de la courbe C. En effet, par suite des équations (β) du n° **210**, on a

$$\cos(\tau, \tau_1) = \cos\alpha, \quad \cos(\tau, \rho_1) = -\cos\Phi \sin\alpha,$$
$$\cos(\tau, \nu_1) = -\sin\Phi \sin\alpha$$

et, par suite,

$$\cos(\tau, x) = \cos\alpha \cos(\tau_1, x) - \sin\alpha \cos\Phi \cos(\rho_1, x) - \sin\alpha \sin\Phi \cos(\nu_1, x);$$

donc les équations de la développée oblique seront

$$(4)\quad x - x_1 = \frac{\varpi_1 \sin\alpha}{\cos\Phi - \dfrac{d\alpha}{d\varepsilon_1}} \left[\begin{matrix} \cos\alpha \cos(\tau_1, x) - \sin\alpha \cos\Phi \cos(\rho_1, x) \\ - \sin\alpha \sin\Phi \cos(\nu_1, x) \end{matrix} \right]. \quad (3)$$

219. Problème IX. — *Les mêmes conditions étant posées que dans le problème VII, au lieu de (ν_1, ν) on donne l'angle (ρ_1, τ) : trouver les équations élémentaires de la courbe* C.

Il faut remplacer la troisième condition du problème VII

par $(\rho_1, \tau) = \beta$, β étant une fonction de ε_1; l'équation (2) du n° **211** est, dans le cas présent, l'équation résolvante; soit Ψ l'intégrale de cette équation, on a (**210**)

$$(1)\quad \left\{\begin{aligned} \cot\alpha &= -\frac{\sqrt{\cos^2\Psi - \cos^2\beta}}{\cos\beta}, \\ \cos\alpha &= \frac{\sqrt{\cos^2\Psi - \cos^2\beta}}{\cos\Psi}, \\ \sin\alpha &= \frac{-\cos\beta}{\cos\Psi}, \\ d\alpha &= \frac{\sin\beta\, d\beta - \cos\beta \operatorname{tang}\Psi\, d\Psi}{\sqrt{\cos^2\Psi - \cos^2\beta}}. \end{aligned}\right.$$

Cela étant, les équations (γ) du n° **210** donnent les deux relations

$$(2)\quad \left\{\begin{aligned} \varepsilon &= \int \cos\Psi\, d\varepsilon_1 + \operatorname{arc}\left[\cot = \frac{\sqrt{\cos^2\Psi - \cos^2\beta}}{\cos\beta}\right], \\ \omega &= -\int \frac{\sin\Psi \cos\Psi}{\cos\beta}\, d\varepsilon_1, \end{aligned}\right.$$

et les équations (ds_1) les deux suivantes :

$$(3)\quad \left\{\begin{aligned} L &= -\frac{\varpi_1 \cos\beta}{\cos\Psi\left[\cos\Psi + \dfrac{d}{d\varepsilon_1}\operatorname{arc}\left(\sin = \dfrac{\cos\beta}{\cos\Psi}\right)\right]}, \\ s &= \frac{\varpi_1 \cos\beta}{\cos\Psi\left[\cos\Psi + \dfrac{d}{d\varepsilon}\operatorname{arc}\left(\sin = \dfrac{\cos\beta}{\cos\Psi}\right)\right]} \\ &\quad + \varpi_1 \frac{\sqrt{\cos^2\Psi - \cos^2\beta}}{\cos\Psi}. \end{aligned}\right.$$

On connaît donc les équations élémentaires de la courbe C. Si la courbe C_1 était donnée par les équations cartésiennes, on trouverait, comme précédemment, les équations cartésiennes de la courbe C.

220. *Remarques.* — I. On résoudrait de la même manière les problèmes résultant des conditions posées dans le problème VII, et dans lesquels la troisième équation serait remplacée par celle qui donnerait, en fonction de ε_1, l'un des angles (ν_1, τ), (τ_1, ρ), (ρ_1, ρ). On aurait une des équations résolvantes données dans le n° **211**; et, après son intégration, tous les calculs seraient ramenés, comme on vient de le voir, à de simples quadratures.

II. On se trouverait en présence d'équations résolvantes (**212**) par rapport à l'angle (τ_1, τ), si l'on se donnait les équations élémentaires de la courbe C et l'un des six angles de la seconde et de la troisième ligne du tableau **A** (**211**) en fonction de ε, et qu'il fallût déterminer les équations élémentaires de la courbe C_1. Cela provient de l'identité des positions réciproques des trièdres des axes mobiles des courbes C et C_1, que nous avons démontrée au n° **212**; mais, après l'intégration de l'équation résolvante, il n'y aurait plus à effectuer que de simples quadratures pour déterminer les éléments de la courbe. Si l'on donnait un des deux autres angles du tableau (A), le problème ne dépendrait que de simples quadratures, comme nous l'avons démontré au n° **217**.

III. Dans les deux cas, si la courbe C était donnée par ses coordonnées cartésiennes, après l'intégration de l'équation résolvante, s'il y a lieu, les coordonnées de la courbe C_1 s'obtiendront par de simples quadratures.

221. Problème X. — *Étant données les équations élémentaires d'une courbe C, trouver les courbes tracées sur sa surface osculatrice, telles que l'angle de contingence géodésique de ces courbes soit donné.*

Soit de_1 cet angle de contingence géodésique; les conditions du problème sont donc

$$(1) \qquad \frac{ds}{d\varepsilon} = \varpi(\varepsilon), \quad \frac{d\omega}{d\varepsilon} = \psi(\varepsilon), \quad \frac{de_1}{d\varepsilon} = \pi_1(\varepsilon).$$

L'angle de_1 est égal à $d\varepsilon_1 \cos(\nu_1, \nu)$; donc, par suite de la deuxième des équations (γ) du n° **210**, on a, en n'écrivant que les caractéristiques des fonctions,

$$(2) \qquad d\varepsilon + d\alpha = \pi_1\, d\varepsilon, \quad \varepsilon + \alpha = \int \pi_1\, d\varepsilon;$$

on déduit des équations (γ) les deux suivantes :

$$(3)\quad \begin{cases} \cot\varphi = \dfrac{\pi_1}{\psi \sin\left(\int \pi_1\, d\varepsilon - \varepsilon\right)}, \\ d\varepsilon_1^2 = \left[\pi_1^2 + \psi^2 \sin^2\left(\varepsilon - \int \pi_1\, d\varepsilon\right)\right] d\varepsilon^2; \end{cases}$$

ces deux équations font connaître φ l'angle du plan osculateur de C_1 avec le plan tangent et l'angle de contingence de C_1.

La dernière des équations (γ) du n° 210 donne

$$(4)\quad \begin{cases} d\omega_1 = \psi \cos\left(\varepsilon - \int \pi_1\, d\varepsilon\right) d\varepsilon + d\,\mathrm{arc}\left[\cot = \dfrac{\pi_1}{\psi \sin\left(\int \pi_1\, d\varepsilon - \varepsilon\right)}\right], \\ \omega_1 = \mathrm{arc}\left[\cot = \dfrac{\pi_1}{\psi \sin\left(\int \pi_1\, d\varepsilon - \varepsilon\right)}\right] + \int \psi\, d\varepsilon \cos\left(\varepsilon - \int \pi_1\, d\varepsilon\right). \end{cases}$$

Les équations (ds_1) donnent la relation

$$\frac{dL}{d\varepsilon} - \cot\alpha\, L + \frac{ds}{d\varepsilon} = 0,$$

et conséquemment

$$\frac{dL}{d\varepsilon} + L \cot\left(\varepsilon - \int \pi_1\, d\varepsilon\right) + \varpi = 0,$$

qui est une équation différentielle linéaire; son intégrale est

$$(5)\qquad L = e^{-\int d\varepsilon \cot\left(\varepsilon - \int \pi_1\, d\varepsilon\right)} \left[L_0 - \int \varpi\, d\varepsilon\, e^{\int d\varepsilon \cot\left(\varepsilon - \int \pi_1\, d\varepsilon\right)}\right];$$

conséquemment, on a

$$\frac{ds}{d\varepsilon} = \frac{L}{\sin\left(\int \pi_1\, d\varepsilon - \varepsilon\right)},$$

$$(6)\quad s = \int \frac{d\varepsilon\, e^{-\int d\varepsilon \cot\left(\varepsilon - \int \pi_1\, d\varepsilon\right)}}{\sin\left(-\varepsilon + \int \pi_1\, d\varepsilon\right)} \left[L_0 - \int \varpi\, d\varepsilon\, e^{\int d\varepsilon \cot\left(\varepsilon - \int \pi_1\, d\varepsilon\right)}\right].$$

Les relations (3), (4) et (6) donnent les équations élémentaires de la courbe C_1.

Le problème s'achève comme au n° 216.

222. Problème XI. — *Faire passer par une courbe C_1, connue par ses équations naturelles, une surface développable telle qu'après son développement sur le plan tangent la courbe C_1 se transforme en une courbe donnée C_2.*

Soient les équations de la courbe C_1 et C_2

(1) $$\frac{ds_1}{d\varepsilon_1} = \varpi'_1(\varepsilon_1), \quad \frac{d\omega_1}{d\varepsilon_1} = \psi'_1(\varepsilon_1); \quad \frac{ds}{de_1} = f'(e_1);$$

on a la relation

(2) $$\frac{de_1}{d\varepsilon_1} = \cos\varphi,$$

et conséquemment, les éléments ds et ds_1 étant égaux, on a l'équation

$$\varpi'_1(\varepsilon_1)\,d\varepsilon_1 = f'(e_1)\,de_1$$

et, par une détermination convenable de la constante d'intégration,

(3) $$\varpi_1(\varepsilon_1) = f(e_1);$$

de cette équation on tirera e_1 en fonction de ε_1. Soit π cette fonction; on a donc

(4) $$e_1 = \pi(\varepsilon_1);$$

l'équation (2) donnera

(2)' $$\cos\varphi = \pi'(\varepsilon_1).$$

La dernière des équations (γ) donne, après l'élimination de ω et en ayant égard aux relations précédentes,

(5) $$\cot\alpha = \frac{\psi'(\varepsilon_1)}{\sqrt{1-\pi'^2(\varepsilon_1)}} + \frac{\pi''(\varepsilon_1)}{1-\pi'^2(\varepsilon_1)};$$

les deux autres équations (γ) du n° 210 fourniront les deux équations

(6) $$\left\{\begin{aligned} &\varepsilon - \varepsilon_0 = \pi(\varepsilon_1) - \operatorname{arc}\left[\cot = \frac{\psi'(\varepsilon_1)}{\sqrt{1-\pi'^2(\varepsilon_1)}} + \frac{\pi''(\varepsilon_1)}{1-\pi'^2(\varepsilon_1)}\right], \\ &\omega - \omega_0 = \int \frac{\left[\sqrt{1-\pi'^2(\varepsilon_1)}\right] d\varepsilon_1}{\sin\operatorname{arc}\left[\cot = \frac{\psi'(\varepsilon_1)}{\sqrt{1-\pi'^2(\varepsilon_1)}} + \frac{\pi''(\varepsilon_1)}{1-\pi'^2(\varepsilon_1)}\right]}; \end{aligned}\right.$$

et, en remontant aux équations (ds_1), on trouve les deux relations suivantes, en n'écrivant que les caractéristiques des fonctions :

$$(7')\left\{\begin{aligned} L &= \frac{\varpi'_1 \sin \operatorname{arc}\left(\cot = \frac{\psi'}{\sqrt{1-\pi'^2}} + \frac{\pi''}{1-\pi'^2}\right)}{\pi' - \frac{d}{d\varepsilon_1}\operatorname{arc}\left(\cot = \frac{\psi}{\sqrt{1-\pi'^2}} + \frac{\pi''}{1-\pi'^2}\right)}, \\ s + L &= \int \varpi'_1\, d\varepsilon_1 \cos \operatorname{arc}\left(\cot = \frac{\psi'}{\sqrt{1-\pi'^2}} + \frac{\pi''}{1-\pi'^2}\right). \end{aligned}\right.$$

Les équations (6) et (7) donnent les équations naturelles de l'arête de rebroussement de la surface cherchée, et l'on voit comme précédemment que, si la courbe C_1 est donnée par ses coordonnées cartésiennes, on connaîtra aussi les coordonnées cartésiennes de la courbe C.

Les équations précédentes peuvent être mises sous une autre forme. En effet, d'après les équations (4) et (5), e_1 est une fonction de α; soit donc $F(\alpha)$ et $\Phi'(\alpha)$ le résultat de la substitution de e_1 dans $f(e_1)$ et dans $f'(e_1)$. La deuxième des équations (γ) du n° 210 donne la relation

$$e_1 = \varepsilon + \alpha :$$

donc la première des équations (ds_1) prend la forme

$$L = \frac{\frac{ds_1}{de_1}\sin\alpha}{1 - \frac{d\alpha}{de_1}},$$

et, conséquemment, on a

$$L = \frac{\Phi'(\alpha)\,F'(\alpha)\sin\alpha}{F'(\alpha) - \Phi'(\alpha)},$$

et la seconde équation (ds_1) du n° 210 devient

$$s + L = \int F'(\alpha)\cos\alpha\, d\alpha.$$

223. Problème XII. — *Faire passer par une courbe C_1, connue par ses équations élémentaires, une surface développable telle,* *qu'après son développement sur le plan tangent la courbe* C_1 *se transforme en ligne droite.*

Ce problème revient à mener, suivant la courbe C_1, sa surface rectifiante (**92** et **129**).

Les équations (1) du numéro précédent sont conservées, à l'exception de la dernière, qui devient

$$(1)' \qquad \frac{ds}{de_1} = \infty, \quad \text{d'où} \quad de_1 = 0, \quad e_1 = \text{const.};$$

par suite, l'équation (2) donne

$$\cos\varphi = 0, \quad \varphi = \frac{\pi}{2};$$

donc les équations (5) donnent les relations suivantes :

$$(5)' \quad \cos\alpha = -\frac{d\omega_1}{d\omega}, \quad \sin\alpha = \frac{d\varepsilon_1}{d\omega}, \quad \operatorname{tang}\alpha = -\frac{1}{\psi'_1(\varepsilon_1)},$$

desquelles on déduit, en ayant égard à la relation $d\varepsilon = -\ \alpha$, l'intégrale suivante :

$$(6)' \qquad -\alpha = \text{arc}[\cot = \psi'_1(\varepsilon_1)] = \varepsilon - \varepsilon_0,$$

dans laquelle ε_0 est une constante arbitraire.

La deuxième des équations (5)′ donne

$$d\omega = -\frac{\psi'_1(\varepsilon_1)\,d\varepsilon_1}{\sqrt{1 + \psi'^2_1(\varepsilon_1)}},$$

de laquelle on déduit l'intégrale suivante :

$$(7)' \qquad \omega - \omega_0 = -\int \frac{\psi'_1\,d\varepsilon_1}{\sqrt{1 + \psi'^2_1}}.$$

Les équations (ds_1) du n° **210** donnent

$$(8)' \quad \begin{cases} L = -\dfrac{\varpi'_1 \sin(\text{arc}\cot = \psi'_1)}{\dfrac{d}{d\varepsilon_1}(\text{arc}\cot = \psi'_1)}, \\ s + L = \int \varpi'_1\,d\varepsilon_1 \cos(\text{arc}\cot = \psi'_1), \end{cases}$$

que l'on peut aussi écrire sous la forme suivante :

$$L = -\varpi'_1(\varepsilon_1)\sin\alpha\,\frac{d\varepsilon_1}{d\alpha},$$

$$s + L = \int \varpi'_1\, d\varepsilon_1 \cos\alpha;$$

il n'y a donc qu'à exprimer, dans ces formules, ε_1 en fonction de α, au moyen de la troisième des équations (5)'.

Les équations (6)', (7)' et (8)' sont donc les équations élémentaires de l'arête de rebroussement de la surface rectifiante. Le problème s'achève comme les précédents.

§ III. — Nouvelles conditions.

Dans ce paragraphe, on suppose que l'une des équations du problème est celle de la surface sur laquelle se trouve la courbe cherchée; cette circonstance, sauf quelques cas particuliers, complique le problème que nous allons résoudre dans le cas le plus général.

224. Problème XIII. — *Étant donnée une courbe* C_1, *faire passer par cette courbe une surface développable dont l'arête de rebroussement soit située sur une surface donnée.*

Soit donnée la courbe C_1 par ses coordonnées cartésiennes exprimées en fonction de ε_1, et la surface par son équation

$$(1) \qquad L = 0;$$

les équations du problème sont, avec l'équation (1), les équations

$$(\lambda) \qquad \frac{dx}{x - x_1} = \frac{dy}{y - y_1} = \frac{dz}{z - z_1} = \lambda,$$

λ étant une indéterminée.

Puisque la courbe C doit être située sur la surface L, ses coordonnées et toutes leurs dérivées doivent satisfaire à l'équation (1), de sorte que, si, pour abréger, on pose les équations symboliques

$$\Delta L = S\left[(x - x_1)\frac{d}{dx}\right] L,$$

$$\Delta_1 L = S\left(x'_1 \frac{d}{dx}\right) L,$$

$$\Delta_2 L = S\left(x''_1 \frac{d}{dx}\right) L,$$

on obtiendra, par les différentiations successives de l'équation (1) et par l'élimination des différentielles dx, dy, dz au moyen des relations (λ), à mesure que ces différentielles se produisent, les trois équations suivantes :

$$(2) \qquad \Delta^4 L = 0,$$

$$(3) \qquad \lambda(\Delta^2 L + \Delta L) - \Delta_1 L = 0,$$

$$(4) \qquad \left\{ \begin{array}{l} \dfrac{d\lambda}{d\varepsilon_1}(\Delta^2 L + \Delta L) + \lambda^2(\Delta^3 L + 3\Delta^2 L + \Delta L) \\ \qquad - \lambda(3\Delta L \Delta_1 L + \Delta_1 L) - \Delta_2 L = 0, \end{array} \right.$$

ces trois équations contiennent les inconnues $x, y, z, \lambda, \dfrac{d\lambda}{d\varepsilon_1}$ et la variable indépendante ε_1. Si l'on prend les valeurs des coordonnées x, y, z fournies par ces équations, on aura

$$(5) \quad x = f\left(\lambda_1, \frac{d\lambda}{d\varepsilon_1}, \varepsilon_1\right), \quad y = f_1\left(\lambda_1, \frac{d\lambda}{d\varepsilon_1}, \varepsilon_1\right), \quad z = f_2\left(\lambda_1, \frac{d\lambda}{d\varepsilon_1}, \varepsilon_1\right),$$

f, f_1, f_2 étant des fonctions déterminées. On portera ces valeurs de x, y, z dans l'équation (1), et l'on obtiendra une équation résolvante qui sera une relation entre $\lambda, \dfrac{d\lambda}{d\varepsilon_1}$ et ε_1, généralement d'un degré supérieur au premier. Soit

$$\Lambda = 0,$$

cette équation résolvante. Son intégration fera connaître λ en fonction de ε_1, et, en portant les valeurs de λ et de sa dérivée dans les équations (5), on aura les coordonnées x, y, z de la courbe cherchée en fonction de la variable indépendante ε_1.

Dans certains cas particuliers ce calcul, qui présente des

complications malgré sa symétrie, peut être simplifiée, et l'on arrive d'emblée à l'équation résolvante.

225. PROBLÈME XIV. — *Les mêmes conditions étant posées que dans le problème précédent, la surface* L *est une sphère : déterminer la courbe* C.

Les équations de la sphère sont

$$(L) \qquad x^2 + y^2 + z^2 = t^2.$$

Considérons deux points correspondants des deux courbes C et C_1; si de l'origine des coordonnées on mène deux rayons vecteurs à ces deux points, l'un est t, rayon de la sphère, et l'autre t_1, dont le carré égale la somme des carrés des coordonnées x_1, y_1, z_1. Or ces deux droites, qui ont un mouvement régulier, donnent naissance à deux trièdres mobiles : l'un ayant pour arêtes les directions Ot, Or, On, et l'autre ayant pour arêtes Ot_1, Or_1, On_1; et l'on voit que l'arête Ot_1 reste constamment dans le plan tOr; par conséquent, ces deux trièdres satisfont aux conditions des problèmes I et II (211 et 212); donc toutes les équations résolvantes données dans ces numéros auront lieu pour ces deux trièdres : il n'y aura qu'à remplacer les lettres τ, ρ, ν, τ_1, ρ_1, ν_1 par les lettres t, r, n, t_1, r_1, n_1. Dans le cas du problème posé, l'angle (t, t_1) est connu, puisque l'équation ΔL devient

$$\frac{x}{t}\frac{x_1}{t_1} + \frac{y}{t}\frac{y_1}{t_1} + \frac{z}{t}\frac{z_1}{t_1} = \frac{t}{t_1}.$$

Le second membre $\frac{t}{t_1}$ représente le cosinus des deux directions (t, t_1), et son numérateur est le rayon de la sphère, son dénominateur est la distance t_1 connue en fonction de ε_1; l'équation résolvante sera donc l'équation (1) du n° 212, que nous transcrivons :

$$\frac{d(n_1, n)}{d\varepsilon_1} + \frac{t}{\sqrt{t_1^2 - t^2}} \sin(n_1, n) - \frac{d\omega_1}{d\varepsilon_1} = 0;$$

l'intégration de cette équation fera connaître (n_1, n) en fonction de ε_1. Soit Φ cette fonction; on a donc le tableau suivant, qui résulte des équations (β) du n° 210 :

$$\cos(t_1, t) = \frac{t}{t_1}, \quad \cos(n_1, t) = -\frac{\sqrt{t_1^2 - t^2}}{t_1}\sin\Phi,$$

$$\cos(r_1, t) = -\frac{\sqrt{t_2^1 - t^2}}{t_1}\cos\Phi;$$

or on a de plus

$$\left.\begin{aligned}\cos(t, x) = \cos(t_1, t)\cos(t_1, x) + \cos(n_1, t)\cos(n_1, x)\\ + \cos(r_1, t)\cos(r_1, x);\end{aligned}\right\} \quad (3)$$

on aura donc

$$\frac{x}{t} = \frac{t}{t_1}\cos(\tau_1, x) - \frac{\sqrt{t_1^2 - t^2}}{t_1}[\sin\Phi\cos(n_1, x) + \cos\Phi\cos(r_1, x)], \quad (3)$$

qui donnent les coordonnées x, y, z de la courbe C en fonction de ε_1. C. Q. F. D.

Corollaire. — Si la surface donnée est un ellipsoïde donné par l'équation

$$\frac{X^2}{a^2} + \frac{Y^2}{b^2} + \frac{Z^2}{c^2} = 1,$$

on posera

$$\frac{X}{a} = x, \quad \frac{Y}{b} = y, \quad \frac{Z}{c} = z,$$

et l'on sera ramené au problème précédent. On peut aussi traiter directement ce problème comme nous venons de le faire pour la sphère.

226. Problème XV. — *Les mêmes conditions étant posées que dans le problème XIII, la surface* L *est un cylindre circulaire : déterminer la courbe* C.

Soit l'équation du cylindre

$$(L) \qquad x^2 + y^2 = t^2,$$

t étant une constante.

On a t et t_1 les projections sur le plan des xy des rayons vecteurs menés de l'origine des coordonnées à deux points correspondants. Si l'on applique la méthode à ces deux rayons, comme au numéro précédent, comme ils sont situés dans un même plan, le nombre des équations (α) se réduit à quatre

$$\cos(t_1, t) = \frac{t}{t_1}, \quad \cos(t_1, r) = \sqrt{1 - \frac{t^2}{t_1^2}},$$

$$\cos(r_1, t) = -\sqrt{1 - \frac{t^2}{t_1^2}}\,\frac{de + d(t_1, t)}{de_1}, \quad \cos(r_1, r) = \frac{t}{t_1}\,\frac{de + d(t_1, t)}{de_1};$$

desquelles on déduit

$$de_1 = de + d(t_1, t), \quad e_1 = e + \operatorname{arc}\left(\cos = \frac{t}{t_1}\right):$$

lesquelles donnent directement les coordonnées de la projection du point de l'arête

$$x = t\cos\left((e_1 - \operatorname{arc}\cos = \frac{t}{t_1}\right), \quad y = t\sin\left(e_1 - \operatorname{arc}\cos\frac{t}{t_1}\right),$$

qui sont d'ailleurs évidentes géométriquement.

Or on a les conditions suivantes pour un point quelconque de l'arête :

$$\frac{dx}{x - x_1} = \frac{dy}{y - y_1} = \frac{dz}{z - z_1} = \frac{x_1\,dx + y_1\,dy}{xx_1 + yy_1 - x_1^2 - y_1^2};$$

remplaçant dans le dernier rapport x_1, y_1 par leurs valeurs

$$x_1 = t_1 \cos e_1, \quad y = t_1 \sin e_1,$$

et x, y et leurs différentielles par leurs valeurs tirées des relations précédentes, on aura l'équation résolvante en z,

$$\frac{dz}{z - z_1} = -\frac{t}{t_1}\,\frac{t\,dt_1 + t_1(\sqrt{t_1^2 - t^2})\,de_1}{t^2 - t_1^2};$$

or, puisque la courbe C_1 est donnée, z_1, t_1 et e_1 sont des fonctions de la variable indépendante; l'équation précédente est une équation linéaire du premier ordre en z, qui donnera cette coordonnée par de simples quadratures.

On a donc, en représentant par $\mathfrak{Z}$ cette intégrale, les coordonnées de l'arête :

$$x = \frac{t^2}{t}\cos e_1 + t\left(\sqrt{1 - \frac{t^2}{t_1^2}}\right)\sin e_1,$$

$$y = \frac{t^2}{t}\sin e_1 - t\left(\sqrt{1 - \frac{t^2}{t_1}}\right)\cos e_1, \quad z = \mathfrak{Z}.$$

Corollaire I. — Si le cylindre donné est elliptique et représenté par l'équation

$$\frac{X^2}{a^2} + \frac{Y^2}{b^2} = 1,$$

on posera $\frac{X}{a} = x'$, $\frac{Y}{b} = y'$, et l'on retombera dans le cas précédent.

Corollaire II. — Si la surface donnée est un cône elliptique donné par l'équation

$$\frac{X^2}{a^2} + \frac{Y^2}{b^2} - \frac{Z^2}{c^2} = 0,$$

on posera

$$\frac{Xc}{Za} = x, \quad \frac{Y}{Z}\frac{c}{b} = y,$$

et l'on sera ramené au cas précédent.

CHAPITRE XVI.

RECHERCHE DES COURBES JOUISSANT D'UNE MÊME PROPRIÉTÉ.

État de la question. — Lorsqu'une courbe est donnée de forme, elle dépend de ses deux équations naturelles, de sorte que deux propriétés géométriques déterminent cette forme. Si une seule propriété est donnée, il y aura une infinité de courbes jouissant de cette propriété, et les intégrales de ces courbes renfermeront une fonction arbitraire, dont les différentes formes feront connaître toutes les courbes qui ont la propriété donnée. C'est cette recherche importante qui va être l'objet de ce Chapitre.

§ I. — Intégrales des courbes qui ont leurs normales principales parallèles.

227. Problème I. — *Étant donnée une courbe* C, *trouver toutes les courbes ayant leurs normales principales parallèles.*

Nous avons déjà vu : 1° qu'une courbe C et l'arête de rebroussement de sa surface polaire ont leurs normales principales parallèles; 2° qu'il en est de même d'une courbe C et de l'arête de rebroussement de la surface développable, enveloppe d'un plan passant par la normale principale et formant un angle constant, d'ailleurs quelconque avec la tangente (195 et suivants). Nous connaissons donc différentes séries de courbes satisfaisant aux conditions du problème. Dans le cas présent, il s'agit de déterminer toutes les courbes qui satisfont à ces conditions. Nous conservons, pour la courbe donnée C et l'une des courbes cherchées C_1, les notations employées dans le Chapitre précédent.

Relations angulaires. — Si l'on représente par α l'angle que la tangente τ_1 de la courbe cherchée fait avec la tangente τ de la courbe donnée, on a les conditions suivantes qui sont évidentes (195) :

$$(\alpha)\left\{\begin{array}{lll} \cos(\tau_1, \tau) = \cos\alpha, & \cos(\tau_1, \nu) = \sin\alpha, & \cos(\tau_1, \rho) = 0, \\ \cos(\rho_1, \tau) = 0, & \cos(\rho_1, \nu) = 0, & \cos(\rho_1, \rho) = 1, \\ \cos(\nu_1, \tau) = -\sin\alpha; & \cos(\nu_1, \nu) = \cos\alpha; & \cos(\nu_1, \rho) = 0. \end{array}\right.$$

Si l'on applique le théorème des courbures inclinées aux troisièmes équations de la première et de la dernière ligne, on trouve immédiatement les relations

$$(\beta)\left\{\begin{array}{ll} d\varepsilon_1 = d\varepsilon\cos\alpha + d\omega\sin\alpha, & d\omega_1 = -d\varepsilon\sin\alpha + d\omega\cos\alpha, \\ d\varepsilon = d\varepsilon_1\cos\alpha - d\omega_1\sin\alpha, & d\omega = \quad d\varepsilon_1\sin\alpha + d\omega_1\cos\alpha; \end{array}\right.$$

on voit que les secondes sont une conséquence des premières; on en déduit la relation

$$d\varepsilon_1^2 + d\omega_1^2 = d\varepsilon^2 + d\omega^2.$$

Ces équations prouvent que, lorsque les angles de contingence et de flexion de la courbe C seront donnés, on aura les angles de contingence et de flexion de la courbe cherchée.

228. THÉORÈMES. — Le même théorème des courbures inclinées, étant appliqué à la différentiation des équations première et deuxième de la première ligne, donne

$$d\cos\alpha = d\varepsilon_1\cos(\rho_1, \tau) + d\varepsilon\cos(\rho, \tau_1),$$
$$d\sin\alpha = d\varepsilon_1\cos(\rho_1, \nu) + d\omega\cos(\rho, \tau_1);$$

or, les seconds membres étant nuls par suite de la valeur nulle des cosinus, on a les équations

$$d\cos\alpha = 0, \quad d\sin\alpha = 0,$$

qui donnent par intégration, A et B étant deux constantes,

$$\cos\alpha = A, \quad \sin\alpha = B.$$

On déduit de là ce théorème :

I. *Si deux courbes* C *et* C_1 *ont leurs normales principales* *parallèles, les angles que les tangentes τ, τ_1 et les normales ν, ν_1 de ces courbes forment entre elles sont constants.*

Dans les recherches du n° 195, nous avions trouvé le théorème réciproque, savoir que si ces deux angles (τ, τ_1), (ν, ν_1) étaient constants, les normales principales étaient parallèles.

Si l'on appelle H et H_1 les angles que les droites rectifiantes ϖ, ϖ_1 des deux courbes C et C_1 forment avec les tangentes correspondantes τ, τ_1, les relations (β) donnent immédiatement la relation

$$\alpha = H - H_1,$$

laquelle donne le théorème suivant :

II. *Si deux courbes C et C_1 ont leurs normales principales parallèles, les angles H et H_1 des droites rectifiantes avec les tangentes correspondantes ne diffèrent que d'une quantité constante.*

Si l'on intègre les équations (β), on a, par une détermination convenable des constantes, les relations

$$(\beta)_1 \quad \begin{cases} \varepsilon_1 = \varepsilon \cos\alpha + \omega \sin\alpha, & \omega_1 = -\varepsilon \sin\alpha + \omega \cos\alpha, \\ \varepsilon = \varepsilon_1 \cos\alpha - \omega_1 \sin\alpha, & \omega = \varepsilon_1 \sin\alpha + \omega_1 \cos\alpha. \end{cases}$$

On a donc cette nouvelle proposition :

III. *Si deux courbes C et C_1 ont leurs normales principales parallèles et qu'on prenne les sommes ε, ω; ε_1, ω_1 des angles de contingence et de flexion de ces deux courbes, chacune des deux premières est une fonction linéaire des deux autres.*

Enfin, si l'on divise la première des équations (β) par la seconde, et la troisième par la quatrième, et qu'on introduise les rayons de courbure et de flexion, on aura les relations suivantes :

$$(\gamma) \qquad \frac{r_1}{\rho_1} = \frac{r \cos\alpha + \rho \sin\alpha}{\rho \cos\alpha - r \sin\alpha}, \quad \frac{r}{\rho} = \frac{r_1 \cos\alpha - \rho_1 \sin\alpha}{r_1 \sin\alpha + \rho_1 \cos\alpha}.$$

On en déduit la proposition :

IV. *Le rapport des rayons de courbure et de flexion de l'une des deux courbes est une fraction linéaire et homogène des rayons de courbure et de flexion de l'autre courbe.*

229. *Relations linéaires.* — Soient x, y, z; x_1, y_1, z_1 les coordonnées des courbes C et C_1, si l'on représente par t_1, n_1, r_1 des fonctions arbitraires de la variable indépendante, la forme la plus générale des équations de la courbe C_1 sera

$$(x_1) \quad x_1 - x = t_1 \cos(\tau_1, x) + n_1 \cos(\nu_1, x) + r_1 \cos(\rho_1, x); \quad (3)$$

si l'on différentie ces équations et qu'on élimine les variations des cosinus, au moyen des formules du n° 54, on tombera sur une relation qui, devant être satisfaite, quels que soient les cosinus des angles (τ_1, x), (ν_1, x), (ρ_1, x), donnera, par identification, les trois formules suivantes :

$$(ds_1) \quad \begin{cases} ds_1 = ds \cos\alpha + dt_1 - r_1\, d\varepsilon_1, \\ 0 = ds \sin\alpha - dn_1 + r_1\, d\omega_1, \\ 0 = dr_1 + t_1\, d\varepsilon_1 + n_1\, d\omega_1. \end{cases}$$

Il y a dans ces équations quatre inconnues; il faudra donc se donner l'une de ces quatre inconnues; ce sera ou bien ds_1, ou bien l'une des trois arbitraires t_1, n_1, r_1. La courbe C étant donnée, on a les équations élémentaires en fonction de la variable indépendante, c'est-à-dire ds, $d\omega$, $d\varepsilon$, en fonction de cette variable; or, si l'on se donnait ds_1, cela reviendrait à se donner aussi la courbe C_1, puisque les équations (β) donneraient $d\omega_1$ et $d\varepsilon$ en fonction de la variable indépendante; et la courbe C_1 serait déterminée par les équations élémentaires. Il faut donc se donner l'une des arbitraires (t_1 par ex.), ce qui revient à traiter la question comme si t_1 était une fonction donnée de la variable indépendante. On obtiendra alors des formules qui contiendront cette fonction arbitraire, et qui, par cela même, auront toute la généralité possible.

Si l'on se donnait deux arbitraires, on établirait par cela même une relation entre les éléments de la courbe donnée qui ne serait plus quelconque.

230. *n_1 est pris pour arbitraire.* — Les équations (ds_1) donnent

$$r_1 = \frac{dn_1}{d\omega_1} - \rho \sin\alpha \frac{d\varepsilon}{d\omega_1}, \quad t_1 = -n_1 \frac{d\omega_1}{d\varepsilon_1} - \frac{d}{d\varepsilon_1}\left(\frac{dn_1}{d\omega_1} - \rho \sin\alpha \frac{d\varepsilon}{d\omega_1}\right);$$

on obtient les rayons de courbure et de flexion, en portant ces valeurs dans la première des équations (ds_1) :

$$\rho_1 = \rho\cos\alpha\frac{d\varepsilon}{d\varepsilon_1} - \frac{d}{d\varepsilon_1}\left(n_1\frac{d\omega_1}{d\varepsilon_1}\right) - \left(\frac{dn_1}{d\omega_1} - \rho\sin\alpha\frac{d\varepsilon}{d\omega_1}\right) - \frac{d^2}{d\varepsilon_1^2}\left(\frac{dn_1}{d\omega_1} - \rho\sin\alpha\frac{d\varepsilon}{d\omega_1}\right),$$

$$r_1 = \rho_1\frac{d\varepsilon_1}{d\omega_1}.$$

On déduit l'intégrale de l'équation différentielle suivante :

$$ds_1 = ds\cos\alpha - d\left(n_1\frac{d\omega_1}{d\varepsilon_1}\right) - \frac{dn_1}{d\omega_1}d\varepsilon_1 + \frac{ds}{d\omega_1}\sin\alpha\, d\varepsilon_1 - \frac{d^2}{d\varepsilon_1}\left(\frac{dn}{d\omega_1} - \frac{ds}{d\omega_1}\sin\alpha\right),$$

$$s_1 - s\cos\alpha + n_1\frac{d\omega_1}{d\varepsilon_1} + \int\left(\frac{dn_1}{d\omega_1} - \frac{ds}{d\omega_1}\sin\alpha\right)d\varepsilon_1 + \frac{d}{d\varepsilon_1}\left(\frac{dn_1}{d\omega_1} - \frac{ds}{d\omega_1}\sin\alpha\right) = 0.$$

Les premières équations (β) et cette dernière donnent les équations élémentaires de la courbe.

Les coordonnées cartésiennes de la courbe sont

$$\left.\begin{aligned} x_1 - x = &-\left[n_1\frac{d\omega_1}{d\varepsilon_1} + \frac{d}{d\varepsilon_1}\left(\frac{dn_1}{d\omega_1} - \rho\sin\alpha\frac{d\varepsilon}{d\omega_1}\right)\right]\cos(\tau_1, x) \\ &+ n_1\cos(\nu_1, x) + \left(\frac{dn_1}{d\omega_1} - \rho\sin\alpha\frac{d\varepsilon}{d\omega_1}\right)\cos(\rho_1, x), \end{aligned}\right\} \quad (3)$$

avec les conditions

$$(\tau_{1x})\quad \left\{\begin{aligned} \cos(\tau_1, x) &= \cos\alpha\cos(\tau, x) + \sin\alpha\cos(\nu, x), \\ \cos(\nu_1, x) &= -\sin\alpha\cos(\tau, x) + \sin\alpha\cos(\nu, x), \\ \cos(\rho_1, x) &= \cos(\rho, x). \end{aligned}\right.$$

On voit que ces formules ne dépendent que de différentiations, et que, n_1 pouvant prendre toutes les formes possibles, le nombre des courbes C_1 est illimité.

Cas particuliers. — 1° Soit n_1 nul (*fig.* 36); les formules précédentes deviennent

$$r_1 = -\rho \frac{d\varepsilon}{d\omega_1} \sin\alpha, \quad t_1 = \sin\alpha \frac{d}{d\varepsilon_1}\left(\rho \frac{d\varepsilon}{d\omega_1}\right),$$

$$\rho_1 = \rho \frac{d\varepsilon}{d\omega_1} \frac{d\omega}{d\varepsilon_1} + \sin\alpha \frac{d^2}{d\varepsilon_1^2}\left(\rho \frac{d\varepsilon}{d\omega_1}\right);$$

la courbe C_1 est l'arête de rebroussement de l'enveloppe du plan qui coupe la courbe C sous un angle α constant, et qui

Fig. 36.

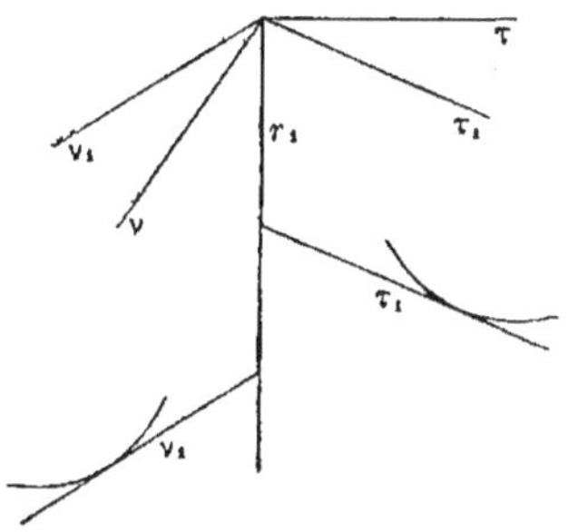

passe par le rayon de courbure ρ. C'est le cas que nous avons traité au n° **196**.

2° Si n_1 est constant, on a les relations

$$r_1 = -\rho \frac{d\varepsilon}{d\omega_1} \sin\alpha, \quad t = -n_1 \frac{d\omega_1}{d\varepsilon_1} + \sin\alpha \frac{d}{d\varepsilon_1}\left(\rho \frac{d\varepsilon}{d\omega_1}\right),$$

$$\rho_1 = \rho \frac{d\varepsilon}{d\varepsilon_1} \cos\alpha - n_1 \frac{d}{d\varepsilon_1}\left(\frac{d\omega_1}{d\varepsilon_1}\right) + \sin\alpha \left[\rho \frac{d\varepsilon}{d\omega_1} + \frac{d^2}{d\varepsilon_1^2}\left(\rho \frac{d\varepsilon}{d\omega_1}\right)\right].$$

La courbe C_1 est l'arête de rebroussement de l'enveloppe d'un plan passant par une parallèle à la normale principale, menée à une distance constante du plan osculateur par un point de la binormale, et formant avec elle un angle constant.

231. t_1 *est arbitraire.* — On déduit des équations (ds_1) les suivantes :

$$\frac{dn_1}{d\omega_1} - r_1 = \sin\alpha \frac{ds}{d\omega_1},$$

$$\frac{dr_1}{d\omega_1} + n_1 = - t_1 \frac{d\varepsilon_1}{d\omega_1}.$$

Si l'on différentie la seconde et qu'on retranche la première de l'équation résultante, on trouve l'équation résolvante

$$\frac{d^2 r_1}{d\omega_1^2} + r_1 = - \frac{d}{d\omega_1}\left(t_1 \frac{d\varepsilon_1}{d\omega_1} + \sin\alpha\, s\right);$$

donc les intégrales des équations précédentes sont, en représentant par a, b des constantes arbitraires,

$$\begin{aligned} r_1 = {} & a \sin\omega_1 + b\cos\omega_1 - \sin\omega_1 \int (t_1\, d\varepsilon_1 \sin\omega_1 + \sin\alpha \cos\omega_1\, ds) \\ & - \cos\omega_1 \int (t_1\, d\varepsilon_1 \cos\omega_1 - \sin\alpha \sin\omega_1\, ds), \\ n_1 = {} & - a\cos\omega_1 + b\sin\omega_1 + \cos\omega_1 \int (t_1\, d\varepsilon_1 \sin\omega_1 + \sin\alpha \cos\omega_1\, ds) \\ & - \sin\omega_1 \int (t_1\, d\varepsilon_1 \cos\omega_1 - \sin\alpha \sin\omega_1\, ds). \end{aligned}$$

On déduit, de ces expressions, les rayons de courbure et de flexion

$$\begin{aligned} \rho_1 = {} & \rho\cos\alpha \frac{d\varepsilon}{d\varepsilon_1} + \frac{dt_1}{d\varepsilon_1} - a\sin\omega_1 - b\cos\omega_1 \\ & + \sin\omega_1 \int (t_1\, d\varepsilon_1 \sin\omega_1 + \sin\alpha \cos\omega_1\, ds) \\ & + \cos\omega_1 \int (t_1\, d\varepsilon_1 \cos\omega_1 - \sin\alpha \sin\omega_1\, ds), \end{aligned}$$

$$\nu = \rho \frac{d\varepsilon_1}{d\omega_1}.$$

Cette question est donc du ressort du Calcul intégral, et dépend d'une équation résolvante linéaire du second ordre à coefficients constants.

Cas particuliers. — 1° $t_1 = 0$. Ce cas répond à la recherche des trajectoires orthogonales des positions du plan $O\nu_1\rho_1$, ou, en d'autres termes, à la recherche des courbes telles que leur surface polaire soit l'enveloppe $O\nu_1\rho_1$; on trouve alors

$$\frac{dr_1}{d\omega} + n_1 = 0, \quad \frac{dn_1}{d\omega_1} - r_1 = \sin\alpha \frac{ds}{d\omega_1},$$

avec les intégrales

$$r_1 = a\sin\omega_1 + b\cos\omega_1$$
$$- \sin\alpha\left(\sin\omega_1 \int \cos\omega_1\, ds - \cos\omega_1 \int \sin\omega_1\, ds\right),$$

$$n_1 = -a\cos\omega_1 + b\sin\omega_1$$
$$+ \sin\alpha\left(\cos\omega_1 \int \cos\omega_1\, ds + \sin\omega_1 \int \sin\omega_1\, ds\right),$$

$$\rho_1 = \rho\frac{d\varepsilon}{d\varepsilon_1}\cos\alpha - a\sin\omega_1 - b\cos\omega_1$$
$$+ \sin\alpha\left(\sin\omega_1 \int \cos\omega_1\, ds - \cos\omega_1 \int \sin\omega_1\, ds\right).$$

232. r_1 *est arbitraire.* — Dans cette hypothèse, la question est mixte et dépend à la fois du Calcul différentiel et du Calcul intégral. On déduit des équations (ds_1) les deux relations suivantes :

$$n_1 = s\sin\alpha + \int r_1\, d\omega_1,$$

$$t_1 = -\frac{d\omega_1}{d\varepsilon_1}\left(s\sin\alpha + \int r_1\, d\omega_1\right) - \frac{dr_1}{d\varepsilon_1};$$

on en déduit la valeur de $\frac{ds_1}{d\varepsilon_1}$,

$$\frac{ds_1}{d\varepsilon_1} = \frac{d\varepsilon}{d\varepsilon_1}\rho\cos\alpha - \left(r + \frac{d^2 r}{d\varepsilon_1^2}\right) - \frac{d}{d\varepsilon_1}\left(s\frac{d\omega_1}{d\varepsilon_1}\sin\alpha + \frac{d\omega_1}{d\varepsilon_1}\int r_1\, d\omega_1\right),$$

ainsi que les coordonnées d'un point quelconque de la courbe.

Cas particuliers. — Si r est nul, on a les formules

$$n_1 = s\sin\alpha, \quad t_1 = -s\frac{d\omega_1}{d\varepsilon_1}\sin\alpha,$$

$$\rho_1 = \rho\frac{d\varepsilon}{d\varepsilon_1}\cos\alpha - \sin\alpha\frac{d}{d\varepsilon_1}\left(s\frac{d\omega_1}{d\varepsilon_1}\right);$$

cette dernière étant intégrée donne la relation, c étant une constante,

$$s_1 - s\cos\alpha + s\sin\alpha\frac{d\omega_1}{d\varepsilon_1} = c,$$

et conséquemment, en portant dans cette dernière la valeur de $\frac{d\omega_1}{d\varepsilon_1}$, tirée de la seconde, on a la relation linéaire

$$s_1 - s\cos\alpha - t_1 - c = 0.$$

§ II. — Courbes dont les trièdres mobiles sont réciproques.

233. *Définition.* — Si deux courbes C, C_1 sont telles que, en deux points correspondants, la tangente de l'une soit parallèle à la binormale de l'autre, et réciproquement, et que les normales principales soient parallèles, ces courbes ont leurs trièdres mobiles réciproques.

Il est évident que la condition nécessaire et suffisante pour que deux courbes jouissent de cette propriété est que la tangente de l'une soit parallèle à la binormale de l'autre (51).

Problème II. — *Déterminer la forme générale des courbes jouissant de cette sorte de réciprocité.*

Il est évident qu'il suffit de poser, dans les équations (α) du n° 227 et (ds_1) du n° 229, $\alpha = \frac{\pi}{2}$; ces dernières équations deviennent

$$(ds_1)' \quad \begin{cases} ds_1 = dt_1 - r_1\, d\varepsilon_1, \\ ds = dn_1 - r_1\, d\omega_1, \\ 0 = dr_1 + t_1\, d\varepsilon_1 + n_1\, d\omega_1. \end{cases}$$

Si l'on prend n_1 pour fonction arbitraire, on trouve, soit par un calcul direct, soit en faisant $\alpha = \frac{\pi}{2}$ dans les premières formules du n° 230,

$$(1) \quad \begin{cases} r_1 = \dfrac{dn_1}{d\omega_1} - \dfrac{ds}{d\omega_1}, \quad t_1 = -n_1 \dfrac{d\omega_1}{d\varepsilon_1} - \dfrac{d}{d\varepsilon_1}\left(\dfrac{dn_1}{d\omega_1} - \dfrac{ds}{d\omega_1}\right), \\ \dfrac{ds_1}{d\varepsilon_1} = -\dfrac{d}{d\varepsilon_1}\left(n_1 \dfrac{d\omega_1}{d\varepsilon_1}\right) - \dfrac{d^2}{d\varepsilon_1^2}\left(\dfrac{dn_1}{d\omega_1} - \dfrac{ds}{d\omega_1}\right) - \left(\dfrac{dn_1}{d\omega_1} - \dfrac{ds}{d\omega_1}\right). \end{cases}$$

Les coordonnées cartésiennes de la courbe C_1 sont donc, en ayant égard aux équations (τ_{1x}) du n° 230,

$$(2) \quad \left\{ \begin{aligned} x_1 - x = &-\left[n_1 \frac{d\omega_1}{d\varepsilon_1} + \frac{d}{d\varepsilon_1}\left(\frac{dn_1}{d\omega_1} - \frac{ds}{d\omega_1}\right)\right]\cos(\nu, x) \\ &- n_1 \cos(\tau, x) + \left(\frac{dn_1}{d\omega_1} - \frac{ds}{d\omega_1}\right)\cos(\rho, x). \end{aligned} \right\} \quad (3)$$

La rectification de la courbe est donnée par l'intégrale de la troisième des équations (1),

$$s_1 = -n_1 \frac{d\omega_1}{d\varepsilon_1} - \frac{d}{d\varepsilon_1}\left(\frac{dn_1}{d\omega_1} - \frac{ds}{d\omega_1}\right) + \int \left(\frac{dn_1}{d\omega_1} - \frac{ds}{d\omega_1}\right) d\varepsilon_1.$$

Le cas le plus simple est celui où n_1 est nul : on se donne alors une courbe C; et la courbe C_1 est le lieu des centres des sphères oscillatrices à la courbe C (**110**).

Si l'on prend pour fonction arbitraire t_1 et que l'on ait égard aux conditions $(\beta)_1$ du n° **228**, on trouve, pour r_1 et n_1 (**231**), les valeurs suivantes :

$$\begin{aligned} r_1 &= -a\sin\varepsilon + b\cos\varepsilon_1 - \sin\varepsilon \int (t_1 \sin\varepsilon\, d\omega - \cos\varepsilon\, ds) \\ &\qquad - \cos\varepsilon \int (t_1 \cos\varepsilon\, d\omega + \sin\varepsilon\, ds), \\ n_1 &= -a\cos\varepsilon - b\sin\varepsilon - \cos\varepsilon \int (t_1 \sin\varepsilon\, d\omega - \cos\varepsilon\, ds) \\ &\qquad + \sin\varepsilon \int (t_1 \cos\varepsilon\, d\omega + \sin\varepsilon\, ds). \end{aligned}$$

Coordonnées cartésiennes. — Posons, pour abréger,

$$R = \int (t_1 \sin\varepsilon\, d\omega - \cos\varepsilon\, ds), \quad R_1 = \int (t_1 \cos\varepsilon\, d\omega + \sin\varepsilon\, ds);$$

si l'on fait $\alpha = \frac{\pi}{2}$ dans les formules (τ_{1x}) du n° **230**, les coordonnées cartésiennes sont

$$(2)' \left\{ \begin{aligned} x_1 - x &= -(a + R)[\sin\varepsilon \cos(\rho, x) - \cos\varepsilon \cos(\tau, x)] \\ &\quad + (b - R_1)[\cos\varepsilon \cos(\rho, x) + \sin\varepsilon \cos(\tau, x)] \\ &\quad + t_1 \cos(\nu, x), \end{aligned} \right\} (3)$$

et si, dans ces équations, on suppose t_1 nul, on aura, comme cas particulier, les intégrales des courbes qui ont pour lieu des centres des sphères osculatrices la courbe C.

Si, enfin, on suppose r_1 arbitraire, on aura, en ayant égard aux conditions (β) du n° **227**, les équations suivantes (**232**) :

$$\begin{aligned} n_1 &= s - \int r_1\, d\varepsilon, \\ t_1 &= \frac{d\varepsilon}{d\omega}\left(s - \int r_1\, d\varepsilon\right) - \frac{dr_1}{d\omega}, \end{aligned}$$

et conséquemment

$$\frac{ds_1}{d\omega} = -\left(r + \frac{d^2 r}{d\omega^2}\right) + \frac{d}{d\omega}\left(s\frac{d\varepsilon}{d\omega} - \frac{d\varepsilon}{d\omega}\int r_1\, d\varepsilon\right);$$

de là résulte que les équations cartésiennes des courbes C_1 sont

$$(2)'' \quad \left\{ \begin{aligned} x_1 - x = & \left[\frac{d\varepsilon}{d\omega}\left(s - \int r_1\, d\varepsilon\right) - \frac{dr_1}{d\omega}\right]\cos(\nu, x) \\ & - \left(s - \int r_1\, d\varepsilon\right)\cos(\tau, x) + r_1 \cos(\rho, x). \end{aligned} \right\} \quad (3)$$

Le cas le plus simple est celui où r_1 est nul, et l'on trouve

$$n_1 = s, \quad t_1 = s\,\frac{d\varepsilon}{d\omega}.$$

Quoique les formules (2), (2)′, (2)″ aient des formes différentes, elles représentent pourtant les mêmes catégories de courbes, de sorte que chacune d'elles donne l'ensemble des courbes dont les trièdres mobiles sont réciproques du trièdre mobile de la courbe donnée.

§ III. — Des courbes qui ont même normale principale.

234. Problème III. — *Étant donnée une courbe C, trouver toutes les courbes C_1 qui ont même normale principale que la courbe donnée.*

Il est évident que cette question entre comme cas particulier dans celle que nous avons résolue au n° 227; mais il y a là une condition de plus, consistant en ce que les normales principales des deux courbes C et C_1, au lieu d'être simplement parallèles, doivent être en coïncidence; il faudra donc, pour avoir égard à cette nouvelle condition, poser dans les équations (ds_1) du n° 229 t_1 et n_1 nuls; alors ces équations deviennent

$$(1) \qquad \left\{ \begin{aligned} ds_1 &= \quad ds\cos\alpha - r_1\, d\varepsilon_1, \\ 0 &= -\, ds\sin\alpha - r_1\, d\omega_1, \\ 0 &= dr_1. \end{aligned} \right.$$

Cette dernière équation prouve que la fonction arbitraire r_1 est une constante a. Nous tirons de là la proposition suivante :

1° *Si deux courbes C et C_1 ont leurs normales principales* *identiques, la distance de deux points correspondants est constante quels que soient ces deux points.*

Les deux premières équations donnent les deux suivantes :

$$(2) \qquad ds_1 \sin\alpha = -a\,d\omega, \quad ds \sin\alpha = -a\,d\omega_1,$$

desquelles on déduit les deux relations

$$(2)' \qquad \frac{1}{\tau} = -\frac{\sin\alpha}{a}\frac{ds_1}{ds}, \quad \frac{1}{\tau_1} = -\frac{\sin\alpha}{a}\frac{ds}{ds_1},$$

et de celles-ci les deux nouvelles, dont la première est due à M. Mannheim,

$$(2)'' \qquad \frac{1}{\tau\tau_1} = \frac{\sin^2\alpha}{a^2}, \quad \frac{\tau}{\tau_1} = \frac{ds^2}{ds_1^2},$$

et qui équivalent aux équations (2). On en déduit la proposition :

2° *Si deux courbes* C *et* C_1 *ont mêmes normales principales, le produit des rayons de deuxième courbure est constant, et leur rapport est le même que le carré du rapport des éléments correspondants des deux arcs.*

Si l'on a égard aux relations (β) du n° 227, les formules (2) donnent les deux équations

$$(3) \qquad \begin{cases} ds_1 \sin\alpha + a\,d\varepsilon_1 \sin\alpha + a\,d\omega_1 \cos\alpha = 0, \\ ds_1 \sin\alpha - a\,d\varepsilon \sin\alpha + a\,d\omega \cos\alpha = 0, \end{cases}$$

et conséquemment les deux suivantes :

$$(4) \qquad \begin{cases} \dfrac{\sin\alpha}{a} + \dfrac{\sin\alpha}{\rho_1} + \dfrac{\cos\alpha}{\tau_1} = 0, \\[2mm] \dfrac{\sin\alpha}{a} - \dfrac{\sin\alpha}{\rho} + \dfrac{\cos\alpha}{\tau} = 0. \end{cases}$$

On a donc cette proposition :

3° *Les courbes qui ont leurs normales principales identiques ne sont pas quelconques, mais appartiennent à une classe distincte caractérisée par cette définition, que, si l'on fait la somme des courbures première et deuxième de l'une quelconque des courbes, après avoir multiplié ces courbures par des constantes, cette somme est aussi constante.*

Cette proposition importante est due à M. Bertrand, qui a, le premier, traité la question qui nous occupe. Cette proposition donne l'une des deux équations élémentaires de ces courbes.

Relations nouvelles. — Un point qui n'est pas sans intérêt consiste à exprimer les rayons de courbure et de flexion de l'une des courbes en fonction des rayons de courbure et de flexion de l'autre. Cette question s'est présentée au même auteur, qui a posé deux relations au moyen desquelles on pouvait la résoudre; mais ces relations sont trop compliquées pour que l'élimination soit facile. Dans notre théorie, la question se résout immédiatement. Il suffit d'éliminer r et r_1 entre les équations (4) et la première des équations (2)″. On trouve ainsi les deux équations suivantes :

$$(5)\quad \begin{cases} \dfrac{1}{\rho_1} = \dfrac{\cos^2\alpha}{\rho - a} - \dfrac{\sin^2\alpha}{a}, & \dfrac{1}{\rho} = \dfrac{\cos^2\alpha}{\rho_1 + a} + \dfrac{\sin^2\alpha}{a}, \\[2ex] \dfrac{1}{r_1} = \dfrac{\sin 2\alpha}{2}\left(\dfrac{1}{a-\rho} - \dfrac{1}{a}\right), & \dfrac{1}{r} = \dfrac{\sin 2\alpha}{2}\left(\dfrac{1}{a+\rho_1} - \dfrac{1}{a}\right), \end{cases}$$

qui répondent à la question et qui sont d'une grande simplicité; et l'on a cette nouvelle proposition :

4° *Deux courbes C et C_1 ayant mêmes normales principales, si, en deux points correspondants, on suppose que l'angle d'inclinaison α des tangentes des deux courbes est connu et que l'on prenne, sur un des deux côtés, une longueur égale à la racine carrée de $(\rho - a)$ et, sur sa perpendiculaire au sommet, une longueur égale à $\sqrt{a}$, et que l'on construise une conique sur ces deux longueurs, l'autre côté de l'angle interceptera sur cette courbe une longueur égale à ρ_1.*

Si l'on veut avoir une relation entre les rayons de courbure et de flexion des deux courbes indépendante de l'angle α de l'inclinaison réciproque des tangentes aux courbes en des points correspondants, il suffira d'éliminer α entre les deux dernières équations (5), et l'on aura la relation

$$\frac{r_1}{\rho_1} + \frac{r}{\rho} + \frac{r_1 - r}{a} = 0.$$

Les formules (5) n'ont pas encore été données par les géomètres; elles se prêtent facilement à la discussion.

Discussion des formules. — Supposons que, la constante a, qui mesure la distance de deux points correspondants, restant la même, on donne toutes les valeurs possibles à l'angle α qui mesure l'inclinaison réciproque des tangentes en deux points correspondants :

1° Si l'angle α est nul, la première équation (2) prouve que $d\omega$ est aussi nul et que, par conséquent, la courbe C est plane, et la deuxième équation (2) montre que la courbe correspondante C_1 est aussi plane. Les équations (5) donnent ρ_1 égal à $\rho - a$. On a donc des courbes planes C et leurs courbes parallèles C_1.

2° Si l'angle α est droit, les équations (5) donnent ρ égal à a, ρ_1 égal à $-a$; la première équation $(2)''$ donne

$$rr_1 = a^2;$$

donc les courbes C et C_1 sont des courbes dont les rayons de courbure sont constants et de direction inverse; elles sont donc réciproques en ce sens que l'une quelconque des deux est le lieu des centres de courbure de l'autre, et le rayon commun de courbure est une moyenne proportionnelle entre les deux rayons de flexion.

3° Si l'angle α égale $\frac{\pi}{4}$, les formules (4) donnent

$$\frac{2}{\rho_1} + \frac{1}{a} + \frac{1}{a - \rho} = 0.$$

Cette équation prouve que, si M et M_1 sont deux points correspondants, O et O_1 les centres de courbure en ces points, les points M_1 et O_1 sont conjugués harmoniques des points M et O; on a donc cette proposition : *Lorsque l'angle d'inclinaison des tangentes en des points correspondants est un demi-angle droit, les points correspondants et les centres de courbure déterminent sur la normale principale une division harmonique.*

§ IV. — Des courbes parallèles.

235. *Définition.* — Dans le cas le plus général, deux courbes sont parallèles lorsque les tangentes, en deux points correspondants, sont parallèles.

Problème IV. — *Trouver les intégrales des courbes parallèles d'une courbe donnée.*

Si dans les formules (ds_1) du n° 229 on suppose nul l'angle α des tangentes en deux points correspondants des courbes C et C_1, par suite du parallélisme des tangentes, on peut supprimer les indices inférieurs dans les seconds membres, et ces formules deviennent

$$\begin{aligned} ds_1 - ds &= dt - r\,d\varepsilon, \\ 0 &= dn - r\,d\omega, \\ 0 &= dr + t\,d\varepsilon + n\,d\omega. \end{aligned}$$

1° Si t est pris pour fonction arbitraire de l'angle ω, on déduit les formules suivantes :

$$\frac{dn}{d\omega} - r = 0,$$

$$\frac{dr}{d\omega} + n = -t\,\frac{d\varepsilon}{d\omega},$$

$$\frac{ds_1}{d\varepsilon} - \frac{ds}{d\varepsilon} = \frac{dt}{d\varepsilon} - \frac{dn}{d\omega};$$

les deux premières s'intègrent immédiatement et donnent

$$n = a\sin\omega + b\cos\omega - \sin\omega \int t\cos\omega\,d\varepsilon + \cos\omega \int t\sin\omega\,d\varepsilon,$$
$$r = a\cos\omega - b\sin\omega - \cos\omega \int t\cos\omega\,d\varepsilon - \sin\omega \int t\sin\omega\,d\varepsilon,$$

et, par suite, la dernière donne le rayon de courbure

$$\frac{ds_1}{d\varepsilon} - \frac{ds}{d\varepsilon} = \frac{dt}{d\varepsilon} - a\cos\omega + b\sin\omega$$
$$+ \cos\omega \int t\cos\omega\,d\varepsilon + \sin\omega \int t\cos\omega\,d\varepsilon.$$

2° Si r est pris pour fonction arbitraire, on a

$$n = \int r\,d\omega, \quad t = -\frac{dr}{d\varepsilon} - \frac{d\omega}{d\varepsilon}\int r\,d\omega,$$

$$\frac{ds_1}{d\varepsilon} - \frac{ds}{d\varepsilon} = -\frac{d^2 r}{d\varepsilon^2} - \left(1 + \frac{d\omega^2}{d\varepsilon^2}\right) r - \frac{d\omega}{d\varepsilon}\frac{d}{d\omega}\left(\frac{d\omega}{d\varepsilon}\right)\int r\,d\omega.$$

3° Si enfin n est pris pour fonction arbitraire, on trouve

$$r = \frac{dn}{d\omega}, \quad t = -\frac{d}{d\varepsilon}\left(\frac{dn}{d\omega}\right) - n\frac{d\omega}{d\varepsilon},$$

$$\frac{ds_1}{d\varepsilon} - \frac{ds}{d\varepsilon} = -\frac{d^2}{d\varepsilon^2}\left(\frac{dn}{d\omega}\right) - \frac{d}{d\varepsilon}\left(n\frac{d\omega}{d\varepsilon}\right) - \frac{dn}{d\omega}.$$

Équations cartésiennes. — On obtiendra les équations cartésiennes des courbes parallèles en portant les valeurs de t, n, r, suivant le cas que l'on considère, dans l'équation

$$x_1 - x = t\cos(\tau, x) + n\cos(\nu, x) + \cos(\rho, x). \qquad (3)$$

Cas particuliers. — 1° Si l'on suppose t nul, les formules précédentes deviennent

$$n = a\sin\omega + b\cos\omega,$$
$$r = a\cos\omega - b\sin\omega,$$

et l'on obtient les trois équations cartésiennes

$$\left.\begin{aligned} x_1 - x = a[&\sin\omega\cos(\nu, x) + \cos\omega\cos(\rho, x)] \\ +\, b[&\cos\omega\cos(\nu, x) - \sin\omega\cos(\rho, x)] \end{aligned}\right\} \quad (3)$$

des courbes parallèles de la courbe C, telles que les points correspondants se trouvent sur une normale rencontrant la normale infiniment voisine; les deux courbes C et C_1 ont, suivant la série de semblables normales, une même développée.

2° Si r est nul, on trouve pour n une valeur constante n_0, et pour t la valeur $n_0\dfrac{d\omega}{d\varepsilon}$, ou bien, en introduisant l'angle H de la droite rectifiante avec la tangente, $-n_0\cot H$; cela correspond au cas où l'on veut que la courbe C_1 soit telle que deux points correspondants de C et de C_1 se trouvent dans le plan rectifiant de C.

3° Si n est nul, r et t sont aussi nuls, et les deux courbes C et C_1 coïncident.

§ V. — Intégrales des courbes dont les axes mobiles sont conjugués avec les axes mobiles d'une courbe donnée d'après diverses lois.

236. *Courbes conjuguées d'après la loi des développantes et des développées.*

Problème V. — *Étant donnée l'une des deux courbes* C_1 *et* C, *telles que les axes mobiles de la première sont, par rapport aux axes mobiles de la seconde, dans les mêmes conditions que les axes mobiles d'une développante par rapport aux axes mobiles de la développée, trouver la seconde courbe.*

On trouvera, comme au n° 143, les relations angulaires suivantes :

$$\sin H = \frac{d\varepsilon}{d\varepsilon_1}, \quad \cos H = -\frac{d\omega}{d\varepsilon_1}, \quad dH = d\omega_1. \tag{1}$$

Or, si l'on pose

$$x_1 = x + t_1 \cos(\tau_1, x) + n_1 \cos(\nu_1, x) + r_1 \cos(\rho_1, x), \quad (3) \tag{2}$$

en opérant comme au n° 229, et en ayant égard aux relations (α) du n° 116, on obtient les relations linéaires suivantes :

$$(3)\quad \left\{\begin{aligned} ds_1 &= dt_1 - r_1\, d\varepsilon_1, \\ 0 &= \frac{ds}{d\varepsilon_1} d\omega - dn_1 + r_1\, d\omega_1, \\ 0 &= \frac{ds}{d\varepsilon_1} d\varepsilon - dr_1 - t_1\, d\varepsilon_1 - n_1\, d\omega_1. \end{aligned}\right.$$

Si la courbe C_1 est donnée et qu'on prenne t_1 pour fonction arbitraire, on déduira des deux dernières, par l'élimination de ds, l'équation différentielle suivante :

$$d(n_1 \sin H) + d(r_1 \cos H) - t_1\, d\omega = 0.$$

On a de plus

$$\rho_1 = -r_1 + \frac{dt_1}{d\varepsilon_1}; \tag{4}$$

or, par intégration de la première, on obtient la relation

$$n_1 \sin H + \left(\frac{dt_1}{d\varepsilon_1} - \rho_1\right) \cos H = \int t_1 d\omega,$$

de sorte que n_1 et r_1 sont connus en fonction de la variable indépendante; d'après cela, les équations (2) deviennent

$$\left.\begin{aligned} x = x_1 + \left[\left(\frac{dt_1}{d\varepsilon_1} - \rho_1\right)\frac{\cos H}{\sin H} + \frac{1}{\sin H}\int t_1 d\omega\right] \cos(\nu_1, x) \\ - t_1 \cos(\tau_1, x) - \left(\frac{d\tau_1}{d\varepsilon_1} - \rho_1\right) \cos(\rho_1, x). \end{aligned}\right\} (3)$$

On voit que le nombre des courbes C, qui ont, par rapport à la courbe donnée C_1, les relations angulaires de la développée par rapport à sa développante, sont en nombre infini, et que l'on trouvera les intégrales de toutes ces courbes en donnant à la fonction arbitraire t_1 toutes les formes possibles. Le cas le plus simple est celui où cette fonction t_1 est nulle, et alors on retrouve les équations des développées

$$x = x_1 - \rho_1 \cot H \cos(\nu_1, x) + \rho_1 \cos(\rho_1, x), \quad (3)$$

que nous avons déjà obtenues au n° 145.

Si t_1 est constant, les équations ne différeront des précédentes que par l'addition des termes

$$- t_1 \cos(\tau_1, x) + \frac{t_1 \omega}{\sin H} \cos(\nu_1, x),$$

comme il est facile de s'en rendre compte.

237. *Question inverse.* — La question inverse consiste, lorsqu'on se donne la courbe C, à déterminer la courbe C_1.

Dans les exemples précédemment traités, les questions inverses n'existaient pas, parce que les deux trièdres avaient l'un par rapport à l'autre les mêmes relations, lorsqu'on faisait l'inversion des trièdres; mais il n'en est pas ainsi dans la question posée au commencement du paragraphe. Ainsi, dans le cas présent, il s'agit de trouver toutes les courbes dont les axes mobiles ont, par rapport aux axes mobiles d'une courbe donnée, les relations de la développante par rapport à la développée.

La courbe C étant donnée, les deux dernières équations (3) prennent la forme suivante, lorsqu'on se donne l'arbitraire t_1,

$$(3)' \quad \begin{cases} \dfrac{dn_1}{d\omega_1} - r_1 = -\rho\cos H \dfrac{d\varepsilon}{d\omega_1}, \\ \dfrac{dr_1}{d\omega_1} + n_1 = \rho\sin H \dfrac{d\varepsilon}{d\omega_1} - t_1 \dfrac{d\varepsilon_1}{d\omega_1}; \end{cases}$$

on peut prendre ω_1 pour variable indépendante; on déduit des deux précédentes équations l'équation suivante :

$$\frac{d^2 r_1}{d\omega_1^2} + r_1 = \frac{d}{d\omega_1}\left(\rho\sin H \frac{d\varepsilon}{d\omega_1} - t\frac{d\varepsilon_1}{d\omega_1}\right) + \rho\cos H \frac{d\varepsilon}{d\omega_1};$$

de sorte que, si l'on représente par R_1 et N_1 les seconds membres des équations (3)', on trouve

$$\begin{aligned} r_1 = a\sin\omega_1 + b\cos\omega_1 + \sin\omega_1 \int N_1 \sin\omega_1\, d\omega_1 + \cos\omega_1 \int N_1 \cos\omega_1\, d\omega_1 \\ - \sin\omega_1 \int R_1 \cos\omega_1\, d\omega_1 + \cos\omega_1 \int R_1 \sin\omega_1\, d\omega_1 \end{aligned}$$

et, réductions faites,

$$\begin{aligned} r_1 &= a\sin\omega_1 + b\cos\omega_1 \\ &\quad + s\sin\omega_1 - \sin\omega_1 \int t_1 \sin\omega_1\, d\varepsilon_1 - \cos\omega_1 \int t_1 \cos\omega_1\, d\varepsilon_1, \end{aligned}$$

et conséquemment

$$\begin{aligned} n_1 &= b\sin\omega_1 - a\cos\omega_1 \\ &\quad - s\cos\omega_1 + \cos\omega_1 \int t_1 \sin\omega_1\, d\varepsilon_1 - \sin\omega_1 \int t_1 \cos\omega_1\, d\varepsilon_1. \end{aligned}$$

Le rayon de courbure sera donné par la formule

$$(\rho_1) \qquad \rho_1 = \frac{dt_1}{d\varepsilon_1} - r_1.$$

On passera, comme précédemment, aux coordonnées cartésiennes de la courbe et l'on retrouvera, sans difficulté, parmi les courbes intégrales, celles qui donnent les équations de la courbe C_1.

Des courbes dont les trièdres mobiles sont conjugués d'après la même loi que les trièdres mobiles de la développante et de la développée oblique sous angle variable.

238. Problème VI. — *Étant donnée l'une des courbes C_1, C, telles que le trièdre mobile de la première soit conjugué avec le trièdre mobile de la seconde, d'après la même loi qui lie entre eux les trièdres mobiles d'une développante et d'une développée obliques sous l'angle α, trouver l'autre de ces deux courbes.*

Les relations angulaires sont, d'après le n° 210, en posant (ρ_1, ν) égal à h,

$$(\alpha)\quad \begin{cases} d\varepsilon_1^2 = d\varepsilon^2 + \sin^2\alpha\, d\omega^2, & \sin h = \dfrac{d\varepsilon + d\alpha}{d\varepsilon_1}, \\ \cos h = -\sin\alpha \dfrac{d\omega}{d\varepsilon_1}, & d\omega_1 = dh + \cos\alpha\, d\omega; \end{cases}$$

or, si l'on pose

$$(1)\quad x_1 = x + t_1 \cos(\tau_1, x) + n_1 \cos(\nu_1, x) + r_1 \cos(\rho_1, x), \quad (3)$$

on obtient les trois relations linéaires suivantes :

$$(ds_1)\quad \begin{cases} ds_1 = ds\cos\alpha + dt_1 - r_1\, d\varepsilon_1, \\ \quad \mathrm{o} = ds\cos h \sin\alpha + dn_1 - r_1\, d\omega_1, \\ \quad \mathrm{o} = -\, ds \sin h \sin\alpha + dr_1 + t_1\, d\varepsilon_1 + n_1\, d\omega_1. \end{cases}$$

Soit maintenant C la courbe donnée, s, ω, ε, α sont connus; prenons t_1 pour fonction arbitraire, les deux dernières équations peuvent s'écrire sous cette forme

$$(2)\quad \begin{cases} \dfrac{dn_1}{d\omega_1} - r_1 = -\dfrac{ds}{d\omega_1}\cos h \sin\alpha, \\ \dfrac{dr_1}{d\omega_1} + n_1 = \dfrac{ds}{d\omega_1}\sin h \sin\alpha - t_1 \dfrac{d\varepsilon_1}{d\omega_1}; \end{cases}$$

si l'on intègre ces équations après avoir représenté, comme

au n° 237, les seconds membres par R_2 et N_2, on trouve

$$r_1 = a\sin\omega_1 + b\cos\omega_1 + \sin\omega_1 \int N_2 \sin\omega_1\, d\omega_1 + \cos\omega_1 \int N_2 \cos\omega_1\, d\omega_1$$
$$- \sin\omega_1 \int R_2 \cos\omega_1\, d\omega_1 + \cos\omega_1 \int R_2 \sin\omega_1\, d\omega_1.$$

Substituant les valeurs de N_2 et de R_2 et réduisant, la partie de r_1 qui dépend du signe $\int$ devient

$$\sin\omega_1 \int \sin\alpha \cos(\omega_1 - h)\, ds - \cos\omega_1 \int \sin\alpha \sin(\omega_1 - h)\, ds$$
$$- \sin\omega_1 \int t_1 \sin\omega_1\, d\varepsilon_1 - \cos\omega_1 \int t_1 \cos\omega_1\, d\varepsilon_1;$$

or, si l'on intègre la dernière des équations (α), et qu'on pose $\cos\alpha = k$, on a

$$\omega_1 - h = \int k\, d\omega;$$

par suite on obtient, pour r_1 et n_1, les expressions suivantes:

$$r_1 = a\sin\omega_1 + b\cos\omega_1 + \sin\omega_1 \int ds \sin\alpha \cos\left(\int k\, d\omega\right)$$
$$- \cos\omega_1 \int ds \sin\alpha \sin\left(\int k\, d\omega\right) - \sin\omega_1 \int t_1 \sin\omega_1\, d\varepsilon_1$$
$$- \cos\omega_1 \int t_1 \cos\omega_1\, d\varepsilon_1,$$

$$n_1 = b\sin\omega_1 - a\cos\omega_1 - \cos\omega_1 \int ds \sin\alpha \cos\left(\int k\, d\omega\right)$$
$$- \sin\omega_1 \int ds \sin\alpha \sin\left(\int k\, d\omega\right) + \cos\omega_1 \int t_1 \sin\omega_1\, d\varepsilon_1$$
$$- \sin\omega_1 \int t_1 \cos\omega_1\, d\varepsilon_1.$$

Ces deux expressions font connaître, avec l'arbitraire t_1, les coordonnées cartésiennes des courbes cherchées.

On a donc les intégrales des courbes qui satisfont aux conditions du problème, lorsque la courbe C est donnée.

Le rayon de courbure est donné par la première des équations, qui prend la forme

$$(\rho_1) \qquad \frac{ds_1}{d\varepsilon_1} = \left(\frac{ds}{d\varepsilon}\cos\alpha + \frac{dt_1}{d\varepsilon}\right)\sin h - r_1,$$

et il suffit de porter la valeur de r_1 dans le second membre.

239. *La courbe* C_1 *est donnée.* — Nous poserons les équations

$$(1)' \quad x = x_1 + t\cos(\tau, x) + n\cos(\nu, x) + r\cos(\rho, x), \quad (3)$$

t, n, r étant de nouvelles fonctions indéterminées. Par la différentiation et en opérant comme précédemment, on tombera sur les équations

$$(ds)\qquad \left\{\begin{aligned} ds &= ds_1 \cos\alpha + dt - r\,d\varepsilon,\\ 0 &= dn - r\,d\omega,\\ 0 &= ds_1 \sin\alpha + dr + n\,d\omega + t\,d\varepsilon.\end{aligned}\right.$$

Or, puisque $d\omega_1$ est connu, ainsi que l'angle α, on peut admettre qu'ils sont exprimés en fonction de ε_1; on déduit des équations (α) du n° **238** la relation

$$(h)\qquad \frac{dh}{d\varepsilon_1} - \cot\alpha \cos h = \frac{d\omega_1}{d\varepsilon_1},$$

qui est une équation différentielle du premier ordre entre les variables h et ε_1. Si l'on parvient à l'intégrer, on aura h en fonction de ε_1; soit $\mathfrak{H}$ cette fonction, et, à cause des équations (α), on aura aussi ε et ω en fonction de la même variable. Cela posé, les dernières équations (ds) peuvent s'écrire sous la forme

$$(2)'\qquad \left\{\begin{aligned} &\frac{dn}{d\omega} - r = 0,\\ &\frac{dr}{d\omega} + n = -\left(\frac{ds_1}{d\omega}\sin\alpha + t\,\frac{d\varepsilon}{d\omega}\right).\end{aligned}\right.$$

D'après ce que nous venons de dire, le second membre de cette dernière équation peut être exprimé en fonction de ω; soit r cette fonction, on aura

$$(3)\qquad \left\{\begin{aligned} r &= \quad a\sin\omega + b\cos\omega - \sin\omega \int(\sin\alpha\, ds_1 + t\,d\varepsilon)\sin\omega\\ &\qquad - \cos\omega\int(\sin\alpha\, ds_1 + t\,d\varepsilon)\cos\omega,\\ n &= -a\cos\omega + b\sin\omega - \sin\omega\int(\sin\alpha\, ds_1 + t\,d\varepsilon)\cos\omega\\ &\qquad + \cos\omega\int(\sin\alpha\, ds_1 + t\,d\varepsilon)\sin\omega.\end{aligned}\right.$$

On aura donc les intégrales des courbes qui satisfont au problème lorsque la courbe C_1 est donnée.

Le rayon de courbure est donné par la première des équations (ds), mise sous la forme suivante :

$$(\rho)\qquad \frac{ds}{d\varepsilon} = \frac{ds_1}{d\varepsilon_1}\,\frac{\cos\alpha}{\sin h} + \frac{dt}{d\varepsilon} - r,$$

dans laquelle il faudra porter les valeurs de r et de h, que nous avons trouvées.

Ces deux questions renferment implicitement les problèmes des développantes et des développées sous angle constant. La seconde dépend de l'intégration de l'équation (h), tandis que la première est ramenée à de simples quadratures.

LIVRE II.

DES COURBES D'APRÈS UN SYSTÈME QUELCONQUE DE COORDONNÉES.

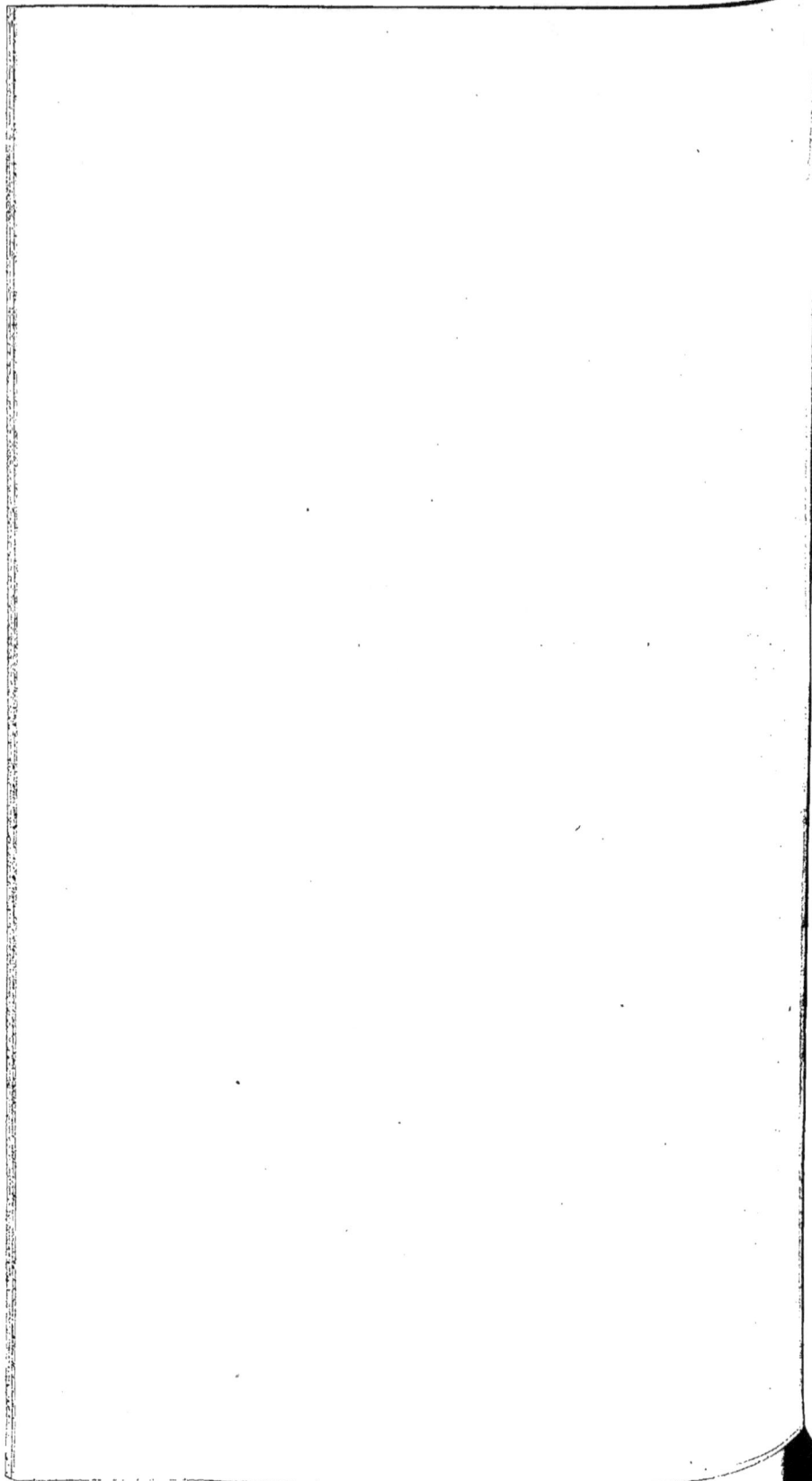

SECTION I.

THÉORIE DES COORDONNÉES CURVILIGNES.

INTRODUCTION.

Le problème des coordonnées curvilignes n'avait été résolu que dans deux cas particuliers : dans le cas où elles sont orthogonales, par Lamé, et dans le cas où les coordonnées sont au nombre de deux, tracées sur une surface quelconque, par l'illustre Gauss, lorsque dans notre *Théorie des coordonnées curvilignes*, présentée à l'Académie des Sciences en 1862, et publiée dans les *Annali di Matematica*, nous donnâmes la solution générale de ce problème.

Cette solution générale était devenue nécessaire. Une hypothèse particulière, par exemple celle de l'orthogonalité des lignes coordonnées, tout en simplifiant les formules, du moins en apparence, altère toujours et souvent fait évanouir les théorèmes qui appartiennent à l'essence de la question, par les restrictions qu'elle y introduit. Mais, pour obtenir la solution de la question au point de vue le plus général, il se présentait des difficultés du premier ordre. En effet, les trois cosinus des angles coordonnés, leurs variations premières et secondes par rapport aux trois paramètres qui fixent la position du point, s'introduisent nécessairement dans la question; et, lorsqu'on veut la résoudre analytiquement, ces quantités, au nombre de trente, qui n'existent pas dans le système orthogonal, viennent, par leur présence, compliquer le calcul et entrent dans la composition des coefficients d'un système de neuf équations à neuf inconnues. Or, comme la résolution de ce système d'équations est indispensable, on a à surmonter toutes les difficultés analytiques provenant de cette résolution et aussi de l'interprétation des symboles. C'est pour cela que nous renonçâmes à la marche tracée par l'auteur de la théorie des coordonnées curvilignes orthogonales.

Les ressources de la Géométrie sont fécondes et inépuisables. La simplification de la marche qui nous est propre résulte essentiellement de son caractère géométrique et surtout de l'élément géométrique nouveau que nous avons introduit dans nos théories. Nous appelons cet élément *courbure inclinée* des lignes coordonnées. Il ne sert pas seulement à éviter des calculs prolixes; mais il est un instrument précieux de transformation et de démonstration, et son introduction dans les équations leur donne une forme à la fois simple et significative.

Nous allons donner les principes les plus indispensables de cette méthode, qui reste encore, si nous ne nous abusons, la plus simple et la plus facile et peut soutenir, sans désavantage, la comparaison avec la méthode purement analytique que l'éminent analyste Codazzi a donnée pour la solution du même problème, méthode d'une grande élégance, publiée quelques années après notre travail, dont l'auteur n'avait pas connaissance, lorsqu'il composa le premier de ses Mémoires : « De qual lavore io non aveva cognizione quando stampava la mia Memoria prima (*Annali di Matematica*, 2e série, t. IV, p. 10) ».

CHAPITRE I.

DES COORDONNÉES CURVILIGNES QUELCONQUES.

241. *Définitions. État de la question.* — Concevons une surface rapportée à des coordonnées curvilignes rectangles, et dont l'équation serait $f(x, y, z) = \rho$; si l'on donne au paramètre ρ toutes les valeurs possibles, on aura une série de surfaces qui formeront une famille que nous représenterons par (ρ). Si l'on se donne trois familles de surfaces quelconques :

$$(1) \quad f(x, y, z) = \rho, \quad f_1(x, y, z) = \rho_1, \quad f_2(x, y, z) = \rho_2,$$

un point quelconque de l'espace sera déterminé par l'intersection des trois surfaces que l'on obtient en donnant aux trois paramètres ρ, ρ_1, ρ_2 des valeurs convenables. Les trois familles de surfaces (ρ), (ρ_1), (ρ_2) forment un système de surfaces propres à déterminer par leurs intersections tous les points de l'espace. Ces surfaces sont dites *coordonnées*. Généralement, l'angle que forment entre eux les plans tangents, menés en un point de l'intersection commune de deux surfaces, n'est ni droit ni constant : il varie avec la position du point.

Soit un point mobile, supposé libre ou assujetti à se mouvoir sur une surface ou sur une courbe. Si l'on étudie les différentes positions de ce point au moyen d'un système de coordonnées quelconques, les déplacements de ce point ont des relations nécessaires avec les déplacements correspondants que subissent les coordonnées de ce point; le problème des coordonnées curvilignes consiste à déterminer ces relations, en leur donnant la forme la plus simple.

Ces relations, au point de vue géométrique, sont des théorèmes remarquables entre les éléments de la trajectoire décrite et les éléments des courbes ou des surfaces coordonnées. Au point de vue analytique, elles fournissent un moyen facile de passer d'un système à un autre système, et aussi de résoudre la question qu'on se propose, dans le système le mieux adapté à cette question.

242. *Notations; hypothèses.* — Toute grandeur déterminée par une seule surface coordonnée prendra l'indice de cette surface. Si cette grandeur est déterminée par l'intersection de deux surfaces coordonnées, elle prendra l'indice de la troisième surface.

Nous appelons n, n_1, n_2 les trois normales aux surfaces en un point (ρ, ρ_1, ρ_2) de leur intersection commune; t, t_1, t_2, les trois tangentes aux trois courbes coordonnées passant par le même point; σ, σ_1, σ_2 les trois arcs coordonnés se coupant en ce point.

Nous regardons comme positifs une normale, une tangente, un arc, etc., comptés du côté où le paramètre de la surface augmente, et négatifs quand on les compte en sens contraire.

Dans la permutation des indices, nous regardons comme affectée de l'indice zéro toute lettre dénuée d'indice, et nous restituons cet indice toutes les fois que la chose devient nécessaire pour éviter toute ambiguïté. La permutation rotatoire sera directe lorsque les indices o, 1, 2 seront respectivement remplacés par 1, 2, o.

Lorsqu'un groupe d'équations se déduit d'une équation donnée, par la rotation des indices, nous écrivons à droite de cette équation, considérée comme type, un chiffre entre parenthèses ( ), indiquant le nombre des équations contenues dans le type.

Lorsqu'un groupe d'équations se déduit d'une équation par la permutation des lettres x, y, z, nous écrivons, à droite de cette équation, entre crochets [ ], un chiffre indiquant le nombre d'équations appartenant au groupe qui se déduit de cette équation comme type.

Les parties positives des tangentes t, t_1, t_2 forment un trièdre, et les parties positives des normales n, n_1, n_2 forment un autre trièdre. Ces deux trièdres sont supplémentaires.

Appelons θ, θ_1, θ_2 les angles des normales positives n_1, n_2; n_2, n; n, n_1; et φ, φ_1, φ_2 les angles des tangentes positives t_1, t_2; t_2, t; t, t_1. D'après cela, les angles dièdres du premier angle solide seront $\pi - \varphi$, $\pi - \varphi_1$, $\pi - \varphi_2$; les angles dièdres du second angle solide seront $\pi - \theta$, $\pi - \theta_1$, $\pi - \theta_2$.

Il nous sera quelquefois plus commode de représenter les variations partielles par rapport à ρ, ρ_1, ρ_2 par les caractéristiques d_0, d_1, d_2 ou bien par d_ρ, d_{ρ_1}, d_{ρ_2}.

Lorsque, dans une expression placée sous le signe Σ, un indice ou une lettre reste invariable durant la permutation tournante des autres indices également placés sous le signe Σ, nous aurons soin de placer cet indice ou cette lettre, qui reste invariable, entre crochets [ ].

Les surfaces coordonnées passant par un point forment, avec les trois surfaces coordonnées passant par un point infiniment voisin, un parallélépipède curviligne dont les arêtes, contiguës au premier point, seront $d\sigma$, $d\sigma_1$, $d\sigma_2$.

243. *Données du problème.* — Si l'on appelle h_1^2 la somme des carrés des dérivées du paramètre ρ_1 par rapport à x, y, z, on aura les valeurs de h^2, h_1^2, h_2^2 et de θ, θ_1, θ_2, au moyen des deux groupes

$$(2)\qquad \frac{d\rho_1^2}{dx^2} + \frac{d\rho_1^2}{dy^2} + \frac{d\rho_1^2}{dz^2} = h_1^2, \quad (3)$$

$$(3)\qquad \frac{d\rho_1}{dx}\frac{d\rho_2}{dx} + \frac{d\rho_1}{dy}\frac{d\rho_2}{dy} + \frac{d\rho_1}{dz}\frac{d\rho_2}{dz} = h_1 h_2 \cos\theta. \quad (3)$$

Les angles φ, φ_1, φ_2 seront donnés par les trois équations contenues dans le groupe

$$(4)\qquad \frac{dx}{d\rho_1}\frac{dx}{d\rho_2} + \frac{dy}{d\rho_1}\frac{dy}{d\rho_2} + \frac{dz}{d\rho_1}\frac{dz}{d\rho_2} = \frac{d\sigma_1}{d\rho_1}\frac{d\sigma_2}{d\rho_2}\cos\varphi. \quad (3)$$

Les auxiliaires h, h_1, h_2 sont nommés paramètres différentiels du premier ordre.

244. *Des paramètres différentiels du premier ordre.* — Soit ds le déplacement du point $A(\rho, \rho_1, \rho_2)$, dans une direction quelconque; dx, dy, dz les projections de ce déplacement sur les

trois axes rectangulaires x, y, z. Si nous prenons la variation d'une équation $f(x, y, z) = \rho$ par rapport à ds, nous aurons

$$d\rho = \frac{d\rho}{dx}\,dx + \frac{d\rho}{dy}\,dy + \frac{d\rho}{dz}\,dz;$$

or, en divisant les deux membres par $h\,ds$, le second membre devient égal au cosinus de l'angle que la normale n fait avec le déplacement ds, et l'on obtient

$$\frac{ds}{d\rho} = \frac{1}{h\cos(n, ds)}.$$

Si le déplacement ds coïncide successivement avec les arcs $d\sigma$, $d\sigma_1$, $d\sigma_2$, on obtient le groupe contenu dans l'équation

$$(5) \qquad \frac{d\sigma_1}{d\rho_1} = \frac{1}{h_1 \cos(n_1, t_1)}. \qquad (3)$$

Or, si l'on projette la tangente t sur le plan $t_1\,t_2$, en appelant p cette projection, on aura

$$(5)' \qquad \cos(n, t) = \sin(p, t) = \sin\varphi_1 \sin\theta_2 = \sin\theta_1 \sin\varphi_2. \qquad (3)$$

De là résulte que le produit $\sin\theta \sin\varphi_1 \sin\varphi_2$ ne change pas quand on fait subir aux indices la permutation rotatoire, et qu'il en est de même du produit $\sin\theta \sin\theta_1 \sin\varphi_2$. Si l'on pose le premier produit égal au rapport de l'auxiliaire M au produit des trois paramètres h, h_1, h_2, on aura, par l'élimination de θ,

$$\frac{M^2}{h_2 h_1^2 h_2^2} = 1 - \cos^2\varphi - \cos^2\varphi_1 - \cos^2\varphi_2 + 2\cos\varphi \cos\varphi_1 \cos\varphi_2,$$

et le groupe contenu dans le type (5) devient

$$(5)' \qquad \frac{d\sigma_1}{d\rho_1} = \frac{h h_2 \sin\varphi_1}{M}. \qquad (3)$$

Il est aisé de voir que l'auxiliaire M a une signification géométrique; elle représente le volume d'un parallélépipède construit sur h, h_1, h_2 qu'on aurait préalablement porté sur les directions des éléments $d\sigma$, $d\sigma_1$, $d\sigma_2$ à partir du point A.

245. *Composantes obliques d'une longueur.* — Soient

$\mathfrak{L}$ une longueur donnée en grandeur et en direction;

$l^{(0)}$, $l^{(1)}$, $l^{(2)}$ ses composantes obliques suivant les tangentes aux axes coordonnés;

$\mathfrak{L}^{(0)}$, $\mathfrak{L}^{(1)}$, $\mathfrak{L}^{(2)}$ ses projections orthogonales sur les mêmes tangentes;

$l^{(n)}$, $l^{(n_1)}$, $l^{(n_2)}$ ses composantes obliques suivant les normales n_0, n_1, n_2 aux surfaces coordonnées;

$\mathfrak{L}^{(n)}$, $\mathfrak{L}^{(n_1)}$, $\mathfrak{L}^{(n_2)}$ ses projections orthogonales sur ces trois normales.

Si l'on construit deux parallélépipèdes dont les arêtes du premier soient $l^{(0)}$, $l^{(1)}$, $l^{(2)}$ et dont les arêtes du second soient $l^{(n)}$, $l^{(n_1)}$, $l^{(n_2)}$; en projetant sur la tangente t et sur la normale n les périmètres des polygones fermés, dont les côtés du premier sont $l^{(0)}$, $l^{(1)}$, $l^{(2)}$, $\mathfrak{L}$, et dont les côtés du second sont $l^{(n)}$, $l^{(n_1)}$, $l^{(n_2)}$, $\mathfrak{L}$, on obtient les deux équations

$$(6)\quad \left\{ \begin{aligned} \mathfrak{L}^{(0)} &= l^{(0)}\cos(d\sigma, d\sigma) + l^{(1)}\cos(d\sigma, d\sigma_1) + l^{(2)}\cos(d\sigma, d\sigma_2), \\ \mathfrak{L}^{(n)} &= l^{(n)}\cos(n, n) \quad + l^{(n_1)}\cos(n, n_1) \quad + l^{(n_2)}\cos(n, n_2); \end{aligned} \right\} \quad (3)$$

or, si l'on projette le périmètre du premier polygone sur la normale n et le périmètre du second sur la tangente, on a les deux types suivants :

$$(7)\quad \left\{ \begin{aligned} \mathfrak{L}^{(n)} &= l^{(0)}\cos(n, d\sigma), \\ \mathfrak{L}^{(0)} &= l^{(n)}\cos(n, d\sigma); \end{aligned} \right\} \quad (3)$$

de ces dernières, on déduit les suivantes :

$$(6)'\quad \left\{ \begin{aligned} l^{(n)}\cos(n, d\sigma) &= \Sigma\, \mathfrak{L}^{(n)} \frac{\cos([d\sigma], d\sigma)}{\cos(n, d\sigma)}, \\ l^{(0)}\cos(n, d\sigma) &= \Sigma\, \mathfrak{L}^{(0)} \frac{\cos([n], dn)}{\cos(n, d\sigma)}. \end{aligned} \right\} \quad (3)$$

On voit que les équations (6) donnent les projections orthogonales en fonction des composantes obliques, et que les équations (6)′ donnent les composantes obliques en fonction des projections orthogonales.

246. *Angle de deux droites.* — Soit une seconde droite $\mathcal{L}'$ menée en grandeur et en direction à partir du même point, et soient les composantes obliques et les projections de $\mathcal{L}$ et de $\mathcal{L}'$ représentées par les mêmes lettres, les secondes étant accentuées; si l'on projette sur $\mathcal{L}'$ le périmètre du polygone gauche dont les côtés sont égaux et parallèles à $l^{(0)}$, $l^{(1)}$, $l^{(2)}$, on aura une première relation; et, en projetant sur $\mathcal{L}$ le périmètre du polygone gauche dont les trois côtés sont égaux et parallèles à $l'^{(0)}$, $l'^{(1)}$, $l'^{(2)}$, on aura une seconde équation. Nous écrivons sous la forme suivante ces deux équations :

$$(8)\qquad \begin{cases} \mathcal{L}\cos(\mathcal{L},\mathcal{L}') = \Sigma\, l^{(0)}\cos(\mathcal{L}', d\sigma), \\ \mathcal{L}'\cos(\mathcal{L}',\mathcal{L}) = \Sigma\, l'^{(0)}\cos(\mathcal{L}, d\sigma); \end{cases}$$

or, si l'on élimine les composantes $l^{(0)}$, $l^{(1)}$, $l^{(2)}$, $l'^{(0)}$, $l'^{(1)}$, $l'^{(2)}$ au moyen de la première des équations (7), les deux équations précédentes deviendront

$$(8)'\quad \cos(\mathcal{L},\mathcal{L}') = \Sigma\,\frac{\mathcal{L}^{(n)}}{\mathcal{L}}\,\frac{\cos(\mathcal{L}', d\sigma)}{\cos(n, d\sigma)} = \Sigma\,\frac{\mathcal{L}'^{(n)}}{\mathcal{L}'}\,\frac{\cos(\mathcal{L}, d\sigma)}{\cos(n, d\sigma)},$$

qui conduisent aux deux nouvelles équations

$$(8)''\cos(\mathcal{L},\mathcal{L}') = \Sigma\,\frac{\cos(\mathcal{L}, n)\cos(\mathcal{L}', d\sigma)}{\cos(n, d\sigma)} = \Sigma\,\frac{\cos(\mathcal{L}', n)\cos(\mathcal{L}, d\sigma)}{\cos(n, d\sigma)}.$$

On serait arrivé aux mêmes équations en opérant sur $\mathcal{L}$ et $\mathcal{L}'$ et leurs composantes obliques par rapport aux normales aux surfaces coordonnées.

Ces deux formules sont générales, pourvu que l'on considère les périmètres des polygones et les lignes comme pouvant être parcourus par un mobile suivant deux directions inverses l'une de l'autre, et qu'on prenne pour angle des deux droites l'angle des deux directions de même nom que ces deux droites.

247. *Angle des arcs et des normales avec trois axes rectangulaires.* — Les cosinus des angles de la normale n avec les trois axes rectangulaires sont

$$\frac{d\rho}{h\,dx},\quad \frac{d\rho}{h\,dy},\quad \frac{d\rho}{h\,dz}.$$

Les cosinus des angles que la tangente t à l'axe $d\sigma$ fait avec les mêmes axes sont

$$\frac{dx}{d\sigma}, \quad \frac{dy}{d\sigma}, \quad \frac{dz}{d\sigma}.$$

Les cosinus des angles que les normales n_1, n_2 et les tangentes t_1, t_2 font avec les mêmes axes se déduisent des précédents par la rotation des indices. Un point important de la théorie consiste à exprimer les cosinus des angles que font les normales avec les axes en fonction des cosinus des angles que les tangentes font avec les mêmes axes, et réciproquement.

On obtient ces cosinus directement et sans calcul au moyen de la première des formules (8)″. Si l'on fait coïncider $\mathcal{L}'$ avec x et $\mathcal{L}$ avec n, on obtient l'équation

$$\cos(n, x) = \Sigma \frac{\cos([n], n) \cos(x, d\sigma)}{\cos(n, d\sigma)}.$$

En y remplaçant les cosinus par leurs valeurs et en opérant de même sur les deux autres normales par rapport à l'axe x, on obtient finalement les trois formules contenues dans le type suivant :

$$(9) \qquad \frac{d\rho}{h\,dx} = \Sigma \frac{h\,dx}{d\rho} \cos([n], n). \quad (3)$$

Les deux groupes d'équations semblables en y et en z se déduisent du groupe précédent en y remplaçant dans le groupe (9) d'abord x par y, et ensuite par z.

Pour résoudre la question inverse, on fera coïncider, dans la deuxième des formules (8), $\mathcal{L}'$ avec x et $\mathcal{L}$ avec t; on obtient ainsi

$$\cos(t, x) = \Sigma \frac{\cos(x, n) \cos([d\sigma], d\sigma)}{\cos(n, d\sigma)}; \quad (3)$$

en y remplaçant les cosinus par leurs valeurs et en introduisant les auxiliaires H, H_1, H_2 par la condition que l'on ait (244)

$$(11) \qquad Hh \cos(n, t) = 1, \quad (3)$$

on obtient les trois équations contenues dans le type suivant :

$$(10)\qquad \frac{dx}{\mathrm{H}\,d\rho} = \Sigma\,\frac{\mathrm{H}\,d\rho}{dx}\cos([d\sigma], d\sigma). \quad (3)$$

Deux autres groupes semblables en x et y se déduisent du précédent par le changement successif de x en y et en z.

Les auxiliaires **H, H$_1$, H$_2$** jouent dans la théorie un rôle aussi important que les paramètres h, h_1, h_2.

248. *Solution analytique de la question précédente.* — Si l'on veut résoudre analytiquement la même question, on écrira les trois équations suivantes :

$$\frac{d\rho}{h\,dx}\frac{d\rho}{dx} + \frac{d\rho}{h\,dy}\frac{d\rho}{dy} + \frac{d\rho}{h\,dz}\frac{d\rho}{dz} = h\cos(n, n),$$

$$\frac{d\rho}{h\,dx}\frac{d\rho_1}{dx} + \frac{d\rho}{h\,dy}\frac{d\rho_1}{dy} + \frac{d\rho}{h\,dz}\frac{d\rho_1}{dz} = h_1\cos(n, n_1),$$

$$\frac{d\rho}{h\,dx}\frac{d\rho_2}{dx} + \frac{d\rho}{h\,dy}\frac{d\rho_2}{dy} + \frac{d\rho}{h\,dz}\frac{d\rho_2}{dz} = h_2\cos(n, n_2),$$

lesquelles sont données par les équations (2) et (3). On multipliera la première par $\frac{dx}{d\rho}$, la deuxième par $\frac{dx_1}{d\rho_1}$, la troisième par $\frac{dx_2}{d\rho_2}$, et l'on ajoutera membre à membre; or, en remarquant que, dans cette équation résultante, les coefficients de $\frac{d\rho}{h\,dx}$, $\frac{d\rho}{h\,dy}$, $\frac{d\rho}{h\,dz}$ sont 1, 0, 0, par suite d'une propriété connue des fonctions soumises à un changement de variable, on aura la première équation du groupe (9); et, en opérant de même, on obtiendra les deux autres équations de ce groupe. Si ensuite on résout ce système d'équations par rapport aux inconnues $\frac{dx}{d\rho}$, $\frac{dx}{d\rho_1}$, $\frac{dx}{d\rho_2}$, on tombera sur les équations du groupe (10). Il nous semble que la marche géométrique est préférable, et rien n'égale l'élégance avec laquelle la Géométrie donne d'emblée les expressions des inconnues des deux systèmes d'équations, sans les résoudre.

249. *De la courbure propre et de la courbure inclinée d'une ligne coordonnée.* — Si l'on se reporte au n° 49 du Livre I, on voit que la définition que nous y avons donnée de la courbure inclinée suivant une direction quelconque trouve son application immédiate dans la théorie des coordonnées curvilignes quelconques.

1° Elle s'applique à la courbure propre d'une ligne coordonnée $d\sigma_1$, puisque cette courbure n'est autre chose que la courbure inclinée de l'arc $d\sigma_1$, suivant les tangentes à cet arc; elle est représentée conformément à nos hypothèses par $\frac{1}{\mathfrak{L}_{11}}$ et l'arc de contingence propre sera $\mathfrak{z}_{11}$, de sorte que l'on aura

$$\frac{1}{\mathfrak{L}_{11}} = \frac{\mathfrak{z}_{11}}{d\sigma_1},$$

et, d'après les principes établis au n° 40, la projection de cette courbure sur l'axe des x sera donnée par la relation

$$(11) \qquad \frac{d}{d\sigma_1}\left(\frac{dx}{d\sigma_1}\right) = \frac{\cos(\mathfrak{L}_{11}, x)}{\mathfrak{L}_{11}}. \qquad (3) \quad [3]$$

2° Elle s'applique à la courbure inclinée d'un arc coordonné $d\sigma_1$ suivant un autre arc coordonné $d\sigma_2$, en appelant ainsi la courbure inclinée de la ligne $d\sigma_1$ suivant les tangentes à l'arc $d\sigma_2$, et cette courbure sera représentée, d'après les mêmes hypothèses, par $\frac{1}{\mathfrak{L}_{21}}$; et si, par le point que l'on considère, on mène deux droites parallèles aux tangentes menées par les extrémités de l'arc $d\sigma_1$ aux deux courbes de la série (σ_2) passant par ces extrémités, et que de ce point comme centre, avec un rayon égal à l'unité, on décrive un arc de cercle entre ces deux parallèles, cet arc de cercle $\mathfrak{z}_{21}$ sera l'arc de contingence inclinée correspondant, de sorte que l'on aura

$$\frac{1}{\mathfrak{L}_{21}} = \frac{\mathfrak{z}_{21}}{d\sigma_1},$$

et, si l'on projette sur l'axe des x le périmètre du triangle infinitésimal isoscèle ainsi formé, on aura l'expression suivante de la projection sur l'axe des x de la courbure inclinée :

$$\frac{d}{d\sigma_1}\left(\frac{dx}{d\sigma_2}\right) = \frac{\cos(\mathfrak{L}_{21}, x)}{\mathfrak{L}_{21}}. \quad (6) \quad [3] \tag{12}$$

3° Elle comprend la flexion d'une surface coordonnée suivant une direction donnée sur cette surface. En effet, cette dénomination s'applique au rapport de l'angle de deux normales à la surface menées par les deux extrémités d'un arc infiniment petit situé sur la surface, à la longueur de cet arc ; on voit donc que la flexion de la surface ρ, suivant un arc $d\sigma_1$, n'est autre chose que la courbure inclinée de cet arc suivant les normales à la surface et qu'elle sera représentée par $\frac{1}{\mathfrak{L}_{n1}}$, et l'arc de contingence inclinée correspondant par $\mathfrak{J}_{n1}$, ce qui fournira la relation

$$\frac{1}{\mathfrak{L}_{n1}} = \frac{\mathfrak{J}_{n1}}{d\sigma_1};$$

et l'on aura, pour représenter la projection de cette courbure sur l'axe des x, l'équation

$$\frac{d}{d\sigma_1}\cos(n, x) = \frac{\cos(\mathfrak{L}_{n1}, x)}{\mathfrak{L}_{n1}}. \tag{13}$$

250. *Des composantes d'une courbure inclinée.* — Quelle que soit la courbure d'une ligne coordonnée que l'on considère, son arc de contingence inclinée correspondant donne la direction de cette courbure et, de plus, comme cet arc est proportionnel à cette courbure, il peut aussi la représenter en grandeur; de cette sorte les composantes de cet arc, suivant des directions données, sont proportionnelles aux composantes des courbures suivant les mêmes directions; on aura donc une image nette de ces dernières composantes au moyen des premières. Soit la courbure $\frac{1}{\mathfrak{L}_{21}}$ d'un arc $d\sigma_1$, inclinée suivant $d\sigma_2$, nous pourrons prendre les composantes de cette courbure suivant les trois arcs coordonnés $d\sigma$, $d\sigma_1$, $d\sigma_2$, et nous représenterons ces composantes par $\frac{1}{l_{21}^{(0)}}$, $\frac{1}{l_{21}^{(1)}}$, $\frac{1}{l_{21}^{(2)}}$; nous

pourrons également prendre les composantes de cette courbure suivant les trois normales aux surfaces coordonnées, et nous représenterons ces composantes par $\frac{1}{l_{21}^{(n)}}$, $\frac{1}{l_{21}^{(n_1)}}$, $\frac{1}{l_{21}^{(n_2)}}$. De même, nous serons conduits à projeter cette courbure, soit sur les directions des arcs coordonnés, soit sur celles des normales; les trois premières projections seront représentées par $\frac{1}{\mathfrak{L}_{21}^{(0)}}$, $\frac{1}{\mathfrak{L}_{21}^{(1)}}$, $\frac{1}{\mathfrak{L}_{21}^{(2)}}$, et les trois secondes par $\frac{1}{\mathfrak{L}_{21}^{(n)}}$, $\frac{1}{\mathfrak{L}_{21}^{(n_1)}}$, $\frac{1}{\mathfrak{L}_{21}^{(n_2)}}$. Il nous sera moins utile de considérer les projections de la courbure $\frac{1}{\mathfrak{L}_{21}}$ sur les plans tangents, soit à la surface ρ, soit à la surface ρ_1, dont l'intersection donne la ligne coordonnée $d\sigma_2$ que l'on considère, et l'on représentera ces deux projections par $\frac{1}{L_{21}^{(0)}}$, $\frac{1}{L_{21}^{(1)}}$, les indices supérieurs étant relatifs aux surfaces.

En ce qui concerne les composantes des arcs de contingence inclinée d'une ligne coordonnée, des conventions analogues doivent être faites. Soit $\mathfrak{I}_{21}$ l'arc de contingence inclinée relatif à la courbure $\frac{1}{\mathfrak{L}_{21}}$, les composantes obliques de cet arc de contingence suivant les trois lignes coordonnées et suivant les trois normales seront $i_{21}^{(0)}$, $i_{21}^{(1)}$, $i_{21}^{(2)}$; $i_{21}^{(n)}$, $i_{21}^{(n_1)}$, $i_{21}^{(n_2)}$.

Les projections orthogonales de cet arc sur les lignes coordonnées et sur les normales, seront exprimées par les symboles correspondants $\mathfrak{I}_{21}^{(0)}$, $\mathfrak{I}_{21}^{(1)}$, $\mathfrak{I}_{21}^{(2)}$; $\mathfrak{I}_{21}^{(n)}$, $\mathfrak{I}_{21}^{(n_1)}$, $\mathfrak{I}_{21}^{(n_2)}$.

Les projections de cet arc de contingence sur les plans tangents aux surfaces ρ et ρ_1, seront par la même raison $J_{21}^{(0)}$, $J_{21}^{(1)}$.

Ces conventions s'étendent à une courbure inclinée quelconque, de sorte que, par l'emploi de cette notation, il ne pourra jamais y avoir la moindre ambiguïté, ni sur la nature de la courbure inclinée, ni sur la nature des composantes dont il s'agit.

251. *Relations entre les composantes obliques et les projections orthogonales d'une courbure.* — Les équations (6) du n° 245 étant appliquées aux composantes obliques d'une cour-

bure $\frac{1}{\mathcal{L}}$, suivant les trois arcs coordonnés et à ses projections orthogonales sur les mêmes arcs, et aussi à ses composantes obliques suivant les trois normales et à ses projections orthogonales sur les mêmes normales, donnent les deux types suivants :

$$(14)\qquad \left\{\begin{aligned} \frac{1}{\mathcal{L}^{(0)}} &= \sum \frac{\cos([d\sigma]), d\sigma}{l^{(0)}}, \\ \frac{1}{\mathcal{L}^{(n)}} &= \sum \frac{\cos([n], n)}{l^{(n)}}. \end{aligned}\right\} \quad (3)$$

Le premier fait connaître les projections orthogonales d'une courbure $\frac{1}{\mathcal{L}}$ sur les trois arcs coordonnés en fonction des composantes suivant les mêmes arcs de la même courbure; le second fait connaître les projections orthogonales de la même courbure sur les trois normales coordonnées en fonction des composantes de la courbure suivant les mêmes normales.

Les équations (7) du n° 245 donnent les deux groupes suivants :

$$(15)\qquad \left\{\begin{aligned} \frac{1}{\mathcal{L}^{(0)}} &= \frac{\cos(n, d\sigma)}{l^{(n)}}, \\ \frac{1}{\mathcal{L}^{(n)}} &= \frac{\cos(n, d\sigma)}{l^{(0)}}, \end{aligned}\right\} \quad (3)$$

desquels on déduit les trois équations suivantes :

$$(15)'\qquad \frac{\frac{1}{\mathcal{L}^{(n)}}}{\frac{1}{\mathcal{L}^{(0)}}} = \frac{\frac{1}{l^{(0)}}}{\frac{1}{l^{(n)}}}. \quad (3)$$

De même, les équations (6)′ du n° 245 étant appliquées aux mêmes courbures donnent deux types inverses des types (14), et si l'on pose, pour abréger,

$$(16)\qquad k = \sin\varphi \sin\varphi_1 \sin\theta_2,$$

le produit k étant invariable, malgré la rotation des indices

(244), l'expression de ces deux types deviendra

$$(16)' \quad \left\{ \begin{aligned} \frac{k^2}{l^{(0)} \sin\varphi} &= \sum \frac{\sin(d\sigma_2, d\sigma_1)}{\mathcal{L}^{(0)}} \cos([n], n), \\ \frac{k^2}{l^{(n)} \sin\varphi} &= \sum \frac{\sin(n_2, n_1)}{\mathcal{L}^{(n)}} \cos([d\sigma], d\sigma); \end{aligned} \right\} \quad (3)$$

lesquels font connaître les composantes obliques d'une courbure, soit suivant les arcs coordonnés, soit suivant les normales, en fonction des projections de la même courbure sur ces arcs ou sur ces normales.

Relations entre les projections d'une courbure sur un arc coordonné et les projections de la même courbure sur le plan tangent à la surface coordonnée passant par cette courbe. — Considérons la courbure $\frac{1}{\mathcal{L}_{01}}$; remarquons que, pour projeter cette courbure sur l'arc $d\sigma_1$, on peut projeter cette courbure sur le plan tangent à la surface ρ_2, ce qui donne $\frac{1}{L_{01}^{(2)}}$, et ensuite projeter cette projection sur $d\sigma_1$, ce qui donne $\frac{\sin(d\sigma_1\, d\sigma)}{L_{01}^{(2)}}$; or, en projetant directement cette courbure sur $d\sigma_1$, on a $\frac{\cos(\mathcal{L}_{01}, d\sigma_1)}{\mathcal{L}_{01}}$; ces deux résultats devant être égaux, on a une première équation. Si l'on opère de même par rapport à l'arc $d\sigma_2$, et qu'enfin l'on remarque que la courbure $\frac{1}{\mathcal{L}_{01}}$ est perpendiculaire à l'arc $d\sigma$ et que, par conséquent, la projection de cette courbure sur cet arc est nulle, on a les trois équations relatives aux projections de cette courbure sur les trois coordonnées

$$(16)'' \quad \left\{ \begin{aligned} &\frac{\cos(\mathcal{L}_{01}, d\sigma_1)}{\mathcal{L}_{01}} = \frac{\sin(d\sigma_1, d\sigma)}{L_{01}^{(2)}}, \\ &\frac{\cos(\mathcal{L}_{01}, d\sigma_2)}{\mathcal{L}_{01}} = \frac{\sin(d\sigma_2, d\sigma)}{L_{01}^{(1)}}, \quad \frac{\cos(\mathcal{L}_{01}, d\sigma)}{\mathcal{L}_{01}} = 0. \end{aligned} \right.$$

Ces équations forment un type contenant neuf groupes semblables relatifs aux neuf courbures des arcs coordonnés.

252. *Variation des cosinus des angles coordonnés en fonction des courbures.* — Si l'on se reporte au n° 49 et qu'on fasse coïncider les directions ν, μ, $d\lambda$ avec les directions $d\sigma_1$, $d\sigma_2$, $d\sigma$, la formule (λ) donnera le type suivant, qui formera neuf équations :

$$(17)\quad \left\{ \frac{d\cos(d\sigma_1, d\sigma_2)}{d\sigma} = \frac{\cos(d\sigma_2, \mathcal{L}_{10})}{\mathcal{L}_{10}} + \frac{\cos(d\sigma_1, \mathcal{L}_{20})}{\mathcal{L}_{20}} = \frac{1}{\mathcal{L}^{(2)}_{10}} + \frac{1}{\mathcal{L}^{(1)}_{20}}, \right\} \quad (9)$$

lequel fournit la proposition suivante :

Théorème I. — *Si l'on prend les courbures inclinées d'un arc coordonné suivant deux arcs coordonnés quelconques et qu'on projette ces deux courbures, chacune sur celui de ces deux arcs qui est réciproque à l'arc d'inclinaison, la somme de ces projections est égale à la variation du cosinus de l'angle de ces deux arcs par rapport au premier.*

La formule (17) est tout à fait générale, et chacun des indices du premier membre a son correspondant dans le second, de sorte que la variation d'un seul indice du premier membre entraînera la variation du même indice dans le second.

Si l'on considère toutes les équations dans lesquelles le premier membre a, à son numérateur, un de ses indices identiques à l'indice du dénominateur, on trouve les six formules données par le type suivant :

$$(18)\qquad \frac{1}{\mathcal{L}^{(2)}_{00}} = \frac{d\cos(d\sigma_2, d\sigma)}{d\sigma} - \frac{1}{\mathcal{L}^{(0)}_{20}}, \quad (6)$$

lequel donne lieu à la proposition suivante :

Théorème II. — *La projection de la courbure propre d'un arc coordonné sur un autre est égale à l'excès de la variation du cosinus de l'angle de ces deux arcs par rapport au premier sur la courbure de cet arc inclinée par rapport au second, projetée sur le premier.*

Comme la courbure propre d'un arc donne une projection nulle sur cet arc, et que les projections de cette courbure sur les deux autres sont données par les formules (18), la courbure propre de cet arc est connue en grandeur et en direction en fonction des variations des angles que cet arc fait avec les deux autres et des projections de ses courbures inclinées suivant ces deux arcs, sur l'arc lui-même.

Si l'angle que cet arc fait avec les deux autres est constant, les projections des courbures propres de cet arc ne dépendent que des projections de ses courbures inclinées, suivant ces deux arcs, sur l'arc lui-même.

Il est évident que la constance d'un angle coordonné entraîne le théorème suivant :

THÉORÈME III. — *Si l'angle de deux arcs coordonnés est invariable, et qu'on projette sur un de ces arcs la courbure de cet arc, inclinée suivant le second, cette projection est égale et directement opposée à la courbure propre du même arc projetée sur le second.*

253. *Variation des mêmes cosinus en fonction des projection des arcs de contingence inclinée.* — Il est aisé de voir que, si l'on multiplie les deux membres de l'équation (17) par $d\sigma$, elle peut être mise soús la forme suivante :

$$(17)' \qquad d_0(\cos d\sigma_1, d\sigma_2) = \mathfrak{I}^{(2)}_{10} + \mathfrak{I}^{(1)}_{20}. \quad (9)$$

Cette équation donne naissance à un théorème analogue au théorème I du numéro précédent.

THÉORÈME IV. — *Si l'on prend les arcs de contingence inclinée d'une ligne coordonnée suivant deux lignes coordonnées quelconques qui déterminent une surface et qu'on projette ces deux arcs de contingence chacun sur chacune de ces deux lignes, réciproque à la ligne d'inclinaison, la somme de ces projections est égale à la variation du cosinus de l'angle de ces deux lignes par rapport à la surface qui les contient.*

On déduit de même de l'équation (18) l'équation suivante :

$$(18)' \qquad \mathfrak{I}^{(2)}_{00} = d\cos(d\sigma_2, d\sigma) - \mathfrak{I}^{(0)}_{20},$$

qui donne aussi lieu à des théorèmes analogues aux théorèmes II et III du numéro précédent.

254. *De la variation complète du cosinus d'un angle coordonné.* — Si dans l'équation $(17)'$ nous remplaçons successivement l'indice zéro par les indices 1 et 2, nous aurons deux nouvelles équations; si nous ajoutons membre à membre ces trois équations, le premier membre de l'équation résultante sera la variation complète du cosinus de l'angle $(d\sigma_1, d\sigma_2)$; on aura donc la relation

$$(19)\quad d\cos(d\sigma_1, d\sigma_2) = (\mathfrak{I}_{10}^{(2)} + \mathfrak{I}_{11}^{(2)} + \mathfrak{I}_{12}^{(2)}) + (\mathfrak{I}_{20}^{(1)} + \mathfrak{I}_{21}^{(1)} + \mathfrak{I}_{22}^{(1)}).$$

laquelle donne naissance au théorème suivant :

Théorème V. — *La variation complète des cosinus d'un angle coordonné est égale à la somme de tous les arcs de contingence des lignes coordonnées, inclinés suivant les deux côtés de cet angle et projetés chacun sur le côté réciproque au côté d'inclinaison.*

On voit que, si cet angle est droit ou constant, la somme de ces projections est nulle.

255. *Variation des angles coordonnés.* — Considérons maintenant l'équation (λ') du n° 49, et faisons coïncider les directions ν, μ, $d\lambda$ avec $d\sigma_1$, $d\sigma_2$, $d\sigma$, cette équation deviendra, en remarquant que $\varphi = (d\sigma_1, d\sigma_2)$,

$$(17)'' \qquad -\frac{d\varphi}{d\sigma} = \frac{1}{L_{10}^{(0)}} + \frac{1}{L_{20}^{(0)}}, \quad (9)$$

de laquelle on déduit le théorème suivant :

Théorème VI. — *La variation d'un angle de deux arcs coordonnés, par rapport à un arc coordonné quelconque, est égale et directement opposée à la somme des projections, sur le plan tangent à ces deux arcs, des courbures inclinées de cet arc suivant les deux côtés de l'angle.*

On déduit facilement des théorèmes analogues aux théorèmes II et III du n° 252.

Si l'on introduit, dans l'équation $(17)''$, les projections des angles de contingence inclinée sur le plan tangent, cette équation prendra la forme suivante :

$$(17)''' \qquad - d_0\varphi = J^{(0)}_{10} + J^{(0)}_{20}. \quad (9)$$

laquelle donne immédiatement le théorème suivant :

Théorème VII. — *Si l'on fait varier une surface coordonnée, la variation résultante d'un angle coordonné quelconque est égale et de direction contraire à la somme des projections, sur le plan tangent à cette surface, des angles de contingence de la ligne qui coupe la surface, inclinés suivant les deux lignes qui forment l'angle.*

Pour que l'application de ces deux dernières formules ne donne lieu à aucune méprise, il faut remarquer que le second indice inférieur, commun à chaque terme du second membre, est le même que l'indice de la différentielle d du premier; que les premiers indices inférieurs du second membre sont marqués par les indices des deux côtés $d\sigma_1$, $d\sigma_2$ de l'angle φ, et que l'indice supérieur commun aux deux termes du second membre est marqué par l'indice de φ.

D'après cela, en remarquant que $d = d_0 + d_1 + d_2$, on aura l'expression suivante de la variation totale de l'angle φ :

$$(19)' \qquad - d\varphi = J^{(0)}_{10} + J^{(0)}_{20} + J^{(0)}_{11} + J^{(0)}_{21} + J^{(0)}_{12} + J^{(0)}_{22},$$

dans laquelle il serait facile de déduire un théorème analogue au théorème V.

256. *Expression des angles de contingence géodésique d'une ligne coordonnée en fonction des variations des arcs coordonnés.* — Cette expression dépend de la résolution du problème suivant :

Problème. — *Un point quelconque* A *d'une courbe plane* $d\sigma$ *subit un déplacement* AB *dans le plan de cette courbe et dans une direction donnée par une certaine loi, de telle sorte que le lieu des points* B *est une certaine courbe; trouver l'expression de l'angle de contingence* J *en fonction de la variation de l'arc* $d\sigma$ *et de la variation du déplacement* AB (*fig.* 37).

AE, EA' sont deux tangentes infiniment voisines à la

courbe $d\sigma$; A′N est perpendiculaire à A′E, $A'M_1$ à AE; A′I est parallèle à AB; μ est le cosinus de l'angle EAB (ψ); ds est le

Fig. 37.

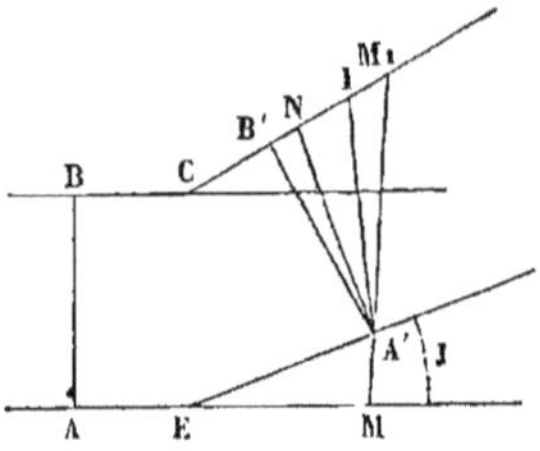

déplacement AB; δ représente la variation par suite du déplacement. Cela posé, les deux triangles A′ME, $M_1A'N$ donnent la suite des rapports égaux

$$\text{angle}\,J = \frac{A'M}{A'E} = \frac{M_1N}{A'N} = \frac{M_1B' - B'N}{A'N} = \frac{M_1I + IB' - NB'}{A'N};$$

or

$$M_1I = -(\mu\, ds), \quad IB' = -\delta\, ds,$$
$$NB' = -\mu\, ds - d_0(\mu\, ds), \quad A'N = ds \sin\psi;$$

en substituant, on trouve l'expression suivante de J :

$$(20) \qquad J = \frac{d_0(\mu\, ds) - \delta\, d\sigma}{ds \sin\psi}.$$

Cette formule est tout à fait générale et se rapporte à un déplacement ds quelconque.

Supposons maintenant que la courbe σ, au lieu d'être plane, soit située sur une surface ρ_2, que AB, A′B′ soient deux tangentes infiniment voisines de la série (σ_1) aux points où elles coupent la courbe σ, le déplacement étant toujours ds. Le polygone AEA′B′CB est maintenant un polygone gauche, lequel projeté sur le plan tangent à la surface au point A donne un polygone plan analogue à celui que nous venons de considérer. La formule précédente ne sera pas changée, seulement J sera la projection sur le plan tangent de l'angle de contingence de la courbe $d\sigma$, et l'angle ψ deviendra $(d\sigma, d\sigma_1)$; on aura donc la formule suivante, qui se rapporte à un déplacement quelconque ds, effectué à partir de la courbe σ, sur la tangente à la courbe σ_1 :

$$(20)' \qquad J_{00}^{(2)} = \frac{d_0[ds\cos(d\sigma, d\sigma_1)] - \delta\, d\sigma}{ds\sin(d\sigma, d\sigma_1)}.$$

257. *Expression des angles de contingence géodésique, par rapport à une surface, d'un des arcs coordonnés situés sur cette surface en fonction des variations de ces arcs.* — Supposons maintenant que le déplacement ds est l'arc de la courbe σ_1, compris entre deux courbes infiniment voisines de la série (σ), et qu'on représente par $d\omega_2$ l'aire du parallélogramme dont les côtés sont $d\sigma$, $d\sigma_1$, de telle sorte que $d\omega_2$ soit égal à $d\sigma\, d\sigma_1 \sin\varphi_2$; on obtiendra une formule relative au plan tangent à la surface ρ_2, laquelle, jointe à la formule réciproque relative au même plan, fournira le système suivant d'équations :

$$(21) \quad \frac{d\omega_2}{L_{00}^{(2)}} = d_0(d\sigma_1 \cos\varphi_2) - d_1\, d\sigma, \quad \frac{d\omega_2}{L_{11}^{(2)}} = d_1(d\sigma\cos\varphi_2) - d_0\, d\sigma_1,$$

lesquelles donnent les angles de contingence propre géodésique de chacune des lignes coordonnées sur chacune des deux surfaces qui contiennent cette ligne, ces angles de contingence géodésique étant exprimés en fonction des variations des arcs coordonnés situés sur la surface.

Expression des angles de contingence géodésique inclinée d'un des deux arcs coordonnés situés sur une surface en fonction des variations de ces arcs. — Si l'on effectue la différentiation indiquée dans le second membre de l'équation (21), et qu'on élimine $\frac{1}{L_{00}^{(2)}}$ de la première et $\frac{1}{L_{11}^{(2)}}$ de la seconde, au moyen des deux formules réciproques, relatives au plan tangent à la surface ρ_2 (255),

$$-\frac{d\varphi_2}{d\sigma} = \frac{1}{L_{10}^{(2)}} + \frac{1}{L_{00}^{(2)}}, \quad -\frac{d\varphi_2}{d\sigma_1} = \frac{1}{L_{01}^{(2)}} + \frac{1}{L_{11}^{(2)}},$$

contenues dans le type (17)″, on tombe sur les deux équations réciproques suivantes :

$$(22) \quad \frac{d\omega_2}{L_{10}^{(2)}} = d_1\, d\sigma - \cos\varphi_2\, d_0\, d\sigma_1, \quad \frac{d\omega_2}{L_{01}^{(2)}} = d_0\, d\sigma_1 - \cos\varphi_2\, d_1\, d\sigma. \ (3)$$

Ce type contient six formules qui sont relatives par couples à chacune des surfaces coordonnées, et font connaître, sur chaque surface, les angles de contingence géodésique de l'un des deux arcs coordonnés suivant l'autre.

Pour trouver toutes les formules renfermées dans les types (21), on fera subir à chacune de ces équations la permutation tournante des indices, ce qui fournira quatre nouvelles équations, et l'on opérera de même sur les équations (22).

Expression des projections des courbures propres et des courbures inclinées sur les arcs coordonnés. — Si l'on a recours aux relations (16)″ du n° **251**, on pourra introduire, par élimination, dans les formules (21) et (22), les projections des courbures propres et des courbures inclinées, et l'on obtiendra ainsi les deux systèmes suivants :

$$(21)' \quad \left\{ \begin{aligned} \frac{d\sigma\, d\sigma_1}{\mathfrak{L}^{(1)}_{00}} &= d_0(d\sigma_1 \cos\varphi_2) - d_1\, d\sigma, \\ \frac{d\sigma\, d\sigma_1}{\mathfrak{L}^{(0)}_{11}} &= d_1(d\sigma \cos\varphi_2) - d_0\, d\sigma_1, \end{aligned} \right\} \quad (3)$$

$$(22)' \quad \left\{ \begin{aligned} \frac{d\sigma\, d\sigma_1}{\mathfrak{L}^{(0)}_{10}} &= d_1\, d\sigma - \cos\varphi_2\, d_0\, d\sigma_1, \\ \frac{d\sigma\, d\sigma_1}{\mathfrak{L}^{(1)}_{01}} &= d_0 d\sigma_1 - \cos\varphi_2\, d_1\, d\sigma, \end{aligned} \right\} \quad (3)$$

qui sont relatifs au plan tangent à la surface ρ_2. Les deux systèmes relatifs aux surfaces ρ et ρ_1 se déduisent des précédents par la rotation des indices.

258. *Variation des arcs coordonnés.* — 1° Si l'on résout les deux équations (22), par rapport aux variations $d_0\, d\sigma_1$, $d_1\, d\sigma$, prises comme inconnues, on obtient les deux équations suivantes relatives à la surface ρ_2 :

$$(23) \quad \frac{\sin\varphi_2\, d_1\, d\sigma}{d\sigma\, d\sigma_1} = \frac{1}{L^{(2)}_{10}} + \frac{\cos\varphi_2}{L^{(2)}_{01}}, \quad \frac{\sin\varphi_2\, d_0\, d\sigma_1}{d\sigma\, d\sigma_1} = \frac{1}{L^{(2)}_{01}} + \frac{\cos\varphi_2}{L^{(2)}_{10}}, \quad (3)$$

lesquelles donnent les variations des arcs tracés sur la surface ρ_2, en fonction linéaire des courbures géodésiques inclinées de ces arcs, suivant leurs directions réciproques.

2° On déduit de même des équations (22)′ les expressions équivalentes de ces variations, en fonction linéaire des projections normales des courbures inclinées de ces arcs :

$$(23)' \qquad \left\{ \begin{aligned} \frac{\sin^2\varphi_2 \, d_1 \, d\sigma}{d\sigma \, d\sigma_1} &= \frac{1}{\mathfrak{L}^{(0)}_{10}} + \frac{\cos\varphi_2}{\mathfrak{L}^{(0)}_{01}}, \\ \frac{\sin^2\varphi_2 \, d_0 d\sigma_1}{d\sigma_1 \, d\sigma} &= \frac{1}{\mathfrak{L}^{(1)}_{01}} + \frac{\cos\varphi_2}{\mathfrak{L}^{(2)}_{10}}, \end{aligned} \right\} \quad (3)$$

lesquelles, si l'on appelle $\frac{1}{\lambda_2}$ la résultante des courbures $\frac{1}{\mathfrak{L}^{(0)}_{10}}$, $\frac{1}{\mathfrak{L}^{(1)}_{01}}$, prendront la forme significative suivante :

$$(23)'' \quad \frac{\sin^2\varphi_2 \, d_1 \, d\sigma}{d\sigma \, d\sigma_1} = \frac{\cos(\lambda_2, d\sigma)}{\lambda_2}, \quad \frac{\sin^2\varphi_2 d_0 \, d\sigma_1}{d\sigma_1 \, d\sigma} = \frac{\cos(\lambda_2, d\sigma_1)}{\lambda_2}. \quad (3)$$

On obtiendra les groupes des formules relatives aux autres surfaces par la rotation des indices.

3° Enfin, si dans les équations (23)′ on exprime, au moyen des formules (14), les projections des courbures sur les arcs coordonnés en fonction des composantes obliques de ces courbures, on trouve facilement les deux relations suivantes :

$$(23)''' \qquad \frac{d_1 \, d\sigma}{d\sigma \, d\sigma_1} = \frac{1}{l^{(0)}_{10}} - \frac{1}{l^{(0)}_{01}}, \quad \frac{d_0 \, d\sigma_1}{d\sigma \, d\sigma_1} = \frac{1}{l^{(1)}_{01}} - \frac{1}{l^{(1)}_{10}}. \quad (3)$$

Ces formules se rapportent à la surface ρ_2, et elles font connaître la variation d'un arc en fonction des composantes obliques des courbures inclinées, en donnant la proposition suivante :

Théorème. — *La variation d'un des deux arcs coordonnés situés sur une surface par rapport à l'autre arc est égale à la différence des composantes obliques suivant le premier, des courbures inclinées de ces deux arcs suivant leurs tangentes réciproques.*

259. *Relations entre les composantes des courbures inclinées.* — On a les deux relations

$$\frac{dx}{d\rho_1} = \mathrm{X}_1 \frac{d\sigma_1}{d\rho_1}, \quad \frac{dx}{d\rho_2} = \mathrm{X}_2 \frac{d\sigma_2}{d\rho_2};$$

la différentiation de la première par rapport à ρ_2 et de la seconde par rapport à ρ_1 donnera deux résultats identiques, quels que soient $\mathbf{X}$, $\mathbf{X}_1$, $\mathbf{X}_2$. Or, si de ces deux résultats on élimine les deux termes $\frac{d\mathbf{X}_1}{d\rho_2}$, $\frac{d\mathbf{X}_2}{d\rho_1}$ au moyen des équations (2) et qu'on identifie les coefficients de $\mathbf{X}$, $\mathbf{X}_1$, $\mathbf{X}_2$, on obtient deux sortes d'équations. La première reproduit les équations (23)''' du n° **258**, ce qui constitue une démonstration analytique des formules et des théorèmes relatifs aux variations des arcs coordonnés et établis géométriquement dans le numéro cité. La seconde sorte d'équations est renfermée dans le type suivant :

$$(24) \qquad \frac{1}{l^{(0)}_{21}} = \frac{1}{l^{(0)}_{12}}, \quad (3)$$

de laquelle on tire la proposition suivante, qui a une grande importance dans la théorie.

Théorème. — *Les composantes obliques, suivant un arc, des courbures inclinées des deux autres arcs suivant les arcs réciproques sont égales.*

Maintenant, si dans l'équation précédente on exprime les composantes obliques des courbures inclinées en fonction des projections de ces courbures sur les arcs coordonnés, on tombe sur les équations contenues dans le type suivant :

$$(24)' \quad \left(\frac{1}{\mathcal{L}^{(0)}_{12}} - \frac{1}{\mathcal{L}^{(0)}_{21}}\right)\sin\varphi + \frac{\sin\varphi_2\cos\theta_1}{\mathcal{L}^{(2)}_{12}} - \frac{\sin\varphi_1\cos\theta_2}{\mathcal{L}^{(1)}_{21}} = 0. \quad (3)$$

260. *Expression de la courbure inclinée d'un arc suivant le second et projetée sur le troisième, en fonction des variations des arcs coordonnés.* — Il nous reste à calculer la projection de la courbure inclinée d'un arc suivant le second, cette projection étant faite sur le troisième. Ces projections sont au nombre de six. Or, si l'on élimine dans l'équation (24)' les courbures $\frac{1}{\mathcal{L}^{(2)}_{12}}$, $\frac{1}{\mathcal{L}^{(1)}_{21}}$ au moyen des formules (22)', on obtiendra les trois équations suivantes, qui se déduisent l'une de l'autre par la rotation simultanée des indices, et qui contiennent ces six projections

$$(25)\qquad \left(\frac{1}{\rho^{(0)}_{12}} - \frac{1}{\rho^{(0)}_{21}}\right) = \cos\varphi_1 \frac{d_1\, d\sigma_2}{d\sigma_1\, d\sigma_2} - \cos\varphi_2 \frac{d_2\, d\sigma_1}{d\sigma_1\, d\sigma_2}; \qquad (3)$$

or le type (17)′ contient les trois équations suivantes entre les mêmes projections. Ces équations, qui se déduisent aussi l'une de l'autre par la rotation simultanée des indices, sont

$$(26)\qquad \frac{1}{\rho^{(0)}_{12}} + \frac{1}{\rho^{(1)}_{02}} = \frac{d_2 \cos\varphi_2}{d\sigma_2}; \qquad (3)$$

on a donc un système de six équations linéaires entre six inconnues qui sont les projections dont il s'agit, de sorte que la résolution de ces équations fera connaître ces projections. Comme chacune de ces six équations ne renferme que deux inconnues, l'élimination se fera simplement de la manière suivante : on ajoutera la dernière du groupe (25) avec la deuxième du groupe (26), et l'on tombera sur l'équation

$$(27)\qquad \frac{1}{\rho^{(2)}_{01}} + \frac{1}{\rho^{(1)}_{20}} = \frac{d\,(d\sigma_1 \cos\varphi) - \cos\varphi_1\, d_1\, d\sigma}{d\sigma\, d\sigma_1}, \qquad (3)$$

qui forme un type des trois équations que l'on obtient par la rotation simultanée des indices; en prenant la différence des deux dernières de ce groupe, on tombera sur l'équation

$$\frac{1}{\rho^{(2)}_{01}} - \frac{1}{\rho^{(1)}_{20}} = \frac{\left\{\begin{array}{c} d\sigma\, d_1\,(d\sigma_2 \cos\varphi_1) - d\sigma_1\, d_2\,(d\sigma \cos\varphi_2) \\ - d\sigma \cos\varphi_2\, d_2\, d\sigma_1 + d\sigma_1 \cos\varphi\, d_0\, d\sigma_2 \end{array}\right\}}{d\sigma\, d\sigma_1\, d\sigma_2},$$

et enfin, si l'on ajoute cette équation à la dernière du groupe précédent, on obtiendra le type suivant :

$$(28)\qquad \left\{\begin{array}{l} \dfrac{2\, d\sigma\, d\sigma_1\, d\sigma_2}{\rho^{(2)}_{01}} = d_0\,(d\sigma_1\, d\sigma_2 \cos\varphi) - d_2\,(d\sigma_1\, d\sigma \cos\varphi_2) \\ \qquad\qquad + d\sigma_2\, d_1\left(\cos\varphi_1 \dfrac{d\sigma_2}{d\sigma}\right), \end{array}\right\} \quad (6)$$

qui contient six équations. On obtient celle qui est conjuguée en surface à l'équation décrite, par la permutation des indices inférieurs de la courbure, et des mêmes indices dans l'équation, ensuite chacun de ces types produit trois autres équations par la rotation simultanée de tous les indices.

261. *Remarques sur les formules précédentes.* — D'après ce qui vient d'être établi dans le n° 257 et les suivants, les projections des courbures propres et des courbures inclinées des arcs coordonnés sur les trois arcs coordonnés peuvent s'exprimer en fonction des variations de ces arcs. En effet, chaque ligne coordonnée a trois courbures, l'une propre et les deux autres inclinées suivant les deux autres lignes coordonnées. Or la projection de la courbure propre d'une ligne coordonnée sur cette ligne est nulle, et la projection des courbures inclinées suivant les deux autres lignes sur ces lignes est aussi nulle; cela réduit à six les projections des courbures propres et inclinées d'une ligne coordonnée. Le nombre des projections des courbures des lignes coordonnées est égal à dix-huit; or, de ces dix-huit courbures, six sont données par les formules (21)′, six par les formules (22)′, et six par les formules (28). On a donc cette proposition :

Théorème I. — *Toutes les projections, sur les lignes coordonnées, des diverses courbures propres ou inclinées des lignes coordonnées suivant ces lignes s'expriment en fonction des variations des arcs coordonnés.*

Et comme, lorsque l'on connaît les projections des courbures propres ou inclinées des lignes coordonnées sur ces diverses lignes, les composantes obliques sont aussi connues en vertu des formules (16), on a aussi la proposition suivante :

Théorème II. — *Les composantes obliques des courbures propres ou inclinées des arcs coordonnés suivant ces arcs s'expriment en fonction des variations de ces arcs, et il en est ainsi des courbures elles-mêmes.*

Si l'on ajoute les trois équations non conjuguées en surface contenues dans le type (28), on a l'équation résultante

$$(28)' \quad \left\{ \begin{aligned} & 2\, d\sigma\, d\sigma_1\, d\sigma_2 \left(\frac{1}{\mathcal{L}^{(2)}_{01}} + \frac{1}{\mathcal{L}^{(0)}_{12}} + \frac{1}{\mathcal{L}^{(1)}_{20}} \right) \\ & = d\sigma_2^2\, d_1 \left(\cos\varphi \frac{d\sigma_2}{d\sigma} \right) + d\sigma_2^2\, d_2 \left(\cos\varphi_1 \frac{d\sigma}{d\sigma_1} \right) + d\sigma^2 d_0 \left(\cos\varphi_1 \frac{d\sigma_1}{d\sigma_2} \right). \end{aligned} \right.$$

Variation de l'angle de contingence géodésique de l'un des deux arcs coordonnés situés sur cette surface par rapport à l'autre. — On a les deux relations

$$(29) \qquad J^{(2)}_{00} = \frac{d\sigma}{L^{(2)}_{00}}, \quad J^{(2)}_{11} = \frac{d\sigma_1}{L^{(2)}_{11}}; \qquad (3)$$

si l'on différentie la première par rapport à ρ_1 et la seconde par rapport à ρ, et qu'on élimine la variation de $d\sigma$ au moyen des équations (23), on a les deux équations suivantes :

$$(30) \left\{ \begin{aligned} \frac{d_1 J^{(2)}_{00}}{d\sigma\, d\sigma_1} &= \frac{d_1}{d\sigma_1}\left(\frac{1}{L^{(2)}_{00}}\right) + \frac{1}{\sin\varphi_2 L^{(2)}_{00}}\left(\frac{1}{L^{(2)}_{10}} + \frac{\cos\varphi_2}{L^{(2)}_{01}}\right), \\ \frac{d_0 J^{(2)}_{11}}{d\sigma_1\, d\sigma} &= \frac{d_0}{d\sigma}\left(\frac{1}{L^{(2)}_{11}}\right) + \frac{1}{\sin\varphi_2 L^{(2)}_{11}}\left(\frac{1}{L^{(2)}_{01}} + \frac{\cos\varphi_2}{L^{(2)}_{10}}\right). \end{aligned} \right\} \qquad (3)$$

En opérant de même, on a les deux relations

$$(29)' \qquad J^{(2)}_{10} = \frac{d\sigma}{L^{(2)}_{10}}, \quad J^{(2)}_{01} = \frac{d\sigma_1}{L^{(2)}_{01}};$$

on aura

$$(30)' \left\{ \begin{aligned} \frac{d_1 J^{(2)}_{10}}{d\sigma_1\, d\sigma} &= \frac{d_1}{d\sigma_1}\left(\frac{1}{L^{(2)}_{10}}\right) + \frac{1}{\sin\varphi_2}\frac{1}{L^{(2)}_{10}}\left(\frac{1}{L^{(2)}_{10}} + \frac{\cos\varphi_2}{L^{(2)}_{01}}\right), \\ \frac{d_0 J^{(2)}_{01}}{d\sigma\, d\sigma_1} &= \frac{d_0}{d\sigma}\left(\frac{1}{L^{(2)}_{01}}\right) + \frac{1}{\sin\varphi_2}\frac{1}{L^{(2)}_{01}}\left(\frac{1}{L^{(2)}_{01}} + \frac{\cos\varphi_2}{L^{(0)}_{10}}\right). \end{aligned} \right\} \qquad (3$$

262. *Variation de l'angle de contingence géodésique sur une surface de l'un des deux arcs situés sur cette surface par rapport à un arc sécant.* — Il faut différentier, par rapport à ρ_2, les équations (29), et l'on obtient les deux relations :

$$(31) \left\{ \begin{aligned} \frac{d_2 J^{(2)}_{00}}{d\sigma\, d\sigma_2} &= \frac{d_2}{d\sigma_2}\left(\frac{1}{L^{(2)}_{00}}\right) + \frac{1}{\sin\varphi_1 L^{(2)}_{00}}\left(\frac{1}{L^{(1)}_{20}} + \frac{\cos\varphi_1}{L^{(1)}_{02}}\right), \\ \frac{d_2 J^{(2)}_{11}}{d\sigma_1\, d\sigma_2} &= \frac{d_2}{d\sigma_2}\left(\frac{1}{L^{(2)}_{11}}\right) + \frac{1}{\sin\varphi\, L^{(2)}_{11}}\left(\frac{1}{L^{(0)}_{21}} + \frac{\cos\varphi}{L^{(0)}_{12}}\right); \end{aligned} \right\} \qquad (3)$$

et, en opérant sur les deux équations (29)', on trouvera les deux suivantes :

$$(31)' \left\{ \begin{aligned} \frac{d_2 J^{(2)}_{10}}{d\sigma\, d\sigma_2} &= \frac{d_2}{d\sigma_2}\left(\frac{1}{L^{(2)}_{10}}\right) + \frac{1}{\sin\varphi_1}\frac{1}{L^{(2)}_{10}}\left(\frac{1}{L^{(1)}_{20}} + \frac{\cos\varphi_1}{L^{(1)}_{02}}\right), \\ \frac{d_2 J^{(2)}_{01}}{d\sigma_1\, d\sigma_2} &= \frac{d_2}{d\sigma_2}\left(\frac{1}{L^{(2)}_{01}}\right) + \frac{1}{\sin\varphi}\frac{1}{L^{(2)}_{01}}\left(\frac{1}{L^{(0)}_{21}} + \frac{\cos\varphi}{L^{(0)}_{12}}\right). \end{aligned} \right\} \qquad (3)$$

Variation de la projection de l'arc de contingence propre d'une des deux lignes coordonnées situées sur une surface, sur l'autre ligne. — On a les deux relations

$$(29)'' \qquad \mathfrak{J}^{(1)}_{00} = \frac{d\sigma}{\mathfrak{L}^{(1)}_{00}}, \quad \mathfrak{J}^{(0)}_{11} = \frac{d\sigma_1}{\mathfrak{L}^{(0)}_{11}}; \qquad (3)$$

si l'on prend les variations, par rapport à ρ_1, de la première et, par rapport à ρ, de la seconde, et qu'on élimine les variations des arcs au moyen des équations (23)', on aura les deux équations suivantes :

$$(31)'' \left\{ \begin{aligned} \frac{d_1 \mathfrak{J}^{(1)}_{00}}{d\sigma\, d\sigma_1} &= \frac{d_1}{d\sigma_1}\left(\frac{1}{\mathfrak{L}^{(1)}_{00}}\right) + \frac{1}{\sin^2\varphi_2 \mathfrak{L}^{(1)}_{00}}\left(\frac{1}{\mathfrak{L}^{(0)}_{10}} + \frac{\cos\varphi_2}{\mathfrak{L}^{(1)}_{01}}\right), \\ \frac{d_0 \mathfrak{J}^{(0)}_{11}}{d\sigma_1\, d\sigma} &= \frac{d_0}{d\sigma}\left(\frac{1}{\mathfrak{L}^{(0)}_{11}}\right) + \frac{1}{\sin^2\varphi_2 \mathfrak{L}^{(1)}_{11}}\left(\frac{1}{\mathfrak{L}^{(1)}_{01}} + \frac{\cos\varphi_2}{\mathfrak{L}^{(0)}_{10}}\right). \end{aligned} \right\} \quad (3)$$

Variation d'un angle de contingence inclinée suivant une direction quelconque et géodésique sur une surface de l'un des deux arcs coordonnés. — On a les deux relations

$$J^{(2)}_{\nu 0} = \frac{d\sigma}{L^{(2)}_{\nu 0}}, \quad J^{(2)}_{\nu 0} = \frac{d\sigma}{L^{(1)}_{\nu 1}}. \qquad (3)$$

Si l'on différentie la première équation par rapport à ρ_1 et la seconde par rapport à ρ, on obtiendra deux équations dans lesquelles les indices supérieurs, entre crochets, des courbures inclinées suivant ν, se correspondent.

$$\frac{d_1 J^{(2)}_{\nu 0}}{d\sigma\, d\sigma_1} = \frac{d}{d\sigma_1}\left(\frac{1}{L^{(2)}_{\nu 0}}\right) + \frac{1}{L^{(2)}_{\nu 0}\sin\varphi_2}\left(\frac{1}{L^{(2)}_{10}} + \frac{\cos\varphi_2}{L^{(2)}_{01}}\right),$$

$$\frac{d_0 J^{(2)}_{\nu 1}}{d\sigma_1\, d\sigma} = \frac{d}{d\sigma}\left(\frac{1}{L^{(2)}_{\nu 1}}\right) + \frac{1}{L^{(2)}_{\nu 1}\sin\varphi_2}\left(\frac{1}{L^{(2)}_{01}} + \frac{\cos\varphi_2}{L^{(2)}_{10}}\right).$$

Variation de la projection d'un arc de contingence inclinée d'une des lignes coordonnées par rapport à l'autre. — On a les deux relations conjuguées en surface

$$\mathfrak{J}^{(0)}_{\nu 0} = \frac{d\sigma}{\mathfrak{L}^{(0)}_{\nu 0}}, \quad \mathfrak{J}^{(1)}_{\nu 1} = \frac{d\sigma_1}{\mathfrak{L}^{(1)}_{\nu 1}};$$

si l'on différentie la première par rapport à ρ_1 et la seconde par rapport à ρ, on obtiendra

$$\frac{d_1 \mathfrak{J}^{(0)}_{\nu 0}}{d\sigma\, d\sigma_1} = \frac{d_1}{d\sigma_1}\left(\frac{1}{\mathfrak{L}^{(0)}_{\nu 0}}\right) + \frac{1}{\mathfrak{L}^{(0)}_{\nu 0} \sin^2\varphi_2}\left(\frac{1}{\mathfrak{L}^{(0)}_{10}} + \frac{\cos\varphi_2}{\mathfrak{L}^{(1)}_{01}}\right),$$

$$\frac{d_0 \mathfrak{J}^{(1)}_{\nu 1}}{d\sigma_1\, d\sigma} = \frac{d_0}{d\sigma}\left(\frac{1}{\mathfrak{L}^{(1)}_{\nu 1}}\right) + \frac{1}{\mathfrak{L}^{(1)}_{\nu 1} \sin^2\varphi_2}\left(\frac{1}{\mathfrak{L}^{(1)}_{01}} + \frac{\cos\varphi_2}{\mathfrak{L}^{(1)}_{10}}\right),$$

desquelles on déduira les différentielles des deux mêmes angles de contingence par rapport à ρ_2.

CHAPITRE II.

DES ÉQUATIONS AUX DIFFÉRENCES PARTIELLES DES COURBURES.

§ I. — DES LIAISONS ENTRE LES VARIATIONS DES COURBURES.

263. *De la variation de l'angle qu'une direction variable fait avec une direction fixe.* — Soit l'axe des x cette direction; considérons une ligne ν menée par un point et dont la direction varie avec le point. Si nous restons fidèle à notre notation et que nous représentions par $\mathbf{X}, \mathbf{X}_1, \mathbf{X}_2$; $\mathbf{Y}, \mathbf{Y}_1, \mathbf{Y}_2$; $\mathbf{Z}, \mathbf{Z}_1, \mathbf{Z}_2$ les cosinus des angles que les arcs des coordonnées $d\sigma$, $d\sigma_1$, $d\sigma_2$ font avec les axes des x, y, z, rectangulaires entre eux, on aura l'équation

$$(1) \qquad \frac{d}{d\rho_1}\cos(\nu, x) = \frac{d\sigma_1}{d\rho_1}\left(\frac{\mathrm{X}}{l_{\nu 1}^{(0)}} + \frac{\mathrm{X}_1}{l_{\nu 1}^{(1)}} + \frac{\mathrm{X}_2}{l_{\nu 1}^{(2)}}\right), \qquad (3)$$

qui est générale, et qui se rapporte à une direction quelconque de ν, de sorte que, si l'on fait coïncider cette direction successivement avec les trois arcs coordonnés, on aura les neuf équations contenues dans le type suivant :

$$(2) \qquad \frac{d\mathrm{X}}{d\rho_1} = \frac{d\sigma_1}{d\rho_1}\left(\frac{\mathrm{X}_0}{l_{01}^{(0)}} + \frac{\mathrm{X}_1}{l_{01}^{(1)}} + \frac{\mathrm{X}_2}{l_{02}^{(2)}}\right). \qquad (9)$$

Le nombre de ces formules est neuf, provenant des différentiations par rapport à ρ, ρ_1, ρ_2 des trois valeurs que prend le second membre de l'équation (1), suivant que l'on fait coïncider ν avec chacun des trois arcs coordonnés.

264. *De la double variation de l'angle* (ν, x). — Si l'on prend la variation par rapport à ρ_2 des deux membres de l'équation (1), et qu'on élimine les variations des cosinus au moyen des équations (2), on aura l'équation suivante :

$$(3)\quad \left\{ \begin{aligned} &\frac{d^2 \cos(\nu, x)}{d\rho_2\, d\rho_1} \\ &= \frac{d\sigma_1}{d\rho_1}\frac{d\sigma_2}{d\rho_2} \Sigma X_0 \left[\frac{1}{l^{[(0)]}_{[\nu 1]}\, l^{(0)}_{[0\,2]}} + \frac{1}{l^{[(1)]}_{[\nu 1]}\, l^{(0)}_{[1\,2]}} + \frac{1}{l^{[(2)]}_{[\nu 1]}\, l^{(0)}_{[2\,2]}} + \frac{d}{d\rho_{[2]}}\left(\frac{d\sigma_{[(1)]}}{d\rho_{[1]}\, l^{(0)}_{[\nu 1]}} \right) \right], \end{aligned} \right.$$

le signe Σ s'étendant à toutes les valeurs que prend l'expression placée sous ce signe, par suite de la rotation simultanée des indices non contenus entre crochets.

Cette formule est tout à fait générale; l'indice qui suit ν dans les composantes des courbures suivant la direction ν est partout le même et égal à 1, il provient de la variation par rapport à ρ_1; le second indice, qui affecte les courbures des seconds facteurs de chaque terme, est partout le même et égal à 2, il provient de la variation par rapport à ρ_2. Il suffira donc de modifier convenablement ces deux indices dans le second membre et les variations correspondantes du premier pour avoir toutes les doubles variations possibles. D'après cela, la double variation du cosinus de l'angle (ν, x), suivant les mêmes paramètres intervertis, sera donnée par l'équation

$$(4)\quad \left\{ \begin{aligned} &\frac{d^2 \cos(\nu, x)}{d\rho_1\, d\rho_2} \\ &= \frac{d\sigma_2}{d\rho_2}\frac{d\sigma_1}{d\rho_1} \Sigma X_0 \left[\frac{1}{l^{[(0)]}_{[\nu 2]}\, l^{(0)}_{[0\,1]}} + \frac{1}{l^{[(1)]}_{[\nu 2]}\, l^{(0)}_{[1\,1]}} + \frac{1}{l^{[(2)]}_{[\nu 2]}\, l^{(0)}_{[2\,1]}} - \frac{d}{d\rho_{[1]}}\left(\frac{d\sigma_{[(2)]}}{d\rho_{[2]}\, l^{(1)}_{[\nu 2]}} \right) \right]. \end{aligned} \right.$$

Suivant que l'on fera coïncider dans l'équation (3) la ligne ν avec les tangentes aux lignes coordonnées ou avec les normales aux surfaces coordonnées, on aura les doubles variations des courbures inclinées des arcs coordonnés ou des flexions des trois surfaces.

265. *Des relations qui existent entre les variations des arcs de contingence inclinée suivant une direction quelconque.* — Si l'on remarque que les doubles variations que nous avons trouvées dans le numéro précédent doivent être identiques, quels que soient les cosinus X_0, X_1, X_2, on obtient, en identifiant les expresions de ces doubles variations, trois équations

entre les variations des composantes obliques des courbures inclinées suivant la direction ν. Ces trois équations sont :

$$
(5)\quad \left\{
\begin{aligned}
&\frac{d}{d\rho_2}\left(\frac{d\sigma_1}{l_{\nu 1}^{(0)} d\rho_1}\right) - \frac{d}{d\rho_1}\left(\frac{d\sigma_2}{l_{\nu 2}^{(0)} d\rho_2}\right) + \frac{d\sigma_1}{d\rho_1}\frac{d\sigma_2}{d\rho_2}\sum\left(\frac{1}{l_{[\nu 1]}^{(0)} l_{0[2]}^{[0]}} - \frac{1}{l_{[\nu 2]}^{(0)} l_{0[1]}^{[0]}}\right) = 0,\\
&\frac{d}{d\rho_2}\left(\frac{d\sigma_1}{l_{\nu 1}^{(1)} d\rho_1}\right) - \frac{d}{d\rho_1}\left(\frac{d\sigma_2}{l_{\nu 2}^{(1)} d\rho_2}\right) + \frac{d\sigma_1}{d\rho_1}\frac{d\sigma_2}{d\rho_1}\sum\left(\frac{1}{l_{[\nu 1]}^{(0)} l_{0[2]}^{[1]}} - \frac{1}{l_{[\nu 2]}^{(0)} l_{0[1]}^{[1]}}\right) = 0,\\
&\frac{d}{d\rho_2}\left(\frac{d\sigma_1}{l_{\nu 1}^{(2)} d\rho_1}\right) - \frac{d}{d\rho_1}\left(\frac{d\sigma_2}{l_{\nu 2}^{(2)} d\rho_2}\right) + \frac{d\sigma_1}{d\rho_1}\frac{d\sigma_2}{d\rho_2}\sum\left(\frac{1}{l_{[\nu 1]}^{(0)} l_{0[2]}^{[2]}} - \frac{1}{l_{[\nu 2]}^{(0)} l_{0[1]}^{[2]}}\right) = 0;
\end{aligned}
\right\}(3)
$$

le signe Σ s'étend à toutes les valeurs que prend l'expression placée sous ce signe par suite de la rotation simultanée des indices non renfermés entre crochets [ ].

Les deux autres groupes, de trois équations chacun, contenus dans le type (5) se déduisent de ce type par la rotation de tous les indices 0, 1, 2 supérieurs ou inférieurs. Le premier groupe se rapporte au plan tangent à la surface ρ, le second au plan tangent à la surface ρ_1, et le troisième au plan tangent à la surface ρ_2.

266. *Transformation des équations précédentes.* — Multiplions la première équation du groupe (5) par $\cos(d\sigma, d\sigma)$, la seconde par $\cos(d\sigma, d\sigma_1)$, la troisième par $\cos(d\sigma, d\sigma_2)$ et ajoutons les équations résultantes, membre à membre ; si l'on remarque que la somme des projections des composantes obliques d'une courbure sur l'une des trois directions, $d\sigma$, $d\sigma_1$, $d\sigma_2$ est égale à la projection de cette courbure sur cette direction, et si l'on élimine les variations des angles au moyen des relations (17) du Chapitre I, on obtiendra une équation qui formera, avec les deux que l'on obtient par un procédé analogue, le groupe suivant :

$$
(6)\quad \left\{
\begin{aligned}
&\frac{d}{d\rho_2}\left(\frac{d\sigma_1}{d\rho_1 \mathcal{L}_{\nu 1}^{(0)}}\right) - \frac{d}{d\rho_1}\left(\frac{d\sigma_2}{d\rho_2 \mathcal{L}_{\nu 2}^{(0)}}\right) = \frac{d\sigma_1}{d\rho_1}\frac{d\sigma_2}{d\rho_2}\left[\frac{\cos(\mathcal{L}_{\nu 1}, \mathcal{L}_{02})}{\mathcal{L}_{\nu 1}\mathcal{L}_{02}} - \frac{\cos(\mathcal{L}_{\nu 2}, \mathcal{L}_{01})}{\mathcal{L}_{\nu 2}\mathcal{L}_{01}}\right],\\
&\frac{d}{d\rho_2}\left(\frac{d\sigma_1}{d\rho_1 \mathcal{L}_{\nu 1}^{(1)}}\right) - \frac{d}{d\rho_1}\left(\frac{d\sigma_2}{d\rho_2 \mathcal{L}_{\nu 2}^{(1)}}\right) = \frac{d\sigma_1}{d\rho_1}\frac{d\sigma_2}{d\rho_2}\left[\frac{\cos(\mathcal{L}_{\nu 1}, \mathcal{L}_{12})}{\mathcal{L}_{\nu 1}\mathcal{L}_{12}} - \frac{\cos(\mathcal{L}_{\nu 2}, \mathcal{L}_{11})}{\mathcal{L}_{\nu 2}\mathcal{L}_{11}}\right],\\
&\frac{d}{d\rho_2}\left(\frac{d\sigma_1}{d\rho_1 \mathcal{L}_{\nu 1}^{(2)}}\right) - \frac{d}{d\rho_1}\left(\frac{d\sigma_2}{d\rho_2 \mathcal{L}_{\nu 2}^{(2)}}\right) = \frac{d\sigma_1}{d\rho_1}\frac{d\sigma_2}{d\rho^2}\left[\frac{\cos(\mathcal{L}_{\nu 1}, \mathcal{L}_{22})}{\mathcal{L}_{\nu 1}\mathcal{L}_{22}} - \frac{\cos(\mathcal{L}_{\nu 2}, \mathcal{L}_{21})}{\mathcal{L}_{\nu 2}\mathcal{L}_{21}}\right].
\end{aligned}
\right\}(3)
$$

Le groupe précédent se rapporte au plan tangent à la surface ρ; les deux autres groupes se rapportant aux deux autres surfaces coordonnées s'obtiennent par la rotation des indices 0, 1, 2.

Les équations du type (6) forment un système équivalent au système fourni par le type (5); mais elles ont des avantages qui leur sont propres, soit au point de vue géométrique, soit au point de vue analytique. Elles conduisent au théorème unique suivant :

Théorème. — *Si l'on prend les arcs de contingence inclinée de deux lignes coordonnées $d\sigma_1$, $d\sigma_2$ suivant deux directions ν, μ et qu'on projette les arcs inclinés de contingence suivant une direction ν, sur la direction des deux arcs réciproques de contingence, la différence des produits binaires d'un arc par sa projection et la différence des variations, par rapport aux paramètres réciproques, des projections des deux arcs de contingence inclinée suivant la direction ν sur la seconde direction μ sont égales.*

Ce théorème permet de condenser les neuf équations du type (6) en une seule

$$(6')\quad \left\{\begin{aligned}&\frac{d}{d\rho_2}\left[\frac{d\sigma_1}{d\rho_1}\,\frac{\cos(\mathcal{L}_{\nu 1},\mu)}{\mathcal{L}_{\nu 1}}\right]-\frac{d}{d\rho_1}\left[\frac{d\sigma_2}{d\rho_2}\,\frac{\cos(\mathcal{L}_{\nu 2},\mu)}{\mathcal{L}_{\nu 2}}\right]\\ &\quad=\frac{d\sigma_1}{d\rho_1}\,\frac{d\sigma_2}{d\rho_2}\left[\frac{\cos(\mathcal{L}_{\nu 1},\mathcal{L}_{\mu 2})}{\mathcal{L}_{\nu 1}\mathcal{L}_{\mu 2}}-\frac{\cos(\mathcal{L}_{\nu 2},\mathcal{L}_{\mu 1})}{\mathcal{L}_{\nu 2}\mathcal{L}_{\mu 1}}\right],\end{aligned}\right\}\quad(3)$$

puisqu'il suffit de faire coïncider successivement dans cette dernière la direction μ avec $d\sigma$, $d\sigma_1$, $d\sigma_2$ pour obtenir les précédentes.

267. *Deuxième transformation.* — Considérons le second membre de l'équation (6'); deux des courbures sont perpendiculaires à la direction ν et les deux autres à la direction μ. Soit π une direction perpendiculaire aux deux directions ν, μ, et considérons le trièdre formé par les trois directions $\mathcal{L}_{\nu 1}$, $\mathcal{L}_{\mu 2}$, π, on a la relation

$$\begin{aligned}\cos(\mathcal{L}_{\nu 1},\mathcal{L}_{\mu 2}) &= \cos(\mathcal{L}_{\nu 1},\pi)\cos(\mathcal{L}_{\mu 2},\pi)\\ &\quad+\sin(\mathcal{L}_{\nu 1},\pi)\sin(\mathcal{L}_{\mu 2},\pi)\cos(\nu,\mu);\end{aligned}$$

si l'on divise les deux membres par le produit $\mathcal{L}_{\nu 1}\,\mathcal{L}_{\mu 2}$ et qu'on introduise les projections de ces courbures sur le plan des deux droites ν, μ et sur la normale à ce plan, en restant fidèle à la notation du n° 49, et qu'on opère de même sur le second terme du second membre de l'équation (6)′, le facteur binôme de ce second membre prendra la forme suivante :

$$\left(\frac{1}{\mathfrak{L}^{(\pi)}_{\nu 1}\mathfrak{L}^{(\pi)}_{\mu 2}}-\frac{1}{\mathfrak{L}^{(\pi)}_{\nu 2}\mathfrak{L}^{(\pi)}_{\mu 1}}\right)-\left(\frac{1}{\mathrm{L}^{(\pi)}_{\nu 1}\mathrm{L}^{(\pi)}_{\mu 2}}-\frac{1}{\mathrm{L}^{(\pi)}_{\nu 2}\mathrm{L}^{(\pi)}_{\mu 1}}\right)\cos(\nu,\mu).$$

Or, si l'on remarque que, dans le premier membre de l'équation (6)′, les courbures $\frac{1}{\mathfrak{L}_{\nu 1}}$, $\frac{1}{\mathfrak{L}_{\nu 2}}$ projetées sur la direction μ sont égales aux projections de ces courbures sur le plan (ν,μ) multipliées par le sinus de l'angle (ν,μ), qu'on développe les différentiations indiquées et qu'on ait égard à l'équation (λ) du n° 49, les termes qui contiennent $\cos(\nu,\mu)$ s'annulent en vertu de cette équation, et l'on obtient l'équation suivante :

$$(7)\quad \left\{\begin{aligned}&\frac{d}{d\rho_2}\left(\frac{d\sigma_1}{d\rho_1\,\mathrm{L}^{(\pi)}_{\nu 1}}\right)-\frac{d}{d\rho_1}\left(\frac{d\sigma_2}{d\rho_2\,\mathrm{L}^{(\pi)}_{\nu 2}}\right)\\&\quad=\frac{d}{d\rho_1}\left(\frac{d\sigma_2}{d\rho_2\,\mathrm{L}^{(\pi)}_{\mu 2}}\right)-\frac{d}{d\rho_1}\left(\frac{d\sigma_1}{d\rho_1\,\mathrm{L}^{(\pi)}_{\mu 1}}\right)\\&\quad=\frac{\frac{d\sigma_1}{d\rho_1}\frac{d\sigma_2}{d\rho_2}}{\sin(\nu,\mu)}\left(\frac{1}{\mathfrak{L}^{(\pi)}_{\nu 1}\mathfrak{L}^{(\pi)}_{\mu 2}}-\frac{1}{\mathfrak{L}^{(\pi)}_{\nu 2}\mathfrak{L}^{(\pi)}_{\mu 1}}\right),\end{aligned}\right\}\quad(3)$$

laquelle donne naissance au théorème suivant :

Théorème. — *Si l'on prend les arcs de contingence inclinée de deux lignes coordonnées $d\sigma_1$, $d\sigma_2$ suivant deux directions ν, μ et qu'on projette ces quatre arcs sur le plan des deux directions et sur la normale à ce plan, la différence des produits binaires des projections normales des arcs de contingence inclinée des deux lignes suivant deux directions différentes, et la différence des variations par rapport aux paramètres réciproques, des projections sur le plan $\nu\mu$ des deux arcs de contingence inclinée suivant l'une ou l'autre des deux directions ν, μ sont entre elles dans un rapport égal au sinus de ces deux directions.*

L'un et l'autre des théorèmes démontrés dans ce numéro

et dans le numéro précédent ont une grande importance, parce que chacun de ces théorèmes renferme, d'une manière complète, la solution du problème des coordonnées curvilignes, ayant pour but de déterminer les équations aux différences partielles du second ordre des lignes coordonnées, comme la chose sera mise en évidence dans les numéros suivants.

268. *Des relations qui existent entre les variations des courbures inclinées de deux arcs coordonnés suivant une direction quelconque.* — 1° Développons les différentiations indiquées dans les premiers membres des équations (5), et remplaçons les variations des arcs par leurs valeurs tirées des équations (23)' du Chapitre précédent, et l'on aura les trois équations suivantes :

$$(8)\quad \left\{\begin{aligned}
&\frac{d}{d\sigma_2}\left(\frac{1}{l^{(0)}_{\nu 1}}\right) - \frac{d}{d\sigma_1}\left(\frac{1}{l^{(1)}_{\nu 2}}\right) + \frac{1}{l^{(0)}_{\nu 1}}\left(\frac{1}{l^{(1)}_{21}} - \frac{1}{l^{(1)}_{12}}\right) - \frac{1}{l^{(0)}_{\nu 2}}\left(\frac{1}{l^{(2)}_{12}} - \frac{1}{l^{(2)}_{21}}\right)\\
&\qquad = -\sum\left(\frac{1}{l^{(0)}_{[\nu 1]}\, l^{[0]}_{0[2]}} - \frac{1}{l^{(0)}_{[\nu 2]}\, l^{[0]}_{0[1]}}\right),\\
&\frac{d}{d\sigma_2}\left(\frac{1}{l^{(1)}_{\nu 1}}\right) - \frac{d}{d\sigma_1}\left(\frac{1}{l^{(1)}_{\nu 2}}\right) + \frac{1}{l^{(1)}_{\nu 1}}\left(\frac{1}{l^{(1)}_{21}} - \frac{1}{l^{(1)}_{12}}\right) - \frac{1}{l^{(1)}_{\nu 2}}\left(\frac{1}{l^{(2)}_{12}} - \frac{1}{l^{(2)}_{21}}\right)\\
&\qquad = -\sum\left(\frac{1}{l^{(0)}_{[\nu 1]}\, l^{[1]}_{0[2]}} - \frac{1}{l^{(0)}_{[\nu 2]}\, l^{[1]}_{0[1]}}\right),\\
&\frac{d}{d\sigma_2}\left(\frac{1}{l^{(2)}_{\nu 1}}\right) - \frac{d}{d\sigma_1}\left(\frac{1}{l^{(2)}_{\nu 2}}\right) + \frac{1}{l^{(2)}_{\nu 1}}\left(\frac{1}{l^{(1)}_{21}} - \frac{1}{l^{(1)}_{11}}\right) - \frac{1}{l^{(2)}_{\nu 2}}\left(\frac{1}{l^{(2)}_{12}} - \frac{1}{l^{(2)}_{21}}\right)\\
&\qquad = -\sum\left(\frac{1}{l^{(0)}_{[\nu 1]}\, l^{[2]}_{0[2]}} - \frac{1}{l^{(0)}_{[\nu 2]}\, l^{[2]}_{0[1]}}\right).
\end{aligned}\right\}\quad (3)$$

Ces équations sont relatives aux variations des composantes obliques des courbures inclinées.

269. *Des relations entre les variations des projections des courbures inclinées.* — Pour obtenir les relations qui existent entre les variations des projections orthogonales des courbures inclinées, il faut se servir des équations (6)' et éliminer les variations des arcs au moyen de la formule

$$(9)\qquad \frac{\sin^2\varphi\, d_2\, d\sigma_1}{d\sigma_1\, d\sigma_2} = \frac{1}{\mathcal{L}^{(1)}_{21}} + \frac{\cos\varphi}{\mathcal{L}^{(2)}_{12}},\qquad (6)$$

qui n'est autre chose que la formule (23)' du Chapitre Ier, on obtient ainsi

$$(10)\quad \left\{\begin{array}{l} \sin^2\varphi\left[\dfrac{d}{d\sigma_2}\left(\dfrac{1}{\mathcal{L}_{\nu 1}^{(\mu)}}\right)-\dfrac{d}{d\sigma_1}\left(\dfrac{1}{\mathcal{L}_{\nu 2}^{(\mu)}}\right)\right] \\ \quad +\dfrac{1}{\mathcal{L}_{\nu 1}^{(\mu)}}\left(\dfrac{1}{\mathcal{L}_{21}^{(1)}}+\dfrac{\cos\varphi}{\mathcal{L}_{12}^{(2)}}\right)-\dfrac{1}{\mathcal{L}_{\nu 2}^{(\mu)}}\left(\dfrac{1}{\mathcal{L}_{12}^{(2)}}+\dfrac{\cos\varphi}{\mathcal{L}_{21}^{(1)}}\right) \\ \quad =\left[\dfrac{\cos(\mathcal{L}_{\nu 1},\mathcal{L}_{\mu 2})}{\mathcal{L}_{\nu 1}\mathcal{L}_{\mu 2}}-\dfrac{\cos(\mathcal{L}_{\nu 2},\mathcal{L}_{\mu 1})}{\mathcal{L}_{\nu 2}\mathcal{L}_{\mu 1}}\right]\sin^2\varphi. \end{array}\right\}(9)$$

Cette équation est telle que le second membre ne fait que de changer de signe lorsqu'on change ν en μ, et, réciproquement, il résulte que l'on a l'équation

$$(10)'\quad \left\{\begin{array}{l} \sin^2\varphi\left[\dfrac{d}{d\sigma_2}\left(\dfrac{1}{\mathcal{L}_{\nu 1}^{(\mu)}}+\dfrac{1}{\mathcal{L}_{\mu 1}^{(\nu)}}\right)-\dfrac{d}{d\sigma_1}\left(\dfrac{1}{\mathcal{L}_{\nu 2}^{(\mu)}}+\dfrac{1}{\mathcal{L}_{\mu 2}^{(\nu)}}\right)\right] \\ \quad +\left(\dfrac{1}{\mathcal{L}_{21}^{(1)}}+\dfrac{\cos\varphi}{\mathcal{L}_{12}^{(2)}}\right)\left(\dfrac{1}{\mathcal{L}_{\nu 1}^{(\mu)}}+\dfrac{1}{\mathcal{L}_{\mu 1}^{(\nu)}}\right) \\ \qquad -\left(\dfrac{1}{\mathcal{L}_{21}^{(2)}}+\dfrac{\cos\varphi}{\mathcal{L}_{21}^{(1)}}\right)\left(\dfrac{1}{\mathcal{L}_{\nu 2}^{(\mu)}}+\dfrac{1}{\mathcal{L}_{\mu 2}^{(\nu)}}\right)=0, \end{array}\right\}(9)$$

qui se déduit aussi de l'équation (2) du n° 49 par le procédé indiqué à la fin du n° 266, et par l'élimination des variations des arcs.

3° Enfin on obtient les relations qui existent entre les variations des projections des courbures sur le plan des directions (ν, μ); en effectuant les différentiations indiquées dans le type (7), et en éliminant les variations des arcs au moyen de la formule (23), Chapitre I, on obtient ainsi l'équation suivante :

$$(11)\quad \left\{\begin{array}{l} \dfrac{d}{d\sigma_2}\left(\dfrac{1}{L_{\nu 1}^{(\pi)}}\right)-\dfrac{d}{d\sigma_1}\left(\dfrac{1}{L_{\nu 2}^{(\pi)}}\right)+\dfrac{1}{\sin\varphi\, L_{\nu 1}^{(\pi)}}\left(\dfrac{1}{L_{21}^{(0)}}+\dfrac{\cos\varphi}{L_{12}^{(0)}}\right) \\ \qquad -\dfrac{1}{\sin\varphi\, L_{\nu 2}^{(\pi)}}\left(\dfrac{1}{L_{12}^{(0)}}+\dfrac{\cos\varphi}{L_{21}^{(0)}}\right) \\ \quad =\dfrac{1}{\sin(\nu,\mu)}\left(\dfrac{1}{\mathcal{L}_{\nu 1}^{(\pi)}\mathcal{L}_{\mu 2}^{(\pi)}}-\dfrac{1}{\mathcal{L}_{\nu 2}^{(\pi)}\mathcal{L}_{\mu 1}^{(\pi)}}\right), \end{array}\right\}(3)$$

et comme le second membre ne fait que changer de signe lorsqu'on change μ en ν et réciproquement, on obtient une équation analogue à celle qu'a fournie l'équation (10).

$$(11)' \quad \left\{ \begin{aligned} &\left[\frac{d}{d\sigma_2}\left(\frac{1}{L_{\nu 1}^{(\pi)}} + \frac{1}{L_{\mu 1}^{(\pi)}}\right) - \frac{d}{d\sigma_1}\left(\frac{1}{L_{\nu 2}^{(\pi)}} + \frac{1}{L_{\mu 2}^{(\pi)}}\right)\right] \sin\varphi \\ &\quad + \left(\frac{1}{L_{\nu 1}^{(\pi)}} + \frac{1}{L_{\mu 1}^{(\pi)}}\right)\left(\frac{1}{L_{21}^{(0)}} + \frac{\cos\varphi}{L_{12}^{(0)}}\right) \\ &\qquad - \left(\frac{1}{L_{\nu 2}^{(\pi)}} + \frac{1}{L_{\mu 2}^{(\pi)}}\right)\left(\frac{1}{L_{12}^{(0)}} + \frac{\cos\varphi}{L_{21}^{(0)}}\right) = 0. \end{aligned} \right.$$

270. *Des facteurs binômes des seconds membres des équations précédentes.* — Considérons d'abord le facteur binôme situé dans le second membre de l'équation (6)' et son expression en fonction des variations des courbures donné par le premier. Si dans l'équation (λ) du n° 49 on fait successivement coïncider la direction λ avec $d\sigma_1$ et $d\sigma_2$, on obtiendra deux équations au moyen desquelles on pourra éliminer une ou deux courbures inclinées du premier membre de l'équation (6)'; de sorte que si, pour abréger, on représente le facteur binôme par $\mathfrak{V}_{\nu\mu}^{12}$, on aura

$$(6)'' \quad \left\{ \begin{aligned} &\frac{d\sigma_1}{d\rho_1}\frac{d\sigma_2}{d\rho_2}\mathfrak{V}_{\nu\mu}^{12} = \frac{d}{d\rho_2}\left(\frac{d\sigma_1}{d\rho_1 \mathfrak{L}_{\nu 1}^{(\mu)}}\right) - \frac{d}{d\rho_1}\left(\frac{d\sigma_2}{d\rho_2 \mathfrak{L}_{\nu 2}^{(\mu)}}\right) \\ &\qquad = \frac{d}{d\rho_1}\left(\frac{d\sigma_2}{d\rho_2 \mathfrak{L}_{\mu 2}^{(\nu)}}\right) - \frac{d}{d\rho_2}\left(\frac{d\sigma_1}{d\rho_1 \mathfrak{L}_{\mu 1}^{(\nu)}}\right), \\ &\frac{d\sigma_1}{d\rho_1}\frac{d\sigma_2}{d\rho_2}\mathfrak{V}_{\nu\mu}^{12} = \frac{d}{d\rho_2}\left(\frac{d\sigma_1}{d\rho_1 \mathfrak{L}_{\nu 1}^{(\mu)}}\right) + \frac{d}{d\rho_1}\left(\frac{d\sigma_2}{d\rho_2 \mathfrak{L}_{\mu 2}^{(\nu)}}\right) - \frac{d^2\cos(\nu,\mu)}{d\rho_1\,d\rho_2} \\ &\qquad = -\frac{d}{d\rho_2}\left(\frac{d\sigma_1}{d\rho_1 \mathfrak{L}_{\mu 1}^{(\nu)}}\right) - \frac{d}{d\rho_1}\left(\frac{d\sigma_2}{d\rho_2 \mathfrak{L}_{\nu 2}^{(\mu)}}\right) + \frac{d^2\cos(\nu,\mu)}{d\rho_1\,d\rho_2}. \end{aligned} \right.$$

De même, si l'on représente par $U_{\mu\nu}^{12}$ le facteur binôme du second membre de l'équation (7) et qu'on opère de la même manière sur cette équation au moyen des deux équations que l'on obtient en faisant coïncider la direction λ dans la formule (λ)' du n° 49 avec les directions $d\sigma_1$, $d\sigma_2$, on obtient les deux nouvelles formes de l'équation (16)

$$(7)' \quad \left\{ \begin{aligned} \frac{d\sigma_1}{d\rho_1}\frac{d\sigma_2}{d\rho_2}\frac{\mathrm{U}^{1\,2}_{\nu\mu}}{\sin(\nu,\mu)} &= \frac{d}{d\rho_2}\left(\frac{d\sigma_1}{d\rho_1\,\mathrm{L}^{(\pi)}_{\nu 1}}\right) + \frac{d}{d\rho_1}\left(\frac{d\sigma_2}{d\rho_2\,\mathrm{L}^{(\pi)}_{\mu 2}}\right) + \frac{d^2(\nu,\mu)}{d\rho_1\,d\rho_2} \\ &= -\frac{d}{d\rho_2}\left(\frac{d\sigma_1}{d\rho_1\,\mathrm{L}^{(\pi)}_{\mu 1}}\right) - \frac{d}{d\rho_1}\left(\frac{d\sigma_2}{d\rho_2\,\mathrm{L}^{(\pi)}_{\nu 2}}\right) - \frac{d^2(\nu,\mu)}{d\rho_1\,d\rho_2}. \end{aligned} \right.$$

Les deux binômes $\mathcal{V}^{1\,2}_{\nu\mu}$ et $\mathrm{U}^{1\,2}_{\nu\mu}$ ont donc chacun quatre expressions principales; celles du premier binôme sont en fonction des variations des projections des arcs de contingence inclinées $d\sigma_1$, $d\sigma_2$ suivant les directions ν ou μ sur ces deux directions; celles du second binôme sont en fonction des variations des projections des mêmes arcs de contingence sur le plan des deux directions ν, μ.

271. *Expression résultante des facteurs binômes.* — Si l'on développe les différentiations indiquées dans les quatre expressions des binômes $\mathcal{V}^{1\,2}_{\nu\mu}$ et $\mathrm{U}^{1\,2}_{\nu\mu}$ et qu'on élimine les variations des arcs, comme nous l'avons déjà fait à la fin du numéro précédent, nous obtiendrons quatre nouvelles expressions de ces binômes en fonction des projections des courbures inclinées correspondantes sur les deux directions ν et μ lorsqu'il s'agira du premier binôme, et sur le plan des deux directions ν et μ lorsqu'il s'agira du second ([1]). On a donc les deux nouvelles expressions du $\mathcal{V}^{1\,2}_{\nu\mu}$

$$(10)'' \quad \left\{ \begin{aligned} \mathcal{V}^{1\,2}_{\nu\mu} &= \frac{d}{d\sigma_2}\left(\frac{1}{\mathcal{L}^{(\mu)}_{\nu 1}}\right) + \frac{d}{d\sigma_1}\left(\frac{1}{\mathcal{L}^{(\nu)}_{\mu 2}}\right) + \frac{1}{\sin^2\varphi\,\mathcal{L}^{(\mu)}_{\nu 1}}\left(\frac{1}{\mathcal{L}^{(1)}_{2 1}} + \frac{\cos\varphi}{\mathcal{L}^{(2)}_{1 2}}\right) \\ &\quad + \frac{1}{\sin^2\varphi\,\mathcal{L}^{(\nu)}_{\mu 2}}\left(\frac{1}{\mathcal{L}^{(2)}_{1 2}} + \frac{\cos\varphi}{\mathcal{L}^{(1)}_{2 1}}\right) - \frac{d^2\cos(\nu,\mu)}{d\rho_1\,d\rho_2}\frac{d\rho_1}{d\sigma_1}\frac{d\rho_2}{d\sigma_2}, \\ -\mathcal{V}^{1\,2}_{\nu\mu} &= \frac{d}{d\sigma_2}\left(\frac{1}{\mathcal{L}^{(\nu)}_{\mu 1}}\right) + \frac{d}{d\sigma_1}\left(\frac{1}{\mathcal{L}^{(\mu)}_{\nu 2}}\right) + \frac{1}{\sin^2\varphi\,\mathcal{L}^{(\nu)}_{\mu 1}}\left(\frac{1}{\mathcal{L}^{(1)}_{2 1}} + \frac{\cos\varphi}{\mathcal{L}^{(2)}_{1 2}}\right) \\ &\quad + \frac{1}{\sin^2\varphi\,\mathcal{L}^{(\mu)}_{\nu 2}}\left(\frac{1}{\mathcal{L}^{(2)}_{1 2}} + \frac{\cos\varphi}{\mathcal{L}^{(1)}_{2 1}}\right) - \frac{d^2\cos(\nu,\mu)}{d\rho_1\,d\rho_2}\frac{d\rho_1}{d\sigma_1}\frac{d\rho_2}{d\sigma_2}; \end{aligned} \right.$$

([1]) *Analyse infinitésimale des courbes tracées sur une surface quelconque*, p. 48.

et aussi les deux nouvelles expressions de $U_{\nu\mu}^{12}$,

$$(11)'' \left\{ \begin{aligned} \frac{U_{\nu\mu}^{12}}{\sin(\nu,\mu)} &= \frac{d}{d\sigma_2}\left(\frac{1}{L_{\nu 1}^{(\pi)}}\right) + \frac{d}{d\sigma_1}\left(\frac{1}{L_{\mu 2}^{(\pi)}}\right) + \frac{1}{\sin\varphi\, L_{\nu 1}^{(\pi)}}\left(\frac{1}{L_{21}} + \frac{\cos\varphi}{L_{12}}\right) \\ &\quad + \frac{1}{\sin\varphi\, L_{\mu 2}^{(\pi)}}\left(\frac{1}{L_{12}} + \frac{\cos\varphi}{L_{21}}\right) + \frac{d^2(\nu,\mu)}{d\rho_1\, d\rho_2}\frac{d\rho_1}{d\sigma_1}\frac{d\rho_2}{d\sigma_2}, \\ -\frac{U_{\nu\mu}^{12}}{\sin(\nu,\mu)} &= \frac{d}{d\sigma_2}\left(\frac{1}{L_{\mu 1}^{(\pi)}}\right) + \frac{d}{d\sigma_1}\left(\frac{1}{L_{\nu 2}^{(\pi)}}\right) + \frac{1}{\sin\varphi\, L_{\mu 1}^{(\pi)}}\left(\frac{1}{L_{21}} + \frac{\cos\varphi}{L_{12}}\right) \\ &\quad + \frac{1}{\sin\varphi\, L_{\nu 2}^{(\pi)}}\left(\frac{1}{L_{12}} + \frac{\cos\varphi}{L_{21}}\right) + \frac{d^2(\nu,\mu)}{d\rho_1\, d\rho_2}\frac{d\rho_1}{d\sigma_1}\frac{d\rho_2}{d\sigma_2}. \end{aligned} \right.$$

272. *Extension des formules précédentes.* — Considérons la forme du binôme $\mho_{\nu\mu}^{12}$. Si nous représentons par $V_{\nu\mu}^{12}$ le facteur de $\cos(\nu,\mu)$ dans l'expression de ce binôme, nous aurons la relation n° 267

$$\mho_{\nu\mu}^{12} = U_{\nu\mu}^{12} + V_{\nu\mu}^{12}\cos(\nu,\mu).$$

Cela posé, soit ψ une fonction quelconque de l'angle (ν,μ) et soient ψ' et ψ'' les dérivées première et seconde de cette fonction par rapport à cet angle ; on a identiquement, par suite des équations qui se déduisent de l'équation (λ) du n° 49, en faisant coïncider la direction λ avec celle des arcs coordonnés, la relation suivante :

$$\begin{aligned} \frac{\psi''}{L_{\nu 1}^{(\pi)}}\frac{d\sigma_1}{d\rho_1}\frac{d(\nu,\mu)}{d\rho_2} - \frac{\psi''}{L_{\nu 2}^{(\pi)}}\frac{d\sigma_2}{d\rho_2}\frac{d(\nu,\mu)}{d\rho_1} &= \frac{\psi''}{L_{\mu 2}^{(\pi)}}\frac{d\sigma_2}{d\rho_2}\frac{d(\nu,\mu)}{d\rho_1} \\ - \frac{\psi''}{L_{\mu 1}^{(\pi)}}\frac{d\sigma_1}{d\rho_1}\frac{d(\nu,\mu)}{d\rho_2} &= \frac{d\sigma_1}{d\rho_1}\frac{d\sigma_2}{d\rho_2}\psi'' V_{\nu\mu}^{12}. \end{aligned}$$

Si l'on multiplie les deux membres de l'équation (7) par ψ' et qu'on ajoute l'équation résultante et l'équation précédente, membre à membre, on obtient, réductions faites, l'équation suivante :

$$(6)''' \left\{ \begin{aligned} \frac{d}{d\rho_2}\left(\frac{d\sigma_1}{d\rho_1}\frac{\psi'}{L_{\nu 1}^{(\pi)}}\right) - \frac{d}{d\rho_1}\left(\frac{d\sigma_2}{d\rho_2}\frac{\psi'}{L_{\nu 2}^{(\pi)}}\right) &= \frac{d}{d\rho_1}\left(\frac{d\sigma_2}{d\rho_2}\frac{\psi'}{L_{\mu 2}^{(\pi)}}\right) \\ - \frac{d}{d\rho_2}\left(\frac{d\sigma_1}{d\rho_1}\frac{\psi'}{L_{\mu 1}^{(\pi)}}\right) &= \frac{d\sigma_1}{d\rho_1}\frac{d\sigma_2}{d\rho_2}\left[V_{\nu\mu}^{12}\psi'' + U_{\nu\mu}^{12}\frac{\psi'}{\sin(\nu,\mu)}\right]. \end{aligned} \right.$$

Or, si l'on introduit l'angle auxiliaire ε, de telle sorte que l'on ait

$$\frac{\cos\varepsilon}{\sin(\nu,\mu)} = \frac{\psi''}{\psi'},$$

et que, pour abréger, on représente par u et v les deux faces opposées à la normale π, de deux trièdres faciles à déterminer, ayant un angle commun ε suivant cette normale, le second membre de l'équation $(6)'''$ prendra, en opérant comme au n° 267, la forme suivante :

$$\frac{d\sigma_1}{d\rho_1}\frac{d\sigma_2}{d\rho_2}\frac{\psi'}{\sin(\nu,\mu)}\left(\frac{\cos u}{\mathcal{L}_{\nu 1}\mathcal{L}_{\mu 2}} - \frac{\cos v}{\mathcal{L}_{\nu 2}\mathcal{L}_{\mu 1}}\right).$$

Cette équation est générale, puisqu'elle renferme, comme cas particuliers, la formule $(6)'$ qui correspond à la valeur de ψ égale à $\cos(\nu,\mu)$, et la formule (7) qui correspond à la valeur de ψ égale à l'angle (ν,μ) et une infinité d'autres provenant des formes particulières données à la fonction ψ; or chacune de ces formes, à cause de l'indétermination des directions ν et μ, contient la solution du problème des coordonnées curvilignes, comme nous allons l'établir pour les deux formes spéciales suivantes :

$$\psi = \cos(\nu,\mu) \quad \text{et} \quad \psi = (\nu,\mu).$$

Il est important de dire que la formule $(6)'''$ donne la double formule correspondant à la double formule $(6)''$ du n° 270. Ces deux formules sont les suivantes :

$$\frac{d}{d\rho_2}\left(\frac{d\sigma_1}{d\rho_1}\frac{\psi'}{\mathrm{L}^{(\pi)}_{\nu 1}}\right) + \frac{d}{d\rho_1}\left(\frac{d\sigma_2}{d\rho_2}\frac{\psi'}{\mathrm{L}^{(\pi)}_{\mu 2}}\right) - \frac{d^2\psi(\nu,\mu)}{d\rho_1\,d\rho_2}$$
$$= \frac{d\sigma_1}{d\rho_1}\frac{d\sigma_2}{d\rho_2}\frac{\psi'}{\sin(\nu,\mu)}\left(\frac{\cos u}{\mathcal{L}_{\nu 1}\mathcal{L}_{\mu 2}} - \frac{\cos v}{\mathcal{L}_{\nu 2}\mathcal{L}_{\mu 1}}\right),$$

$$\frac{d}{d\rho_2}\left(\frac{d\sigma_1}{d\rho_1}\frac{\psi'}{\mathrm{L}^{(\pi)}_{\mu 1}}\right) + \frac{d}{d\rho_1}\left(\frac{d\sigma_2}{d\rho^2}\frac{\psi'}{\mathrm{L}^{(\pi)}_{\nu 2}}\right) - \frac{d^2\psi(\nu,\mu)}{d\rho_1\,d\rho_2}$$
$$= -\frac{d\sigma_1}{d\rho_1}\frac{d\sigma_2}{d\rho_2}\frac{\psi'}{\sin(\nu,\mu)}\left(\frac{\cos u}{\mathcal{L}_{\nu 1}\mathcal{L}_{\mu 2}} - \frac{\cos v}{\mathcal{L}_{\nu 2}\mathcal{L}_{\mu 1}}\right);$$

elle donne aussi les formules analogues aux formules (10), $(10)'$, (11), $(11)'$.

Nous avions déjà montré que ces formes générales convenaient à l'équation fondamentale de la théorie des lignes tracées sur une surface (¹), équation qui est l'une de celles que fournit la théorie des coordonnées curvilignes, mais on voit de plus que ces formes appartiennent aussi à toutes les autres équations aux différences partielles de cette théorie. On voit encore que les différentes transformations que nous avons développées dans l'*Analyse des courbes* appartiennent aussi à chacune des équations aux différences partielles de la théorie des coordonnées curvilignes.

§ II. — Solution du problème des coordonnées curvilignes.

Le problème des coordonnées curvilignes consiste à établir les équations aux différences partielles de certaines grandeurs, tellement liées avec les surfaces coordonnées que, lorsque ces grandeurs sont déterminées, le système des surfaces coordonnées se trouve par cela même déterminé.

273. *Première solution du problème.* — Dans cette solution les grandeurs entre lesquelles il faut établir les équations aux dérivées partielles sont les composantes obliques, suivant les trois arcs coordonnés, des courbures inclinées de ces arcs suivant leurs tangentes. Nous n'avons pas distingué entre les courbures propres et les courbures inclinées d'un arc, parce que la courbure propre de cet arc n'est autre chose que sa courbure inclinée suivant les tangentes de cet arc. D'après cela, chaque arc aura trois courbures inclinées; et, comme chaque courbure inclinée a trois composantes obliques suivant les arcs coordonnés, les grandeurs introduites dans la question pour en donner la solution sont au nombre de vingt-sept. Ces grandeurs se lient avec les trois paramètres différentiels du premier ordre des arcs coordonnés et les cosinus des angles que ces arcs forment entre eux. Le problème des coordonnées curvilignes consiste donc à trouver les relations qui

(¹) *Voir* notre *Analyse infinitésimale des courbes tracées* et notre *Théorie des coordonnées curvilignes*.

existent entre les trente-trois quantités dont nous venons de parler. Ces relations s'obtiennent avec une simplicité inespérée, par suite de l'introduction de la courbure inclinée.

1° Neuf relations proviennent de ce que la projection de la courbure inclinée d'un arc quelconque sur la tangente suivant laquelle cette courbure est inclinée est nulle, cette tangente et la courbure inclinée se coupant à angles droits; ce sont les neuf équations contenues dans le type

$$\frac{1}{l_{21}^{(2)}} + \frac{\cos\varphi}{l_{21}^{(1)}} + \frac{\cos\varphi_1}{l_{21}^{(0)}} = 0.$$

2° Trois relations proviennent de ce que les composantes obliques, suivant un arc, des courbures inclinées des deux autres arcs suivant les arcs réciproques sont égales : ce sont les équations (24) du Chapitre Ier.

3° Neuf relations sont fournies par les variations suivant les trois paramètres de chacun des angles coordonnés. Ce sont les neuf équations (17)″ du Chapitre Ier, dans lesquelles il faut exprimer les courbures tangentielles en fonction des composantes obliques de ces courbures, formules (15) du Chapitre Ier.

4° Enfin les neuf équations les plus importantes sont fournies par les doubles variations des cosinus des angles qu'un arc coordonné fait avec une ligne fixe. Ce sont les équations aux différences partielles (5), lorsque dans chacun des trois groupes on fait coïncider successivement la direction ν avec $d\sigma$, $d\sigma_1$, $d\sigma_2$, ce qui revient à remplacer successivement ν par 0, 1, 2.

Ces équations sont au nombre de vingt-sept; mais elles se réduisent à neuf vraiment distinctes.

C'est la solution que nous avons donnée, le premier, du problème des coordonnées curvilignes quelconques, laquelle date de 1862 (¹). Elle repose sur la conception de la courbure inclinée qui se prête facilement au calcul, fournit presque intuitivement les relations dont on a besoin, et enfin est susceptible

(¹) *Comptes rendus hebdomadaires des séances de l'Académie des Sciences*; Paris, 1862.

d'une notation parlante, comme cela devient nécessaire dans un problème si compliqué.

274. *Seconde solution du problème.* — Notre analyse actuelle contient une nouvelle solution du problème, qu'il nous paraît utile de signaler, parce qu'elle résulte de l'application d'un théorème unique démontré dans le n° 266. Quelles sont les grandeurs introduites dans cette seconde solution pour déterminer le système ? Ce sont les projections orthogonales des neuf courbures inclinées des arcs coordonnés sur les arcs; ou, en d'autres termes, les composantes orthogonales des courbures suivant les arcs coordonnés :

1° Comme la projection d'une courbure inclinée sur la tangente à un arc suivant laquelle elle est inclinée est nulle, le nombre des composantes orthogonales des courbures n'est plus que de dix-huit.

2° Les trois relations provenant de ce que les composantes obliques suivant un arc des courbures inclinées des deux autres arcs suivant leurs tangentes réciproques sont égales, s'obtiennent directement au moyen des équations (24)′ du Chapitre Ier.

3° Les relations au nombre de neuf provenant de la variation des cosinus des angles coordonnés suivant les trois paramètres sont données directement par l'introduction des courbures inclinées dans cette variation, formule (17) du n° 252.

4° Enfin les relations aux différences partielles de ces composantes orthogonales sont données par l'unique équation (6)′, qui s'applique aux trois plans tangents, et dans chacun d'eux aux différentes valeurs que l'on obtient en faisant successivement ν et μ égales à 0, 1, 2; ce qui fournit en tout vingt-sept équations équivalentes aux vingt-sept équations trouvées dans la première solution.

275. *Du rôle des facteurs binômes.* — Certainement ce n'est pas un petit avantage offert par un théorème que de faire dépendre d'une seule relation géométrique des équations qui se produisent au point de vue analytique sous des allures distinctes et pour lesquelles il fallait des calculs différents; mais ici il y a un second avantage qui se présente forcément par

l'application du théorème : c'est que l'opérateur est éclairé sur celles des équations qu'il doit conserver et sur celles qu'il doit rejeter, soit parce qu'elles sont des identités, soit parce qu'elles sont des conséquences d'autres équations du système. En effet, le binôme du second membre que nous avons représenté par $\mathfrak{V}^{12}_{\nu\mu}$ devient identiquement nul, lorsque les indices inférieurs ν, μ deviennent les mêmes, et alors les deux premiers termes du premier membre de l'équation (6)′ sont aussi individuellement nuls; ce cas se présente neuf fois. Ce binôme ne fait que changer de signe lorsque les indices ν et μ prennent réciproquement la place l'un de l'autre, et alors on voit, par suite de l'équation (17) du n° 252, que les premiers membres de l'équation (6)′ sont égaux et de signes contraires. Cela réduit à neuf les vingt-sept équations contenues dans la formule (6)′.

D'après nos notations, nous pouvons écrire sous la forme suivante les trois équations qui se rapportent à la surface ρ:

$$(12)\quad \left\{\begin{aligned} d_2\mathfrak{J}^{(1)}_{01} - d_1\mathfrak{J}^{(1)}_{02} &= d_1\mathfrak{J}^{(0)}_{12} - d_2\mathfrak{J}^{(0)}_{11} = d\sigma_1\,d\sigma_2\,\mathfrak{V}^{12}_{01},\\ d_2\mathfrak{J}^{(2)}_{11} - d_1\mathfrak{J}^{(2)}_{12} &= d_1\mathfrak{J}^{(1)}_{22} - d_2\mathfrak{J}^{(2)}_{21} = d\sigma_1\,d\sigma_2\,\mathfrak{V}^{12}_{12},\\ d_2\mathfrak{J}^{(0)}_{21} - d_1\mathfrak{J}^{(0)}_{22} &= d_1\mathfrak{J}^{(2)}_{02} - d_2\mathfrak{J}^{(2)}_{01} = d\sigma_1\,d\sigma_2\,\mathfrak{V}^{12}_{20}.\end{aligned}\right\}\quad (3)$$

Il est bon de remarquer : 1° que les deux secondes se déduisent de la première par la rotation des indices variables, qui sont, dans le second membre, les indices inférieurs de $\mathfrak{V}$ et, dans le premier, les indices supérieurs et le premier indice inférieur des arcs de contingence inclinée; 2° que les deux groupes d'équations relatives aux surfaces ρ_1 et ρ_2 se déduisent du groupe précédent en soumettant les autres indices à la permutation tournante.

Si, dans les équations (12), on exprime les arcs de contingence en fonction des courbures correspondantes et qu'on élimine les variations des arcs coordonnés au moyen des équations (9), on obtiendra le système d'équations correspondant aux équations (12) et dans lesquelles il n'entrera que les variations des composantes orthogonales des courbures. On déduirait directement ce groupe d'équations des équations (10)″, en donnant à μ et à ν les valeurs successives 0, 1; 1, 2; 2, 0 qui proviennent de la permutation tournante des indices.

276. *Calcul des facteurs* $\mho$. — Il ne reste plus qu'à obtenir les binômes $\mho_{01}^{12}$, $\mho_{12}^{12}$, ..., en fonction des composantes normales des courbures inclinées ; or le premier terme de ce binôme exprime le produit de la courbure $\frac{1}{\mathfrak{L}_{01}}$ par la projection de la courbure $\frac{1}{\mathfrak{L}_{12}}$ sur la direction de la première. Cette projection est égale à la somme des projections des composantes obliques de la seconde sur la direction de la première ; on aura donc

$$\frac{\cos(\mathfrak{L}_{01}, \mathfrak{L}_{12})}{\mathfrak{L}_{01}\,\mathfrak{L}_{12}} = \sum \frac{\cos(\mathfrak{L}_{[01]}, d\sigma)}{\mathfrak{L}_{[01]}\, l_{[12]}^{(0)}},$$

le signe Σ s'étendant à toutes les valeurs que prend l'expression placée sous ce signe lorsque l'on fait subir à tous les indices non compris entre crochets [ ] la permutation tournante. Maintenant, si l'on exprime les composantes obliques contenues dans le second membre en fonction des composantes orthogonales de la même courbure au moyen des formules (16)′ du Chapitre Ier, et qu'ensuite on opère d'une manière analogue sur le second terme du binôme $\mho_{01}^{12}$, on aura, en conservant à k la signification que nous lui avons donnée au nº **251**, le système d'équation compris dans le type suivant :

$$(13)\quad \left\{\begin{aligned} & k^2 \mho_{01}^{12} - \sin^2\varphi \left(\frac{1}{\mathfrak{L}_{01}^{(1)}\mathfrak{L}_{12}^{(2)}} - \frac{1}{\mathfrak{L}_{02}^{(2)}\mathfrak{L}_{11}^{(2)}}\right) \\ & \quad = \sum \left(\frac{1}{\mathfrak{L}_{0[1]}^{(1)}\,\mathfrak{L}_{1[2]}^{(0)}} - \frac{1}{\mathfrak{L}_{0[2]}^{(1)}\,\mathfrak{L}_{1[1]}^{(2)}}\right) \sin\varphi_1 \sin\varphi_2 \cos\theta. \end{aligned}\right\} \quad (3)$$

Les valeurs des autres binômes se déduiront du précédent par la permutation tournante de tous les indices variables qui sont les indices supérieurs des courbures et les premiers indices inférieurs. Les valeurs des binômes relatifs aux surfaces ρ_1 et ρ_2 se déduisent du groupe précédent par la permutation tournante des autres indices.

277. *Troisième solution du problème.* — Les équations aux différences partielles, qui se rapportent à cette solution, sont les équations qui sont fournies par le théorème du nº **267**, lorsqu'on suppose que les directions ν et μ coïncident avec les tangentes de deux arcs coordonnés; cela revient à donner dans l'équation (7) à ν et μ les valeurs 0, 1, 2. On obtient ainsi pour chacune des surfaces coordonnées neuf équations. Il est facile de voir que le nombre se réduit à trois pour chaque surface par un raisonnement analogue à celui qui vient d'être fait au n° 275; car les binômes provenant du binôme $U_{\nu\mu}^{12}$, lorsqu'on donne à ν et à μ les valeurs 0, 1, 2, jouissent des mêmes propriétés que les binômes qui se déduisent de $\mathcal{V}_{\nu\mu}^{12}$; et les premiers membres des équations (7) et (6)′ jouissent aussi, pour les mêmes valeurs, de propriétés identiques. Les équations qui se rapportent à la surface ρ sont les suivantes :

$$(14)\qquad \left\{\begin{aligned} d_2 J_{01}^{(2)} - d_1 J_{02}^{(2)} &= d_1 J_{12}^{(2)} - d_2 J_{11}^{(2)} = \frac{d\sigma_1\, d\sigma_2}{\sin\varphi} U_{01}^{12},\\ d_2 J_{11}^{(0)} - d_1 J_{12}^{(0)} &= d_1 J_{22}^{(0)} - d_2 J_{21}^{(0)} = \frac{d\sigma_1\, d\sigma_2}{\sin\varphi} U_{12}^{12},\\ d_2 J_{21}^{(1)} - d_1 J_{22}^{(1)} &= d_1 J_{02}^{(1)} - d_2 J_{01}^{(1)} = \frac{d\sigma_1\, d\sigma_2}{\sin\varphi} U_{20}^{12}, \end{aligned}\right\} \quad (3)$$

dont le mode de formation est analogue au mode de formation des équations (12). Si l'on remarque que, lorsque les directions ν et μ coïncident avec celles de deux arcs coordonnés, la direction π perpendiculaire à ν et à μ devient celle de la normale à la surface qui contient ces deux arcs, les valeurs des facteurs binômes des équations précédentes sont données par les relations

$$(14')\qquad \left\{\begin{aligned} U_{01}^{12} &= \frac{1}{\mathcal{L}_{01}^{(n_2)}\mathcal{L}_{12}^{(n_2)}} - \frac{1}{\mathcal{L}_{02}^{(n_2)}\mathcal{L}_{11}^{(n_2)}},\\ U_{12}^{12} &= \frac{1}{\mathcal{L}_{11}^{(n)}\mathcal{L}_{22}^{(n)}} - \frac{1}{\mathcal{L}_{12}^{(n)}\mathcal{L}_{21}^{(n)}},\\ U_{20}^{12} &= \frac{1}{\mathcal{L}_{21}^{(n_1)}\mathcal{L}_{02}^{(n_1)}} - \frac{1}{\mathcal{L}_{22}^{(n_1)}\mathcal{L}_{01}^{(n_1)}}, \end{aligned}\right.$$

lesquelles se déduisent les unes des autres par la rotation des indices inférieurs du premier membre et la rotation simultanée des indices supérieurs et des premiers indices inférieurs des courbures du second membre.

278. *Composition des équations précédentes.* — La composition des équations (14) mérite de fixer un instant notre attention.

1° Ces neuf équations se partagent en trois groupes se rapportant chacun à chacune des surfaces coordonnées, et chaque groupe ne contient que les courbures inclinées des arcs qui sont contenus sur la surface propre à ce groupe.

2° Dans chaque équation du groupe, il n'entre que les courbures inclinées de ces deux arcs suivant les deux côtés de l'un des trois angles coordonnés; dans le premier membre, ce sont les projections de ces courbures sur le plan de cet angle; dans le second, les projections de ces courbures sur la normale à ce plan.

3° Le premier membre de l'équation est égal à la différence des variations, par rapport aux paramètres réciproques, des deux composantes tangentielles des deux arcs de contingence inclinée des deux lignes coordonnées suivant une même direction; le second membre est égal au quotient que l'on obtient en divisant la différence des produits binaires des projections normales des arcs de contingence inclinée des deux lignes suivant deux directions différentes par le sinus de l'angle de ces deux directions.

4° Une des équations du groupe, celle qui contient les courbures inclinées de deux lignes coordonnées suivant ces deux lignes, est remarquable en ce sens que son second membre est égal à la courbure de la surface propre à ce groupe; car, dans ce cas, le binôme U_{12}^{12} est égal au produit du carré du sinus de l'angle des lignes coordonnées par la courbure de la surface [1]. Cette équation est l'équation de Gauss sur la variation des arcs de contingence géodésique des lignes coordonnées, mais sous une forme plus simple [2].

5° Chacune des équations aux différences partielles est susceptible de prendre quatre formes différentes également simples et qui se déduisent sans difficulté des quatre formes

[1] *Voir* la seconde Partie des *Coordonnées curvilignes*, n° 27.

[2] *Analyse infinitésimale des courbes tracées sur une surface quelconque*, Chap. III.

sous lesquelles nous avons présenté l'équation (7) du n° 270.

Si, dans les équations (14), on substitue aux variations des arcs coordonnés leurs valeurs données par les équations (23) du n° 258, on obtiendra le système d'équations correspondant aux équations (11)′, (11)″, et chacune des équations ainsi obtenues pourra s'écrire sous quatre formes différentes, n° 270.

279. *Remarque sur la forme des équations précédentes.* — Comme nous l'avons établi dans notre *Analyse infinitésimale des courbes tracées sur une surface quelconque*, le théorème de Gauss sur la somme des angles d'un polygone géodésique quelconque est un des deux principes qui servent à établir les équations différentielles des courbes tracées sur une surface, et ce principe fécond est la conséquence immédiate de l'équation due à ce géomètre sur la somme des variations des angles de contingence géodésique des lignes coordonnées tracées sur la surface; or cette équation assez complexe entre dans l'ordonnance de la formule (7) par suite de l'introduction de la courbure inclinée; c'est la seconde des équations (14), qui est la transformée la plus simple de l'équation de Gauss.

Lorsqu'on veut résoudre le problème des surfaces applicables sur une surface donnée sans duplicature et sans déchirure, on parvient, par une analyse propre, à établir deux formules très-compliquées qui, jointes à l'équation de Gauss, donnent les équations aux différences partielles du problème. La première et la troisième équation (14) sont les formes les plus simples de ces deux formules, qui, par conséquent, entrent aussi dans l'ordonnance de notre équation (7).

Ces deux questions, essentiellement distinctes, qui ont été séparément résolues par les géomètres, ont donc un lien commun qui les rattache à un seul principe géométrique, puisque l'application du théorème du n° 267 donne la mise en équation des conditions de ces deux problèmes. On peut même dire que, dans l'un et l'autre de ces deux cas, c'est la même équation; or ce lien commun, qu'il était important de signaler, c'est la *courbure inclinée* qui le met en évidence en lui donnant la forme la plus simple.

Ainsi il résulte de ce que nous venons d'établir dans les

numéros précédents que non-seulement la solution du problème des coordonnées curvilignes contient la solution du problème des lignes tracées sur une surface quelconque et celle du problème des surfaces applicables, comme nous l'avons établi d'une autre manière dans notre IIe Partie des *Coordonnées curvilignes*, n° 35, mais que toutes les équations de ces trois problèmes sont condensées en une seule et même équation, qui est ou l'équation (6)′ ou l'équation (7). Ainsi se trouve justifiée l'assertion que nous avons faite à la fin du n° 267.

Si, dans ces trois problèmes, on n'avait pas introduit l'élément nouveau de la *courbure inclinée,* ces équations aux différences partielles qui donnent la solution de ces problèmes se seraient chargées de termes nombreux et compliqués, et il eût été difficile de découvrir la forme unique de la formule qui donne à la fois l'équation des lignes tracées sur une surface, les trois équations des surfaces applicables et les neuf équations des coordonnées curvilignes quelconques, et en même temps de traiter les trois équations par une seule et même analyse.

280. *Relations entre les variations des composantes de la flexion d'une surface.* — La flexion de la surface suivant une direction est un élément important de la géométrie des surfaces; nous avons déjà montré par quelles relations simples il se trouve lié avec les courbures inclinées des arcs coordonnés; il est utile de connaître aussi les relations qui lient entre elles les variations de cet élément suivant deux directions; or ces relations se déduisent d'une manière non moins aisée des formules que nous avons établies et sont aussi contenues dans le théorème général que nous avons établi dans le n° 266.

Cherchons, en premier lieu, les relations qui existent entre les composantes obliques de la flexion de la surface. Si, dans les formules (5), nous supposons que la direction ν coïncide avec la normale n à la surface ρ, et si l'on remarque que les composantes obliques suivant la direction $d\sigma$ des flexions $\frac{1}{\mathfrak{L}_{n1}}$, $\frac{1}{\mathfrak{L}_{n2}}$ sont nulles, les trois équations du groupe (5), relatives à la surface ρ, se réduisent à deux, qui sont

$$(15)\quad \left\{\begin{aligned} &\frac{d}{d\rho_2}\left(\frac{d\sigma_1}{l_{n1}^{(1)}\,d\rho_1}\right)-\frac{d}{d\rho_1}\left(\frac{d\sigma_2}{l_{n2}^{(1)}\,d\rho_2}\right)\\ &\quad+\frac{d\sigma_1\,d\sigma_2}{d\rho_1\,d\rho_2}\left(\frac{1}{l_{n1}^{(1)}l_{12}^{(1)}}-\frac{1}{l_{n2}^{(1)}l_{11}^{(1)}}+\frac{1}{l_{n1}^{(2)}l_{22}^{(1)}}-\frac{1}{l_{n2}^{(2)}l_{21}^{(1)}}\right)=0,\\ &\frac{d}{d\rho_2}\left(\frac{d\sigma_1}{l_{n1}^{(2)}\,d\rho_1}\right)-\frac{d}{d\rho_1}\left(\frac{d\sigma_2}{l_{n2}^{(2)}\,d\rho_2}\right)\\ &\quad+\frac{d\sigma_1\,d\sigma_2}{d\rho_1\,d\rho_2}\left(\frac{1}{l_{n1}^{(1)}l_{12}^{(2)}}-\frac{1}{l_{n2}^{(1)}l_{11}^{(2)}}+\frac{1}{l_{n1}^{(2)}l_{22}^{(2)}}-\frac{1}{l_{n2}^{(2)}l_{21}^{(2)}}\right)=0; \end{aligned}\right.$$

les deux autres équations de chacun des deux autres groupes se déduisent des deux précédentes par la rotation des indices 0, 1, 2. Cela prouve que les variations des composantes obliques de la flexion de la surface ρ, soit suivant $d\sigma_1$, soit suivant $d\sigma_2$, sont liées par les deux équations avec les variations de la courbure de l'arc $d\sigma$ suivant les normales à la surface ρ, pendant que cette surface se déforme par suite de la variation du paramètre ρ; cette courbure $\frac{1}{\mathcal{L}_{n0}}$ s'introduit, en effet, dans les équations des deux derniers groupes.

Si l'on effectue les différentiations indiquées et qu'on élimine les variations des arcs au moyen des formules $(23)''$ du Chapitre Ier, on obtient les équations entre les variations explicites des composantes obliques des flexions. Ces équations sont

$$(16)\quad \left\{\begin{aligned} &\frac{d}{d\sigma_2}\left(\frac{1}{l_{n1}^{(1)}}\right)-\frac{d}{d\sigma_1}\left(\frac{1}{l_{n2}^{(1)}}\right)+\frac{1}{l_{n1}^{(1)}l_{21}^{(1)}}\\ &\quad-\frac{1}{l_{n2}^{(1)}}\left(\frac{1}{l_{12}^{(2)}}-\frac{1}{l_{21}^{(2)}}+\frac{1}{l_{11}^{(1)}}\right)+\frac{1}{l_{n1}^{(2)}l_{22}^{(1)}}-\frac{1}{l_{n2}^{(2)}l_{21}^{(1)}}=0,\\ &\frac{d}{d\sigma_2}\left(\frac{1}{l_{n1}^{(2)}}\right)-\frac{1}{d\sigma_1}\left(\frac{1}{l_{n2}^{(2)}}\right)+\frac{1}{l_{n1}^{(2)}}\left(\frac{1}{l_{21}^{(1)}}-\frac{1}{l_{12}^{(1)}}+\frac{1}{l_{22}^{(2)}}\right)\\ &\quad-\frac{1}{l_{n2}^{(2)}l_{12}^{(2)}}+\frac{1}{l_{n1}^{(1)}l_{12}^{(2)}}-\frac{1}{l_{n2}^{(1)}l_{11}^{(2)}}=0; \end{aligned}\right.$$

les autres équations de chacun des deux autres groupes se déduisent de ces deux dernières par la rotation des indices.

Il existe, pour chacune des deux autres surfaces ρ_1 et ρ_2, des équations semblables à celles des groupes (15) et (16), et qui se déduisent des six équations de chacune de ces séries, en remplaçant successivement n par n_1 et n_2.

On aurait un système d'équations équivalent au précédent, en faisant usage des équations (6), dans lesquelles on remplacerait la direction ν par celle de la normale n; ou bien encore en faisant usage des équations (7), dans lesquelles la direction ν serait celle de la normale n, tandis que la direction μ coïnciderait successivement avec celle de chacun des arcs coordonnés. Il est inutile de remarquer que chacune des équations de ces deux systèmes serait susceptible de prendre quatre formes principales correspondant aux formes données par les formules (6)″, (7)′.

281. *Nouvelle solution du problème des coordonnées.* — Il résulte de ce que nous venons d'établir qu'on a une nouvelle méthode pour résoudre le problème des coordonnées curvilignes, qui dépend alors des composantes des flexions des trois surfaces, et qu'il existe une triple variété de solutions, suivant que ces composantes sont les composantes obliques, ou les composantes orthogonales des flexions des surfaces, ou enfin les composantes tangentielles.

Supposons, par exemple, que l'on fasse choix des composantes obliques des flexions des surfaces pour déterminer le système coordonné; chaque surface ayant deux flexions, chacune suivant l'un des deux arcs coordonnés, et chaque flexion n'ayant que deux composantes obliques, on a ainsi douze quantités auxquelles s'ajoutent les courbures des trois arcs coordonnés suivant les normales à la surface correspondante; or ces courbures ont seulement deux composantes obliques, la troisième composante étant nulle : il résulte de là que l'on a une somme de dix-huit composantes obliques auxquelles il faut ajouter les trois cosinus des angles coordonnés et les paramètres différentiels du premier ordre. Les relations qui existent entre ces grandeurs sont :

1° Les trois groupes d'équations aux différences partielles contenues dans le type (15) ou dans le type (16), qui se réduisent à neuf. Chacune de ces équations peut être ainsi préparée, qu'elle ne dépend que des composantes obliques des flexions des surfaces et de la courbure des arcs coordonnés suivant la normale à la surface correspondante, puisque les équations (15) et (16)′ du Chapitre Ier permettent d'exprimer les composantes obliques des courbures inclinées des arcs coordonnés en fonction des composantes obliques des flexions des surfaces et de la courbure des arcs suivant la normale à la surface correspondante.

2° Trois relations proviennent de ce que les composantes obliques, suivant un arc, des courbures inclinées des deux autres arcs suivant les arcs réciproques sont égales. En effet, il résulte de ce théorème que l'on a l'équation

$$(17) \qquad \frac{1}{\mathcal{L}_{n2}^{(1)}} = \frac{1}{\mathcal{L}_{n1}^{(2)}}, \quad (3)$$

laquelle donne les relations suivantes au nombre de trois :

$$(17)' \qquad \frac{1}{l_{n2}^{(1)}} + \frac{\cos\varphi}{l_{n2}^{(2)}} = \frac{1}{l_{n1}^{(2)}} + \frac{\cos\varphi}{l_{n1}^{(1)}}. \quad (3).$$

3° Neuf relations sont fournies par les variations suivant les trois arcs coordonnés des angles que les surfaces coordonnées font entre elles.

Ces relations sont donc en nombre suffisant pour déterminer les quantités dont dépend le problème des coordonnées.

Il y aurait à considérer le cas où, dans la formule (6)′ et dans la formule (7), on fait coïncider les directions ν et μ avec celles des deux normales aux surfaces coordonnées; on trouverait une nouvelle catégorie de formules qui donneraient naissance à des considérations analogues à celles que nous venons de développer.

CHAPITRE III.

DES PARAMÈTRES DIFFÉRENTIELS.

282. *Nature des paramètres différentiels.* — Dans la théorie des lignes coordonnées, il y a six quantités qui jouent un rôle important : ce sont les rapports des arcs coordonnés aux variations des paramètres correspondants, rapports que nous avons désignés par H, H_1, H_2, n° 247, et, de plus, les racines carrées du produit de deux quelconques de ces rapports par le cosinus de l'angle des deux lignes coordonnées auxquelles ils se rapportent, racines carrées que nous représentons par G, G_1, G_2. Les premières quantités sont les paramètres linéaires, et les secondes sont les paramètres angulaires. On a donc les relations au nombre de six

$$(1)\quad \left\{\begin{array}{l} \dfrac{d\sigma}{d\rho} = H, \quad \dfrac{d\sigma_1}{d\rho_1} = H_1, \quad \dfrac{d\sigma_2}{d\rho_2} = H_2; \\ G^2 = H_1 H_2 \cos\varphi, \quad G_1^2 = H_2 H \cos\varphi_1, \quad G_2^2 = H H_1 \cos\varphi_2. \end{array}\right\} \quad (3)$$

Ces six quantités sont des fonctions des coordonnées ρ, ρ_1, ρ_2, lesquelles dépendent de la nature des lignes coordonnées. Nous avons dit qu'elles jouent un rôle très-important, puisque, lorsqu'elles sont connues, tout ce qui intéresse la nature du système des lignes coordonnées peut être connu par suite d'un calcul facile sur ces paramètres. En effet, outre que la courbure propre et la courbure inclinée, et les angles de contingence correspondants ne dépendent que de ces trois paramètres d'après les formules (21)', (22)' du Chapitre Ier, il deviendra évident par ce qui va suivre que toutes les opérations sur les lignes coordonnées, telles que rectifications, quadratures, ne dépendent que des expressions de ces paramètres.

Calcul des paramètres différentiels. — La première chose qu'il y aura à faire pour l'emploi d'un système coordonné sera de calculer ces six paramètres. Ce calcul peut être fait de deux manières, ou bien directement, ou bien par voie de transformation.

Le calcul direct des paramètres est le plus simple : il se fait géométriquement par la connaissance de la définition des lignes coordonnées. Donnons quelques exemples de ce calcul.

§ I. — Calcul direct.

283. *Systèmes de révolution. Méthode générale.* — Soit le système (ρ, ρ_1) de deux coordonnées planes; ce système donne les relations

$$d\sigma = \mathrm{H}\,d\rho, \quad d\sigma_1 = \mathrm{H}_1\,d\rho_1, \quad \mathrm{HH}_1 \cos(d\sigma, d\sigma_1) = \mathrm{G}_2^2.$$

On mènera une droite dans le plan, et l'on calculera la distance du point (ρ, ρ_1) à cette ligne : cette distance sera une fonction H_2 de ces coordonnées. Maintenant supposons que le plan tourne autour de la droite comme axe, le système de coordonnées planes engendrera un système de coordonnées curvilignes de révolution, et si l'on appelle ρ_2 l'angle fini décrit par ce plan compté à partir de l'origine, $\mathrm{H}_2\,d\rho_2$ sera l'arc infiniment petit décrit par le point, et l'on aura les nouvelles relations

$$d\sigma_2 = \mathrm{H}_2\,d\rho_2, \quad \mathrm{G}_1 = 0, \quad \mathrm{G} = 0;$$

on connaît donc tous les paramètres du système de révolution.

Applications. — 1° *Système biangulaire de révolution.* — Considérons le système coordonné dans lequel les surfaces de la première série (ρ) et de la deuxième série (ρ_1) sont des cônes circulaires de même axe FF_1, les surfaces de la première série ayant un sommet commun en F, et celles de la seconde ayant un sommet commun en F_1; les surfaces de la troisième série (ρ_2) sont des plans passant par l'axe FF_1.

Soient ρ et ρ_1 les angles intérieurs que les génératrices d'un des cônes de la première série et d'un des cônes de la deuxième font avec l'axe. Soient $FF_1 = 2a$, r et r_1 les rayons vecteurs correspondants issus des sommets de ces cônes jusqu'au point A que l'on considère, ρ_2 l'angle que le plan FF_1A de la série (ρ_2) fait avec un plan fixe de cette série. On trouvera par un déplacement du point qu'on considère, de A en A_1, les relations suivantes (*Analyse des courbes planes*, p. 383) :

$$d\sigma = r\,d\rho \sin(\rho + \rho_1),$$
$$d\sigma_1 = r_1\,d\rho_1 \sin(\rho + \rho_1),$$
$$d\sigma_2 = \frac{rr_1}{2a}\,d\rho_2 \sin(\rho + \rho_1).$$

Or le triangle AFF_1 donne

$$\frac{r}{\sin\rho_1} = \frac{r_1}{\sin\rho} = \frac{2a}{\sin(\rho + \rho_1)}.$$

On aura donc

$$H = 2a\sin\rho_1, \quad H_1 = 2a\sin\rho, \quad H_2 = \frac{2a\sin\rho\sin\rho_1}{\sin(\rho+\rho_1)},$$
$$G_2^2 = -4a^2\sin\rho\sin\rho_1\cos(\rho+\rho_1), \quad G = 0, \quad G_1 = 0.$$

284. *Système bicirculaire de révolution.* — Dans ce système, les surfaces de la première et de la deuxième série sont deux séries de sphères concentriques, le centre commun des premières étant F et le centre commun des secondes étant F_1, r et r_1 étant les rayons variables des sphères de ces deux séries, $2a$ étant la distance FF_1 ; les surfaces de la troisième série sont des plans passant par l'axe FF_1 et faisant l'angle r_2 avec un plan fixe. Si l'on considère le triangle FF_1A dont la hauteur est h, on aura

$$4ha = \sqrt{(r + r_1 + 2a)(r + r_1 - 2a)(r - r_1 + 2a)(r_1 - r + 2a)},$$

on aura aussi

$$d\sigma_1 = r\,d\rho, \quad d\sigma = r_1\,d\rho_1, \quad d\sigma_2 = h\,dr_2;$$

et de plus

$$d\rho = \frac{1}{2}\,\frac{r_1\,dr_1}{ar\sin\rho}, \quad d\rho_1 = \frac{1}{2}\,\frac{r\,dr}{ar_1\sin\rho_1};$$

finalement, on a les expressions suivantes :

$$d\sigma = \frac{rr_1\,dr}{2ah}, \quad d\sigma_1 = \frac{rr_1\,dr_1}{2ah}, \quad d\sigma_2 = h\,dr_2;$$

$$\cos(d\sigma, d\sigma_1) = \frac{4a^2 - r^2 - r_1^2}{2rr_1}, \quad \cos(d\sigma_1, d\sigma_2) = 0,$$

$$\cos(d\sigma_2, d\sigma) = 0;$$

de sorte que les paramètres linéaires et angulaires s'en déduisent immédiatement.

3° *Système sphéro-conique de révolution.* — Dans ce système, les surfaces de la première série sont des sphères de rayon r ayant leur centre commun en F ; la deuxième série de surfaces se compose de cônes ayant leur sommet commun en F_1, pour axe commun la droite F_1F et pour paramètre variable l'angle ρ_1 que la droite F_1 fait avec le prolongement de la droite FF_1 ; les surfaces de la troisième série sont des plans formant un angle ρ_2 avec un des plans de la série. Si l'on conserve la notation du n° 283, on aura sans difficulté

$$d\sigma = \frac{r\,dr}{\sqrt{r^2 - 4a^2\sin^2\rho_1}}, \quad d\sigma_1 = \left(r - \frac{2ar\cos\rho_1}{\sqrt{r^2 - 4a^2\sin^2\rho_1}}\right)d\rho_1,$$

$$d\sigma_2 = \sin\rho_1\left(2a\cos\rho_1 \pm \sqrt{r^2 - 4a^2\sin^2\rho_1}\right)d\rho_2;$$

$$\sin(d\sigma, d\sigma_1) = \frac{1}{r}\sqrt{r^2 - 4a^2\sin^2\rho_1}, \quad \cos(d\sigma_1, d\sigma_2) = 0,$$

$$\cos(d\sigma_2, d\sigma) = 0.$$

4° *Système polaire.* — Le système précédent contient, comme cas particulier, le système de coordonnées polaires, puisqu'il suffit de faire coïncider les deux points F et F_1, ce qui exige que a soit nul. On obtient ainsi

$$d\sigma = dr, \quad d\sigma_1 = r\,d\rho_1, \quad d\sigma_2 = r\sin\rho_1\,d\rho_2;$$

quant aux angles coordonnés, ils deviennent tous droits.

285. *Systèmes cylindriques. Méthode générale.* — Soit toujours le même système de coordonnées planes ; menons dans le plan une droite XX_1, on connaîtra les cosinus des angles que les arcs coordonnés $d\sigma$, $d\sigma_1$ font avec cette droite, les-

quels cosinus sont des fonctions de ρ et ρ_1. Si maintenant nous déplaçons tout le système parallèlement à lui-même suivant une direction l formant un angle constant α avec sa projection sur le plan des coordonnées, on peut admettre que cette droite se projette sur XX_1; on aura donc, en appelant $d\rho_2$ le déplacement effectué suivant l, et x la direction XX_1, les trois relations suivantes, qui donnent les trois nouveaux paramètres :

$$d\sigma_2 = d\rho_2, \quad \cos(d\sigma_1, d\sigma_2) = \cos(x, d\sigma_1)\cos\alpha,$$
$$\cos(d\sigma, d\sigma_2) = \cos(x, d\sigma)\cos\alpha.$$

Système polaire cylindrique. — Dans ce système, les surfaces de la première série sont des cylindres circulaires ayant leur axe infini commun, le rayon d'une section perpendiculaire étant le paramètre variable ρ; les surfaces de la seconde série sont des plans parallèles entre eux, perpendiculaires à l'axe du cylindre et à une distance ρ_1 d'un des plans fixes de cette série; les surfaces de la troisième série sont des plans passant par l'axe des cylindres et formant un angle ρ_2 avec un des plans fixe de cette série; les paramètres variables des surfaces de ce système sont donc ρ, ρ_1, ρ_2. On obtient sans difficulté les trois relations

$$d\sigma = d\rho, \quad d\sigma_1 = d\rho_1, \quad d\sigma_2 = \rho\, d\rho_2.$$

Ce système est orthogonal.

§ II. — Calcul par transformation.

285. *Première méthode.* — Les équations des surfaces coordonnées sont

$$f(x, y, z) = \rho, \quad f_1(x, y, z) = \rho_1, \quad f_2(x, y, z) = \rho_2;$$

si l'on résout ces équations par rapport à x, y, z, on aura les trois relations

$$x = F(\rho, \rho_1, \rho_2), \quad y = F_1(\rho, \rho_1, \rho_2), \quad z = F_2(\rho, \rho_1, \rho_2).$$

Le paramètre ρ variant seul le long de la courbe $d\sigma$, on aura l'équation suivante, qui contient trois équations,

$$\frac{d\sigma^2}{d\rho^2} = \frac{dx^2}{d\rho^2} + \frac{dy^2}{d\rho^2} + \frac{dz^2}{d\rho^2} = \mathrm{H}^2; \quad (3)$$

et les cosinus des angles φ, φ_1, φ_2 des arcs coordonnés seront donnés par l'équation

$$\frac{d\sigma_1}{d\rho_1}\frac{d\sigma_2}{d\rho_2}\cos\varphi = \frac{dx_1}{d\rho_1}\frac{dx_2}{d\rho_2} + \frac{dy_1}{d\rho_1}\frac{dy_2}{d\rho_2} + \frac{dz_1}{d\rho_1}\frac{dz_2}{d\rho_2} = \mathrm{G}^2, \quad (3)$$

qui contient aussi trois équations. On connaîtra donc les paramètres linéaires H et les paramètres angulaires G.

Deuxième méthode. — La même question peut aussi être résolue sans que l'on soit obligé de dégager les valeurs de x, y, z des fonctions ρ, ρ_1, ρ_2. On fera usage des équations (2) et (3) du Chapitre Ier; et, si l'on pose le second membre de l'équation (3) égal à g_2^2, on aura les deux types suivants contenant chacun trois équations :

$$\cos\theta = \frac{g^2}{h_1 h_2}, \quad \sin\theta = \frac{1}{h_1 h_2}\sqrt{h_1^2 h_2^2 - g^4}; \quad (3)$$

mais, si l'on fait usage de la formule fondamentale de la Trigonométrie sphérique

$$\frac{\cos\theta_1\cos\theta_2 - \cos\theta}{\sin\theta_1\sin\theta_2} = \cos\varphi,$$

on a

$$\cos\varphi = \frac{g_1^2 g_2^2 - h_2 g^2}{\sqrt{(h_2^2 h^2 - g_1^4)(h^2 h_1^2 - g_2^4)}} = \mathrm{G}^2. \quad (3)$$

D'une autre part, les formules (5) et (5)′ du Chapitre Ier donnent

$$\frac{1}{\mathrm{H}_1 h_1} = \cos n_1 t_1 = \sin\varphi_2 \sin\theta = \sin\theta_2 \sin\varphi,$$

on a le produit

$$\sin^2\theta_1 \sin^2\theta_2 \sin^2\varphi = \frac{h^2 h_1^2 h_2^2 - g_2^4 h_2^2 - g_1^4 h_1^2 - g^4 h^2 + 2 g^2 g_1^2 g_2^2}{h^2 h_1^2 h_2^2},$$

qui reste invariable pendant la rotation des indices; si nous représentons le numérateur par $\mathfrak{M}^6$, on a finalement

$$\frac{1}{H_1^2 h_1^2} = \sin^2\theta_2 \sin^2\varphi = \frac{\mathfrak{M}^6}{h_1^2(h^2 h_2^2 - g_1^4)},$$

$$H_1 = \frac{1}{h_1 \cos(n_1, t_1)} = \frac{\sqrt{h^2 h_2^2 - g_1^4}}{\mathfrak{M}^3}.$$

Ainsi, par ces formules, on connaît les paramètres $\mathbf{H}, \mathbf{H}_1, \mathbf{H}_2$, et les paramètres G, G_1, G_2 en fonction des paramètres h, h_1, h_2 et g, g_1, g_2.

Question inverse. — Elle se traite de la même manière, et l'on obtient les deux équations, $\mathfrak{N}$ étant une auxiliaire,

$$\cos\theta = \frac{G_1^2 G_2^2 - H^2 G^2}{\sqrt{(H_2^2 H^2 - G_1^4)(H_1^2 H^2 - G_2^4)}} = g^2, \tag{3}$$

$$\mathfrak{N}^6 = H^2 H_1^2 H_2^2 - G_2^4 H_2^2 - G_1^4 H_1^2 - G^4 H^2 + 2 G^2 G_1^2 G_2^2,$$

$$h_1 = \frac{1}{H_1 \cos(n_1, t_1)} = \frac{\sqrt{H^2 H_2^2 - G_1^4}}{\mathfrak{N}^3},$$

$$\frac{H_1}{h_1} = \frac{\sqrt{h^2 h_2^2 - g^4}}{\sqrt{H^2 H_2^2 - G_1^4}} \times \frac{\mathfrak{N}^3}{\mathfrak{M}^3},$$

au moyen desquelles on calculera les paramètres h et g en fonction des H et G, ainsi que le produit,

$$\sin^2\varphi_1 \sin^2\varphi_2 \sin^2\theta$$
$$= \frac{H^2 H_1^2 H_2^2 - G^4 H^2 - G_1^4 H_1^2 - G_2^4 H_2^2 + 2 G^2 G_1^2 G_2^2}{H^2 H_1^2 H_2^2} = \frac{\mathfrak{N}^6}{H_2^2 H_1^2 H^2}.$$

286. *Distinction des deux directions d'une normale à une surface.* — L'équation $f(x, y, z) = \rho$ d'une surface exprimant par voie d'égalité une relation entre les coordonnées d'un point quelconque de la surface et une ou plusieurs grandeurs géométriques, il en résulte que cette surface partage l'espace en deux régions, telles que, pour un point de ces régions, la relation ne peut être satisfaite, par excès pour l'une, par défaut pour l'autre; de sorte que l'on a

$$f(x, y, z) - \rho > 0, \quad f(x, y, z) - \rho = 0, \quad f(x, y, z) - \rho < 0,$$

suivant qu'il s'agit d'un point situé dans la première région, ou sur la surface, ou dans la seconde région; cela étant, c'est la première région qui est appelée extérieure et la seconde intérieure. Si nous convenons de compter les normales à partir de la surface vers la région extérieure, en représentant par n cette normale infiniment petite, les coordonnées du pied étant x, y, z, celles de son extrémité seront

$$x + n\cos(n, x), \quad y + n\cos(n, y), \quad z + n\cos(n, z).$$

Le résultat de la substitution dans l'équation de la surface étant positif, on aura, en négligeant les infiniment petits d'ordre supérieur au premier,

$$n\left[\frac{d\rho}{dx}\cos(n, x) + \frac{d\rho}{dy}\cos(n, y) + \frac{d\rho}{dz}\cos(n, z)\right] > 0;$$

donc, en y remplaçant les cosinus par leurs valeurs $\frac{d\rho}{h\,dx}$, $\frac{d\rho}{h\,dy}$, $\frac{d\rho}{h\,dz}$, on aura

$$n.h > 0;$$

donc le radical h doit être pris avec le signe $+$.

Donc, suivant qu'il s'agit d'une normale extérieure ou intérieure, il faudra prendre h avec le signe $+$ ou $-$.

287. *Systèmes elliptiques. — Coordonnées elliptiques.* — Dans ce système, un point quelconque de l'espace est déterminé par l'intersection de trois surfaces du second degré homofocales : ellipsoïdes, hyperboloïdes à une nappe, hyperboloïde à deux nappes. Soit l'équation de l'ellipsoïde en coordonnées rectangles

$$\frac{x^2}{\lambda^2} + \frac{y^2}{\lambda^2 - b^2} + \frac{z^2}{\lambda^2 - c^2} - 1 = 0;$$

si l'on donne au paramètre λ toutes les valeurs supérieures à b et c restant constants, on aura une série d'ellipsoïdes. Si l'on représente l'équation de l'ellipsoïde par $F(\lambda)$, et que λ, μ, ν soient les trois demi-axes de même direction dans les trois espèces de surfaces, et dans chacune d'elles b et c les demi-distances focales des deux sections principales, majeure et moyenne, avec les conditions

$$\lambda > c > \mu > b > \nu,$$

les symboles $F(\mu)$, $F(\nu)$ repésenteront les deux hyperboloïdes. Or, ces trois équations étant du troisième degré en λ^2, μ^2, ν^2 et composées de la même manière par rapport aux coefficients, il en résulte que les trois racines de chacune d'elles sont les valeurs de λ^2, μ^2, ν^2, correspondant à un système de valeurs x, y, z; on a donc les trois équations suivantes, qui résultent des relations qui existent entre les coefficients et les racines d'une équation du troisième degré :

$$\lambda^2 + \mu^2 + \nu^2 = x^2 + y^2 + z^2 + b^2 + c^2,$$
$$\lambda^2\mu^2\nu^2 = b^2c^2x^2,$$
$$\lambda^2\mu^2 + \mu^2\nu^2 + \nu^2\lambda^2 = b^2(x^2+z^2) + c^2(x^2+y^2)\, b^2c^2;$$

desquelles on déduit

$$bcx = \lambda\mu\nu,$$
$$b\sqrt{c^2-b^2}\,y = \sqrt{(\lambda^2-b^2)(\mu^2-b^2)(b^2-\nu^2)},$$
$$c\sqrt{c^2-b^2}\,z = \sqrt{(\lambda^2-c^2)(c^2-\mu^2)(c^2-\nu^2)}.$$

Si l'on prend les différentielles logarithmiques de ces équations par rapport aux variables λ, μ, ν, on obtiendra les équations suivantes :

$$\frac{dx}{x} = \frac{d\lambda}{\lambda} + \frac{d\mu}{\mu} + \frac{d\nu}{\nu},$$
$$\frac{dy}{y} = \frac{\lambda d\lambda}{\lambda^2-b^2} + \frac{\mu d\mu}{\mu^2-b^2} + \frac{\nu^2 d\nu}{\nu^2-b^2},$$
$$\frac{dz}{z} = \frac{\lambda d\lambda}{\lambda^2-c^2} + \frac{\mu d\mu}{\mu^2-c^2} + \frac{\nu d\nu}{\nu^2-c^2}.$$

Or, si l'on élève au carré les valeurs de dx, dy, dz et qu'on ajoute membre à membre, on aura l'expression suivante du déplacement infiniment petit du point (x, y, z),

$$ds^2 = d\lambda^2\frac{(\lambda^2-\mu^2)(\lambda^2-\nu^2)}{(\lambda^2-b^2)(\lambda^2-c^2)} + d\mu^2\frac{(\mu^2-\nu^2)(\mu^2-\lambda^2)}{(\mu^2-b^2)(\mu^2-c^2)} + d\nu^2\frac{(\nu^2-\lambda^2)(\nu^2-\mu^2)}{(\nu^2-b^2)(\nu^2-c^2)}.$$

On conclut de cette expression que les quantités H^2, H_1^2, H_2^2 sont les facteurs de $d\lambda^2$, $d\mu^2$, $d\nu^2$; et, comme les doubles produits des variations $d\lambda$, $d\mu$, $d\nu$ n'entrent pas dans le second membre, on en déduit que les arcs coordonnés $d\sigma$, $d\sigma_1$, $d\sigma_2$ se coupent orthogonalement, et, par conséquent, que le système est orthogonal.

288. *Système elliptique cylindrique.* — Dans ce système, la première série des surfaces se compose de plans parallèles, et le paramètre variable est la distance ρ de l'un quelconque de ces plans à un plan fixe de la série; la deuxième et la troisième série sont des cylindres elliptiques et hyperboliques homofocaux dont l'axe infini est perpendiculaire au plan fixe. On déduit facilement les paramètres différentiels de ce système des équations précédentes. En effet, si l'on fait dans les équations $F(\lambda)$, $F(\mu)$, $F(\nu)$, $\lambda = \infty$, on tombe sur les deux cylindres :

$$\frac{x^2}{\mu^2} + \frac{y^2}{\mu^2 - b^2} = 1,$$

$$\frac{x^2}{\nu^2} - \frac{y^2}{b^2 - \nu^2} = 1,$$

qui donnent

$$x = \frac{\mu\nu}{b}, \quad y = \frac{\sqrt{\mu^2 - b^2}\sqrt{b^2 - \nu^2}}{b},$$

et les valeurs des trois paramètres se déduisent des valeurs de H, H_1, H_2 du numéro précédent, en y introduisant les hypothèses précédentes. En effet, en posant $\lambda = c + \rho$, et en faisant converger c vers l'infini, on trouve ainsi

$$d\sigma = d\rho, \quad d\sigma_1 = d\mu\sqrt{\frac{\mu^2 - \nu^2}{\mu^2 - b^2}}, \quad d\sigma_2 = d\nu\sqrt{\frac{\nu^2 - \mu^2}{\nu^2 - b^2}};$$

d'ailleurs le système est triplement orthogonal.

Système elliptique de révolution. — C'est le système que l'on obtient en faisant tourner autour du grand axe un système elliptique plan et en faisant passer par l'axe de révolution une série de plans formant, avec un plan fixe de cette série, un angle ρ, qui est le paramètre variable ; on obtient ainsi

$$d\sigma = \frac{\sqrt{(\mu^2 - b^2)(b^2 - \nu^2)}}{b}\,d\rho, \quad d\sigma_1 = d\mu \sqrt{\frac{\mu^2 - \nu^2}{\mu^2 - b^2}},$$

$$d\sigma_2 = d\nu \sqrt{\frac{\nu^2 - \mu^2}{\nu^2 - b^2}}.$$

Si l'on fait tourner le système autour du petit axe, les deux derniers paramètres H_1, H_2 ne sont pas changés et H devient égal à $\frac{\mu\nu}{b}$.

289. *Coordonnées paraboliques.* — Dans ce système, on a une triple série de paraboloïdes homofocaux : la première et la troisième série, composée de paraboloïdes elliptiques, et la deuxième composée de paraboloïdes hyperboliques. Ces trois séries sont données par les équations, dans lesquelles les paramètres variables sont λ, μ, ν,

$$\frac{y^2}{\lambda} + \frac{z^2}{\lambda - c} = 4(x + \lambda),$$

$$\frac{y^2}{\mu} - \frac{z^2}{c - \mu} = 4(x + \mu),$$

$$\frac{y^2}{\nu} + \frac{z^2}{\nu - c} = 4(x + \nu),$$

avec les conditions

$$\infty > c > \mu > 0 > \nu > -\infty.$$

On tire de ces équations, en opérant comme au n° 287,

$$x = c - \lambda - \mu - \nu,$$

$$y = 2\sqrt{-\frac{\lambda\mu\nu}{c}},$$

$$z = 2\sqrt{\frac{(\lambda - c)(c - \mu)(c - \nu)}{c}},$$

que l'on peut aussi déduire des équations du n° 287, en portant l'origine au foyer négatif situé sur le plan des xy, en changeant c, λ, μ, ν en $c+b$, $\lambda+b$, $\mu+b$, $\nu+b$, et en faisant converger b vers l'infini après la substitution.

On trouve ainsi les différentielles complètes de x, y, z,

$$dx = -(d\lambda + d\mu + d\nu),$$
$$\frac{dy}{y} = -\frac{1}{2}\left(\frac{d\lambda}{\lambda} + \frac{d\mu}{\mu} + \frac{d\nu}{\nu}\right),$$
$$\frac{dz}{z} = \frac{1}{2}\left(\frac{d\lambda}{\lambda - c} + \frac{d\mu}{\mu - c} + \frac{d\nu}{\nu - c}\right);$$

desquelles on déduit

$$\frac{d\sigma}{d\lambda} = \sqrt{\frac{(\lambda-\nu)(\lambda-\mu)}{\lambda(\lambda-c)}}, \quad \frac{d\sigma_1}{d\mu} = \sqrt{\frac{(\mu-\lambda)(\mu-\nu)}{\mu(\mu-c)}},$$
$$\frac{d\sigma_2}{d\nu} = \sqrt{\frac{(\nu-\mu)(\nu-\lambda)}{\nu(\nu-c)}},$$

et le système est orthogonal par suite de la forme de ds^2, qui n'admet pas les doubles produits.

290. *Systèmes coniques.* — Soit un système de coordonnées sphériques tracé sur une sphère dont le rayon est égal à 1 et défini par les trois paramètres $\mathfrak{h}$, $\mathfrak{h}_1$, $\mathfrak{G}_2$, de sorte que l'on a

$$d\sigma' = \mathfrak{h}\,d\rho, \quad d\sigma'_1 = \mathfrak{h}_1\,d\rho_1, \quad \mathfrak{G}_2^2 = \mathfrak{h}\mathfrak{h}_1\cos\varphi_2;$$

si l'on mène deux systèmes de cônes ayant leur sommet au centre de la sphère, et pour directrices les deux séries de courbes sphériques coordonnées et que l'on décrive deux sphères de même centre que la sphère donnée, et ayant pour rayons ρ_2 et $\rho_2 + d\rho_2$, on aura les relations suivantes :

$$d\sigma_2 = d\rho_2, \quad d\sigma = \mathfrak{h}\rho_2\,d\rho, \quad d\sigma_1 = \mathfrak{h}_1\rho_2\,d\rho_1,$$

avec les conditions

$$\mathbf{G} = 0, \quad \mathbf{G}_1 = 0, \quad \mathbf{G}_2^2 = \mathfrak{h}\mathfrak{h}_1\rho_2^2\cos\varphi_2.$$

Ces équations définissent d'une manière complète le système conique des coordonnées.

Système sphéro-conique homofocal. — Ce système est composé d'une série de sphères concentriques et de deux séries de cônes homofocaux concentriques avec les sphères. Ce système se déduit également des équations $F(\lambda)$, $F(\mu)$, $F(\nu)$ (287), dans lesquelles on remplace x, y, z, et λ par $\frac{x}{m}$, $\frac{y}{m}$, $\frac{z}{m}$, $\frac{\lambda}{m}$, m étant une constante qui converge vers zéro. Pour obtenir l'expression d'un déplacement quelconque ds dans ce système, il n'y a qu'à introduire les hypothèses précédentes, ce qui donne

$$ds^2 = \frac{(\lambda^2 - m^2\mu^2)(\lambda^2 - m^2\nu^2)}{(\lambda^2 - m^2 b^2)(\lambda^2 - m^2 c^2)} d\lambda^2 + \frac{(\mu^2 - \nu^2)(m^2\mu^2 - \lambda^2)}{(\mu^2 - b^2)(\mu^2 - c^2)} d\mu^2$$
$$+ \frac{(m^2\nu^2 - \lambda^2)(\nu^2 - \mu^2)}{(\nu^2 - b^2)(\nu^2 - c^2)} d\nu^2;$$

et comme les doubles produits font défaut, le système est orthogonal et les valeurs de H, H_2, H_1, lorsqu'on fait converger m vers zéro, sont

$$\frac{d\sigma^2}{d\lambda^2} = H^2 = 1, \quad \frac{d\sigma_1^2}{d\mu^2} = H_1^2 = -\lambda^2 \frac{\mu^2 - \nu^2}{(\mu^2 - b^2)(\mu^2 - c^2)},$$
$$\frac{d\sigma_2^2}{d\nu^2} = H_2^2 = \lambda^2 \frac{(\mu^2 - \nu^2)}{(\nu^2 - b^2)(\nu^2 - c^2)},$$

correspondant aux équations des surfaces suivantes :

$$x^2 + y^2 + z^2 = \lambda^2,$$
$$\frac{x^2}{\mu^2} + \frac{y^2}{\mu^2 - b^2} - \frac{z^2}{c^2 - \mu^2} = 0,$$
$$\frac{x^2}{\nu^2} - \frac{y^2}{\nu^2 - b^2} - \frac{z^2}{c^2 - \nu^2} = 0.$$

291. *Système sphéro-biconique à axes fixes.* — Étudions d'abord, sur une sphère dont le rayon serait égal à l'unité, le système composé de deux séries de cercles à pôles fixes que nous appelons *système sphéro-circulaire à pôles fixes* $F_0 F_1$ (*fig.* 38).

Soient

$$FA = \alpha = F_1B, \; F_1M = \rho_1, \; FM = \rho, \; i = MA; \; \omega = \text{angle MFO},$$

M étant le point situé sur une sphère qui a 1 pour rayon.

Le triangle **MAF** donne

$$\cos i = \cos\alpha \cos\rho + \sin\alpha \sin\rho \cos\omega,$$

et le triangle **MF₁F** donne

$$\cos\rho_1 = \cos\rho \sin 2\alpha - \sin\rho \cos 2\alpha \cos\omega;$$

si l'on élimine ω entre ces deux équations, on trouve

$$\cos i \cos 2\alpha = \cos\alpha \cos\rho - \sin\alpha \cos\rho_1.$$

D'après cela, si l'on appelle i_1, i_2 les angles **MB**, **MC**, en

Fig. 38.

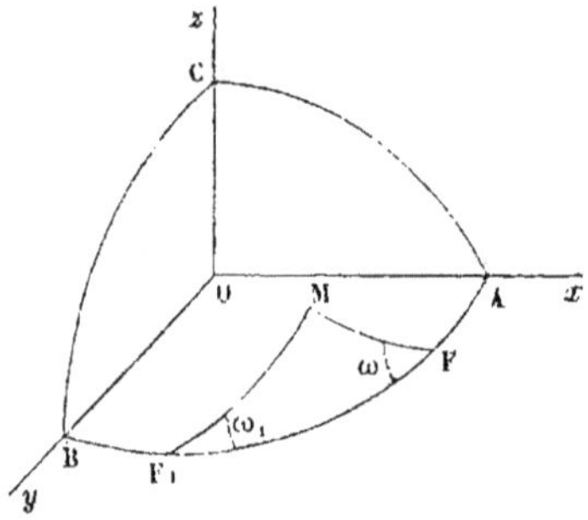

remarquant que $\cos^2 i_2 = 1 - \cos^2 i - \cos^2 i_1$, on aura les trois équations

$$\cos i = \frac{x}{1}, \quad \cos i_1 = \frac{y}{1}, \quad \cos i_2 = \frac{z}{1},$$

$$(1)\quad \begin{cases} x\cos 2\alpha = \cos\alpha \cos\rho - \sin\alpha \cos\rho_1, \\ y\cos 2\alpha = \cos\alpha \cos\rho_1 - \sin\alpha \cos\rho, \\ z\cos 2\alpha = \sqrt{\cos^2 2\alpha - \cos^2\rho - \cos^2\rho_1 + 2\sin 2\alpha \cos\rho \cos\rho_1}, \end{cases}$$

desquelles on déduit

$$(2)\quad \begin{cases} dx\cos 2\alpha = -\cos\alpha \sin\rho\, d\rho + \sin\alpha \sin\rho_1\, d\rho_1, \\ dy\cos 2\alpha = \sin\alpha \sin\rho\, d\rho - \cos\alpha \sin\rho_1\, d\rho_1, \\ dz\cos 2\alpha = \dfrac{\sin\rho(\cos\rho - \sin 2\alpha \cos\rho_1)d\rho + \sin\rho_1(\cos\rho_1 - \sin 2\alpha \cos\rho)d\rho_1}{\cos i_2 \cos 2\alpha}. \end{cases}$$

On obtient pour les arcs coordonnés

$$\frac{d\sigma'^2}{d\rho^2}\cos^2 2\alpha = \frac{\left\{\begin{array}{l}\sin^2\rho(\cos^2 2\alpha - \cos^2\rho - \cos^2\rho_1 + 2\sin 2\alpha\cos\rho\cos\rho_1)\\ \quad + \sin^2\rho(\cos\rho - \sin 2\alpha\cos\rho_1)^2\end{array}\right\}}{\cos^2 i_2\cos^2 2\alpha}$$

$$= \frac{\sin^2\rho}{\cos^2 i_2\cos^2 2\alpha}(\cos^2\alpha\cos^2 2\alpha - \cos^2\rho_1),$$

et finalement on a les trois paramètres (290)

$$(3)\left\{\begin{array}{l}\dfrac{d\sigma'}{d\rho} = \dfrac{\sin\rho\sin\rho_1}{\cos i_2\cos 2\alpha} = \mathfrak{H},\\[2ex] \dfrac{d\sigma'_1}{d\rho_1} = \dfrac{\sin\rho_1\sin\rho}{\cos i_2\cos 2\alpha} = \mathfrak{H}_1,\\[2ex] \dfrac{d\sigma' d\sigma'_1}{d\rho\, d\rho_1}\cos(d\sigma\, d\sigma_1) = \dfrac{\sin\rho\sin\rho_1}{\cos^2 2\alpha\cos^2 i_2}(\cos\rho\cos\rho_1 - \sin 2\alpha) = \mathfrak{G}_2^2,\end{array}\right.$$

d'où

$$\cos\varphi = \frac{\cos\rho\cos\rho_1 - \sin 2\alpha}{\sin\rho\sin\rho_1},$$

que l'on déduit aussi directement du triangle FMF_1.

Des deux premières équations (1) on déduit les coordonnées ρ et ρ_1 en fonction des projections du point M sur le plan xy.

$$\frac{\cos\rho_1}{\cos 2\alpha} = y\cos\alpha - x\sin\alpha, \quad \frac{\cos\rho}{\cos 2\alpha} = x\cos\alpha - y\sin\alpha;$$

maintenant, si l'on appelle ρ_2 le rayon de la sphère qui est la troisième surface coordonnée (290), on aura les relations

$$d\sigma_2 = d\rho_2, \quad d\sigma = \mathfrak{H}\rho_2\, d\rho, \quad d\sigma_1 = \mathfrak{H}_1\rho_2\, d\rho_1, \quad G_2 = \mathfrak{G}_2\rho_2,$$

qui définissent complétement le système composé de deux séries de cônes concentriques ayant des axes distincts OF_0, OF_1, et d'une série de sphères concentriques avec ces cônes.

292. *Système bitangentiel.* — Il est composé de la double (*fig.* 39) série des plans tangents à deux cônes fixes concentriques et d'une série de sphères concentriques.

Conservons la notation précédente et prenons pour lignes coordonnées, sur une sphère de rayon égal à 1, les tangentes

τ et τ_1 menées du point **M** situé sur la sphère à deux cercles fixes décrits de deux pôles fixes **F** et **F**$_1$, avec des ouvertures

Fig. 39.

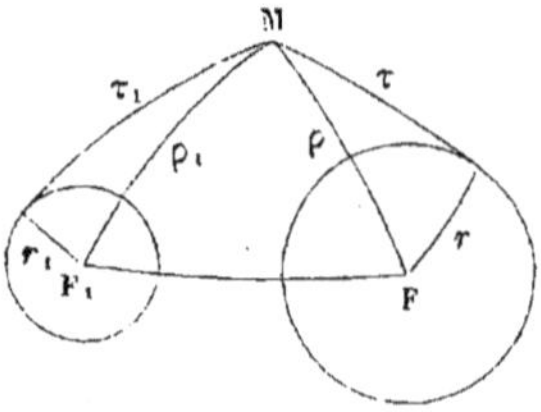

de compas r et r_1; on a les deux équations

$$\cos\rho_1 = \cos\tau_1 \cos r_1, \quad \cos\rho = \cos\tau \cos r;$$

desquelles on déduit

$$\sin\rho_1\, d\rho_1 = \cos r_1 \sin\tau_1\, d\tau_1, \quad \sin\rho\, d\rho = \cos r \sin\tau\, d\tau,$$

conséquemment, on a

$$d\rho_1 = \cos r_1 \frac{\sin\tau_1\, d\tau_1}{\sqrt{1 - \cos^2\tau_1 \cos^2 r_1}}, \quad d\rho = \cos r \frac{\sin\tau\, d\tau}{\sqrt{1 - \cos^2\tau \cos^2 r}};$$

or nous avons trouvé

$$ds'^2 = \frac{\sin^2\rho \sin^2\rho_1}{\cos^2 i_2 \cos^2 2\alpha}\left[d\rho^2 + d\rho_1^2 + 2(\cos\rho\cos\rho_1 - \sin 2\alpha)\, d\rho\, d\rho_1\right];$$

donc on obtient la relation

$$\cos i_2 \cos 2\alpha = \sqrt{\cos^2 2\alpha - \cos^2 r_1 \cos^2\tau_1 - \cos^2 r \cos^2\tau + 2\cos r \cos r_1 \cos\tau \cos\tau_1 \sin 2\alpha},$$

et l'expression suivante du déplacement effectué sur la sphère en fonction des coordonnées τ et τ_1 :

$$ds'^2 = \frac{(1 - \cos^2 r \cos^2\tau)(1 - \cos^2 r_1 \cos^2\tau_1)}{\cos^2 i_2 \cos^2 2\alpha}$$
$$\times \left[\frac{\cos^2 r_1 \sin^2\tau_1\, d\tau_1^2}{1 - \cos^2 r_1 \cos^2\tau_1} + \frac{\cos^2 r \sin^2\tau\, d\tau^2}{1 - \cos^2\tau \cos^2 r}\right.$$
$$\left. + \frac{2(\cos r \cos r_1 \cos\tau \cos\tau_1 - \sin 2\alpha)\cos r \cos r_1 \sin\tau \sin\tau_1\, d\tau\, d\tau_1}{\sqrt{(1 - \cos^2 r_1 \cos^2\tau_1)(1 - \cos^2 r \cos^2\tau)}}\right].$$

Si l'on veut lier les coordonnées τ et τ_1 avec les coordonnées cartésiennes x, y, z, on aura

$$\cos 2\alpha \cos i = x \cos 2\alpha = \cos\alpha \cos r \cos\tau - \sin\alpha \cos r_1 \cos\tau_1,$$

$$\cos 2\alpha \cos i_1 = y \cos 2\alpha = \cos\alpha \cos r_1 \cos\tau_1 - \sin\alpha \cos r \cos\tau,$$

$$\cos 2\alpha \cos i_2 = z \cos 2\alpha.$$

Il résulte de là que l'on a les relations suivantes, après avoir représenté par $\mathfrak{H}^2$, $\mathfrak{H}_1^2$, $\mathfrak{G}_2^2$ les coefficients de $d\tau^2$, $d\tau_1^2$, $2\,d\tau\,d\tau_1$, dans l'expression de ds'^2,

$$d\sigma = \rho_2 \mathfrak{H}\, d\tau, \quad d\sigma_1 = \rho_2 \mathfrak{H}_1\, d\tau_1, \quad d\sigma_2 = d\rho_2, \quad G_2 = \rho_2 \mathfrak{G}_2.$$

293. *Système des développantes.* — Soit une surface sur laquelle sont tracées les deux séries de lignes de courbure. On prend pour lignes coordonnées les deux séries de lignes parallèles aux lignes de courbure et la série de normales à la surface. Les surfaces coordonnées sont les deux séries de surfaces développables dont les lignes de courbure sont les développantes et la série de surfaces parallèles à la surface donnée.

Méthode analytique. — Soit la surface donnée par l'équation

$$f = 0,$$

et les lignes de courbure données par l'équation de la surface combinée avec chacune des équations

$$(1) \qquad \rho = \text{const.}, \quad \rho_1 = \text{const.};$$

les équations de la normale à la surface f, dont l'équation est supposée exprimée au moyen des variables ρ et ρ_1, sont

$$(2) \qquad x - x' = \frac{df}{h\,dx'}\rho_2, \qquad [3]$$

x' et $\frac{df}{dx'}$ étant des fonctions de ρ et ρ_1, et ρ_2 étant la longueur de la normale.

Si l'on différentie l'équation (2), on aura

$$\left.\begin{aligned} dx = &\left[\frac{dx'}{d\rho} + \frac{d}{d\rho}\left(\frac{df}{h\,dx'}\right)\right]\rho_2\,d\rho \\ &+ \left[\frac{dx'}{d\rho_1} + \frac{d}{d\rho_1}\left(\frac{df}{h\,dx'}\right)\right]\rho_2\,d\rho_1 + \frac{df}{h\,dx'}\,d\rho_2. \end{aligned}\right\} \quad [3]$$

D'après cela, les paramètres H et les paramètres G dans le système ρ, ρ_1, ρ_2 seront représentés par les expressions suivantes :

$$H^2 = \rho_2^2\,S\left[\frac{dx'}{d\rho} + \frac{d}{d\rho}\left(\frac{df}{h\,dx'}\right)\right]^2,$$

$$H_1^2 = \rho_2^2\,S\left[\frac{dx'}{d\rho_1} + \frac{d}{d\rho_1}\left(\frac{df}{h\,dx'}\right)\right]^2,$$

$$H_2^2 = S\,\frac{df^2}{h^2\,dx^2};$$

$$G_2^2 = \rho_2^2\,S\left[\frac{dx'}{d\rho} + \frac{d}{d\rho}\left(\frac{df}{h\,dx'}\right)\right]\left[\frac{dx'}{d\rho_1} + \frac{d}{d\rho_1}\left(\frac{df}{h\,dx'}\right)\right] = 0,$$

$$G_1^2 = \rho_2\,S\left[\frac{dx'}{d\rho} + \frac{d}{d\rho}\left(\frac{df}{h\,dx'}\right)\right]\frac{df}{h\,dx'} = 0,$$

$$G_0^2 = \rho_2\,S\left[\frac{dx'}{d\rho_1} + \frac{d}{d\rho_1}\left(\frac{df}{h\,dx'}\right)\right]\frac{df}{h\,dx'} = 0.$$

Méthode géométrique. — Soient R et R_1 les rayons principaux de courbure suivant l'arc $d\sigma'$ et l'arc $d\sigma'_1$ formés par le réseau des lignes de courbure de la surface f; les normales aux extrémités de l'arc $d\sigma'$ se rencontrent et sont coupées par l'arc $d\sigma$, de sorte que ces deux arcs sont proportionnels à leurs rayons qui seront R et $R + \rho_2$; on a donc les trois relations

$$d\sigma = \left(1 + \frac{\rho_2}{R}\right)d\sigma', \quad d\sigma_1 = \left(1 + \frac{\rho_2}{R_1}\right)d\sigma'_1, \quad d\sigma_2 = d\rho_2,$$

qui définissent complétement le système qui est orthogonal.

Application à l'ellipsoïde. — D'après les formules données au n° 287, si l'on représente par V^3 l'aire du parallélépipède des trois demi-axes de l'ellipsoïde ρ, on aura les formules suivantes :

$$d\sigma = \frac{\sqrt{\nu^2-\mu^2}}{\sqrt{\nu^2-c^2}\sqrt{c^2-\nu^2}\sqrt{\rho^2-\nu^2}}\left[\rho^2-\nu^2-\frac{\rho_2 V^3}{(\rho^2-\nu^2)^{\frac{1}{2}}(\rho^2-\mu^2)^{\frac{1}{2}}}\right]d\nu,$$

$$d\sigma_1 = \frac{\sqrt{\mu^2-\nu^2}}{\sqrt{\mu^2-b^2}\sqrt{c^2-\mu^2}\sqrt{\rho^2-\mu^2}}\left[\rho^2-\mu^2-\frac{\rho_2 V^3}{(\rho^2-\mu^2)^{\frac{1}{2}}(\rho^2-\nu^2)^{\frac{1}{2}}}\right]d\mu,$$

$$d\sigma_2 = d\rho_2.$$

§ III. — Éléments des lignes coordonnées en fonction des paramètres différentiels.

Nous avons déjà calculé les arcs et les angles des lignes coordonnées en fonction des paramètres différentiels du premier ordre, nous allons maintenant calculer les autres éléments des lignes coordonnées en fonction des mêmes paramètres.

294. *Volume déterminé par les surfaces coordonnées passant par deux points.* — Soient les surfaces $\rho^{(0)}$, $\rho_1^{(0)}$, $\rho_2^{(0)}$ passant par le premier point $A^{(0)}$, et les surfaces $\rho^{(1)}$, $\rho_1^{(1)}$, $\rho_2^{(1)}$ passant par le second point $A^{(1)}$; ces six surfaces en se coupant déterminent un volume qu'il s'agit d'évaluer. Or l'expression V du volume élémentaire est

$$dV = d\sigma\, d\sigma_1\, d\sigma_2 \cos n\, d\sigma \sin(d\sigma_1\, d\sigma_2),$$

$$\begin{aligned} dV &= d\sigma\, d\sigma_1\, d\sigma_2 \sin\varphi_1 \sin\theta_2 \sin\varphi \\ &= H H_1 H_2 \sin\varphi \sin\varphi_1 \sin\theta_2\, d\rho\, d\rho_1\, d\rho_2; \end{aligned}$$

conséquemment, si l'on introduit l'auxiliaire $\mathfrak{N}$ (285), on aura

$$dV = \mathfrak{N}^3\, d\rho\, d\rho_1\, d\rho_2,$$

et, en intégrant entre limites, on obtiendra l'expression

$$V = \int_{\rho^{(0)}}^{\rho^{(1)}} d\rho \int_{\rho_1^{(0)}}^{\rho_1^{(1)}} d\rho_1 \int_{\rho_2^{(0)}}^{\rho_2^{(1)}} \mathfrak{N}^3\, d\rho,$$

qui représentera le volume.

Si l'on représente par D une grandeur analogue à la densité et variant avec la position du point, et par P une grandeur analogue au poids du corps, on aura aussi

$$P = \int_{\rho^{(0)}}^{\rho^{(1)}} d\rho \int_{\rho_1^{(0)}}^{\rho_1^{(1)}} d\rho_1 \int_{\rho_2^{(0)}}^{\rho_2^{(1)}} D\mathfrak{N}^3 d\rho.$$

Expression des aires des surfaces limitant le corps. — Si nous représentons par

$$\mho^{(0)},\ \mho^{(1)};\quad \mho_1^{(0)},\ \mho_1^{(1)};\quad \mho_2^{(0)},\ \mho_2^{(1)}$$

les aires des surfaces qui limitent le corps, les indices inférieurs indiquant la série des coordonnées sur laquelle chaque aire se trouve, on aura pour la série ρ les deux équations

$$\mho^{(0)} = \int_{\rho_1^{(0)}}^{\rho_1^{(1)}} d\rho_1 \int_{\rho_2^{(0)}}^{\rho_2^{(1)}} d\rho_2\, H_1^{(0)} H_2^{(0)} \sin\varphi^{(1)},$$

$$\mho^{(1)} = \int_{\rho_1^{(0)}}^{\rho_1^{(1)}} d\rho_1 \int_{\rho_2^{(0)}}^{\rho_2^{(1)}} d\rho_2\, H_1^{(1)} H_2^{(1)} \sin\varphi^{(1)},$$

et deux autres couples d'équations que l'on obtient par la rotation simultanée des indices.

295. *Expression des courbures propres et des courbures inclinées.*

1° *Expression de la projection de la courbure propre d'un arc coordonné sur l'un des deux autres.* — La première des formules (21)′ du n° 257 donne

$$\left.\begin{aligned} \frac{HH_1}{\mathfrak{L}_{00}^{(1)}} &= \frac{d_0}{d\rho}\left(\frac{G_2^2}{H}\right) - \frac{d_1}{d\rho_1}(H_0), \\ \frac{HH_2}{\mathfrak{L}_{00}^{(2)}} &= \frac{d_0}{d\rho}\left(\frac{G_1^2}{H}\right) - \frac{d_2}{d\rho_2}(H_0); \end{aligned}\right\} \quad (3)$$

les trois autres résultent de la rotation simultanée des indices.

2° *Expression de la courbure inclinée d'un des deux arcs conjugués en surface, suivant le second, projetée sur le premier.* — Les formules (22)′ du même numéro donnent

$$\frac{HH_1}{\mathfrak{L}_{10}^{(0)}} = \frac{d_1 H}{d\rho_1} - \frac{G_2^2}{HH_1}\frac{d_0 H_1}{d\rho},\qquad \frac{HH_1}{\mathfrak{L}_{01}^{(1)}} = \frac{d_0 H_1}{d\rho} - \frac{G_2^2}{HH_1}\frac{d_1 H_0}{d\rho_1}.$$

2° *Expression de la courbure inclinée d'un arc suivant le second et projetée sur le troisième.* — Les formules (28) du n° 260 donnent la formule suivante :

$$\left.\begin{aligned} \frac{2\mathrm{HH}_1\mathrm{H}_2}{\mathcal{L}_{01}^{(2)}} &= \frac{d_0\mathrm{G}_0^2}{d\rho} - \frac{d_2\mathrm{G}_2^2}{d\rho_2} + \frac{\mathrm{H}_0}{\mathrm{H}_2}\,\frac{d_1}{d\rho_1}\left(\frac{\mathrm{G}_1^2}{\mathrm{H}^2}\right), \\ \frac{2\mathrm{HH}_1\mathrm{H}_2}{\mathcal{L}_{10}^{(2)}} &= \frac{d_1\mathrm{G}_1^2}{d\rho_1} - \frac{d_2\mathrm{G}_2^2}{d\rho_2} + \frac{\mathrm{H}_1}{\mathrm{H}_2}\,\frac{d_0}{d\rho}\left(\frac{\mathrm{G}_0^2}{\mathrm{H}_1^2}\right); \end{aligned}\right\} \quad (3)$$

On peut donc exprimer tous les éléments des courbes coordonnées en fonction des six paramètres H, H_1, H_2; G, G_1, G_2.

CHAPITRE IV.

ÉLÉMENTS D'UNE TRAJECTOIRE DES COORDONNÉES CURVILIGNES.

Lorsqu'on rapporte une courbe à un système quelconque de coordonnées curvilignes, les divers éléments de la courbe s'expriment en fonction des éléments analogues des lignes coordonnées. Les expressions que l'on obtient, qui sont toujours symétriques, sont susceptibles d'une forme simple lorsqu'on introduit la *courbure inclinée*, et alors elles constituent des théorèmes intéressants de Géométrie curviligne. Le but de ce Chapitre est d'exposer les principales de ces expressions, et de montrer que, dans cette théorie comme dans la théorie des lignes tracées sur une surface quelconque, la courbure inclinée est un des plus puissants éléments de démonstration et de condensation.

§ I. — Formules générales.

296. *Équations de la courbe en coordonnées curvilignes.* — Supposons qu'un point quelconque de l'espace soit déterminé par l'intersection de trois surfaces dont les équations dans le système rectiligne orthogonal sont

$$(1) \quad f(x,y,z)=\rho, \quad f_1(x,y,z)=\rho_1, \quad f_2(x,y,z)=\rho_2,$$

ρ, ρ_1, ρ_2 étant des paramètres qui peuvent prendre toutes les valeurs possibles; à chaque point de l'espace correspondra un système de valeurs de ρ, ρ_1, ρ_2, de sorte que ce système représentera les coordonnées du point. Si les paramètres ρ, ρ_1, ρ_2 sont des fonctions ψ, ψ_1, ψ_2 d'une variable t, lorsque t variera d'une manière continue, les paramètres ρ, ρ_1, ρ_2 varieront d'une manière continue; donc le lieu des intersections de ces surfaces sera une courbe dont les équations dans le système de coordonnées dont il s'agit seront

$$(2) \qquad \rho = \psi(t), \quad \rho_1 = \psi_1(t), \quad \rho_2 = \psi_2(t);$$

si l'un des paramètres, ρ par exemple, est constant, la courbe sera située sur la surface ρ.

Supposons que les équations (1) soient résolues par rapport à x, y, z, de telle sorte que l'on ait

$$(1)' \quad x = F(\rho, \rho_1, \rho_2), \quad y = F_1(\rho, \rho_1, \rho_2), \quad z = F_2(\rho, \rho_1, \rho_2);$$

en remplaçant dans ces équations ρ, ρ_1, ρ_2 par leurs valeurs en fonction de t tirées des relations (2), on aura les trois équations de la courbe dans le système rectiligne orthogonal. Cette courbe sera plus spécialement appelée *trajectoire*, parce qu'elle traverse le système des coordonnées curvilignes.

297. *De l'élément de la trajectoire.* — Soit ds l'élément d'arc de la trajectoire, $d\sigma, d\sigma_1, d\sigma_2$ seront ses trois composantes obliques suivant les arcs coordonnés au point que l'on considère; si l'on appelle dq, dq_1, dq_2 les composantes obliques de l'élément ds suivant les plans tangents aux surfaces ρ, ρ_1, ρ_2, on peut se proposer de déterminer ces divers éléments en grandeur et en direction; ils se déduisent d'une formule unique qui donne l'angle de deux droites dans le système oblique.

D'après les relations du n° **246**, on a les expressions suivantes :

$$(4) \qquad \begin{cases} ds \cos(ds, d\sigma) = \Sigma d\sigma \cos([d\sigma], d\sigma), \\ ds = \Sigma d\sigma \cos(d\sigma, ds), \\ ds^2 = \Sigma d\sigma^2 + 2\Sigma d\sigma_1\, d\sigma_2 \cos\varphi; \end{cases}$$

on obtient aussi les formules suivantes :

$$(5) \qquad \begin{cases} dq \cos(dq, d\sigma_1) = d\sigma_1 + d\sigma_2 \cos\varphi, \\ dq \cos(dq, d\sigma_2) = d\sigma_2 + d\sigma_1 \cos\varphi, \\ dq \cos(dq, d\sigma) = d\sigma_1 \cos\varphi_2 + d\sigma_2 \cos\varphi_1 \quad (3); \end{cases}$$

ces relations font connaître les éléments ds, dq, dq_1, dq_2, ainsi que leurs directions par rapport aux trois arcs coordonnés.

On en déduit facilement la formule suivante :

$$(3) \qquad ds^2 = \Sigma(dq^2 - d\sigma^2),$$

laquelle montre que, si l'on construit deux parallélépipèdes droits et rectangles, le premier sur les éléments dq, dq_1, dq_2 comme arêtes issues d'un même point, le second sur les éléments $d\sigma$, $d\sigma_1$, $d\sigma_2$, la diagonale du premier est l'hypoténuse d'un triangle rectangle dont les deux côtés de l'angle droit sont la diagonale du second et l'élément ds de la trajectoire.

298. *De la variation d'une fonction des coordonnées du point suivant l'élément de la trajectoire.* — Soit V une fonction quelconque de ρ, ρ_1, ρ_2 : on a, pour la variation première de cette fonction, la relation

$$\frac{dV}{ds} = \sum \frac{dV}{d\rho}\frac{d\rho}{ds}.$$

et, pour la variation du second ordre de la même fonction, la relation

$$(6) \qquad \frac{d}{ds}\left(\frac{dV}{ds}\right) = \sum \frac{dV}{d\rho}\frac{d}{ds}\left(\frac{d\rho}{ds}\right) + \frac{d^2V}{ds^2},$$

dans laquelle la variation complète du second ordre d^2V est donnée par l'équation symbolique

$$d^2V = \left(d\rho\frac{d}{d\rho} + d\rho_1\frac{d}{d\rho_1} + d\rho_2\frac{d}{d\rho_2}\right)^2 V.$$

La relation (6) peut aussi s'écrire sous la forme suivante :

$$(6)' \quad \frac{d}{ds}\left(\frac{dV}{ds}\right) = \frac{d^2V}{ds^2} + \sum \frac{dV}{d\sigma}\frac{d}{ds}\left(\frac{d\sigma}{ds}\right) - \sum \frac{d_0V}{ds}\frac{d\rho}{d\sigma}\frac{d}{ds}\left(\frac{d\sigma}{d\rho}\right).$$

Or, si l'on a égard aux expressions des variations des arcs coordonnés données par les formules (23)″ du n° 258, la dernière somme contenue dans l'équation précédente devient

$$\sum \frac{d_0 V}{ds}\frac{d\rho}{d\sigma}\frac{d}{ds}\left(\frac{d\sigma}{d\rho}\right)$$

$$= \sum \frac{d_0 V}{ds}\frac{d\sigma}{ds}\left[\frac{\frac{d}{d\rho}\left(\frac{d\sigma}{d\rho}\right)}{\frac{d\sigma^2}{d\rho^2}}\frac{d\sigma}{ds} + \left(\frac{1}{l^{(0)}_{10}} - \frac{1}{l^{(0)}_{01}}\right)\frac{d\sigma_1}{ds} + \left(\frac{1}{l^{(0)}_{20}} - \frac{1}{l^{(0)}_{02}}\right)\frac{d\sigma_2}{ds}\right].$$

Soit, en second lieu, une fonction U de x, y, z; on trouve, pour la variation du premier ordre, la relation

$$(\alpha) \qquad \frac{dU}{ds} = \sum \frac{dU}{d\sigma}\frac{d\sigma}{ds}.$$

Or on a l'équation

$$\frac{dU}{d\sigma} = \frac{dU}{dx}\frac{dx}{d\sigma} + \frac{dU}{dy}\frac{dy}{d\sigma} + \frac{dU}{dz}\frac{dz}{d\sigma};$$

si l'on pose, pour abréger,

$$K^2 = \frac{dU^2}{dx^2} + \frac{dU^2}{dy^2} + \frac{dU^2}{dz^2},$$

la valeur de $\frac{dU}{d\sigma}$ peut s'écrire sous la forme suivante :

$$\frac{dU}{d\sigma} = K\cos(K, d\sigma);$$

conséquemment, en s'appuyant sur les formules (23)″ du n° 258, on obtient la relation

$$(\alpha)' \qquad \frac{dU}{ds} = K\cos(K, ds).$$

On trouvera, pour la variation du second ordre de U, l'expression

$$\frac{d}{ds}\left(\frac{dU}{ds}\right) = \sum \frac{dU}{d\sigma}\frac{d}{ds}\left(\frac{d\sigma}{ds}\right)$$

$$+ \sum\left[\frac{d}{d\sigma}\left(\frac{dU}{d\sigma}\right)\frac{d\sigma^2}{ds^2} + \frac{d}{d\sigma_1}\left(\frac{dU}{d\sigma}\right)\frac{d\sigma}{ds}\frac{d\sigma_1}{ds} + \frac{d}{d\sigma_2}\left(\frac{dU}{d\sigma}\right)\frac{d\sigma}{ds}\frac{d\sigma_2}{ds}\right].$$

Or on a, en se rappelant que $\mathfrak{R}$ et $\mathfrak{L}_{00}$ sont identiques,

$$\frac{d}{d\sigma}\left(\frac{dU}{d\sigma}\right) = K\frac{\cos(K, \mathfrak{R})}{\mathfrak{R}} + \frac{d^2U}{d\sigma^2} \quad (3),$$

$$\frac{d}{d\sigma_1}\left(\frac{dU}{d\sigma}\right) = K\frac{\cos(K, \mathfrak{L}_{01})}{\mathfrak{L}_{01}} + \frac{d^2U}{d\sigma\, d\sigma_1} \quad (6);$$

en ayant égard à ces valeurs, on obtient l'équation

$$(7)\left\{\begin{aligned} \frac{d}{ds}\left(\frac{dU}{ds}\right) = \frac{d^2U}{ds^2} &+ \sum \frac{dU}{d\sigma}\frac{d}{ds}\left(\frac{d\sigma}{ds}\right) \\ &+ K\sum\left\{\frac{d\sigma}{ds}\left[\frac{\cos(K, \mathfrak{R})}{\mathfrak{R}}\frac{d\sigma}{ds} + \frac{\cos(K, \mathfrak{L}_{01})}{\mathfrak{L}_{01}}\frac{d\sigma_1}{ds}\right.\right. \\ &\left.\left. + \frac{\cos(K, \mathfrak{L}_{02})}{\mathfrak{L}_{02}}\frac{d\sigma_2}{ds}\right]\right\}, \end{aligned}\right.$$

dans laquelle d^2U est la différentielle complète de U par rapport à x, y, z.

299. *De la courbure de la trajectoire et de ses composantes orthogonales suivant une direction donnée.* — Soit $\frac{1}{\mathfrak{P}}$ la courbure de la trajectoire ds; si dans la formule (7) on fait $U = x$, le premier membre de cette formule a pour valeur la composante de la courbure suivant l'axe des x, et si de plus on remarque que la différentielle seconde de x est nulle, on obtient l'équation

$$(8)\left\{\begin{aligned} \frac{\cos(\mathfrak{P}, x)}{\mathfrak{P}} = &\sum \frac{dx}{d\sigma}\frac{d}{ds}\left(\frac{d\sigma}{ds}\right) \\ &+ \sum\frac{d\sigma}{ds}\left[\frac{\cos(\mathfrak{R}, x)}{\mathfrak{R}}\frac{d\sigma}{ds} + \frac{\cos(x, \mathfrak{L}_{01})}{\mathfrak{L}_{01}}\frac{d\sigma_1}{ds} + \frac{\cos(x, \mathfrak{L}_{02})}{\mathfrak{L}_{02}}\frac{d\sigma_2}{ds}\right]. \end{aligned}\right.$$

Cette équation donne la composante orthogonale de la courbure de la trajectoire ds suivant une direction quelconque Ox. Si l'on fait coïncider la direction Ox avec $d\sigma$, on aura la composante orthogonale de cette courbure suivant l'arc coordonné $d\sigma$; mais alors il faudra se rappeler que les cosinus des angles $(\mathfrak{R}, d\sigma)$, $(\mathfrak{L}_{01}, d\sigma)$, $(\mathfrak{L}_{02}, d\sigma)$ sont nuls, parce que l'arc $d\sigma$ est perpendiculaire aux rayons de courbure propre ou inclinée $\mathfrak{R}$, $\mathfrak{L}_{01}$, $\mathfrak{L}_{02}$. L'expression de cette composante est

$$(8)' \quad \left\{ \begin{aligned} \frac{\cos(\mathfrak{P}, d\sigma)}{\mathfrak{P}} &= \sum \cos([d\sigma], d\sigma) \frac{d}{ds}\left(\frac{d\sigma}{ds}\right) \\ &+ \sum \left[\frac{\cos(\mathfrak{R}, [d\sigma])}{\mathfrak{R}} \frac{d\sigma^2}{ds^2} + \frac{\cos(\mathfrak{L}_{01}, [d\sigma])}{\mathfrak{L}_{01}} \frac{d\sigma}{ds} \frac{d\sigma_1}{ds} \right. \\ &\left. + \frac{\cos(\mathfrak{L}_{02}, [d\sigma])}{\mathfrak{L}_{02}} \frac{d\sigma}{ds} \frac{d\sigma_2}{ds} \right]. \end{aligned} \right.$$

300. *Composantes obliques de la courbure de la trajectoire.* 1re *expression.* — Soient $\frac{1}{p^{(0)}}$, $\frac{1}{p^{(1)}}$, $\frac{1}{p^{(2)}}$ les composantes obliques, suivant les trois arcs coordonnés, de la courbure $\frac{1}{\mathfrak{P}}$; si l'on remarque que la projection d'une courbure quelconque suivant l'axe des x est la somme des projections, sur cet axe, des trois composantes obliques, on aura, en représentant par $\mathbf{X}$, $\mathbf{X}_1$, $\mathbf{X}_2$ les cosinus des angles que l'axe des x fait avec les trois arcs coordonnés, les équations suivantes :

$$\frac{\cos(\mathfrak{P}, x)}{\mathfrak{P}} = \frac{\mathbf{X}}{p^{(0)}} + \frac{\mathbf{X}_1}{p^{(1)}} + \frac{\mathbf{X}_2}{p^{(2)}},$$

$$\frac{\cos(\mathfrak{R}, x)}{\mathfrak{R}} = \frac{\mathbf{X}}{r^{(0)}} + \frac{\mathbf{X}_1}{r^{(1)}} + \frac{\mathbf{X}_2}{r^{(2)}}, \ldots,$$

et ainsi de suite. En portant les valeurs des composantes de ces courbures et des courbures analogues dans l'équation (8), et en identifiant les coefficients de $\mathbf{X}$, $\mathbf{X}_1$, $\mathbf{X}_2$, on aura l'équation suivante :

$$(9) \quad \frac{1}{p^{(0)}} = \sum \frac{1}{r^{(0)}} \frac{d\sigma^2}{ds^2} + \sum \frac{d\sigma}{ds} \frac{d\sigma_1}{ds} \left(\frac{1}{l^{(0)}_{01}} + \frac{1}{l^{(0)}_{10}} \right) + \frac{d}{ds}\left(\frac{d\sigma}{ds}\right), \quad (3)$$

dans laquelle le signe $\sum$ s'étend à tous les indices inférieurs.

Remarquons que $\frac{1}{p^{(0)}}$ ne renferme que trois sortes de termes : 1° la somme des termes qui ne dépendent que des composantes obliques des courbures propres des lignes coordonnées; 2° la somme des termes qui ne dépendent que des composantes obliques des courbures inclinées des lignes coordonnées; 3° le terme $\frac{d}{ds}\left(\frac{d\sigma}{ds}\right)$.

301. *Nouvelles expressions des composantes obliques de la courbure de la trajectoire.* — Nous allons maintenant calculer d'autres expressions de la composante $\frac{1}{p^{(0)}}$, qui nous paraissent dignes d'être remarquées.

2e *expression.* — Observons que l'on a $\frac{d\sigma}{ds} = \frac{d\sigma}{d\rho}\frac{d\rho}{ds}$; si l'on différentie les deux membres par rapport à ds, on obtient l'expression suivante :

$$\left.\begin{aligned}\frac{d}{ds}\left(\frac{d\sigma}{ds}\right) &= \frac{d\sigma}{d\rho}\frac{d}{ds}\left(\frac{d\rho}{ds}\right)\\ &\quad + \frac{d\rho}{ds}\left[\frac{d}{d\rho}\left(\frac{d\sigma}{d\rho}\right)\frac{d\rho}{ds} + \frac{d}{d\rho_1}\left(\frac{d\sigma}{d\rho}\right)\frac{d\rho_1}{ds} + \frac{d}{d\rho_2}\left(\frac{d\sigma}{d\rho}\right)\frac{d\rho_2}{ds}\right]\end{aligned}\right\} \quad (3);$$

or, si l'on a égard aux variations des arcs donnés par les formules $(23)'''$ du n° 258, on obtient l'équation

$$(9)' \quad \left\{\begin{aligned}\frac{1}{p^{(0)}} &= \frac{d\sigma}{d\rho}\frac{d}{ds}\left(\frac{d\rho}{ds}\right) + \frac{d\rho^2}{ds^2}\frac{d^2\sigma}{d\rho^2}\\ &\quad + 2\left(\frac{d\sigma}{ds}\frac{d\sigma_1}{ds}\frac{1}{l^{(0)}_{10}} + \frac{d\sigma_1}{ds}\frac{d\sigma_2}{ds}\frac{1}{l^{(0)}_{12}} + \frac{d\sigma_2}{ds}\frac{d\sigma}{ds}\frac{1}{l^{(0)}_{20}}\right) + \sum\frac{d\sigma^2}{r^{(0)}ds^2}.\end{aligned}\right.$$

3e *expression.* — Si dans le développement de la dérivée $\frac{d}{ds}\left(\frac{d\sigma}{ds}\right)$ écrit au commencement de ce numéro, on ajoute et l'on retranche les trois derniers termes de ce développement, la somme des termes additionnels représentera l'expression

$$\frac{d\rho}{d\sigma}\frac{d}{ds}\left(\frac{d\sigma^2}{d\rho^2}\frac{d\rho}{ds}\right);$$

on aura donc, en ayant égard aux variations des arcs (n° 258), formules $(23)'''$, la relation suivante :

$$\begin{aligned}\frac{d}{ds}\left(\frac{d\sigma}{ds}\right) &= \frac{d\rho}{d\sigma}\frac{d}{ds}\left(\frac{d\sigma^2}{d\rho^2}\frac{d\rho}{ds}\right) - \frac{d\rho^2}{ds^2}\frac{d^2\sigma}{d\rho^2}\\ &\quad - \frac{d\sigma}{ds}\frac{d\sigma_1}{ds}\left(\frac{1}{l^{(0)}_{10}} - \frac{1}{l^{(0)}_{01}}\right) - \frac{d\sigma}{ds}\frac{d\sigma_2}{ds}\left(\frac{1}{l^{(0)}_{20}} - \frac{1}{l^{(0)}_{02}}\right),\end{aligned}$$

et, en portant cette valeur de $\frac{d}{ds}\left(\frac{d\sigma}{ds}\right)$ dans l'équation (9), on trouve la formule

$$(9)'' \quad \left\{ \begin{aligned} \frac{1}{p^{(0)}} = \sum \frac{\frac{d\sigma^2}{ds^2}}{r^{(0)}} + 2\left(\frac{\frac{d\sigma}{ds}\frac{d\sigma_1}{ds}}{l^{(0)}_{01}} + \frac{\frac{d\sigma_1}{ds}\frac{d\sigma_2}{ds}}{l^{(0)}_{12}} + \frac{\frac{d\sigma_2}{ds}\frac{d\sigma}{ds}}{l^{(0)}_{02}} \right) \\ + \frac{d\rho}{d\sigma}\frac{d}{ds}\left(\frac{d\sigma^2}{d\rho^2}\frac{d\rho}{ds}\right) - \frac{d\rho^2}{ds^2}\frac{d^2\sigma}{d\rho^2}. \end{aligned} \right.$$

4e *expression.* — Prenons la dérivée de $\frac{d\sigma}{ds}$, en ne faisant varier que ρ, nous obtiendrons les deux premiers termes de la seconde expression de $\frac{1}{p^{(0)}}$; cette seconde expression pourra donc s'écrire sous la forme suivante :

$$\frac{1}{p^{(0)}} = \frac{d_0}{ds}\left(\frac{d\sigma}{ds}\right) + 2\left(\frac{\frac{d\sigma}{ds}\frac{d\sigma_1}{ds}}{l^{(0)}_{10}} + \frac{\frac{d\sigma_1}{ds}\frac{d\sigma_2}{ds}}{l^{(0)}_{12}} + \frac{\frac{d\sigma_2}{ds}\frac{d\sigma}{ds}}{l^{(0)}_{20}} \right) + \sum \frac{\frac{d\sigma^2}{ds^2}}{r^{(0)}}.$$

302. *Des projections obliques de l'arc de contingence de la trajectoire.* — L'équation (9), multipliée par ds, donne la relation suivante :

$$(10) \qquad \frac{ds}{p^{(0)}} = \sum \frac{d\sigma}{ds}\left(\frac{d\sigma}{r^{(0)}_0} + \frac{d\sigma_1}{l^{(0)}_{01}} + \frac{d\sigma_2}{l^{(0)}_{02}}\right) + d\left(\frac{d\sigma}{ds}\right),$$

le signe $\sum$ s'étendant à tous les indices inférieurs. Cette formule fait connaître la projection oblique de l'arc de contingence de la trajectoire ds en fonction des projections obliques des arcs de contingence propre ou inclinée des lignes coordonnées. On doit remarquer : 1° qu'elle ne contient que des projections obliques suivant $d\sigma$ des arcs de contingence propre ou inclinée des lignes coordonnées; 2° que le facteur de $\frac{d\sigma}{ds}$ sous le signe $\sum$ renferme la somme des projections obliques des arcs de contingence propre ou inclinée qui sont perpendiculaires à $d\sigma$.

303. *Du plan de courbure de la trajectoire.* — Soit $\mathfrak{M}$ la normale au plan de courbure de la trajectoire ds, on a

$$\cos(\mathfrak{M}, z) = \mathfrak{P}\left[\frac{dx}{ds}\frac{d}{ds}\left(\frac{dy}{ds}\right) - \frac{dy}{ds}\frac{d}{ds}\left(\frac{dx}{ds}\right)\right];$$

si l'on porte dans le second membre les valeurs des dérivées de $\frac{dy}{ds}$, $\frac{dx}{ds}$ données par la formule (α), on obtient

$$\frac{\cos(\mathfrak{M}, z)}{\mathfrak{P}} = \sum \frac{1}{p^{(0)}}\left(\frac{d_0 y}{d\sigma}\frac{dx}{ds} - \frac{d_0 x}{d\sigma}\frac{dy}{ds}\right).$$

Considérons le premier terme du second membre, en y remplaçant $\frac{dx}{ds}$ $\frac{dy}{ds}$ par leurs valeurs en fonction des rapports des arcs $d\sigma$, $d\sigma_1$, $d\sigma_2$ à l'arc ds; la valeur de ce premier terme est alors donnée par la relation

$$\begin{aligned}&\frac{d_0 y}{d\sigma}\frac{dx}{ds} - \frac{d_0 x}{d\sigma}\frac{dy}{ds}\\ &\quad = \frac{d\sigma_1}{ds}\left(\frac{d_0 y}{d\sigma}\frac{d_1 x}{d\sigma_1} - \frac{d_0 x}{d\sigma}\frac{d_1 y}{d\sigma_1}\right) + \frac{d\sigma_2}{ds}\left(\frac{d_0 y}{d\sigma}\frac{d_2 x}{d\sigma_2} - \frac{d_0 x}{d\sigma}\frac{d_2 y}{d\sigma_2}\right).\end{aligned}$$

On reconnaît que le coefficient de $\frac{d\sigma_1}{ds}$ dans le second membre représente le rapport de la projection de l'aire du parallélogramme des éléments $d\sigma$, $d\sigma_1$ sur le plan des xy au produit de ces éléments, et que, par conséquent, ce rapport est égal à $\sin\varphi_2 \cos(n_2, z)$. De même le coefficient de $\frac{d\sigma_2}{ds}$ est égal à $-\sin\varphi_1 \cos(n_1, z)$; on aura donc la relation

$$\frac{d_0 y}{d\sigma}\frac{dx}{ds} - \frac{d_0 x}{d\sigma}\frac{dy}{ds} = \frac{d\sigma_1}{ds}\sin\varphi_2\cos(n_2, z) - \frac{d\sigma_2}{ds}\sin\varphi_1\cos(n_1, z),$$

qui donne l'expression du coefficient de $\frac{1}{p^{(0)}}$; les coefficients de $\frac{1}{p^{(1)}}$, $\frac{1}{p^{(2)}}$ se déduisent de la relation précédente par la rotation des indices. On a donc finalement l'équation

$$(11)\quad \frac{\cos(\mathfrak{M}, z)}{\mathfrak{P}} = \sum \left(\frac{d\sigma_2}{p^{(1)}\, ds} - \frac{d\sigma_1}{p^{(2)}\, ds} \right) \sin\varphi \cos(n, z),$$

le signe $\sum$ s'étendant à tous les indices inférieurs.

Cette équation fait connaître les angles que la normale $\mathfrak{M}$ au plan de courbure de la trajectoire fait avec une direction quelconque Oz.

Si l'on remplace la direction Oz par la direction $d\sigma$, et qu'on remarque que les angles $(n_2, d\sigma)$, $(n_1, d\sigma)$ sont droits, on obtient la relation

$$(12)\quad \frac{\cos(\mathfrak{M}, d\sigma)}{\mathfrak{P}} = \left(\frac{d\sigma_2}{p^{(1)}\, ds} - \frac{d\sigma_1}{p^{(2)}\, ds} \right) \sin\varphi \cos(n, d\sigma), \qquad (3)$$

dans laquelle il faut remplacer $\cos(n, d\sigma)$ par $\sin\varphi_1 \sin\theta_2$ qui lui est égal, et les composantes $\frac{1}{p^{(1)}}$, $\frac{1}{p^{(2)}}$ par leurs valeurs données par les équations (9).

304. *De la courbure inclinée de la trajectoire ds suivant une direction donnée.* — Cherchons en premier lieu la courbure inclinée de la trajectoire suivant l'un des arcs coordonnés $d\sigma$, $d\sigma_1$, $d\sigma_2$; d'après notre notation, ces courbures seraient $\frac{1}{\Lambda_{0ds}}$, $\frac{1}{\Lambda_{qds}}$, $\frac{1}{\Lambda_{rds}}$; nous les représentons par $\frac{1}{\Lambda_0}$, $\frac{1}{\Lambda_1}$, $\frac{1}{\Lambda_2}$, ce qui revient à supprimer l'indice relatif à la trajectoire. Nous remarquerons que, conformément à notre notation, une courbure propre $\frac{1}{\mathfrak{R}}$ d'un arc coordonné $d\sigma$ peut aussi s'écrire sous la forme $\frac{1}{\mathfrak{L}_{00}}$, puisque cette courbure propre n'est autre chose que la courbure inclinée de l'arc $d\sigma$ suivant la direction $d\sigma$. Cela posé, en se rappelant que $\mathbf{X}$ est égal à $\frac{dx}{d\sigma}$ (300), on a la relation

$$\frac{d\mathrm{X}}{ds} = \frac{d\mathrm{X}}{d\sigma}\frac{d\sigma}{ds} + \frac{d\mathrm{X}}{d\sigma_1}\frac{d\sigma_1}{ds} + \frac{d\mathrm{X}}{d\sigma_2}\frac{d\sigma_2}{ds},$$

et conséquemment

$$(13)\qquad \frac{\cos(\Lambda_0, x)}{\Lambda_0} = \sum \frac{d\sigma}{ds} \frac{\cos(\mathfrak{L}_{[0]0}, x)}{\mathfrak{L}_{[0]0}}.$$

Cette formule fait connaître la projection d'une courbure inclinée $\frac{1}{\Lambda_0}$ de l'arc ds sur une direction quelconque Ox. Si cette direction coïncide avec l'un des arcs coordonnés $d\sigma$, on a la formule

$$(13)'\qquad \frac{\cos(\Lambda_0, d\sigma)}{\Lambda_0} = \sum \frac{d\sigma}{ds} \frac{\cos(\mathfrak{L}_{[0]0}, [d\sigma])}{\mathfrak{L}_{[0]0}}. \quad (3)$$

On déduit de la formule (13), en remarquant que la projection d'une courbure est égale à la somme des projections de ses composantes, les composantes obliques de cette même courbure suivant les arcs coordonnés, de sorte que, si l'on représente par $\frac{1}{\lambda_0^{(0)}}, \frac{1}{\lambda_0^{(1)}}, \frac{1}{\lambda_0^{(2)}}$ ces trois composantes, on obtient la relation

$$(14)\qquad \frac{1}{\lambda_0^{(0)}} = \sum \frac{d\sigma}{ds} \frac{1}{l_{[0]0}^{(0)}}.$$

On obtient aussi, en s'appuyant sur les formules (23)″ du n° 258, la relation

$$(14)'\qquad \frac{\cos(\Lambda_0, ds)}{\Lambda_0} = \sum \frac{\cos(d\sigma, ds)}{\lambda_{[0]}^{(0)}}, \quad (3)$$

dans laquelle les composantes obliques de la courbure $\frac{1}{\Lambda_0}$ doivent être remplacées par leurs valeurs tirées des équations (14).

Cherchons en second lieu la courbure inclinée de la trajectoire suivant une direction τ quelconque. Soit $\frac{1}{\Lambda_{\tau ds}}$, ou mieux $\frac{1}{\Lambda_\tau}$ cette courbure, et représentons, d'après notre notation, par $\frac{1}{\Lambda_{\tau 0}}, \frac{1}{\Lambda_{\tau 1}}, \frac{1}{\Lambda_{\tau 2}}$ les courbures inclinées des arcs coordonnés $d\sigma$, $d\sigma_1$, $d\sigma_2$, suivant la même direction ι : on a évidemment la formule

$$\frac{d\cos(\iota, x)}{ds} = \frac{d\cos(\iota, x)}{d\sigma}\frac{d\sigma}{ds} + \frac{d\cos(\iota, x)}{d\sigma_1}\frac{d\sigma_1}{ds} + \frac{d\cos(\iota, x)}{d\sigma_2}\frac{d\sigma_2}{ds},$$

laquelle donne

$$(15) \qquad \frac{\cos(\Lambda_\iota, x)}{\Lambda_\iota} = \sum \frac{d\sigma_0}{ds}\frac{\cos(\Lambda_{\iota 0}, x)}{\Lambda_{\iota 0}}.$$

Or, si ι est une longueur déterminée en grandeur et en direction, et que $\iota^{(0)}$, $\iota^{(1)}$, $\iota^{(2)}$ soient ses trois composantes obliques suivant les arcs coordonnés, on a

$$\cos(\iota, x) = \sum \frac{\iota^{(0)}}{\iota}\cos(x, d\sigma).$$

La différentiation par rapport à $d\sigma$ donne

$$\frac{\cos(\Lambda_{\iota 0}, x)}{\Lambda_{\iota 0}} = \sum \frac{\iota^{(0)}}{\iota}\frac{\cos(\mathcal{L}_{[0]0}, x)}{\mathcal{L}_{[0]0}} + \sum \frac{dx}{d\sigma}\frac{d}{d\sigma}\left(\frac{\iota^{(0)}}{\iota}\right),$$

laquelle donne la composante orthogonale de la courbure $\frac{1}{\Lambda_{\iota 0}}$ suivant une direction quelconque.

Si l'on porte ces valeurs dans l'équation (15), on obtient la formule

$$(15)' \quad \frac{\cos(\Lambda_\iota, x)}{\Lambda_\iota} = \sum \left(\frac{\iota^{(0)}}{\iota}\right)\frac{\cos(\Lambda_0, x)}{\Lambda_0} + \sum \frac{dx}{d\sigma}\frac{d}{ds}\left(\frac{\iota^{(0)}}{\iota}\right).$$

Représentons par $\frac{1}{\lambda_\iota^{(0)}}, \frac{1}{\lambda_\iota^{(1)}}, \frac{1}{\lambda_\iota^{(2)}}$ les composantes obliques de la courbure $\frac{1}{\Lambda_\iota}$ suivant les arcs coordonnés, on obtient, par le procédé déjà indiqué, la formule simple

$$(16) \qquad \frac{1}{\lambda_\iota^{(0)}} = \sum \left(\frac{\iota^{(0)}}{\iota}\right)\frac{1}{\lambda_0^{(0)}} + \frac{d}{ds}\left(\frac{\iota^{(0)}}{\iota}\right), \quad (3)$$

dans laquelle les composantes telles que $\frac{1}{\lambda_0^{(0)}}$ doivent être remplacées par leurs valeurs tirées des équations (14).

On déduit sans difficulté les deux relations

$$(15)'' \quad \left\{ \begin{aligned} \frac{\cos(\Lambda_\nu, d\sigma)}{\Lambda_\nu} &= \sum \frac{\cos([d\sigma], d\sigma)}{\lambda_\nu^{(0)}}, \\ \frac{\cos(\Lambda_\nu, ds)}{\Lambda_\nu} &= \sum \frac{\cos(ds, d\sigma)}{\lambda_\nu^{(0)}}. \end{aligned} \right\} \quad (3)$$

Ces formules sont très générales, elles renferment implicitement toutes celles qui ont été trouvées dans les numéros précédents. Si l'on suppose, par exemple, que la longueur ν coïncide en grandeur et en direction avec ds, comme la courbure inclinée de l'arc ds suivant la direction ds n'est pas distincte de la courbure propre $\frac{1}{\mathfrak{P}}$ de la trajectoire, la première des formules (15)'', combinée avec les formules (16) et (14'), donne l'équation

$$(8)' \quad \frac{\cos(\mathfrak{P}, d\sigma)}{\mathfrak{P}} = \sum \frac{d\sigma}{ds} \frac{\cos(\Lambda_0, [d\sigma])}{\Lambda_0} + \sum \cos([d\sigma], d\sigma) \frac{d}{ds}\left(\frac{d\sigma}{ds}\right),$$

qui est évidemment la même que notre formule (8)', lorsqu'on a égard aux formules (13)'.

305. *Deuxième courbure de la trajectoire.* — Les mêmes formules donnent la deuxième courbure de la trajectoire, ses projections sur les arcs coordonnés et ses composantes obliques.

Soient $\frac{1}{Q}$ cette deuxième courbure, $\frac{1}{q^{(0)}}$, $\frac{1}{q^{(1)}}$, $\frac{1}{q^{(2)}}$ ses composantes obliques suivant les arcs coordonnés, $\frac{1}{Q^{(0)}}$, $\frac{1}{Q^{(1)}}$, $\frac{1}{Q^{(2)}}$ ses projections sur les mêmes arcs; soient $\mathfrak{M}$ une longueur perpendiculaire au plan osculateur de la trajectoire; $m^{(0)}$, $m^{(1)}$, $m^{(2)}$ ses composantes suivant les arcs coordonnés. Si, dans le n° 245, on suppose la longueur $\mathfrak{L}$ égale à $\mathfrak{M}$ et qu'on prenne $\mathfrak{M}$ pour unité, la deuxième des formules (6)' de ce numéro donnera la formule suivante :

$$\frac{m^{(0)}}{\mathfrak{M}} = \frac{1}{\cos(n, d\sigma)} \left\{ \sum \frac{\cos(\mathfrak{M}, d\sigma)}{\cos([n], d\sigma)} \cos([n], n) \right\};$$

or, si l'on porte dans cette formule la valeur des cosinus des angles $(\mathfrak{M}, d\sigma)$, $(\mathfrak{M}, d\sigma_1)$, $(\mathfrak{M}, d\sigma_2)$ donnés à la fin du n° **303**, on obtient l'expression suivante.

$$\frac{m^{(0)}}{\mathfrak{M}} = \frac{\varphi}{\cos(n, d\sigma)} \sum \left(\frac{d\sigma_2}{p^{(1)} ds} - \frac{d\sigma_1}{p^{(2)} ds} \right) \sin\varphi \cos([n], n).$$

Cela posé, la formule (16) donne

$$(17) \qquad \frac{1}{q^{(0)}} = \sum \left(\frac{m^{(0)}}{\mathfrak{M}} \right) \frac{1}{\lambda_0^{(0)}} + \frac{d}{ds} \left(\frac{m^{(0)}}{\mathfrak{M}} \right),$$

et la formule (15)″

$$(17)' \qquad \frac{\cos(Q\, d\sigma)}{Q} = \sum \frac{\cos([d\sigma], d\sigma)}{q^{(0)}}.$$

Si dans la formule (17) on porte les valeurs des rapports tels que $\frac{m^{(0)}}{\mathfrak{M}}$ que nous venons de trouver et les valeurs des $\frac{1}{\lambda_0^{(0)}}$ données par la formule (14), on aura l'expression des composantes obliques des deuxièmes courbures suivant les trois arcs coordonnés, tandis que la formule (17)′ donnera les projections orthogonales de la même courbure sur les mêmes arcs.

306. *Formules de transformation.* — Nous allons démontrer quelques formules de transformation pour passer d'un système de coordonnées à un autre système. Écrivons les deux types d'équations (9) et (10) trouvés au n° **247** :

$$(18) \qquad \left\{ \begin{aligned} \frac{d\rho}{dx} &= \sum h_{[\rho]} h_0 \cos([n], n) \frac{dx}{d\rho}, \\ \frac{dx}{d\rho} &= \sum \mathrm{H}_{[\rho]} \mathrm{H}_0 \cos([d\sigma], d\sigma) \frac{d\rho}{dx}, \end{aligned} \right\} \quad (3)$$

dans lesquelles n, n_1, n_2 sont les directions des normales aux surfaces ρ, ρ_1, ρ_2.

Soit maintenant une fonction U de x, y, z ; on a

$$(\beta)\qquad \frac{dU}{dx}=\frac{dU}{d\rho}\frac{d\rho}{dx}+\frac{dU}{d\rho_1}\frac{d\rho_1}{dx}+\frac{dU}{d\rho_2}\frac{d\rho_2}{dx}.$$

Or, si l'on porte dans cette équation les valeurs de $\frac{d\rho}{dx}$, $\frac{d\rho_1}{dx}$, $\frac{d\rho_2}{dx}$ tirées de la première des équations (18), et qu'on pose, pour abréger,

$$(18)'\qquad U_0 h=\sum [h]\, h\cos([n], n)\frac{dU}{d\rho},$$

on aura

$$\frac{dU}{dx}=\sum h U_0 \frac{dx}{d\rho}.$$

Les trois équations contenues dans le type (18)′ sont en tout semblables aux trois équations contenues dans le premier des types (18); donc, en vertu des équations contenues dans le second des types (18), on aura directement et sans calcul les équations

$$(18)''\qquad \frac{dU}{d\rho}=\sum [H]\, H\cos([d\sigma], d\sigma)\, U_0 h,\quad (3)$$

les paramètres H, h étant liés entre eux par la relation (11) du n° 247,

$$Hh=\frac{1}{\cos(n, d\sigma)}.\quad (3)$$

Les équations (18)′ prouvent que U_0, U_1, U_2 peuvent être considérées comme les composantes orthogonales suivant les normales n, n_1, n_2 aux surfaces coordonnées de la force dont les composantes obliques, suivant ces mêmes normales, seraient $h\frac{dU}{d\rho}$, $h_1\frac{dU}{d\rho_1}$, $h_2\frac{dU}{d\rho_2}$.

Les équations (18)″ prouvent que $\frac{dU}{H\,d\rho}$, $\frac{dU}{H_1\,d\rho_1}$, $\frac{dU}{H_2\,d\rho_2}$ sont les composantes orthogonales suivant les arcs coordonnés $d\sigma$, $d\sigma_1$, $d\sigma_2$ de la force dont les composantes obliques, suivant les mêmes arcs, seraient HhU_0, $H_1h_1U_1$, $H_2h_2U_2$.

Maintenant, si l'on remarque que, lorsqu'une force est décomposée suivant les directions $d\sigma$, $d\sigma_1$, $d\sigma_2$, et qu'on prend les projections orthogonales de cette force sur les normales n, n_1, n_2 aux faces du parallélépipède construit sur $d\sigma$, $d\sigma_1$, $d\sigma_2$, les rapports des composantes obliques aux projections orthogonales correspondantes sont $\cos(n, d\sigma)$, $\cos(n_1, d\sigma_1)$, $\cos(n_2, d\sigma_2)$, et qu'il en est de même lorsqu'on opère d'une manière inverse, il en résulte que, ces conditions étant remplies dans les deux systèmes dont il vient d'être question, la résultante du premier système n'est pas distincte de la résultante du second. Cette conclusion est aussi rendue évidente par la manière dont on a obtenu les équations (18)', (18)''.

Les formules (18), (18)', (18)'' sont donc des formules de transformation pour passer d'un système de coordonnées rectilignes à un système de coordonnées curvilignes, et réciproquement.

SECTION II.

APPLICATIONS.

CHAPITRE V.

DU CONTACT DES LIGNES ET DES SURFACES.

La première application de la théorie exposée dans la première Partie est relative : 1° au contact des courbes entre elles; 2° au contact des courbes des surfaces, et enfin au contact des surfaces entre elles. Une preuve qu'une théorie, quelque rigoureuse qu'elle paraisse, n'a pas été conçue au point de vue le plus général, c'est lorsqu'elle repose sur des éléments propres à un système particulier de coordonnées, ou qu'elle ne peut se traduire analytiquement et avec facilité que dans le système particulier. Au contraire, si une conception est vraiment générale, vraiment géométrique, elle repose sur des éléments propres à un système quelconque, et s'applique sans effort à tout système de coordonnées. La théorie du contact des courbes est susceptible d'une pareille généralisation, lorsqu'on la fait reposer sur une définition se rapportant à la notion des courbes, ne renfermant aucun élément inhérent à tel ou tel autre système de coordonnées.

§ 1. — Du contact des courbes entre elles.

307. *Définition.* — Deux courbes ont en un point commun un contact du premier ordre, lorsque ce point est la limite de deux intersections de deux courbes (Lagrange).

Deux courbes ont en un point commun un contact du $n^{ième}$ ordre, lorsque ce point peut être regardé comme la limite de $n+1$ intersections des deux courbes.

Condition analytique du contact du premier ordre. — Soient les équations des deux courbes dans le système des coordonnées (λ, μ, ν)

$$(c) \qquad \lambda = f(t), \quad \mu = f_1(t), \quad \nu = f_2(t),$$

$$(C) \qquad \mathfrak{L} = F(t), \quad \mathfrak{M} = F_1(t), \quad \mathfrak{N} = F_2(t),$$

dans lesquelles la position du point dépend de la même variable indépendante t. Soient

O_0, O_1 les deux intersections des deux courbes;
t_0, t_1 les valeurs de t qui déterminent ces deux intersections;
λ_0, λ_1, $\mathfrak{L}_0$, $\mathfrak{L}_1$ les valeurs de λ correspondantes dans les deux courbes.

On aura les deux équations

$$(1) \qquad \lambda_0 = \mathfrak{L}_0, \quad \lambda_1 = \mathfrak{L}_1;$$

or on peut remplacer l'une d'elles, la seconde, par la combinaison suivante de ces deux équations :

$$\frac{\lambda_1 - \lambda_0}{t_1 - t_0} = \frac{\mathfrak{L}_1 - \mathfrak{L}_0}{t_1 - t_0},$$

ou, ce qui est la même chose,

$$\frac{\Delta\lambda_0}{\Delta t_0} = \frac{\Delta\mathfrak{L}_0}{\Delta t_0}.$$

Si maintenant on admet que l'intersection O_1 va se confondre avec l'intersection O_0, il faudra faire converger t_1 vers t_0, et l'équation précédente, quand on passera à la limite, deviendra

$$(2) \qquad \frac{d\lambda_0}{dt} = \frac{d\mathfrak{L}_0}{dt};$$

on déduit de là la proposition suivante :

Théorème. — *Deux courbes qui ont en un point un contact du premier ordre ont en ce point les dérivées égales, deux à deux, des trois variables* λ, μ, ν, *par rapport à la variable indépendante* t.

Condition analytique du contact du second ordre et des ordres supérieurs. — Soient trois intersections des deux courbes, O_0, O_1, O_2, données par les valeurs t_0, t_1, t_2 de la variable t; λ_0, λ_1, λ_2, $\mathfrak{L}_0$, $\mathfrak{L}_1$, $\mathfrak{L}_2$ les valeurs correspondantes des variables λ et $\mathfrak{L}$ dans les deux courbes; on aura au point O_1, en raisonnant comme on vient de le faire, la condition

$$\frac{d\lambda_1}{dt} = \frac{d\mathfrak{L}_1}{dt}. \tag{3}$$

Ainsi on a la première des équations (1), l'équation (2) et l'équation (3); or cette dernière peut être remplacée par la combinaison suivante des équations (2) et (3) :

$$\frac{d\lambda_1}{dt} - \frac{d\lambda_0}{dt} = \frac{d\mathfrak{L}_1}{dt} - \frac{d\mathfrak{L}_0}{dt},$$

que l'on peut écrire successivement sous les formes suivantes :

$$\frac{d(\lambda_1 - \lambda_0)}{dt} = \frac{d(\mathfrak{L}_1 - \mathfrak{L}_0)}{dt},$$

$$\frac{d}{dt}\left(\frac{\Delta\lambda_0}{\Delta t}\right) = \frac{d}{dt}\left(\frac{\Delta\mathfrak{L}_0}{\Delta t}\right),$$

$$\frac{\Delta}{\Delta t}\left(\frac{d\lambda_0}{dt}\right) = \frac{\Delta}{\Delta t}\left(\frac{d\mathfrak{L}_0}{dt}\right).$$

Si maintenant on suppose que les trois intersections se confondent en une seule, la dernière équation devient

$$\frac{d^2\lambda_0}{dt^2} = \frac{d^2\mathfrak{L}_0}{dt^2}. \tag{4}$$

En raisonnant de la même manière pour quatre intersections O_0, O_1, O_2, O_3, on dira : puisque au point O_1 les trois intersections O_1, O_2, O_3 convergent en une seule, on aura en ce point l'équation

$$\frac{d^2\lambda_1}{dt^2} = \frac{d^2\mathfrak{L}_1}{dt^2}.$$

On a donc la première des équations (1), l'équation (2), l'équation (3) et celle que nous venons d'écrire; or on peut remplacer celle-ci par une autre résultant de sa combinaison avec l'équation (3); cette équation est

$$\frac{d^2\lambda_1}{dt^2} - \frac{d^2\lambda_0}{dt^2} = \frac{d^2\mathcal{L}_1}{dt^2} - \frac{d^2\mathcal{L}_0}{dt^2}.$$

Or cette équation conduit évidemment, quand on passe à la limite, à la relation

$$\frac{d^3\lambda_0}{dt^2} = \frac{d^3\mathcal{L}_0}{dt^3};$$

donc, dans le cas de $n+1$ intersections, en appliquant le tour de démonstration qui fait descendre à $n+1$ le théorème démontré pour n, on aura toutes les dérivées de λ en $\mathcal{L}$ jusqu'à l'ordre n égales entre elles pour la valeur particulière t_0.

On arrive ainsi à cette proposition générale :

Théorème. — *Deux courbes qui ont en un point un contact du $n^{\text{ième}}$ ordre, et qui sont représentées par les équations* (c), (C), *sont telles que, pour la valeur de la variable t relative à ce point, les dérivées successives du même ordre des trois variables λ, μ, ν; $\mathcal{L}$, $\mathfrak{M}$, $\mathfrak{N}$ sont deux à deux égales jusqu'à l'ordre n inclusivement.*

Examinons actuellement le cas où les équations des deux courbes (c) et (C) ne se rapportent pas à la même variable indépendante t. Soient les équations de ces deux courbes :

$$(c) \qquad \begin{cases} \lambda = f(t), & \mu = f_1(t), & \nu = f_2(t), \\ \mathcal{L} = \mathrm{F}(\theta), & \mathfrak{M} = \mathrm{F}_1(\theta), & \mathfrak{N} = f_2(\theta). \end{cases}$$

Soient $\theta_0, \theta_1, \theta_2, \ldots, \theta_n$; $t_0, t_1, t_2, \ldots, t_n$ les valeurs de θ et de t, qui se rapportent aux intersections $\mathrm{O}_0, \mathrm{O}_1, \ldots, \mathrm{O}_n$. Comme, en ces intersections, les valeurs de λ et de $\mathcal{L}$ doivent être les mêmes, on aura les équations

$$(4) \qquad \begin{cases} f(t_0) = \mathrm{F}(\theta_0), & f(t_1) = \mathrm{F}(\theta_1), \\ f(t_2) = \mathrm{F}(\theta_2), \quad \ldots, & f(t_n) = \mathrm{F}(\theta_n), \quad \ldots, \end{cases}$$

desquelles on tirera θ_0 en fonction de t_0, θ_1 en fonction de

$t_1, \ldots, \theta_n$ en fonction de t_n; donc, en ayant égard à ces équations, les coordonnées $\mathfrak{L}$, $\mathfrak{M}$, $\mathfrak{N}$ seront aussi données, en ces points d'intersection, en fonction des valeurs de $t_0, t_1, t_2, \ldots, t_n$ de la variable t, et la question sera ramenée à la précédente.

Remarques. — 1° Les équations (4) sont les équations qui établissent la dépendance entre les deux variables indépendantes; et les équations de condition relatives aux dérivées des coordonnées de même nom λ et $\mathfrak{L}$ seront identiquement satisfaites par suite des équations (4); mais il n'en sera pas de même des équations de condition relatives aux autres coordonnées de même nom μ, $\mathfrak{M}$, ν, $\mathfrak{N}$.

2° On est libre de prendre pour équations *de dépendance* entre les variables t, θ, celles qui proviennent de ce que deux coordonnées de même nom des deux courbes sont égales entre elles, aux points d'intersection; alors les équations de condition relatives aux dérivées de ces coordonnées de même nom seraient identiquement satisfaites au moyen des équations de dépendance; et pour les autres équations de condition, il n'y aurait, comme cela doit être, qu'une seule variable t indépendante, puisqu'en ces points la variable θ est une fonction connue de la variable t.

308. *Des courbes osculatrices.* — Lorsqu'une courbe renferme, dans sa définition, un certain nombre de paramètres et qu'on les détermine de telle sorte que cette courbe ait en un point, avec une courbe donnée, le contact le plus élevé, la première courbe est dite *osculatrice* de la seconde.

Soient les équations de la courbe (C)

$$(5)\qquad \begin{cases} \varphi\,(\mathfrak{L}, \mathfrak{M}, \mathfrak{N}, t, a_1\, a_2\, a_3 \ldots a_{3n}) = 0,\\ \varphi_1(\mathfrak{L}, \mathfrak{M}, \mathfrak{N}, t, a_1\, a_2\, a_3 \ldots a_{3n}) = 0,\\ \varphi_2(\mathfrak{L}, \mathfrak{M}, \mathfrak{N}, t, a_1\, a_2\, a_3 \ldots a_{3n}) = 0; \end{cases}$$

les équations d'une courbe renfermant $3n$ paramètres a_1, $a_2, \ldots, a_{3n}$, proposons-nous de déterminer les paramètres de telle sorte qu'elle soit osculatrice de la courbe (c).

Les équations (5) déjà écrites font connaître les trois coordonnées $\mathfrak{L}$, $\mathfrak{M}$, $\mathfrak{N}$ de la courbe en fonction de t; on aura donc $3n$ équations de condition pour établir que les coordonnées de même nom et leurs dérivées du même ordre, jusqu'à l'ordre $n-1$, sont égales, au point que l'on considère, et l'on pourra, au moyen de ces $3n$ équations, déterminer les $3n$ paramètres des équations (5); et, conséquemment, les deux courbes osculatrices ont un contact de l'ordre $n-1$.

Remarque. — Si, au point que l'on considère, il existe une ou plusieurs relations entre les dérivées des coordonnées de même nom des deux courbes, l'ordre de contact surpassera $n-1$, généralement, d'autant d'unités qu'il y a en ce point de multiples de trois, de semblables relations.

Cas où les équations (5) *se réduisent à deux ne contenant ni l'une ni l'autre la variable indépendante t.* — On ramène ce cas au précédent en considérant une des coordonnées $\mathcal{L}$, par exemple, comme une fonction arbitraire de t, puisque cette équation, jointe aux deux précédentes, fait connaître les trois coordonnées $\mathcal{L}$, $\mathcal{M}$, $\mathcal{N}$ en fonction de t, et l'application des conditions de contact conduit à cette règle que, pour le contact de l'ordre n, il suffit de différentier n fois successives ces deux équations, en y regardant les coordonnées $\mathcal{L}$, $\mathcal{M}$, $\mathcal{N}$, la première comme une fonction explicite, les deux autres comme des fonctions implicites de t, et à remplacer dans le résultat les coordonnées $\mathcal{L}$, $\mathcal{M}$, $\mathcal{N}$ et leurs dérivées par les coordonnées λ, μ, ν, et leurs dérivées tirées des équations de la courbe (c).

309. Problème I. — *Contact d'une courbe quelconque avec une courbe dont les coordonnées sont des fonctions entières et rationnelles de la variable indépendante.*

Soient les équations (5) données par les relations suivantes, dans lesquelles a, b, c sont des constantes :

$$(\mathrm{C})' \quad \left\{ \begin{aligned} \mathcal{L} &= a + b\,t + c\,t^2 + dt^3 + \ldots + l\,t^m, \\ \mathcal{M} &= a_1 + b_1 t + c_1 t^2 + d_1 t^3 + \ldots + l_1 t^m, \\ \mathcal{N} &= a_2 + b_2 t + c_2 t^2 + d^2 t^3 + \ldots + l_2 t^m. \end{aligned} \right.$$

Si l'on développe les coordonnées λ, μ, ν de la courbe (c), suivant les puissances de $t - t_0$, et qu'on néglige les termes qui suivent la dérivée $n^{ième}$, on aura pour λ

$$(6)\quad \left\{ \begin{aligned} \lambda = \lambda_0 + \frac{d\lambda_0}{dt}(t-t_0) + \frac{1}{12}\frac{d^2\lambda_0}{dt^2}(t-t_0)^2 \\ + \ldots + \frac{d^n\lambda_0}{1.2.3.4\ldots dt^n}(t-t_0)^n, \end{aligned} \right\} (3)$$

et deux équations semblables pour μ et ν. Or ces équations donnent une certaine courbe dont les coordonnées et leurs dérivées jusqu'à l'ordre n sont les mêmes que les coordonnées et leurs dérivées jusqu'à l'ordre n de la courbe (c) pour la valeur t_0, comme on le vérifie sans difficulté *a posteriori*; de plus, elles donnent les coordonnées ordonnées suivant les puissances entières de t jusqu'à n; donc les équations (6) sont les équations de la courbe (C)', devenue osculatrice de la courbe (c).

Si l'on voulait avoir les valeurs des paramètres $a, b, c, \ldots, l$, il suffirait d'ordonner l'équation (6) en λ, suivant les puissances de t, et d'identifier avec l'équation en $\mathfrak{L}$, (C)'.

1° Supposons que les seconds membres des équations (C)' ne contiennent chacun que les deux premiers termes, les équations (6) ne renfermeront aussi, en leurs seconds membres, que les deux premiers termes; or, suivant le système de coordonnées dont il s'agira, on aura des courbes différentes qui seront osculatrices des courbes (c); s'il s'agit du système cartésien droit ou oblique, on a les équations de la tangente à la courbe, données par les équations

$$(6)' \qquad t - t_0 = \frac{\lambda - \lambda_0}{\frac{d\lambda_0}{dt}} = \frac{\mu - \mu_0}{\frac{d\mu_0}{dt}} = \frac{\nu - \nu_0}{\frac{d\nu_0}{dt}}.$$

2° Supposons que les seconds membres des équations (C)' ne contiennent que les trois premiers termes; les seconds membres des équations (6) ne contiendront aussi que les trois premiers termes, et l'on aura les transformées suivantes :

$$\left(\frac{d\lambda_0}{dt}\frac{d^2\mu_0}{dt^2} - \frac{d\mu_0}{dt}\frac{d^2\lambda_0}{dt^2}\right)(t-t_0) = (\lambda-\lambda_0)\frac{d^2\mu_0}{dt^2} - (\mu-\mu_0)\frac{d^2\lambda_0}{dt^2},$$

$$\left(\frac{d\mu_0}{dt}\frac{d^2\nu_0}{dt^2} - \frac{d\nu_0}{dt}\frac{d^2\mu_0}{dt^2}\right)(t-t_0) = (\mu-\mu_0)\frac{d^2\nu_0}{dt^2} - (\nu-\nu_0)\frac{d^2\mu_0}{dt^2};$$

ce qui montre que la courbe est située sur une surface du premier degré par rapport aux coordonnées λ, μ, ν; or, si l'on porte la valeur de $(t - t_0)$ dans la troisième, on a

$$(\nu - \nu_0) = \frac{d\nu_0}{dt}\left[\frac{(\lambda - \lambda_0)\dfrac{d^2\mu_0}{dt^2} - (\mu - \mu_0)\dfrac{d^2\lambda_0}{dt^2}}{\dfrac{d\lambda_0}{dt}\dfrac{d^2\mu_0}{dt^2} - \dfrac{d\mu_0}{dt}\dfrac{d^2\lambda_0}{dt^2}}\right]$$

$$+ \frac{1}{1.2}\frac{d^2\nu_0}{dt^2}\left[\frac{(\lambda - \lambda_0)\dfrac{d^2\mu_0}{dt^2} - (\mu - \mu_0)\dfrac{d^2\lambda_0}{dt^2}}{\dfrac{d\lambda_0}{dt}\dfrac{d^2\mu_0}{dt^2} - \dfrac{d\mu_0}{dt}\dfrac{d^2\lambda}{dt^2}}\right]^2,$$

surface du second degré en λ, μ, ν. Donc la courbe est l'intersection de deux surfaces : l'une du premier, et l'autre du second degré.

§ II. — Du contact des courbes et des surfaces.

310. *Définition.* — Une courbe c a avec une surface s un contact du $n^{ième}$ ordre en un point O_0, lorsque, en ce point, $n+1$ intersections de la courbe et de la surface se confondent en une seule.

Conditions analytiques du contact. — Proposons-nous de déterminer les conditions pour qu'une courbe C d'espèce donnée située sur une surface s ait, en un point donné O_0, un contact du $n^{ième}$ ordre avec une courbe donnée c. Soient les équations de la courbe c,

$$(c) \qquad \lambda = f(t), \quad \mu = f_1(t), \quad \nu = f_2(t):$$

les équations de la surface

$$(s) \qquad \Psi(\mathcal{L}, \mathcal{M}, \mathcal{N}) = 0.$$

Les équations de la courbe C d'espèce donnée, située sur la surface, sont

$$(\mathrm{C}) \qquad \mathcal{L} = \mathbf{F}(t), \quad \mathcal{M} = \mathbf{F}_1(t), \quad \Psi = 0,$$

les deux premières étant telles que les fonctions F et F_1 sont d'espèce donnée et contiennent des paramètres qu'il faut déterminer par les conditions du contact, et la dernière étant l'équation (3) de la surface.

Il est évident que les conditions du contact des deux courbes c et C comprendront les conditions du contact de la courbe c et de la surface s, car il ne peut pas se faire que la courbe c rencontre la courbe C sans rencontrer la surface s aux mêmes points; ces dernières conditions auront le caractère spécial d'être indépendantes de la forme des fonctions F et F_1, qui représentent la courbe c; il suffira donc d'éliminer ces fonctions des résultats obtenus pour avoir les conditions analytiques du contact de la courbe c et de la surface s.

D'après ce qui a été établi précédemment, pour que les deux courbes c et C aient un contact du $n^{ième}$ ordre, on a les conditions suivantes :

$$\begin{array}{lll} f = F, & f_1 = F_1, & \Psi\ (f, f_1, f_2) = 0, \\ f' = F', & f'_1 = F'_1, & \Psi'\ (f, f_1, f_2) = 0, \\ f'' = F'', & f''_1 = F''_1, & \Psi''\ (f, f_1, f_2) = 0, \\ \ldots\ldots, & \ldots\ldots, & \ldots\ldots\ldots\ldots \\ f^{(n)} = F^{(n)}, & f_1^{(n)} = F_1^{(n)}, & \Psi^{(n)} (f, f_1, f_2) = 0, \end{array}$$

les équations en Ψ étant l'équation (s) et ses dérivées successives par rapport à t, dans lesquelles on a remplacé les variables $\mathfrak{L}$, $\mathfrak{M}$, $\mathfrak{N}$ par leurs valeurs en f, tirées des relations indépendantes de Ψ. Il y a donc deux sortes de conditions, les premières dépendant des formes F, F_1, les secondes indépendantes de ces formes. Les premières serviront à déterminer les paramètres contenus dans les fonctions F, F_1. Les secondes, qui sont les équations en Ψ, expriment les conditions du contact d'une courbe c et d'une surface s; on déduit de là la proposition suivante :

Théorème. — *Pour qu'une surface Ψ ait avec une courbe c, représentée par les équations (c), un contact du $n^{ième}$ ordre, il suffit de remplacer, dans l'équation de la surface et dans ses différentielles successives jusqu'à l'ordre n, les coordonnées du point et leurs différentielles par les coordonnées du point de la courbe c et leurs différentielles.*

Surface osculatrice d'une courbe. — Étant donnée de forme l'équation d'une surface contenant des paramètres, si l'on détermine ces paramètres de manière que la surface ait le contact le plus élevé avec une ligne donnée, cette surface est dite *osculatrice de la ligne*. Soit $(n+1)$ le nombre des paramètres contenus dans l'équation de la surface, si l'on pose les conditions pour que les coordonnées de la courbe et leurs dérivées par rapport à la variable indépendante qui fixe la position du point sur les courbes satisfassent à l'équation de la surface et à ses différentielles successives par rapport à la même variable jusqu'à l'ordre n, on aura $(n+1)$ conditions qui permettront de déterminer les paramètres.

Courbe osculatrice d'une surface. — Étant données de forme les équations d'une ligne contenant des paramètres, si l'on détermine ces paramètres de manière que la ligne et la surface aient le contact le plus élevé, cette ligne est dite *osculatrice de la surface*. Ainsi le nombre des paramètres contenus dans les équations (c) de la courbe étant supposé égal à $(n+1)$, cette ligne aura un contact du $n^{ième}$ ordre avec la surface, si l'on pose les conditions pour que les coordonnées de la courbe et leurs dérivées par rapport à t satisfassent à l'équation de la surface et à ses différentielles successives jusqu'à l'ordre n, et que l'on détermine les paramètres au moyen de ces conditions.

311. Problème II. — *Rendre osculatrice de la courbe c la surface du premier degré par rapport aux coordonnées curvilignes* $\mathcal{L}$, $\mathfrak{M}$, $\mathfrak{N}$.

Cette surface a pour équation, a, b, c étant des constantes,

$$a\mathcal{L} + b\mathfrak{M} + c\mathfrak{N} = 1;$$

si l'on représente les dérivées successives d'une coordonnée λ par rapport à t, par cette lettre marquée d'un accent, de deux accents, suivant l'ordre de dérivation, on trouve l'équation suivante :

$$(s)' \quad \left\{ \begin{aligned} &(\mu'\nu'' - \nu'\mu'')(\mathcal{L} - \lambda) + (\nu'\lambda'' - \lambda'\nu'')(\mathfrak{M} - \mu) \\ &\qquad + (\lambda'\mu'' - \mu'\lambda'')(\mathfrak{N} - \nu) = 0. \end{aligned} \right.$$

Cette équation représente le plan osculateur de la courbe, si le système des coordonnées est rectiligne cartésien.

Si le système des coordonnées se compose de trois séries d'ellipsoïdes semblables et semblablement placés, ayant un point commun et tangents en ce point chacun à chacun des plans d'un système de trois plans conjugués, on a les équations de transformation

$$(1)\quad \begin{cases} \dfrac{x^2}{a^2}+\dfrac{y^2}{b^2}+\dfrac{z^2}{c^2}-\dfrac{2x}{\mathcal{L}}=0, \\[2ex] \dfrac{x^2}{a^2}+\dfrac{y^2}{b^2}+\dfrac{z^2}{c^2}-\dfrac{2y}{\mathfrak{M}}=0, \\[2ex] \dfrac{x^2}{a^2}+\dfrac{y^2}{b^2}+\dfrac{z^2}{c^2}-\dfrac{2z}{\mathfrak{N}}=0; \end{cases}$$

se rapportant à un système droit ou oblique; l'équation $(s)'$ représente un ellipsoïde semblable aux précédents, passant par le même point et ayant avec la courbe c un contact du second ordre, comme le démontrerait la substitution des coordonnées $\mathcal{L}$, $\mathfrak{M}$, $\mathfrak{N}$ dans l'équation $(s)'$, en fonction des coordonnées rectilignes x, y, z, tirées des équations précédentes.

Dans le système curviligne donné par les équations précédentes, les coordonnées $\mathcal{L}$, $\mathfrak{M}$, $\mathfrak{N}$ sont liées avec les demi-axes des trois ellipsoïdes : le premier $\mathcal{A}$, suivant la ligne des x; le second $\mathcal{B}'$, suivant la ligne des y; le troisième $\mathcal{C}''$ suivant la ligne des z, par cette condition qu'elles sont chacune troisième proportionnelle entre les quantités a, b, c et l'axe correspondant, de sorte que l'on a les relations

$$\mathcal{A}\mathcal{L}=a^2,\quad \mathcal{B}'\mathfrak{M}=b^2,\quad \mathcal{C}''\mathfrak{N}=c^2.$$

Il y a une autre manière d'arriver au même résultat et qui consiste à appliquer à une courbe et à son plan osculateur la transformation par rayons vecteurs réciproques, et ensuite à la surface transformée, qui est une sphère, la transformation homologique dans le cas où le centre d'homologie est à l'infini; les sphères, dans ce cas, se transformant en ellipsoïdes semblables et semblablement placés, on obtient ainsi l'ellipsoïde dont il vient d'être question.

Comme les ellipsoïdes sont semblables à un ellipsoïde donné (a, b, c), les trois axes $\mathcal{A}, \mathcal{B}, \mathcal{C}$; $\mathcal{A}', \mathcal{B}', \mathcal{C}'$; $\mathcal{A}'', \mathcal{B}'', \mathcal{C}''$ de ces ellipsoïdes sont immédiatement déterminés.

Une remarque qui ne peut échapper au lecteur est que, si l'on suppose que $\mathcal{L}, \mathcal{M}, \mathcal{N}$ sont les coordonnées du point O'_0 dans le système rectiligne (x, y, z) dont il s'agit, les points O'_0 et O_0, le premier ayant pour coordonnées $\mathcal{L}, \mathcal{M}, \mathcal{N}$, le second x, y, z, sont deux points réciproques. Situés sur un même rayon vecteur mené de l'origine des coordonnées, ils donnent naissance aux trois équations

$$\frac{\mathcal{L}^2}{a^2} + \frac{\mathcal{M}^2}{b^2} + \frac{\mathcal{N}^2}{c^2} - \frac{2\mathcal{L}}{x} = 0,$$

$$\frac{\mathcal{L}^2}{a^2} + \frac{\mathcal{M}^2}{b^2} + \frac{\mathcal{N}^2}{c^2} - \frac{2\mathcal{M}}{y} = 0,$$

$$\frac{\mathcal{L}^2}{a^2} + \frac{\mathcal{M}^2}{b^2} + \frac{\mathcal{N}^2}{c^2} - \frac{2\mathcal{N}}{z} = 0.$$

On a donc le système de transformation réciproque

$$\frac{x}{\mathcal{L}} = \frac{y}{\mathcal{M}} = \frac{z}{\mathcal{N}} = \frac{2}{\frac{\mathcal{L}^2}{a^2} + \frac{\mathcal{M}^2}{b^2} + \frac{\mathcal{N}^2}{c^2}},$$

avec la condition

$$\left(\frac{x^2}{a^2} + \frac{y^2}{b^2} + \frac{z^2}{c^2}\right)\left(\frac{\mathcal{M}^2}{a^2} + \frac{\mathcal{N}^2}{b^2} + \frac{z^2}{c^2}\right) = 4.$$

312. *De l'ellipsoïde osculateur.* — Les équations de condition pour rendre un ellipsoïde osculateur d'une courbe donnée sous la condition qu'il soit homothétique d'un ellipsoïde donné (a, b, c) sont les suivantes :

$$(\mathrm{E}) \qquad \mathrm{S}\left(\frac{\alpha - x}{a}\right)^2 = \gamma^2,$$

$$(\mathrm{E}') \qquad \mathrm{S}\,\frac{\alpha - x}{a^2}\,dx = 0,$$

$$(\mathrm{E}'') \qquad \mathrm{S}\,\frac{\alpha - x}{a^2}\,d^2x - \mathrm{S}\,\frac{dx^2}{a^2} = 0,$$

$$(\mathrm{E}''') \qquad \mathrm{S}\,\frac{\alpha - x}{a^2}\,d^3x - 3\,\mathrm{S}\,\frac{dx\,d^2x}{a^2} = 0.$$

Nous tirons de ces équations les conclusions suivantes, et nous convenons de représenter et de désigner par le symbole (a, b, c) l'ellipsoïde dont les trois demi-axes sont a, b, c.

1° L'équation (E′) prouve qu'il y a une infinité d'ellipsoïdes homothétiques d'un ellipsoïde (a, b, c), tangents au point (x, y, z) de la courbe, et que les centres de ces ellipsoïdes sont situés sur un plan conjugué de la tangente, par rapport à l'ellipsoïde (a, b, c).

2° Les équations (E′) et (E″) prouvent qu'en un point (x, y, z) il y a une infinité d'ellipsoïdes homothétiques ayant en ce point avec la courbe un contact du second ordre et dont les centres sont situés sur l'intersection de deux plans infiniment voisins, conjugués suivant (a, b, c), ou mieux sur une droite conjuguée du plan osculateur, par rapport à l'ellipsoïde (a, b, c).

3° Les équations (E′), (E″), (E‴) prouvent que le centre de l'ellipsoïde osculateur, homothétique d'un ellipsoïde donné, est l'intersection de trois plans infiniment voisins conjugués par rapport à (a, b, c), ou bien le point d'intersection de deux droites conjuguées par rapport à (a, b, c) de deux plans osculateurs infiniment voisins.

4° Si l'on élimine t entre (E′) et E″), on a l'équation de la surface développable, enveloppe des plans conjugués par rapport à (a, b, c), ou bien le lieu des centres des ellipsoïdes homothétiques ayant un contact du second ordre avec la courbe; les équations (E′) et (E″) sont les équations de la génératrice de cette développable.

5° Si l'on résout les trois équations (E′), (E″), (E‴) par rapport à α, β, γ, les variables exprimées en fonction de t représentent les équations de l'enveloppe de la génératrice de la surface développable et enveloppée, qui est l'arête de rebroussement de cette surface; par suite, cette arête est le lieu des centres des ellipsoïdes osculateurs homothétiques.

6° Parmi tous les ellipsoïdes qui ont un contact du second ordre avec la courbe, il faut distinguer celui dont le centre est l'intersection du plan osculateur et de la ligne conjuguée g par rapport à (a, b, c) du plan osculateur : c'est l'ellipsoïde minimum. En effet, tous ces ellipsoïdes ont leurs centres situés sur la génératrice g et coupent le plan osculateur suivant une intersection commune qui est une ellipse; donc l'ellipsoïde en question est l'ellipsoïde minimum.

7° L'ellipse, intersection commune des ellipsoïdes osculateurs homothétiques, est l'ellipse tracée dans le plan osculateur, sous cette condition qu'elle soit semblable à la courbe d'intersection d'ellipsoïde donné (a, b, c) et d'un plan parallèle à ce plan osculateur; cette ellipse est osculatrice de la courbe donnée.

313. Problème III. — *Déterminer une ellipse osculatrice et semblable à l'intersection d'un ellipsoïde (a, b, c) et d'un plan parallèle au plan osculateur.*

Les coordonnées α, β, γ du centre de cette ellipse sont données par les équations

$$\alpha - x = \frac{ds^2(Y\,dz - Z\,dy)}{X^2 + Y^2 + Z^2}, \quad (3)$$

dans lesquelles on a posé

$$dx\,d^2y - dy\,d^2x = Z, \quad (3)$$

et dans lesquelles aussi il faut remplacer x, y, z; α, β, γ par $\frac{x}{a}, \frac{y}{b}, \frac{z}{c}$; $\frac{\alpha}{a}, \frac{\beta}{b}, \frac{\gamma}{c}$ et $S\,\frac{dx^2}{a^2 ds^2}$ par $\frac{1}{\delta^2}$. On trouvera ainsi, après quelques réductions faciles, les équations suivantes :

$$\frac{\alpha - x}{a} = abc\,\frac{\rho}{\delta^2}\,\frac{\cos(\rho, x)}{a^2\cos^2(\nu, x) + b^2\cos^2(\nu, y) + c^2\cos^2(\nu, z)}, \quad (3)$$

de sorte que, si l'on représente par $\mathfrak{R}$ la distance du point de la courbe au centre de l'ellipse, on aura

$$\frac{\mathfrak{R}^2}{\rho^2} = \frac{a^2b^2c^2}{\delta^4}\,\frac{S a^2\cos^2\rho x}{(S a^2\cos^2\nu x)^2}.$$

314. Problème IV. — *Déterminer un ellipsoïde semblable à un ellipsoïde donné, semblablement placé et osculateur d'une ligne donnée.*

Première solution. — Soit l'équation de l'ellipsoïde dans le système rectiligne orthogonal

$$(s)\qquad \left(\frac{\alpha - x}{a}\right)^2 + \left(\frac{\beta - y}{b}\right)^2 + \left(\frac{\gamma - z}{c}\right)^2 = \lambda^2;$$

posons

$$(1)\qquad \frac{x}{a},\ \frac{y}{b},\ \frac{z}{c};\ \frac{\alpha}{a},\ \frac{\beta}{b},\ \frac{\gamma}{c},$$

égaux à x_1, y_1, z_1; $\alpha_1, \beta_1, \gamma_1$; l'équation précédente devient

$$(s)_1\qquad (\alpha_1 - x_1)^2 + (\beta_1 - y_1)^2 + (\gamma_1 - z_1)^2 = \lambda^2;$$

si l'on différentie cette équation trois fois successives, les équations du contact seront les trois suivantes, en supprimant les indices pour abréger :

$$(\alpha - x)\,dx + (\beta - y)\,dy + (\gamma - z)\,dz = 0,$$

$$(\alpha - x)\,d^2x + (\beta - y)\,d^2y + (\gamma - z)\,d^2z = ds^2,$$

$$(\alpha - x)\,d^3x + (\beta - y)\,d^3y + (\gamma - z)\,d^3z = 3\,ds\,d^2s,$$

dans lesquelles ds est une auxiliaire, telle que

$$ds^2 = dx^2 + dy^2 + dz^2.$$

Si l'on conserve à Z, X, Y la signification donnée au n° 313, on a les deux équations

$$\gamma - z = \frac{\dfrac{d}{ds}\left(\dfrac{Z}{ds^3}\right)}{\dfrac{d^2z}{ds^2}\dfrac{dZ}{ds^4} + \dfrac{d^2x}{ds^2}\dfrac{dX}{ds^4} + \dfrac{d^2y}{ds^2}\dfrac{dY}{ds^4}},$$

$$\lambda^2 = \frac{ds^{12}\,S\,\overline{\dfrac{d}{ds}\left(\dfrac{X}{ds^3}\right)}^2}{(S\,d^2x\,dX)^2}.$$

Si maintenant on restitue les indices et que l'on ait égard aux relations (1) et à la valeur de δ du n° 313, on trouvera, après des transformations connues, les deux nouvelles équations, d'une certaine élégance,

$$\frac{\gamma - z}{c^2} = \frac{\rho}{\delta^2}\left[\cos(\rho, z) + \left(\frac{d}{d\omega}\log\frac{\delta^3}{\rho}\right)\cos(\nu, z)\right],$$

$$\lambda^2 = \frac{\rho^2}{\delta^4}\left[\mathrm{S}a^2\cos^2(\rho, x) + 2\frac{d}{d\omega}\left(\log\frac{\delta^3}{\rho}\right)\mathrm{S}a^2\cos(\rho, x)\cos(\nu, x) + \left(\frac{d}{d\omega}\log\frac{\delta^3}{\rho}\right)^2\mathrm{S}a^2\cos^2(\nu, x)\right].$$

Ces formules se vérifient facilement dans le cas de la sphère, et elles deviennent

$$\gamma - z = \rho\cos(\rho, z) - \frac{d\rho}{d\omega}\cos(\nu, z),$$

$$\mathfrak{R}^2 = \rho^2 + \frac{d\rho^2}{d\omega^2}.$$

315. *Deuxième solution.* — Cette solution dépend du problème suivant :

Problème V. — *Rendre osculatrice d'une courbe c la surface du second degré par rapport à des lignes coordonnées quelconques $\mathcal{L}$, $\mathfrak{M}$, $\mathfrak{N}$ données par l'équation suivante :*

$$(s)'' \qquad (\mathcal{L}_0 - \mathcal{L})^2 + (\mathfrak{M}_0 - \mathfrak{M})^2 + (\mathfrak{N}_0 - \mathfrak{N})^2 = \mathfrak{R}^2,$$

les paramètres étant $\mathcal{L}_0$, $\mathfrak{M}_0$, $\mathfrak{N}_0$, $\mathfrak{R}$.

On aura les trois équations, s' étant une auxiliaire,

$$(\mathcal{L}_0 - \lambda)\lambda' + (\mathfrak{M}_0 - \mu)\mu' + (\mathfrak{N}_0 - \nu)\nu' = 0,$$
$$(\mathcal{L}_0 - \lambda)\lambda'' + (\mathfrak{M}_0 - \mu)\mu'' + (\mathfrak{N}_0 - \nu)\nu'' = \lambda'^2 + \mu'^2 + \nu'^2 = s'^2,$$
$$(\mathcal{L}_0 - \lambda)\lambda''' + (\mathfrak{M}_0 - \mu)\mu''' + (\mathfrak{N}_0 - \nu)\nu''' = 3s's'';$$

on trouve, en opérant comme ci-dessus, et en posant

$$\lambda'\mu'' - \mu'\lambda'' = \mathfrak{Z},$$

les équations suivantes :

$$\mathcal{L}_0 - \lambda = \frac{s'^5\dfrac{d}{dt}\left(\dfrac{\mathfrak{Z}}{s'^3}\right)}{\lambda''\mathfrak{Z}' + \mu''\mathfrak{X}' + \nu''\mathfrak{Y}'}, \qquad (3)$$

$$\mathfrak{R}^2 = s'^{10}\frac{\overline{\dfrac{d}{dt}\left(\dfrac{\mathfrak{Z}}{s'^3}\right)}^2 + \overline{\dfrac{d}{dt}\left(\dfrac{\mathfrak{X}}{s'^3}\right)}^2 + \overline{\dfrac{d}{dt}\left(\dfrac{\mathfrak{Y}}{s'^3}\right)}^2}{(\lambda''\mathfrak{Z}' + \mu''\mathfrak{X}' + \nu''\mathfrak{Y}')^2}.$$

1° Si les coordonnées sont rectilignes et rectangles, l'équation $(s)''$ représente une sphère; on a donc les équations de la sphère osculatrice.

2° Si le système des coordonnées est donné par les équations (1) du n° **311**, c'est-à-dire donné par trois séries d'ellipsoïdes semblables et semblablement placés et ayant un point commun, l'équation $(s)''$ représente un ellipsoïde semblable et semblablement placé, d'ailleurs d'une position variable avec le point; on aura donc les équations d'un ellipsoïde osculateur semblable et semblablement placé, exprimé dans le système coordonné λ, μ, ν.

Si l'on voulait passer au système cartésien, il faudrait éliminer λ, μ, ν, au moyen des équations (1) du n° **311**.

Ici se présente une série de remarques analogues à celles que nous avons faites dans les nos **311** et **312**.

Contact des surfaces entre elles. — Dans notre théorie, cette question n'est qu'un corollaire du contact des surfaces et des courbes; mais cette question doit être réservée, parce qu'elle appartient à l'Analyse infinitésimale des surfaces.

CHAPITRE VI.

DÉTERMINATION DES TRAJECTOIRES D'UN SYSTÈME COORDONNÉ SOUS DIVERSES CONDITIONS.

§ I. — Trajectoires des lignes coordonnées d'un système.

316. Problème I. — *Trajectoires d'un système par la condition que les composantes obliques du déplacement effectué sur cette trajectoire soient entre elles dans un rapport constant.*

Équations différentielles. — Ces équations sont, a, a_1, a_2 étant des constantes,

$$(1)\quad \left\{\begin{aligned} &\frac{d\sigma}{a}=\frac{d\sigma_1}{a_1}=\frac{d\sigma_2}{a_2}\\ &=\frac{ds}{(a^2+a_1^2+a^2+2aa_1\cos\varphi+2a_1a_2\cos\varphi_1+2a_2a\cos\varphi_2)^{\frac{1}{2}}}.\end{aligned}\right.$$

Pour abréger, représentons par k le dénominateur du dernier rapport; nous aurons, par intégration, la relation triple

$$(2)\qquad s-s_0=\frac{1}{a}\int_{\rho_0}^{\rho}k\,d\sigma,\qquad (3)$$

qui donne la longueur de l'arc.

Applications. — 1° *Système birectiligne de révolution.* Dans ce système, on a (282) les trois arcs coordonnés donnés par les formules

$$(1)'\qquad \left\{\begin{aligned} d\sigma\;&=2a_1\sin\rho_1\,d\rho,\\ d\sigma_1&=2a_1\sin\rho\,d\rho_1,\\ d\sigma_2&=2a_1\frac{\sin\rho\sin\rho_1}{\sin(\rho+\rho_1)}\,d\rho_2\end{aligned}\right.$$

donc les deux équations différentielles de la trajectoire sont, m étant une constante ainsi que n,

$$(2)' \qquad \frac{d\rho_1}{\sin\rho_1} = m\frac{d\rho}{\sin\rho}, \quad \frac{d\rho_2}{\sin(\rho+\rho_1)} = \frac{n\,d\rho}{\sin\rho};$$

l'intégration de la première donne, en représentant par a la constante d'intégration,

$$(3) \qquad \tang\tfrac{1}{2}\rho_1 = a\tang^m\tfrac{1}{2}\rho;$$

or la seconde donne

$$d\rho_2 = n(\cos\rho_1 + \sin\rho_1\cot\rho)\,d\rho.$$

Si l'on porte, dans cette équation, les valeurs de $\cos\rho_1$, $\sin\rho_1$, tirées de la précédente, lesquelles sont

$$\sin\rho_1 = \frac{2a\tang^m\frac{1}{2}\rho}{1+a^2\tang^{2m}\frac{1}{2}\rho}, \quad \cos\rho_1 = \frac{1-a^2\tang^{2m}\frac{1}{2}\rho}{1+a^2\tang^{2m}\frac{1}{2}\rho},$$

on obtiendra l'équation différentielle

$$(4) \quad \left\{ \begin{aligned} d\rho_2 &= \frac{n\,d\rho}{1+a^2\tang^{2m}\frac{1}{2}\rho} \\ &\quad\times(1-a^2\tang^{2m}\tfrac{1}{2}\rho + a\tang^{m-1}\tfrac{1}{2}\rho - a\tang^{m+1}\tfrac{1}{2}\rho). \end{aligned} \right.$$

Si l'on pose

$$\tang\tfrac{1}{2}\rho = z,$$

cette équation devient

$$(4)' \qquad \frac{d\rho_2}{2n} = \frac{(1+az^{m-1})(1-az^{m+1})}{(1+z^2)(1+a^2z^{2m})}\,dz,$$

laquelle peut s'intégrer dans un grand nombre de cas, et en particulier lorsque m est un nombre entier.

Examinons les cas où m est égal à 1 ou -1. Dans le premier, on a

$$(5) \qquad \frac{d\rho_2}{2n} = (1+a)\frac{(1-az^2)\,dz}{(1+z^2)(1+a^2z^2)},$$

et dans le second on trouve, au signe près, la même formule, pourvu que l'on change a en $-\frac{1}{a}$. Cela étant, on a, dans le premier cas,

$$\frac{a-1}{a+1}\frac{d\rho_2}{2n} = \frac{a\,dz}{1+a^2z^2} - \frac{dz}{1+z^2}.$$

Si l'on représente par C la constante arbitraire, cette équation donne par intégration

$$\frac{a-1}{a+1}\frac{\rho_2 - C}{2n} = \operatorname{arc}(\operatorname{tang} = az) - \operatorname{arc}(\operatorname{tang} = z),$$

et, en remplaçant z par sa valeur, on obtient la formule

$$(6)\qquad \operatorname{tang}\left(\frac{a-1}{a+1}\frac{\rho_2 - C}{2n}\right) = \frac{(a-1)\operatorname{tang}\frac{1}{2}\rho}{1+a\operatorname{tang}^2\frac{1}{2}\rho}.$$

D'une autre part, la formule (3) donne l'équation

$$\operatorname{tang}\tfrac{1}{2}\rho_1 = a\operatorname{tang}\tfrac{1}{2}\rho,$$

qui est l'équation d'une conique. On a donc les équations de la trajectoire.

Si l'on suppose m égal à -1, les équations (6) et (3) deviennent

$$\operatorname{tang}\left(\frac{a+1}{a-1}\frac{\rho_2 - C}{2n}\right) = \frac{(1+a)\operatorname{tang}\frac{1}{2}\rho}{\operatorname{tang}^2\frac{1}{2}\rho - a}, \quad \operatorname{tang}\tfrac{1}{2}\rho\operatorname{tang}\tfrac{1}{2}\rho_1 = a,$$

dont la seconde représente également une conique.

317. 2° *Système bicirculaire de révolution.* — Dans ce système (283), on a les équations suivantes :

$$(1)\qquad d\sigma = \frac{rr_1\,dr}{2ah}, \quad d\sigma_1 = \frac{rr_1\,dr_1}{2ah}, \quad d\sigma_2 = h\,dr_2,$$

$$(2)\qquad 4ah = \sqrt{(r+r_1+2a)(r+r_1-2a)(r-r_1+2a)(r_1-r+2a)};$$

donc les équations différentielles de la trajectoire du système seront, en représentant par m et n deux constantes,

$$(3)\qquad dr_1 - n\,dr = 0, \quad dr_2 - \frac{2marr_1\,dr}{4a^2h^2} = 0.$$

Si l'on intègre la première, on trouve, C étant une constante,

$$(4) \qquad r_1 - nr = C,$$

et, en ayant égard à cette équation, la deuxième équation différentielle prend la forme

$$(5) \qquad dr_2 = 8ma \frac{r(C+nr)\,dr}{\{[(1+n)r+C]^2-4a^2\}\{4a^2-[(1-n)r-C]^2\}};$$

or, si l'on pose, pour abréger,

$$\frac{C+2a}{1+n} = \lambda, \quad \frac{C-2a}{1+n} = \mu, \quad \frac{C-2a}{1-n} = \nu, \quad \frac{C+2a}{1-n} = \varpi,$$

l'équation précédente deviendra

$$\frac{(1-n^2)^2 dr_2}{8ma} = \frac{L\,dr}{r+\lambda} + \frac{M\,dr}{r+\mu} + \frac{N\,dr}{r-\nu} + \frac{P\,dr}{r-\varpi},$$

en y représentant par **L, M, N, P** les constantes que l'on obtient en divisant le numérateur de la fraction située dans le second membre de l'équation (5) par la dérivée du dénominateur, et en remplaçant dans le résultat successivement r par $-\lambda$, $-\mu$, ν, ϖ. Cette dernière équation s'intègre immédiatement et donne, en représentant par C_2 une nouvelle constante arbitraire, la relation suivante :

$$(6) \qquad \frac{(1-n^2)^2}{8ma}(r_2 - C_2) = \log(r+\lambda)^L (r+\mu)^M (r-\nu)^N (r-\varpi)^P.$$

Si $n = 1$, la formule (5) devient

$$\frac{(4a^2-C^2)}{2ma} dr_2 = \frac{(C+r)\,r\,dr}{(r+\lambda)(r+\mu)},$$

dont le second membre peut s'écrire sous la forme suivante :

$$dr + \frac{\lambda(C-\lambda)\,dr}{(\lambda-\mu)(r+\lambda)} + \frac{\mu(C-\mu)\,dr}{(\mu-\lambda)(r+\mu)},$$

de sorte que, en intégrant, on trouve

$$(7) \qquad \frac{(4a^2-C^2)}{2ma}(r_2 - C_2) = r + \frac{1}{\lambda-\mu} \log \frac{(r+\lambda)^{\lambda(C-\lambda)}}{(r+\mu)^{\mu(C-\mu)}}.$$

L'équation (4) devient, dans cette hypothèse,

$$(4)' \qquad r_1 - r = \text{C}.$$

Si $n = -1$, la formule (5) devient, en changeant le signe de C,

$$\frac{(\text{C}^2 - 4a^2)}{2ma}\, dr_2 = \frac{(\text{C} + r)\, r\, dr}{(r - \nu)(r - \varpi)},$$

et, par intégration, on trouve

$$(7)' \qquad \frac{(\text{C}^2 - 4a^2)}{2ma}(r_2 - \text{C}_2) = r + \frac{1}{\varpi - \nu} \log \frac{(r - \varpi)^{\varpi(\text{C}+\varpi)}}{(r - \nu)^{\nu(\text{C}+\nu)}};$$

or l'équation (4) devient

$$(4)'' \qquad r_1 + r = -\text{C}.$$

On a donc, dans ces divers cas, les équations de la trajectoire en termes finis.

318. *Trajectoires sous angle donné d'un système orthogonal.* — Les équations différentielles de la trajectoire sont les équations (1) du n° **316**, en y posant k^2 égal à la somme des carrés des constantes a, a_1, a_2; on a donc

$$\frac{d\sigma}{a} = \frac{d\sigma_1}{a_1} = \frac{d\sigma_2}{a_2} = \frac{ds}{\sqrt{a^2 + a_1^2 + a_2^2}}.$$

Applications. — 1° *Système de coordonnées polaires.* Si l'on représente par r, θ et ψ le rayon de la sphère, l'angle que le plan qui projette ce rayon sur le plan des xy fait avec le plan des xz et le complément de l'angle que ce rayon fait avec sa projection, les équations différentielles sont

$$(1)' \qquad \frac{r\, d\psi}{a_1} = \frac{r \sin\psi\, d\theta}{a} = \frac{dr}{a_2} = \frac{ds}{k}.$$

Si l'on intègre les deux premières, on trouve, en représentant par A et B deux constantes, les équations

$$\operatorname{tang} \tfrac{1}{2}\psi = \text{B}\, e^{\frac{a_1}{a}\theta}, \qquad r = \text{A}\, e^{\frac{a_2}{a_1}\psi},$$

qui sont les équations de la trajectoire; la première représente un cône loxodromique et la seconde un cylindre loxodromique.

Coordonnées cartésiennes. — Si l'on remarque que l'on a l'équation

$$\theta = \log\left(\frac{\operatorname{tang}\frac{1}{2}\psi}{B}\right)^{\frac{a}{a_1}},$$

les coordonnées cartésiennes sont

$$x = A e^{\frac{a_2}{a_1}\psi} \sin\psi \cos\left[\log\left(\frac{\operatorname{tang}\frac{1}{2}\psi}{B}\right)^{\frac{a}{a_1}}\right],$$

$$y = A e^{\frac{a_2}{a_1}\psi} \sin\psi \sin\left[\log\left(\frac{\operatorname{tang}\frac{1}{2}\psi}{B}\right)^{\frac{a}{a_1}}\right],$$

$$z = A e^{\frac{a_2}{a_1}\psi} \cos\psi.$$

La rectification de la trajectoire est donnée par l'intégration de la dernière des équations (1)'

$$s - s_0 = \frac{k}{a_2} r = \frac{A k}{a_2} e^{\frac{a_2}{a_1}\psi}.$$

2° *Système polaire cylindrique.* — Ce système est donné par les équations suivantes :

$$x = r\cos\theta, \quad y = r\sin\theta, \quad z = z,$$

de sorte que l'on a les arcs coordonnés

$$d\sigma = dr, \quad d\sigma_1 = r\,d\theta, \quad d\sigma_2 = dz,$$

et conséquemment les équations différentielles de la trajectoire sont

$$\frac{dr}{a} = \frac{r\,d\theta}{a_1} = \frac{dz}{a_2} = \frac{ds}{k},$$

desquelles on déduit, en représentant par r_0 et z_0 deux constantes arbitraires, les équations suivantes de la trajectoire :

$$r = r_0 e^{\frac{a}{a_1}\theta}, \quad z - z_0 = \frac{r_0 a_2}{a} e^{\frac{a}{a_1}\theta}.$$

Cette trajectoire est l'intersection d'un cône circulaire avec un cylindre loxodromique, c'est-à-dire un cylindre dont la section droite est une spirale logarithmique.

319. *Trajectoires sous angles donnés d'un système quelconque.* — Soient α, β, γ les angles que l'élément ds de la trajectoire fait avec les trois arcs coordonnés; si l'on projette sur la direction de chaque arc coordonné successivement le périmètre du polygone gauche, dont les côtés sont $d\sigma$, $d\sigma_1$, $d\sigma_2$, ds, on trouve les trois équations différentielles suivantes :

$$(1)\quad \begin{cases} ds\cos\alpha = d\sigma + d\sigma_1\cos\varphi_2 + d\sigma_2\cos\varphi_1, \\ ds\cos\beta = d\sigma_1 + d\sigma_2\cos\varphi + d\sigma\cos\varphi_2, \\ ds\cos\gamma = d\sigma_2 + d\sigma\cos\varphi_1 + d\sigma_1\cos\varphi; \end{cases}$$

l'élimination de ds entre ces trois équations conduit aux équations suivantes :

$$(2)\quad \begin{cases} d\sigma\,(\cos\beta - \cos\alpha\cos\varphi_2) + d\sigma_1(\cos\varphi_2\cos\beta - \cos\alpha) \\ \qquad\qquad + d\sigma_2(\cos\varphi_1\cos\beta - \cos\varphi\cos\alpha) = 0, \\ d\sigma_1(\cos\gamma - \cos\beta\cos\varphi) + d\sigma_2(\cos\varphi\cos\gamma - \cos\beta) \\ \qquad\qquad + d\sigma\,(\cos\varphi_2\cos\gamma - \cos\varphi_1\cos\beta) = 0, \\ d\sigma_2(\cos\alpha - \cos\gamma\cos\varphi_1) + d\sigma\,(\cos\varphi_1\cos\alpha - \cos\gamma) \\ \qquad\qquad + d\sigma_1(\cos\varphi\cos\alpha - \cos\varphi_2\cos\gamma) = 0, \end{cases}$$

qui sont les équations différentielles de la trajectoire.

Application au système donné par trois surfaces réglées. — Les équations de ce système de coordonnées sont les trois équations contenues dans le type

$$(3)\qquad x = x' + u\lambda + v\mu, \qquad (3)$$

x', y', z' étant les coordonnées d'un point d'une courbe directrice donnée, u et v deux longueurs variables, mais indépendantes; λ, λ_1, λ_2 les cosinus des angles que la première fait avec les trois axes fixes des x, y, z; μ, μ_1, μ_2 les cosinus des angles que la seconde fait avec les mêmes axes, ces cosinus variant avec les coordonnées x', y', z' de la directrice et, par conséquent, étant fonctions, ainsi que ces coordonnées, d'une variable t; enfin x, y, z sont des coordônnées d'un point quelconque de l'espace, variant par suite de la variation des trois quantités t, u et v, qui sont les coordonnées du système dont il s'agit.

On voit que, si l'on suppose u constant, on a une surface réglée ; si l'on suppose v constant, on a une surface réglée ; si l'on suppose t constant, on a un plan ; ces trois surfaces sont les trois surfaces coordonnées.

Arcs et angles coordonnés. — Si l'on différentie les équations (3) en y faisant tout varier, on a l'équation

$$(4) \qquad dx = (dx' + u\,d\lambda + v\,d\mu) + \lambda\,du + \mu\,dv; \quad (3)$$

en élevant ces trois équations au carré et en ajoutant, on trouve la valeur complète du déplacement ds, de laquelle on déduit

$$(5) \quad \begin{cases} d\sigma^2 = \Sigma\,(dx' + u\,d\lambda + v\,d\mu)^2, \quad d\sigma_1^2 = du^2, \quad d\sigma_2 = dv^2, \\ d\sigma\; d\sigma_1 \cos\varphi_2 = \Sigma\lambda\,(d\sigma + u\,d\lambda + v\,d\mu), \\ d\sigma\; d\sigma_1 \cos\varphi = \Sigma\mu\,(d\sigma + u\,d\lambda + v\,d\mu), \\ d\sigma_1 d\sigma_2 \cos\varphi = \Sigma\lambda\mu\,du\,dv. \end{cases}$$

Trajectoire sous angle donné du système. — Appelons ds' l'élément de la courbe décrite par le point x', y', z', et φ l'angle des deux droites u et v ; δu et δv les déviations angulaires de ces deux droites ; on a la relation

$$(\varphi) \qquad \cos\varphi = \Sigma\lambda\mu.$$

Or, si l'on applique à ce cosinus le théorème des courbures inclinées (49), on trouve la relation

$$(\varphi)' \qquad -\sin\varphi\,d\varphi = \delta v \cos(u, \delta v) + \delta u \cos(v, \delta u).$$

D'après cela, les équations différentielles de la trajectoire, en remplaçant dans les équations (1) les arcs coordonnés par leurs valeurs, sont

$$(6) \quad \begin{cases} ds \cos\alpha = d\sigma + \dfrac{du}{d\sigma}[\,ds' \cos(u, ds') + v\,\delta v \cos(u, \delta v) \\ \qquad\qquad + \dfrac{dv}{d\sigma}[\,ds' \cos(v, ds') + u\,\delta u \cos(v, \delta u), \\ ds \cos\beta = ds' \cos(u, ds') + v\,\delta v \cos(u, \delta v) + \cos\varphi\,dv + du, \\ ds \cos\gamma = ds' \cos(v, ds') + u\,\delta u \cos(v, \delta u) + \cos\varphi\,du + dv. \end{cases}$$

Pour abréger, posons

$$\frac{\delta u}{dt}\cos(v, \delta u) = a_1, \quad \frac{ds'}{dt}\cos(u, ds') = b,$$

$$\frac{\delta v}{dt}\cos(u, \delta v) = a, \quad \frac{ds'}{dt}\cos(v, ds') = b_1;$$

a, a_1, b, b_1 sont des fonctions connues de t, et les équations précédentes prennent la forme

$$(6)' \quad \left\{ \begin{aligned} &\left(\cos\alpha\frac{d\sigma}{dt}\right)\frac{ds}{dt} - (b + av)\frac{du}{dt} - (b_1 + a_1 u)\frac{dv}{dt} - \frac{d\sigma^2}{dt^2} = 0, \\ &\cos\beta\frac{ds}{dt} - \frac{du}{dt} - \cos\varphi\frac{dv}{dt} - av - b = 0, \\ &\cos\gamma\frac{ds}{dt} - \frac{dv}{dt} - \cos\varphi\frac{du}{dt} - a_1 u - b_1 = 0. \end{aligned} \right.$$

Telles sont les équations différentielles de la trajectoire entre les variables s, u, v et la variable indépendante t. La première a une forme symétrique et les deux autres sont linéaires, ce qui rend le système intégrable dans quelques cas dignes d'être remarqués, comme nous allons le voir dans les numéros suivants.

§ II. — Des trajectoires orthogonales d'une surface coordonnée.

320. *Équations différentielles.* — La trajectoire orthogonale de la surface ρ fait des angles droits avec les deux lignes coordonnées $d\sigma_1$, $d\sigma_2$, qui se trouvent sur la surface ρ. On a donc (319) les deux équations différentielles qui résultent des formules (1) du n° 319

$$(1) \quad \left\{ \begin{aligned} &d\sigma_1 + d\sigma_2\cos\varphi + d\sigma\cos\varphi_2 = 0, \\ &d\sigma_2 + d\sigma\cos\varphi_1 + d\sigma_1\cos\varphi = 0; \end{aligned} \right.$$

or on a la relation

$$ds^2 = \Sigma\, d\sigma^2 + 2\Sigma\, d\sigma_1\, d\sigma_2\cos\varphi;$$

donc les équations (1) sont les dérivées de ds^2, la première par rapport à $d\sigma_1$, la seconde par rapport à $d\sigma_2$, considérées comme variables.

On déduit des équations (1) les deux suivantes :

$$(2)\quad \begin{cases} d\sigma_2 \sin^2\varphi + d\sigma(\cos\varphi_1 - \cos\varphi\cos\varphi_2) = 0, \\ d\sigma_1 \sin^2\varphi + d\sigma(\cos\varphi_2 - \cos\varphi\cos\varphi_1) = 0; \end{cases}$$

or, si l'on remarque que l'on a, dans le trièdre formé par les directions $d\sigma$, $d\sigma_1$, $d\sigma_2$, les deux équations

$$\cos\varphi_1 = \cos\varphi\cos\varphi_2 - \sin\varphi\sin\varphi_2\cos\theta_1,$$
$$\cos\varphi_2 = \cos\varphi\cos\varphi_1 - \sin\varphi\sin\varphi_1\cos\theta_2,$$

les deux équations (2) deviendront

$$(2)'\quad \begin{cases} d\sigma_2 \sin\varphi = d\sigma \sin\varphi_2 \cos\theta_1, \\ d\sigma_1 \sin\varphi = d\sigma \sin\varphi_1 \cos\theta_2. \end{cases}$$

Telles sont les équations différentielles de la trajectoire orthogonale des surfaces ρ, mises sous la forme la plus simple.

Deuxième solution. — Soient les coordonnées x, y, z d'un point d'intersection des trois surfaces coordonnées en fonction de ρ, ρ_1, ρ_2. Si l'on ne fait varier que ρ_1 ou ρ_2, on aura un déplacement effectué sur l'intersection des surfaces ρ et ρ_2 ou sur l'intersection des surfaces ρ et ρ_1, tandis que, pour un déplacement effectué sur la trajectoire ds, il faudra faire varier les trois paramètres ρ, ρ_1, ρ_2. Les projections sur Ox des déplacements effectués sur $d\sigma_1$, $d\sigma_2$ et ds sont

$$\frac{dx}{d\rho_1}d\rho_1, \quad \frac{dx}{d\rho_2}d\rho_2, \quad \frac{dx}{d\rho}d\rho + \frac{dx}{d\rho_1}d\rho_1 + \frac{dx}{d\rho_2}d\rho_2. \quad (3)$$

Or, ces projections étant proportionnelles aux cosinus des angles que $d\sigma_1$, $d\sigma_2$, ds font avec l'axe des x, on aura, pour exprimer que les deux angles $(d\sigma_1, ds)$, $(d\sigma_2, ds)$ sont droits, les deux conditions

$$(1)'\quad \begin{cases} \mathrm{S}\dfrac{dx}{d\rho_1}\left(\dfrac{dx}{d\rho}d\rho + \dfrac{dx}{d\rho_1}d\rho_1 + \dfrac{dx}{d\rho_2}d\rho_2\right) = 0, \\ \mathrm{S}\dfrac{dx}{d\rho_2}\left(\dfrac{dx}{d\rho}d\rho + \dfrac{dx}{d\rho_1}d\rho_1 + \dfrac{dx}{d\rho_2}d\rho_2\right) = 0, \end{cases}$$

et, si l'on effectue les calculs, on tombe immédiatement sur les deux équations (1).

321. Problème II. — *Un angle se meut d'après cette condition qu'un point donné d'un de ses côtés parcourt une directrice et que ses deux côtés forment des angles variables avec trois axes fixes; trouver la trajectoire orthogonale des positions du plan de cet angle.*

Si l'on se reporte au n° **319**, on reconnaît que les deux dernières équations (6)′ de ce numéro sont les équations du problème lorsqu'on fait les deux angles β et γ égaux à deux droits; on a donc les équations différentielles de la trajectoire

$$(1)\qquad \begin{cases} \dfrac{du}{dt} + \cos\varphi \dfrac{dv}{dt} + av + b = 0, \\[2mm] \dfrac{dv}{dt} + \cos\varphi \dfrac{du}{dt} + a_1 u + b_1 = 0. \end{cases}$$

L'intégration de ce système linéaire dépend de l'intégration du système

$$(1)'\qquad \begin{cases} \dfrac{du}{dt} + \cos\varphi \dfrac{dv}{dt} + av = 0, \\[2mm] \dfrac{dv}{dt} + \cos\varphi \dfrac{du}{dt} + a_1 u = 0; \end{cases}$$

or, d'après notre notation, l'équation (φ)′ du n° **319** donne

$$(\varphi)''\qquad \sin\varphi \frac{d\varphi}{dt} + a + a_1 = 0.$$

D'après cela, si l'on multiplie la première équation (1)′ par u et la seconde par v et qu'on ajoute, on trouve

$$u\frac{du}{dt} + v\frac{dv}{dt} + \cos\varphi\left(u\frac{dv}{dt} + v\frac{du}{dt}\right) + (a + a_1)vu = 0,$$

et, en ayant égard à l'équation (φ)″, on a une différentielle exacte, dont l'intégration donne, en représentant par C^2 une constante arbitraire,

$$(2)\qquad u^2 + v^2 + 2uv\cos\varphi = C^2.$$

On déduit de cette équation, en la résolvant par rapport à u, l'expression

$$u = -v\cos\varphi \pm \sqrt{C^2 - v^2\sin^2\varphi},$$

et par la différentiation

$$u' = -v'\cos\varphi + v\sin\varphi\frac{d\varphi}{dt} - \frac{vv'\sin^2\varphi - v^2\sin\varphi\cos\varphi\dfrac{d\varphi}{dt}}{\sqrt{C^2 - v^2\sin^2\varphi}}.$$

Si l'on portę cette valeur de u' dans la premièr équation $(1)'$, on obtient l'équation différentielle

$$\sin\varphi\frac{d\varphi}{dt} + a - \sin\varphi\frac{\dfrac{d}{dt}(v\sin\varphi)}{\sqrt{C^2 - \sin^2\varphi v^2}},$$

dont l'intégrale est

$$v\sin\varphi = C\sin\left(\varphi + \int\frac{a\,dt}{\sin\varphi}\right);$$

on trouvera de même

$$u\sin\varphi = C\sin\left(\varphi + \int\frac{a_1\,dt}{\sin\varphi}\right).$$

Si, pour abréger, on pose

$$\int\frac{a\,dt}{\sin\varphi} = \alpha, \quad \int\frac{a_1\,dt}{\sin\varphi} = \alpha_1,$$

les intégrales générales des équations $(1)'$ seront données par les deux expressions

$$(3)\qquad \begin{cases} v\sin\varphi = C\sin(\varphi + \alpha) + C_1\cos(\varphi + \alpha), \\ u\sin\varphi = C\sin(\varphi + \alpha_1) + C_1\cos(\varphi + \alpha_1), \end{cases}$$

C et C_1 étant les deux constantes arbitraires.

Pour obtenir les intégrales du système (1), nous faisons varier ces deux constantes d'après la règle, et nous obtenons les deux équations suivantes :

$$\frac{dC}{dt}\left[\cot\varphi\sin(\varphi+\alpha)+\frac{1}{\sin\varphi}\sin(\varphi+\alpha_1)\right]$$
$$+\frac{dC_1}{dt}\left[\cot\varphi\cos(\varphi+\alpha)+\frac{1}{\sin\varphi}\cos(\varphi+\alpha_1)\right]+b=0,$$

$$\frac{dC}{dt}\left[\cot\varphi\sin(\varphi+\alpha_1)+\frac{1}{\sin\varphi}\sin(\varphi+\alpha)\right]$$
$$+\frac{dC_1}{dt}\left[\cot\varphi\cos(\varphi+\alpha_1)+\frac{1}{\sin\varphi}\cos(\varphi+\alpha)\right]+b_1=0.$$

Ces deux équations, étant résolues par rapport à $\frac{dC}{dt}$, $\frac{dC_1}{dt}$, donnent les valeurs suivantes de ces deux dérivées :

$$\frac{dC}{dt}\sin(\alpha-\alpha_1)=\frac{b\cos\varphi-b_1}{\sin\varphi}\cos(\varphi+\alpha_1)-\frac{b_1\cos\varphi-b}{\sin\varphi}\cos(\varphi+\alpha),$$
$$\frac{dC_1}{dt}\sin(\alpha-\alpha_1)=\frac{b_1\cos\varphi-b}{\sin\varphi}\sin(\varphi+\alpha)-\frac{b\cos\varphi-b_1}{\sin\varphi}\sin(\varphi+\alpha_1).$$

On aura donc les valeurs de C et de C_1 en intégrant les deux équations précédentes, après y avoir remplacé b et b_1 par leurs valeurs; on obtient ainsi

$$(4)\quad\left\{\begin{aligned}
C &= \int\frac{[\cos\varphi\cos(u,ds')-\cos(v,ds')]\cos(\varphi+\alpha_1)}{\sin\varphi\sin(\alpha-\alpha_1)}ds'\\
&\quad-\int\frac{[\cos\varphi\cos(v,ds')-\cos(u,ds')]\cos(\varphi+\alpha)}{\sin\varphi\sin(\alpha-\alpha_1)}ds',\\
C_1 &= \int\frac{[\cos\varphi\cos(v,ds')-\cos(u,ds')]\sin(\varphi+\alpha)}{\sin\varphi\sin(\alpha-\alpha_1)}ds'\\
&\quad-\int\frac{[\cos\varphi\cos(u,ds')-\cos(v,ds')]\sin(\varphi+\alpha_1)}{\sin\varphi\sin(\alpha-\alpha_1)}ds',
\end{aligned}\right.$$

et il faudra porter ces valeurs de C et de C_1 dans les équations (3), qui seront, après cette substitution, les intégrales générales des équations (1).

On a donc, en termes finis, les intégrales des trajectoires orthogonales des positions du plan qui contient l'angle mobile des deux droites u et v, et l'avantage de cette solution consiste en ce que aucun des éléments de la question n'y a été dissimulé, et que tous les éléments de la courbe directrice et des angles des deux droites u et v y sont mis en évidence. On pourra donc faire coïncider les deux lignes u et v avec telles directions qu'on voudra. Ainsi le plan (uv) coïncidera à volonté avec le plan normal de la courbe directrice ds_1, avec son plan osculateur, avec son plan rectifiant si l'on prend pour droites u et v, dans le premier cas la binormale et la normale principale, dans le deuxième, la tangente et la normale principale, dans le troisième, la tangente et la binormale, et ainsi de suite.

Les conclusions que l'on peut tirer de cette analyse sont très-nombreuses; car nous n'avons introduit aucune hypothèse ni sur la grandeur de l'angle uv, ni sur les angles que ces droites font avec les axes fixes, ni sur la nature de la directrice, et nous laissons au lecteur le soin de les développer.

§ III. — Des trajectoires conjuguées d'une surface coordonnée.

322. *Définition.* — Une trajectoire est conjuguée d'une surface coordonnée, suivant un ellipsoïde, lorsqu'elle coupe toutes les surfaces de la série de telle sorte que, au point d'intersection, la tangente à la trajectoire et le plan tangent à la surface sont parallèles, la première à un diamètre et la seconde au plan diamétral conjugué de ce diamètre dans l'ellipsoïde.

Équations des trajectoires conjuguées. — Si l'ellipsoïde donné était une sphère, les trajectoires conjuguées de la surface coordonnée seraient les trajectoires orthogonales de la surface, et les équations différentielles de la trajectoire seraient les équations (1)′ du n° **320**. Pour passer de ce cas au cas de l'ellipsoïde, il suffirait de prendre la figure homologique de la figure qui se rapporte à la sphère, en supposant placé à l'infini le centre d'homologie, et l'on aurait tout trièdre trirectangle qui se changerait en un trièdre de trois diamètres conjugués, de sorte que les trois axes fixes coordonnés seraient parallèles à un système de diamètres conjugués; or, pour prendre la figure homologique, il suffit de remplacer x, y, z par $\frac{x}{a}$, $\frac{y}{b}$, $\frac{z}{c}$, et toute longueur par la longueur correspondante de la figure transformée, divisée par le demi-diamètre parallèle de l'ellipsoïde transformé de la sphère. D'après cela, on voit que les équations (1)' du n° 320 deviendront les équations suivantes :

$$(1)\quad \begin{cases} \mathrm{S}\dfrac{1}{a^2}\dfrac{dx}{d\rho_1}\left(\dfrac{dx}{d\rho}d\rho + \dfrac{dx}{d\rho_1}d\rho_1 + \dfrac{dx}{d\rho_2}d\rho_2\right) = 0, \\ \mathrm{S}\dfrac{1}{a^2}\dfrac{dx}{d\rho_2}\left(\dfrac{dx}{d\rho}d\rho + \dfrac{dx}{d\rho_1}d\rho_1 + \dfrac{dx}{d\rho_2}d\rho_2\right) = 0, \end{cases}$$

qui seront les équations de la trajectoire de la surface coordonnée ρ, d'après cette loi que cette trajectoire satisfait aux conditions de notre définition.

Il est vrai que le système des axes coordonnés n'est plus rectangulaire, mais oblique; or, comme il est nécessairement composé d'axes parallèles aux diamètres conjugués de l'ellipsoïde et que, dans l'ellipsoïde, il existe un système de diamètres conjugués orthogonaux, les équations précédentes se rapportent également à ce système, et l'on peut supposer les axes coordonnés des x, y, z rectangulaires entre eux. Ce sont donc les équations différentielles de la trajectoire conjuguée, suivant l'ellipsoïde (a, b, c), des diverses positions de la surface coordonnée ρ du système curviligne (ρ, ρ_1, ρ_2).

323. Problème III. — *Un angle se meut d'après cette condition qu'un point donné d'un de ses côtés parcourt une directrice et que ses deux côtés forment des angles variables, d'après une certaine loi, avec trois axes fixes; trouver la trajectoire conjuguée, suivant un ellipsoïde donné (a, b, c), des positions du plan de cet angle.*

On prendra, comme au n° 319, les équations

$$(3)\qquad x = x' + u\lambda + v\mu \quad (3),$$

auxquelles on conserve la même signification. D'après cela,

les équations de la trajectoire seront, d'après les conditions (1) du numéro précédent,

$$(2)\quad \begin{cases} S\dfrac{\lambda}{a^2}du(dx'+ud\lambda+vd\mu+\lambda du+\mu dv)=0,\\ S\dfrac{\mu}{a^2}dv(dx'+ud\lambda+vd\mu+\lambda du+\mu dv)=0,\end{cases}$$

et, en effectuant les calculs,

$$(2)'\quad \begin{cases} \dfrac{du}{dt}S\dfrac{\lambda^2}{a^2}+\dfrac{dv}{dt}S\dfrac{\lambda\mu}{a^2}+uS\dfrac{\lambda d\lambda}{a^2dt}+vS\dfrac{\lambda d\mu}{a^2dt}+S\dfrac{\lambda dx'}{a^2dt}=0,\\ \dfrac{du}{dt}S\dfrac{\mu\lambda}{a^2}+\dfrac{dv}{dt}S\dfrac{\mu^2}{a^2}+uS\dfrac{\mu d\lambda}{a^2dt}+vS\dfrac{\mu d\mu}{a^2dt}+S\dfrac{\mu dx'}{a^2dt}=0.\end{cases}$$

Nous allons transformer ces équations; pour cela, nous poserons

$$(4)\quad u_1=u\sqrt{S\frac{\lambda^2}{a^2}},\quad v_1=v\sqrt{S\frac{\mu^2}{a^2}},\quad \cos\varphi=\frac{\sum\frac{\lambda\mu}{a^2}}{\sqrt{S\frac{\mu^2}{a^2}}\sqrt{S\frac{\lambda^2}{a^2}}},$$

u_1 et v_1 étant de nouvelles variables; par la différentiation, on trouve

$$\frac{dv}{dt}=\frac{\frac{dv_1}{dt}}{\sqrt{S\frac{\mu^2}{a^2}}}-v_1\frac{S\frac{\mu\mu'}{a_2}}{\left(S\frac{\mu^2}{a^2}\right)^{\frac{3}{2}}},\qquad \frac{du}{dt}=\frac{\frac{du_1}{dt}}{\sqrt{S\frac{\lambda^2}{a^2}}}-u_1\frac{S\frac{\lambda\lambda'}{a_2}}{\left(S\frac{\lambda^2}{a^2}\right)^{\frac{3}{2}}}.$$

Si l'on porte ces valeurs de u, v et de leurs dérivées dans les équations (2)′, on trouve les deux transformées suivantes :

$$(2)''\quad \begin{cases} \dfrac{du_1}{dt}+\cos\varphi\dfrac{dv_1}{dt}+\dfrac{v_1}{\sqrt{S\frac{\lambda^2}{a^2}S\frac{\mu^2}{a^2}}}\left(S\dfrac{\mu'\lambda}{a^2}-\dfrac{S\frac{\lambda\mu}{a^2}S\frac{\mu\mu'}{a^2}}{S\frac{\mu_2}{a_2}}\right)+\dfrac{S\left(\frac{\lambda}{a^2}\frac{dx'}{dt}\right)}{\sqrt{S\frac{\lambda^2}{a^2}}}=0,\\ \dfrac{dv_1}{dt}+\cos\varphi\dfrac{du_1}{dt}+\dfrac{u_1}{\sqrt{S\frac{\lambda^2}{a^2}S\frac{\mu^2}{a^2}}}\left(S\dfrac{\mu\lambda'}{a^2}-\dfrac{S\frac{\lambda\mu}{a^2}S\frac{\lambda\lambda'}{a^2}}{S\frac{\lambda_2}{a_2}}\right)+\dfrac{S\left(\frac{\mu}{a^2}\frac{dx'}{dt}\right)}{\sqrt{S\frac{\mu^2}{a^2}}}=0.\end{cases}$$

Or, si l'on représente, dans ces deux équations, les coefficients de v_1 et de u_1 par A et A_1, on reconnaît que leur somme est égale à la dérivée de $\cos\varphi$, d'après l'expression de ce cosinus donnée par la troisième des équations (4), de telle sorte que l'on a la condition

$$(5) \qquad \frac{d}{dt}\cos\varphi = A + A_1;$$

donc les équations (2)″ sont de même forme que les équations (1) du n° 321 et deviennent

$$(2)''' \quad \left\{ \begin{aligned} &\frac{du_1}{dt} + \cos\varphi\frac{dv_1}{dt} + A\,v_1 + \frac{S\left(\frac{\lambda}{a^2}\frac{dx'}{dt}\right)}{\sqrt{S\frac{\lambda^2}{a^2}}} = 0, \\ &\frac{dv_1}{dt} + \cos\varphi\frac{du_1}{dt} + A_1 u_1 + \frac{S\left(\frac{\mu}{a^2}\frac{dx'}{dt}\right)}{\sqrt{S\frac{\mu^2}{a^2}}} = 0; \end{aligned} \right.$$

donc les intégrales des équations (1) du n° 321 sont aussi les intégrales des équations (2)‴ que nous venons de trouver, pourvu que l'on ait égard aux valeurs de A, A_1, $\cos\varphi$ et des termes tous connus.

Remarque. — Rien ne limite la généralité de la question que nous venons de traiter; elle renferme, comme cas particulier, une classe de problèmes intéressants sur les trajectoires conjuguées de plans liés, soit avec une surface développable, soit sur une surface gauche. Qu'il nous suffise de signaler le problème relatif à la *recherche des intégrales des courbes dont le lieu des centres des ellipsoïdes osculateurs, homothétiques d'un ellipsoïde donné, est une courbe aussi donnée*, problème dont notre analyse donne la solution complète.

§ IV. — Courbes conjuguées d'une série de courbes non planes.

324. *Trajectoires conjuguées des positions d'une courbe quelconque.* — Soient

$$(c) \qquad x = \varphi(a, t), \quad y = \varphi_1(a, t), \quad z = \varphi_2(a, t)$$

les équations d'une courbe non plane quelconque, t étant la variable qui fixe la position du point sur la courbe et a un certain paramètre qui conserve la même valeur pour une même courbe. A chaque valeur particulière de a correspond une courbe déterminée; mais, si l'on donne à a une suite de valeurs différentes, on aura une série de courbes provenant de ces valeurs différentes, et cette série de courbes est représentée par le système des équations (c); on se propose de trouver les trajectoires dont les équations auraient la forme

$$(c') \qquad x = f_1(b, t), \quad y = f_1(b, t), \quad z = f_2(b, t),$$

et telles qu'en chaque point d'intersection d'une courbe de la série (c) avec une courbe de la série (c') les tangentes soient parallèles aux deux diamètres conjugués de la section faite dans un ellipsoïde donné (A, B, C), parallèlement à ces tangentes.

Cette question peut être traitée directement de la manière suivante. Nous supposons le système de coordonnées rectilignes quelconque. Pour avoir les composantes suivant les trois axes coordonnés du déplacement ds effectué sur une des courbes de la série (c), il faut prendre les différentielles, par rapport à t seulement, des équations (c); ce qui donne les trois équations renfermées dans le type suivant et relatives chacune à une des coordonnées de la courbe

$$\frac{dx}{dt} = \frac{d\varphi}{dt}.$$

Pour avoir les composantes suivant les trois axes coordonnés du déplacement $\delta\sigma$ effectué sur une trajectoire quelconque des courbes (c), il faut prendre les différentielles totales par rapport à a et t des équations (c), ce qui fournit les trois équations contenues dans le type suivant :

$$\delta x = \frac{d\varphi}{dt}\delta t + \frac{d\varphi}{da}\delta a.$$

Mais, si l'on veut que cette trajectoire soit conjuguée suivant l'ellipsoïde (**A, B, C**) de la série des courbes (c), il faut que les composantes de ces déplacements satisfassent à l'équation

$$(6)\qquad \frac{dx\,\delta x}{A^2} + \frac{dy\,\delta y}{B^3} + \frac{dz\,\delta z}{C^2} = 0;$$

or, en portant dans cette équation les valeurs de dx, dy, dz; δx, δy, δz données par les équations précédentes, on obtient la relation

$$(D)\qquad \left\{\begin{aligned} &\left(\frac{1}{A^2}\frac{d\varphi}{da}\frac{d\varphi}{dt} + \frac{1}{B^2}\frac{d\varphi_1}{da}\frac{d\varphi_1}{dt} + \frac{1}{C^2}\frac{d\varphi_2}{da}\frac{d\varphi_2}{dt}\right)\delta a \\ &\qquad + \left(\frac{d\varphi^2}{A^2 dt^4} + \frac{d\varphi_1^2}{B^2 dt^2} + \frac{d\varphi_2^2}{C^2 dt^2}\right)\delta t = 0, \end{aligned}\right.$$

dans laquelle les coefficients δa et δt sont des fonctions de a et de t. C'est une équation différentielle du premier ordre, dont l'intégration fera connaître a en fonction de la variable t et d'une constante arbitraire b, de sorte que, si l'on porte cette valeur de a dans les équations (c), on obtiendra les trajectoires conjuguées de ces courbes sous la forme (c'), ce qui est le but que nous nous proposions.

325. *Les courbes de la première série sont des droites.* — Il existe un théorème curieux lorsque les courbes de la série (c) sont des lignes droites, lequel consiste en ce que l'équation différentielle des trajectoires est une équation différentielle linéaire du premier ordre. Pour établir ce théorème, résolvons la question suivante, qui est la plus générale que l'on puisse poser sur le mouvement d'une droite.

Une droite se meut de telle sorte qu'un de sès points décrive une courbe E *et forme avec les trois axes coordonnés des angles variant d'après une loi donnée : trouver les trajectoires conjuguées des positions de cette droite.*

Soient les équations de la courbe E,

$$(7)\qquad x = F(t),\quad y = F_1(t),\quad z = F_2(t).$$

Soit τ' la droite donnée, ν' la perpendiculaire à deux positions infiniment voisines de la droite τ'; $d\varepsilon'$ l'angle de ces deux positions et ρ' la direction de l'arc de cercle correspondant à cet angle; il est évident que les cosinus des angles que les trois droites τ', ν', ρ' font avec les trois axes coordonnés, supposés orthogonaux, sont des fonctions de la variable t qui fixe la position du point de la courbe E. Soient ds l'élément de cette courbe et $d\sigma$ l'élément correspondant de la trajectoire conjuguée de la droite mobile; si l'on considère le quadrilatère dont les deux côtés opposés sont ds et $d\sigma$ et les deux autres côtés les deux longueurs a et $a + da$, comptés sur les deux positions infiniment voisines de la droite τ', et qu'on projette le périmètre de ce quadrilatère successivement sur les directions des trois droites orthogonales τ', ν', ρ', on obtient les trois équations

$$(8)\qquad \begin{cases} d\sigma\cos(\tau', d\sigma) = ds\cos(\tau', ds) + da, \\ d\sigma\cos(\nu', d\sigma) = ds\cos(\nu', ds), \\ d\sigma\cos(\rho', d\sigma) = ds\cos(\rho', ds) + a\,d\varepsilon'. \end{cases}$$

Or, si, par rapport aux trois droites τ', ν', ρ' considérées comme axes coordonnés rectangulaires mobiles, on exprime les cosinus des angles que $d\sigma$ fait avec les axes fixes des x, y, z, on obtient les trois équations contenues dans le type suivant :

$$(8)'\quad \begin{cases} \cos(x, d\sigma) = \cos(\tau', x)\cos(\tau', d\sigma) + \cos(\nu', x)\cos(\nu', d\sigma) \\ \qquad\qquad + \cos(\rho', x)\cos(\rho', d\sigma); \end{cases}$$

si l'on porte dans ces équations les valeurs des cosinus des angles que $d\sigma$ fait avec les trois directions τ', ν', ρ', valeurs qui sont données en fonction de t, de a et de da par les équations (8), on tombe, par suite de la condition (6), sur une équation différentielle linéaire du premier ordre entre les deux variables a et t.

Pour obtenir les coefficients de cette équation, on représentera par $\mathfrak{T}'$, $\mathfrak{N}'$, $\mathfrak{R}'$ les demi-diamètres de l'ellipsoïde

(A, B, C) parallèles à τ', ν', ρ', et par φ' et ψ' deux angles auxiliaires déterminés par les équations

$$\frac{\cos(\tau', x)\cos(\nu', x)}{A^2} + \frac{\cos(\tau', y)\cos(\nu', y)}{B^2} + \frac{\cos(\tau', z)\cos(\nu', z)}{C^2} = \frac{\cos\varphi'}{\mathfrak{T}'\mathfrak{N}'},$$

$$\frac{\cos(\tau', x)\cos(\rho', x)}{A^2} + \frac{\cos(\tau', y)\cos(\rho', y)}{B^2} + \frac{\cos(\tau', z)\cos(\rho', z)}{C^2} = \frac{\cos\psi'}{\mathfrak{T}'\mathfrak{R}'}.$$

L'équation linéaire dont il s'agit prend la forme significative

$$(10)\quad \left\{ \begin{aligned} &\frac{1}{\mathfrak{T}'}\frac{da}{dt} + \frac{\cos\psi'}{\mathfrak{R}'}\frac{d\varepsilon'}{dt}a \\ &\quad + \frac{ds}{dt}\left(\frac{\cos(\tau', ds)}{\mathfrak{T}'} + \frac{\cos(\nu', ds)\cos\varphi'}{\mathfrak{N}'} + \frac{\cos(\rho', ds)\cos\psi'}{\mathfrak{R}'}\right) = 0, \end{aligned} \right.$$

dans laquelle tous les coefficients sont des fonctions de t. Cette équation renferme la démonstration du théorème énoncé au commencement du présent numéro.

326. *Trajectoires conjuguées des tangentes d'une courbe quelconque non plane.* — 1° Faisons une application des formules précédentes à la recherche des courbes conjuguées des tangentes à une courbe non plane.

Dans l'hypothèse présente, les positions successives de la droite τ' sont celles des tangentes à la courbe E, de sorte que la droite τ' engendre une surface développable dont la courbe E est l'arête de rebroussement. Il est évident que τ' coïncidant avec la tangente τ de la courbe E, ρ' coïncide avec la direction du rayon de courbure ρ de cette courbe et ν' avec la direction de la binormale ν; ν' est donc perpendiculaire à l'élément $d\sigma$ de la trajectoire conjuguée de τ; d'après cela, la seconde des équations (8) s'évanouit, et, si l'on supprime de l'équation (10) les termes provenant de l'évanouissement des cosinus des angles (ν, ds), $(\nu, d\sigma)$, (ρ, ds) dans les équations (8), on obtient, par la suppression des accents et des quantités nulles, l'équation suivante :

$$(10)' \qquad \frac{1}{\mathfrak{T}}\frac{da}{dt} + \frac{\cos\psi}{\mathfrak{R}}\frac{d\varepsilon}{dt}a + \frac{1}{\mathfrak{T}}\frac{ds}{dt} = 0.$$

Trajectoires conjuguées des binormales d'une courbe non plane. — La deuxième application des formules trouvées dans le numéro précédent est relative à la recherche des courbes conjuguées suivant l'ellipsoïde (A, B, C) des diverses positions de la binormale à la courbe E.

Dans cette hypothèse, il faut faire coïncider τ' avec la binormale à la courbe E; si l'on représente toujours par τ, ν, ρ la tangente, la binormale et le rayon de courbure de cette courbe, les trois équations (8) deviennent, en représentant par $d\omega$ l'angle de deux positions infiniment voisines de ν,

$$(18)' \qquad \begin{cases} d\sigma\cos(\nu, d\sigma) = da, \\ d\sigma\cos(\tau, d\sigma) = ds, \\ d\sigma\cos(\rho, d\sigma) = a\,d\omega, \end{cases}$$

et, si l'on introduit l'angle auxiliaire θ déterminé par la condition

$$\frac{\cos(\rho, x)\cos(\nu, x)}{A^2} + \frac{\cos(\rho, y)\cos(\nu, y)}{B^2} + \frac{\cos(\rho, z)\cos(\nu, z)}{C^2} = \frac{\cos\theta}{\mathfrak{R}\mathfrak{N}},$$

l'équation (10) devient

$$(10)'' \qquad \frac{1}{\mathfrak{N}}\frac{da}{dt} + \frac{\cos\theta}{\mathfrak{R}}\frac{d\omega}{dt}a + \frac{\cos\varphi}{\mathfrak{T}}\frac{ds}{dt} = 0.$$

On trouverait de la même manière l'équation différentielle des trajectoires conjuguées des diverses positions du rayon de courbure d'une courbe non plane.

327. *Trajectoires conjuguées des tangentes à une hélice.* — Pour montrer de quelle manière les calculs doivent être conduits, supposons que la courbe donnée E soit une hélice tracée sur un cylindre circulaire de rayon R, et que l'inclinaison constante de la tangente à cette hélice sur le plan perpendiculaire à l'axe soit i; on a les équations suivantes, en posant $m = \operatorname{tang} i$:

$$x = R\cos t, \quad y = R\sin t, \quad z = Rmt;$$

$$\cos(t, x) = -\sin t \cos i, \quad \cos(t, y) = \cos t \cos i, \quad \cos(t, z) = \sin i;$$

$$\cos(\rho, x) = -\cos t, \qquad \cos(\rho, y) = \sin t, \qquad \cos(\rho, z) = 0;$$

d'après ces valeurs, l'équation $(10)'$ devient

$$(10)''' \qquad \frac{da}{dt} - \frac{\left(\frac{1}{A^2} - \frac{1}{B^2}\right)\cos t \sin t}{\frac{m^2}{C^2} + \frac{1}{B^2} - \left(\frac{1}{B^2} - \frac{1}{A^2}\right)\sin^2 t}\, a + \frac{R}{\cos i} = 0,$$

dont l'intégrale, en posant, pour abréger, $\frac{1}{B^2} - \frac{1}{A^2} = \frac{1}{e^2}$, $\frac{m^2}{C^2} + \frac{1}{B^2} = \frac{1}{\varepsilon^2}$, se ramène aux quadratures et dépend de la fonction elliptique F de première espèce. Cette intégrale est, en représentant par b la constante arbitraire,

$$(11) \qquad a = \left[\frac{b}{\varepsilon} - \frac{R}{\cos i} F\left(\frac{\varepsilon}{e}, t\right)\right]\sqrt{1 - \frac{\varepsilon^2}{e^2}\sin^2 t},$$

de sorte que, si l'on prend sur la tangente à l'hélice, à partir du point de contact, une longeur égale à a, on aura les équations

$$(12) \qquad \frac{x - R\cos t}{-\sin i \cos i} = \frac{y - R\sin t}{\cos t \sin i} = \frac{z - Rmt}{\sin i} = a,$$

qui représentent les trajectoires conjuguées des tangentes à l'hélice, suivant l'ellipsoïde (A, B, C).

Si l'ellipsoïde (A, B, C) est de révolution autour de l'axe C, il faut faire A et B égaux entre eux dans l'équation $(10)'''$, laquelle perd le second terme et se réduit à

$$\frac{da}{dt} + \frac{R}{\cos i} = 0;$$

elle s'intègre immédiatement, de sorte qu'en représentant par b la constante arbitraire, on a l'intégrale, qui se déduit aussi de l'équation (11),

$$a = b - \frac{\mathrm{R}t}{\cos i},$$

et, en portant cette valeur de a dans les équations (12), on obtient les équations des trajectoires conjuguées des tangentes à l'hélice, suivant un ellipsoïde de révolution autour de l'axe de l'hélice. On reconnaît que ces équations sont celles des trajectoires sous angle constant des tangentes à l'hélice ; et, en effet, lorsque l'ellipsoïde de comparaison est de révolution autour de l'axe 2C, la section faite par un plan parallèle à deux tangentes infiniment voisines à l'hélice est constante de forme, quelle que soit la position de ces deux tangentes, et la parallèle à la tangente forme des angles constants avec les axes de cette section, ce qui exige que la direction conjuguée de celle de cette parallèle forme avec elle aussi un angle constant.

§ V. — Trajectoires des surfaces coordonnées.

328. *Définition.* — La trajectoire, sous angles donnés, des surfaces coordonnées d'un système est la courbe qui traverse le système en formant des angles donnés a, b, c avec les normales aux surfaces coordonnées ρ, ρ_1, ρ_2.

Équations différentielles. — Soient ds le déplacement effectué sur la trajectoire et $d\nu$, $d\nu_2$, $d\nu_3$ les composantes obliques de ce déplacement suivant les trois normales; si l'on projette successivement le polygone, dont les côtés sont $d\nu$, $d\nu_1$, $d\nu_2$, ds, sur les trois normales, on a les trois équations

$$\begin{aligned} ds\cos a &= d\nu - d\nu_1\cos\theta_2 - d\nu_2\cos\theta_1, \\ ds\cos b &= d\nu_1 - d\nu_2\cos\theta - d\nu\cos\theta_2, \\ ds\cos c &= d\nu_2 - d\nu\cos\theta_1 - d\nu_1\cos\theta. \end{aligned}$$

Or, dans ces équations, les composantes $d\nu$, $d\nu_1$, $d\nu_2$ doivent être exprimées en fonction des paramètres différentiels. Mais, si l'on se reporte au nº 306 et qu'on représente par $(d\sigma)$, $(d\sigma_1)$, $(d\sigma_2)$ les projections orthogonales de ds sur $d\sigma$, $d\sigma_1$, $d\sigma_2$, on a les équations

$$(d\sigma) = d\nu \cos(n,\, d\sigma),$$
$$(d\sigma_1) = d\nu_1 \cos(n_1, d\sigma_1),$$
$$(d\sigma_2) = d\nu_2 \cos(n_2, d\sigma_2);$$

conséquemment les équations précédentes seront

$$ds \cos a = \mathrm{H}h\,(d\sigma) - \mathrm{H}_1 h_1 (d\sigma_1) \cos\theta_2 - \mathrm{H}_2 h_2 (d\sigma_2) \cos\theta_1,$$
$$ds \cos b = \mathrm{H}_1 h_1 (d\sigma_1) - \mathrm{H}_2 h_2 (d\sigma_2) \cos\theta - \mathrm{H}h(d\sigma) \cos\theta_2,$$
$$ds \cos c = \mathrm{H}_2 h_2 (d\sigma_2) - \mathrm{H}h(d\sigma) \cos\theta_1 - \mathrm{H}_1 h_1 (d\sigma_1) \cos\theta.$$

L'élimination de ds entre ces trois équations donne les trois suivantes, dont une quelconque est la conséquence des deux autres :

$$\left.\begin{array}{l} \mathrm{H}h(\cos b - \cos a \cos\theta_2)(d\sigma) - \mathrm{H}_1 h_1(\cos\theta_2 \cos b - \cos a)(d\sigma_1) \\ \quad - \mathrm{H}_2 h_2 (\cos\theta_1 \cos b - \cos\theta \cos a)\,(d\sigma_2). \end{array}\right\} \quad (3)$$

Ces trois équations sont les équations différentielles de la trajectoire.

329. Problème IV. — *Trouver toutes les courbes bissectrices de deux séries de sphères à centres fixes.*

Si l'on se reporte au n° 282, on trouve que les équations différentielles de ces bissectrices sont

$$d\rho_2 = 0, \quad d\rho_1 \pm d\rho = 0;$$

on a pour intégrales de ces équations, C et C_2 étant des constantes,

$$\rho_2 = C_2, \quad \rho_1 \pm \rho = C;$$

si l'intersection des deux surfaces représentées par ces équations se meut d'une manière continue, elle engendrera une surface qui coupera les deux séries de sphères sous des angles égaux. Or l'équation générale de ces surfaces devant exprimer cette continuité, il faudra que C_2 et C_1 ne soient plus indépendantes l'une de l'autre, et par conséquent elle sera donnée par la relation

$$\rho_2 = \varphi(\rho_1 \pm \rho),$$

φ étant une fonction arbitraire.

Si l'on prend le signe inférieur ou supérieur, on a les surfaces qui coupent l'angle des normales des sphères données ou son supplément.

Si l'on avait cherché toutes les courbes qui partagent harmoniquement le dièdre des deux séries de sphères ou son supplément, on aurait trouvé les deux courbes

$$\rho_2 = C_2, \quad \rho_1 - m\rho = C,$$
$$\rho_2 = C_2, \quad \rho_1 + m\rho = C.$$

CHAPITRE VII.

DES TRAJECTOIRES D'UNE SÉRIE DE SURFACES.

§ I. — Trajectoires orthogonales d'une surface donnée.

330. *Système quelconque de coordonnées.* — Problème I. — *Étant donnée la surface* $V = C$, V *étant une fonction de* ρ, ρ_1, ρ_2, *trouver les équations différentielles des trajectoires orthogonales de cette surface.*

Première solution. — Le paramètre différentiel $\Delta_1 V$ du premier ordre de cette surface est la valeur de K (298) relative à la fonction V, cette valeur étant exprimée en fonction des variables ρ, ρ_1, ρ_2 au moyen des formules (β) et (18) du n° 306. D'après cela, on a

$$\mathfrak{D}(\Delta_1 V)^2 = \sum \frac{dV^2}{d\rho^2}\frac{\sin^2\varphi}{H^2} + 2\sum \frac{dV}{d\rho}\frac{dV}{d\rho_1}\frac{\cos\varphi\cos\varphi_1\cos\varphi_2}{HH_1},$$

en posant

$$\mathfrak{D} = 1 - \cos^2\varphi - \cos^2\varphi_1 - \cos^2\varphi_2 + 2\cos\varphi\cos\varphi_1\cos\varphi_2.$$

Les cosinus des angles que la normale $\mathfrak{N}$ à la surface V fait avec les trois arcs coordonnés sont (298)

$$\Delta_1 V \cos(\mathfrak{N}, d\sigma) = \frac{dV}{H\,d\rho},$$

$$\Delta_1 V \cos(\mathfrak{N}, d\sigma_1) = \frac{dV}{H_1\,d\rho_1},$$

$$\Delta_1 V \cos(\mathfrak{N}, d\sigma_2) = \frac{dV}{H_2\,d\rho_2}.$$

Or les cosinus des angles que la trajectoire fait avec les mêmes axes sont donnés (319) par

$$ds\cos\alpha = d\sigma + d\sigma_1\cos\varphi_2 + d\sigma_2\cos\varphi_1,$$
$$ds\cos\alpha_1 = d\sigma_1 + d\sigma_2\cos\varphi + d\sigma\cos\varphi_2,$$
$$ds\cos\alpha_2 = d\sigma_2 + d\sigma\cos\varphi_1 + d\sigma_1\cos\varphi;$$

donc, ces cosinus devant être égaux, chacun à chacun, on a les équations

$$(1)\quad \left\{\begin{aligned} \frac{d\sigma + d\sigma_1\cos\varphi_2 + d\sigma_2\cos\varphi_1}{\dfrac{dV}{H\,d\rho}} &= \frac{d\sigma_1 + d\sigma_2\cos\varphi + d\sigma\cos\varphi_2}{\dfrac{dV}{H_1\,d\rho_1}} \\ &= \frac{d\sigma_2 + d\sigma\cos\varphi_1 + d\sigma_1\cos\varphi}{\dfrac{dV}{H_2\,d\rho_2}}. \end{aligned}\right.$$

Deuxième solution. — Soient HhV_0, $H_1h_1V_1$, $H_2h_2V_2$ les composantes obliques de Δ_1V, suivant les trois arcs $d\sigma$, $d\sigma_1$, $d\sigma_2$ donnés par les équations (306),

$$V_0 h = \sum(h)\, h\cos([n],n)\,\frac{dV}{d\rho}; \quad (3)$$

la longueur Δ_1V, comptée sur la normale à la surface, et l'élément ds de la trajectoire, ayant même direction, sont dans le même rapport que leurs composantes obliques; on aura donc

$$\frac{d\sigma}{HhV_0} = \frac{d\sigma_1}{H_1h_1V_1} = \frac{d\sigma_2}{H_2h_2V_2},$$

et conséquemment

$$(2)\quad \left\{\begin{aligned} &\frac{d\sigma}{Hh\left[h\cos(n,n)\dfrac{dV}{d\rho} + h_1\cos(n,n_1)\dfrac{dV}{d\rho_1} + h_2\cos(n,n_2)\dfrac{dV}{d\rho_2}\right]} \\ &= \frac{d\sigma_2}{H_1h_1\left[h_1\cos(n_1,n)\dfrac{dV}{d\rho} + h_1\cos(n_1,n_1)\dfrac{dV}{d\rho_1} + h_2\cos(n_1,n_2)\dfrac{dV}{d\rho_2}\right]} \\ &= \frac{d\sigma_2}{H_2h_2\left[h_2\cos(n_2,n)\dfrac{dV}{d\rho} + h_1\cos(n_2,n_1)\dfrac{dV}{d\rho_1} + h_2\cos(n_2,n_2)\dfrac{dV}{d\rho_2}\right]}. \end{aligned}\right.$$

Système rectangulaire. — Si le système est rectangulaire, les équations deviennent

$$\frac{d\sigma}{\frac{dV}{H\,d\rho}} = \frac{d\sigma_1}{\frac{dV}{H_1\,d\rho_1}} = \frac{d\sigma_2}{\frac{dV}{H_2\,d\rho_2}}$$

ou bien

$$\frac{H^2\,d\rho}{\frac{dV}{d\rho}} = \frac{H_1^2\,d\rho_1}{\frac{dV}{d\rho_1}} = \frac{H_2^2\,d\rho_2}{\frac{dV}{d\rho_2}}.$$

Système rectiligne orthogonal.

$$\frac{dx}{\frac{dV}{dx}} = \frac{dy}{\frac{dV}{dy}} = \frac{dz}{\frac{dV}{dz}}.$$

Si la surface $V = C$ est une des surfaces coordonnées, il faut poser

$$V = \rho = C;$$

les équations (1) deviennent

$$\frac{d\sigma + d\sigma_1 \cos\varphi_2 + d\sigma_2 \cos\varphi_1}{\frac{1}{H}} = \frac{d\sigma_1 + d\sigma_2 \cos\varphi + d\sigma \cos\varphi_2}{0}$$

$$= \frac{d\sigma_2 + d\sigma \cos\varphi_1 + d\sigma_1 \cos\varphi}{0},$$

lesquelles concordent avec celles que nous avons trouvées dans le Chapitre précédent.

331. Application. — Problème II. — *Trajectoires orthogonales d'une série de sphères passant par un cercle donné.*

Première solution. — L'équation de ces sphères dans le système cartésien est

$$(z - \gamma')^2 + x^2 + y^2 = b^2 + \gamma'^2,$$

dans laquelle γ' est le paramètre variable. Si l'on écrit cette équation sous la forme

$$(V) \qquad V = \frac{z^2 + y^2 + x^2 - b^2}{z} = \gamma',$$

les équations de la trajectoire sont, d'après les formules du numéro précédent,

$$(1)\quad y\,dx - x\,dy = 0, \quad 2xz\,dz - [z^2 - (y^2 + x^2 + b^2)]\,dx = 0.$$

L'intégrale de la première est, en représentant par C la constante d'intégration,

$$(2)\qquad y = Cx,$$

laquelle démontre que la courbe cherchée est plane.

En portant la valeur de y donnée par cette équation dans la deuxième équation différentielle, on trouve

$$\frac{2\,xz\,dz - (z^2 + b^2)\,dz}{x^2} + (1 + C^2)\,dx = 0,$$

dont l'intégrale est

$$(3)\quad \frac{z^2 + b^2 + x^2 + y^2}{x} = 2C_1, \quad z^2 + y^2 + (x - C_1)^2 = C_1^2 - b^2,$$

équations d'une sphère qui a son centre sur l'axe des x et pour rayon une tangente menée du centre à la sphère (V), ce qui montre, *a posteriori*, que les sphères (3) sont orthogonales des sphères (V). Si, dans l'équation (3), on fait $x = 0$, on a

$$z^2 + y^2 = -b^2;$$

on a donc un cercle imaginaire. Ainsi, lorsque les sphères proposées (V) passent par un cercle réel, les sphères (3) passent par un cercle fixe imaginaire, et réciproquement.

Donc les trajectoires orthogonales des sphères (V) sont la série des cercles obtenus par l'intersection des sphères (3) avec un plan (2) qui passe par l'axe du cercle commun à toutes les sphères (V).

Si l'on suppose b nul, les sphères de la série (V) sont toutes tangentes entre elles et au plan des xy, qui peut être considéré comme la sphère de la série (V), dont le rayon est infini; mais alors les sphères de la série (3) sont aussi toutes tangentes entre elles et au plan des zy, de sorte que les trajectoires orthogonales de la série (V) sont des cercles tangents entre eux en un même point.

332. *Deuxième solution.* — Les lignes orthogonales d'une série de plans passant par une droite donnée sont des cercles qui ont cette droite pour axe commun de révolution. Soit la série de ces plans ayant une parallèle à l'axe des z pour intersection commune; leur équation sera

$$(1) \qquad \frac{y}{x-\alpha} = \gamma,$$

γ étant le paramètre variable. Les équations des trajectoires seront, γ_1, γ_2 étant les constantes d'intégration,

$$(2) \qquad z^2 + y^2 + (x-\alpha)^2 = \gamma_1^2, \quad z = \gamma_2;$$

γ_1 est le rayon variable des sphères.

Transformons la figure par rayons vecteurs réciproques. Les formules de transformation, par rapport au centre de transformation placé à l'origine des coordonnées, sont

$$\frac{x}{x'} = \frac{y}{y'} = \frac{z}{z'} = \frac{m^2}{x'^2 + y'^2 + z'^2} = \frac{m^2}{r'^2},$$

les accents se rapportant au point transformé, m étant une constante et r, r' les distances d'un point et de son transformé à l'origine.

Les équations (1) et (2) deviendront

$$(1)' \qquad y' - \gamma\left(x' - \frac{\alpha r'^2}{m^2}\right) = 0,$$

$$(2)' \qquad z'^2 + y'^2 + \left(x' - \frac{m^2\alpha}{\alpha^2 - \gamma_1^2}\right)^2 = \frac{m^4\gamma_1^2}{(\alpha^2-\gamma_1^2)^2}, \quad z' = \gamma_2 \frac{r'^2}{m^2}.$$

Or la première représente une série de sphères qui ont pour intersection commune un cercle situé dans le plan des zx tangent, à l'origine, à l'axe des z et ayant pour rayon $\frac{m^2}{2\alpha}$, et les équations (2) une série de cercles dont les plans passent par l'axe du cercle précédent, dont les centres sont situés dans le plan des zx et ayant pour rayon la tangente menée du centre à l'une des sphères de $(1)'$.

Donc cette solution concorde avec celle que nous venons de trouver.

Il serait d'ailleurs facile de vérifier ces résultats par la Géométrie élémentaire.

333. Problème III. — *Trouver les trajectoires orthogonales d'une série d'ellipsoïdes semblables, semblablement placés et ayant une section commune parallèle à une section principale.*

L'équation de la série d'ellipsoïdes remplissant les conditions de la question est

$$F = \frac{1}{z}\left[\frac{x^2}{a^2} + \frac{y^2}{b^2} + \frac{(z-\gamma)^2}{c^2} - 1\right] = \lambda,$$

λ étant le paramètre variable. En effet chaque ellipsoïde passe par l'intersection du plan des xy avec l'ellipsoïde, qui a pour équation le second facteur de F égalé à zéro; et, de plus, les demi-axes $\mathcal{A}$, $\mathcal{B}$, $\mathcal{C}$ sont dans un rapport constant, puisque l'on a

$$(1+\lambda\gamma)^{\frac{1}{2}} = \frac{\mathcal{A}}{a} = \frac{\mathcal{B}}{b} = \frac{\mathcal{C}}{c}.$$

Les équations différentielles de la trajectoire sont

$$a^2\frac{dx}{x} - b^2\frac{dy}{y} = 0,$$

$$\frac{2x\,dz}{a^2 z\,dx} - \frac{2(z-\gamma)z}{c^2 z^2} + \left[\frac{x^2}{a^2} + \frac{y^2}{b^2} + \frac{(z-\gamma)^2}{c^2} - 1\right]\frac{1}{z^2} = 0.$$

Dans la première, les variables étant séparées, on obtient l'intégrale

$$(1) \qquad y = Cx^{\frac{a^2}{b^2}},$$

C étant une constante arbitraire. Cette équation prouve que la courbe est située sur un cylindre parabolique dont les génératrices sont parallèles à l'axe des z. Si l'on porte cette valeur de y dans la deuxième équation, on trouve, réductions faites,

$$\frac{2xz\,dz}{a^2dx} = \frac{z^2 - y^2}{c^2} - \left(\frac{x^2}{a^2} + \frac{C^2 x^{\frac{2a^2}{b^2}}}{b^2} - 1\right).$$

Or, si l'on pose $z^2 - y^2 + c^2 = u$, cette équation devient

$$\frac{du}{a^2dx} - \frac{u}{c^2x} + \frac{x}{a^2} + \frac{C^2 x^{\frac{2a^2-b^2}{b^2}}}{b^2} = 0,$$

laquelle est une équation linéaire du premier ordre. On l'intègre complétement et l'on trouve, en représentant par C_1^2 la nouvelle constante arbitraire et en remplaçant u par l'équation, la valeur, après intégration,

$$\frac{z^2 - y^2 + c^2}{a^2} + \frac{x^2}{a^2\left(2 - \frac{a^2}{c^2}\right)} + \frac{C^2}{b^2a^2}\,\frac{x^{\frac{2a^2}{b^2}}}{\left(\frac{2}{b^2} - \frac{1}{c^2}\right)} - C_1^2\,x^{\frac{a^2}{c^2}} = 0,$$

que l'on peut écrire sous la forme suivante :

$$\frac{z^2 - y^2 + c^2}{a^2} + \frac{x^2}{a^2\left(2 - \frac{a^2}{c^2}\right)} + \frac{y^2}{a^2\left(2 - \frac{b^2}{c^2}\right)} - C_1^2\,x^{\frac{a^2}{c^2}} = 0.$$

Si l'on pose

$$a^2 - c^2 = e^2, \quad b^2 - c^2 = f^2, \quad \frac{C_1^2}{c^2} = \frac{A^2}{a^2},$$

on a l'équation

$$(2) \qquad \frac{z^2 - y^2 + c^2}{c^2} + \frac{x^2}{c^2 - e^2} + \frac{y^2}{c^2 - f^2} - A^2 x^{\frac{a^2}{c^2}} = 0.$$

Discussion. — 1° Si $\gamma = c$, la série des ellipsoïdes (F) est tangente au plan des xy et devient

$$\frac{x^2}{a^2} + \frac{y^2}{b^2} + \frac{(z-c)^2}{c^2} = \lambda z;$$

la première des équations de la trajectoire n'est pas modifiée, tandis que l'équation (2) devient

$$\frac{z^2}{c^2}+\frac{x^2}{c^2-e^2}+\frac{y^2}{c^2-f^2}=\mathrm{A}^2 x^{\frac{a^2}{c^2}};$$

on a donc les trajectoires orthogonales d'une série d'ellipsoïdes semblables et semblablement placés, ayant un point commun de contact en un de leurs sommets.

2° Si l'on suppose a égal à b, la série (F) représente des ellipsoïdes de révolution semblables entre eux et passant par un cercle donné, et l'équation (F) devient

$$\frac{x^2+y^2}{b^2}+\frac{(z-\gamma)^2}{c^2}-1=\lambda z;$$

l'équation (1) devient celle d'un plan passant par l'axe de révolution, et l'équation (2) prend la forme

$$\frac{z^2-\gamma^2+c^2}{c^2}+\frac{x^2+y^2}{c^2-e^2}=\mathrm{A}^2 x^{\frac{a^2}{c^2}}.$$

La trajectoire est donc une courbe plane située dans le plan méridien des ellipsoïdes donnés.

3° Si, dans l'équation (F), on suppose b égal à c, on a une série d'ellipsoïdes de révolution autour d'un axe parallèle à l'axe des x, semblables entre eux et passant par une ellipse dont le plan est parallèle à l'axe de révolution, et cette équation devient

$$\frac{x^2}{a^2}+\frac{y^2+(z-\gamma)^2}{b^2}-1=\lambda z;$$

l'équation (1) n'est pas modifiée, tandis que l'équation (2) prend la forme

$$\frac{z^2+y^2-\gamma^2-c^2}{c^2}+\frac{x^2}{c^2-e^2}=\mathrm{A}^2 x^{\frac{a^2}{c^2}}.$$

Si l'on suppose a égal à c, les axes de révolution des ellipsoïdes (F) sont parallèles à l'axe des y, et l'équation (F) devient

$$\frac{x^2+(z-\gamma)^2}{a^2}+\frac{y^2}{b^2}-1=\lambda z;$$

l'équation (1) n'est pas modifiée, tandis que l'équation (2) représente aussi une série d'ellipsoïdes de révolution autour d'un axe parallèle à l'axe des y et dont l'équation est

$$\frac{z^2 + x^2 - \gamma^2 - a^2}{a^2} + \frac{y^2}{b^2} = A_2 x\,;$$

on a donc la solution de ce nouveau problème.

Problème IV. — *Une série d'ellipsoïdes semblables et semblablement placés sont de révolution autour d'axes parallèles différents; ces ellipsoïdes ont une section commune dont le plan est parallèle à ces axes de révolution; trouver les courbes qui coupent orthogonalement cette série d'ellipsoïdes.*

4° Enfin supposons les demi-axes a, b, c égaux entre eux; on a une série de sphères qui ont une section commune et qui ont pour équation

$$\frac{x^2 + y^2 + (z - \gamma)^2}{a^2} - 1 = \lambda z\,;$$

l'équation (1) devient

$$y = Cx,$$

et l'équation (2) prend la forme

$$z^2 + x^2 + y^2 + a^2 - \gamma^2 = A_2 x.$$

Les trajectoires orthogonales s'obtiennent donc en menant un plan par l'axe perpendiculaire au plan de la section commune des sphères de la série donnée, et en menant par les différents points de la ligne d'intersection de ces deux plans des cercles ayant pour rayons les tangentes menées de ces points à une des sphères données (**331**).

334. Problème V. — *Trajectoire orthogonale d'une série de plans ayant même intersection.*

Soit donc l'équation des plans

$$(1)\qquad \frac{z + mx + ny + p}{z + ax + by + c} = \alpha,$$

α étant le paramètre variable; les équations de la trajectoire sont

$$\frac{dx}{(a-m)z+(an-bm)y+(ap-mc)} = \frac{dy}{(b-n)z-(bm-na)x+(bp-nc)} = \frac{dz}{-(a-m)x-(b-n)y-(c-p)}.$$

Or, si l'on multiplie les deux termes de la première fraction par $(b-n)$, ceux de la seconde par $(m-a)$ et les deux termes de la troisième par $(an-mb)$, et qu'on ajoute terme à terme les fractions résultantes, on obtiendra une quatrième fraction égale aux précédentes, dont le dénominateur sera identiquement nul; on devra donc égaler à zéro le numérateur, ce qui fournit l'équation

$$(b-n)dx-(a-m)dy-(mb-an)dz=0,$$

laquelle, étant intégrée, donne la relation

$$(2) \qquad (b-n)x-(a-m)y-(mb-an)z=C_0,$$

C_0 étant la constante d'intégration. On voit donc que la trajectoire cherchée est plane et que son plan est perpendiculaire à l'intersection commune de tous les plans donnés par l'équation (1).

Soient maintenant A, B, C trois indéterminées; multiplions les deux termes de chaque fraction respectivement par $x-A$, $y-B$, $z-C$, et ajoutons les fractions résultantes terme à terme; le numérateur de la nouvelle fraction sera

$$(x-A)dx+(y-B)dy+(z-C)dz,$$

et le dénominateur, par une détermination convenable des quantités A, B, C, sera identiquement nul. En effet les termes du second degré se détruiront deux à deux. Si l'on égale à zéro les coefficients des termes du premier degré et le coefficient tout connu, on aura les quatre équations suivantes :

$$\begin{aligned}
(bm - na)B + (m - a)C + ap - mc &= 0,\\
(bm - na)A + (n - b)C + bp - nc &= 0,\\
(b - n)B + (m - a)A + p - c &= 0,\\
(mc - ap)A + (nc - bp)B + (c - p)C &= 0;
\end{aligned}$$

or les trois premières se réduisent à deux, parce que l'une quelconque est la conséquence des deux autres. Il suffit, pour le voir, d'éliminer A entre les deux dernières, et l'on retombe identiquement sur la première; de là résulte que l'on a trois équations propres à déterminer les quantités A, B, C. Le dénominateur étant identiquement nul, il faut égaler le numérateur à zéro. On a ainsi une différentielle exacte, dont l'intégrale, en représentant par $\mathcal{C}_1^2$ la constante arbitraire, est l'équation de la sphère

$$(3) \qquad (x - A)^2 + (y - B)^2 + (z - C)^2 = \mathcal{C}_1^2,$$

dont le centre est situé sur l'intersection des plans donnés. On obtient donc une série de cercles dont cette intersection est l'axe commun.

Deuxième solution. — Dans le système polaire, les coordonnées sont : des sphères ayant leur centre à l'origine et ayant un rayon variable r; une série de plans passant par l'axe des z et formant un angle variable θ avec le plan des zx; une série de cônes ayant leur centre à l'origine et pour axe l'axe des z et formant avec cet axe un angle ψ variable. On a donc les trois arcs coordonnés élémentaires

$$d\sigma = dr, \quad d\sigma_1 = r\,d\psi, \quad d\sigma_2 = r\sin\psi\,d\theta,$$

et conséquemment

$$H_0 = 1, \quad H_1 = r, \quad H_2 = r\sin\psi.$$

Le plan de la question est

$$\theta = C,$$

C étant le paramètre variable. D'après cela, si l'on a recours aux formules du n° 330, les équations de la trajectoire sont

$$\frac{r^2 \sin^2 \psi \, d\theta}{1} = \frac{r^2 d\psi}{0} = \frac{dr}{0},$$

et conséquemment

$$r = C_1, \quad \psi = C_2.$$

Ces deux équations sont l'équation d'une série de cercles dont l'axe commun coïncide avec l'axe des z.

335. *Système polaire.*

1° *Trajectoires orthogonales de la surface* (o) $r = Ce^{m\theta}$, C *et* m *étant des constantes.* — Cette surface est engendrée par le mouvement d'un cercle variable qui tourne autour d'un de ses diamètres et qui passe par un point d'une spirale logarithmique dont le plan est perpendiculaire à l'axe. Les intersections de cette surface avec les cônes coordonnés forment un angle constant avec les génératrices de tous ces cônes.

Regardons C comme paramètre variable : on a une série de surfaces coupant un même cône déterminé, de telle sorte que les intersections forment le même angle avec la même génératrice; les équations différentielles de la trajectoire orthogonale sont

$$\frac{d\psi}{0} = \frac{r^2 \sin^2 \psi \, d\theta}{-mre^{m\theta}} = \frac{dr}{e^{m\theta}};$$

les intégrales

$$\psi = C_1, \quad r = C_2 e^{-\frac{\sin^2 C_1}{m}\theta} = C_2 e^{m_1\theta}$$

représentent une courbe donnée par l'intersection d'un cône et d'une surface de même espèce que la surface donnée, mais telle que le paramètre m_1 est lié avec le paramètre m par la relation

$$-m_1 m = \sin^2 C_1.$$

Si l'on regarde m comme variable, on a la série de surfaces de l'espèce (o) coupant un même cône, de telle sorte que les intersections forment tous les angles constants possibles avec une même génératrice. Dans ce cas, les équations différentielles sont

$$\frac{r\theta\,dr}{1} = \frac{r^2 d\psi}{0} = \frac{r^2 \sin^2\psi\, d\theta}{\dfrac{-\log C^{-1} r}{\theta^2}};$$

d'où

$$d\psi = 0 \quad \text{et} \quad (\log C^{-1} r)\frac{dr}{r} + \sin^2\psi\,\theta\, d\theta = 0,$$

dont les intégrales sont

$$\psi = C_1, \quad (\log C^{-1} r)^2 + \sin^2 C_1\, \theta^2 = C_2^2,$$

qui représente l'intersection d'un cône avec la surface $r = Ce^{\sqrt{C_2^2 - \theta^2 \sin^2 C_1}}$ (surface limaçon).

2° *Trajectoires orthogonales de la surface* $\tang \frac{1}{2}\psi\, e^{-m\theta} = C$. — Cette surface, qui est le cône loxodromique, coupe sous le même angle constant α tous les plans passant par l'axe des cônes coordonnés. Si l'on suppose C variable, on a tous les cônes loxodromiques, et il est évident que, si l'on cherche les trajectoires orthogonales de ces cônes, on trouvera une courbe donnée par les intersections d'une sphère de rayon constant avec une série de cônes loxodromiques coupant tous les plans passant par l'axe des cônes coordonnés sous un angle α' complémentaire de l'angle α. Si l'on suppose m paramètre variable, on a la série des cônes loxodromiques coupant sous angles variables tous les plans passant par l'axe des cônes coordonnés. On écrit l'équation sous la forme

$$\frac{1}{\theta}\,\frac{\log \tang \frac{1}{2}\psi}{C} = m.$$

Les équations de la trajectoire sont

$$dr = 0, \quad \theta\, d\theta + \frac{d\psi}{\sin\psi}\log\left(\frac{\tang \frac{1}{2}\psi}{C}\right) = 0,$$

dont les intégrales sont, en représentant par C_1, C_2 les constantes d'intégration,

$$r = C_1, \quad \tang \tfrac{1}{2}\psi = Ce^{\sqrt{C_2^2 - \theta^2}},$$

de sorte que les trajectoires orthogonales sont données par l'intersection de ce dernier cône avec les sphères de rayon C_1.

3° *Trajectoires des surfaces dont l'équation est,* C_1 *étant le paramètre variable,*

$$f(r)+f_1(\psi)+f_2(\theta)=C.$$

Les équations de la trajectoire sont

$$\frac{dr}{f'(r)}=\frac{r^2\,d\psi}{f'_1(\psi)}=\frac{r^2\sin^2\psi\,d\theta}{f'_2(\theta)},$$

dont les intégrales sont, C_1 et C_2 étant les constantes d'intégration,

$$\int\frac{dr}{r^2f'(r)}-\int\frac{d\psi}{f'(\psi)}=C_1,$$
$$\int\frac{d\psi}{\sin^2\psi\,f'(\psi)}-\int\frac{d\theta}{f'(\theta)}=C_2.$$

Si l'équation proposée avait la forme linéaire suivante, a et b étant des constantes,

$$r-a\theta-b\psi=C,$$

la trajectoire serait représentée par les équations

$$b=r(\psi-\psi_0),\quad a\cot\psi=b(\theta_0-\theta),$$

dans lesquelles ψ_0 et θ_0 sont les constantes d'intégration.

4° *Trajectoires des surfaces données par l'équation*

$$r=C(\theta+\psi).$$

Ce cas ne rentre pas dans le précédent, parce que C est maintenant le paramètre variable. Les équations différentielles de la trajectoire orthogonale sont

$$d\theta=\frac{d\psi}{\sin^2\psi},\quad \frac{dr}{r}=-\,d\psi(\theta+\psi);$$

or l'intégrale de la première est

$$\cot\psi=\theta_0-\theta;$$

par suite, la seconde devient

$$\frac{dr}{r}=-\,d\psi(\theta_0+\psi-\cot\psi)\,d\psi,$$

dont l'intégrale est

$$\frac{1}{r} = \frac{C_2}{\sin\psi} e^{\psi\left(\theta_0 + \frac{1}{2}\psi\right)},$$

θ_0 et C_2 étant les constantes d'intégration.

§ II. — Des trajectoires conjuguées d'une série de surfaces suivant un ellipsoïde.

336. *Équations différentielles.* — Soit l'équation de la série de surfaces données dans le système cartésien

$$F(x, y, z) = \rho,$$

ρ étant un paramètre qui prend toutes les valeurs possibles : il s'agit de déterminer, conformément à la définition du n° 322, les équations différentielles de cette surface suivant l'ellipsoïde dont les demi-axes sont A, B, C.

Si l'on raisonne comme on le fait dans ce numéro, on trouvera que les équations différentielles de cette trajectoire sont

$$(1) \qquad \frac{\dfrac{dF}{dx}}{\dfrac{dx}{A^2}} = \frac{\dfrac{dF}{dy}}{\dfrac{dy}{B^2}} = \frac{\dfrac{dF}{dz}}{\dfrac{dz}{C^2}}.$$

Applications. — I. *Trajectoires conjuguées suivant l'ellipsoïde* (A, B, C) *d'une série d'ellipsoïdes semblables, semblablement placés et concentriques.*

L'équation F devient, dans le cas présent,

$$(F) \qquad \frac{x^2}{a^2} + \frac{y^2}{b^2} + \frac{z^2}{c^2} = \rho;$$

les équations (1) deviendront

$$(1) \qquad \frac{a^2}{A^2}\frac{dx}{x} = \frac{b^2}{B^2}\frac{dy}{y} = \frac{c^2}{C^2}\frac{dz}{z},$$

dont les intégrales sont

$$(2) \qquad x^{\alpha^2} = \rho_1 z^{\gamma^2}, \quad y^{\beta^2} = \rho_2 z^{\gamma^2},$$

en posant

$$\frac{a^2}{A^2}=\alpha^2,\quad \frac{b^2}{B^2}=\beta^2,\quad \frac{c^2}{C^2}=\gamma^2,$$

ρ_1 et ρ_2 étant des constantes arbitraires. Ces équations représentent deux cylindres paraboliques de degré supérieur, et la trajectoire cherchée est donnée par l'intersection de ces deux cylindres lorsque les deux paramètres ρ_1 et ρ_2 prennent toutes les valeurs possibles.

Si les deux ellipsoïdes (a, b, c), (A, B, C) sont semblables, les équations (2) représentent une série de droites passant par le centre de l'ellipsoïde.

On déduit facilement de la forme des équations (1)' les deux théorèmes suivants :

1° *Les trajectoires orthogonales d'une série d'ellipsoïdes concentriques semblables et semblablement placés, dont les demi-axes seront proportionnels à* $\frac{a}{A}, \frac{b}{B}, \frac{c}{C}$, *sont les trajectoires conjuguées suivant* (A, B, C) *d'une série d'ellipsoïdes concentriques, semblables et semblablement placés, dont les demi-axes sont proportionnels à* a, b, c.

2° *Les trajectoires orthogonales d'une série d'ellipsoïdes homothétiques* $\left(\frac{1}{A}, \frac{1}{B}, \frac{1}{C}\right)$ *sont conjuguées suivant l'ellipsoïde* (A, B, C) *d'une série de sphères concentriques.*

Cela résulte du théorème précédent, dans lequel on fait $a=b=c$.

II. *Trajectoires conjuguées, suivant l'ellipsoïde* (A, B, C), *d'une série de surfaces données par l'équation*

$$x^{a^2}y^{b^2}z^{c^2}=\rho.$$

Les équations différentielles sont

$$\frac{x\,dx}{A^2a^2}=\frac{y\,dy}{B^2b^2}=\frac{z\,dz}{C^2c^2},$$

et les équations de la trajectoire, ρ_1 et ρ_2 étant des paramètres variables,

$$\frac{x^2}{A^2 a^2} - \frac{z^2}{C^2 c^2} = \rho_1, \quad \frac{y^2}{B^2 b^2} - \frac{z^2}{C^2 c^2} = \rho_2,$$

qui représentent deux cylindres hyperboliques.

On obtiendra sans difficulté des théorèmes analogues aux précédents.

337. Applications (suite). — III. *Trajectoires conjuguées suivant* (A, B, C) *d'une série d'ellipsoïdes semblables, semblablement placés et ayant une section commune parallèle à une section principale.*

L'équation F est

$$\frac{1}{z}\left[\frac{x^2}{a^2} + \frac{y^2}{b^2} + \frac{(z-\gamma)^2}{c^2} - 1\right] = \rho;$$

si l'on pose, pour abréger,

$$\frac{A^2}{C^2 a^2} = \frac{1}{\alpha^2}, \quad \frac{B^2}{C^2 b^2} = \frac{1}{\beta^2},$$

les équations de la trajectoire sont

$$\frac{\alpha^2\,dx}{x} - \frac{\beta^2\,dy}{y} = 0,$$

$$\frac{2x\,dz}{\alpha^2 z\,dx} - \frac{2(z-\gamma)}{c^2 z^2} + \frac{1}{z^2}\left[\frac{x^2}{a^2} + \frac{y^2}{b^2} + \frac{(z-\gamma)^2}{c^2} - 1\right] = 0.$$

La première donne, en représentant par ρ_1 la constante arbitraire, l'intégrale suivante :

$$(2)' \qquad y = \rho_1 x^{\frac{\alpha^2}{\beta^2}}.$$

En portant cette valeur de y dans la seconde et en posant, pour abréger,

$$u = z^2 - \gamma^2 + c^2,$$

on obtient l'équation différentielle

$$\frac{du}{\alpha^2 dx} - \frac{u}{c^2 x} + \frac{x}{a^2} + \frac{\rho_1^2}{b^2} x^{\frac{2\alpha^2-\beta^2}{\beta^2}} = 0,$$

qui est linéaire du premier ordre, et qui s'intègre immédiatement. Si l'on représente par ρ_2 la constante d'intégration, on trouve

$$z^2 - y^2 + c^2 + \frac{\alpha^2 x^2}{a^2\left(2 - \frac{\alpha^2}{c^2}\right)} - \frac{\rho_1^2 x^{\frac{2\alpha^2}{\beta^2}}}{b^2\left(\frac{2}{\beta^2} - \frac{1}{c^2}\right)} = \rho_2 x^{\frac{\alpha^2}{c^2}},$$

et, si l'on élimine ρ_1 entre cette équation et celle qu'on a déjà trouvée, on obtient l'équation

$$(3)' \quad \frac{z^2 - y^2 + c^2}{2C^2c^2 - C^2c^2} + \frac{x^2}{2A^2c^2 - C^2a^2} + \frac{y^2}{2B^2c^2 - C^2b^2} = \rho_2 x^{\frac{C^2a^2}{c^2A^2}}.$$

Les équations $(2)'$ et $(3)'$ sont les équations des trajectoires cherchées. Ces équations donnent lieu :

1° A des théorèmes analogues à ceux du numéro précédent, qui expriment des propriétés intéressantes des trajectoires que nous considérons;

2° A une discussion analogue à celle que nous avons faite au n° 333.

§ III. — Des trajectoires de plusieurs séries de surfaces données.

On se propose, dans ce paragraphe, de déterminer des courbes par cette condition qu'en traversant plusieurs systèmes de surfaces, l'élément de la courbe forme en chaque point, avec les normales aux surfaces de ces systèmes, des angles donnés, ou satisfaisant à des relations données.

338. *Angle d'une trajectoire ds avec la normale à une surface* $U = c$, *rapportée à des coordonnées quelconques.* — Si l'on se reporte à l'équation (β) du n° 306, qu'on élève au carré les membres de ces équations et qu'on ajoute, on aura la relation suivante :

$$\Delta_1 U, \qquad S\frac{dU^2}{dx^2} = \sum \frac{dU^2}{d\rho^2} h^2 + 2\sum \frac{dU}{d\rho_1}\frac{dU_2}{d\rho_2} h_1 h_2 \cos\theta.$$

On appelle *paramètre différentiel du premier ordre* de la fonction U la racine carrée de la somme des carrés des dérivées de U par rapport aux trois axes des x, y, z, et on le représente par $\Delta_1 U$; or les équations (18)′ et (18)″ du numéro cité prouvent : 1° que U_0, U_1, U_2 sont les composantes orthogonales, suivant les normales n, n_1, n_2 des surfaces coordonnées ρ, ρ_1, ρ_2 de $\Delta_1 U$, dont les composantes obliques suivant ces normales sont $h\,\frac{dU}{d\rho}$, $h_1\,\frac{dU}{d\rho_1}$, $h_2\,\frac{dU}{d\rho_2}$; 2° que $\frac{dU}{H\,d\rho}$, $\frac{dU}{H_1 d\rho_1}$, $\frac{dU}{H_2 d\rho_2}$ sont les composantes orthogonales suivant les arcs $d\sigma$, $d\sigma_1$, $d\sigma_2$ de $\Delta_1 U$, dont les composantes obliques suivant les mêmes arcs sont $H h U_0$, $H_1 h_1 U_1$, $H_2 h_2 U_2$. Ce point rappelé, pour projeter $\Delta_1 U$ sur ds, il suffit de projeter les composantes suivant les normales sur la direction de ds; on aura donc

$$(1)\quad \left\{\begin{aligned} \Delta_1 U \cos(\mathfrak{N}, ds) = h\,\frac{dU}{d\rho}\cos(n, ds) + h_1\,\frac{dU}{d\rho_1}\cos(n_1, ds)& \\ + h_2\,\frac{dU}{d\rho_2}\cos(n_2, ds).& \end{aligned}\right.$$

Or les cosinus des angles (n, ds), (n_1, ds), (n_2, ds) sont donnés par les cosinus des angles a, b, c de la formule du n° 328, que nous pouvons écrire sous la forme suivante :

$$(2)\qquad ds\cos(n, ds) = \Sigma\, h H\,(d\sigma)\cos([n], n), \quad (3)$$

avec la condition

$$(d\sigma) = \Sigma\, d\sigma \cos([d\sigma], d\sigma). \quad (3)$$

On aurait également pu projeter les composantes obliques de ds suivant les arcs coordonnés sur la direction de $\Delta_1 U$, ce qui donne la relation

$$(1)'\quad \left\{\begin{aligned} ds\cos(ds, \mathfrak{N}) = d\sigma\cos(d\sigma, \mathfrak{N}) + d\sigma_1\cos(d\sigma_1, \mathfrak{N})& \\ + d\sigma_2\cos(d\sigma_2, \mathfrak{N}).& \end{aligned}\right.$$

339. *Courbes bissectrices de deux séries de surfaces.* — Ces courbes coupent les deux séries de surfaces, de telle sorte qu'en un point l'élément de la courbe forme avec les normales aux surfaces des angles égaux, situés dans le plan des deux normales.

Soient les équations des deux surfaces

$$U = c, \quad U_1 = c_1;$$

c et c_1 étant les paramètres variables; l'une des équations différentielles des courbes bissectrices sera

$$\cos(\mathfrak{N}, ds) \pm \cos(\mathfrak{N}_1, ds) = 0,$$

et, en ayant égard à l'équation (1) du numéro précédent et à celle qui en résulte pour la surface c_1, on aura la relation

$$\sum \left(\frac{dU}{\Delta_1 U \, d\rho} - \frac{dU_1}{\Delta_1 U_1 \, d\rho} \right) h \cos(n, ds) = 0;$$

dans laquelle il faudra substituer les valeurs des cosinus des angles (n, ds), (n_1, ds), (n_2, ds) donnés par l'équation (2).

Si le système des coordonnées est orthogonal, la relation précédente deviendra

$$\left(\frac{dU}{\Delta_1 U \, d\rho} - \frac{dU_1}{\Delta_1 U_1 \, d\rho} \right) h \frac{d\sigma}{ds} + \left(\frac{dU}{\Delta_1 U \, d\rho_1} - \frac{dU_1}{\Delta_1 U_1 \, d\rho_1} \right) h_1 \frac{d\sigma_1}{ds} + \left(\frac{dU}{\Delta_1 U \, d\rho_2} - \frac{dU_2}{\Delta_1 U_1 \, d\rho_2} \right) h_2 \frac{d\sigma_2}{ds} = 0,$$

avec les conditions

$$(\Delta_1 U)^2 = \Sigma h^2 \frac{dU^2}{d\rho^2}, \quad (\Delta_1 U_1)^2 = \Sigma h^2 \frac{dU_1^2}{d\rho^2}.$$

Pour trouver la seconde équation, il faudra écrire la condition que l'élément de courbe est situé dans le plan des deux normales

$$(N, N_1) = (N, ds) + (N_1, ds).$$

APPLICATIONS. — 1° *Courbes bissectrices d'une série de plans passant par une droite et d'une série de cônes ayant la même droite pour axe.* (Système polaire, ρ, θ, ψ).

La première condition donne l'équation

$$\frac{d\psi}{\sin\psi} = \pm d\theta,$$

et la seconde condition donne l'équation

$$d\rho = 0;$$

on a donc les équations

$$\rho = c, \quad \tang \tfrac{1}{2}\psi = c_1 e^{\pm\theta};$$

2° *Courbes bissectrices d'une série de sphères concentriques et d'une série de plans ayant une intersection commune passant par le centre des sphères.*

On a les deux conditions

$$d\rho = \pm \rho \sin\psi \, d\theta, \quad d\psi = 0;$$

les intégrales sont

$$\rho = c_1 e^{\pm\theta \sin c}, \quad \psi = c.$$

3° *Courbes bissectrices d'une série de sphères et d'une série de cônes concentriques.*

On a les équations différentielles

$$d\rho = \pm \rho \, d\psi, \quad d\theta = 0,$$

dont les intégrales sont

$$\rho = c e^{\pm\psi}, \quad \theta = c_1.$$

4° *Courbes bissectrices d'une double série de surfaces de révolution du second degré homofocales.*

Si l'on se porte au n° 388, on a à intégrer les équations

$$d\rho = 0, \quad \frac{d\mu}{\sqrt{\mu^2 - b^2}} = \pm \frac{d\nu}{\sqrt{b^2 - \nu^2}};$$

les intégrales sont, en posant $u = \text{arc}\left(\sin = \frac{\nu}{b}\right)$,

$$\rho = c, \quad \mu = \frac{c_1}{2} e^{\pm u} + \frac{1}{2} \frac{b^2}{c_1} e^{\mp u}.$$

CHAPITRE VIII.

DES SURFACES COUPANT SOUS DES CONDITIONS DONNÉES UNE SÉRIE DE SURFACES.

Le présent Chapitre semblerait, à cause de son titre, ne devoir pas faire partie d'un Ouvrage écrit sur l'analyse des courbes, et pourtant, quand on y regarde de près, il est tellement lié avec la recherche des lignes orthogonales de surfaces données, qu'il devient le complément indispensable de cette recherche, ne forme avec elle qu'un même tout, et que, lorsque cette recherche est accomplie, le problème des surfaces orthogonales d'une série de surfaces données est finalement résolu. Il nous importe donc de signaler la liaison qui existe entre ces deux problèmes et de montrer comment on peut résoudre le second lorsque le premier est résolu.

§ I. — Des surfaces orthogonales d'une série de surfaces.

340. Problème I. — *Connaissant les trajectoires orthogonales d'une série de surfaces données, trouver les équations des surfaces qui coupent orthogonalement cette même série de surfaces.*

Soit la série de surfaces données représentées par l'équation

$$(1) \qquad F(\rho, \rho_1, \rho_2) = C,$$

dans laquelle ρ, ρ_1, ρ_2 sont des coordonnées quelconques, et C le paramètre variable; soient les équations de la courbe qui coupe orthogonalement cette série

$$(2) \qquad \begin{cases} F_1(\rho, \rho_1, \rho_2) = C_1, \\ F_2(\rho, \rho_1, \rho_2) = C_2, \end{cases}$$

dans lesquelles on donnera à C_1 et C_2 toutes les valeurs possibles. A chaque système de valeurs de C_1 et de C_2 correspondra une courbe coupant orthogonalement les surfaces de la série F. Lorsque ces systèmes de valeurs seront discontinus, on aura des courbes orthogonales dont les positions seront discontinues, et réciproquement; mais, si l'on veut que ces courbes se suivent d'une manière continue, de manière à former une surface, les valeurs de C_1 et de C_2 ne doivent pas être indépendantes l'une de l'autre; il faut que l'une des constantes, C_2, soit fonction continue de l'autre constante, de telle sorte que l'on ait

$$C_2 = \varphi(C_1),$$

et, conséquemment, on a

$$(3) \qquad F_2(\rho, \rho_1, \rho_2) = \varphi[F_1(\rho, \rho_1, \rho_2)].$$

Je dis maintenant que cette équation représente une surface coupant orthogonalement la série des surfaces F. En effet, le plan tangent à la première surface passe par la tangente à la trajectoire orthogonale dans la position qui convient au point que l'on considère; or cette tangente est normale à la surface F, puisque la trajectoire est orthogonale; donc cette surface est orthogonale de la surface F.

Enfin, si l'on veut que l'équation (3) représente toutes les surfaces possibles, il n'y a qu'à supposer que la fonction φ représente toutes les fonctions possibles, ce qui revient à dire qu'elle est une fonction arbitraire.

Donc, pour avoir toutes les surfaces qui coupent orthogonalement la série des surfaces F quand on connaît les équations (2) de la courbe orthogonale, il suffit d'exprimer que la fonction F_2 est une fonction arbitraire de la fonction F_1.

341. Applications. — *Surfaces cylindriques.*

1° Les trajectoires orthogonales de la série des plans parallèles au plan des xy (système rectiligne orthogonal), qui ont pour équation

$$(1)' \qquad z = \rho,$$

sont données par les équations suivantes, dans lesquelles ρ_1 et ρ_2 prennent toutes les valeurs possibles :

$$(2)' \qquad x = \rho_1, \quad y = \rho_2;$$

donc la forme la plus générale des surfaces cylindriques qui coupent orthogonalement les plans parallèles au plan des xy est

$$(3)' \qquad y = \varphi(x).$$

2° Soit la série des plans parallèles, dans le même système, donnée par l'équation

$$(1)'' \qquad x\cos\alpha + y\cos\beta + z\cos\gamma = \rho;$$

les équations de la trajectoire orthogonale sont

$$(2)'' \qquad x - \frac{\cos\alpha}{\cos\gamma} z = \rho_1, \quad y - \frac{\cos\beta}{\cos\gamma} z = \rho_2;$$

donc l'équation de la surface cylindrique perpendiculaire au plan (1)″ sera

$$y - \frac{\cos\beta}{\cos\gamma} z = \varphi\left(x - \frac{\cos\alpha}{\cos\gamma} z\right).$$

Surfaces coniques. — Ce sont les surfaces qui coupent orthogonalement une sphère donnée.

1° Soit l'équation de cette sphère, dont le centre coïncide avec le pôle du système polaire (ρ, θ, ψ),

$$(1) \qquad \rho = C;$$

l'équation de la trajectoire orthogonale, dans le même système, est

$$\theta = C_1, \quad \psi = C_2;$$

donc l'équation de la surface conique sera

$$\psi = \varphi(\theta).$$

2° Si la sphère est rapportée au système cartésien, son équation est, en représentant par α, β, γ les coordonnées du centre,

$$(x-\alpha)^2 + (y-\beta)^2 + (z-\gamma)^2 = C;$$

les équations de la trajectoire orthogonale sont

$$\frac{x-\alpha}{z-\gamma}=C_1,\quad \frac{y-\beta}{z-\gamma}=C_2;$$

donc l'équation des surfaces coniques sera

$$\frac{y-\beta}{z-\gamma}=\varphi\left(\frac{x-\alpha}{z-\gamma}\right).$$

342. *Surfaces de révolution.* — Ce sont les surfaces qui coupent orthogonalement tous les plans qui ont la même intersection.

1° Dans le système polaire, ces plans ont pour équation

$$\theta=C;$$

les équations de la trajectoire orthogonale sont (334)

$$\psi=C_1,\quad \rho=C_2;$$

donc l'équation des surfaces de révolution est

$$\rho=\varphi(\psi).$$

2° Si l'équation des plans est prise dans le système cartésien, on a l'équation (1) du n° 334; les équations des trajectoires orthogonales sont les équations (2) et (3) du même numéro; donc les équations de la surface de révolution sont

$$\begin{aligned}(b-n)x-(a-m)y+(an-bm)z\\ =\varphi[(x-A)^2+(y-B)^2+(z-C)^2],\end{aligned}$$

en admettant entre les constantes les relations établies dans ce numéro.

Surfaces coupant orthogonalement une série d'ellipsoïdes semblables, semblablement placés et concentriques. — Ces surfaces sont représentées par l'équation F du n° 336; or, si l'on se reporte à ce numéro et qu'on suppose l'ellipsoïde de comparaison transformé en sphère, les trajectoires conjuguées, représentées par les équations (2), deviennent, ρ_1 et ρ_2 étant des constantes d'intégration,

$$x^{a^2}=\rho_1 z^{c^2},\quad y^{b^2}=\rho_2 z^{c^2},$$

et sont des trajectoires orthogonales de la série F; on aura donc l'équation suivante pour représenter les surfaces coupant orthogonalement la série F :

$$\frac{z^{c^2}}{x^{a^2}} = \varphi\left(\frac{z^{c^2}}{y^{b^2}}\right).$$

343. *Surfaces coupant orthogonalement une série d'ellipsoïdes semblables, semblablement placés et ayant une section commune parallèle à une section principale.* — L'équation (F) du n° 333 représente cette série d'ellipsoïdes, et les équations (1) et (2) de ce numéro sont les équations des trajectoires orthogonales; donc l'équation des surfaces coupant orthogonalement la série des surfaces (F) sera

$$\frac{z^2 - y^2 + c^2}{c^2} + \frac{x^2}{c^2 - e^2} + \frac{y^2}{c^2 - f^2} = x^{\frac{a^2}{c^2}} \varphi\left(\frac{y^{b^2}}{x^{a^2}}\right).$$

Cette équation est susceptible d'une discussion analogue à celle du n° 333, et l'on obtient ainsi les surfaces coupant orthogonalement :

1° Une série d'ellipsoïdes semblables et semblablement placés, ayant un point commun de contact en un de leurs sommets;

2° Une série d'ellipsoïdes de révolution semblables entre eux et passant par un cercle donné;

3° Une série d'ellipsoïdes semblables et semblablement placés, de révolution autour d'axes différents parallèles, et ayant une section commune dont le plan est parallèle à l'axe de révolution;

4° Une série de sphères ayant une section commune. Dans ce dernier cas, l'équation précédente contient le système connu, triplement orthogonal, de trois séries de sphères tangentes, à trois plans orthogonaux deux à deux et passant par leur point d'intersection.

344. *Surfaces orthogonales d'une des trois séries d'un système triplement orthogonal.* — Soit un système de coordonnées ρ, ρ_1, ρ_2 triplement orthogonal; les trois séries de surfaces sont, en représentant par C, C_1, C_2 des constantes qui prennent

toutes les valeurs possibles,

$$(1) \qquad \rho = C, \quad \rho_1 = C_1, \quad \rho_2 = C_2;$$

elles sont telles que chacune d'elles est coupée orthogonalement par l'intersection des deux autres; donc, d'après le n° **340**, les surfaces coupant orthogonalement l'une des trois séries (1), en représentant par φ, φ_1, φ_2 des fonctions arbitraires, seront

$$(2) \qquad \rho_1 = \varphi(\rho_2), \quad \rho_2 = \varphi_1(\rho), \quad \rho = \varphi_2(\rho_1).$$

Applications. — 1° *Système polaire* (r, ψ, θ).

On a les trois surfaces orthogonales

$$(1)' \qquad r = C, \quad \psi = C_1, \quad \theta = C_2;$$

donc les trois séries de surfaces coupant respectivement, sous angles droits, les séries précédentes de surfaces sont représentées par les équations

$$(2)' \qquad \psi = \varphi(\theta), \quad \theta = \varphi_1(r), \quad r = \varphi_2(\psi).$$

La première représente les surfaces orthogonales d'une série de sphères concentriques; la deuxième, les surfaces orthogonales d'une série de cônes circulaires concentriques ayant même axe; la troisième, les surfaces orthogonales d'une série de plans ayant une même intersection (**341**).

2° *Système formé : d'une série de plans tangents à un cylindre, d'une série de plans perpendiculaires à la direction des génératrices, d'une série de surfaces développantes du cylindre.* — Soient l'équation élémentaire de la section droite du cylindre

$$\frac{d\sigma}{d\varepsilon} = f(\varepsilon);$$

dp la distance entre deux développantes infiniment voisines; dz la distance entre deux plans infiniment voisins perpendiculaires aux génératrices du cylindre; le système est rectangulaire, et, en représentant par ds le déplacement d'un point dans ce système et par r la longueur de la tangente à la section droite, on a la relation

$$ds^2 = dz^2 + dp^2 + r^2 d\varepsilon^2.$$

Les équations des trois surfaces sont

$$(1)'' \qquad \varepsilon = C, \quad \sigma + r = C_1, \quad z = C_2;$$

donc les équations des trois surfaces, coupant orthogonalement les surfaces (1) chacune à chacune, sont

$$(2)'' \qquad z = \varphi(r + \sigma), \quad \varepsilon = \varphi_1(z), \quad (\sigma + r) = \varphi_2(\varepsilon).$$

La première représente les surfaces orthogonales des plans tangents à la surface cylindrique; la deuxième, celles qui coupent orthogonalement les surfaces développantes du cylindre; la troisième, celles qui coupent orthogonalement les plans perpendiculaires aux génératrices, lesquelles sont des cylindres ayant leurs génératrices parallèles aux génératrices du cylindre donné.

Si le cylindre, au lieu d'être quelconque, était circulaire (*fig.* 40) et de rayon R, on aurait les relations suivantes :

$$\sigma = R\varepsilon, \quad AOM = \varepsilon + \text{arc tang}\,\frac{r}{R},$$

de sorte que, si l'on appelle ρ la distance OM, les trois sur-

Fig. 40.

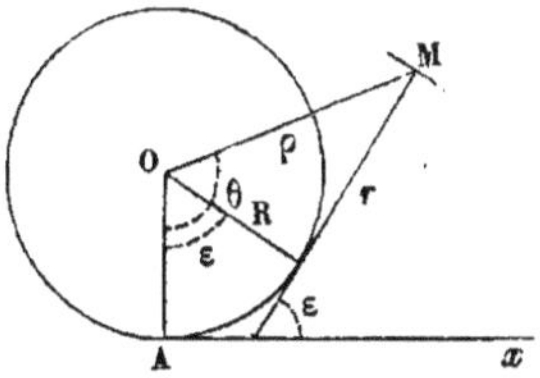

faces (2)″ deviendront, dans le système cylindrique polaire, en appelant θ l'angle AOM,

$$z = \varphi\left[\sqrt{\rho^2 - R^2} + R\left(\theta - \text{arc}\cos\frac{R}{\rho}\right)\right],$$

$$\theta = \text{arc}\cos\frac{R}{\rho} + \varphi_1(z), \quad \theta - \text{arc}\cos\frac{R}{\rho} = \varphi_2(\sqrt{\rho^2 - R^2}).$$

345. *Surfaces coupant orthogonalement les surfaces d'une des séries* (2). — Soit une surface contenue dans la première des équations (2) du numéro précédent

$$(3) \qquad F(\rho_1, \rho_2) = C_1,$$

C_1 étant une constante qui prend toutes les valeurs possibles. D'après ce que nous venons d'établir dans ce numéro, nous connaissons une série de surfaces coupant orthogonalement la série (3); cette série est

$$(4) \qquad \rho = C.$$

Nous connaissons donc une des équations de la trajectoire orthogonale de la série (3); l'autre équation sera donnée, d'après le n° 330, par l'intégration de l'équation différentielle

$$\frac{H_1^2 \, d\rho_1}{\left(\frac{dF_1}{d\rho_1}\right)} = \frac{H_2^2 \, d\rho_2}{\left(\frac{dF}{d\rho_2}\right)},$$

entre les deux variables ρ_1 et ρ_2, puisque ρ est constant. Représentons par

$$(5) \qquad F_1(\rho_1, \rho_2) = C_2$$

l'intégrale de cette équation, C_2 étant une constante arbitraire; les surfaces orthogonales des surfaces (3) seront représentées par l'équation

$$(6) \qquad F_1(\rho_1, \rho_2) = \varphi(\rho),$$

φ étant une fonction arbitraire.

Applications. — *Système polaire* (ρ, ψ, θ).

Surfaces coupant sous angles constants une série de plans ayant une intersection commune et une série de cônes concentriques ayant même axe. — La première série de surfaces satisfaisant aux conditions de la question est

$$(C) \qquad \rho = C,$$

et la deuxième série, en représentant par m une constante, est

$$\frac{\rho \sin\psi \, d\theta}{\rho \, d\psi} = \frac{1}{m}, \quad \text{d'où} \quad \sin\psi \, d\theta = \frac{d\psi}{m},$$

dont l'intégrale est

$$(C_1) \qquad \operatorname{tang} \tfrac{1}{2}\psi = C_1 e^{m\theta}.$$

Les surfaces cherchées sont donc représentées par l'équation

$$\rho = \varphi(e^{-m\theta} \operatorname{tang} \tfrac{1}{2}\psi).$$

Ces surfaces sont engendrées par le déplacement continu d'une loxodromie tracée sur une sphère dont le rayon varie d'une manière continue.

Surfaces coupant sous angles constants une série de sphères concentriques et une série de plans ayant un axe commun. — La première série de surfaces est

$$(C)' \qquad \psi = C,$$

et la seconde est, en représentant par m une constante,

$$d\rho = m\rho \sin C\, d\theta.$$

Si l'on pose $m \sin C = \mu$, l'intégrale de cette équation est

$$(C_1)' \qquad \rho e^{-\mu\theta} = C_1,$$

et, par conséquent, l'équation des surfaces cherchées est

$$\rho e^{-m\theta \sin\psi} = \varphi(\psi).$$

Surfaces coupant sous des angles constants une série de sphères et une série de cônes concentriques. — La première série de surfaces est

$$(C)'' \qquad \theta = C,$$

et la seconde est, en représentant par m une constante,

$$d\rho = m\rho\, d\psi,$$

dont l'intégrale est

$$(C_1)'' \qquad \rho = C_1 e^{m\psi};$$

donc l'équation des surfaces cherchées sera

$$\rho = e^{m\psi} \varphi(\theta).$$

Dans chacun de ces trois cas, les équations en C et C_1 représentent une courbe coupant les courbes coordonnées d'un système sous angles droits et les deux autres coordonnées sous angles constants.

Système cylindrique homofocal.

Surfaces coupant sous angles constants chacune des deux séries de cylindres homofocaux du second degré. — Si l'on se reporte au nº 288, on a à intégrer les deux équations

$$d\rho = 0, \quad \frac{d\mu}{\sqrt{\mu^2 - b^2}} = m \frac{d\nu}{\sqrt{b^2 - \nu^2}};$$

les intégrales sont

$$\rho = C, \quad \mu + \sqrt{\mu^2 - b^2} = C_1 e^{m \operatorname{arc}\left(\sin = \frac{\nu}{b}\right)};$$

donc la surface cherchée sera donnée par l'équation

$$\mu = \frac{1}{2} \varphi(\rho) e^{m \operatorname{arc}\left(\sin = \frac{\nu}{b}\right)} + \frac{1}{2} \frac{b^2}{\varphi(\rho)} e^{-m \operatorname{arc}\left(\sin = \frac{\nu}{b}\right)}.$$

346. *Méthode directe de détermination des surfaces orthogonales.* — Lorsque l'on détermine directement par l'analyse les surfaces orthogonales d'une surface donnée, on a à intégrer une équation aux différences partielles. Or cette méthode, en apparence distincte de celle que nous avons suivie, n'en diffère aucunement, et l'on a à intégrer les mêmes équations différentielles, comme cela résultera des considérations suivantes; seulement, par la méthode que nous avons suivie, nous avons rattaché le problème des surfaces orthogonales d'une surface donnée au problème des trajectoires orthogonales de la même surface, ce qui dispense de la considération de l'équation aux différences partielles et donne une interprétation géométrique à toutes les phases de la question.

Angle des normales N *et* $\mathfrak{N}$ *à deux surfaces données.* — Soient ces deux surfaces

$$(1) \qquad V = C, \quad U = C_1,$$

V et U étant des fonctions des coordonnées curvilignes ρ, ρ_1, ρ_2; C et C_1 deux constantes.

Si l'on se reporte au nº 338, qu'on représente par $\Delta_1 V$ le paramètre différentiel du premier ordre de la fonction V, et si l'on raisonne comme on l'a fait dans ce numéro, qu'on appelle V_0, V_1, V_2 les composantes orthogonales, suivant les normales n, n_1, n_2 des surfaces coordonnées ρ, ρ_1, ρ_2, de $\Delta_1 V$, dont les composantes obliques suivant ces normales sont $h\frac{dV}{d\rho}$, $h_1\frac{dV}{d\rho_1}$, $h_2\frac{dV}{d\rho_2}$, il suffira de projeter $\Delta_1 U$ sur la direction de $\Delta_1 V$, ce qui revient à projeter les composantes obliques du premier paramètre sur la direction du second; on a donc la condition

$$(2)\qquad \Delta_1 U \cos(N, \mathfrak{N}) = \frac{1}{\Delta_1 V}\Sigma h \frac{dU}{d\rho} V_0,$$

où il faut remplacer V_0, V_1, V_2 par leurs valeurs tirées des équations analogues aux équations (18)′ du n° 306; on obtient ainsi l'équation

$$(2)'\quad \left\{\begin{aligned} &\Delta_1 V \Delta_1 U \cos(N, \mathfrak{N}) \\ &\quad = \Sigma h \frac{dV}{d\rho}\left[h\frac{dU}{d\rho}\cos(n,n) + h_1\frac{dU}{d\rho_1}\cos(n,n_1) + h_2\frac{dU}{d\rho_2}\cos(n,n_2)\right].\end{aligned}\right.$$

Si le système des coordonnées est rectangulaire, les angles des normales aux surfaces coordonnées sont droits, et l'équation précédente devient

$$(3)\qquad \Delta_1 U \Delta_1 V \cos(N, \mathfrak{N}) = \sum \frac{dU}{d\rho}\frac{dV}{d\rho}\frac{1}{H^2}.$$

Condition d'orthogonalité de deux surfaces. — Si le système des coordonnées curvilignes est quelconque, la condition pour que deux surfaces V et U se coupent orthogonalement est exprimée par l'une des équations équivalentes

$$(4)\qquad \Sigma h \frac{dU}{d\rho} V_0 = 0, \quad \Sigma h \frac{dV}{d\rho} U_0 = 0.$$

Si le système des coordonnées est orthogonal, on a l'équation

$$(5)\qquad \sum \frac{1}{H^2}\frac{dV}{d\rho}\frac{dU}{d\rho} = 0;$$

et, si le système est rectiligne orthogonal, l'équation précédente se simplifie et devient

$$S \frac{dU}{dx} \frac{dV}{dx} = 0.$$

Identité analytique des deux méthodes. — Supposons maintenant que la surface V soit donnée et qu'on veuille calculer toutes les surfaces U qui la coupent orthogonalement; on aura à intégrer l'équation aux différences partielles, donnée par l'équation (4); or, pour intégrer cette équation, on est conduit à l'intégration du système d'équations différentielles

$$\frac{d\rho}{h U_0} = \frac{d\rho_1}{h_1 U_1} = \frac{d\rho_2}{h_2 U_2},$$

qui est identiquement le même que le système des équations différentielles trouvées au n° 330; on est donc conduit à la recherche des courbes qui coupent orthogonalement la série des surfaces V, et les parties restantes des deux méthodes sont évidemment les mêmes. Donc :

§ II. — Des surfaces bissectrices de deux séries de surfaces.

347. *Surfaces bissectrices de deux surfaces données.* — Ces surfaces coupent deux séries de surfaces données, U et V, de telle sorte que, en un point commun des trois surfaces, la normale à la surface cherchée forme des angles égaux avec les normales aux deux surfaces données. Il y a deux sortes de surfaces cherchées, suivant qu'il s'agit de l'angle des deux normales aux surfaces données ou de l'angle supplémentaire formé par l'une des deux normales et le prolongement de l'autre.

Dans le cas de coordonnées curvilignes quelconques, l'équation aux différences partielles des surfaces bissectrices des deux surfaces (1) du numéro précédent devient, si l'on représente par W la surface cherchée,

$$(6) \qquad \Sigma h \frac{dW}{d\rho} \left(\frac{V_0}{\Delta_1 V} \mp \frac{U_0}{\Delta_1 U} \right) = 0,$$

le signe supérieur se rapportant aux surfaces bissectrices de l'angle des normales positives et le signe inférieur aux surfaces bissectrices de l'angle supplémentaire.

Si le système des coordonnées est orthogonal, l'équation précédente devient

$$\sum \frac{1}{H^2}\frac{dW}{d\rho}\left(\frac{dV}{\Delta_1 V\, d\rho} \mp \frac{dU}{\Delta_1 U\, d\rho}\right) = 0. \tag{7}$$

Supposons que les deux surfaces données soient les deux surfaces coordonnées d'un système quelconque; il faudra poser, dans l'équation (6), $V = \rho_1$, $U = \rho_2$, et cette équation deviendra

$$h_1[1 \mp \cos(n_1, n)]\frac{dW}{d\rho_1} + h[\cos(n_1, n) \mp \cos(n_2, n)]\frac{dW}{d\rho} + h_2[\cos(n_1, n) \mp 1)]\frac{dW}{d\rho_2} = 0.$$

Si le système des coordonnées était orthogonal, cette équation deviendrait binôme

$$h_1\frac{dW}{d\rho_1} \mp h_2\frac{dW}{d\rho_2} = 0.$$

348. *Surfaces bissectrices de deux séries de sphères à centres fixes.* — Les deux surfaces U et V sont, dans le cas présent, en supposant le système des coordonnées rectilignes,

$$V = x^2 + y^2 + z^2 = r_1^2, \quad U = x^2 + y^2 + (z - \gamma)^2 = r_2^2;$$

l'équation aux différences partielles est

$$\left(\frac{x}{r_1} \mp \frac{x}{r_2}\right)\frac{dz}{dx} + \left(\frac{y}{r_1} \mp \frac{y}{r_2}\right)\frac{dz}{dy} = \frac{z}{r_1} \mp \frac{z-\gamma}{r_2}.$$

On déduit de cette équation le système suivant d'équations différentielles :

$$\frac{x\,dy - y\,dx}{r_1} = \pm\frac{x\,dy - y\,dx}{r_2},$$

$$\frac{z\,dx - x\,dz}{r_1} = \pm\frac{(z-\gamma)\,dx - x\,dz}{r_2},$$

$$\frac{z\,dy - y\,dz}{r_1} = \pm\frac{(z-\gamma)\,dy - y\,dz}{r_2}.$$

Soient θ l'angle que la projection commune r des rayons r_1, r_2 sur le plan des xy fait avec l'axe des x ; ψ et ψ_1 les angles des rayons r_1, r_2 avec l'axe des z. Cela posé, la première équation devient

$$\left(\frac{r^2}{r_1} \pm \frac{r^2}{r_2}\right) d\theta = 0,$$

dont l'intégrale est

$$\theta = C.$$

Si l'on ajoute les deux dernières équations après avoir multiplié la première par x et la seconde par y, on trouve

$$\frac{z(x\,dx + y\,dx) - (x^2 + y^2)\,dz}{r_1}$$
$$= \pm \frac{(z - \gamma)(x\,dx + y\,dy) - (x^2 + y^2)\,d(z - \gamma)}{r_2},$$

que l'on peut écrire sous la forme

$$\frac{r_1^2\,d\psi}{r_1} = \pm \frac{r_2^2\,d\psi_1}{r_2}.$$

Or le triangle dont les côtés sont γ, r_1, r_2 donne la relation

$$\frac{r_1}{\sin\psi_1} = \frac{r_2}{\sin\psi};$$

en ayant égard à cette valeur, l'équation différentielle précédente devient

$$\frac{d\psi}{\sin\psi} \pm \frac{d\psi_1}{\sin\psi} = 0.$$

Suivant le cas du signe supérieur ou du signe inférieur, on a les équations suivantes :

$$\operatorname{tang}\tfrac{1}{2}\psi \operatorname{tang}\tfrac{1}{2}\psi_1 = C_1, \quad \frac{\operatorname{tang}\frac{1}{2}\psi}{\operatorname{tang}\frac{1}{2}\psi_1} = C_1;$$

donc les surfaces bissectrices sont données par les deux équations

$$\theta = \varphi(\operatorname{tang}\tfrac{1}{2}\psi \operatorname{tang}\tfrac{1}{2}\psi_1), \quad \theta = \varphi\left(\frac{\operatorname{tang}\frac{1}{2}\psi}{\operatorname{tang}\frac{1}{2}\psi_1}\right),$$

suivant que l'on prend l'angle positif des deux normales aux sphères r_1, r_2, ou l'angle supplémentaire de ces deux normales.

Cette solution coïncide avec celle que nous avons donnée du problème traité à la fin du nº 316.

La recherche des surfaces harmoniques par rapport à deux surfaces données se fait de la même manière, en entendant par surfaces harmoniques de deux surfaces données celles dont les normales au point commun d'intersection forment avec les normales des deux surfaces données un faisceau harmonique.

§ III. — Des surfaces conjuguées entre elles suivant leurs plans tangents.

349. *Surfaces conjuguées d'une surface donnée suivant un ellipsoïde donné.* — Deux séries de surfaces données par les équations

$$F = C, \quad F_1 = C_1$$

sont dites conjuguées suivant un ellipsoïde donné (A, B, C) lorsque, en un point quelconque de l'intersection commune, les plans tangents aux deux surfaces sont parallèles à deux plans diamétraux conjugués de l'ellipsoïde.

Condition analytique qui exprime cette liaison. — Dans le système rectiligne orthogonal, si deux surfaces f, f_1 se coupent orthogonalement, on a la condition

$$(1) \qquad \frac{dz}{dx}\frac{\delta z}{\delta x} + \frac{dz}{dy}\frac{\delta z}{\delta y} + 1 = 0;$$

or, si l'on prend la figure homologique (322), on trouvera, A, B, C étant trois constantes qui représentent les trois demi-diamètres conjugués d'une surface du second degré,

$$(2) \qquad A^2\frac{dz}{dx}\frac{\delta z}{\delta x} + B^2\frac{dz}{dy}\frac{\delta z}{\delta y} + C^2 = 0.$$

Comme l'équation (1) exprimait que les deux surfaces f, f_1 avaient leurs plans tangents orthogonaux en leur intersection, il en résulte que l'équation (2) exprime que les plans tangents des deux surfaces transformées F, F_1 sont parallèles à deux plans diamétraux de la surface (A, B, C) du second degré, transformée de la sphère.

Cette sphère, que j'appelle *sphère de comparaison*, avait son centre situé à l'origine des coordonnées, et les deux plans tangents aux surfaces f, f_1 étaient parallèles à deux plans diamétraux de cette sphère conjugués entre eux, puisque tout système quelconque de deux plans diamétraux rectangulaires est dans la sphère un système de deux plans conjugués.

Dans la figure transformée, les axes sont généralement obliques et parallèles aux directions des trois diamètres conjugués de la surface de comparaison ; mais on peut aussi les supposer rectangulaires, puisque, dans une surface du second degré, il y a un système de trois diamètres conjugués rectangulaires entre eux.

On a passé de l'équation (1) homogène à l'équation (2), en y remplaçant dz, dx, dy par $\frac{dz}{C}$, $\frac{dx}{A}$, $\frac{dy}{B}$; δz, δx, δy par $\frac{\delta z}{C}$, $\frac{\delta x}{A}$, $\frac{\delta y}{B}$.

Remarques. — 1° Il est évident que le problème des surfaces qui se coupent orthogonalement est un cas particulier du problème précédent, puisqu'il suffira de supposer que la surface du second degré de comparaison est une sphère. On passera donc facilement du premier problème au second, mais non réciproquement.

2° Un cas non moins intéressant se rapporte à la supposition d'après laquelle la surface de comparaison serait une surface de révolution. Dans une telle surface, il y a une direction constante suivant laquelle deux plans diamétraux ne sont conjugués que lorsqu'ils sont orthogonaux ; donc, si les surfaces F et F_1 se coupent et qu'on mène à la courbe d'intersection une tangente parallèle à cette direction, F et F_1 se couperont orthogonalement suivant cette direction.

3° Il y aura à examiner le cas où la surface de comparaison sera rapportée à trois diamètres conjugués égaux. Dans ce cas, les conditions (1) et (2) ne sont pas distinctes analytiquement ; elles ne sont distinctes qu'au point de vue géométrique. Cela revient à dire que, sans changer les axes orthogonaux de la sphère de comparaison quant à leur longueur, on a changé seulement les directions en les inclinant les uns par rapport aux autres.

350. Applications. — 1° *Surfaces conjuguées suivant* (A, B, C) *d'une série d'ellipsoïdes concentriques, semblables et semblablement placés.*

Si l'on se porte au n° 236, l'équation (F) donne l'équation suivante aux différences partielles :

$$(\psi) \qquad \frac{A^2}{a^2}\frac{x\,dz}{dx} + \frac{B^2}{b^2}\frac{y\,dz}{dy} = \frac{C^2}{c^2}z;$$

l'intégration de cette équation conduit aux équations différentielles simultanées $(1)'$ du numéro cité, et, comme les intégrales de ces équations y sont calculées, l'intégrale générale de l'équation (ψ) sera

$$\frac{x^{\frac{a^2}{A^2}}}{z^{\frac{c^2}{C^2}}} = \varphi\left(\frac{y^{\frac{b^2}{B^2}}}{z^{\frac{c^2}{C^2}}}\right),$$

φ étant une fonction arbitraire.

2° *Surfaces conjuguées suivant* (A, B, C) *de la série de surfaces données par l'équation*

$$\mathfrak{X}^{a^2}\mathfrak{Y}^{b^2}\mathfrak{Z}^{c^2} = \rho,$$

ρ *étant le paramètre variable.*

Si l'on se reporte au n° 236, on voit que l'intégrale générale des surfaces cherchées est

$$\frac{x^2}{A^2a^2} - \frac{z^2}{C^2c^2} = \varphi\left(\frac{y^2}{B^2b^2} - \frac{z^2}{C^2c^2}\right).$$

3° *Surfaces conjuguées suivant l'ellipsoïde* (A, B, C) *d'une série d'ellipsoïdes concentriques ayant deux sections communes parallèles à une section principale.*

L'équation de cette série d'ellipsoïdes est

$$\frac{x^2}{a^2} + \frac{y^2}{b^2} - 1 = \lambda(\gamma - z)(\beta + z),$$

λ étant le paramètre variable.

L'équation aux différences partielles qui en résulte est

$$\frac{A^2}{a^2}\frac{x\,dz}{dx}+\frac{B^2}{b^2}\frac{y\,dz}{dy}=C^2\left[\frac{\frac{\beta-\gamma}{2}+z}{(\gamma-z)(\beta+z)}\right]\left(\frac{x^2}{a^2}+\frac{y^2}{b^2}-1\right);$$

on a à intégrer le système suivant d'équations différentielles :

$$\frac{a^2}{A^2}\frac{dx}{x}-\frac{b^2}{B^2}\frac{dy}{y}=0,$$

$$\frac{(\gamma-z)(\beta+z)\,dz}{\frac{\beta-\gamma}{2}+z}-\frac{a^2C^2\,dx}{A^2x}\left(\frac{x^2}{a^2}+\frac{y^2}{b^2}-1\right)=0.$$

La première s'intègre immédiatement et donne

$$y=\rho\,x^{\frac{a^2}{b^2}\frac{B^2}{A^2}},$$

de sorte que, en ayant égard à cette valeur, la seconde devient

$$\frac{z^2+(\gamma-\beta)z-\beta\gamma}{C^2\left(\frac{\beta-\gamma}{2}+z\right)}dz+\frac{a^2}{A^2}\left(\frac{x}{a^2}+\frac{\rho^2}{b^2}x^{\frac{2a^2B^2}{b^2A^2}-1}-x^{-1}\right)dx=0,$$

dans laquelle les variables sont séparées et dont l'intégrale est

$$e^{\frac{\left(z+\frac{\beta-\gamma}{2}\right)^2}{C^2}+\frac{x^2}{A^2}+\frac{y^2}{B^2}}=\rho_1\left(z+\frac{\beta-\gamma}{2}\right)^{-2\left(\frac{\beta+\gamma}{2}\right)^2}x^{-2\frac{C^2a^2}{A^2}}.$$

Dans ces équations, ρ et ρ_1 sont les constantes d'intégration.

L'intégrale générale des surfaces cherchées sera donc

$$e^{\frac{\left(z+\frac{\beta-\gamma}{2}\right)^2}{C^2}+\frac{x^2}{A^2}+\frac{y^2}{B^2}}=\varphi\left(\frac{y^{\frac{b^2}{B^2}}}{x^{\frac{a^2}{A^2}}}\right)\left(z+\frac{\beta-\gamma}{2}\right)^{-\frac{1}{2}(\beta+\gamma)^2}x^{-\frac{2C^2a^2}{A^2}},$$

dans laquelle φ est une fonction arbitraire.

FIN.

2315 Paris. — Imprimerie de GAUTHIER-VILLARS, quai des Augustins, 55.

ANALYSE INFINITÉSIMALE

DES

COURBES DANS L'ESPACE.

2315 PARIS. — IMPRIMERIE DE GAUTHIER-VILLARS,
Quai des Augustins, 55.

ANALYSE INFINITÉSIMALE

DES

COURBES DANS L'ESPACE

PAR M. L'ABBÉ AOUST,

Associé de l'Académie Pontificale de la Religion catholique; Membre de l'Académie Pontificale des Arcades; Président de l'Académie des Sciences, Lettres et Arts de Marseille; Agrégé de l'Université; Lauréat des concours des Sociétés savantes (médaille d'argent, médaille d'or); Professeur d'Analyse et d'Astronomie à la Faculté des Sciences de Marseille, etc., etc.

Scientia ex uno evidenter deducta principio.
S. THOMAS.

PARIS,

GAUTHIER-VILLARS, IMPRIMEUR-LIBRAIRE
DU BUREAU DES LONGITUDES, DE L'ÉCOLE POLYTECHNIQUE,
SUCCESSEUR DE MALLET-BACHELIER,
Quai des Augustins, 55.

1876

TABLE DES MATIÈRES.

LIVRE PREMIER.

DES COURBES D'APRÈS LEURS ÉQUATIONS NATURELLES.

PREMIÈRE SECTION.

DES COURBES CONSIDÉRÉES EN ELLES-MÊMES.

CHAPITRE PREMIER. — DES POLYGONES GAUCHES.

§ I. — *Système d'équations naturelles.*

§ II. — *Système mixte d'équations.*

§ III. — *Système d'équations fixant les coordonnées d'un sommet.*

§ IV. — *Applications.*

CHAPITRE III. — PASSAGE DES ÉQUATIONS ÉLÉMENTAIRES AUX COORDONNÉES DU POINT.

§ I. — *Déplacement angulaire d'une droite.*

§ II. — *Déduction des coordonnées du point.*

DEUXIÈME SECTION.

DES SURFACES ET DES COURBES RÉSULTANT DU MOUVEMENT D'UN TRIÈDRE.

CHAPITRE IV. — ÉTUDE GÉNÉRALE DE CES SURFACES ET DE CES COURBES.

CHAPITRE V. — DES COURBES TRACÉES SUR LA SURFACE POLAIRE.

§ II. — *Applications.*

§ III. — *Arête de rebroussement.*

§ IV. — *Applications.*

CHAPITRE VI. — DES COURBES TRACÉES SUR LA SURFACE OSCULATRICE.

§ I. — *Des développantes.*

§ II. — *Des développantes successives.*

TROISIÈME SECTION.

DES COURBES QUI DÉRIVENT D'UNE COURBE DONNÉE.

CHAPITRE IX. — DES DÉVELOPPÉES.

§ I. — *Des développées du premier ordre.*

§ II. — *Des développées successives.*

§ III. — *Applications. — Développées des courbes planes.*

CHAPITRE X. — DES DÉVELOPPANTES OBLIQUES SOUS ANGLE CONSTANT.

§ I. — *Développantes obliques du premier ordre.*

CINQUIÈME SECTION.

DÉTERMINATION DE LA COURBE PAR DEUX DE SES PROPRIÉTÉS.

CHAPITRE XIV. — Détermination d'une courbe située sur une surface donnée par la deuxième équation élémentaire.

CHAPITRE XV. — Trajectoires d'une tangente mobile.

§ I. — *Propriétés générales.*

§ II. — *Applications.*

LIVRE II.

DES COURBES D'APRÈS UN SYSTÈME QUELCONQUE DE COORDONNÉES.

PREMIÈRE SECTION.

THÉORIE DES COORDONNÉES CURVILIGNES.

CHAPITRE II. — DES ÉQUATIONS AUX DIFFÉRENCES PARTIELLES DES COURBURES.

§ I. — *Des liaisons entre les variations des courbures.*

§ II. — *Solution du problème des coordonnées curvilignes.*

CHAPITRE III. — DES PARAMÈTRES DIFFÉRENTIELS.

§ I. — *Calcul direct.*

§ II. — *Calcul par transformation.*

CHAPITRE VI. — DÉTERMINATION DES TRAJECTOIRES D'UN SYSTÈME, SOUS DIVERSES CONDITIONS.

§ I. — *Trajectoires des lignes coordonnées.*

§ II. — *Trajectoires orthogonales d'une surface coordonnée.*

§ III. — *Trajectoires conjuguées d'une surface coordonnée.*

§ IV. — *Trajectoires conjuguées d'une série de courbes.*

§ V. — *Trajectoires quelconques des surfaces coordonnées.*

CHAPITRE VII. — TRAJECTOIRES D'UNE SÉRIE DE SURFACES.

§ I. — *Trajectoires orthogonales d'une surface donnée; système quelconque.*

FIN DE LA TABLE DES MATIÈRES.

Paris. — Imprimerie de GAUTHIER-VILLARS, quai des Augustins, 55.

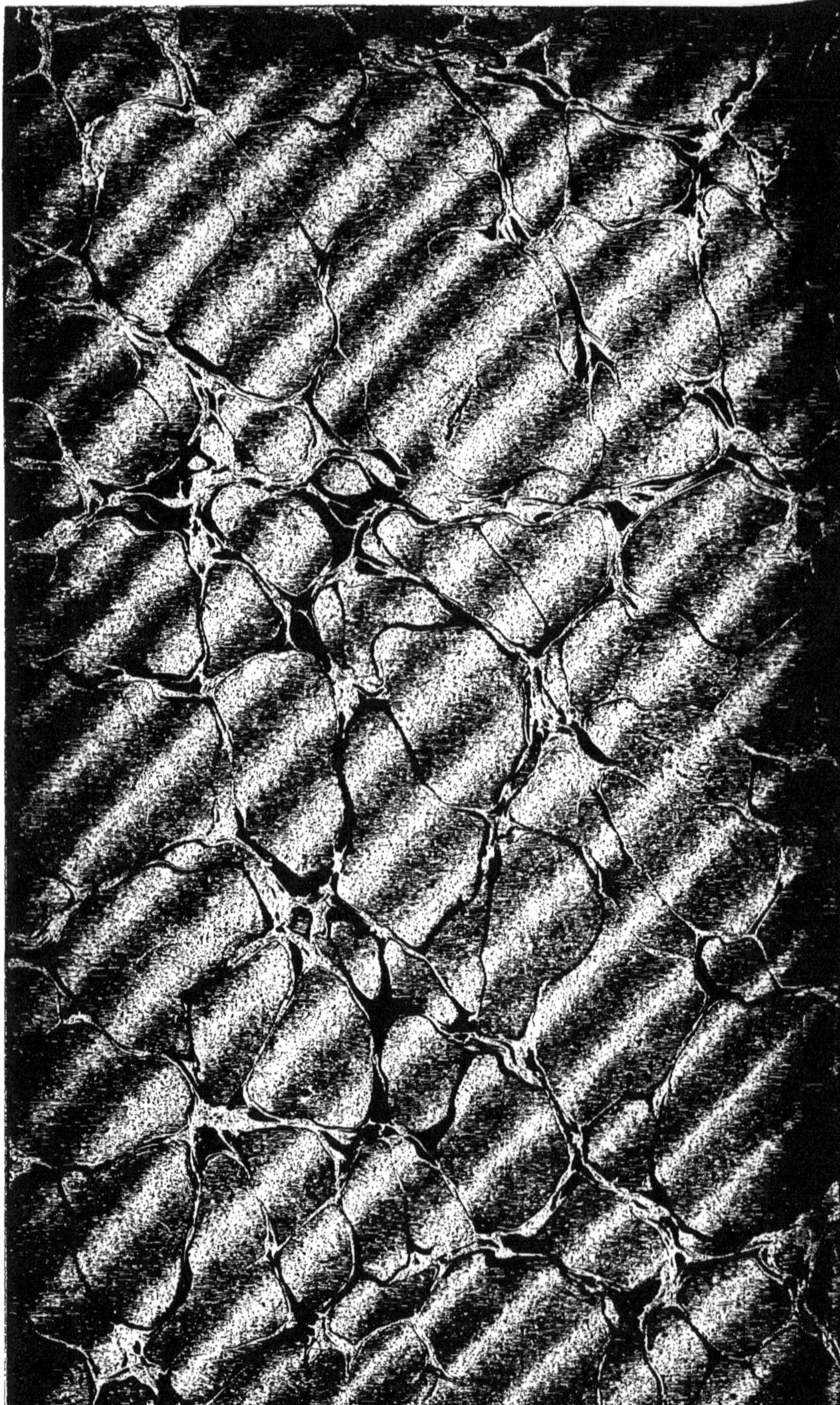

www.ingramcontent.com/pod-product-compliance
Lightning Source LLC
Chambersburg PA
CBHW060844220326
41599CB00017B/2380
9782019541750